전기기능장 실기 수험생을 위한 PLC 프로그래밍 지침서

전기기능장 실기 과년도문제

GLOFA | MASTER-K | MELSEC

PLC
한번에 배우기

최년배 저

• 본서의 특징 •

1. GLPFA-G7M-DR30A PLC에 의한 프로그램
2. MASTER-K80S에 의한 프로그램
3. MELSEC FX_{3U} - 32M에 의한 프로그램
4. 최근 기출문제 풀이 해석
5. 기초에서 고급까지 PLC 프로그램을 마스터 가능
6. GLOFA, MASTER-K, GX-DEVELOPER 프로그램 동시 습득 가능

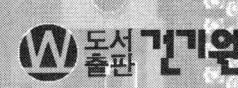

머리말

현대 산업사회의 자동제어 분야는 매우 폭이 넓어 광활 하다고 할 수 있습니다. 발전 속도 또한 빠르게 변화하여 거의 대분의 설비들이 자동화되어 있습니다. 이는 생산성 증대와 제품의 품질 향상 등 산업체의 경쟁력 제고를 위해 요구되고 있습니다. 또한 산업설비의 규모가 커지고 제어대상도 다양화되어 고기능화가 추구됨에 따라 자동제어에 필요한 설비의 설계, 설치, 운용을 하기 위해서는 시퀀스 제어, 피드백제어, PLC제어, 전력전자제어, 공·유압제어 등 매우 폭이 넓습니다.

생산 설비의 자동화 분야에서 종래의 릴레이 제어반을 대체하는 차원에서 탄생한 PLC(Programmable Logic Controller)는 40여 년의 역사를 거치면서 생산 자동화나 공정제어 창치 등에 적용되어 현장 설비의 핵심으로 자리를 잡고 있으며 소규모 공작 기계에서부터 대규모 생산 설비에 이르기 까지 전 산업분야에 걸쳐서 광범위하게 사용되고 있습니다. PLC의 종류 또한 다양하며 각 기종별로 사용하는 프로그램 도 다양하기 때문에 PLC에 대해 공부를 시작 하려는 분들이 어렵다는 편견을 가지고 시작을 합니다. 하지만 어떤 기종, 어떤 프로그램이든 한 가지만 할 수 있다면 나머지 기종들과 프로그램들은 쉽게 접근 하여 갈수 있습니다. 따라서 본 교재에서는 GLOFA, MASTER-K, GX-DEVELOPER 프로그램 작성 방법을 동시 습득 가능하도록 한 가지 과제를 가지고 프로그래밍 하는 방법에 대해 자세히 설명을 하였습니다.

필자는 산업체에 현장 지도를 통해 산업현장의 전기관련 엔진이어들이 있음에도 불구하고 PLC 프로그램 부분은 외주 업체에 의뢰 하는 경향이 많은 점과, 전기 공학도를 대상으로 강의 하면서 학생들이 어렵게 생각하고 있는 PLC의 기초 부분에 중점을 두어 한 STEP씩 따라 해 봄으로써 PLC 프로그래밍 능력을 향상시킬 수 있도록 하였습니다.

교재 내용은 전체를 7장으로 구분하여 제1장 시퀀스 제어 기초, 제2장 PLC, 제3장 GLOFA PLC, 제4장 MASTER-K PLC, 제5장 MITSUBISHI PLC, GX-DEVELOPER 제6장 타임차트에 의한 프로그램 작성, 제7장 PLC 예제 문제 해설, 제8장 전기기능장 실전 문제 등으로 구성하여 PLC를 처음 입문하는 학생들이나 산업체에 종사하는 엔지니어, 전기기능장 시험을 준비하는 분들께 조금이나마 도움이 되길 기대합니다.

끝으로 이 책을 출판하는데 도움이 되어 주신 분들께 감사드리며 향후 변경되는 출제 경향 및 기출문제, 기술변화에 따라 지속적으로 수정 보완 하도록 할 것이며, PLC를 공부하는 사람들에게 이 책이 좋은 안내서가 되길 바랍니다.

1장　시퀀스 제어 기초

1.1 시퀀스 제어 ··· 13
1.1.1 시퀀스 제어 정의 ··· 13
1.1.2 시퀀스 제어계 구성 ··· 13

1.2 제어용 기기 ··· 13
1.2.1 스위치(Switch)와 접점 ··· 13
1.2.2 전자 계전기(Electromagnetic Relay) ··· 16
1.2.3 한시계전기(Timer) ··· 19
1.2.4 카운터(Counter) ··· 21
1.2.5 온도컨트롤러(Temperature Controller) ··· 22
1.2.6 플로트레스 스위치(Floatless Switch) ··· 23
1.2.7 플리커 릴레이(Flicker Relay) ··· 23

1.3 시퀀스도 작성 규칙 ··· 24

2장　PLC(Programmable Logic Controller)

2.1 PLC의 개요 ··· 27
2.1.1 PLC의 정의 ··· 27
2.1.2 PLC의 적용분야 ··· 27
2.1.3 릴레이 제어와 비교 ··· 28
2.1.4 컴퓨터 시스템과 다른 점 ··· 28
2.1.5 PLC의 장·단점 및 특징 ··· 29

2.2 PLC의 구조 ··· 30
2.2.1 하드웨어 구성 ··· 30
2.2.2 중앙 처리 장치 ··· 30
2.2.3 PLC의 입·출력 부 ··· 33
2.2.4 기억 장치 ··· 34

2.3 프로그래밍 ··· 35
  2.3.1 언어 및 명령어 ··· 35
  2.3.2 서류화 ··· 38
  2.3.3 PLC의 선정 ··· 38
  2.3.4 PLC의 설치 ··· 38

3장 GLOFA PLC

3.1 GLOFA 프로그래밍 ·· 43
  3.1.1 GLOFA PLC의 특징 ·· 43
  3.1.2 GMWIN의 특징 ·· 44
  3.1.3 연산처리 ··· 45
  3.1.4 명령어의 종류 ·· 45
  3.1.5 입·출력부 연결 방법 ··· 48

3.2 GMWIN 프로그램 설치하기 ··· 50

3.3 GMWIN 따라하기 ··· 51
  3.3.1 GMWIN 실행하기 ··· 51
  3.3.2 기본 구조 ·· 51
  3.3.3 프로젝트 생성 ·· 51
  3.3.4 프로그램 작성 ·· 53
  3.3.5 프로그램 쓰기(Download) ·· 58

3.4 기본 회로 프로그래밍 ·· 63
  3.4.1 자기유지회로 프로그램 작성 ··· 63
  3.4.2 펑션 블록(타이머) 프로그램 작성 ·································· 65

4장 MASTER - K PLC

4.1 MASTER-K 프로그래밍 ··· 73
  4.1.1 MASTER - K 시리즈의 특징 ··· 73

CONTENT

    4.1.2 MASTER - K80S 시리즈 특징 ·· 73
    4.1.3 MASTER - K80S 시리즈 입·출력 타입 ····································· 74

4.2 시스템 구성 ··· 75
    4.2.1 시스템 구성의 종류 ·· 75
    4.2.2 기본 시스템 ·· 75
    4.2.3 Cnet I/F 시스템 ··· 75

4.3 MASTER-K80S 구조 ··· 76
    4.3.1 기본 유닛 하드웨어 구성 ··· 76
    4.3.2 각부의 명칭 ·· 77

4.4 MASTER-K 입·출력부 ·· 78
    4.4.1 입·출력 규격 ·· 78
    4.4.2 입·출력 결선 ·· 79

4.5 MASTER-K 따라 하기 ·· 81
    4.5.1 프로그램의 기본 창 구조 ··· 81
    4.5.2 프로젝트 생성 ··· 82
    4.5.3 프로그램 작성 ··· 82
    4.5.4 프로그램 쓰기(Download) ·· 85

4.6 기본 회로 프로그래밍 ·· 89
    4.6.1 자기유지회로 프로그램 작성 ·· 89
    4.6.2 펑션 블록(타이머) 프로그램 작성 ··· 91

5장 MITSUBISHI PLC

5.1 GX-Developer 프로그래밍 ··· 99
    5.1.1 MITSUBISHI FX_{3U} - 32M 시리즈의 특징 ·· 99
    5.1.2 시스템 구성 ·· 100
    5.1.3 FX_{3U} PLC 입력 배선 방법 ··· 101
    5.1.4 입·출력번호(X,Y) 할당 ·· 102
    5.1.5 프로그래밍 툴 ··· 102

5.1.6 GX - Developer(GPPW) 프로그램의 특징 ········· 103
5.1.7 PC와 PLC의 통신 ········· 103

5.2 GX Developer 프로그램 ········· 104
5.2.1 GX Developer 인스톨 ········· 104
5.2.2 PC와 PLC의 인터페이스 ········· 106
5.2.3 GX Developer의 화면 구성 ········· 111
5.2.4 GX Developer의 기본 조작 ········· 112

5.3 기본 회로 프로그래밍[PLC 기종 : MELSEC FX_{3U} −32M] ········· 113
5.3.1 자기유지회로 ········· 113
5.3.2 펑션 블록(타이머)프로그래밍하기 ········· 116

6장 타임차트에 의한 프로그램 작성

6.1 GLOFA PLC(기종 : G7M−DR30A) ········· 125
6.1.1 TON(ON Delay Timer) 프로그램 작성 ········· 125
6.1.2 TMR(적산 Timer) 프로그램 작성 ········· 128
6.1.3 TON 타이머를 이용한 반복동작(Flicker)회로 프로그램 작성 ········· 130
6.1.4 CTU(Up Counter)카운터 프로그램 작성 ········· 134
6.1.5 CTUD(Up/Down Counter)카운터 프로그램 작성 ········· 136
6.1.6 CTU를 사용한 다중 카운터 프로그램 작성 ········· 139

6.2 MASTER−K PLC(기종 : K7M−DR30S) ········· 141
6.2.1 TON(ON Delay Timer) 프로그램 작성 ········· 141
6.2.2 TMR(적산 Timer) 프로그램 작성 ········· 145
6.2.3 TON 타이머를 이용한 반복동작(Flicker)회로 프로그램 작성 ········· 148
6.2.4 CTU(Up Counter)카운터 프로그램 작성 ········· 150
6.2.5 CTUD(Up/Down Counter)카운터 프로그램 작성 ········· 152
6.2.6 CTU를 사용한 다중 카운터 프로그램 작성 ········· 154

6.3 MELSEC PLC(기종 : FX_{3U} −32M) ········· 157
6.3.1 TON(ON Delay Timer) 프로그램 작성 ········· 157

6.3.2 TMR(적산 Timer) 프로그램 작성 ·· 160

6.3.3 TON 타이머를 이용한 반복동작(Flicker)회로 프로그램 작성 ············ 163

6.3.4 CTU(Up Counter)카운터 프로그램 작성 ·· 166

6.3.5 CTUD(Up/Down Counter)카운터 프로그램 작성 ···························· 168

6.3.6 CTU를 사용한 다중 카운터 프로그램 작성 ···································· 172

7장 PLC 예제 문제 해설

7.1 GLOFA PLC(기종 : G7M-DR30A) ·· 179

7.1.1 예제 문제 47 ·· 179

7.1.2 예제 문제 48 ·· 186

7.1.3 예제 문제 49 ·· 191

7.1.4 예제 문제 50 ·· 198

7.1.5 예제 문제 51 ·· 207

7.1.6 예제 문제 52 ·· 219

7.2 MASTER-K PLC(기종 : K7M-DR30S) ·· 229

7.2.1 예제 문제 47 ·· 229

7.2.2 예제 문제 48 ·· 236

7.2.3 예제 문제 49 ·· 241

7.2.4 예제 문제 50 ·· 246

7.2.5 예제 문제 51 ·· 253

7.2.6 예제 문제 52 ·· 263

7.3 MELSEC PLC(기종 : FX_{3U}-32M) ··· 274

7.3.1 예제 문제 47 ·· 274

7.3.2 예제 문제 48 ·· 281

7.3.3 예제 문제 49 ·· 286

7.3.4 예제 문제 50 ·· 292

7.3.5 예제 문제 51 ·· 301

7.3.6 예제 문제 52 ·· 312

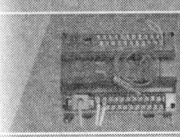

8장 전기기능장 실전 문제

8.1 실전 문제 53 ·· 327
   8.1.1 실전 문제 53 GLOFA PLC(기종 : G7M - DR30A) ······································· 327
   8.1.2 실전 문제 53 MASTER - K PLC(기종 : K7M - DR30S) ······························ 338
   8.1.3 실전 문제 53 MELSEC PLC(기종 : FX_{3U} - 32M) ·· 346
   8.1.4 실전 문제 53 도 면 ·· 355

8.2 실전 문제 54 ·· 358
   8.2.1 실전 문제 54 GLOFA PLC(기종 : G7M - DR30A) ······································· 358
   8.2.2 실전 문제 54 MASTER - K PLC(기종 : K7M - DR30S) ······························ 370
   8.2.3 실전 문제 54 MELSEC PLC(기종 : FX_{3U} - 32M) ·· 381
   8.2.4 실전 문제 54 도 면 ·· 393

8.3 실전 문제 55 ·· 395
   8.3.1 실전 문제 55 GLOFA PLC(기종 : G7M - DR30A) ······································· 395
   8.3.2 실전 문제 55 MASTER - K PLC(기종 : G7M - DR30S) ······························ 406
   8.3.3 실전 문제 55 MELSEC PLC(기종 : FX_{3U} - 32M) ·· 415
   8.3.4 실전 문제 55 도 면 ·· 424

8.4 실전 문제 56 ·· 427
   8.4.1 실전 문제 56 GLOFA PLC(기종 : G7M - DR30A) ······································· 427
   8.4.2 실전 문제 56 MASTER - K(기종 : K7M - DR30S) ······································· 442
   8.4.3 실전 문제 56 MELSEC PLC(기종 : FX_{3U} - 32M) ·· 456
   8.4.4 실전 문제 56 도 면 ·· 471

8.5 실전 문제 57 ·· 476
   8.5.1 실전 문제 57 GLOFA PLC(기종 : G7M - DR30A) ······································· 476
   8.5.2 실전 문제 57 MASTER-K(기종 : K7M-DR30S) ··· 488
   8.5.3 실전 문제 57 도 면 ·· 500

8.6 실전 문제 58 ·· 505
   8.6.1 실전 문제 58 GLOFA PLC(기종 : G7M - DR30A) ······································· 505

CONTENT

    8.6.2 실전 문제 58 MASTER - K(기종 : K7M - DR30S) ········· 511

    8.6.3 실전 문제 58 도 면 ········· 517

8.7 실전 문제 59 ········· 522

    8.7.1 실전 문제 59 GLOFA PLC(기종 : G7M - DR30A) ········· 522

    8.7.2 실전 문제 59 MASTER - K(기종 : K7M - DR30S) ········· 531

    8.7.3 실전 문제 59 도 면 ········· 539

8.8 실전 문제 60 ········· 544

    8.8.1 실전 문제 60 GLOFA PLC(기종 : G7M - DR30A) ········· 544

    8.8.2 실전 문제 60 MASTER - K PLC(기종 : K7M - DR30S) ········· 554

    8.8.3 실전 문제 60 도 면 ········· 564

부록   예제 문제 도면

- 예제 문제 도면 47 ········· 571
- 예제 문제 도면 48 ········· 574
- 예제 문제 도면 49 ········· 577
- 예제 문제 도면 50 ········· 580
- 예제 문제 도면 51 ········· 583
- 예제 문제 도면 52 ········· 586

참고문헌

1. MITSUBISHI FX 시리즈 프로그래밍 매뉴얼
2. MASTER-K 프로그래밍 매뉴얼
3. GLOFA 프로그래밍 매뉴얼

chapter 1

시퀀스 제어 기초

chapter 1

시퀀스 제어 기초

1장 시퀀스 제어 기초

1.1 시퀀스 제어

1.1.1 시퀀스 제어 정의

시퀀스 제어는 어떤 동작이 일어나는 순서 또는 일정한 논리에 의해 정해진 순서에 따라 제어의 각 단계를 차례로 진행시키는 제어를 의미한다.

시퀀스 제어의 신호는 한 방향으로만 전달되며 생산·제조 공정 등에서의 시동·정지 작업이나 가공, 조립, 운반, 포장 등과 같은 기계 작업을 자동적으로 처리하기 위해서 사용된다. 또한 노동력 감소, 생산 원가 절감, 제품 품질의 균일화, 생산 속도 증가, 작업 환경 개선 등의 효과를 얻을 수 있다. 일반적으로 시퀀스 제어는 명령 처리부, 제어부, 제어대상, 검출부 등으로 구성되며, 작업을 진행하는 도중에는 오차가 발생해도 제어량을 수정할 수 없다.

1.1.2 시퀀스 제어계 구성

(1) **명령 처리부** : 작업 명령이나 검출 신호, 미리 기억시켜둔 신호 등에 의해서 제어 명령을 만드는 부분
(2) **제어부** : 제어 명령의 신호를 증폭하여 제어 대상을 직접 제어할 수 있도록 하는 부분
(3) **검출 신호** : 검출부에서 검출된 신호
(4) **제어 대상** : 제어하려는 목적의 장치
(5) **제어량** : 제어하려는 대상의 양으로 보통 출력이라고 함
(6) **검출부** : 제어량이 소정의 상태인지 아닌지를 표시하는 2진 값 신호(ON/OFF)를 발생하는 부분

1.2 제어용 기기

1.2.1 스위치(Switch)와 접점

스위치는 전기 회로의 개폐 또는 접속을 변경하는 기구이며 작업 명령 및 명령 처리 방법의 변경 등에 사용된다. 스위치는 그 상태에 따라 복귀형과 유지형 두 가지로 나눌 수 있다.

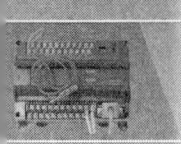

(1) 접점의 종류와 기호

① 정상 상태 열림 접점(a접점) : 평상시에는 열려(Open)있다가 조작 시에 닫히는 접점으로 메이크 접점(Make Contact), 상개 접점(NO 접점, Normally Open Contact)이라고도 한다. 그림 1-1은 a접점의 KS기호와 IEC 기호를 나타낸 것이다.

a접점	KS기호	IEC기호

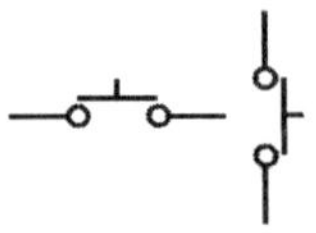

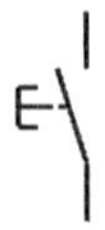

[그림 1-1] a접점의 기호

② 정상 상태 닫힘 접점(b접점) : 평상시에는 닫혀(Close)있다 조작 시에 열리는 접점으로 브레이크 접점(Break Contact), 상폐 접점(NC 접점, Normally Close Contact)이라고 한다. 그림 1-2는 b접점의 KS기호와 IEC 기호를 나타낸 것이다.

b접점	KS기호	IEC기호

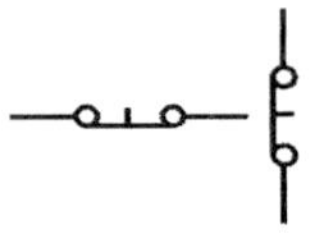

[그림 1-2] b접점의 기호

③ 전환 접점(c접점) : a접점과 b접점을 함께 갖고 있으며 a, b접점이 연동으로 동작한다. 조작을 하면 a접점은 닫히고 b접점은 열리며 체인지 접점(Change-Over Contact)접점이라고 한다. 그림 1-3은 c접점의 기호를 나타 낸 것이다.

c접점	KS기호	IEC기호

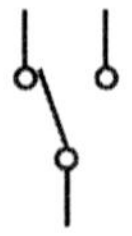

[그림 1-3] c접점의 기호

(2) 푸시 버튼 스위치(Push Button Switch)

누름 버튼 스위치라고도 하며 사람이 손으로 눌러서 조작하는 스위치를 말한다. 종류는 누르고 있는 동안만 동작하고 손을 떼면 원상태로 복귀하는 복귀형과 일단 조작하면 다시 조작할 때까지 접점을 유지하는 유지형이 있다. 그림 1-4는 푸시버튼 스위치의 a, b접점을 나타낸 것이다.

	KS기호	IEC기호
c접점	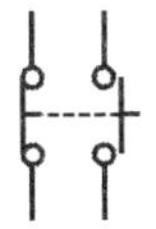	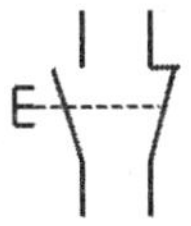

[그림 1-4] 푸시버튼 스위치의 a, b접점

(3) 셀렉터 스위치(Selector Switch)

셀렉터 스위치는 왼쪽 방향 또는 오른쪽 방향으로 조작을 하며 반대 조작이 있을 때까지 조작 접점 상태를 유지하는 유지형 스위치로서 운전-정지, 자동-수동, 연동-단동 등의 절환 스위치로 사용된다. 셀렉터 스위치는 a접점과 b접점을 모두 가지고 있으며 주로 c접점으로 만들어 사용하는 경우가 많다. 그림 1-5는 셀렉터 스위치의 a, b접점을 나타낸 것이다.

	KS기호	IEC기호
c접점	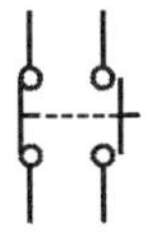	

[그림 1-5] 셀렉터 스위치의 a, b접점

> **Tip** 전기기능장 시험에서 푸시버튼 스위치와 셀렉터 스위치는 a, b접점을 이용하여 c접점으로 만들어 사용하여야 하는데 이 방법을 잘 몰라서 실수하는 경우가 종종 있다. 다음 그림 1-8을 참조하여 연결하면 된다.

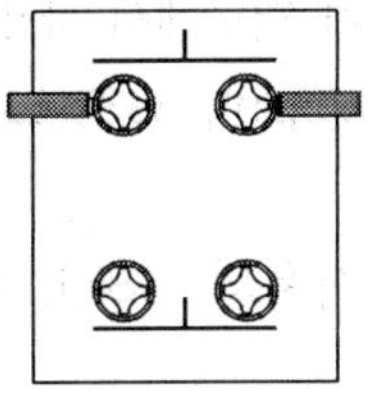

[그림 1-6] a접점 연결
[그림 1-7] b접점 연결 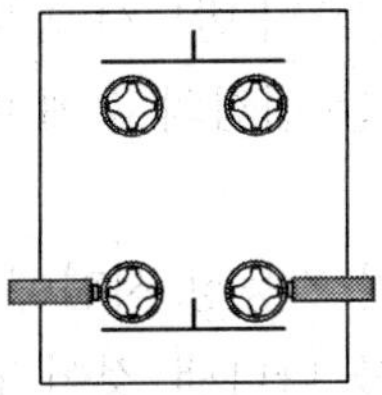
[그림 1-8] c 접점 연결

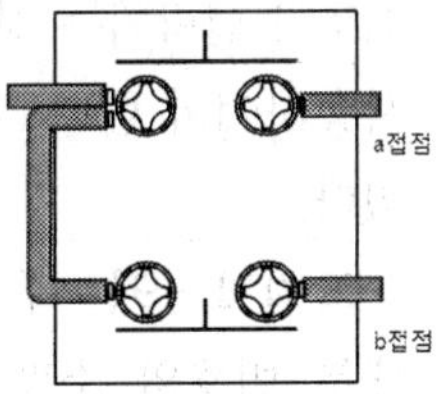

1.2.2 전자 계전기(Electromagnetic Relay)

(1) 전자 계전기의 종류

전자 계전기의 종류에는 여러 가지가 있으며 형태에 따라 힌지형 계전기(Relay 종류)와 플런저형 계전기(MC 종류)로 크게 분류할 수 있으며, 전자 계전기의 종류에는 보조 계전기(릴레이), 한시 계전기(타이머), 전자 접촉기(MC)등 여러 가지가 있으며 사용시 조작 전원의 정격, 필요한 접점의 수, 제어 전원의 용량 등을 고려하여 특성에 맞게 선택하여야 한다.

① 보조 계전기(Relay) : 용량이 작고 많은 접점을 이용할 수 있는 계전기
② 한시 계전기(Timer) : 시간 지연 회로가 첨부된 계전기
③ 전자 접촉기(MC, PR) : 주로 전동기 주 회로에 사용하는 계전기
④ 전자 개폐기(MS) : 전자 접촉기에 열동형 과부하계전기를 부착한 계전기

(2) 전자 계전기의 기능

전자 계전기에는 증폭기능, 변환기능, 연산기능, 조정·경보 기능, 다 회로 동시 제어기능 등이 있으며 이를 정리하면 다음과 같다.

① 여자에 필요한 전압, 전류의 값보다 매우 큰 값의 회로를 개폐하는 능력
② 하나의 신호로 몇 개의 회로를 동시에 개폐할 수 있는 기능
③ 여러 개의 릴레이를 조합하여 판단 기능을 가진 논리 회로를 만들 수 기능

(3) 릴레이(Relay)

릴레이는 푸시버튼 스위치와는 달리 사람의 손으로 동작되는 것이 아니라 릴레이 내의 전자석에 의해 동작되며, 전자석 코일에 전류가 흐를 때만 접점이 동작하는 스위치의 일종으로 코일부와 접점부로 나누어지고 기호로 나타낼 경우에도 나누어 표시한다.

접점은 a접점과 b접점이 연동으로 동작하는 접점을 주로 사용하며 이를 c접점이라 한다. c접점은 a접점, b접점을 동시에 사용할 수도 있고 별도로 한 접점만 사용할 수도 있다. 특히 c접점에서 a접점, b접점을 동시에 사용할 경우에 c접점(공통접점)으로 인하여 회로가 단락되는 경우가 있으니 반드시 공통 접점부가 회로에서 사용되고 있는지 확인하고 사용하여야 한다. 릴레이는 접점의 수에 따라 2a2b(8pin), 3a3b(11pin), 4a4b(14pin)등이 있다.

그림 1-9는 주로 전기 기능장 시험에 재료로 사용되는 8핀, 11핀, 14핀 릴레이의 내부 번호와 소켓 번호를 나타낸 것이다.

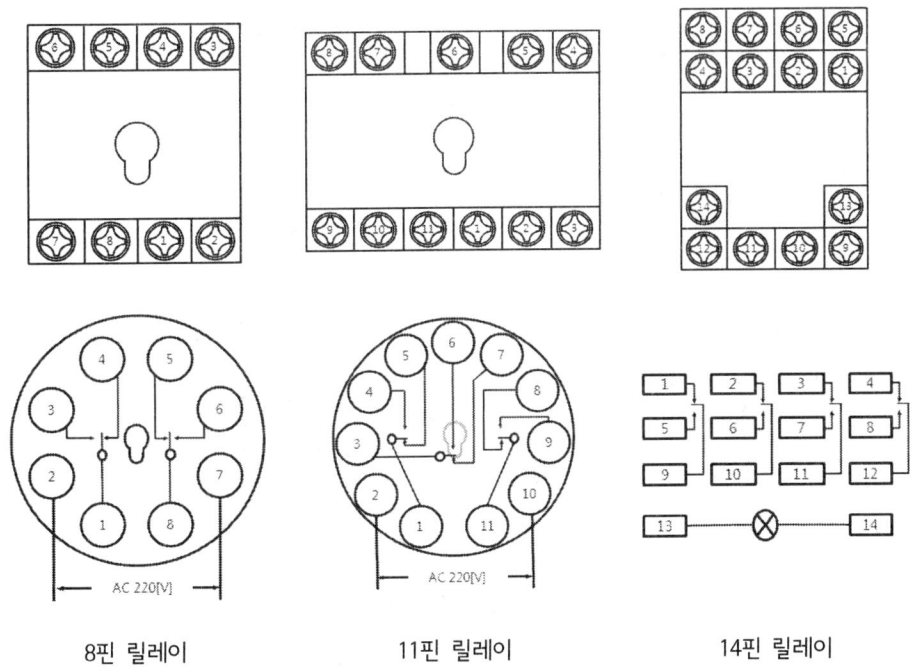

[그림 1-9] 릴레이 종류별 내부번호와 소켓 번호

> **Tip** 전기기능장 시험시 릴레이의 경우 시퀀스 회로에서 a접점, b접점을 동시에 사용할 경우에 c접점(공통접점)을 사용할 개소를 정확히 판단하여 접점 번호를 부여해야 한다. 잘못 사용하면 회로가 단락되는 경우가 있으니 반드시 공통 접점부가 시퀀스 회로에서 공통으로 사용되고 있는지 확인하고 사용하여야 한다. 또 한 각 접점의 번호를 회로 상에 중복 사용하여서는 안 된다. 또한 14핀 릴레이의 경우에는 내부회로와 베이스 번호가 다르므로 반드시 베이스 번호를 숙지하여 결선하여야 한다.

(4) 전자 개폐기(MS : Electromagnetic Switch)

전자 접촉기(MC : Magnetic Contactor)는 전동기와 같이 비교적 대용량에 사용 하는 계전기이고, 전자 개폐기(MS : Electromagnetic Switch)는 전자 접촉기와 열동형 과부하계 전기(THR)를 결합하여 조작 스위치로 사용하는 계전기를 말한다. 접점은 주 접점과 보조 접점으로 분류하여 사용해야 하며, 주 접점은 전동기의 주회로 접점으로 보조접점은 보조회로 접점으로 사용하며 4a1b, 5a2b 등을 주로 사용한다.

18 제1장 시퀀스 제어 기초

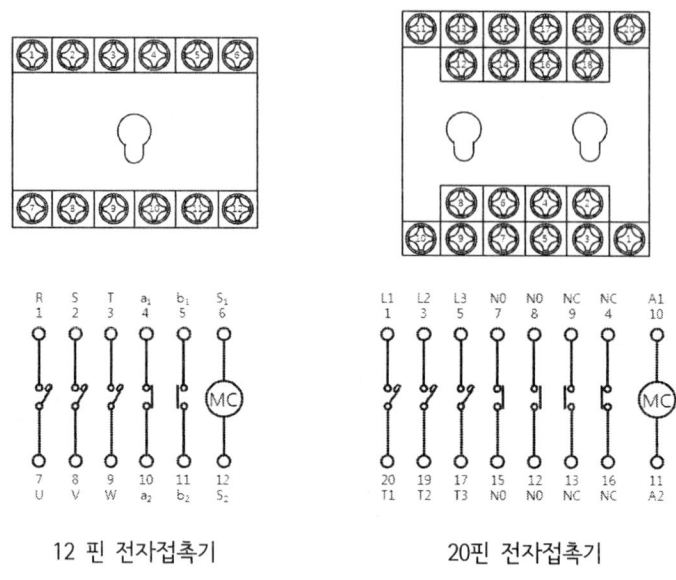

12 핀 전자접촉기   20핀 전자접촉기

[그림 1 - 10] 전자 접촉기의 내부 회로 번호와 소켓 번호

(5) 과부하 계전기(Over Load Relay)

과부하 계전기(Over Load Relay)는 부하의 이상에 의한 정상 전류의 증가를 검지하여 작동하는 전동기 보호 장치이며, 일반적으로 열동형과 전자형이 있다. 열동형 과부하계전기(THR : Thermal Overload Relay)는 일반적으로 바이메탈을 이용하여 과전류를 검출하고, 전자식 과전류 계전기(EOCR : Electronic Over Current Relay)는 전자 부품을 이용하여 동작하므로 동작이 확실하고 또한 결상 운전 등을 방지할 수 있다. 그림 1-11은 과부하 계전기의 외형과 개략도 내부회로도이다.

① a접점 : 경보용 접점 - 경보 램프 점등에 사용
② b접점 : 조작 회로용 접점으로 전자 접촉기의 여자 회로 차단(소자)
③ 복귀는 수동으로 한다.

> **Tip** 전기기능장 시험시 THR이나 EOCR의 경우 c접점(공통접점)을 반드시 공통 접점부의 회로에 사용하여야 한다. 그림 1-11에서 베이스 번호 10, 11번이 c접점이다.

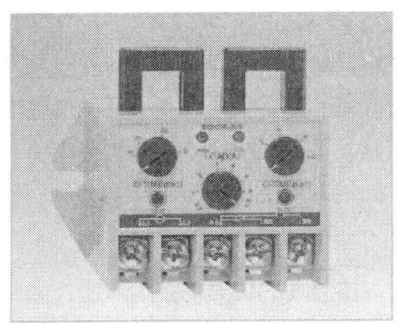
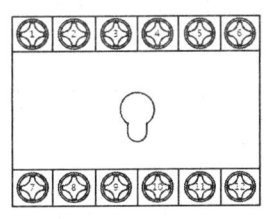
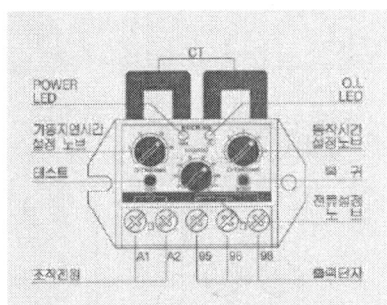
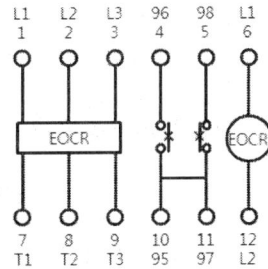

과부하계전기외형도 및 개략도   과부하계전기 베이스 및 내부회로도

[그림 1 - 11] 과부하 계전기의 외형과 그림 기호

1.2.3 한시계전기(Timer)

(1) 정의

한시계전기는 입력신호를 받아 설정된 시간이 경과한 후 동작이 되는 일종의 계전기이다. 시간을 계산할 때에는 소형의 전동기를 사용하는 방법과 전자회로를 사용하는 방법이 있는데 주파수의 영향을 받는 경우가 있으므로 이를 고려해야 한다. 우리나라의 경우에는 교류전압의 상용주파수가 60[Hz]이므로 50/60[Hz]의 기구에서는 60[Hz]로 조정하여 사용한다. 접점 등은 계전기와 같지만 접점의 동작을 시간을 두고 동작시킬 수 있다는 것이 가장 큰 차이점이다.

(2) 타이머 접점의 동작

접점의 동작은 한시동작접점과 한시복귀접점이 있다. 한시동작접점은 동작하는데 시간이 걸리는 접점으로, 타이머 기동 후 설정된 시간이 지나서 접점이 동작한다. 한시복귀접점은 복귀하는데 시간이 걸리는 접점으로, 타이머 기동과 동시에 접점이 동작하고 설정된 시간이 지난 후에 원래의 위치로 복귀되는 접점이다.

대부분 a접점과 b접점은 한 쪽을 공통(c접점)으로 하여 사용되게 만들어져 있다. 다음은 동작에 따라 구분하여 정리한 것이다. 그림 1-12는 타이머의 베이스 구조와 번호,

내부 회로도를 표시한 것이다.

① 한시 동작형 : 전압이 가해진 다음 일정 시간이 경과하면 접점이 동작하며, 전압이 제거되면 순시에 접점이 원상 복귀하는 것으로 ON Delay Timer이다.

② 한시 복귀형 : 전압을 가하면 순시에 접점이 동작하며, 전압이 제거된 다음 일정 시간 후에 접점이 원상 복귀하는 것으로 OFF Delay Timer이다.

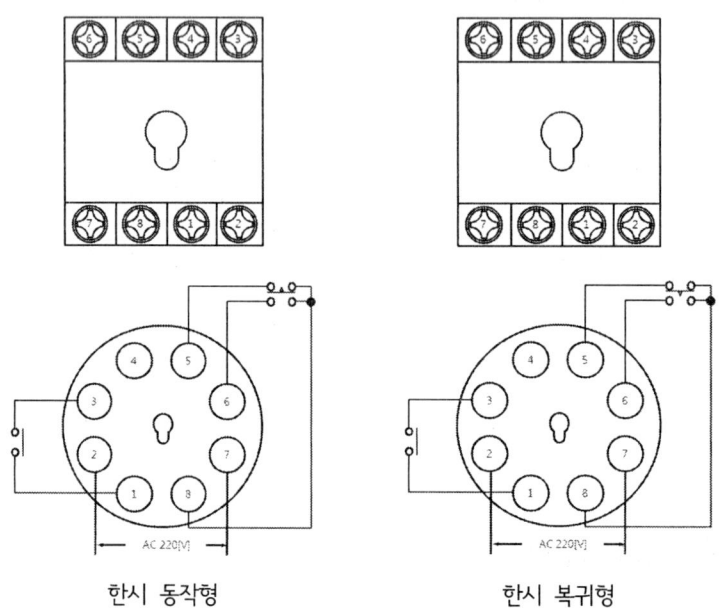

한시 동작형   한시 복귀형

[그림 1 - 12] 타이머의 내부 회로 번호와 소켓 번호

(3) 타이머(Timer) 동작형식에 따른 분류

① 동작 시간이 늦은 한시 동작 타이머(ON Delay Timer)
- (On delay timer, 시한 동작 순시 복귀형)
- 타이머 코일에 전기를 공급(여자-동작하지 않음)
- 정해진 시간(t)이 지나면 타이머가 동작 : 시한동작
- 전기를 끊으면 복귀

② 복귀시간이 늦은 한시 복귀 타이머(OFF Delay Timer)
- (Off delay timer, 순시 동작 시한 복귀형)
- 타이머 코일에 전기를 공급(동작함)
- 전기를 끊으면 순간 복귀하지 않고
- 정해진 시간(t)이 지나면 타이머가 복귀 : 시한복귀

③ 동작과 복귀가 모두 늦은 순한시 타이머(ON OFF Delay Timer)
- (On Off delay timer, 시한 동작 시한 복귀형)
- 타이머 코일에 전기를 공급(여자-동작하지 않음)
- 전기를 넣으면 바로 동작하지 않고 t초 후에 동작하고,
- 전기를 끊으면 순간 복구하지 않고 t초 후에 타이머가 복구

1.2.4 카운터(Counter)

(1) 정의 및 종류

카운터(Counter)는 계수기라고도 하며 숫자를 세는 기기로서 입력 신호를 전달 요소로 하여 입력 신호가 들어올 때마다 설정 값으로부터 1씩 감산을 하여 0이 되면 출력을 하는 내림 카운터(Down Counter)와 입력 신호가 들어올 때마다 1씩 가산하여 설정 값에 도달 하면 출력하는 올림 카운터(Up Counter)가 있다. 또한 작동 원리에 따라 적산 카운터, 프리셋 카운터, 메이저 카운터 등으로 분류 한다.

① 적산 카운터 : 계수 입력시마다 1씩 수치가 증가하거나 감소하는 카운터
② 프리셋 카운터 : 설정 수치까지 계수하였을 때 제어 출력이 동작하는 카운터
③ 메이저 카운터 : 멀티 모드와 디바이더 모드를 가진 카운터로 멀티 모드는 1개의 입력 신호에 의하여 설정치를 곱해서 표시하는 모드이며, 디바이더 모드는 설정 값만큼 신호가 들어오면 1씩 표시하는 모드 이다. 그림 1-13은 카운터의 베이스 번호와 내부 회로도이다.

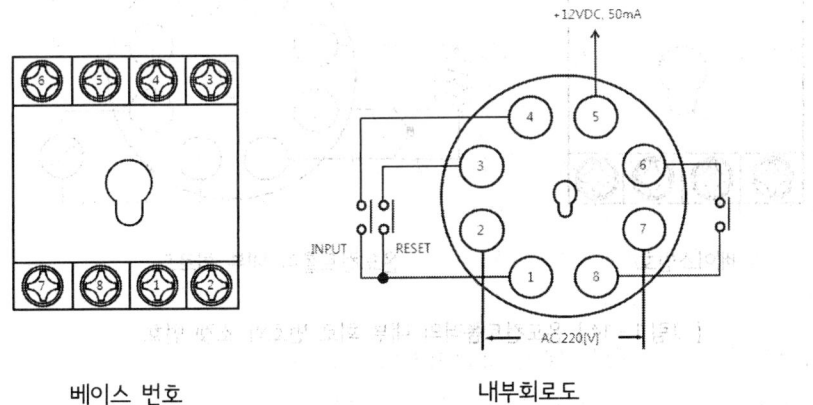

베이스 번호   내부회로도

[그림 1-13] 카운터의 내부 회로 번호와 소켓 번호

1.2.5 온도컨트롤러(Temperature Controller)

(1) 정의

온도측정은 센서의 측정 원리면에서 접촉식과 비접촉식으로 구분된다. 접촉식은 센서를 대상물에 직접 기계적으로 접촉하여 양 자의 열평형 상태로부터 센서온도를 측정하는 방법이고 비접촉식은 대상물에서 방사되는 열 방출을 감지하여 열방사원의 온도를 구하는 방식이다.

온도 제어를 하기 위한 자동 제어 장치의 검출부와 조절부를 겸한 기기로서 비례식 온도 조절기와 ON·OFF식 온도 조절기가 있는데 전기기능장 시험에 재료로 사용되는 온도 조절기는 ON·OFF식 온도 조절기를 사용한다. 그림 1-14는 온도컨트롤러의 외형과 접속도를 나타낸 것이다.

① Burn Out 검출 기능 : 열전대 단선시 출력을 OFF하는 기능
② 전압출력 : 전압출력은 전압자체로 부하를 제어하는 일은 적고 외부 SSR의 구동을 목적으로 하여 12V DC±3V 20mA Max를 출력으로 함
③ 정·역 동작 : 역동작은 지시치가 설정치보다 낮을 때는 출력을 ON하는 동작을 말하며 가열시 에는 역동작으로써 사용한다. 정동작은 역동작과 반대로 동작을 행하며 냉각의 경우에 사용한다.
④ 주로 C접점을 이용하며 C-L(a접점), C-H(b접점)접점을 사용한다.

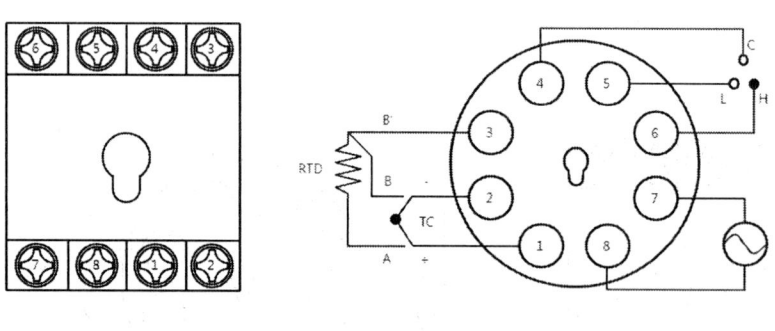

베이스번호   온도컨트롤러 내부 회로도

[그림 1-14] 온도컨트롤러의 내부 회로 번호와 소켓 번호

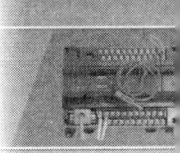

1.2.6 플로트레스 스위치(Floatless Switch)

(1) **정의**

플로트레스 계전기라고도 하며, 공장의 각종 액면제어를 할 때 사용하며, 농업용수, 정수장, 오수처리장, 및 일반 가정의 상하수도 등에 다목적으로 사용된다. 소형 경량화 되어 설치가 편리하며 입력전압은 주로 220V이고, 전극은 8V로 동작된다. 종류로는 압력식, 전극식, 전자식 등이 있으며 베이스를 사용하는데 8핀, 11핀 등이 있다.

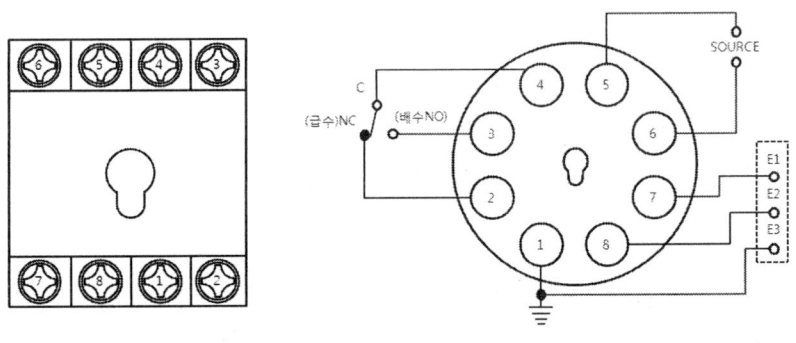

베이스번호 　　　　　플로트레스 스위치 내부 회로도

[그림 1 - 15] 플로트레스 스위치의 내부 회로 번호와 소켓 번호

1.2.7 플리커 릴레이(Flicker Relay)

(1) **정의**

플리커 릴레이는 주로 경보회로나 표시회로에 사용되며 플리커 릴레이에 전원이 투입되면 설정시간에 따라 a접점과 b접점이 교대 동작되고, 동작시간은 사용자가 임의로 조정할 수 있도록 되어 있다.

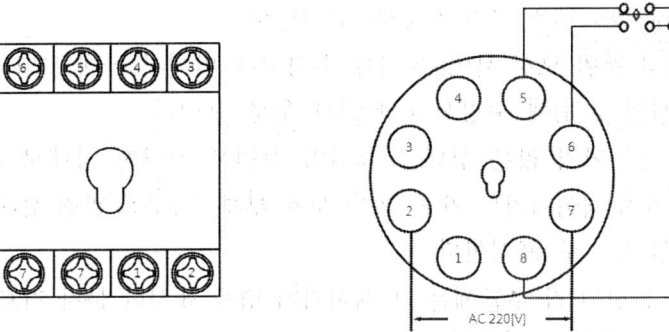

베이스 번호 　　　　　플리커 릴레이의 내부 회로도

[그림 1 - 16] 플리커 릴레이의 내부 회로 번호와 소켓 번호

1.3 시퀀스도 작성 규칙

(1) 횡서와 종서

① 종서 시퀀스도의 작도법

- 제어 전원 모선은 도면 상하 방향 – 가로선
- 접속선은 제어 전원 모선 사이 세로선
- 제어기기는 작동 순서에 따라 좌에서 우로

② 횡서 시퀀스도 작도법

- 제어 전원 모선은 도면 좌우 방향 – 세로선
- 접속선은 제어 전원 모선 사이 가로선
- 제어기기는 작동 순서에 따라 위에서 아래로

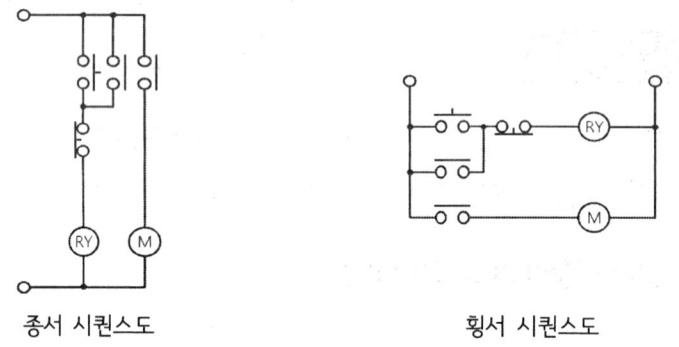

종서 시퀀스도 　　　　　 횡서 시퀀스도

[그림 1-17] 종서와 횡서 시퀀스도

(2) 시퀀스도 작성 규칙

① 제어 전원 모선은 상세하게 표시하지 않고 도면 상하에 가로선을 그리거나(종서) 도면 좌·우에 세로선을 그려서(횡서) 표시한다.
② 접속선은 상하 전원 모선 사이(종서)에 수직선을 위에서 아래로 그리거나 좌·우 전원 모선 사이(횡서)에 수평선을 좌에서 우로 그린다.
③ 제어기기는 작동되지 않은 상태로 그리며 전원은 차단한 상태로 그린다.
④ 개폐접점을 가진 제어기기는 기구, 지지 보호 부분, 기구적 관련 상태는 생략하고 접점 및 코일 등으로 표시한다.
⑤ 제어 기기가 분산된 각 부분에는 그 제어기기 명을 표시한 문자 기호를 첨가하여 기기의 관련 상태를 표시한다.

chapter 2

PLC
(Programmable Logic Controller)

chapter 2

PLC (Programmable Logic Controller)

2장 PLC(Programmable Logic Controller)

2.1 PLC의 개요

2.1.1 PLC의 정의

PLC(Programmable Logic Controller)란 종래에 사용하던 제어반내의 릴레이, 타이머, 카운터 등의 기능을 LSI, 트랜지스터 등의 반도체 소자로 대체하여 기본적인 시퀀스제어 기능에 수치연산기능을 추가하여 프로그램 제어가 가능하도록 한 자율성이 높은 제어 장치로 PLC의 정의는 다음과 같다.

'디지털 또는 아날로그 입·출력 모듈을 사용하여 여러 가지 종류의 기계와 프로세서를 제어하기 위한 로직, 시퀀스, 타이밍, 계수, 연산과 같은 특수한 기능을 수행하기 위한 명령을 내부에 기억하는 Programmable 메모리를 사용하여 디지털 작동을 하는 제어 장치이다.'

2.1.2 PLC의 적용분야

설비의 자동화와 고능률화의 요구에 따라 PLC의 적용 범위는 확대되고 있고, 특히 공장 자동화(FMS : Flexible Manufacturing System)에 따른 PLC의 요구는 과거 중규모 이상의 릴레이 제어반 대체 효과에서 현재는 기능화, 고속화 추세로 소규모 공작기계에서 대규모 시스템 설비에 이르기 까지 적용되고 있다.

[표 2-1] PLC의 적용분야

분 야	제어대상
식료산업	컨베이어 총괄 제어, 생산 라인 자동 제어
제철·제강 산업	압연 라인 제어, 배연 설비 제어
섬유·화학 공업	원료 수송 제어, 직조 염색 라인 제어
자동차 산업	자동조립라인제어, 도장라인제어, 용접기제어
기계 산업	산업용 로봇제어, 공작기계제어
상하수도	정수장제어, 하수처리제어, 송·배수 펌프제어
물류 산업	자동창고제어, 하역설비제어, 냉·온 창고 온도제어
공장 설비	압축기 제어, 자동화설비 제어
공해 방지 산업	소각로 자동제어, 공해 방지기 제어, 배연설비제어

2.1.3 릴레이 제어와 비교

릴레이와 PLC는 시스템 전체 제어를 행하는 인체의 두뇌와 같은 역할을 하는 프로세서라는 점에서는 그 기능은 같으나 여러 가지 면에서 상이하다. 릴레이가 기계적으로 접점을 개폐하여 제어를 행하는 것에 비해 PLC는 마이크로프로세서를 중심으로 각종 IC(논리 게이트, 메모리)를 이용해 제어를 하므로 반도체 부품으로 구성된 전자 장치의 양산성이 우수하다.

PLC는 소형화·집적화가 가능하고, 처리 속도가 빠르며, 기계적인 접촉 부분이 없고 고장 발생이 적고 신뢰성이 높기 때문에 릴레이를 대체한 프로세서로 확고히 자리 잡고 있으나, 전동기 기동을 위해서는 전자 접촉기나 전자 개폐기가 부가 사용되고 있다.

또한 PLC 제어는 다른 전자 장치들과 연계(Interface)하는 것이 가능하고 보수·유지 시간이 적게 소요되어 시스템 전체적인 정지 시간(Down Time)을 줄일 수 있어 경제적이며, 프로그램으로 제어를 행하므로 큰 규모의 복잡한 제어도 쉽게 처리할 수 있다.

[표 2-2] 릴레이 제어와 PLC 제어의 비교

구 분	릴레이 제어	PLC제어
제어반의 크기	크다	작다
시스템의 구성시간	길다	짧다
신뢰성	접점 마모·용착 등의 접촉 불량으로 신뢰성이 낮다.	기계적인 접촉이 없으므로 신뢰성이 높다.
제어반의 보수	매우 어렵다.	아주 쉽다.
시스템 확장	확장되는 만큼 시간 및 비용이 추가된다.	기존의 설비에 약간의 노력만 부담하면 가능하다.
제어의 변경	배선을 모두 바꿔야 한다.	프로그램 변경만으로 가능하다.
컴퓨터와의 호환성	없다	있다
노이즈	우수	양호
가격	매우 저가이다.	저가
기타	기술적으로 이해하기 쉽다.	프로그램 작성법을 숙지해야 한다.

2.1.4 컴퓨터 시스템과 다른 점

PLC와 컴퓨터의 다른 점은 사용 언어와 프로그램 설계에 있다. PLC는 동작 상태를 글로 표현할 수 있고, 릴레이를 이용한 레더 방식으로 표현할 수도 있으며 심벌이나 특정한 지시어를 이용하며, 반도체 논리나 컴퓨터 프로그램 언어를 이용하여 같은 내용의 제어를 행하는 프로그램을 작성할 수 있다. 이 중 릴레이 도표를 이용한 것이 레더 언어로 사용자들이 쉽게 익힐 수 있다.

　PLC는 릴레이 레더 방식 외에 불 대수와 식에 기초를 둔 프로그램 언어도 있다. 따라서 PLC는 독특한 프로그램 언어를 갖는 특수용 컴퓨터라 볼 수 있다.

2.1.5 PLC의 장·단점 및 특징

(1) **소프트웨어의 용이성** : PLC는 종래의 자동화 시스템에 사용되던 유접점 및 무접점 릴레이 등에 대치되는 것이다.

　① 유접점, 무접점 릴레이를 사용하던 사용자가 특별히 전문적인 교육을 받지 않아도 쉽게 이해할 수 있는 소프트웨어이다.

　② 계산기와 달리 제어 기능의 효과적 수행이 목적이지 그것을 실현하는 장치를 목적으로 하지 않는다.

　③ PLC를 사용한 시스템을 현장에서 보수하고 보전하는 과정에서 PLC에 대한 특별한 지식 없이 쉽게 이해된다.

　④ PLC에서는 외부 동작(제어 사양)이 내부 동작(프로그램)으로 쉽게 변환이 되었을 뿐만 아니라 내부의 직렬 동작 프로그램이 외부의 병렬 동작으로 대응되는 형태의 소프트웨어로 되어 있다.

(2) **보수의 용이성**

　① 생산 현장에서의 조작 및 취급성이 고려된 프로그래머에 의해 쉽게 내부 동작 프로그램을 변경할 수 있고, 그 실행 상태를 종래의 시퀀스 제어 기술로 쉽게 파악할 수 있다. 이처럼 프로그래머는 PLC와 시퀀스 제어 기술을 연결시키는 것으로서 PLC의 본질적인 특징이다.

　② 프로그래머는 하드웨어(Hardware)나 소프트웨어(Software)의 보수 및 감시를 용이하게 할 수 있는 디버그(Debug)기능을 구비하고 있다.

　③ 프로세스 직결성

　　프로세서와 직결하여 제어를 실행하는 PLC프로세서와 직결할 수 있는 입·출력을 가지고 있다. 이 입·출력은 외부 기기와 CPU의 중간에 위치하며 외부 기기로부터 신호를 논리 레벨로 변환하는 기능과 CPU로부터 논리 레벨로 받은 출력 값을 외부 기기가 구동될 수 있는 레벨까지 변환하는 기능을 갖추고 있다.

　④ 배선 및 설치의 용이

　　릴레이 제어반을 제작할 때 납땜이나 결선 작업 등 많은 공임이 소요되나 PLC에서는 이러한 것들이 프로그램으로 간단히 처리되며, 동일한 사양일 경우 프로그램을 Tape나 디스켓, ROM 등에 저장 및 Copy가 가능하다.

　⑤ 설치 면적이 작다.

반도체를 사용하였으므로 종래의 제어반보다 설치 면적을 작게 할 수 있다.
⑥ 수명이 반영구적이다.
무접점 회로를 택함으로써 유접점 릴레이에 비해 신뢰성이 높고 수명이 길다.

(3) PLC의 단점

① 표준화되어 있지 않고 생산 회사마다 다른 프로그램 언어를 사용함에 따라 호환성이 없다.
② 소규모 제어 회로에서는 릴레이 제어 방식보다 가격이 비싸다.

2.2 PLC의 구조

2.2.1 하드웨어 구성

PLC는 마이크로프로세서(Microprocessor) 및 메모리를 중심으로 구성되어 인간의 두뇌 역할을 하는 중앙 처리 장치(CPU), 외부 기기와의 신호를 연결시켜 주는 입력부와 출력부 각 부에 전원을 공급하는 전원부, PLC 내의 메모리에 프로그램을 기록하는 주변 장치로 구성되어 있다. 그림 2-1은 PLC의 전체 구성도를 나타낸 것이다.

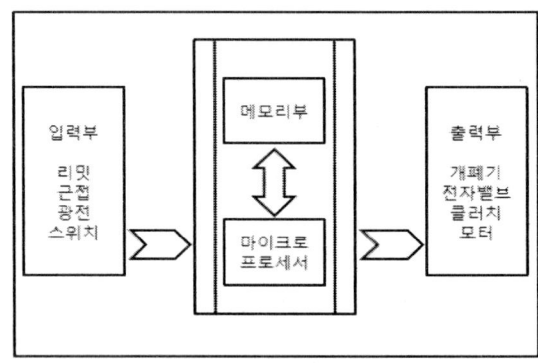

[그림 2-1] PLC의 구성

2.2.2 중앙 처리 장치

CCU는 PLC의 두뇌에 해당하며 모든 제어가 이루어지는 부분이다. PLC의 기능이라 함은 대부분 CCU의 기능을 말한다. 이 CCU의 구성은 다시 CPU, 메모리, 입·출력 제어부, BUS, Interface로 나누어 생각할 수 있다.

CPU는 PLC의 두뇌에 해당되는 부분으로서 메모리에 저장되어 있는 프로그램을 해독하여 처리 내용을 실행한다. 이 절차는 매우 빠른 속도로 반복되며 모든 정보는 2진수로 처리된다.

(1) 메모리부

CCU의 제어와 동작 명령을 저장하는 기능을 가지며 종류로는 ROM과 RAM이 있다. ROM(Read Only Memory)는 읽기 전용으로 메모리 내용을 변경할 수 없기 때문에 고정된 정보를 저장한다. 이 영역의 정보는 전원이 차단되어도 기억 내용이 보존되는 불 휘발성 메모리이다. RAM(Read Access Memory)은 메모리에 정보를 수시로 읽고 쓰기가 가능하여 정보를 일시 저장하는 용도로 사용되나, 전원이 차단되면 기억시킨 정보를 상실하는 휘발성 메모리이다.

(2) CPU의 내부 구조와 기능

① 어드레스 제어 : CPU에 입력하고자 하는 데이터가 들어 있는 메모리 어드레스를 어드레스 버스로 출력한다.

② 데이터 버스 제어 : 어드레스 버스로 지정된 메모리의 내용이 읽는 명령이면 명령 레지스터로, 쓰는 명령이면 메모리로, 연산용 데이터는 ALU와 연결한다.

③ ALU : 산술이나 논리 연산을 한다.

④ 명령 레지스터 : 데이터 버스 제어에 의해 받아들인 데이터가 명령어일 때 이곳에서 내용 판단을 위해 명령 디코더로 보내진다.

⑤ 명령 디코드 CPU제어 : 명령 레지스터가 보내온 명령을 해독하여 실행할 때 경우에 따라서는 제어에 필요한 신호를 외부에서 얻는다.

⑥ CPU 레지스터 : CPU 내부에 있는 소용량의 메모리와 같은 것으로 데이터를 일시 기억하거나 연산의 보조 역할을 한다.

(3) CPU를 내장한 PLC의 특수한 용도로 제어에 응용되는 CCU 기능

① 연산 기능 : 덧셈, 뺄셈, 곱셈, 나눗셈이 주로 2진으로 처리되며 10진 변환 기능도 갖추고 있다.

② 타이머 : 릴레이 시퀀스와 같은 경우 특정한 시간 동안 동작 상태를 유지하거나 지연 시켜야 할 경우 내부에 대략 수 십 개의 타이머를 갖고 있으며, 0.01 ~ 999.9 초 정도의 지연이 가능하다.

③ 카운터 : 특정한 수량 및 횟수를 계수하는 기능으로 전체적인 작업량 값과 반복동작을 수행시킬 수 있으며 증가와 감소 계수가 가능하다. 계수할 수 있는 양은 대략 0 ~ 65536까지 가능하다.
또한 프로그램에 의해 사용 가능한 소프트웨어 카운터와 입력 신호를 계수할 수 있는 고속 하드웨어 카운터가 있는데 일반적으로 소프트웨어 카운터를 의미한다. 하드웨어 카운터는 스캐닝타임 등으로, 소프트웨어 카운터는 계수하기 힘든 10 이하의 입력 펄스를 계수하기 위해 사용된다.

④ 레지스터 : 특정한 I/O 상태 및 연산 결과 등을 기억하는 데 사용된다. 레지스터는

많을수록 좋으나 저 용량 메모리 PLC에서는 사용자 프로그램 영역이 감소되는 수가 있다.

⑤ 플래그 : 동작의 특정 상태나 I/O등의 상태를 메모리에 표시하는 기능은 레지스터와 같으나 bit단위로 사용이 가능한 점 등이 레지스터와 다르다.

⑥ 멀티 프로세싱 : 1개의 CCU가 2개 이상의 프로그램을 독립적으로 동시에 수행하는 기능으로 1개의 CCU로 2개 이상의 CCU를 사용하는 것과 같은 효과를 얻을 수 있다. 이것은 대부분의 PLC가 스캔 방식으로 프로그래밍에 따라 예기치 못한 오동작을 일으킬 때 분리된 프로그램으로 작성할 수 있게 하여 해결해 준다.

⑦ 패리티 체크 : 데이터를 송·수신할 때에 에러가 발생되었는지를 확인하기 위해 사용되는 기능으로 짝수 패리티와 홀수 패리티가 사용되며, 사용하지 않는 경우도 있다.

⑧ 자기 진단 : 장치 내에 고장이 발생하였을 경우 고장 부위 및 상태를 표시하도록 하여 고장 수리가 단시간 내에 가능한 기능이다.

⑨ 시뮬레이션 : 작성된 프로그램을 현장에 적용시키기 전에 프로그램을 작동시켜 프로그램의 이상 유무 및 제어 상태를 확인할 수 있는 기능으로 타이머, 카운터, 플래그, 레지스터 등의 모든 내부 값을 변경하거나 표시할 수 있어 초보자일지라도 길고 복잡한 프로그램을 개발하고 에러를 수정할 수 있도록 해주는 PLC의 고급 기능이다.

⑩ 인터럽트 : 입력 신호, 타이머, 카운터 등에 의하여 지정될 수 있는 이 기능은 신호가 입력되거나 조건이 만족할 경우 수행 중인 프로그램은 즉시 중단되고 미리 지정되어 있는 인터럽트 프로그램이 수행되며, 인터럽트 프로그램이 완료됨과 동시에 인터럽트 전에 수행되던 프로그램으로 복귀하여 계속 프로그램이 진행되는 기능으로 비상 업무 처리를 위해 아주 중요한 기능이다.

(4) 인터페이스(Interface)

인터페이스는 FA(Factory Automation)및 FMS(Flexible Manufacturing System)를 실현하기 위한 매우 중요한 PLC 기능이다. 이 기능을 통해서 컴퓨터 주변 기기, 일반 사무용 컴퓨터 및 다른 CCU와의 자료 전송이 가능하게 된다.

전송 방식에는 Serial 방식과 Parallel 방식이 있는데 속도는 조금 떨어져도 경제성을 고려할 때 대부분 시리얼 방식을 이용한다. 일반적인 시리얼 방식에는 유럽에서 많이 사용하는 20[mA] Curret 방식과 미국에서 많이 사용하는 RS-232C(24[V]) 방식이 있으며, 후자를 많이 사용한다.

2.2.3 PLC의 입·출력 부

PLC의 입·출력 제어부는 처리된 신호가 입·출력되는 부분으로 입·출력 신호를 기억시키는 일종의 메모리 형태인 Buffer로 구성되어 있고 단자를 통하여 현장의 외부 기기에 직접 접속하여 사용한다. PLC 내부는 DC +5[V]의 전원(TTL 레벨)을 사용하지만 입·출력부는 다른 전압 레벨을 사용하므로 PLC내부와 입·출력의 접속(Interface)은 시스템 안정에 결정적인 요소가 된다.

PLC의 입·출력부는 다음의 사항이 요구된다.
① 외부 기기와 전기적 규격이 일치해야 한다.
② 외부 기기로부터의 노이즈가 CPU 쪽에 전달되지 않도록 해야 한다.
③ 외부 기기와의 접속이 용이해야 한다.
④ 입·출력의 각 접점 상태를 감시할 수 있어야 한다.

(1) **입력부**

입력부는 CCU의 입·출력 제어부와 Bus를 통하여 연결되며 통상 모듈화 하여 기본에서 필요한 만큼 확장이 가능하다. 외부 신호와 CCU 내부의 신호(5V) 와의 전위차를 일치시켜 주는 일종의 컨버터라 할 수 있다.

사용 전압은 교류용으로 110[V], 220[V], 240[V],가 있으며 직류용으로 5[V], 12[V], 24[V], 48[V], 50[V]가 있다. 그러나 어떤 전압을 사용하더라도 CCU로 넘겨주는 최종 신호는 DC 5[V]가 되도록 되어 있다.

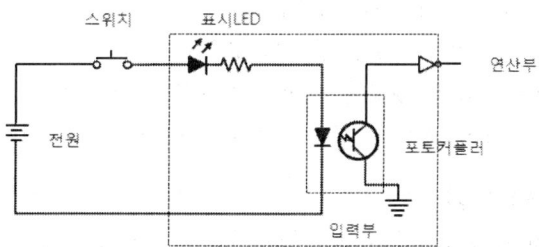

[그림 2-2] PLC의 구성

입력 신호용으로 사용되는 외부 기기는 조작입력을 할 수 있는 푸시버튼 스위치, 선택스위치, 토글스위치 등을 사용하고, 검출입력을 할 수 있는 센서로는 리밋스위치, 광전센서, 근접센서, 레벨센서 등이 있다.

(2) 출력부

출력부에는 내부 연산의 결과를 외부에 접속된 계전기, 솔레노이드, 램프 등에 신호를 전달하여 구동 시키는 부분이다. PLC 종류에 따라 AC 또는 DC 신호를 5[V]~240[V]까지 사용할 수 있도록 모듈화 되어 있다. 일반적으로 출력부는 전원을 ON, OFF시켜 단순히 출력 신호를 공급·차단하는 역할을 하게 된다. 이 밖에 출력부에는 출력단의 단락으로 인한 과전류 방지 회로가 내장되어 있다. 출력의 종류에는 릴레이 출력, 트랜지스터 출력, SSR(Solid State Relay) 출력 등이 있고, 그 밖에 출력 모듈로는 아날로그 출력(D/A) 모듈, 위치 결정 모듈 등이 있으므로 PLC 선정시 주의가 필요하다.

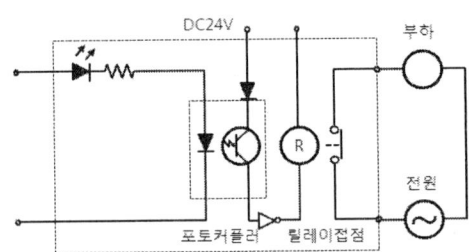

[그림 2-3] 출력부

2.2.4 기억 장치

(1) 저장 위치(Storage position)

디지털 기억 장치는 1과 0의 조합으로 만들어지는 2진 정보를 받아들여 저장하는데, 가장 작은 저당 단위인 1bit를 저장할 수 있는 것으로 몇 개의 저장 위치는 메모리 셀(Memory cell)을 형성하여 데이터 워드(Data word)를 저장하고, 여러 개의 데이터 워드는 메모리 블록(Memory block)을 형성하여 데이터 블록을 받아들일 수 있게 된다.

(2) 쓰기(Writing)와 읽기(Reading)

저장 위치에 대한 목록을 외부에서 찾아낼 수 있고 그 값을 0또는 1로 확정하는 과정을 쓰기라 하고 저장 위치의 값을 확인하는 과정을 읽기라고 한다. 읽기와 쓰기에 대한 방법으로는 비트 단위 기록과 워드 단위 기록이 있다.

(3) 반도체 기억장치를 사용하는 이유

① 처리 속도가 빠르다.
② 양산성이 높아 가격이 싸다.
③ 소형화할 수 있다(대용량 가능).
④ 기억 장치와 외부 회로의 호환성이 높다.

(4) PLC의 기억 장치에 사용되는 소자 용어

① 기억 용량 : 0이나 1을 저장하는 비트(bit)의 수량. k(kilo)는 대용량에 사용
② 단어의 길이(Word Length) : 하나의 메모리 워드(Memory Word)에 포함되어 비트(bit)의 개수를 나타내며, 기억 용량은 512×8bit로 단어 수량과 단어 길이와의 곱으로 표시한다.
③ 엑세스 타임(Access Time) : 명령어가 기억 장소로부터 중앙 처리 장치(CPU)에 도착하는 데 걸리는 시간으로, PLC에 표시된 사이클 타임(Cycle Time)과는 무관하다.

(5) 메모리 소자의 종류

PLC의 메모리는 사용자 프로그램 메모리, 데이터 메모리, 시스템 메모리 등의 3가지로 구분된다.

① 사용자 프로그램 메모리 : 제어하고자 하는 시스템 규격에 따라 사용자가 작성한 프로그램이 저장되는 영역이다. 제어 내용이 프로그램 완성 전이나 완성 후에도 바뀔 수 있으므로 RAM이 사용된다. 프로그램이 완성되어 고정이 되면 ROM에 써 넣어 ROM 운전을 할 수 있다.
② 데이터 메모리 : 입·출력 릴레이, 보조 릴레이, 타이머와 카운터의 접점 상태 및 설정 값, 현재 값 등의 정보가 저장되는 영역이다. 정보가 수시로 바뀌므로 RAM 영역이 사용된다.
③ 시스템 메모리 : PLC 제조사에서 작성한 시스템 프로그램이 저장되는 영역이다. 이 시스템 프로그램은 PLC의 기능이나 성능을 결정하는 중요한 프로그램으로 PLC 제조사에서 직접 ROM에 써 넣는다.

2.3 프로그래밍

PLC가 알아들을 수 있는 언어(명령어)들을 순서나 상태에 맞추어 제어될 수 있도록 나열하는 것을 프로그래밍이라 하며, 작성된 프로그램을 PLC에 입력하는 장치를 프로그래머(Programmer)라 한다.

2.3.1 언어 및 명령어

현재 PLC에 사용되고 있는 프로그래밍 언어는 국제적으로 표준화를 시도하고 있으나 제조 회사별로 각기 다른 프로그램과 언어를 등을 사용하고 있어 표준화되어 있지 않은 실정이다.

(1) 프로그래밍의 필요조건

① 시스템 설계자는 물론 현장에서 직접 운용과 부서를 담당하는 현장 실무자도 손쉽

게 다룰 수 있어야 한다.
② 비록 PLC의 하드웨어 부문에 마이크로프로세서가 사용되었더라도 이것을 취급하기 위해 컴퓨터 지식을 요구해서는 안 된다.

(2) 프로그램 입력 방식

① 기호 또는 기능 키(Function Key)를 사용한 방식 : 전기 회로도를 프로그램의 심벌을 이용하여 직접 프로그램으로 입력시키는 것으로, 화면 영상 장치와 기호 키보드를 사용하여 쉽게 회로도를 입력시킬 수 있다. 니모닉의 기능 다이어그램 및 대수 방정식(Boolean Equation)도 입력되며, 소형 및 중형 시스템 제어에 활용된다.
② 니모닉(Mnemonic) 명령어를 사용하는 방식 : 사람이 암기하기 쉽게 만든 기호 방식으로 복잡한 제어 시스템을 해결하는 데 적당하다.
③ 레더 다이어그램 방식 : 릴레이나 타이머에 의한 시퀀스 회로의 적용이 가능하다.
④ 기타 : 기능 도표, 대수 방정식, 타임차트, 플로 차트(Flow Chart), 스테이트먼트 리스트(Statement List)방식 등이 있다.

(3) 프로그램의 특징

① 레더 다이어그램 : 레더 다이어그램(Ladder Diagram)은 릴레이 회로도를 표현한 것으로 기존의 전기 회로도와 다르다. 전기 회로도에서는 실제의 여러 구성품(스위치, 릴레이, 모터 등)이 나열되고 그들의 상호 배선이 그려져 회로를 배선할 수 있도록 되어 있으나, 레더 다이어그램은 좀 더 도식화되어 분리된 수평의 두 개 선 위에 각각 제어회로의 신호 흐름 가지(Branch)를 나타내며, 그 목적은 각각 여러 가지의 기능과 그 결과로 발생되는 작동 시퀀스를 강조한 것이다.

레더 다이어그램은 실제의 사다리처럼 두 개의 수직선을 전원의 모선으로 하여 구성하는데 왼쪽 선은 전압 소스(Voltage source)와 연결되고 오른쪽 선은 접지된다. 또한 두 수직선 사이에 놓인 논리선(Rung : 사다리의 가로 막대의 뜻)은 제어 시스템 회로의 여러 가지(Branch)를 나타낸다.

[그림 2-4] 레더 다이어그램 예

그림 2-4는 레더 다이어그램의 첫 번째 논리선(Rung)은 PB_ON이 논리 1의 값을 가질 때 변수 M0가 출력이므로 1의 값을 갖는 것을 의미한다. 일반적으로 레더 다이어그램에서는 논리선의 오른쪽 끝 부분에 항상 액추에이터를 그린다.

② **타임차트** : 프로그램의 작성은 기계 장치의 동작 상태가 모두 표현될 수 있는 기계 동작 타임차트(Time Chart)를 작성하는 것으로부터 시작되며, 이것은 프로그래밍 할 때뿐만 아니라 기계 설치 후 조정이나 보수할 때에도 필요하다.

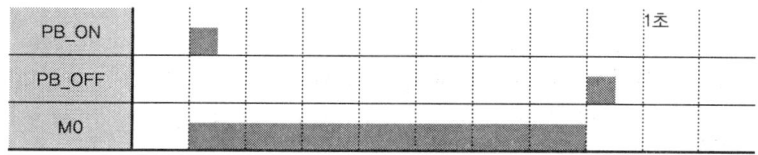

[그림 2-5] 타임차트

③ **플로 차트(Flow Chart)** : 광범위한 프로그램의 실행 과정을 도식화하여 기호로 표시하는 것으로 프로그램의 논리 시퀀스를 일목 요연하게 파악할 수 있다. 사용되는 기호는 각 단계의 형태에 따라 달라지는데, 논리 시퀀스는 흐름선으로 나타내며 흐름선은 각각의 단계를 이어준다.

④ **대수 방정식(Boolean Equation)** : 제어 문제를 기술할 수 있는 방식으로 특히 논리 연산을 표현하기에 적합하며 기호나 문자를 이용하여 제어 방정식을 나타낸다.

⑤ **기능 다이어그램** : 기능 다이어그램(Functional Diagram)은 설비, 배선 등과는 상관없이 제어에 대한 프로세싱 위주의 프로그램 방식이므로 제어 문제의 표현에 있어서 압축된 형태를 취하므로 편리하다.

기능 다이어그램은 설비와는 직접 연관이 되지 않으며, 시퀀스 시스템을 한눈에 파악할 수 있어 후속적인 기술의 보충 없이도 소프트웨어를 처리할 수 있다. 기본형은 직사각형이며 입력이나 출력은 사각형의 양측에 나타내는데 입·출력이 많을 경우 사각형이 커질 수 있다.

⑥ **명령어 리스트** : 서술형 언어라고도 하며 모든 논리적인 연결과 순차 제어를 프로그래밍 할 수 있는 명령어를 저장하여 처리한다. 이 방법은 여러 명령어들로 하나의 문장을 구성하여 그 명령에 대한 주석(내용 설명)을 입력시킬 수도 있다.

명령어는 연산자와 연산부로 나뉘고, 연산부는 다시 오퍼랜드 식별자와 매개 변수로 이루어진다. 오퍼랜드 식별자는 접미사에 의해 확실히 정의되며 연산 부분(연산자)은 4자까지 포함될 수 있다.

2.3.2 서류화

PLC의 프로그래머를 이용해서는 입·출력신호를 제외한 실제 작업요소의 작동 없이 프로그램을 테스트할 수 있어 작업요소가 실제로 움직이면서 테스트할 때 발생되는 사고를 미연에 방지할 수 있게 된다.

PLC 프로그램은 온라인(ON-line)을 통해 주로 RAM으로 구성된 PLC의 메모리에 프로그램이 입력(loading)되고, 만일 전원이 차단되고 배터리가 방전되어 PLC의 프로그램 역시 지워질 경우에 대비하여야 한다.

PLC의 사용에서 또 한 가지 중요한 것은 프로그램을 서류화(Documentation)하여 보관하는 것이다. 이는 보수·유지뿐 아니라 작업에 이상이 생겼을 때 문제를 해결할 수 있는 기본적인 준비가 된다.

2.3.3 PLC의 선정

PLC를 선정하려면 제어 대상에 대한 시방과 제어 내용을 정확히 이해하고 분산 시스템이나 계층 시스템 중 하나를 선택하여 제어 대상에 적절한 기능, 가격, 확장성, 사후 관리, 기종의 계속성, 현장 기술자의 수준 등을 고려하여 선택하여야 한다. 특히 입·출력 포인트를 파악하는 것이 가장 중요하다.

(1) 입력 점수의 파악

조작반의 누름 스위치, 전환 스위치 등의 명령을 내리는 입력 신호수와 근접 센서, 포토 센서, 리드 스위치 등의 신호수를 합쳐서 입력 점수로 하고, 입력 모듈은 모듈 1개당 8점, 16점 32점으로 되어 있으므로 여유를 고려하여 입력 모듈의 개수를 적절히 선정한다. 또한 입력으로 사용되는 센서 등의 사용 전압을 고려하여 입력 모듈의 전압 사양을 선정 한다.

(2) 출력 점수의 파악

전원 표시등, 과부하 표시등, 버저 등의 표시 또는 솔레노이드 밸브, 릴레이, 전자 접촉기의 수를 합쳐 출력 점수 등을 고려하여 8점 모듈, 16점 모듈, 32점 모듈을 적절히 혼합하여 출력 모듈 수를 선정한다, 또 출력 방식은 릴레이 접점 출력 방식, TR 출력 방식 등이 있으므로 출력부의 사용 전압을 고려하여 선정한다. 일반적으로 출력 전압에 구애를 받지 않는 릴레이 접점 출력 방식 모듈이 많이 사용된다.

2.3.4 PLC의 설치

PLC가 사용되는 주위 환경에서 고려해야 할 사항은 온도, 습도, 잡음, 진동, 충격, 절연저항, 접지 등으로 선정한 PLC가 설치 환경 조건에서 잘 견딜 수 있는지 검토해야 한다. PLC를 설치하기 위해서는 다음의 사항을 충분히 고려하여야 한다.

(1) **설치 준비**

　　선정된 PLC의 매뉴얼 및 취급 설명서 등을 통해 성능과 취급 방법을 숙지하여 정상적인 기능을 발휘할 수 있도록 부속품 및 수량 등을 점검하여 결함 유무를 확인한다.

(2) **설치 환경**

　① 사용온도 : 0 ~ 55[℃]
　② 습도 : 20 ~ 90[%] – 이슬 맺힘이 없을 것
　③ 진동이나 충격이 가해지지 않는 곳
　④ 직사광선에 노출되지 않는 곳
　⑤ 노이즈(Noise)한계 : 1500[V]/1[μs] – 임펄스 노이즈
　⑥ 절연저항 : AC 1500[V], 10[MΩ] 이상
　⑦ 접지 : 제3종 접지 공사

(3) **전원계통**

　　PLC에 관련되는 전원은 PLC용 전원과 입·출력 회로용 전원으로 나눌 수 있다. PLC용 전원은 동력계통과 별도로 분리하여 사용하는 것이 바람직하며, 차폐변압기를 사용하는 것이 좋다. 특히 출력부는 외부 구동기기에서 발생한 돌입 전류 및 피크(Peak) 전압 등이 PLC에 영향을 줄 수 있으므로 유의해야한다.

(4) **접지 및 노이즈 대책**

　　PLC의 접지 단자는 반드시 접지하여야 한다. 일반적으로 제3종 접지공사(100[Ω]이하)를 실시하면 노이즈의 영향을 상당히 줄일 수 있다. 외부의 고압전로 등이 지날 경우에는 실드 배선을 해야 한다.

　　노이즈 종류로는 개폐기 잡음, 낙뢰서지, 정전기 잡음, 입·출력 선에 유도되는 노이즈, 전자유도 노이즈 등이 있으며 PLC를 설치할 때 접지 및 배선의 유의사항을 지키면 노이즈를 어느 정도 줄일 수 있다. 그림은 접지 방법 및 전원부의 결선도이다.

(5) **설치 공사**

설치 순서는 전원(Power), CPU, 입력, 출력 카드의 순으로 한다.
　① 기구 부착용 가공 구멍이나 배선 작업할 때에 쇳가루나 전선 토막이 PLC 내부에 들어가지 않도록 한다.
　② 고압선, 고압기기, 동력기기 등에 200[mm]이상 이격하여 설치한다.
　③ 전원은 1 : 1 트랜스를 거치도록 하여 전기적 충격을 줄여준다.
　④ 전원선은 1.5[mm^2] 전선을 사용하여 전압 강하를 막아준다.
　⑤ 접지선도 1.5[mm^2] 전선을 사용하고 접지 저항은 100[Ω] 이하로 한다.

⑥ 접지선의 길이는 20[m]을 넘지 않도록 해주고 다른 기기 또는 구조물에 연결할 때는 서로 영향을 받지 않도록 한다.
⑦ 전원 배선은 Twist Wire를 사용하거나 꼬아서 사용한다.
⑧ MCCB는 PLC 전용으로 사용한다.
⑨ 전원에는 노이즈 필터를 사용하여 전원 측의 노이즈를 막아준다.

chapter

3

GLOFA PLC

GLOFA PLC

3장 GLOFA PLC

3.1 GLOFA 프로그래밍

3.1.1 GLOFA PLC의 특징

(1) **국제 표준화 규격(IEC) 표준 언어 채택**

① 다양한 데이터 타입(Type)을 지원한다.

② 펑션, 펑션 블록, 프로그램과 같은 프로그램 구성 요소가 도입되어 상향식 또는 하향식 설계가 가능하며, 프로그램을 구조적으로 작성할 수 있다.

③ 사용자가 작성한 프로그램을 라이브러리 화 하여 다른 프로젝트에서 소프트웨어를 재사용 할 수 있다.

④ 다양한 언어를 지원하여 사용자는 최적의 언어를 선택하여 사용할 수 있다. IEC에서 표준화한 PLC용 언어는 두 개의 도형 기반 언어와 두 개의 문자 기반 언어, 그리고 SFC로 이루어져 있다.

⑤ 도형식(Graphic)언어
   - LD(Ladder Diagram) : 릴레이 로직 표현 방식의 언어
   - FBD(Function Block Diagram) : 블록화한 기능을 서로 연결하여 프로그램을 표현하는 언어

⑥ 문자식(Text)언어
   - IL(Instruction List) : 어셈블리 언어 형태의 언어
   - ST(Structured Text) : 파스칼 형식의 고 수준 언어

⑦ SFC(Sequential Function Chart)언어
   - 현재 GLOFA PLC는 IL, LD 및 SFC 언어가 지원된다.

⑧ 국제 규격의 통신 프로토콜
   - Open 네트워크를 지향하여 타 기종, 멀티 벤더 간 통신이 가능하다.
   - 상위 네트워크로 Mini-MAP(5 M bps), Ethernet채용
   - 하위 네트워크로 Fieldbus(1 M bps), Device Net채용

(2) **Windows 환경의 프로그래밍 Tool(GMWIN) 지원**

GMWIN(Programming Debugging Tool)의 윈도 환경 채용으로 프로그램의 작성·수정할 때 Windows의 장점을 모두 이용할 수 있으며, 하나의 화면에 각기 다른 언어를 사용하여

동시에 프로그램의 작성과 수정 및 모니터링이 가능한 MDI(Multiple Document Interface)를 지원한다.

(3) 프로그램 작성 용이

프로그램의 구조화, 모듈화에 의해 프로그램 작성이 매우 편리하며 입·출력 식별자 명을 실제 접속되는 기기 명(한글/한자 또는 영문)으로 프로그래밍 하는 것이 가능하다.

3.1.2 GMWIN의 특징

GMWIN은 GLOFA-GM PLC의 프로그램을 편집하고 실행 파일을 만들어 PLC에 전송하며 PLC의 데이터를 모니터링, 디버깅하는 소프트웨어 도구(Tool)이다.

GMWIN은 다중 문서 인터페이스(MDI : Multiple Document Interface) 방식으로 동시에 여러 개의 프로그램을 편집, 모니터링 할 수 있다.

(1) 편리한 인터페이스

동시에 여러 개의 프로그램을 편집·수정하는 것이 가능하다.

(2) 국제 규격의 언어 제공

다음과 같은 다양한 언어를 제공함으로써 시스템에 적용하기 쉬운 언어를 선택하여 사용할 수 있다.

① LD(Ladder Diagram) : LD 프로그램을 릴레이 논리 다이어그램에서 많이 사용하는 코일이나 접점 등의 그래픽 기호를 이용하여 PLC의 프로그램을 표현하는 방식이다.

② SFC(Sequential Function Chart) : 종례의 PLC 언어를 사용하여 프로그램을 실행 순서에 따라 플로 차트 형식으로 전개하는 구조화 표현 방식으로 프로그램의 설계 및 분석이 용이하며 디버깅 트러블슈팅이 용이하다.

③ IL(Instruction List) : 어셈블리 언어의 형태로 표현되고 간단한 PLC 시스템에 적용하는 것이 가능하다.

(3) 심벌에 의한 변수

다양한 데이터 타입이 제공되어 보다 고급 프로그램을 작성할 수 있다.

(4) 프로젝트 단위로 PLC 시스템 구성

하나의 PLC 시스템에 여러 개의 프로그램을 포함시킬 수 있으므로 프로그램을 작성하고 테스트하기가 용이하다.

(5) 네트워크를 통한 PLC 접속

직접 연결된 PLC뿐만 아니라 네트워크로 연결된 다른 국번 PLC에 프로그램을 다운로드 하거나 모니터할 수 있다.

(6) 풍부한 PLC 정보 읽기

다양한 PLC 상태를 모니터(프로그램에서도 사용 가능)할 수 있다.

(7) 사용자 정의 명령어

자주 사용하는 프로그램을 하나의 펑션, 펑션 블록으로 정의 하여 간편하게 사용할 수 있다.

3.1.3 연산처리

(1) 스캔타임

PLC의 연산처리 방법은 입력 리프레시(Refresh)된 상태에서 이를 조건으로 프로그램 처음부터 마지막까지 순차적으로 연산을 실행하고 출력 리프레시(Refresh)를 한다. 이러한 동작은 고속으로 반복되는데 이러한 방식을 반복 연산방식이라 하고 한 바퀴 도는데 걸리는 시간을 1스캔 타임(1연산주기)라고 한다.

(2) 입·출력 리프레시

프로그램의 연산을 시작하기 전에 입력 모듈로부터 접점의 상태를 읽어 들여 입력이미지(Input Image)영역에 저장하고 프로그램의 연산이 끝나면 프로그램 실행에 의 해 변화된 출력이미지(Output Image)결과 값을 출력 모듈에 쓰는데 이를 입·출력 리프레시(I/O Refresh)라고 한다.

(3) 입·출력 이미지 영역

GLOFA PLC는 반복 연산 방식이므로 프로그램 연산 도중에는 입·출력 상태를 직접 바꾸지 않고, 스캔 단위로 입·출력 리프레시를 수행한다. 따라서 프로그램 연산 도중 변화된 각 입·출력 접점의 상태를 PLC내의 메모리 영역에 저장하며 이 영역을 입·출력 이미지 영역이라고 한다.

3.1.4 명령어의 종류

(1) 시퀀스 연산자

접점(Contact), 코일(Coil), 점프(Jump)등이 있다.

(2) 펑션

펑션은 입력에 대한 연산 결과를 1스캔에 즉시 출력한다. 출력은 하나이며 라이브러리에 넣어서 사용한다. 전송 펑션은 IN, OUT의 변수는 모든 데이터 형이 지정될 수 있으나 반드시 같은 데이터 타입이어야 한다.

산술 연산 펑션(ADD, MUL등)의 IN1, IN2, OUT 변수는 수치(ANY_NUM)데이터 타입만이 지정될 수 있으며 모든 수치데이터의 타입이어야 한다.

논리 연산 펑션(ADD, MUL등)의 IN1, IN2, OUT 변수는 비트 상태(ANY_BIT)데이터 타입만이 지정될 수 있으며 모든 비트 상태 데이터의 타입이어야 한다.

(3) 펑션 블록

펑션 블록은 여러 스캔에 걸쳐 누계된 연산 결과를 출력한다. 그러므로 연산 중 누계되는 데이터를 보관하기 위한 내부 메모리가 필요하다. 따라서 펑션 블록은 사용하기 전에 인스턴스 변수를 선언해야 하고 인스턴스 변수는 펑션 블록 내에서 사용하는 변수들이 집합으로 인스턴스 변수의 문자 길이는 일반 지역 변수와는 달리 영문 8자 또는 한글 4자까지로 제한된다. 펑션 블록은 출력을 여러 개 동시 사용할 수 있다.

(4) 명령어 일람표

① 접점

[표 3-1] 접점 레더 기호

접점명	기호	단축키	설명
a접점 (평상시 열린접점)	─┤├─	F2	상시 열려 있어 동작시 닫히는 접점으로 주로 계전기 등의 a접점으로 사용한다.
b접점 (평상시 닫힌접점)	─┤/├─	F3	상시 닫혀 있어 동작시 열리는 접점으로 주로 계전기 등의 b접점으로 사용한다.
a접점 (양변환 검출접점)	─┤P├─	Shift+F1	상시 열려 있어 동작시 닫히는 접점으로 스위치가 ON이 될 때 상승시 신호가 검출되는 것을 이용한 a접점이다.
a접점 (음변환 검출접점)	─┤N├─	Shift+F2	상시 열려 있어 동작시 닫히는 접점으로 스위치가 ON이 될 때 하강시 신호가 검출되는 것을 이용한 a접점이다.

② 코일

[표 3-2] 코일 레더 기호

접점명	기호	단축키	설 명
코일 (Coil)	─┤├─	F6	출력을 나타내는 기호로 계전기, 램프, 내부릴레이 등을 나타낼 때 사용한다.
역코일 (Negated Coil)	─┤/├─	F7	왼쪽에 있는 연결선 상태의 역(Negated Coil)값을 관련된 BOOL 변수에 넣는다. 즉, 왼쪽 연결선 상태 Off 이면 관련된 변수를 On 시키고, 왼쪽 연결선 상태가 On이면 관련된 변수를 Off 시킨다.

명칭	기호	단축키	설명
set코일 (Set(Latch) Coil)	─[S]─	Shift+3	Set(Latch) Coil이란 왼쪽의 연결 상태가 ON이 되었을 때에는 관련된 BOOL 변수는 ON되고 Reset 코일에 의해 OFF가 되기 전까지는 ON이 되어 있는 상태로 유지된다.
reset코일 (Reset(Unlatch) Coil)	─[R]─	Shift+F4	Reset(Unlatch) Coil이란 왼쪽의 연결 상태가 ON이 되었을 때에는 관련된 BOOL 변수는 OFF되고 Set 코일에 의해 ON이 되기 전까지는 OFF이 되어 있는 상태로 유지된다.
양변환검출코일 (Positive Transition-Sensing)	─[P]─	Shift+F5	Positive Transition-Sensing Coil은 왼쪽 연결 상태가 바로 전 스캔에서 OFF이었던 것이 현재 스캔에서 ON이 되어 있는 경우에 관련된 BOOL 변수의 값은 현재 스캔 동안만 ON된다.
음변환검출코일 (Negative Transition-Sensing Coil)	─[N]─	Shift+F6	Negative Transition-Sensing Coil은 왼쪽 연결 상태가 바로 전 스캔에서 ON이었던 것이 현재 스캔에서 OFF 되어 있는 경우에 관련된 BOOL 변수의 값은 현재 스캔 동안만 ON된다.

(5) 변수의 지정 및 입·출력 표현 방식

① 변수 지정 방법

변수를 지정하는 방법은 직접변수 지정 방법과 네임드 변수 지정 방법이 있다. 직접변수 지정방법은 각 접점기호에 그에 해당하는 **PLC**의 어드레스 번호를 입력하는 방법이고 네임드 변수지정 방법은 각 기호에 그에 해당하는 이름을 지정하여 주고 어드레스번호를 따로 지정해 주는 방법이다.

② 위치접두어

[표 3-3] 위치 접두어 기호

번 호	접두어	의 미
1	I	입력위치
2	Q	출력위치
3	M	내부메모리위치

③ 크기 접두어

[표 3-4] 크기 접두어 기호

번 호	접두어	의 미
1	X	1bit의 크기
2	B	1byte(8bit)의 크기
3	W	1word(16bit)의 크기
4	D	1double word(32bit)의 크기
5	L	1long word(64bit)의 크기

④ 입·출력 변수지정 방법(%[위치접두어][크기접두어][베이스번호][슬롯번호][접점번호])
- 입력변수지정 : %IX0.0.0 / %IX0.0.1 / %IX0.0.2 순으로
- 출력변수지정 : %QX0.0.0 / %QX0.0.1 / %QX0.0.2 순으로
- 내부메모리 변수지정 : M0, M1, M2, M3 순으로
- 타이머(T) 변수지정 : T0, T1, T2, T3 순으로
- 카운터(C) 변수지정 : C0, C1, C2, C3 순으로

3.1.5 입·출력부 연결 방법

(1) 입력 모듈 결선도

입력 모듈 결선은 GLOFA G7M-DR30A를 사용하여 전기기능장 시험을 볼 경우 PLC 자체 전원인 DC 24[V]를 입력 전압으로 하여 결선하여야 한다. 그림 3-1에서 알 수 있는 바와 같이 18점용 입력 모듈로서 COM은 24V의 단자에 연결하고 입력 기구의 COM은 24G에 연결하여야 한다.

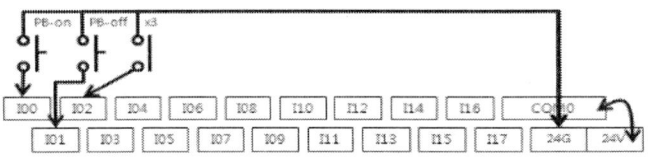

[그림 3-1] 입력 모듈 결선도

(2) 출력 모듈 결선도

출력 모듈 결선은 GLOFA G7M-DR30A의 경우 AC220V를 사용하므로 결선할 때 상에 각별한 주의를 해야 한다. 출력 공통 단자는 COM0-Q00, COM1-Q01, COM2-Q03, COM3-Q04~Q07, COM4-Q08~Q11로 분리되어 있다. 출력의 기기들이 동일 전압일 경우 COM0~COM4까지 전부 점퍼선을 연결하여 사용하면 된다. 그러나 출력의 기기들이 AC, DC 등 전압의 종류를 혼용으로 사용할 때는 COM을 반드시 분리해서 사용해야 한다. 아래 그림 3-2는 출력이 모두 AC220[V]용 일 때의 결선도의 예이다.

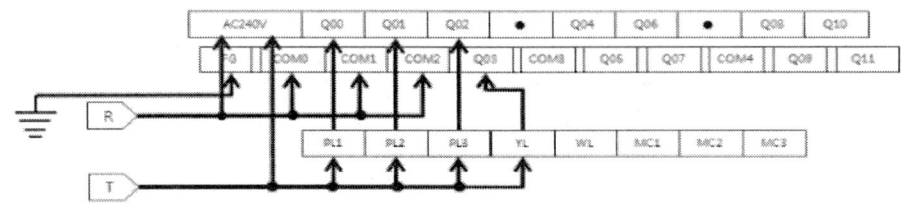

[그림 3-2] 출력 모듈 결선도

(3) **PLC 전원선**

PLC의 전원선은 반드시 꼬아서 사용하고 결선할 때 R상과 T상을 반드시 테스터 하여 연결하여야 한다. 그림은 GLOFA G7M-DR30A 시험용 결선도의 예이다.

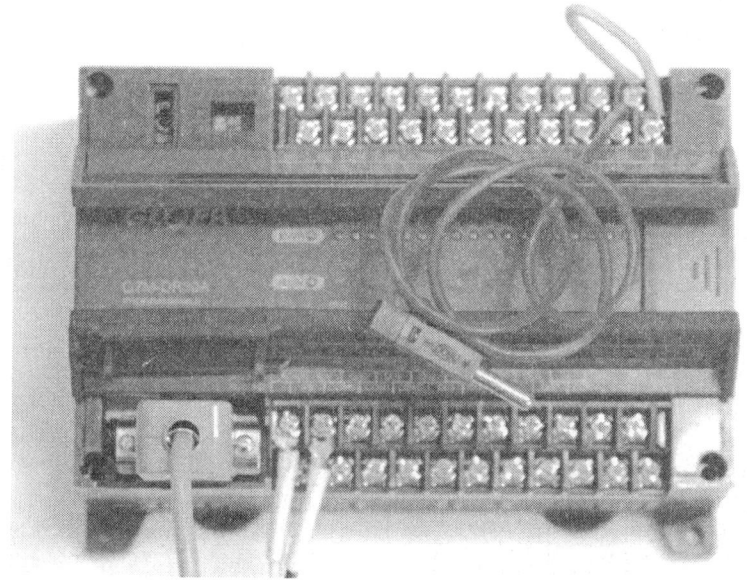

[그림 3 - 3] 테스용 PLC 결선 실제

3.2 GMWIN 프로그램 설치하기

(1) GMWIN 417(KOR)-080605 실행 파일을 더블 클릭하여 실행시키면 다음과 같은 화면이 표시된다.
(2) 다음(N)을 클릭한다.
(3) 아니오(N)을 클릭한다.

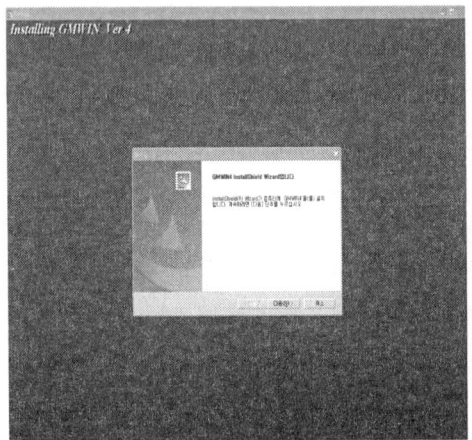 

[그림 3-4] 프로그램 설치

(4) 다음(N)을 클릭한다.
(5) 완료를 클릭하면 바탕화면에 GMWIN 아이콘이 생성된다.

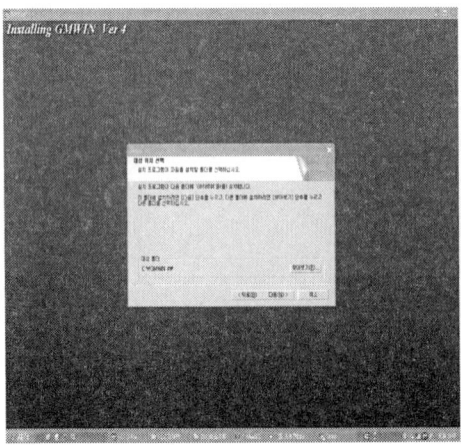 

[그림 3-5] 프로그램 설치

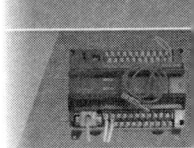

3.3 GMWIN 따라하기

3.3.1 GMWIN 실행하기

아이콘 을 더블클릭 하거나 프로그램(P)-LSIS-GMWIN4-GMWIN4 클릭하여도 실행 시킬 수 있다.

3.3.2 기본 구조

GMWIN은 그림 3-6과 같이 프로젝트 창, LD 프로그램 창, 결과 창의 기본 3개 화면으로 구성되어 있다. 프로젝트 창의 프로젝트는 프로젝트-파라미터-라이브러리의 계층 구조를 가지고 있으며, 프로그램 창은 시퀀스 연산자, 펑션 블록 등을 이용하여 프로그램을 작성하는 창이다. 결과 창은 에러/경고가 발생 할 때 해당 문자 메시지를 나타낸다.

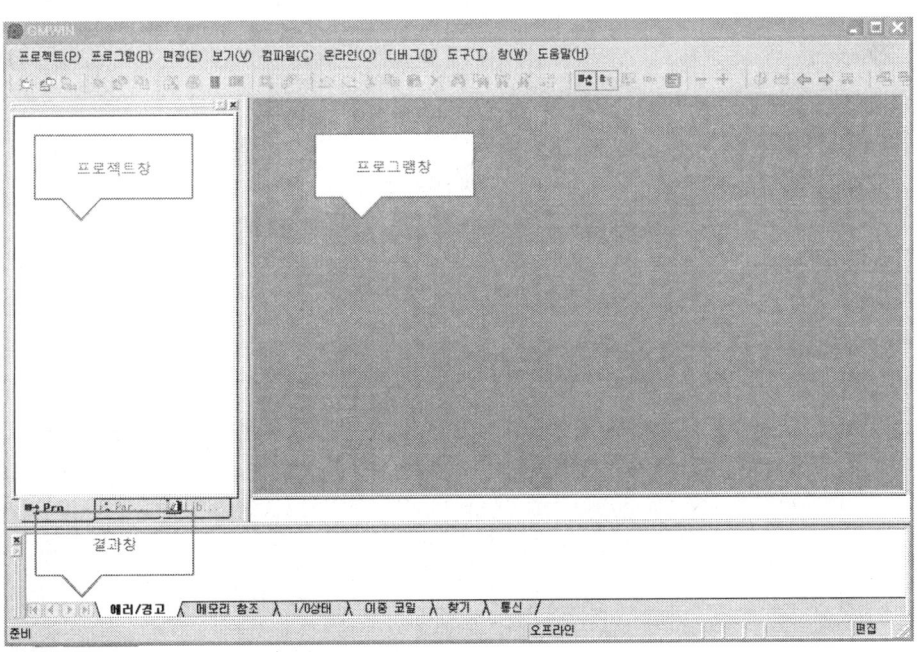

[그림 3-6] GMWIN 프로그램화면

3.3.3 프로젝트 생성

메뉴 바에서 프로젝트-새 프로젝트를 선택한다.

① 프로젝트 파일 이름을 **'포항공장'**이라 입력한다.(프로젝트 파일 이름은 예를 들면 전체 공정의 이름 등이 될 수 있다.)

제3장 GLOFA PLC

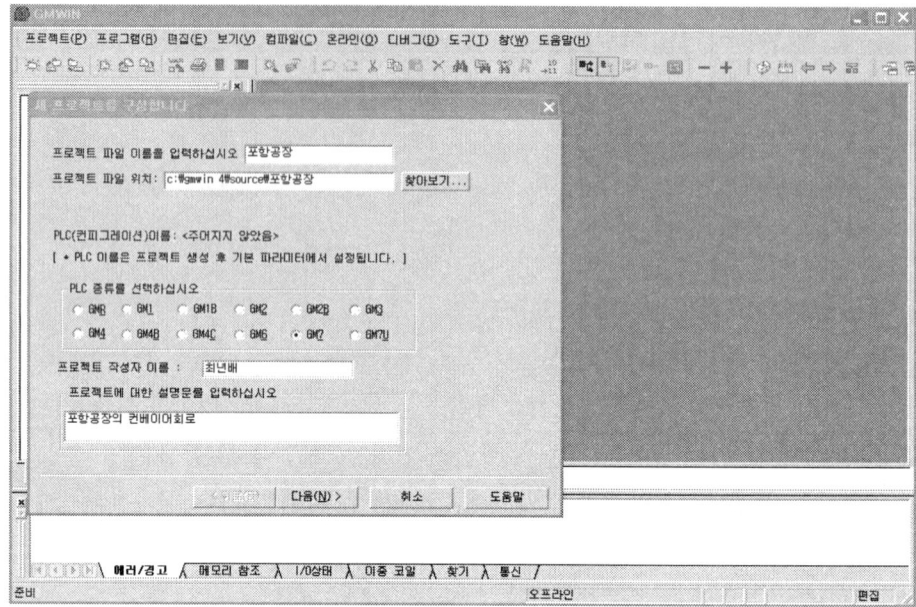

[그림 3-7] 프로젝트 생성하기

② PLC 종류에서 GM7을 클릭한다.(PLC의 종류는 본인 사용하고자 하는 기종의 PLC를 선택하여야 하며 본 교재에서는 GM7을 사용한다.)
③ 프로젝트의 설명문에 '**포항공장의 컨베이어회로**'를 입력한다.

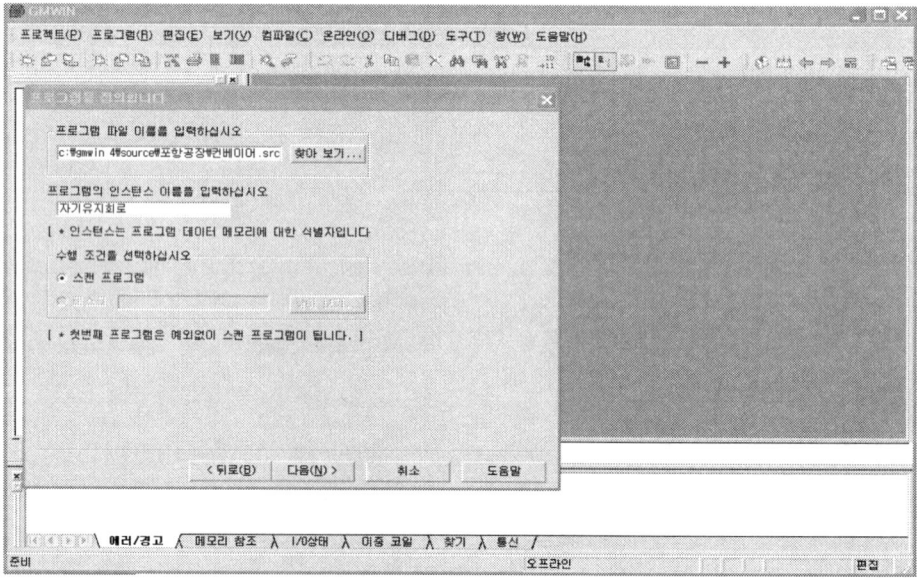

[그림 3-8] 프로그램명 입력하기

④ 다음(N)을 클릭하여 프로그램 정의에서 프로그램 파일 이름 'noname00.src'를 '컨베이어.src'로 변경한 후 프로그램의 인스턴스 이름 입력 창에 '자기유지회로'를 입력한다.

⑤ 다음(N)-다음(N)-마침을 클릭하여 직접변수 또는 네임드 변수를 사용하여 프로그램을 작성한다.

3.3.4 프로그램 작성

프로그램을 작성하는 방법은 직접변수를 사용하는 방법과 네임드 변수를 사용하는 방법이 있다. 직접변수를 사용하는 방법은 접점이나 코일에 직접 메모리 할당 번호를 입력하는 방법이고, 네임드 변수를 사용하는 방법은 접점이나 코일에 프로그램을 판독하기 쉽도록 사용기기 명칭을 입력하는 방법이다. 따라 하기에서는 GM7을 사용한 자기유지회로를 프로그래밍 하였다.

(1) 직접 변수를 사용한 프로그램 작성

① 작성하고자 하는 위치에 커서를 두고(사각형의 커서가 깜박거림)
② LD 창에서 a접점을 클릭-변수 이름에 %IX0.0.0 입력-확인
③ LD 창에서 b접점을 클릭-변수 이름에 %IX0.0.0 입력-확인

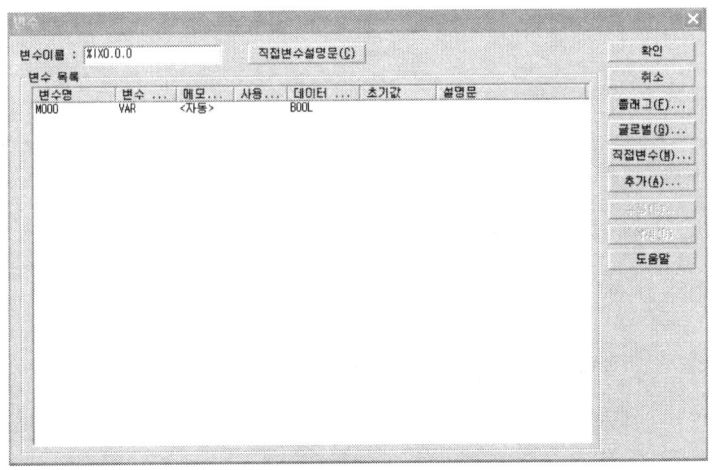

[그림 3-9] 직접변수 입력하기

④ LD 창에서 코일을 클릭-변수 이름에 M000 입력-확인
⑤ LD 창에서 a접점을 클릭-변수 목록에서 M000을 더블 클릭
⑥ 세로선으로 자기유지회로 구성

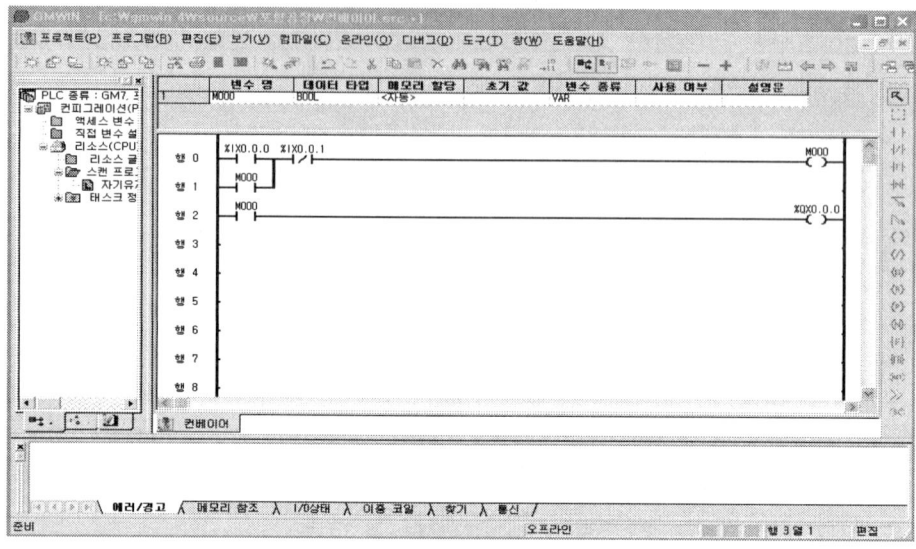

[그림 3-10] 프로그램 작성하기

⑦ LD 창에서 코일을 클릭 – 변수 이름에 %QX0.0.0 입력 – 확인
⑧ 운전 스위치를 %IX0.0.0 번지에, 정지 스위치를 %IX0.0.1 번지에 사용하고 내부 메모리를 사용하여 자기유지회로를 구성하였다. 출력 %QX0.0.0 번지는 전동기를 기동하는 계전기이다.

(2) 네임드 변수를 이용한 프로그램 작성

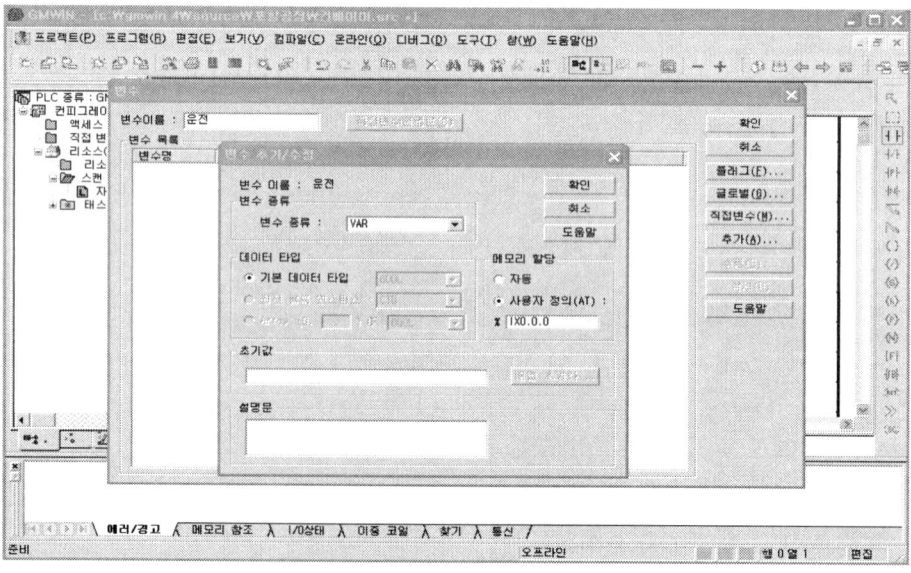

[그림 3-11] 네임드 변수 입력방법

3.3 GMWIN 따라하기

① 작성하고자 하는 위치에 커서를 두고(사각형의 커서가 깜박거림)
② LD 창에서 a접점을 클릭 – 변수 이름에 '**운전**' 입력 – 확인 – 변수 추가/수정의 메모리 할당에서 – 사용자정의 클릭 – IX0.0.0 입력 – 확인
③ LD 창에서 b접점을 클릭 – 변수 이름에 '**정지**' 입력 – 확인 – 변수 추가/수정의 메모리 할당에서 – 사용자정의 클릭 – IX0.0.1 입력 – 확인
④ LD 창에서 코일을 클릭 – 변수 이름에 M000 입력 – 확인
⑤ LD 창에서 a접점을 클릭 – 변수 목록에서 M000을 더블 클릭 – 세로선으로 자기유지회로 구성
⑥ LD 창에서 코일을 클릭 – 변수 이름에 '**전동기**' 입력 – 확인 – 변수 추가/수정의 메모리 할당에서 – 사용자정의 클릭 – QX0.0.0 입력 – 확인

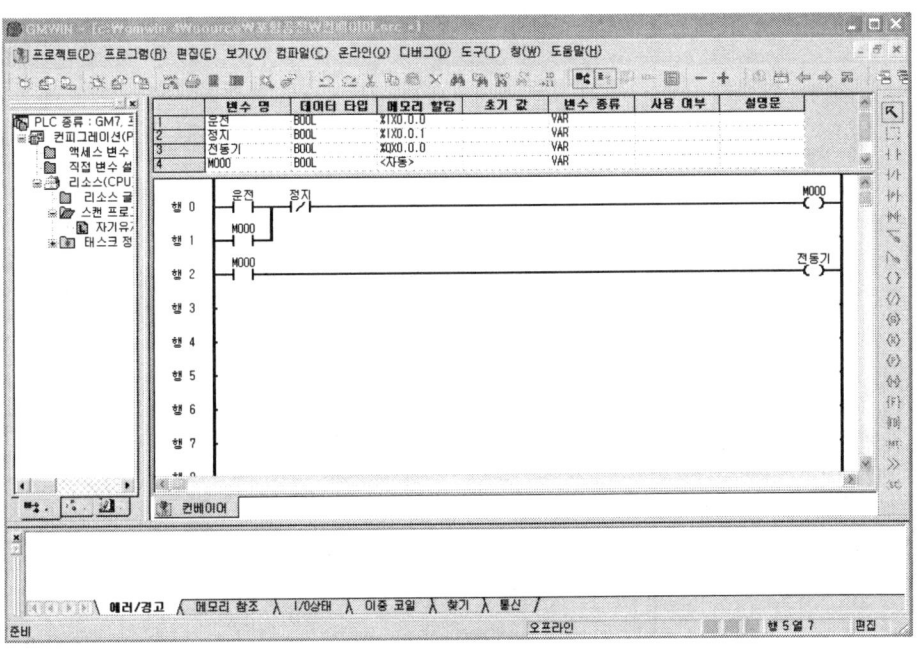

[그림 3-12] 네임드 변수로 작성된 프로그램

(3) 컴파일 및 메이크 하기(실행 파일 만들기)

GMWIN에서 사용자가 작성한 프로젝트 파일(*.prj) 및 소스 프로그램 파일(*.src)을 그대로 인식할 수 없다. CPU는 0과 1로 구성되는 기계어만 인식하기 때문이다. GMWIN에서 작성한 소스 프로그램 파일을 기계어로 바꾸어 주는 과정을 컴파일 이라 하고 소스 프로그램파일 이외의 프로젝트 내 항목들을 연결(Link)시켜 주는 과정을 '**메이크**'라 한다. 컴파일 및 메이크를 통해서 만들어진 실행 파일은 GLOFA-GM의 CPU로 전송(Download)되어 PLC가 동작된다.

① 메뉴바-컴파일-모두 컴파일을 클릭-확인-확인
② 메뉴바-도구-시뮬레이터시작-확인-컴파일과 메이크업이 선행됨
③ 메뉴바-온라인-접속+쓰기+모드전환(런)+모니터시작(G)-확인-확인을 하면 컴파일과 메이크업이 선행되어 PLC에 쓰기가 된다.

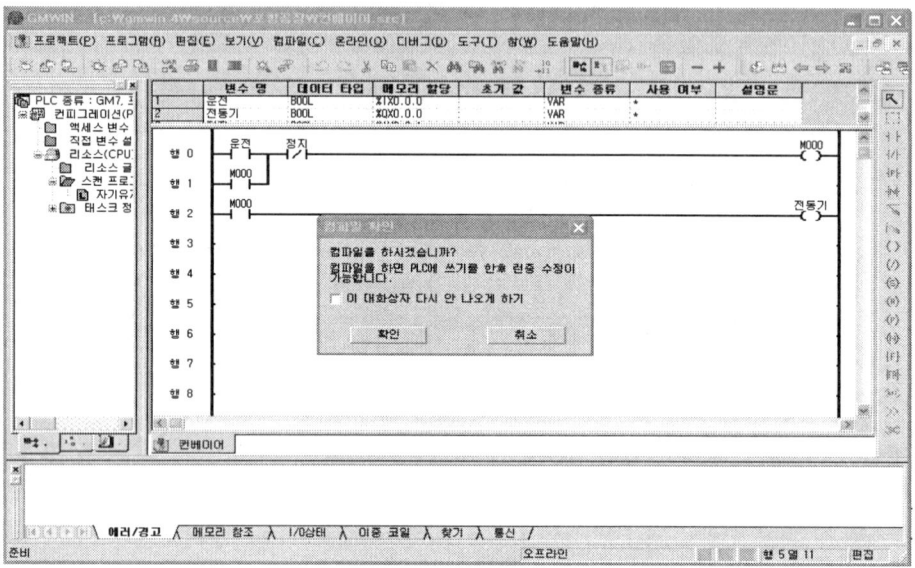

[그림 3 - 13] 컴파일 방법

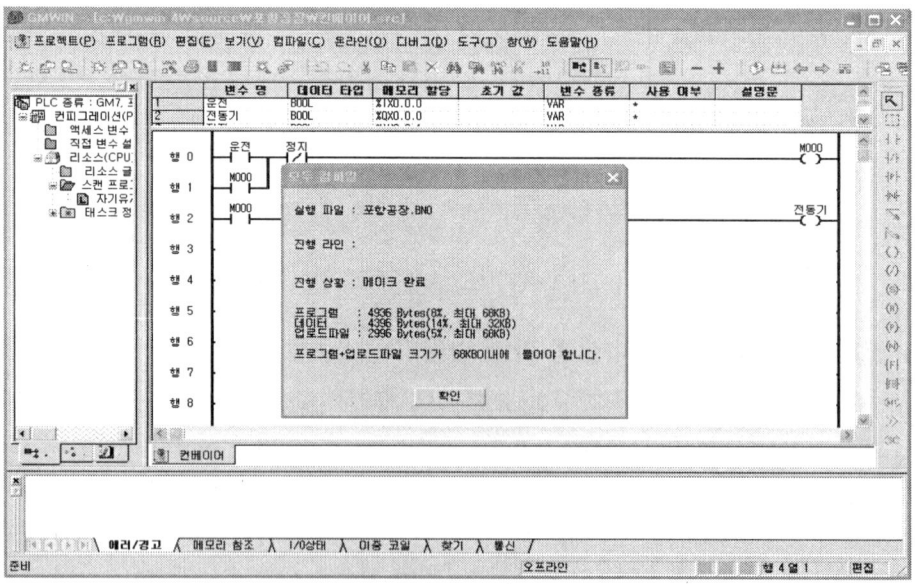

[그림 3 - 14] 메이커 방법

3.3 GMWIN 따라하기

(4) 시뮬레이터하기

GMWIN 프로그램은 시뮬레이터를 할 수 있는 장점을 가지고 있다. 프로그램을 GLOFA G7M PLC로 전송하기 전에 정상 동작을 하는지에 대한 검토 과정임으로 매우 유용하게 사용할 수 있다.

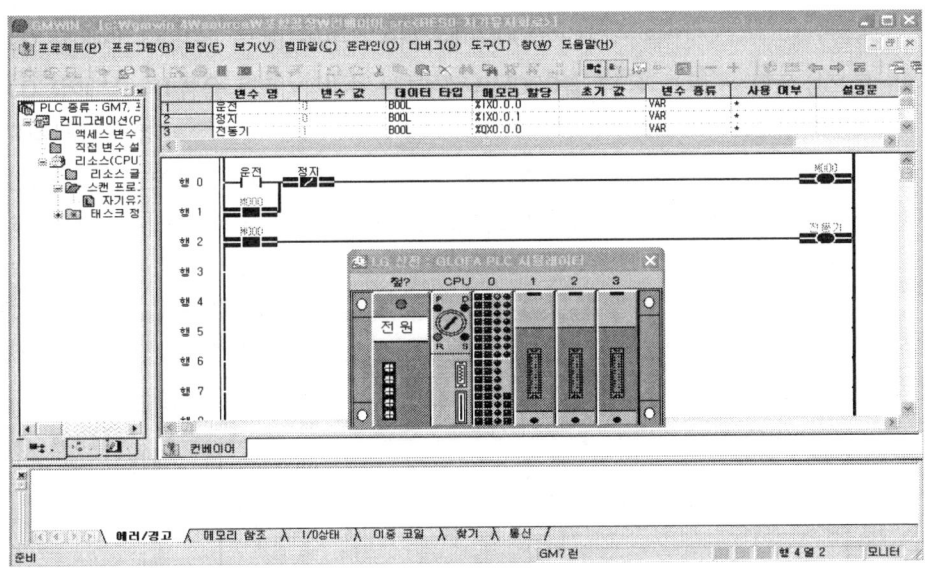

[그림 3 - 15] 시뮬레이터 사용방법

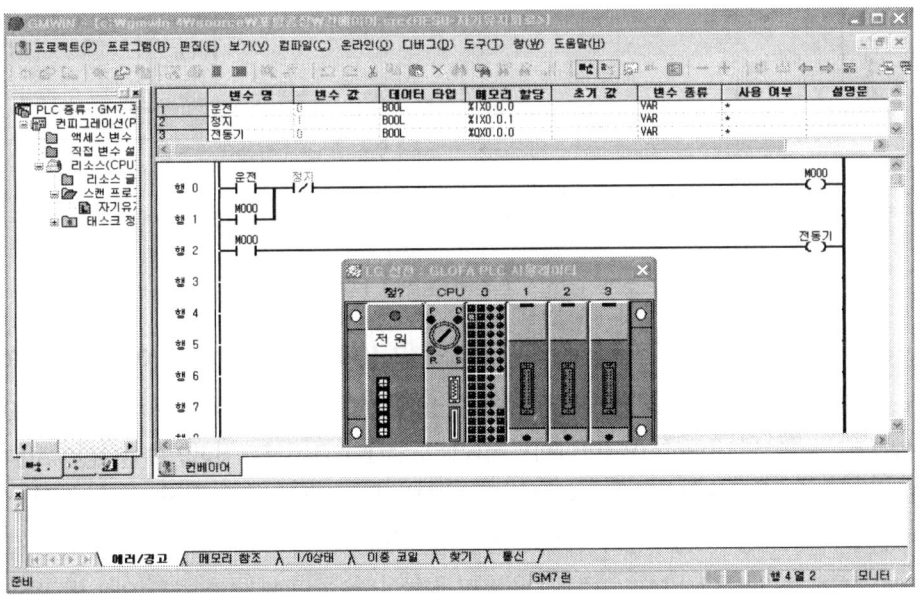

[그림 3 - 16] 시뮬레이터 사용방법

① 메뉴바에서 - 도구 - 시뮬레이터 시작이나 시뮬레이터 아이콘을 클릭 - 확인을 하면 시뮬레이터가 나타난다.
② 시뮬레이터를 런(R) 상태로 클릭하고 사각형 단추를 누르면서 정상동작 여부를 확인한다.
③ 사각형 단추는 입력 스위치를 나타내는데 위에서부터 0, 1, 2, 3 번지이다. 토글스위치임으로 한번 클릭 할 때 마다 ON/OFF로 상태가 전환 되므로 자기유지회로 등을 시뮬레이터 할 때 반드시 두 번 클릭하여 OFF 상태가 되도록 한다.
④ 원형 단추는 출력을 나타내는데 위에서부터 0, 1, 2번지를 표시한다.

3.3.5 프로그램 쓰기(Download)

GMWIN에서 작성한 프로그램을 GLOFA-G7M PLC로 전송하려면 컴퓨터와 PLC 사이에 통신선 연결 및 통신 환경을 설정하여야 한다. 또한 PLC에서 모드 키 설정을 해주어야 한다. G7M의 경우 모드 키는 3단으로 구성되어 있다. RUN 모드는 프로그램 연산을 수행하는 모드이고, PAU/REM 모드는 리모트 모드로 프로그램을 다운로드나 업로드 할 때 사용하는 모드이고, STOP 모드는 프로그램을 정지시키는 모드 이다.

(1) RS-232C 케이블 결선

PLC GLOFA-GM과 컴퓨터 간에 다음과 같이 결선되어 있어야 한다.

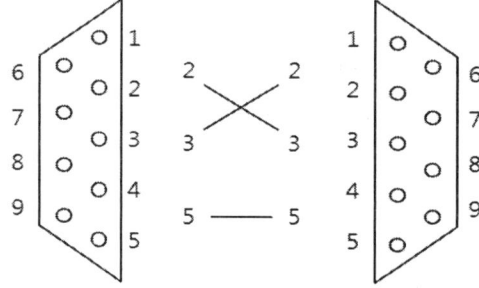

[그림 3 - 17] RS - 232C 케이블 결선도

노트북을 사용하는 경우 RS-232C를 연결할 커넥터가 없으므로 USB 젠더 케이블을 연결하여 USB 포트에 연결하여 사용한다. 이때 USB 젠더에 맞는 프로그램을 노트북에 설치하여야 사용할 수 있다. 그림은 USB 젠더와 RS232 케이블이다.

3.3 GMWIN 따라하기

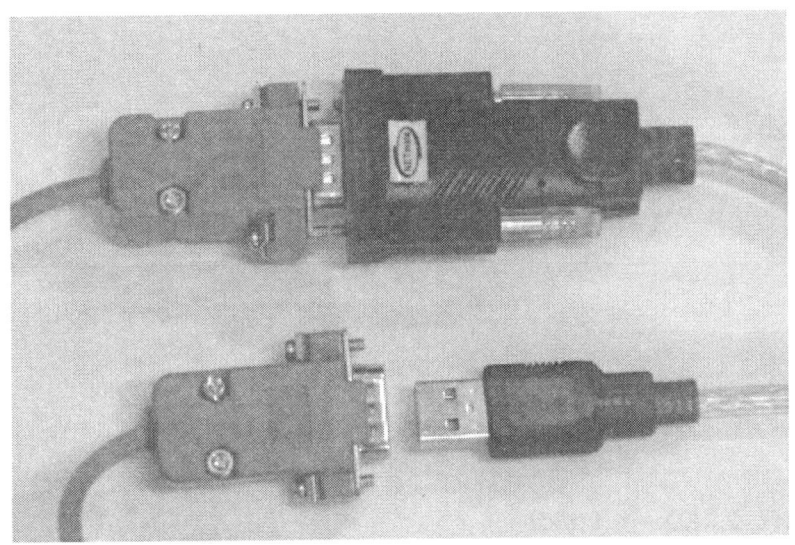

[그림 3 - 18] USB 젠더와 RS232 케이블

(2) 통신포트 설정하기

① 내 컴퓨터-속성-하드웨어-장치관리자-에서 현재 RS-232C케이블의 위치를 확인 한다.

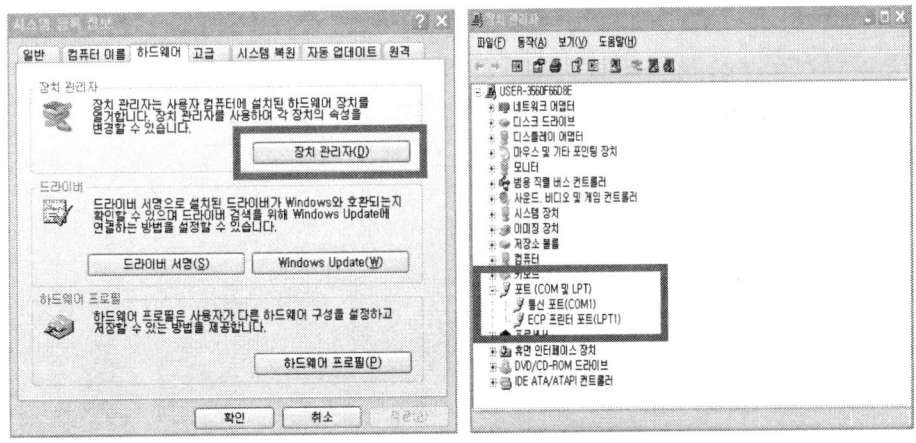

[그림 3 - 19] 통신포트 확인하는 방법

② GMWIN의 메뉴 바의 프로젝트-옵션-접속옵션에서 접속방식을 RS-232C로 통신포트 COM1로 설정해야 한다. 만약 위 사항을 실행했을 경우 맞지 않으면 프로그램 전송할 때 다음과 같은 에러 메시지가 발생한다.

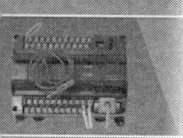

60 제3장 GLOFA PLC

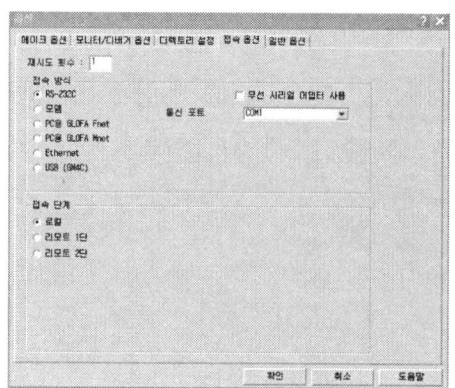
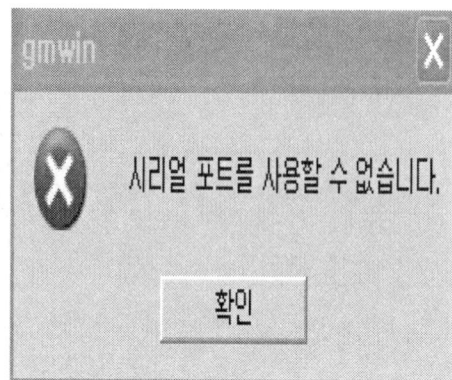

[그림 3-20] 통신포트 설정과 에러 메시지

(3) 프로그램 쓰기(Down Load)

프로그램 쓰기는 작성된 프로그램을 GLOFA-G7M PLC에 전송하는 작업으로
① PLC 전원연결
② RS-232C 통신케이블을 연결
③ PC와 PLC의 통신포트 설정
④ PLC의 입력단자 쪽에 있는 스위치를 리모트모드(PAU/REM)위치에 놓는다.

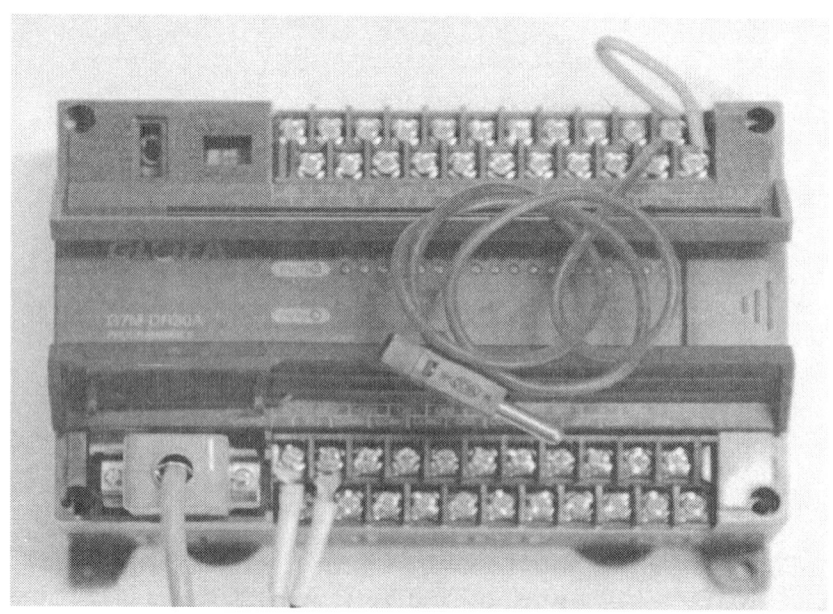

[그림 3-21] 테스트용 PLC 실험장치 연결 방법

3.3 GMWIN 따라하기 61

또한 PLC에 프로그램 저장 여부를 확인하기 위해서는 PLC 전원 코드를 연결하고 입력 단 쪽의 24V(+) 단자와 COM 단자를 연결해주고 24G 단자에 선을 한 가닥 그림과 같이 연결해 두면 편리하다. 테스트 방법은 24G에 연결된 선을 I00, I01 단자에 접촉 시키면서 실험하면 된다.

⑤ 메뉴바-온라인-접속+쓰기+모드전환(런)+모니터시작(G)-확인-확인

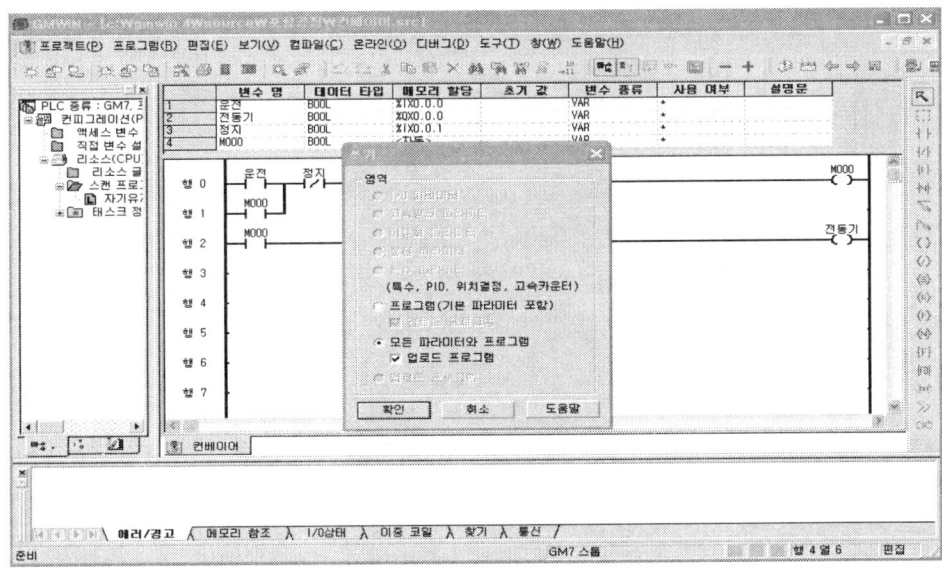

[그림 3 - 22] PLC에 전송하기

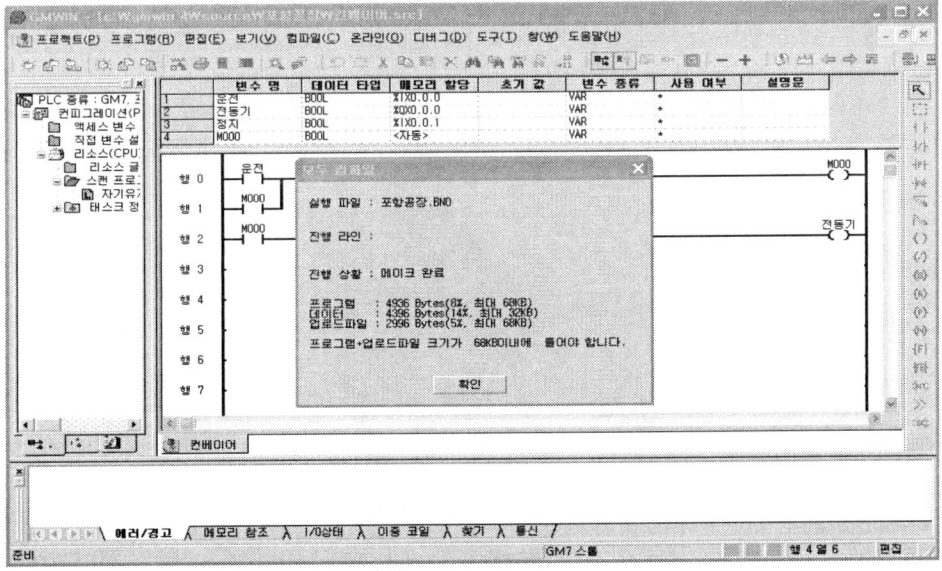

[그림 3 - 23] PLC에 전송하기

⑥ 그림 3-24는 업로드를 시킨 후 24G 단자에 연결한 테스트 선을 100 번지에 접속 테스트 한 화면이다.

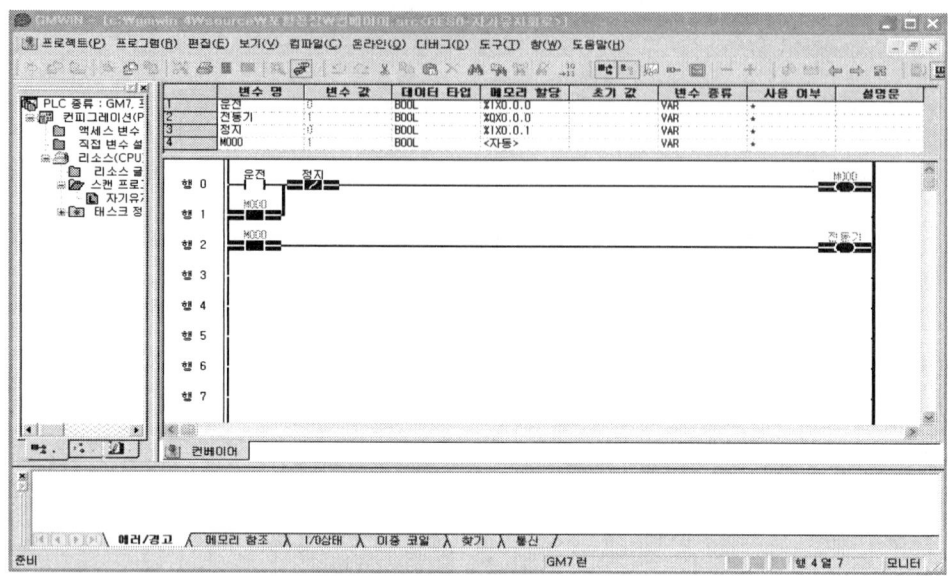

[그림 3 - 24] 프로그램 실험하기

⑦ 그림 3-25는 업로드를 시킬 때 PC와 PLC 간 통신 설정이 맞지 않아 나타는 에러 메시지이다.

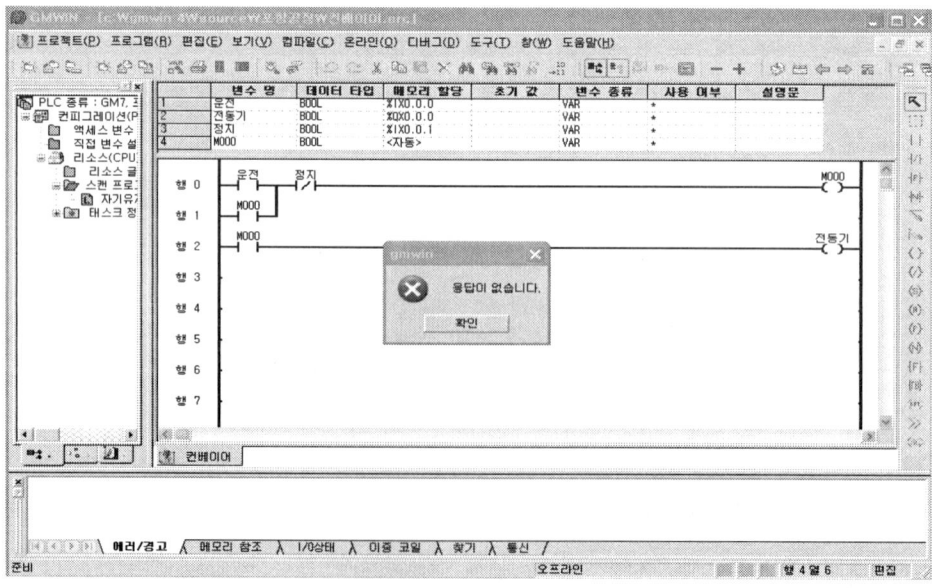

[그림 3 - 25] 통신에러 메시지

3.4 기본 회로 프로그래밍   63

⑧ 그림 3-26은 업로드를 시킬 때 PLC의 컨트롤러 스위치가 리트모드 위치에 있지 않기 때문에 나타나는 에러 메시지이다.

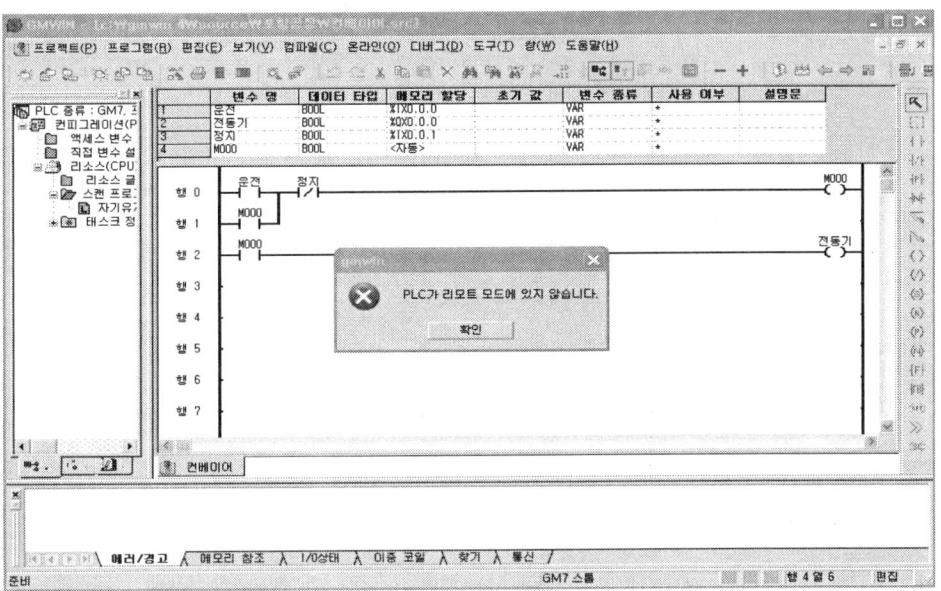

[그림 3-26] PLC 스위치 모드 에러 메시지

3.4 기본 회로 프로그래밍

3.4.1 자기유지회로 프로그램 작성

자기유지회로란 입력신호를 기억하는 회로로 자신의 접점에 의하여 동작회로를 구성하고 스스로 동작을 유지하는 회로이며 복귀신호가 주어져야 복귀된다. PLC에서는 자기유지회로를 구성하는 방법은 일반 접점을 이용하는 방법과 양·음 변환 코일을 이용하는 방법, set/reset 코일을 이용하는 방법 등이 있다.

(1) 일반 접점을 이용한 회로구성

자기유지회로에서 기동스위치를 ON 하는 순간 출력 M000이 여자 되고 M000의 a접점에 의해 자기유지회로를 형성하여 정지 스위치를 ON하는 순간까지 M000에 의해 모터의 동작이 계속 유지된다.

(2) PLC 프로그램 작성방법

① 작성하고자 하는 위치에 커서를 두고(사각형의 커서가 깜박거림)
② LD 창에서 a접점 선택하여 – 클릭 – 변수 이름에 **'운전'** 입력 – 확인 – 변수 추가/수

정의 메모리 할당에서-사용자정의 클릭-IX0.0.0 입력-확인

③ LD 창에서 b접점을 선택하여-클릭-변수 이름에 '**정지**' 입력-확인-변수 추가/수정의 메모리 할당에서-사용자정의 클릭-IX0.0.1 입력-확인

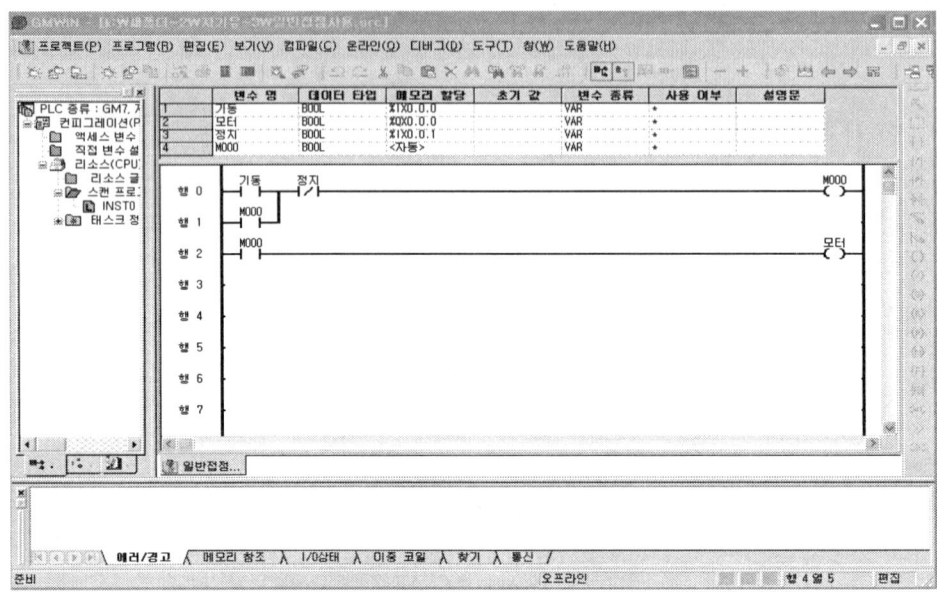

[그림 3 - 27] 자기유지회로 프로그래밍

④ LD 창에서 코일을 선택하여-클릭-변수 이름에 M0 입력-확인
⑤ LD 창에서 a접점을 선택하여-클릭-변수 목록에서 M0을 더블 클릭
⑥ 세로선으로 자기유지회로 구성
⑦ LD 창에서 a접점을 선택하여-클릭-변수 목록에서 M0을 더블 클릭
⑧ LD 창에서 코일을 선택하여-클릭-변수 이름에 '**모터**' 입력-확인-변수 추가/수정의 메모리 할당에서-사용자정의 클릭-QX0.0.0 입력-확인

(3) 양변환 검출코일을 이용한 방법

양변환 검출은 기동스위치를 누르는 순간 동작되고 정지 스위치를 누르는 순간 정지한다.

① 작성하고자 하는 위치에 커서를 두고(사각형의 커서가 깜박거림)
② LD 창에서 a접점 선택하여-클릭-변수 이름에 '**기동**' 입력-확인-변수 추가/수정의 메모리 할당에서-사용자정의 클릭-IX0.0.0 입력-확인
③ LD 창에서 양변환 검출 코일을 선택하여-클릭-변수 이름에 '**양변환**' 입력-확인
④ LD 창에서 a접점을 선택하여-클릭-변수 목록에서 '**양변환**'을 더블 클릭
⑤ LD 창에서 b접점을 선택하여-클릭-변수 이름에 '**정지**' 입력-확인-변수 추가/

3.4 기본 회로 프로그래밍   65

수정의 메모리 할당에서 - 사용자정의 클릭 - IX0.0.1 입력 - 확인
⑥ LD 창에서 코일을 선택하여 - 클릭 - 변수 이름에 **'모터'** 입력 - 확인 - 변수 추가/수정의 메모리 할당에서 - 사용자정의 클릭 - QX0.0.0 입력 - 확인

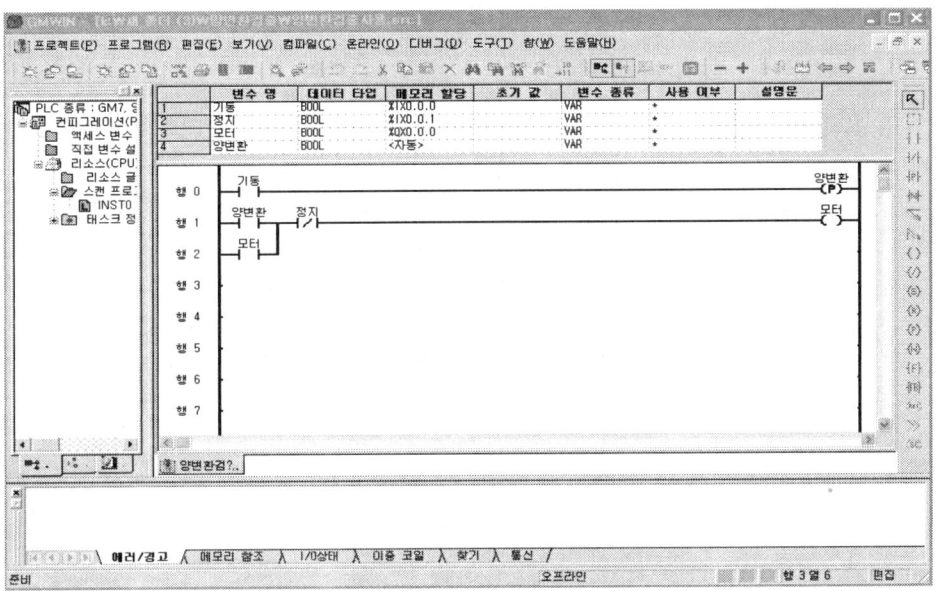

[그림 3-28] 자기유지회로 프로그래밍

⑦ LD 창에서 a접점을 선택하여 - 클릭 - 변수 목록에서 **'모터'**를 더블 클릭
⑧ 세로선으로 자기유지회로 구성

3.4.2 펑션 블록(타이머) 프로그램 작성

(1) 타이머의 종류 및 기능

타이머의 종류는 TON, TOF, TMR 등이 있으며, 산업현장의 설비제어에서 기기동작의 시간 지연 부분 등에 많이 활용되며 특히 전기 기능장 시험에서는 램프의 깜박이(Flicker)회로 등에 사용한다.

(2) GLOFA G7M DR30A PLC에서의 타이머 사용방법

① 타이머의 시간을 표시하는 방법은 T#1S, T#2S, T#3S 등과 같이 시간 앞에 T#를 붙인다. 단) 뒤에 붙는 기호는 D(날짜), H(시간), M(분), S(초), MS(밀리초)를 의미한다.
② GM7 PLC에 사용되는 타이머의 시간은 초(sec)를 기본 단위로 사용한다.
③ 타이머는 펑션 블록이므로 연산 중 누계되는 정보를 잠시 보관하기 위한 인스턴스

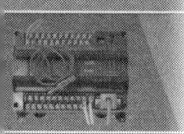

변수 T0, T1, T2 등을 선언해야 한다.

④ GMWIN에서 프로그램 편집시 타이머의 인스턴스 변수를 선언하면 인스턴스 이름, Q(타이머출력)등이 자동으로 생성된다.

(3) TON(On Delay Timer) 프로그램 작성하기

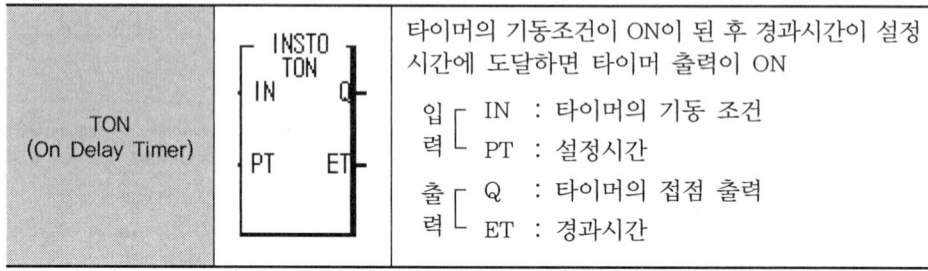

[그림 3 - 29] 온 - 딜레이 타이머(On Delay Timer)

① 프로젝트명을 [타이머], 소스명을 [TON]이라 입력하여 프로젝트를 만든다.
② 아래와 같은 방법으로 자기유지회로를 만든다.
③ a접점을 클릭하고 변수이름을[기동조건]-확인-메모리할당-사용자정의체크하고-[IX0.0.0]을 입력-확인

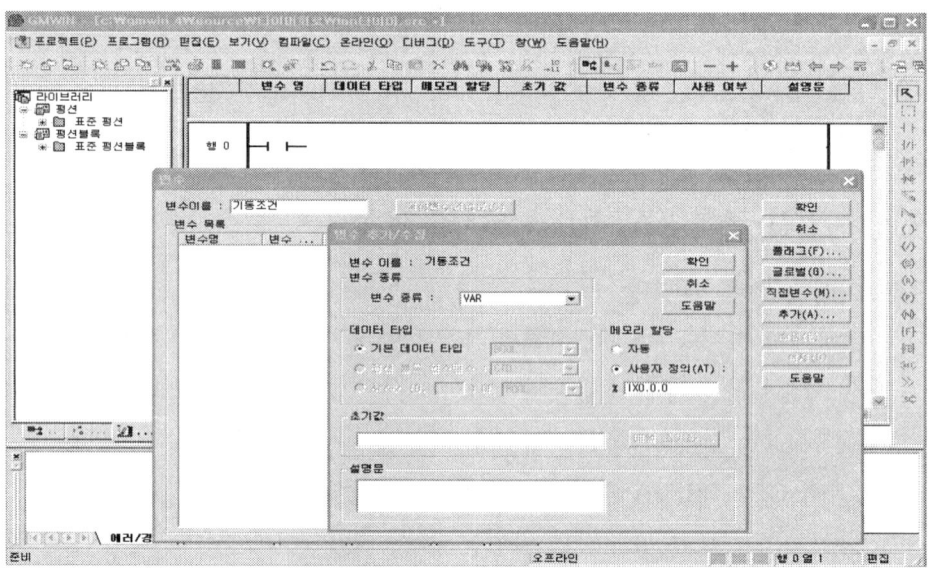

[그림 3 - 30] 자기유지회로 프로그래밍

④ 마우스 포인트를 M000 접점 뒤에 두고-[FB]를 클릭-표준 펑션블록에 [TON], 인스턴스 명에 [T1]입력-확인

3.4 기본 회로 프로그래밍

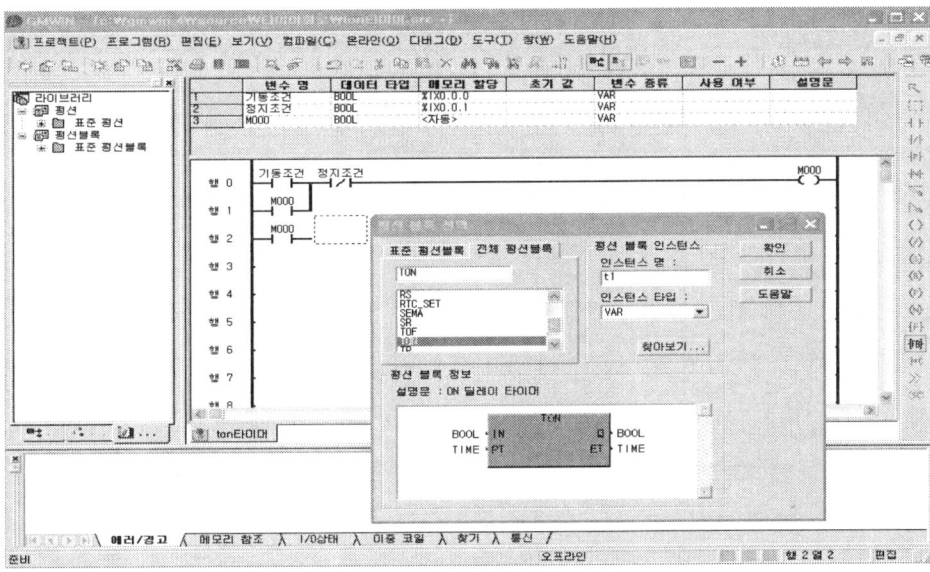

[그림 3 - 31] 타이머(TON)프로그래밍

⑤ 아래 그림처럼 펑션 블록이 나타나면 PT 앞쪽에 마우스를 두고 더블클릭 – 변수명에 [T#10S] 입력 – 확인

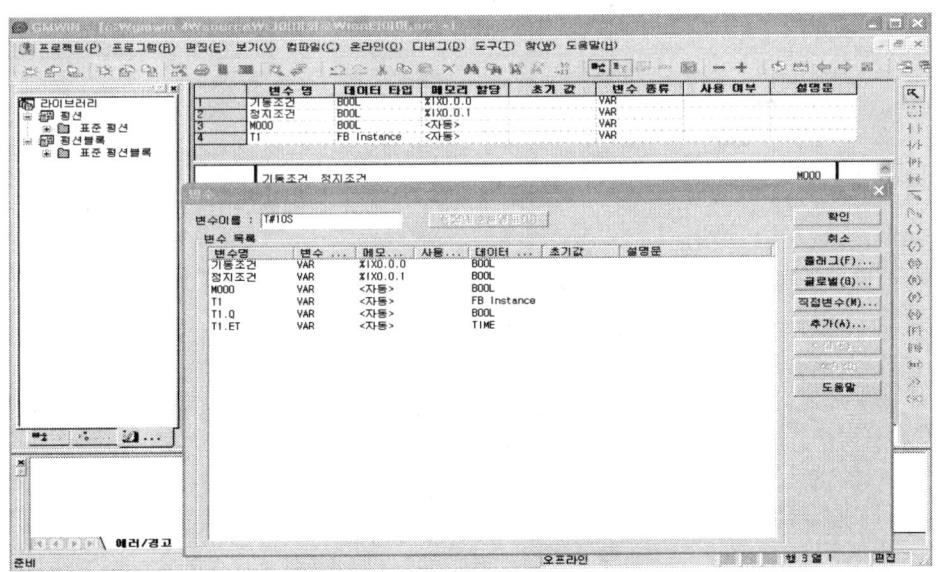

[그림 3 - 32] 타이머(TON) 프로그래밍

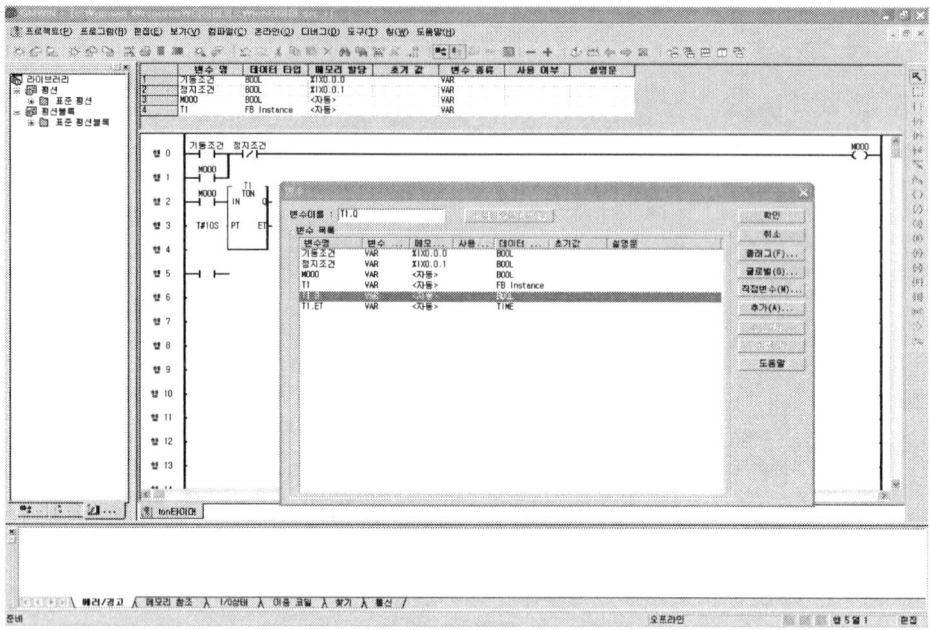

[그림 3-33] 타이머(TON)출력회로 프로그래밍

⑥ b 접점을 만들고 변수창에서 T1.Q를 클릭－확인
⑦ a 접점을 만들고 변수 창에서 T1.Q를 클릭－확인

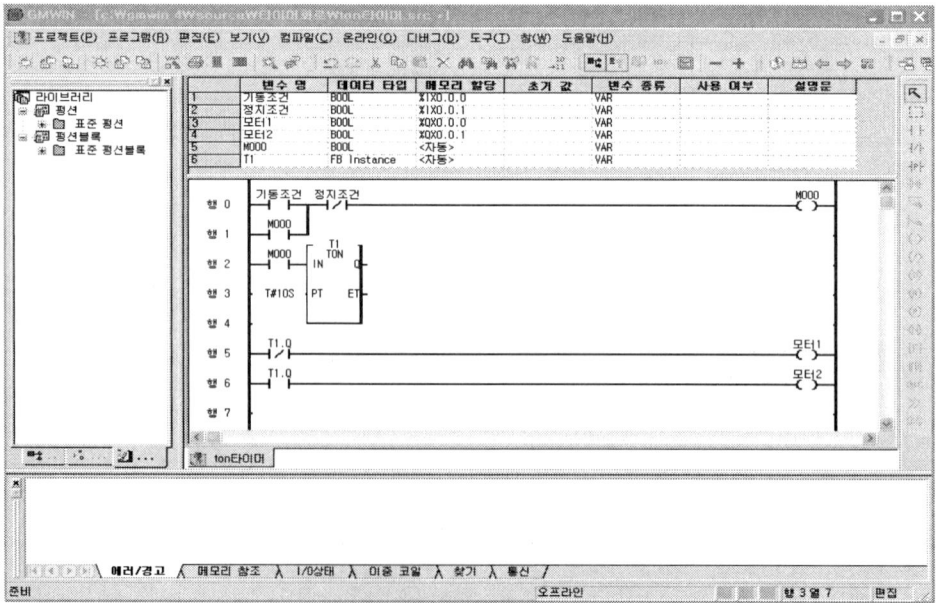

[그림 3-34] 타이머(TON)회로 프로그래밍 완성

3.4 기본 회로 프로그래밍 **69**

⑧ 시뮬레이터로 확인해 보면 기동조건 스위치를 ON 하는 순간부터 모터 1은 10초 후에 정지하고 모터 2는 10초 후에 동작하는 것을 알 수 있다.

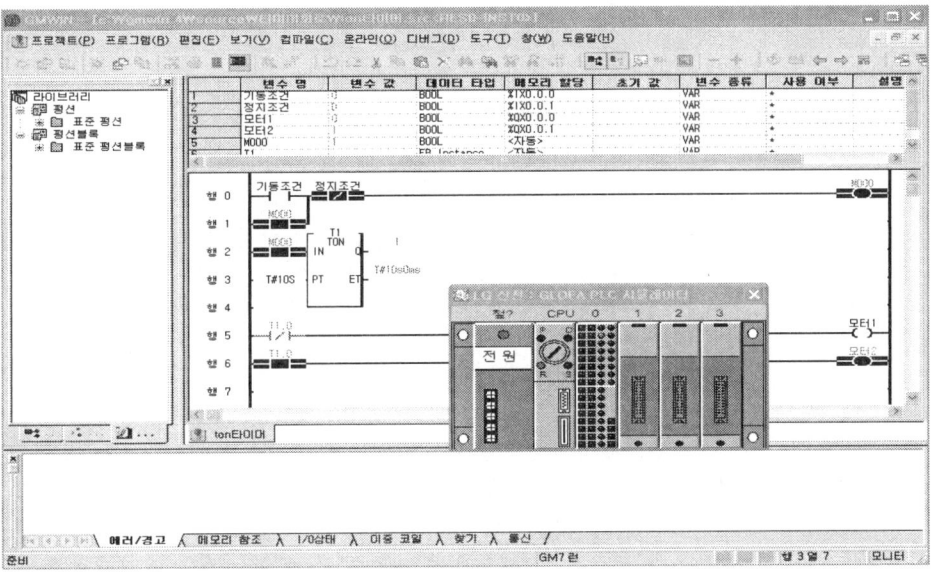

[그림 3 - 35] 타이머(TON)회로 시뮬레이션

(4) TOF(Off Delay Timer) 프로그램 작성하기

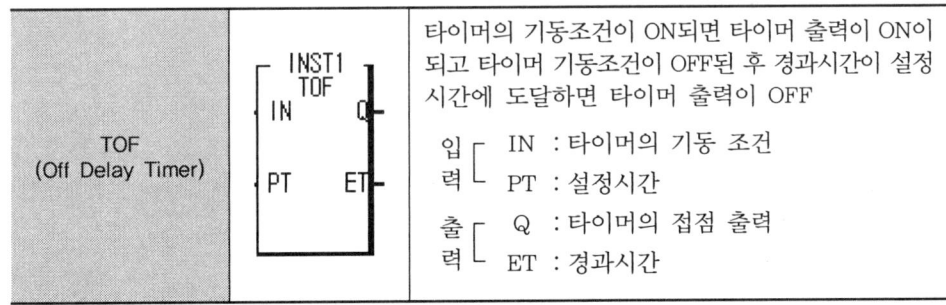

[그림 3 - 36] 오프 딜레이 타이머(Off Delay Timer)

① 앞에서와 같은 방법으로 회로를 구성하고 시뮬레이터를 동작시키면 기동조건을 ON 하고, 정지조건을 ON 하였을 때부터 모터2는 설정시간 5초 후에 정지하고 모터1은 5초 후에 동작한다.

70 제3장 GLOFA PLC

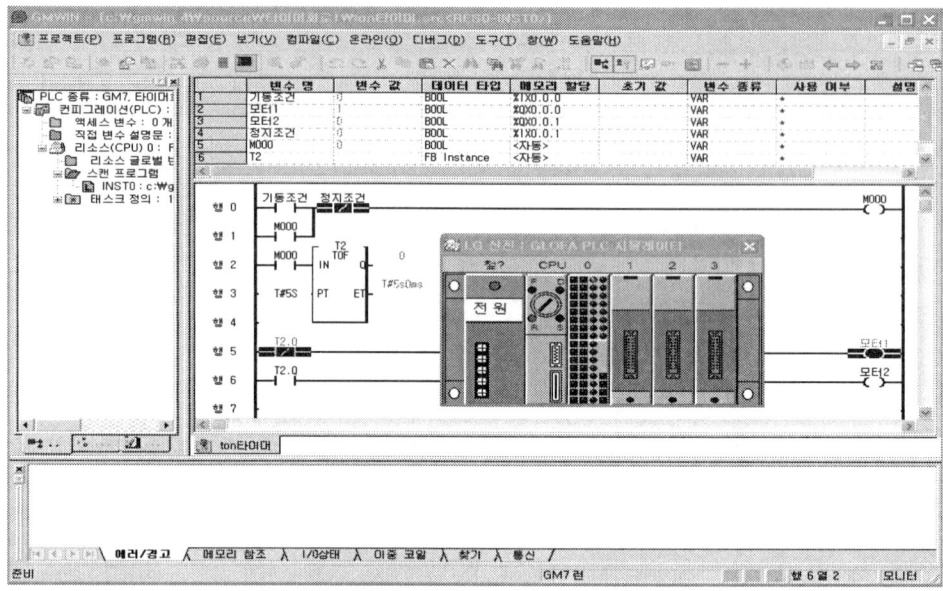

[그림 3 - 37] 타이머(TOF)회로 시뮬레이션

chapter

4

MASTER - K PLC

MASTER - K PLC

4장 MASTER-K PLC

4.1 MASTER-K 프로그래밍

4.1.1 MASTER-K 시리즈의 특징

(1) 국제 규격의 통신 프로토콜 채택에 의한 오픈 네트워크 지향

(2) 연산 전용 프로세서를 내장하여 고속처리 실현

(3) PLC 응용 범위 확대를 위한 다양한 특수 모듈 완비

(4) RUN중 프로그램 수정가능

4.1.2 MASTER-K80S 시리즈 특징

K80S 시리즈는 CPU, 입·출력 및 통신 기능 등을 하나의 유닛에 패키지화시킨 일체형 타입의 PLC이다.

(1) 연산 처리 시간의 고속화 : 연산 전용 마이크로 프로세서 내장하여 0.5μs/Step이 고속처리가 가능하다.

(2) 다양한 내장 기능 : 기본 유닛에 각종 내장 기능을 탑재하여 별도의 모듈을 사용하지 않고 기본 유닛만으로 다양한 시스템 구축이 가능하다.

  ① 고속 처리용 펄스캐치, 고속카운터, 외부접점 인터럽트 등을 사용가능
  ② 입력필터 기능을 이용하여 입력 신호의 채터링 이나 외부 노이즈에 의한 오동작 방지가능
  ③ 내장된 펄스 출력 기능을 이용하여 저속의 스테핑 모터, 서보모터 제어가능
  ④ RS-232C 내장 포트를 이용하여 범용PC, 모니터링 기기 등의 외부 기기와 접속하여 1 : 1 통신 가능
  ⑤ PID기능 탑재

(3) RUN/STOP 스위치가 표준 장착되어 있어 외부 배선을 하지 않고 시스템의 운전/정지가 용이하다.

(4) RS-232C 내장기능 이외 별도의 Cnet I/F 모듈을 이용하여 다양한 시스템을 구축할 수 있다.

(5) 플래시 메모리를 채택하고 있기 때문에 별도의 메모리 모듈을 사용하지 않고 KGLWIN의

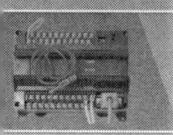

간단한 조작만으로 간편하게 사용자 프로그램 등을 저장 할 수 있다.

(6) 자기 진단 기능의 강화로 에러의 원인을 쉽게 알 수 있도록 하였다.

(7) 암호 설정 기능을 이용하여 프로그램을 마음대로 읽거나 쓰는 것을 방지 할 수 있다.

(8) PLC 운전모드 중 디버그 운전모드로 설정하여 온라인 상태에서 프로그램을 디버깅 할 수 있다.

(9) 스캔 프로그램 외에도 수행조건 설정에 따라 정주기 인터럽트, 외부 접점 인터럽트 프로그램을 수행할 수 있어서 사용자가 프로그램 수행 방법을 다양하게 설정 할 수 있도록 하였다.

4.1.3 MASTER-K80S 시리즈 입·출력 타입

타입	정의
싱크(Sink)입력	입력신호가 ON 될 때 스위치로부터 PLC 입력단자로 전류가 유입되는 방식
소스(Source)입력	입력신호가 ON 될 때 PLC 입력단자로부터 스위치로 전류가 유입되는 방식
싱크(Sink)출력	PLC 출력 접점이 ON 될 때 부하에서 출력단자로 전류가 유입되는 방식
소스(Source)출력	PLC 출력 접점이 ON 될 때 출력단자로부터 전류가 유입되는 방식

[그림 4-1] MASTER-K80S 시리즈 입·출력 타입

4.2 시스템 구성

4.2.1 시스템 구성의 종류

MASTER-K80S 시리즈는 기본, 컴퓨터 링크 및 네트워크 시스템 구성에 적합한 각종 제품을 구비하고 있다.

4.2.2 기본 시스템

[표 4-1] MASTER-K80S 시스템 구성

입·출력 구성 가능 점수			10~100점	
증설 모듈 연결 가능 수		디지털 입·출력	2대	Total 3대 증설 가능
		A/D-D/A 혼합	2대	
		아날로그 타이머	3대	
		Cnet I/F	1대	
구성제품		기본 유닛	K7M-DR10S, K7M-DR20S, K7M-DR30S, K7M-DR40S, K7M-DR60S, 외 10종	
	증설 모듈	디지털 입·출력	G7E-DR10A, G7E-DR20A, G7E-TR10A	
		아날로그 입·출력	G7E-ADHA, G7E-AD2A, G7F-DA2I	
		아날로그 타이머	G7E-AT2A	
	통신 모듈	Cnet I/F	G7L-CUEB, G7L-CUEC	
		DeviceNet I/F	G7L-DBEA	
		FieldBus I/F	G7L-FUEA	
		ProfiBus I/F	G7L-PBEA	

4.2.3 Cnet I/F 시스템

Cnet I/F 시스템이란 RS-232C/RS422 인터페이스를 사용하여 컴퓨터와 외부기기와 기본 유닛 사이의 데이터 통신을 하기 위한 통신 시스템이다. MASTER-K80S의 경우는 기본유닛에 RS-232C 포트가 내장되어 있으며 또한 RS-232C 전용 G7L-CUEB, RS422 전용 G7L-CUEC가 있다.

(1) 1:1 통신

① 기본유닛의 내장 포트를 사용하여 범용 PC와 1:1로 접속하여 사용할 수 있다. 이때 노트북의 경우 RS-232C 포트가 내장되어 있지 않으면 젠더를 이용하여 연결 사용할 수 있다.

② 기본유닛의 내장 포트를 사용하여 PMU 등과 같은 모니터링 기기와 1:1로 접속하여 사용할 수 있다.

③ 원거리에 있는 기기를 인터페이스하기 위해 RS-232C 전용 Cnet I/F 모듈의 모뎀 접속 기능을 이용하여 1 : 1로 접속하여 사용할 수 있다.

(2) 1:n 통신시스템

RS-232C와 RS-422 전용 Cnet I/F 모듈을 이용하여 최대32대의 K80S를 포함한 MASTER-K PLC를 접속 할 수 있습니다.

4.3 MASTER-K80S 구조

4.3.1 기본 유닛 하드웨어 구성

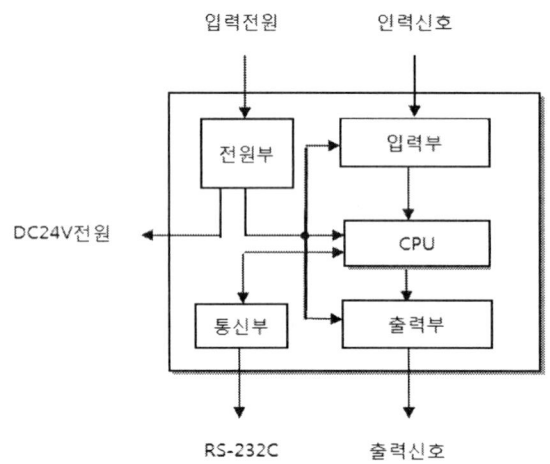

[그림 4 - 2] 하드웨어의 구성

(1) **CPU** : 신호처리 기능, 오퍼레이팅 시스템기능, 응용프로그램 저장 기능, 데이터 저장 기능, 응용프로그램 실행 기능 등을 수행한다.

(2) **입력부** : 제어대상으로부터 입력신호 및 입력 데이터를 신호처리에 적합한 신호로 변환하는 기능을 한다.

(3) **출력부** : CPU로부터 발생한 출력신호 및 출력데이터를 액츄레이터, 표시장치 등을 구동하도록 신호를 변환하는 기능을 한다.

(4) **전원부** : 외부 전원을 PLC 내부에서 사용할 수 있는 전원으로 변환하는 기능을 한다.

(5) **통신부** : RS-232C 케이블 등을 이용하여 PC 등과 1 : 1 통신을 구축 할 수 있도록 지원하는 기능을 한다.

4.3 MASTER-K80S 구조

4.3.2 각부의 명칭

[그림 4 - 3] MASTER - K80S 시리즈의 각 부 명칭

(1) **CPU 상태표시 LED**

　① **PWR LED** : 시스템에 공급되는 전원의 상태를 표시합니다. ON이 되면 전원공급이 정상이고 OFF 되면 전원공급이 비정상인 상태를 표시한다.

　② **RUN LED** : CPU 모듈의 I동작 상태를 나타냅니다. ON 상태는 모드 설정 스위치 RUN 상태로 운전 중인 경우이다. OFF 상태는 CPU 모듈에 전원이 공급되지 않는 경우와 모드 설정 스위치 STOP, PAU/REM 상태인 경우, 운전을 정지하는 에러를 검출 한 경우이다.

　③ **ERR LED** : CPU 모듈의 동작 상태를 나타냅니다. 운전 중 자기 진단에 의해 에러를 검출 한 경우 LED가 점멸하며, OFF인 경우는 CPU가 정상동작을 하는 경우이다.

(2) **입·출력 LED** : 입·출력 단자의 접점 상태를 표시합니다. 예를 들어 IN 00 번지의 LED가 점등되면 입력 스위치가 ON 상태라는 것을 표시한다.

(3) **배터리 장착용 폴더** : 백업용 배터리를 장착하는 폴더이다.

(4) **모드 설정 스위치** : 기본 유닛의 운전/정지/다운로드 모드를 설정한다.

　① **RUN** : 프로그램 연산을 실행, 즉 동작을 실행시키는 모드이다.

　② **STOP** : 프로그램 연산을 정지하는 모드, 즉 동작을 정지시키는 모드이다.

　③ **PAU/REM** : 프로그램을 다운로드 할 때 사용하는 모드로 모드별 용도는 다음과 같다.

　　• PAUSE : 프로그램 연산의 일시정지(RUN1 → 1PAU/RUN)
　　• REMOTE : 프로그램 다운로드 한때 설정(STOP1 → 1PAU/RUN)

(5) 메모리 조작용 딥스위치다.

(6) RS-232C 커넥터 : 주변기기 등과 접속하기 위한 커넥터다.

(7) 확장용 커넥터 : 증설유닛을 장착하기 위한 커넥터다.

(8) 터미널 블록 커버 : 입·출력 단자 커버로 커버를 열면 입·출력 회로를 연결하는 단자가 있다.

(9) DIN 레일 취부용 훅 : PLC를 DIN 레일에 장착 할 때 사용하는 훅이다.

그림 4-4는 MASTER-K80S K7M-DR30S를 나타낸 것이다.

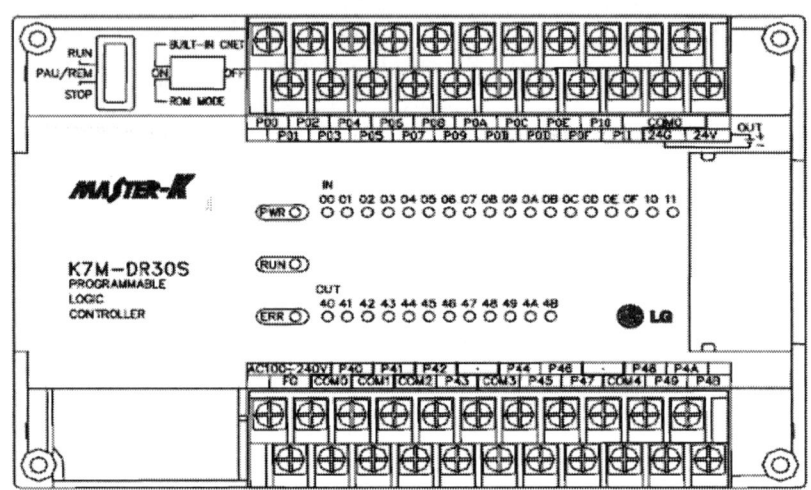

[그림 4-4] K7M-DR30S 외형도

4.4 MASTER-K 입·출력부

4.4.1 입·출력 규격

MASTER-K80S K7M-DR30S시리즈에 제공되는 디지털 입력은 전류싱크/전류소스 두 가지 형식을 모두 사용할 수 있다. 출력부로 코일 부하를 구동할 경우 최대 개폐 빈도는 1 Sec 이상 ON, 1 Sec 이상 OFF를 해야 한다.

다음 그림 4-5는 입력 회로의 구성도이다.

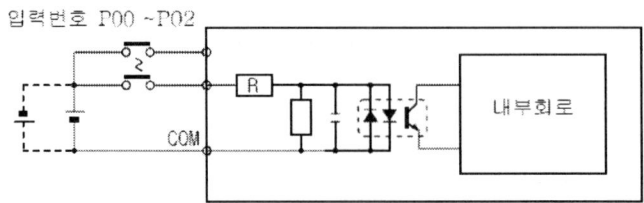

4.4 MASTER-K 입·출력부

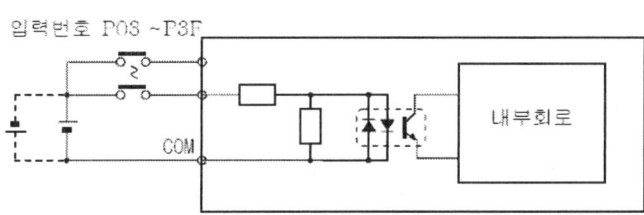

[그림 4 - 5] 입력회로의 구성도

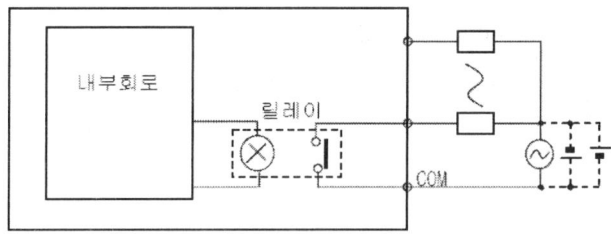

[그림 4 - 6] 출력회로의 구성도

4.4.2 입·출력 결선

(1) **입력 모듈 결선도**

입력 모듈 결선은 MASTER-K80S K7M-DR30S시리즈를 사용하여 전기기능장 시험을 볼 경우 PLC 자체 전원인 DC 24[V]를 입력 전압으로 하여 결선하여야 한다. 그림 4-6, 7, 8에서 알 수 있는 바와 같이 18점용 입력 모듈로서 COM0은 24V의 단자에 연결하고 입력 기구의 COM은 24G에 연결하여야 한다.

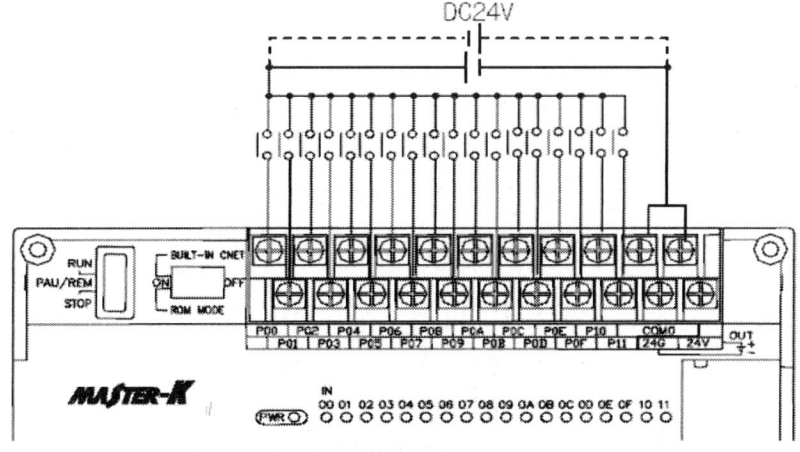

[그림 4 - 7] 입력모듈의 결선도

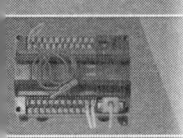

80 제4장 MASTER-K PLC

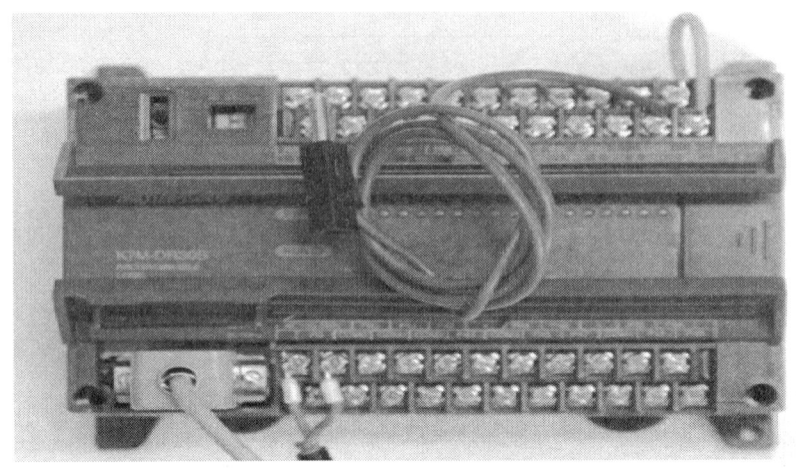

[그림 4 - 8] PLC 실제 결선

(2) 출력 모듈 결선도

출력 모듈 결선은 MASTER-K80S K7M-DR30S시리즈에서 AC220V 출력기기를 사용하여 결선할 때 상에 각별한 주의를 해야 한다. 출력 공통 단자는 COM0-Q00, COM1-Q01, COM2-Q03, COM3-Q04 ~ Q07, COM4-Q08 ~ Q11로 분리되어 있다. 출력의 기기들이 동일 전압일 경우 COM0 ~ COM4까지 전부 점퍼선을 연결하여 사용하면 된다. 그러나 출력의 기기들이 AC, DC 등 전압의 종류를 혼용으로 사용할 때는 COM을 반드시 분리해서 사용해야 한다. MASTER-K80S K7M-DR30S시리즈의 기본 유닛 배선 방법은 다음과 같다. 아래 그림 4-9는 DC와 AC 전압을 혼용하여 사용할 때 결선 방법이고, 아래 그림 4-10은 AC220V 전원을 이용한 결선방법이다. 전기기능장 시험에서는 AC220V 전원을 사용한다.

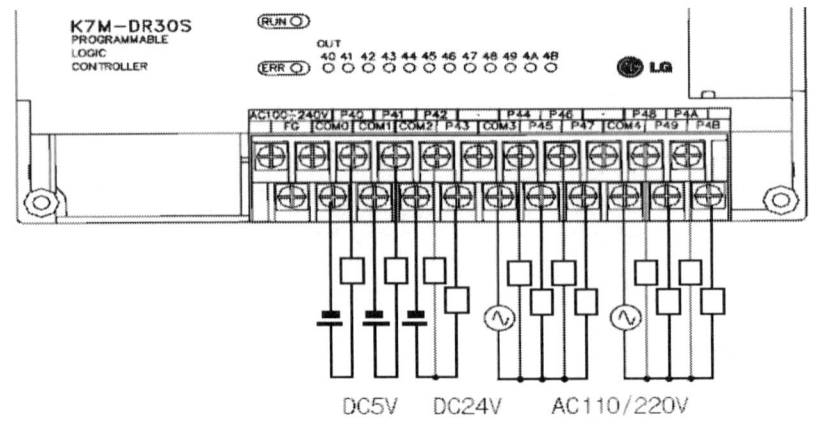

[그림 4 - 9] 출력회로의 결선도

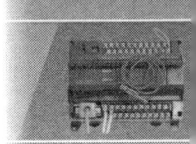

4.5 MASTER-K 따라 하기 81

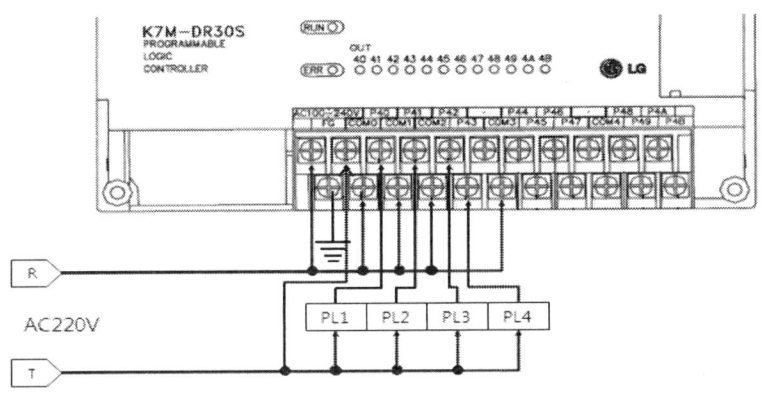

[그림 4 - 10] 출력회로의 결선도

4.5 MASTER-K 따라 하기

MASTER-K 따라 하기는 PLC를 K7M-DR30S 모델을 사용하고 MASTER-K 프로그램을 사용하여 프로그래밍 작업을 한다. GLOFA처럼 시뮬레이터가 되어 있지 않아 PLC에 직접 다운로드하여 테스트 한다.

4.5.1 프로그램의 기본 창 구조

MASTER-K는 프로젝트 창, LD 프로그램 창, 결과 창의 기본 3개 화면으로 구성되어 있다. 프로젝트 창은 프로그램-파라미터-변수설명-모니터링 계층 구조를 가지고 있으며, 프로그램 창은 시퀀스 연산자, 펑션 블록 등을 이용하여 프로그램을 작성하는 창이다. 결과 창은 에러/경고 등 발생시 해당 문자 메시지를 나타낸다.

[그림 4 - 11] MASTER - K 프로그램 화면

4.5.2 프로젝트 생성

메뉴바에서 프로젝트-새 프로젝트를 선택한다.

① PLC 기종 선택-MK_S의 80S 선택한다. 제목에 '**포항공장 컨베어벨트**'라 입력하고 회사명은 "**포항공장**", 저자, 설명 등을 입력한다.

② 확인을 하면 프로젝트가 생성된다.

③ 입·출력 할당 : MASTER-K K7M-DR30S시리즈에서 입·출력 할당은 다음과 같다.
- 입력 : P0000, P0001, P0002 순으로
- 출력 : P0040, P0041, P0042 순으로 한다.

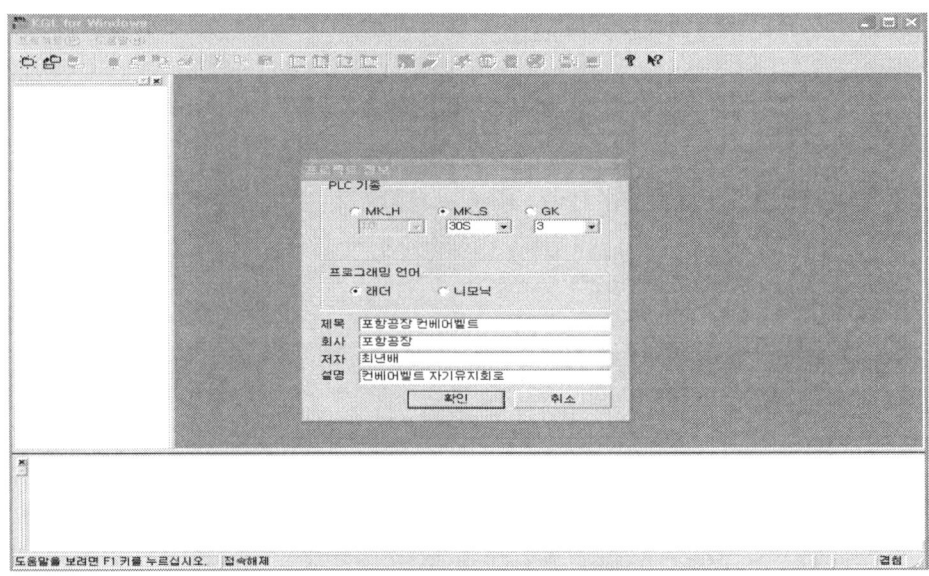

[그림 4-12] MASTER-K 프로그램 프로젝트 생성

4.5.3 프로그램 작성

프로그램을 작성하는 방법은 직접변수를 사용하여 변수명, 디바이스를 입력하는 방법이다. 따라 하기에서는 MASTER-K K7M-DR30S로 PLC를 사용한 자기유지회로를 프로그래밍 하였다.

(1) **직접 변수를 사용한 프로그램 작성**

① 작성하고자 하는 위치에 커서를 두고(사각형의 커서가 깜박거림)

② LD 창에서 a접점을 클릭-레더 편집 대화 상자에서-변수명을 PB1이라 입력하고 디바이스 명에 P0001을 입력-확인

③ LD 창에서 b접점을 클릭-레더 편집 대화 상자에서-변수명을 PB0이라 입력하고

디바이스 명에 P0002를 입력-확인

④ LD 창에서 코일을 클릭-레더 편집 대화 상자에서-변수명을 내부메모리라 입력하고 디바이스 명에 M0000을 입력-확인

⑤ LD 창에서 a접점을 클릭-레더 편집 대화 상자에서-변수명창에서 내부메모리를 더블 클릭한다.

⑥ 세로선으로 자기유지회로 구성

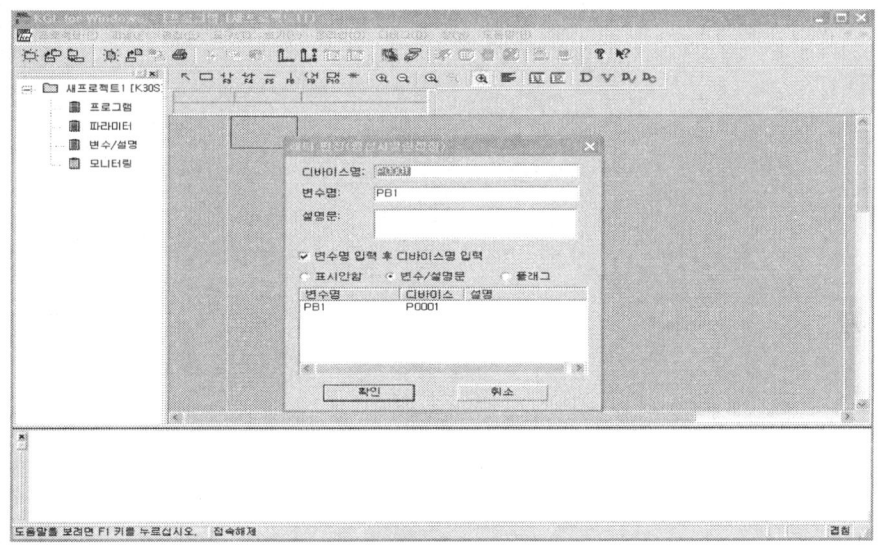

[그림 4 - 13] 프로그램 하기

⑥ LD 창에서 a접점을 클릭-레더 편집 대화 상자에서-변수명창에서 내부메모리를 더블 클릭한다.

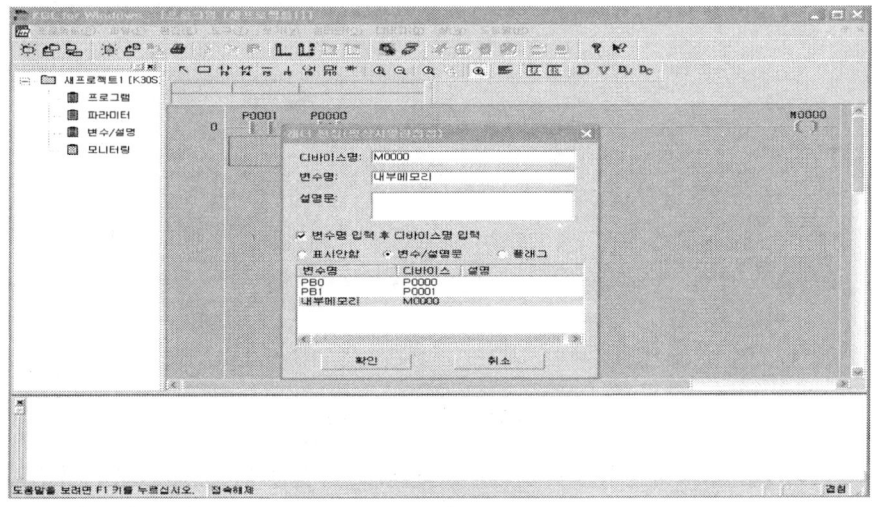

[그림 4 - 14] 프로그램 하기

⑦ LD 창에서 코일을 클릭 – 레더 편집 대화 상자에서 – 변수명을 모터라 입력하고 디바이스 명에 P0040을 입력 – 확인
⑧ LD 창에서 응용명령(F10)을 클릭 – 레더 편집 대화 상자에서 – END를 입력 – 확인

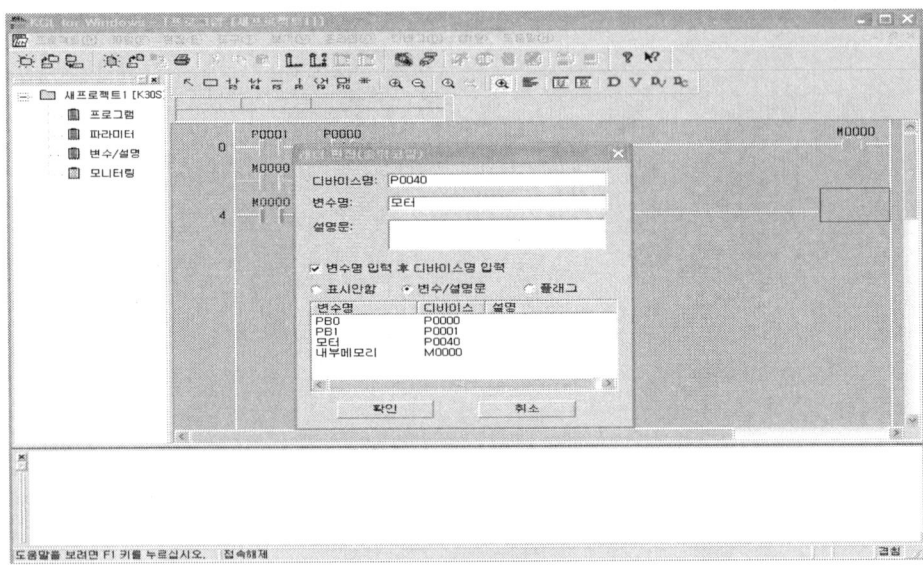

[그림 4 - 15] 프로그램 하기

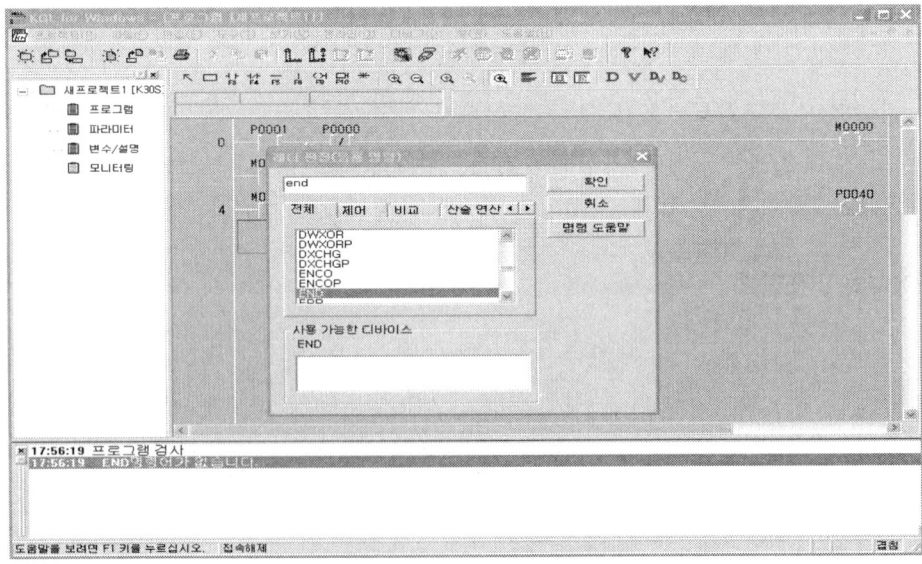

[그림 4 - 16] 프로그램 하기

⑨ 작성된 자기유지회로는 운전 스위치를 P0001 번지에, 정지 스위치를 P0000 번지에 사용하고 내부 메모리를 사용하여 자기유지회로를 구성하였다. 출력 P0040

4.5 MASTER-K 따라 하기   85

번지는 전동기를 기동하는 계전기이다.

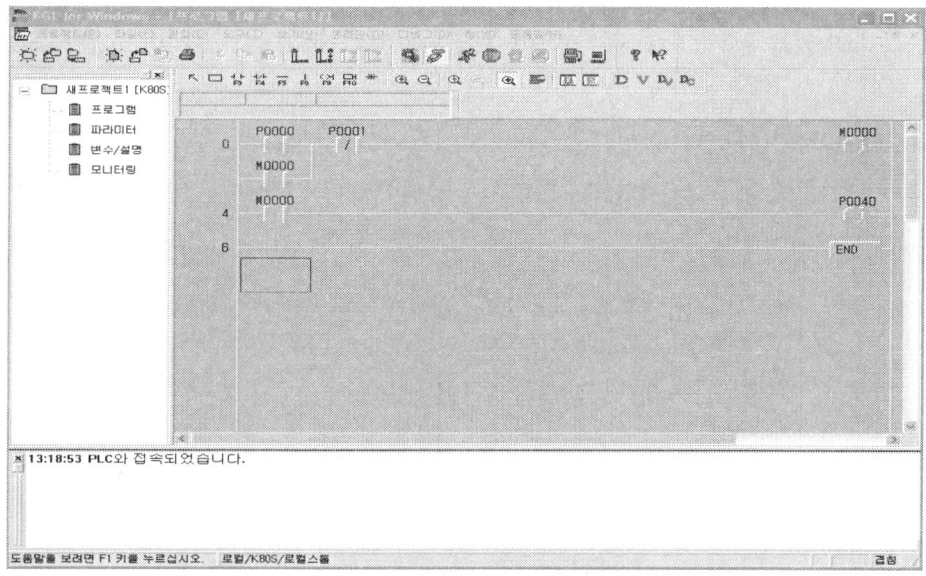

[그림 4-17] 프로그램 하기

4.5.4 프로그램 쓰기(Download)

KGL에서 작성한 프로그램을 MASTER-K K7M-DR30S PLC로 전송하려면 컴퓨터와 PLC 사이에 통신선 연결 및 통신 환경을 설정하여야 한다.

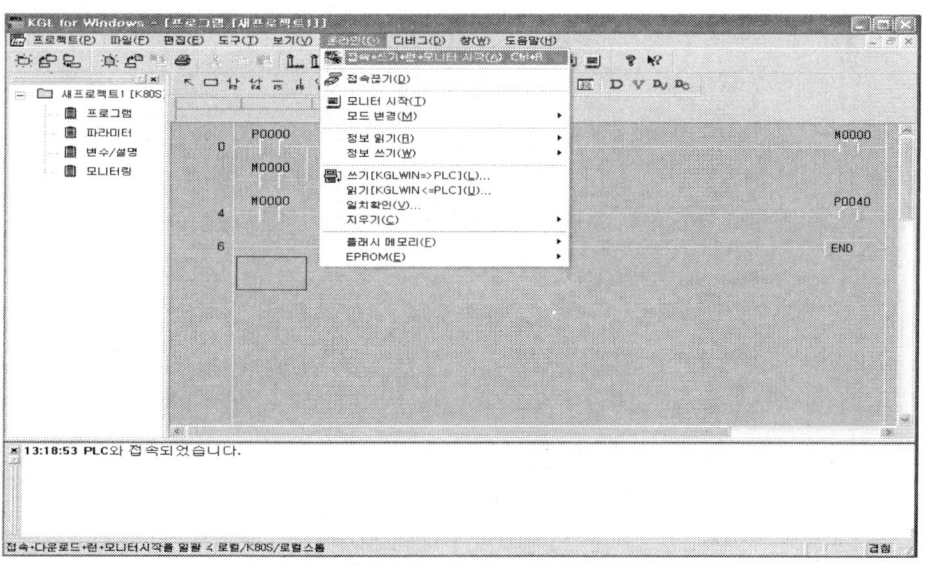

[그림 4-18] 프로그램 쓰기

제4장 MASTER-K PLC

또한 PLC에서 모드 키 설정을 해주어야 한다. K7M-DR30S의 경우 모드 키는 3단으로 구성되어 있다. RUN 모드는 프로그램 연산을 수행하는 모드이고, PAU/REM 모드는 리모트 모드로 프로그램을 다운로드나 업로드 할 때 사용하는 모드이고, STOP 모드는 프로그램을 정지시키는 모드이다.

(1) RS-232C 케이블 결선

MASTER-K K7M-DR30S PLC와 컴퓨터에 다음과 같이 결선되어 있어야 한다.

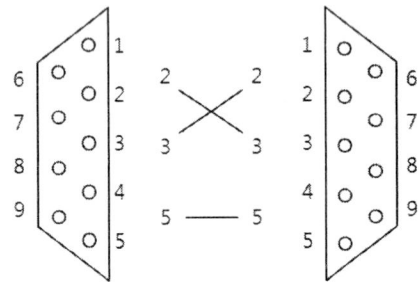

[그림 4 - 19] 케이블 결선도

노트북을 사용하는 경우 RS-232C를 연결할 커넥터가 없으므로 USB 젠더 케이블을 연결하여 USB포트에 연결하여 사용한다. 이때 USB젠더에 맞는 프로그램을 노트북에 설치하여야 사용할 수 있다.

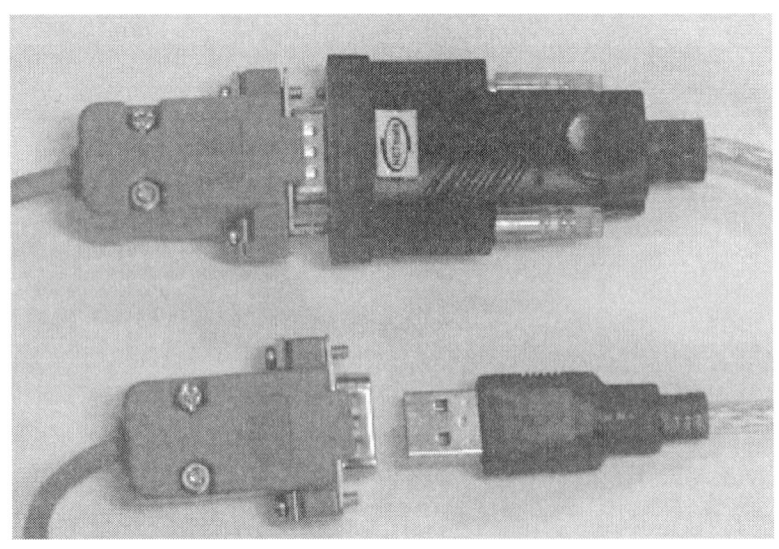

[그림 4 - 20] USB 젠더와 RS232 케이블

4.5 MASTER-K 따라 하기

(2) 통신포트 설정하기

① 내 컴퓨터-속성-하드웨어-장치관리자에서 현재 RS-232C케이블의 위치 확인

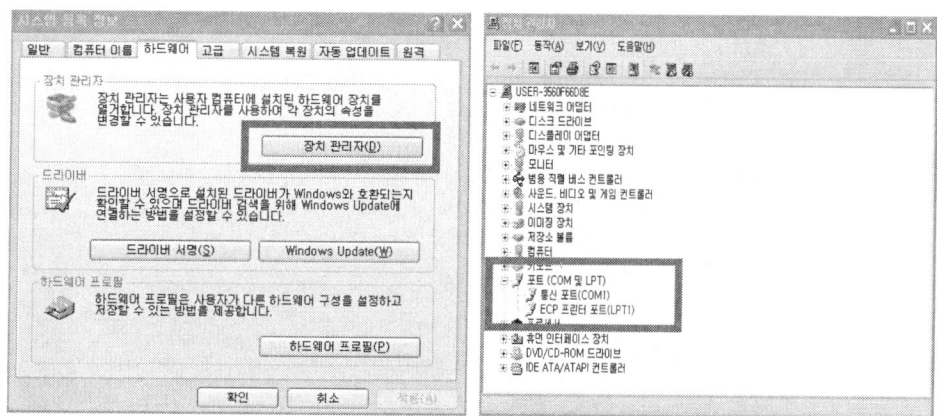

[그림 4-21] 통신포트 확인하는 방법

② KGL의 메뉴 바의 프로젝트-옵션-접속옵션에서 접속방식을 RS-232C로 통신포트 COM1로 설정해야 한다. 만약 위 사항을 실행했을 경우 맞지 않으면 프로그램 전송시 다음과 같이 **"통신포트를 열수 없습니다."**란 에러 메시지가 발생한다.

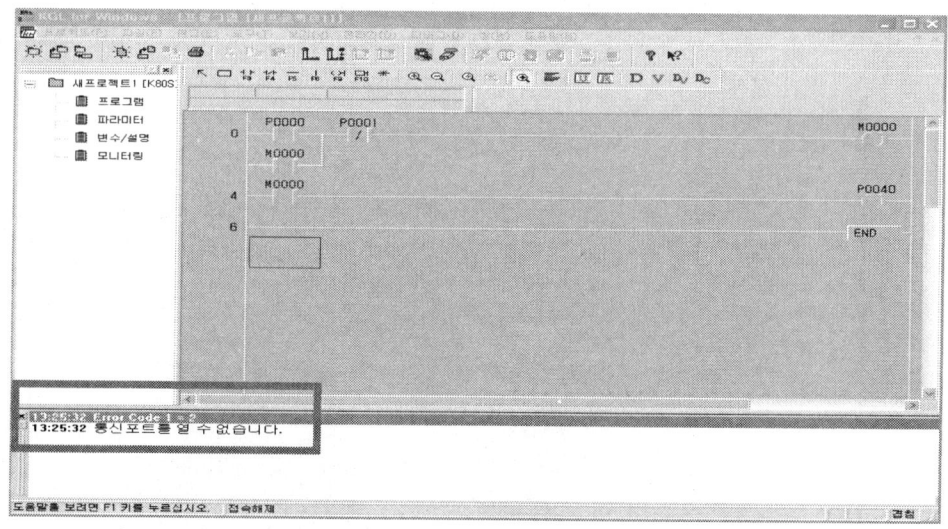

[그림 4-22] 통신포트 에러 메시지

(3) 프로그램쓰기(Down Load)

프로그램쓰기는 작성된 프로그램을 MASTER-K K7M-DR30S PLC에 전송하는 작업으

로 PLC 전원연결, RS-232C 통신케이블을 연결 한 다음 PLC의 입력단자 쪽에 있는 스위치를 리모트모드(PAU/REM)위치에 놓고, PC와 PLC간의 통신포트를 같은 환경으로 설정해야 가능하다.

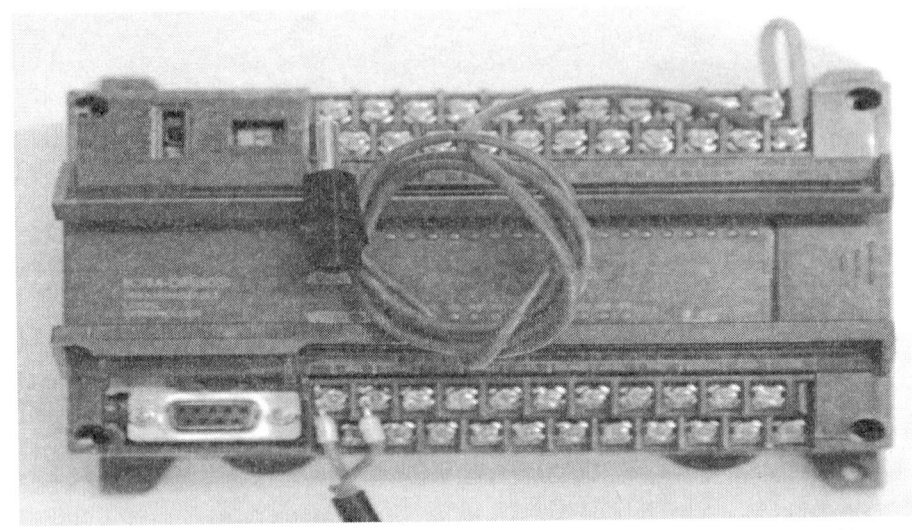

[그림 4-23] 실험용 PLC 실제 결선

PLC에 프로그램 저장 여부를 확인하기 위해서는 입력 단 쪽의 24V(+)-COM 단자를 연결해주고 24G에 선을 한 가닥 연결해 두면 편리하다.
① 메뉴바-온라인-접속+쓰기+런+모니터시작(A)-확인-확인을 클릭한다.

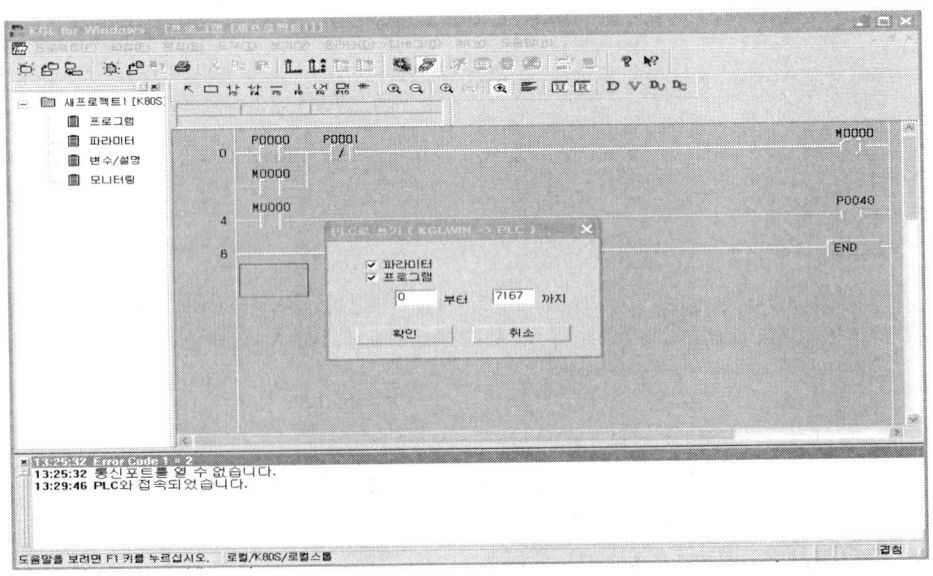

[그림 4-24] 프로그램 전송

② 그림 4-25는 업로드를 시킨 후 24G 단자에 연결한 테스트 선을 IN 00 번지에 접속 테스트 한 화면이다.

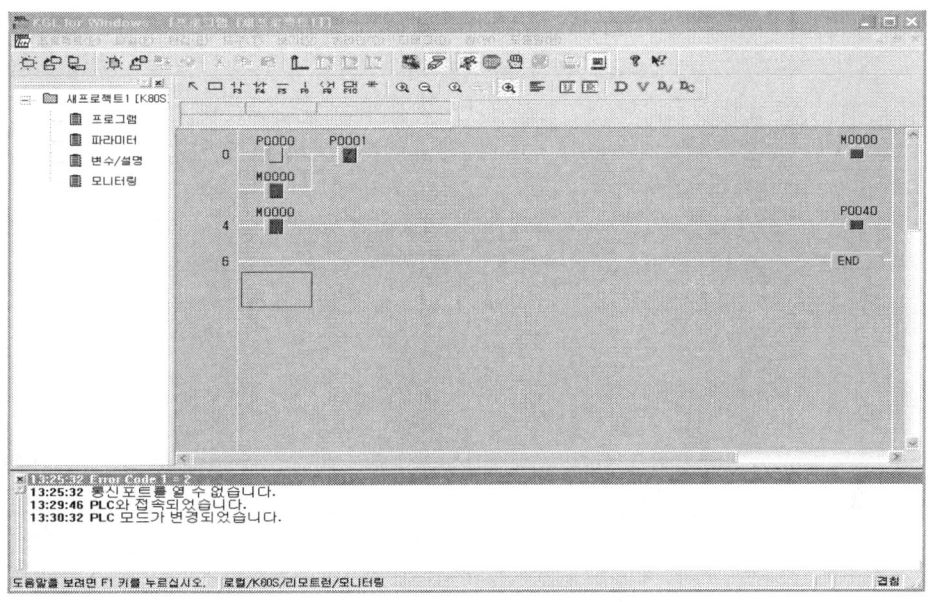

[그림 4-25] PLC에 의한 프로그램 시뮬레이션

4.6 기본 회로 프로그래밍

4.6.1 자기유지회로 프로그램 작성

자기유지회로란 입력신호를 기억하는 회로로 자신의 접점에 의하여 동작회로를 구성하고 스스로 동작을 유지하는 회로이며 복귀신호가 주어져야 복귀된다.

(1) **자기유지 회로 및 메모리 할당**

① **자기유지회로 설명** : 자기유지회로에서 기동스위치를 P0000를 ON하는 순간 출력 M0000가 여자되고 M0000의 a접점에 의해 자기유지회로를 형성하여 정지 스위치를 ON하는 순간까지 모터 P0040이 M0000 a접점에 의해 동작이 계속 유지된다.

② **메모리 할당** : MASTER-K 프로그램에 의해 프로그램 작성시 GLOFA 프로그램과 같이 네임드 변수명을 사용할 수 없기 때문에 반드시 미리 메모리를 할당 해 두어야 한다. 본 자기유지회로에서는 다음과 같이 메모리를 할당 한다.

　　(가) **입력(기동스위치, 정지스위치), 출력(전동기)**
　　　• 기동스위치(P0000), 정지스위치(P0001)　• 전동기(P0040)

(2) MASTER-K80S PLC에 의한 프로그램 작성방법
　① 프로젝트생성하기
　　프로젝트-새프로젝트-새프로젝트생성창에서-기본 프로젝트 생성-확인-PLC기종에서-MK_S-80선택-래더선택-제목-회사-저자명 입력-확인-프로젝트 활성창이 나타남.
　② 펑션키 F3을 누르고 레더 편집창에서 디바이스 명에 P0입력-확인

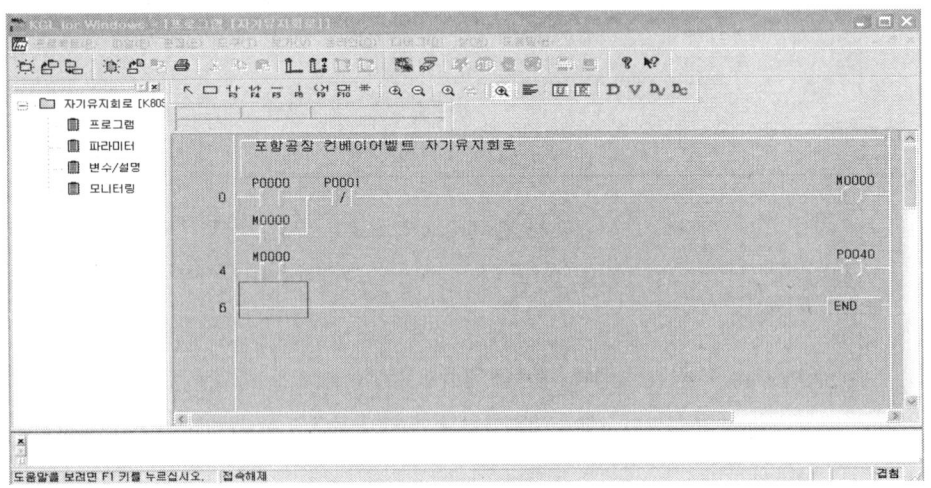

[그림 4-26] 자기유지회로 프로그래밍

　③ 펑션키 F4를 누르고 레더 편집창에서 디바이스 명에 P1입력-확인
　④ 펑션키 F9를 누르고 레더 편집창에서 디바이스 명에 M0입력-확인
　⑤ 펑션키 F3을 누르고 레더 편집창에서 디바이스 명에 M0입력-확인
　⑥ 펑션키 F6 키를 이용하여 자기유지회로 구성
　⑦ 펑션키 F3을 누르고 레더 편집창에서 디바이스 명에 M0입력-확인
　⑧ 펑션키 F9을 누르고 레더 편집창에서 디바이스 명에 P40입력-확인
　⑨ 펑션키 F10을 누르고 레더 편집창에서 디바이스 명에 END입력-확인

4.6 기본 회로 프로그래밍

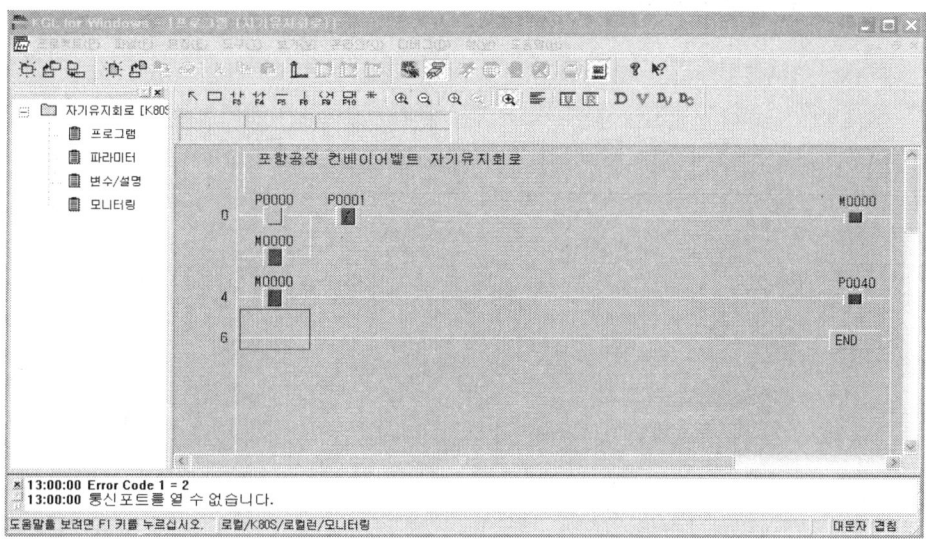

[그림 4 - 27] 자기유지회로 시뮬레이션

4.6.2 펑션 블록(타이머) 프로그램 작성

(1) 타이머의 종류 및 기능

타이머는 산업현장의 설비제어에서 기기동작의 시간 지연 부분 등에 많이 활용되며 특히 전기 기능장 시험에서는 램프의 깜박이(Flicker)회로 등에 사용한다. 타이머의 종류로는 TON, TOF, TMR 등이 있다.

(2) TON(On Delay Timer)

TON(On Delay Timer)타이머의 기동조건이 ON이 된 후 경과시간이 설정 시간에 도달하면 타이머 출력이 ON이 되는 타이머로 타이머의 a 접점을 사용하면 설정시간 후에 ON이 되고, 타이머의 b접점을 사용하면 설정시간 후에 OFF 된다.

(3) 메모리 할당

MASTER-K 80S에서 프로그램을 작성하기 위해서 먼저 해야 할 일은 입력 접점과 출력에 대한 메모리 할당을 해야 한다. 예를 들면 입력은 기동스위치, 정지스위치가 있으며, 출력은 램프1, 램프2 있다면 기동(P0000), 정지(P0001), PL1(P0040), PL1(P0041) 번지를 할당한다. 내부릴레이 M, 타이머 T, 카운터 C 등은 메모리 할당은 0, 1, 2, 3 … 순으로 하면 된다.

(4) **PLC 프로그램 작성방법**

프로젝트생성하기 - 프로젝트-새프로젝트-새프로젝트 생성창에서-기본 프로젝트 생성-확인-PLC기종에서-MK_S-80선택-래더선택-제목-회사-저자명 입력-확인-프로젝트 활성창이 나타남

① 펑션키 F3을 누르고 레더 편집창에서 디바이스 명에 P0입력-확인
② 펑션키 F4를 누르고 레더 편집창에서 디바이스 명에 P1입력-확인
③ 펑션키 F9를 누르고 레더 편집창에서 디바이스 명에 M0입력-확인
④ F3과 F6 키를 이용하여 자기유지회로 구성
⑤ 펑션키 F3-M0 입력, F10을 누르고 레더 편집창에서 디바이스 명에 TON T1 30 입력-확인(MASTER-K 80S 타입은 타이머의 기본 시간은 100[ms]이므로 정수 30은 3초를 의미한다.)
⑥ F3-T1, F9-P40을 입력-확인
⑦ F3-T1, F9-P41을 입력-확인
⑧ F10-END 입력-확인

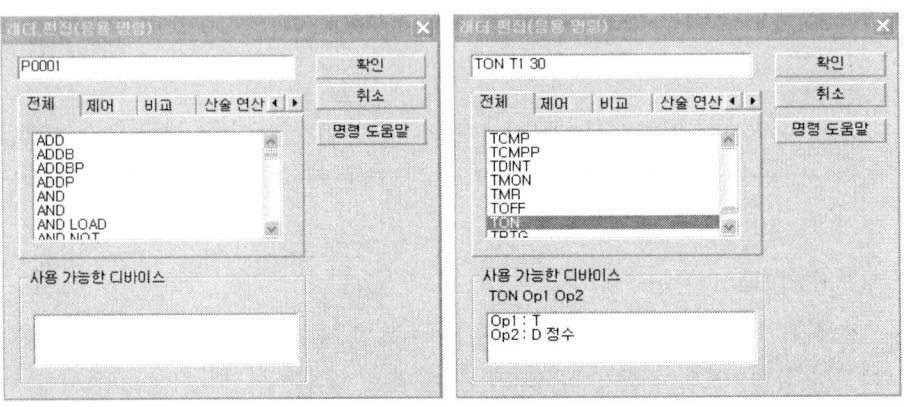

[그림 4-28] 타이머 펑션 입력 방법

4.6 기본 회로 프로그래밍

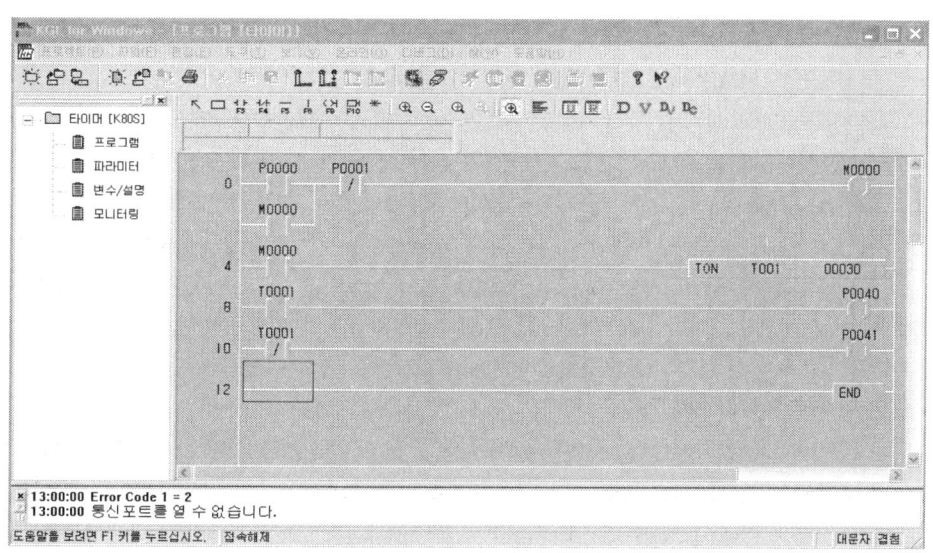

[그림 4 - 29] TON 타이머 회로 프로그래밍

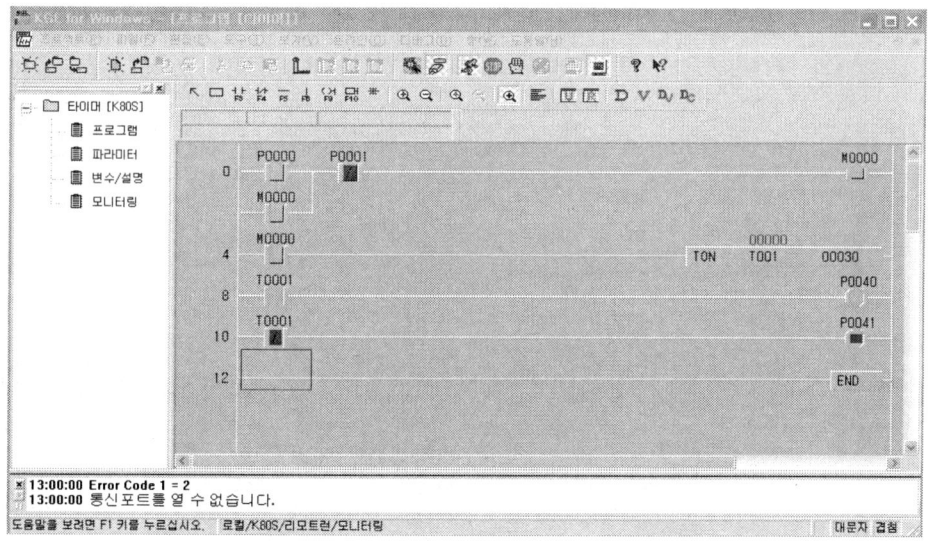

[그림 4 - 30] PLC에 의한 TON 회로 시뮬레이션

시뮬레이션을 통해서 기동(P0000) 스위치를 ON 시키면 내부릴레이 M0000이 여자 되어 자기유지회로를 구성하며, M0000-a 접점에 의해 타이머 T001이 동작되어 램프1(P0040)은 3초 후에 점등 되며, 램프2(P0041)는 3초 후 소등되는 것을 알 수 있다.

(5) TOF(Off Delay Timer)

타이머의 기동조건이 ON되면 타이머 출력이 ON이 되고 타이머 기동조건이 OFF된 후 경과시간이 설정 시간에 도달하면 타이머 출력이 OFF 되는 회로이다.

MASTER-K 80S에서 프로그램을 작성하기 위해서 먼저 해야 할 일은 입력 접점과 출력에 대한 메모리 할당을 해야 한다. 예를 들면 입력은 기동스위치, 정지스위치가 있으며, 출력은 램프1, 램프2 있다면 기동(P0000), 정지(P0001), PL1(P0040), PL1(P0041) 번지를 할당한다. 내부릴레이 M, 타이머 T, 카운터 C 등은 메모리 할당은 0, 1, 2, 3… 순으로 하면 된다.

(6) PLC 프로그램 작성방법

프로젝트생성하기-프로젝트-새프로젝트-새프로젝트생성창에서-기본 프로젝트 생성-확인-PLC기종에서-MK_S-80선택-래더선택-제목-회사-저자명 입력-확인-프로젝트 활성창이 나타남

① 펑션키 F3을 누르고 레더 편집창에서 디바이스 명에 P0입력-확인
② 펑션키 F4를 누르고 레더 편집창에서 디바이스 명에 P1입력-확인
③ 펑션키 F9를 누르고 레더 편집창에서 디바이스 명에 M0입력-확인
④ F3과 F6 키를 이용하여 자기유지회로 구성

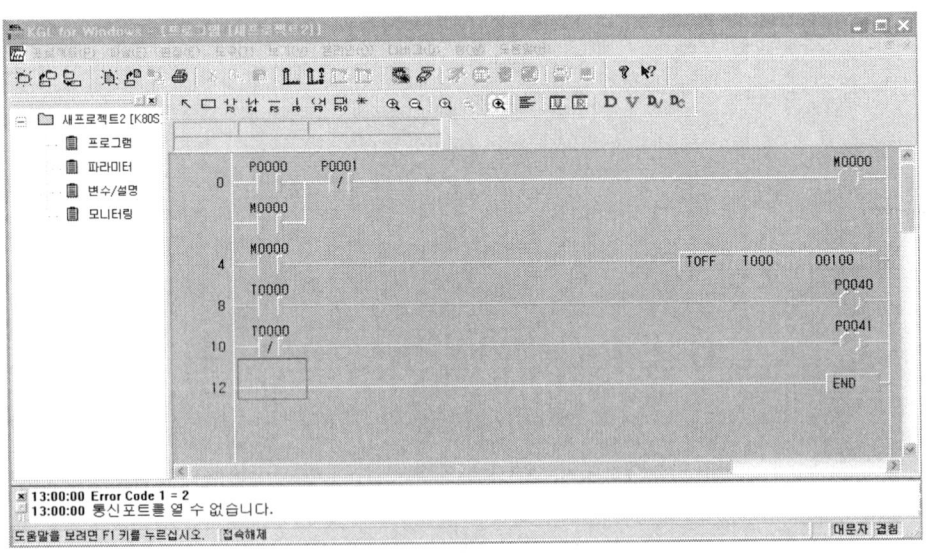

[그림 4-31] TOF 회로 프로그램 작성

⑤ 펑션키 F3-M0 입력, 펑션키 F10을 누르고 레더 편집창에서 디바이스 명에 TOFF T1 100 입력-확인(MASTER-K 80S 타입은 타이머의 기본 시간은 100[ms]이므로 정수 100은 10초를 의미한다.)

⑥ F3-T1, F9-P40을 입력-확인
⑦ F3-T1, F9-P41을 입력-확인
⑧ F10-END 입력-확인

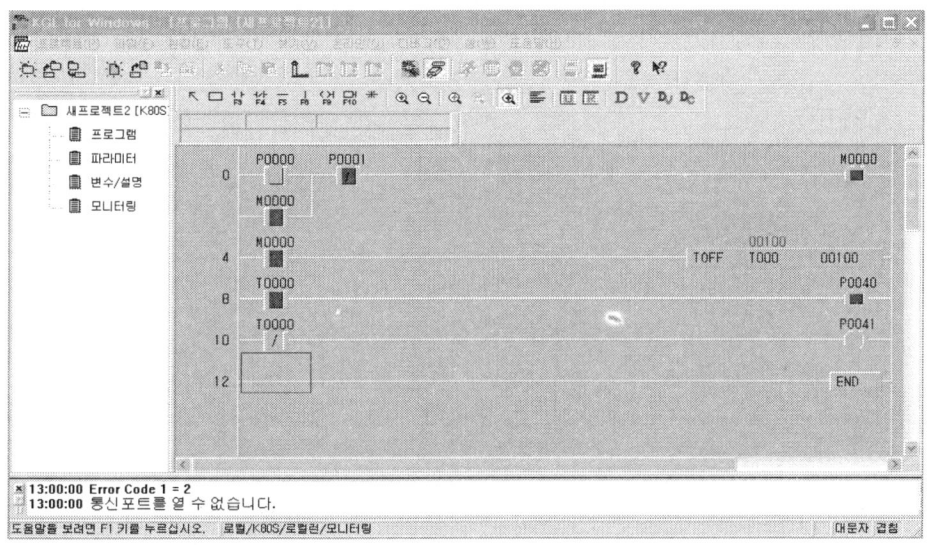

[그림 4-32] PLC에 의한 TOF 회로 시뮬레이션

⑨ 동작 설명은 시뮬레이션을 통해서 기동(P0000)을 ON 시키면 내부릴레이 M0000이 여자 되어 자기유지회로를 구성하며, M0000-a 접점에 의해 타이머 T000이 동작되어 램프1(P0040)은 점등, 램프2(P0041)는 소등이 된다.

정지(P0001)를 ON 시킨 후부터 10초 후에 램프1(P0040)은 소등, 램프2(P0041)는 점등 된다.

chapter

5

MITSUBISHI PLC

chapter 5

MITSUBISHI PLC

5장 MITSUBISHI PLC

5.1 GX-Developer 프로그래밍

5.1.1 MITSUBISHI FX$_{3U}$-32M 시리즈의 특징

1980년대부터 출시된 F시리즈, FX 시리즈는 초소형 PLC로서 신뢰성, 고도의 확장성, 범용성 등이 우수하여 FA업계, 식품, 건축, 빌딩 등 모든 분야에서 다양하게 사용되고 있다. 특히 FX 시리즈는 비용이나 어플리케이션에 맞추어 선택할 수 있도록 **FX1s, FX1n, FX1nc, FX2n, FX2nc, FX$_{3U}$c, FX$_{3U}$** 등 많은 기종이 있으며 본 교재에서는 **FX$_{3U}$-32M** 기종에 대한 설명을 한다.

(1) 입·출력 점수

　PLC에 직접 배선하는 입·출력(최대256점)과 네트워크(CC-Link)상의 리모트 I/O (최대 256점)까지 확장 할 수 있다.

(2) 프로그램 메모리

　64k 스텝의 **RAM** 메모리를 내장하고 있으며, 메모리 카세트를 사용함으로써 프로그램메모리를 플래시 메모리로 사용할 수 있다.

(3) 연산명령

　부동소수점, 문자열 처리 명령 외에 스켈링 명령 등 풍부한 명령을 구비하고 있다.

(4) RUN/STOP 스위치 내장

　내장 스위치로 RUN/STOP 조작이 가능하도록 되어 있다.

(5) 다양한 기능

　① **고속카운터 기능** : 오픈 컬렉터 트랜지스터 출력의 신호를 입력 할 수 있으며, 최대 100kHz(1상)을 계수 할 수 있다.
　② **펄스캐치기능** : ON, OFF 폭의 짧은 신호를 복잡한 프로그램 없이 수신 할 수 있다.
　③ **입력 인터럽트 기능** : ON, OFF 폭이 최소 5μs인 외부 신호에 의해 인터럽트 루틴을 우선 처리할 수 있다.

(6) FX$_{3U}$-32M 기종

　FX$_{3U}$-32M 기종은 FX$_{3U}$-32MR(출력-릴레이), FX$_{3U}$-32MT(출력-트랜지스터)등 3가지 종류가 있다. 여기서 설명하는 기종은 FX$_{3U}$-32MR/ES-A 기종으로 입력은 **DC24V**를

사용하며 싱크/소스타입과 출력은 릴레이로 되어있다.

5.1.2 시스템 구성

(1) **시스템 구성의 종류**

FX$_{3U}$ -32M 시리즈는 기본, 컴퓨터 링크 및 네트워크 시스템 구성에 적합한 각종 제품을 구비하고 있다.

(2) **기본 시스템 구성**

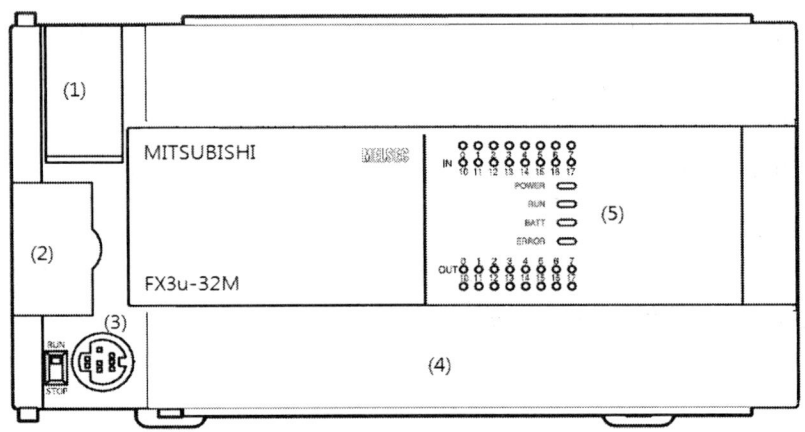

[그림 5 - 1] FX$_{3U}$ - 32M 외관

① 배터리 커버
② 기능 확장 보드 더미커버
③ 주변기기 접속용 커넥터
④ 단자대 커버
⑤ 동작 상태 표시 램프(LED)

(3) **입력(DC24V 입력)**

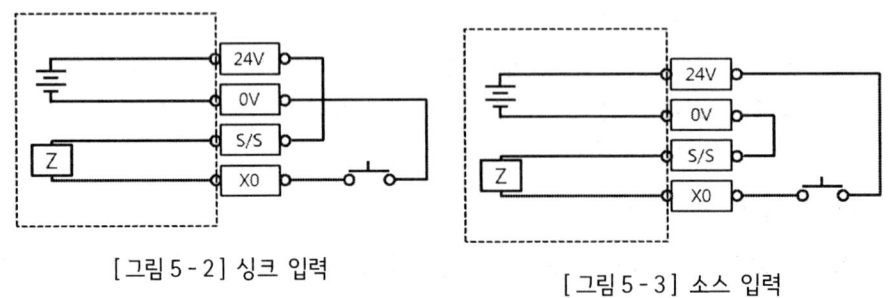

[그림 5 - 2] 싱크 입력   [그림 5 - 3] 소스 입력

5.1 GX-Developer 프로그래밍

DC입력 규격은 전류싱크/전류소스 형식을 사용할 수 있다. DC 입력전원은 외부 전원을 사용할 수 있으며, 내부 전원(+24V, -0V)단자를 이용할 수 도 있다.

FX₃ᵤ-32MR시리즈의 기본 유닛 배선 방법은 그림 5-1과 같으며 그림 5-2는 외부 전원 사용시 결선 방법이고, 그림 5-3은 내부 전원을 이용한 결선방법이다. 전기기능장 시험에서는 내부 전원을 이용한다.

(4) 출력 배선도

출력은 기본 FX₃ᵤ-32MR 시리즈는 16접점으로 DC24V(외부전원)와 AC220V를 그림과 같이 혼용하여 사용할 수 있다. 단 공통으로 사용하는 접점이 COM1~COM4까지 있으므로 분리 사용시 유의하여야 한다.

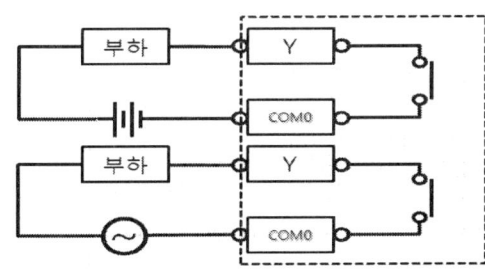

[그림 5-4] 출력회로

5.1.3 FX₃ᵤ PLC 입력 배선 방법

FX₃ᵤ PLC의 입력은 외부 배선에 따라 싱크 입력과 소스 입력 모두 사용할 수 있다. 다만 S/S 배선에 주의를 하여야 한다. 다음 그림 5-6, 7은 싱크 입력 배선과 소스 입력 배선도 이고, 그림 5-8은 출력 배선도이다.

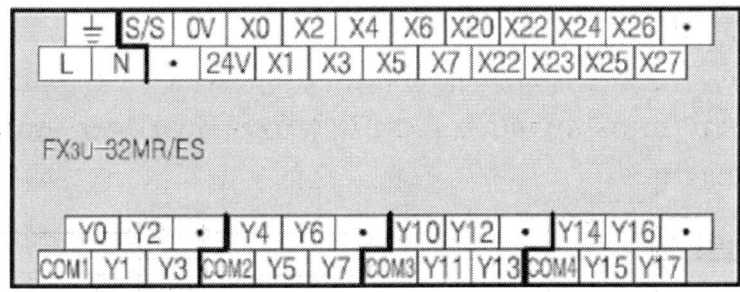

[그림 5-5] 단자 배열

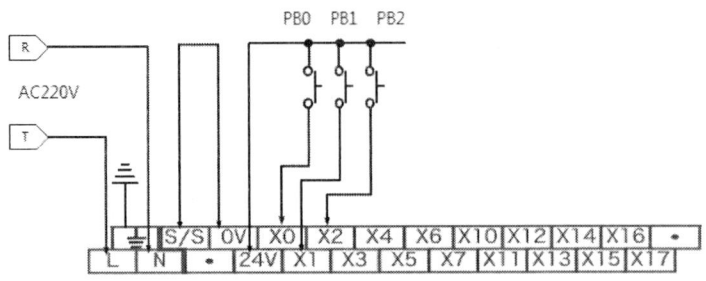

[그림 5-6] 싱크입력

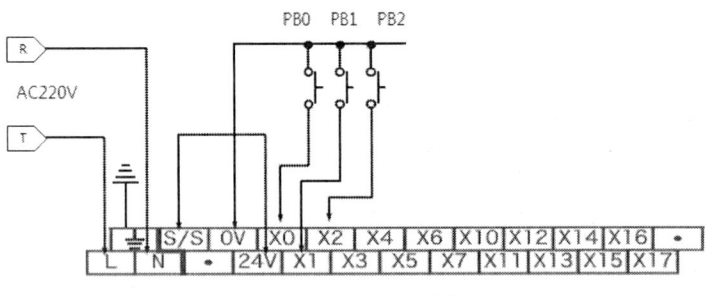

[그림 5-7] 소스입력

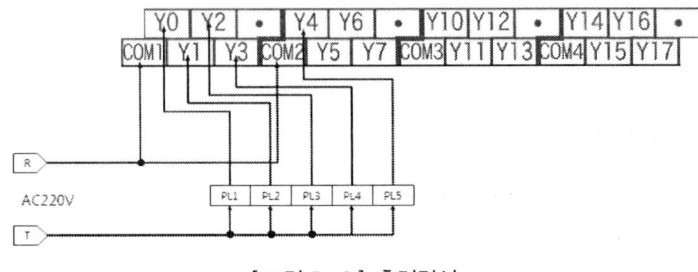

[그림 5-8] 출력결선

5.1.4 입·출력번호(X, Y) 할당

입·출력 번호(X, Y)는 전원 투입시 다음의 내용대로 입·출력번호가 할당된다. 입력의 경우 X000 ~ X007, X010 ~ X017번으로 출력의 경우 Y000 ~ Y007, Y010 ~ Y017번까지 8진 번호로 할당된다.

5.1.5 프로그래밍 툴

MITSUBISHI PLC는 FX/Q/QnA/A 시리즈를 완벽하게 지원하는 MELSOFT GX 시리즈를 사용하고 있다. 핸디 타입 프로그램 패널을 접속하여 명령어에 의한 편집을 간단하게 할 수 있다. FX$_{3U}$ PLC에는 GX-Developer 프로그램을 사용하여 프로그래밍을 할 수 있으며, GX-Simulator는 프로그래밍시 PLC와 연결을 하지 않아도 동작사항을 체크 할 수 있다.

5.1.6 GX-Developer(GPPW) 프로그램의 특징

(1) FX/Q/QnA/A 시리즈 모두 동일하게 프로그램을 개발하거나 디버그 할 수 있다.
(2) Windows□의 조작성 그대로 설계, 디버그, 보수까지 작업 효율을 대폭 향상 시킨 프로그래밍 툴이다.
(3) 회로(래더), 명령어(리스트) 및 SFC(시퀀셜 펑션차트)언어에 의해 프로그래밍 하는 것이 가능하다.
(4) FX 전용 프로그래밍 소프트웨어(Windows□판, MS-DOS□판)의 데이터를 읽고 쓸 수 있다.

5.1.7 PC와 PLC의 통신

(1) PC측이 USB인 경우(RS-422 포트와 접속)

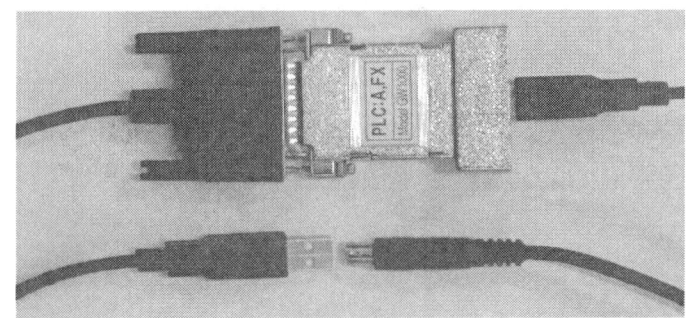

[그림 5-9] USB 젠더와 RS422 케이블

(2) FX$_{3U}$, FX$_{3U}$C PLC에 장착된 USB 포트와 접속

FX$_{3U}$, FX$_{3U}$C PLC에 FX$_{3U}$-USB-BD형 기능 확장 보를 장착한 경우, 부속된 USB 케이블로 PC의 USB커넥터에 직접 접속 할 수 있다.

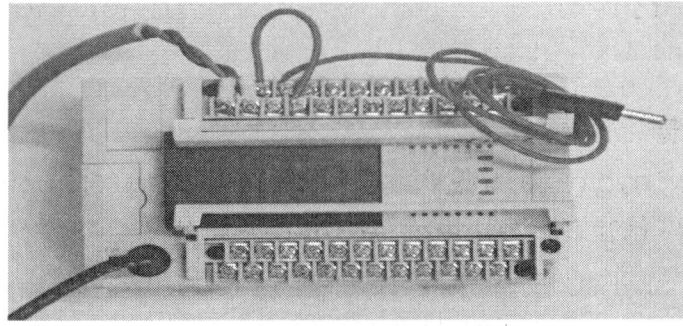

[그림 5-10] PLC 실제 결선

5.2 GX Developer 프로그램

5.2.1 GX Developer 인스톨

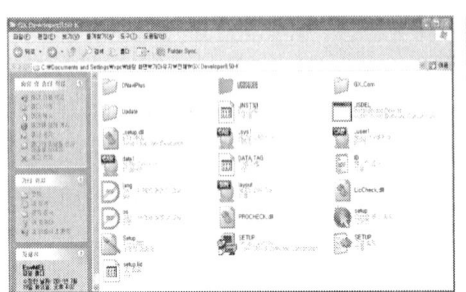 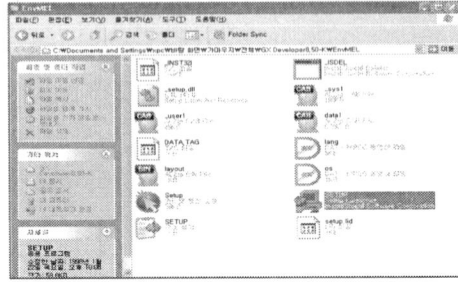

[그림 5 - 11] 인스톨 화면

① GX Developer 인스톨 CD를 PC에 넣는다.
② CD안에 EnvMEL을 클릭하여 SETUP을 한다.(메인 SETUP을 인스톨 하기 전에 먼저 EnvMEL안의 SETUP을 먼저 클릭한다.)

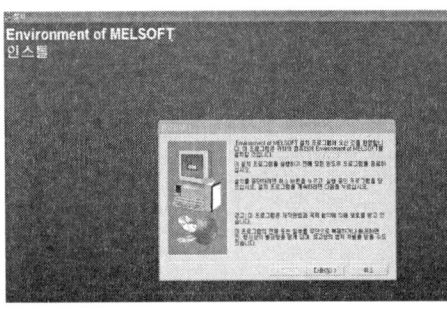 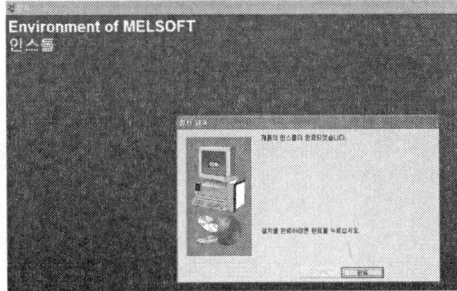

[그림 5 - 12] 인스톨 화면

③ 다음을 클릭하여 프로그램을 인스톨한다.
④ 인스톨이 완료하면 완료 버튼을 클릭한다.

 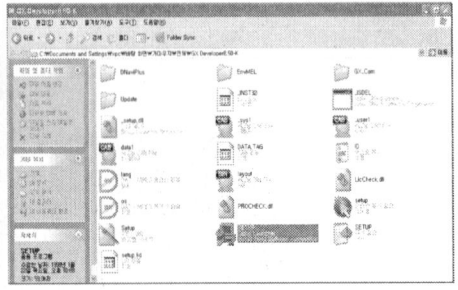

[그림 5 - 13] 인스톨 화면

⑤ GX Developer 안의 SETUP을 클릭한다.
⑥ GX Developer Version 8 인스톨이 실행되며 다음을 클릭한다.
⑦ 이름과 회사명을 입력한다.
⑧ 작성한 이름과 회사명이 맞는지 확인한다.
⑨ 제품 ID를 입력하는 부분이 나오면 프로그램 CD안에 있는 ID 메모장 안에 있는 ID를 등록하고 다음을 클릭한다.

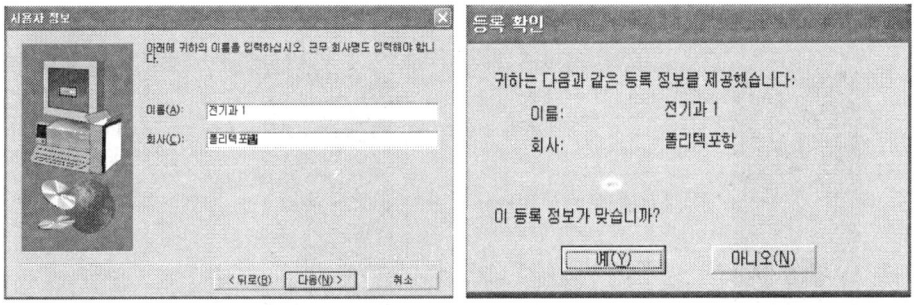

[그림 5 - 14] 인스톨 화면

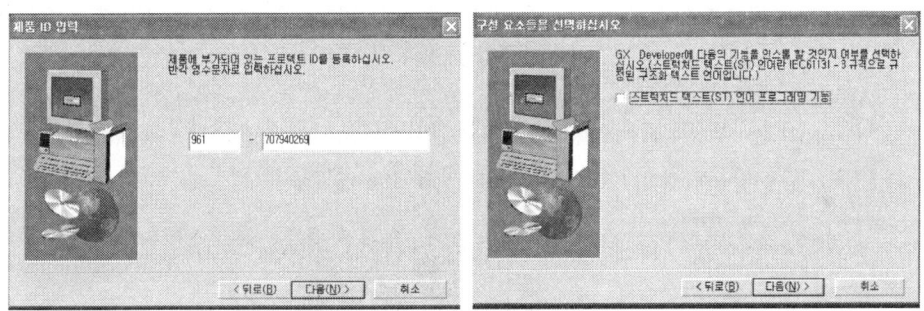

[그림 5 - 15] 인스톨 화면

⑩ 다음으로 구성요소를 선택하는 부분이 나온다. 3가지의 선택부분을 전부 선택하지 말고 전부 다음을 클릭한다.

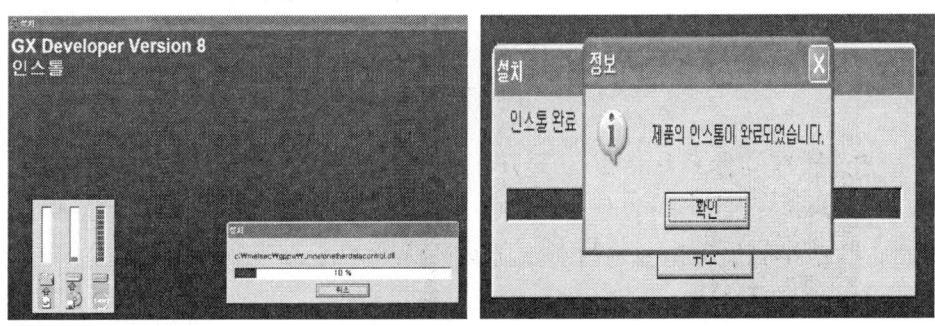

[그림 5 - 16] 인스톨 화면

⑪ 프로그램이 설치된다.
⑫ 인스톨이 완료되면 확인을 클릭한다.
⑬ PC에 GX Developer가 인스톨 완료 되었다.

5.2.2 PC와 PLC의 인터페이스

① PLC(FX3U)의 통신포트에 통신케이블을 연결하고 PC의 USB포트에 연결하고 PLC 전원을 ON하면 새 하드웨어 검색 마법사가 나타난다.

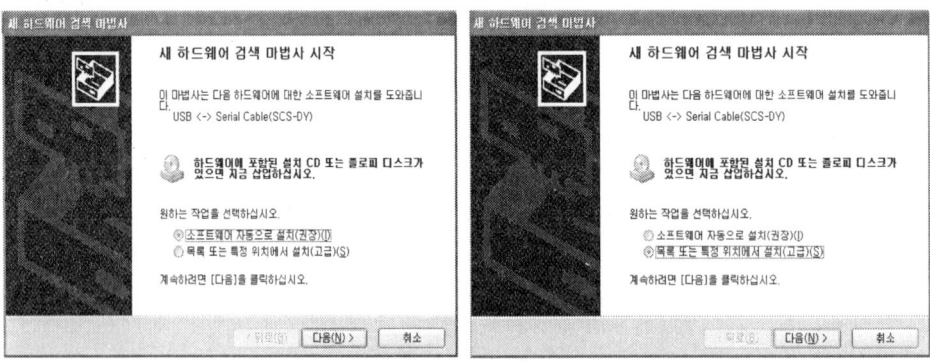

[그림 5 - 17] 인스톨 화면

② 목록 또는 특정 위치에서 설치를 클릭하고 다음을 클릭한다.
③ USB 통신용 드라이브(CDM 2.04)를 PC에 넣는다.

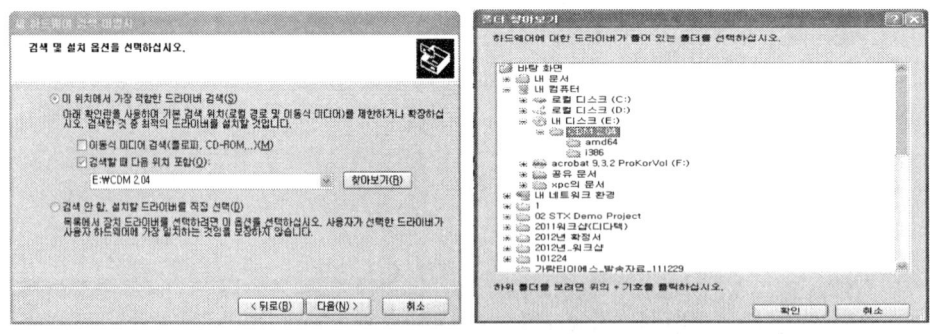

[그림 5 - 18] 인스톨 화면

"검색할 때 다음 위치 포함"을 클릭하고 "찾아보기"를 클릭하여 드라이브(E)안에 CDM 2.04를 찾아서 확인을 누른다.
④ 마법사에서 USB 드라이브를 검색한다.

5.2 GX Developer 프로그램

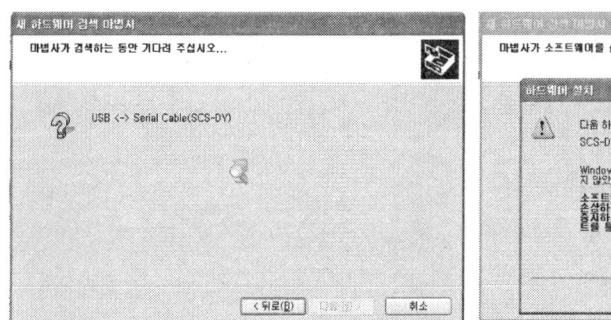

[그림 5 - 19] 인스톨 화면

⑤ XP 호환을 묻는 질문에 계속을 클릭한다.
⑥ USB 드라이브를 설치한다.

[그림 5 - 20] 인스톨 화면

⑦ USB 드라이브가 설치되면 내 컴퓨터-제어판-성능 및 유지관리-시스템을 선택한다.

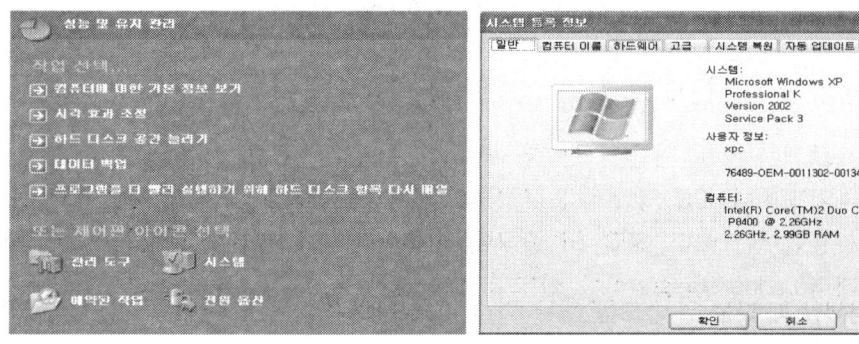

[그림 5 - 21] 통신설정

⑧ 하드웨어를 선택한다.

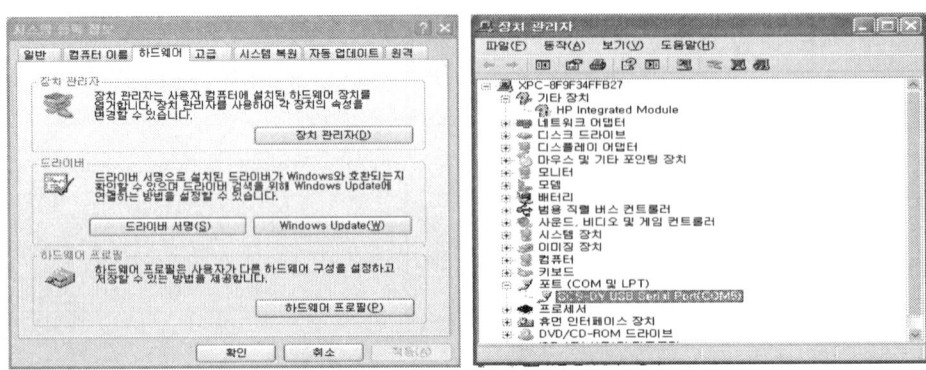

[그림 5 - 22] 통신 설정

⑨ 장치관리자를 선택한다.

⑩ 장치관리자 안에 포트(COM 및 LPT) 디렉토리에 USB Serial Port(COM5)를 확인한다. PC에 따라 또는 USB를 컴퓨터에 연결할 때마다 COM 포트는 달라질 수 있으므로 반드시 확인하여야 한다.

⑪ 시작 – 모든 프로그램 – MELSEC 응용 프로그램 – GX Developer 메뉴를 클릭한다.

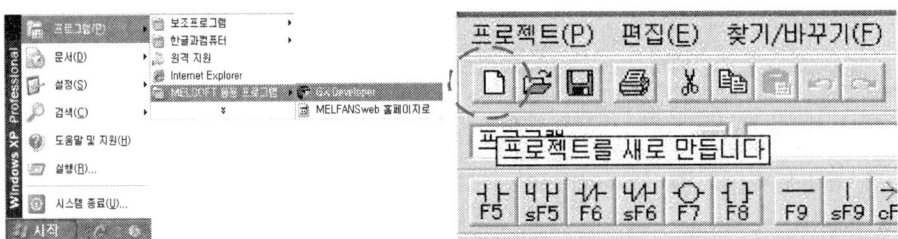

[그림 5 - 23] 프로젝트 만들기

⑫ 툴바에서 (새 프로젝트)버튼을 클릭한다.

⑬ 프로젝트 새로 만들기 창 중 프로젝트 파일 이름은 사용자가 작성한 프로젝트 파일명이다. PLC의 종류는 사용하고자 하는 PLC의 종류를 선택하면 된다. 또한 사용언어는 래더, SFC, ST 중 사용하기 편리한 기능을 선택하는데 본 교재에서는 래더(Ladder Diagram)를 설명하고자 한다.

5.2 GX Developer 프로그램 **109**

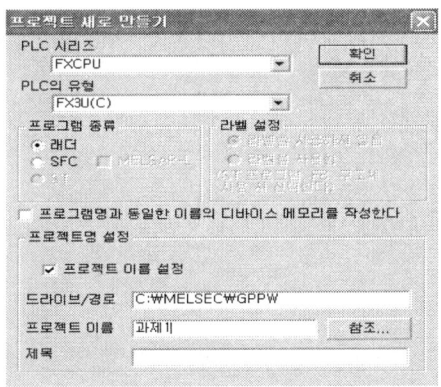

[그림 5-24] 프로젝트 만들기

⑭ 프로젝트 명을 설정하기 위해서는 [프로젝트 이름 설정]을 체크하여야 한다. [프로젝트 이름 설정]을 체크한 후에 드라이브/경로를 설정과 프로젝트명을 설정할 수 있다.

⑮ 메뉴 바에서 [온라인]-[연결 대상 지정]을 클릭한다.

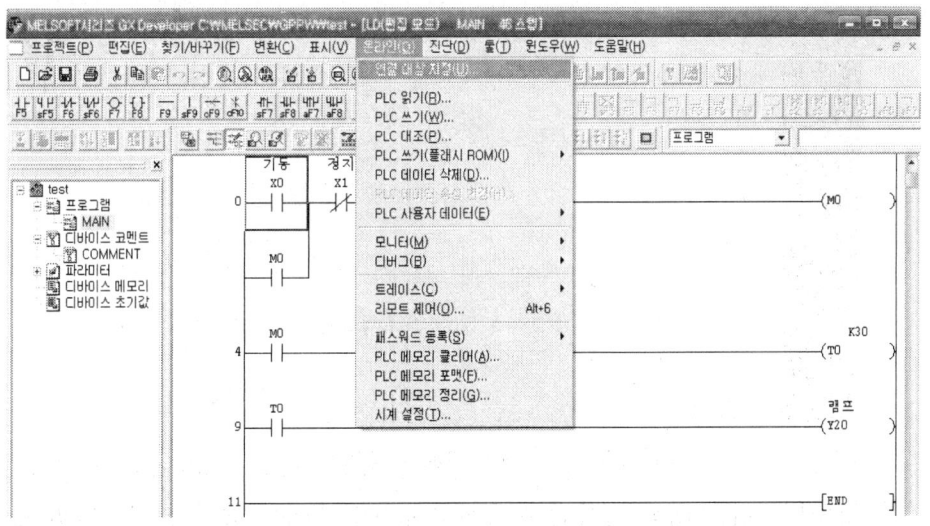

[그림 5-25] 통신 포트 설정하기

⑯ 좌측 상단에 표시된 시리얼, USB라고 적혀 있는 아이콘을 클릭한다.

PC측 I/F 직렬 설정 창이 나타나게 된다. 사용자 PLC 연결 상태에 맞게 RS-232C로 체크한 후 확인 버튼을 누른다. COM 포트는 "**장치관리자**" 안에 포트(COM 및 LPT) 디렉토리에 USB Serial Port(COM5) COM5를 선택하고 전송속도를 선택한다.

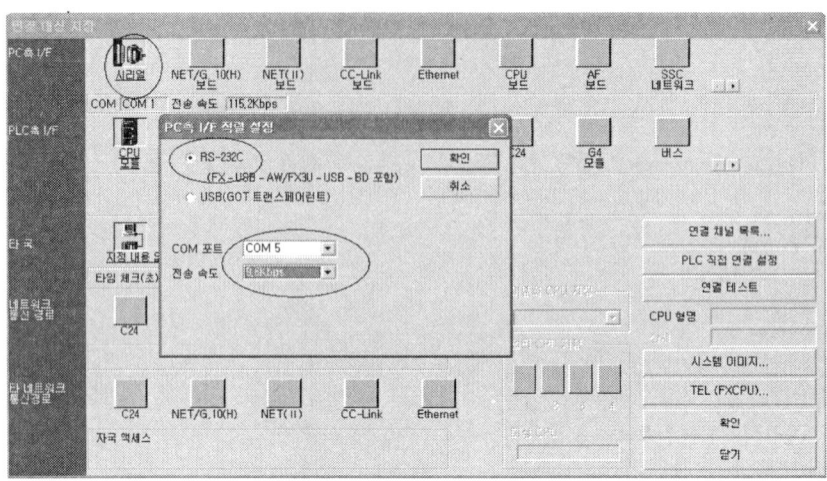

[그림 5 - 26] 통신 포트 설정하기

⑰ 우측 하단 부의 연결 테스트 버튼을 누르게 되면 연결 상태가 올바르게 되어 있는 지를 확인 할 수 있다.

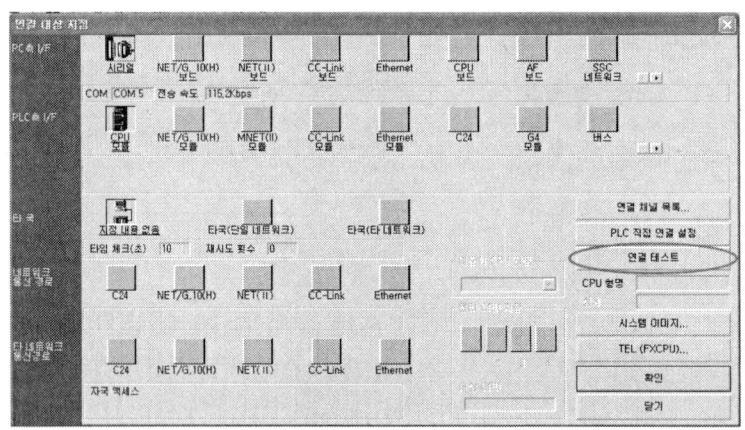

[그림 5 - 27] 통신 포트 설정하기

[그림 5 - 28] 통신 포트 설정하기

⑱ 연결이 올바르게 된 경우 위와 같이 접속에 성공하였다는 메시지 창이 뜨게 된다.

5.2 GX Developer 프로그램

⑲ 연결설정을 마친 후 반드시 우측 하단에 있는 확인 버튼을 누른다. 만일 확인 버튼을 누르지 않고 닫기 버튼을 누르게 되면 현재 설정한 연결 상태가 저장되지 않고 창을 닫게 된다.

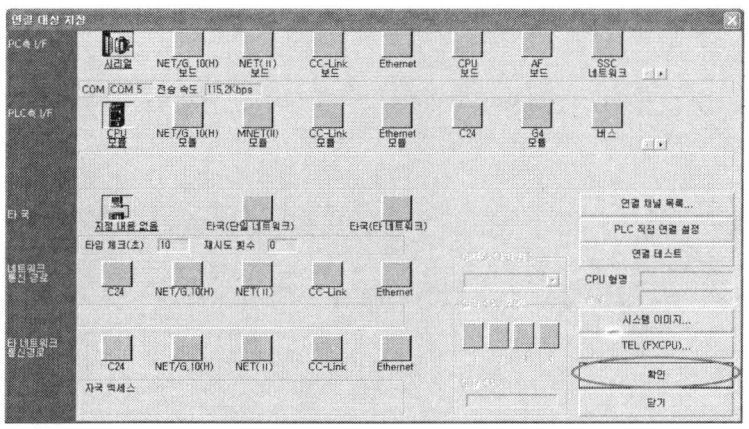

[그림 5 - 29] 통신 포트 설정하기

5.2.3 GX Developer의 화면 구성

아래의 그림은 GX Developer의 화면 구성에 대하여 설명한 것이다.

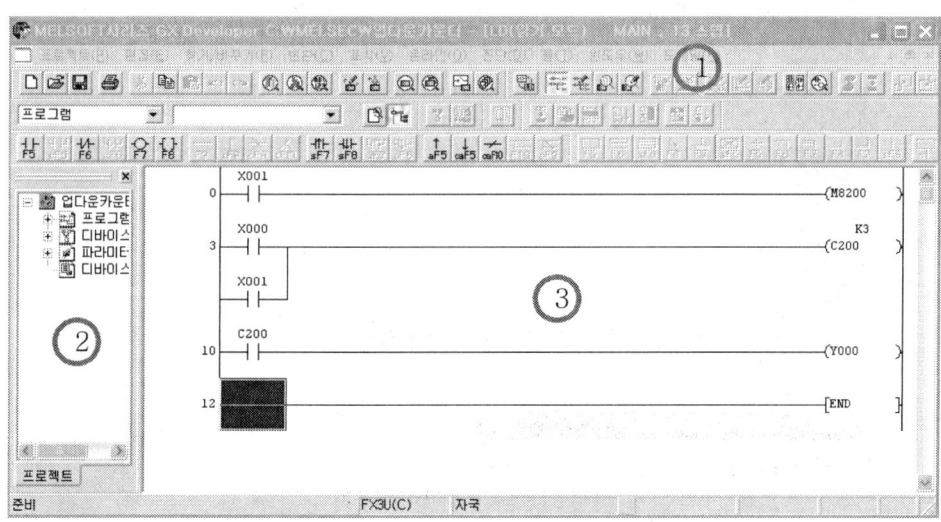

[그림 5 - 30] GX Developer의 화면 구성

(1) **툴 바** : 메뉴바에서 지원하는 기능 중에서 자주 사용한다고 생각되는 기능을 버튼으로 표시한 것이다.

(2) **프로젝트 창** : 래더 작성 화면, 대화상자 등을 직접 호출할 수 있다.

(3) 프로그램 창 : 래더 작성 화면이나 코멘트 작성 화면을 표시하며, 래더, 코멘트, 파라미터를 설정한다.

5.2.4 GX Developer의 기본 조작

(1) 프로젝트 만들기

① [시작]-[모든 프로그램]-[MELSEC 응용 프로그램]-[GX Developer] 메뉴를 클릭한다.

[그림 5 - 31] 프로그램 실행하기

② 툴바에서 □ 버튼을 클릭한다.

③ 프로젝트 새로 만들기 창 중 프로젝트 파일 이름은 사용자가 작성한 프로젝트 파일명이다. PLC의 종류는 사용하고자 하는 PLC의 종류를 선택하면 된다. 또한 사용언어는 래더, SFC, ST 중 사용하기 편리한 기능을 선택하는데 본 장에서는 래더(Ladder Diagram)를 설명하고자 한다.

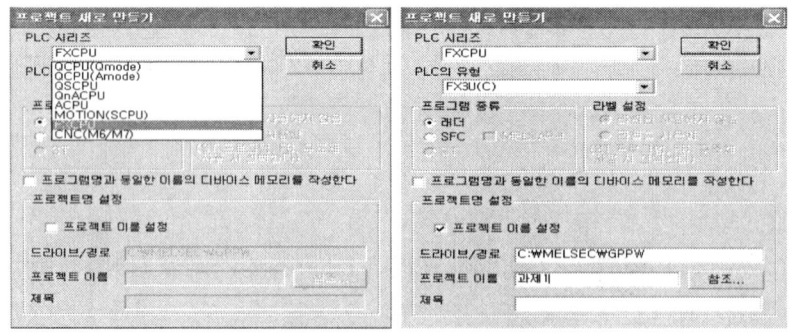

[그림 5 - 32] 프로젝트 만들기

④ 프로젝트 명을 설정하기 위해서는 [프로젝트 이름 설정]을 체크하여야 한다. [프로젝트 이름 설정]을 체크한 후에 드라이브/경로를 설정과 프로젝트명을 설정할 수 있다.

5.3 기본 회로 프로그래밍[PLC 기종 : MELSEC FX$_{3U}$-32M]

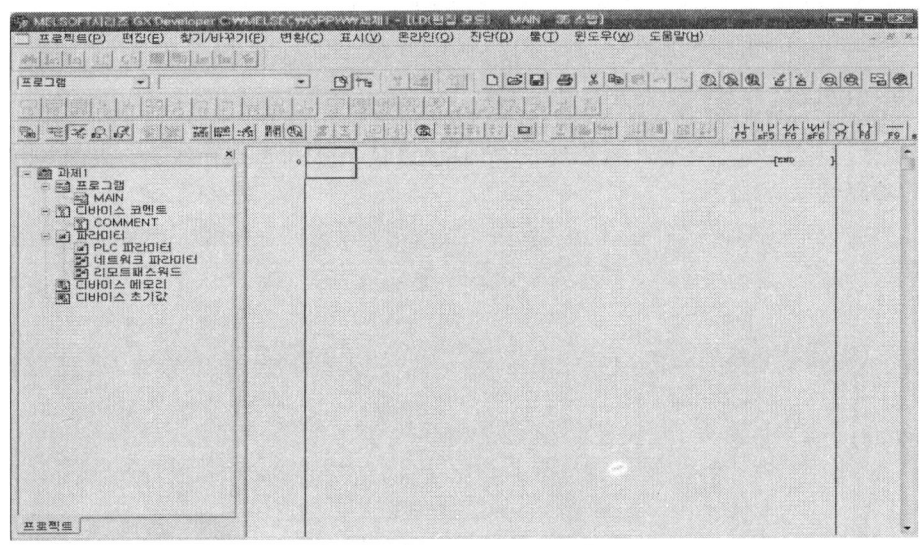

[그림 5-33] 프로그램 작성하기

⑤위에 사항을 완료하면 다음과 같이 래더도를 작성할 수 있는 창이 생성된다.

5.3 기본 회로 프로그래밍[PLC 기종 : MELSEC FX$_{3U}$-32M]

5.3.1 자기유지회로

자기유지회로란 입력신호를 기억하는 회로로 자신의 접점에 의하여 동작회로를 구성하고 스스로 동작을 유지하는 회로이며 복귀신호가 주어져야 복귀된다. PLC에서는 자기유지회로를 구성하는 방법은 일반 접점을 이용하는 방법과 양·음 변환 코일을 이용하는 방법, set/reset 코일을 이용하는 방법 등이 있다.

(1) **일반 접점을 이용한 회로구성**

자기유지회로에서 기동스위치를 ON 하는 순간 출력 M000이 여자 되고 M000의 a접점에 의해 자기유지회로를 형성하여 정지 스위치를 ON하는 순간까지 M000에 의해 모터의 동작이 계속 유지된다.

(2) **자기유지 회로 및 메모리 할당**

① 자기유지회로 설명 : 자기유지회로에서 기동스위치를 X0을 ON하는 순간 출력 M0이 여자 되고 M0의 a접점에 의해 자기유지회로를 형성하여 정지 스위치를 ON하는 순간까지 모터 Y0이 M0 a접점에 의해 동작이 계속 유지된다.

② 메모리 할당 : MELSEC 프로그램에 의해 프로그램 작성시 미리 메모리를 할당을

해 두어야 한다. 본 자기유지회로에서는 다음과 같이 메모리를 할당 한다.
- 입력 : 기동스위치(X000), 정지스위치(X001)
- 출력 : 전동기(Y000)

(3) MELSEC FX$_{3U}$-32M PLC에 의한 프로그램 작성방법

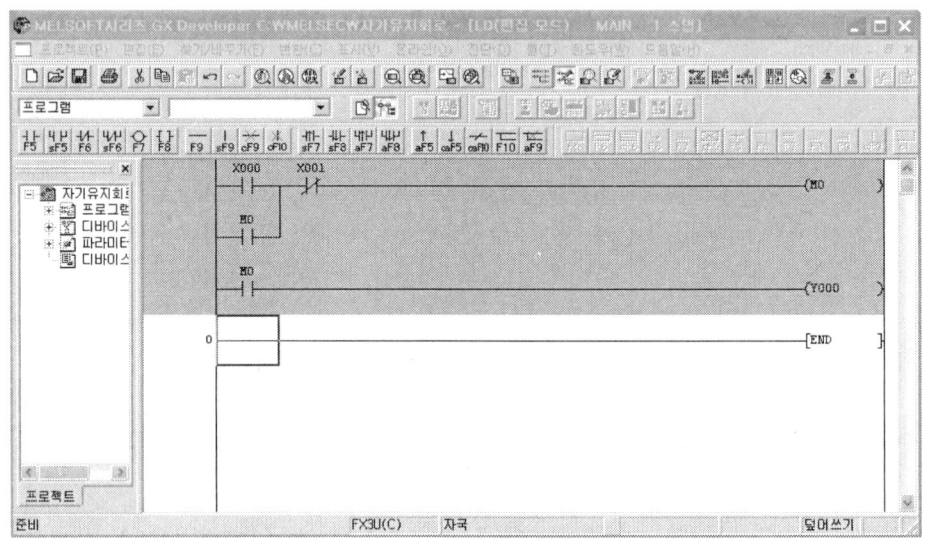

[그림 5 - 34] 자기유지회로

프로그램을 작성하기 위해서 먼저 해야 할 일은 입력 접점과 출력에 대한 메모리 할당을 해야 한다. 아래 타임차트에서 입력은 기동스위치, 정지 스위치가 있고 출력소자로는 모터가 있다. 따라서 기동스위치(X001), 정지스위치(X002), 모터(Y000) 번지를 할당한다. 내부릴레이 M, 타이머 T, 카운터 C 등은 메모리 할당은 0, 1, 2, 3… 순으로 하면 된다.

① 프로젝트 새로만들기-PLC 시리즈에서 FXCPU 선택-PLCDB형에서 FX$_{3U}$(C) 선택 -프로젝트이름설정 체크-프로젝트이름에 타이머회로 입력
② 펑션키 F5를 누르고 레더 입력창-X0 입력-확인,
③ 펑션키 F6을 누르고 X1입력-확인, 펑션키 F7을 누르고 M0 입력-확인
④ 펑션키 F5-M0 입력 후 마우스포인터를 X001 자리로 옮긴 다음 Shift+F9키로 세로선을 그린다.
⑤ 펑션키 F5를 누르고 레더 입력창-M0입력
⑥ 펑션키 F7을 누르고 레더 입력창-Y0입력
⑦ 프로그램 작성을 완료 하면 프로그램을 전환하기 위하여 F4키를 누른다.

5.3 기본 회로 프로그래밍[PLC 기종 : MELSEC FX₃ᵤ-32M]

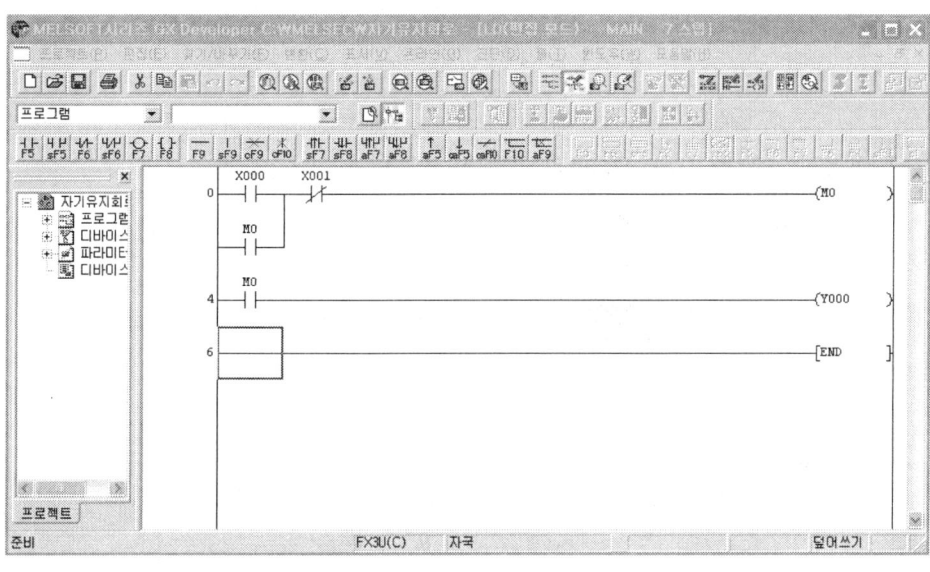

[그림 5 - 35] 프로그램을 전송하기 위한 변환 화면

⑧ MELSEC PLC는 USB 코드를 사용할 경우 USB를 연결 할 때마다 포트가 달라지기 때문에 프로그램을 PLC로 전송하기 위하여 내 컴퓨터-하드웨어-장치관리자에서 USB Serial Port(COM6)-확인하여야 한다.

⑨ 프로그램 창에서 온라인-연결대상지정-연결대상지정창에서 시리얼포트 더블 클릭하여 COM6로 변경-연결테스트-접속에 성공하였습니다. 메시지 확인-확인

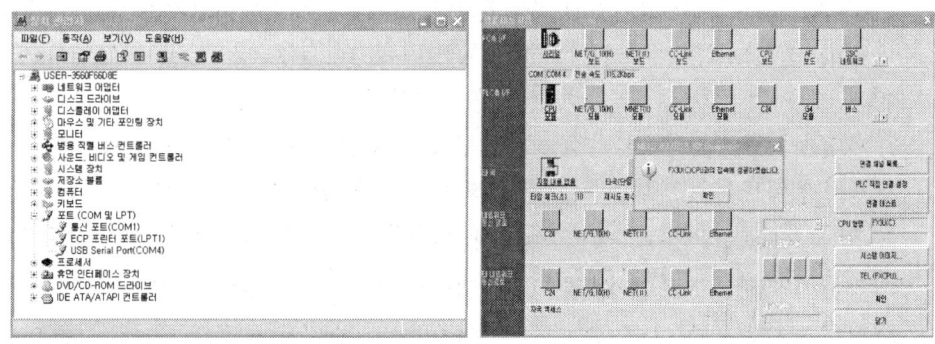

[그림 5 - 36] 통신 포트 설정 확인

⑩ 온라인-PLC 쓰기-모두선택-실행-확인
  온라인-모니터모드에서 시뮬레이션

⑪ PLC에서 스위치를 RUN으로 변환 한 다음 0V에서 연결한 선으로 X0, X1을 연결하면서 시뮬레이션

제5장 MITSUBISHI PLC

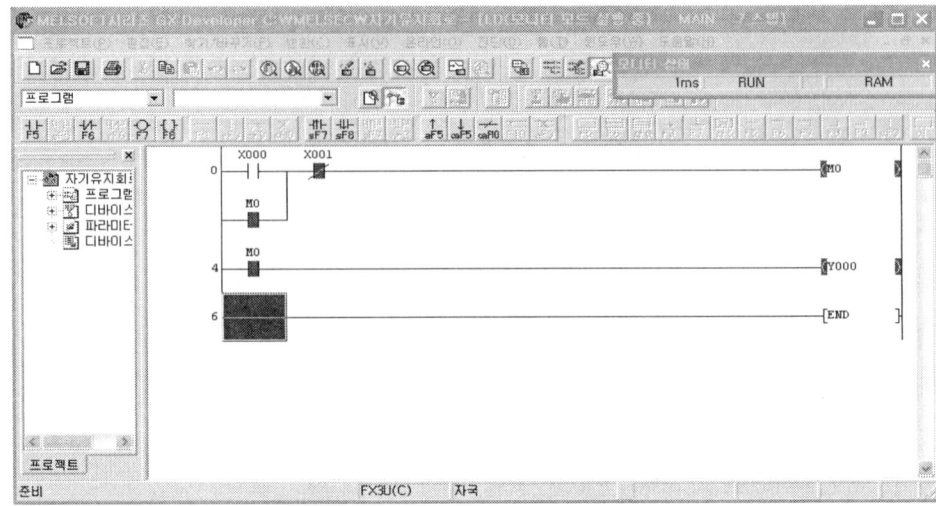

[그림 5 - 37] 자기유지회로 프로그램

5.3.2 펑션 블록(타이머)프로그래밍하기

(1) 타이머의 종류 및 기능

타이머는 산업현장의 설비제어에서 기기동작의 시간 지연 부분 등에 많이 활용되며 특히 전기 기능장 시험에서는 램프의 깜박이(Flicker)회로 등에 사용한다. 타이머의 종류로는 TON, TOF, TMR 등이 있다.

(2) TON(On Delay Timer)타이머

TON(On Delay Timer)타이머의 기동조건이 ON이 된 후 경과시간이 설정 시간에 도달하면 타이머 출력이 ON이 되는 타이머로 타이머의 a접점을 사용하면 설정시간 후에 ON이 되고, 타이머의 b접점을 사용하면 설정시간 후에 OFF 된다.

MELSEC FX_{3U} −32M PLC에서 프로그램을 작성하기 위해서 먼저 해야 할 일은 입력 접점과 출력에 대한 메모리 할당을 해야 한다. 예를 들면 입력은 기동스위치, 정지스위치가 있으며, 출력은 램프1, 램프2 있다면 기동(X001), 정지(X002), PL1(Y000), PL1(Y001)번지를 할당한다. 내부릴레이 M, 타이머 T, 카운터 C 등은 메모리 할당은 0, 1, 2, 3 … 순으로 하면 된다.

(3) PLC 프로그램 작성방법

① 프로젝트 새로만들기−PLC 시리즈에서 FXCPU 선택−PLCDB형에서 FX3U(C) 선택 −프로젝트이름설정 체크−프로젝트이름에 타이머회로 입력

② 펑션키 F5를 누르고 레더 입력창−X1 입력−확인, F6을 누르고 X2입력−확인, F7을 누르고 M1 입력−확인, F5−M1과 Shift + F9키로 세로선을 그린다.

5.3 기본 회로 프로그래밍[PLC 기종 : MELSEC FX₃ᵤ-32M]

③ 평선키 F5를 누르고 레더 입력창-M1입력, F6-T1 입력, F7-T1 K30 입력-확인
(MELSEC PLC에서 타이머의 기본 단위가 100[ms]이므로 K30은 정수로서 30×300 [ms]=3000[ms]이므로 3초를 의미한다.)

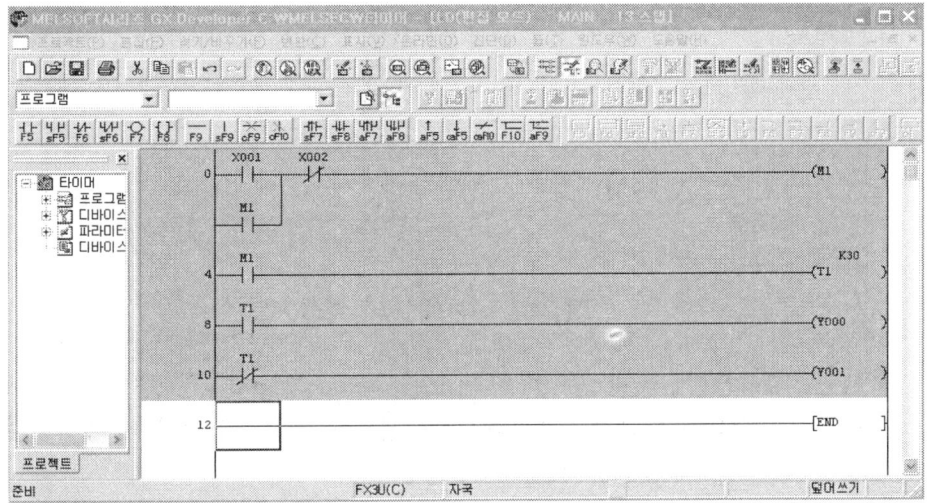

[그림 5 - 38] TON(On Delay Timer)타이머 프로그램

④ F5-T1 입력, F7-Y0 입력-확인
⑤ F6-T1입력, F7-Y1 입력-확인
⑥ 타이머 회로 프로그램이 완성되었다.
⑦ 프로그램을 전환하기 위하여 F4키를 누른다.

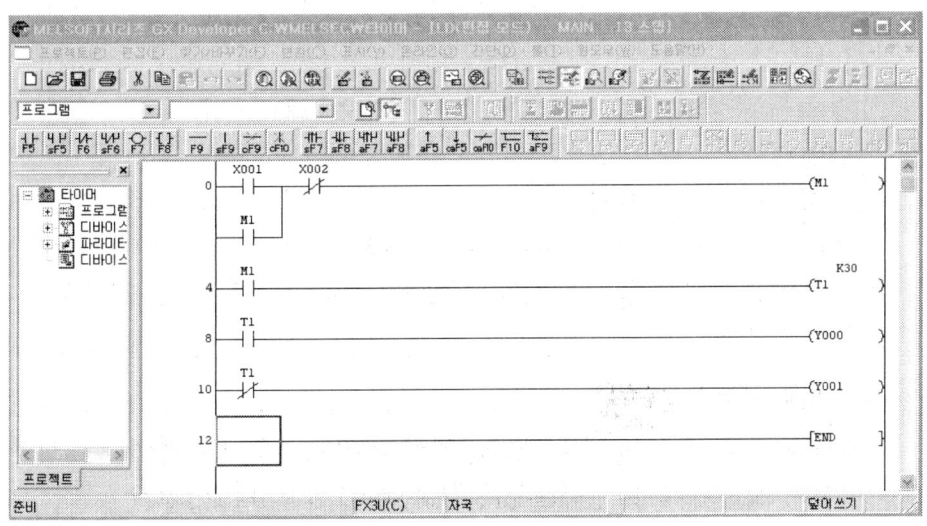

[그림 5 - 39] TON(On Delay Timer)타이머 프로그램 변환 화면

⑧ MELSEC PLC는 USB 코드를 사용할 경우 USB를 연결 할 때마다 포트가 달라지기

때문에 프로그램을 PLC로 전송하기 위하여 내 컴퓨터-하드웨어-장치관리자에서 USB Serial Port(COM 6)-확인하여야 한다.

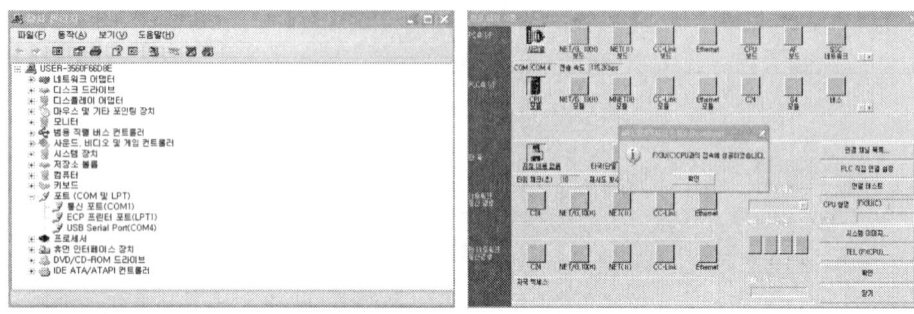

[그림 5-40] 통신포트 설정 화면

⑨ 프로그램 창에서 온라인-연결대상지정-연결대상지정창에서 시리얼포트 더블 클릭하여 COM6로 변경-연결테스트-접속에 성공하였습니다. 메시지 확인-확인

⑩ 온라인-PLC 쓰기-모두선택-실행-확인

온라인-모니터모드에서 시뮬레이션

⑪ PLC에서 스위치를 RUN으로 변환 한 다음 0V에서 연결한 선으로 X1, X2를 연결하면서 시뮬레이션

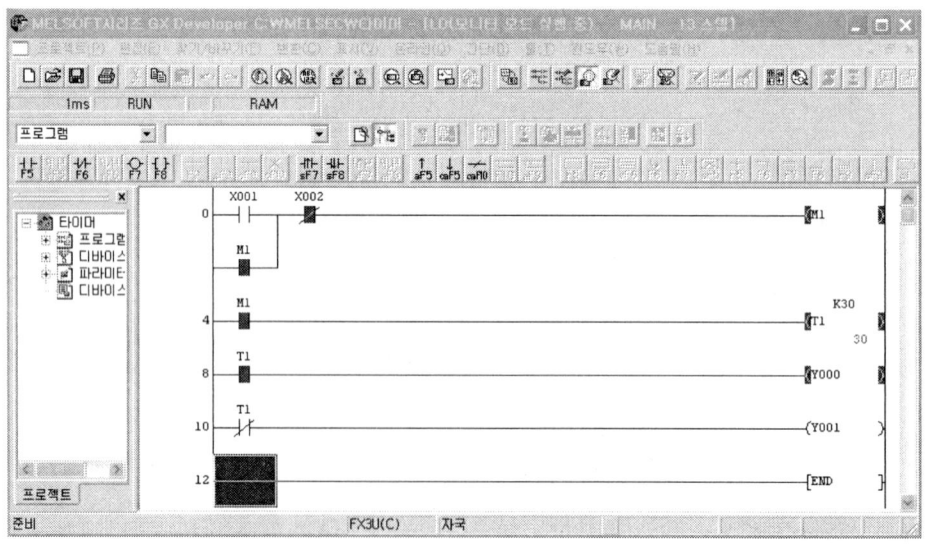

[그림 5-41] TON(On Delay Timer)타이머 프로그램 시뮬레이터 화면

5.3 기본 회로 프로그래밍[PLC 기종 : MELSEC FX3U-32M]

(4) TOF(OFF Delay Timer)

타이머의 기동조건이 ON되면 타이머 출력이 ON이 되고 타이머 기동조건이 OFF된 후 경과시간이 설정 시간에 도달하면 타이머 출력이 OFF 되는 회로이다. MELSEC FX3U-32M PLC에서 프로그램에서는 OFF-Delay 타이머 기능이 없다. 따라서 ON-Delay 타이머와 자기유지회로를 이용하면 OFF-Delay 타이머 기능을 구현 할 수 있다.

(5) PLC 프로그램 작성방법

① 프로젝트 새로만들기-PLC 시리즈에서 FXCPU 선택-PLC유형에서 FX3U(C) 선택 -프로젝트이름설정 체크-프로젝트이름에 타이머회로 입력

② 펑션키 F5를 누르고 레더 입력창-X0 입력-확인, F6을 누르고 T0입력-확인, F7을 누르고 M0 입력-확인, F5-M0을 입력하고 Shift + F9키로 세로선을 그린다.

③ 커서를 T0 다음으로 옮긴 다음 펑션키 F6을 누르고 레더 입력창-X0입력

④ 펑션키 F7-T0 K100 입력-확인(MELSEC PLC에서 타이머의 기본 단위가 100[ms] 이므로 K30은 정수로서 100×100[ms]=10000[ms]이므로 10초를 의미한다.)

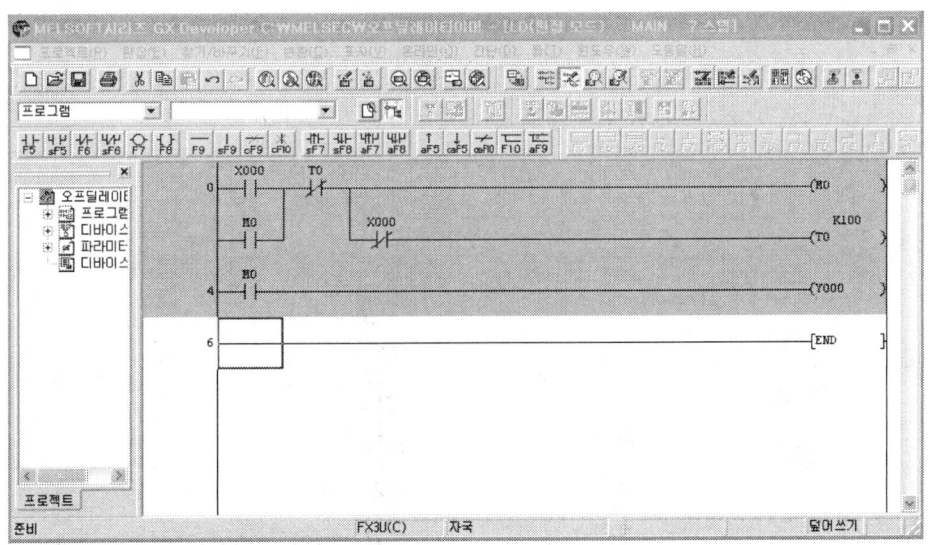

[그림 5-42] TOF(OFF Delay Timer)타이머 프로그램

④ F5-M0 입력, F7-Y0 입력-확인
⑤ 타이머 회로 프로그램이 완성되었다.
⑥ 프로그램을 전환하기 위하여 F4키를 누른다.

120 제5장 MITSUBISHI PLC

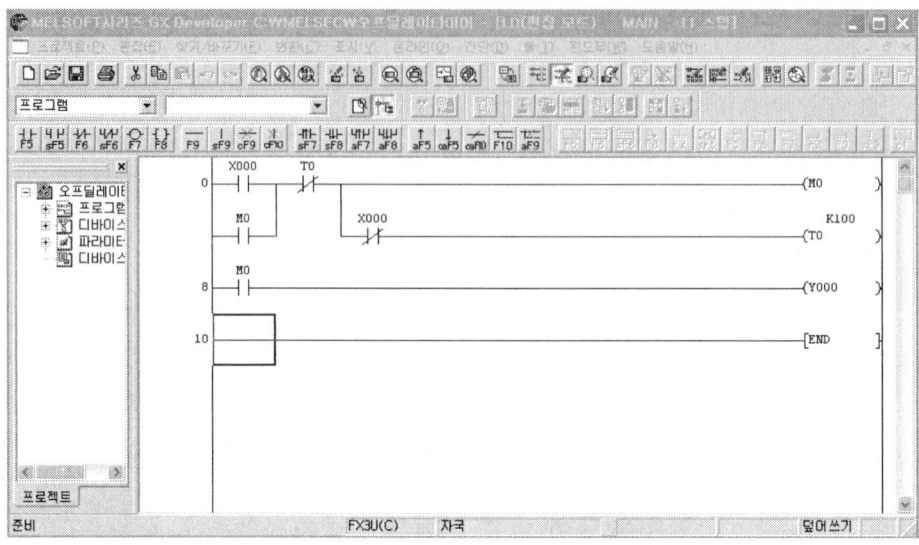

[그림 5-43] TOF(OFF Delay Timer)타이머 프로그램 변환 화면

⑦ MELSEC PLC는 USB 코드를 사용할 경우 USB를 연결 할 때마다 포트가 달라지기 때문에 프로그램을 PLC로 전송하기 위하여 내 컴퓨터-하드웨어-장치관리자에서 USB Serial Port(COM4)-확인하여야 한다.

⑧ 프로그램 창에서 온라인-연결대상지정-연결대상지정창에서 시리얼포트 더블 클릭하여 COM4로 변경-연결테스트-접속에 성공하였습니다. 메시지 확인-확인

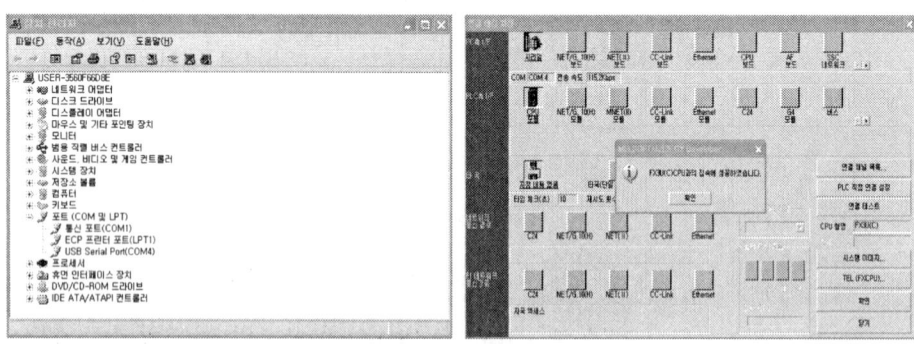

[그림 5-44] 통신포트 설정 화면

⑨ 온라인-PLC 쓰기-모두선택-실행-확인
⑩ PLC에서 스위치를 RUN으로 변환 한 다음 0V에서 연결한 선으로 X1, X2을 연결하면서 시뮬레이션

5.3 기본 회로 프로그래밍[PLC 기종 : MELSEC FX₃ᵤ-32M]

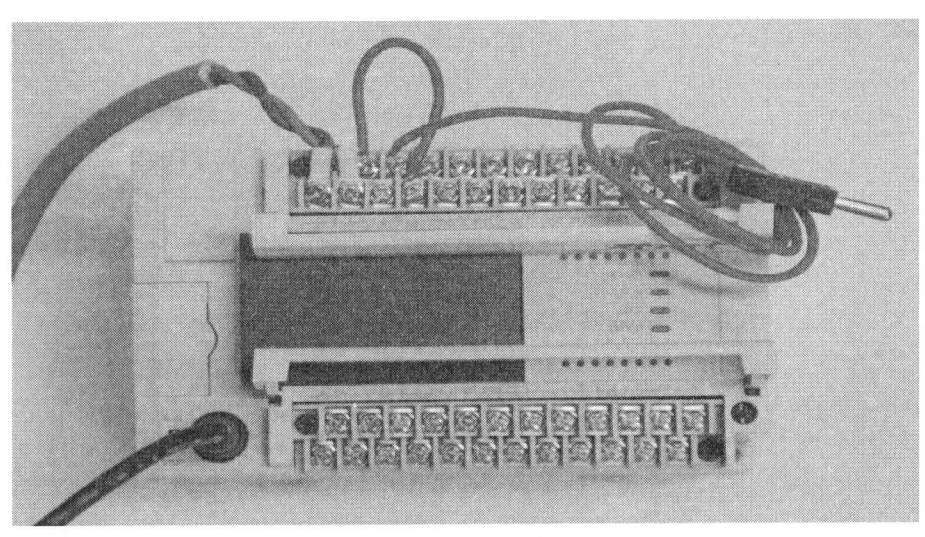

[그림 5 - 45] 실험용 PLC 실제 결선

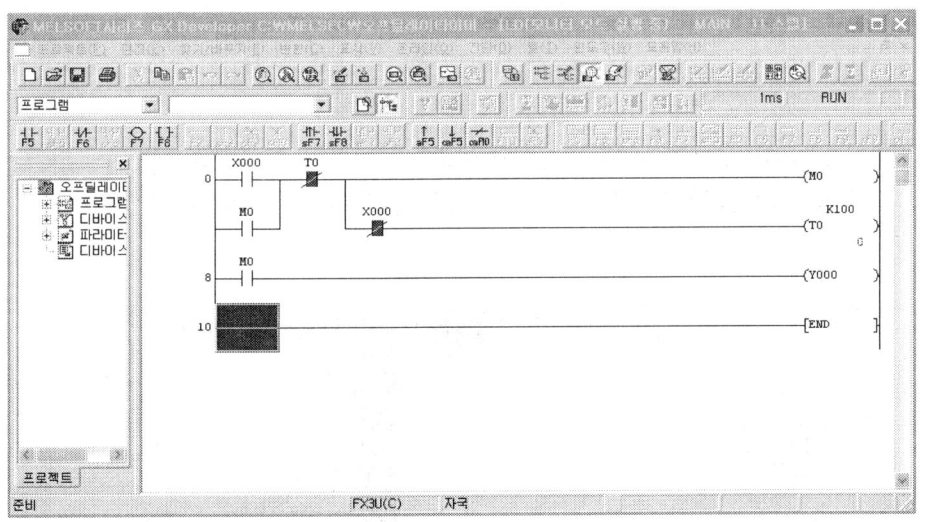

[그림 5 - 46] TOF(OFF Delay Timer)타이머 프로그램 시뮬레이터 화면

⑪ 동작을 설명하면 X000를 ON 시키면 M0은 여자 된다. 따라서 M000-a에 의해 Y000도 여자가 된다. X000를 놓는 순간부터 X000-b에 의해 타이머 T0가 동작되며 Y000은 타이머설정시간 10초 후에 정지가 되고, T0-b에 의해 자기유지회로도 복귀가 된다. 따라서 이 회로는 OFF-Delay 타이머 기능과 같은 동작을 함을 알 수 있다.

chapter 6

타임차트에 의한 프로그램 작성

타임차트에 의한 프로그램 작성

6장 타임차트에 의한 프로그램 작성

6.1 GLOFA PLC(기종 : G7M－DR30A)

6.1.1 TON(ON Delay Timer) 프로그램 작성

(1) **타임차트 설명**

PL1은 PB_ON을 동작 시키는 순간부터 타이머 T0이 동작하여 3초 지연 후 점등되고, PL2는 PLC 전원이 인가되면서 점등 되었다가 T0이 작동되고 3초 지연 후 소등된다.

PB_OFF를 동작 시키면 PL1은 소등, PL2는 점등된다. 중요한 것은 타이머의 b접점을 사용한 PL2는 PLC 전원이 인가되면서부터 점등되고, 타이머 a접점을 사용한 PL1은 타이머가 동작되고 나서 점등되는 것에 유의 하여야 한다.

[그림 6-1] 타임차트

(2) **입·출력 메모리 할당**

타임차트에서 입력은 PB＿ON, PB_OFF 스위치가 있고 출력은 PL1, PL2 램프가 있다. 따라서 PB_ON(IX0.0.0), PB_OFF(IX0.0.1), PL1(QX0.0.0), PL2(QX0.0.1)번지를 할당한다. 내부릴레이 M, 타이머 T, 카운터 C 등은 메모리 할당을 자동으로 하면 된다.

	변수 명	데이터 타입	메모리 할당	초기 값	변수 종류	사용 여부	설명문
1	PB_ON	BOOL	%IX0.0.0		VAR	*	
2	PB_OFF	BOOL	%IX0.0.1		VAR	*	
3	PL1	BOOL	%QX0.0.0		VAR	*	
4	PL2	BOOL	%QX0.0.1		VAR	*	
5	M0	BOOL	<자동>		VAR	*	
6	T0	FB Instance	<자동>		VAR	*	

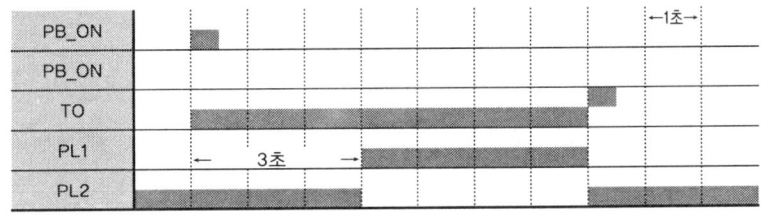

[그림 6-2] 메모리 할당

(3) **PLC 프로그램 작성방법**

① 작성하고자 하는 위치에 커서를 두고(사각형의 커서가 깜박거림)

② LD 창에서 a접점 선택하여－레더 삽입 부분 클릭－변수 이름에 'PB_ON' 입력－확인－변수 추가/수정의 메모리 할당에서－사용자 정의 클릭－'IX0.0.0' 입력－확인

③ LD 창에서 b접점을 선택하여 – 클릭 – 변수 이름에 'PB_OFF' 입력 – 확인 – 변수 추가/수정의 메모리 할당에서 – 사용자정의 클릭 – 'IX0.0.1' 입력 – 확인
④ LD 창에서 코일을 선택하여 – 클릭 – 변수 이름에 'M0' 입력 – 확인
⑤ LD 창에서 a접점을 선택하여 – 클릭 – 변수 목록에서 M0을 더블 클릭
⑥ 세로선으로 자기유지회로 구성

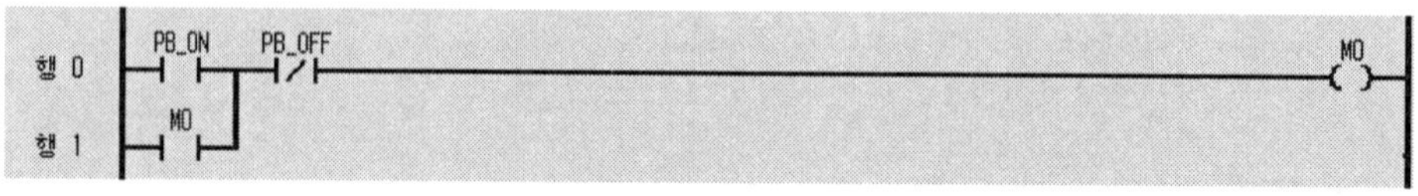

[그림 6-3] 자기유지회로 프로그램

⑦ LD 창에서 a접점을 클릭 – 변수 목록에서 M0을 더블 클릭
⑧ 커서를 한 칸 띄운 다음에 LD 창에서 펑션 블록[FB] 선택하여 – 프로그램창 클릭 – 표준 펑션블록 선택 창에 'TON'을 입력하고 인스턴스 명에 'T0'을 입력한 후 – 확인 (주의 할 점은 펑션의 크기가 있음으로 삽입할 위치에 주의해야 한다. 드래그에 의해 위치를 자유롭게 이동 할 수 있다.)

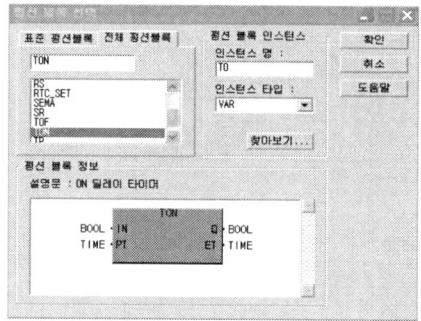

[그림 6-4] 펑션블록 선택 창

⑨ T0 블록의 PT 앞 공간을 더블 클릭하여 변수 창에 'T#3S' 입력 – 확인(GLOFA는 타이머의 기본 설정 시간이 [SEC]이므로 정수 3은 3초를 의미한다.)

[그림 6-5] 타이머 프로그램

⑩ LD 창에서 a접점을 선택하여 – 클릭 – 변수 목록에서 T0.Q를 더블 클릭
⑪ LD 창에서 코일을 선택하여 – 클릭 – 변수 이름에 'PL1' 입력 – 확인 – 변수 추가/수정의 메모리 할당에서 – 사용자정의 클릭 – 'QX0.0.0' 입력 – 확인

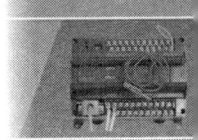

6.1 GLOFA PLC(기종 : G7M - DR30A) 127

⑫ LD 창에서 b접점을 선택하여 – 클릭 – 변수 목록에서 T0.Q를 더블 클릭
⑬ LD 창에서 코일을 선택하여 – 클릭 – 변수 이름에 'PL2' 입력 – 확인 – 변수 추가/수정의 메모리 할당에서 – 사용자정의 클릭 – 'QX0.0.1' 입력 – 확인

[그림 6-6] 출력회로 프로그램

⑭ 완성된 PLC 프로그램은 다음과 같다.

[그림 6-7] 완성된 프로그램

⑮ 다음 그림은 프로그램 작성완료 후 시뮬레이션 하고 있는 그림이다. 프로그램을 실험하기 위해서는 시뮬레이터 사용 또는 직접 PLC로 전송하여 테스트를 할 수 있다.

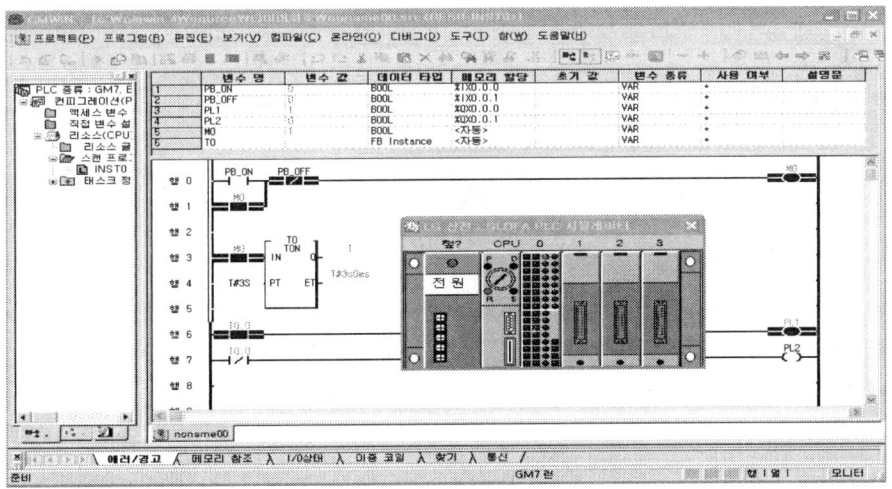

[그림 6-8] 시뮬레이션 화면

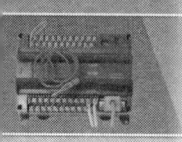

6.1.2 TMR(적산 Timer) 프로그램 작성

(1) 타임차트 설명

적산 타이머(TMR)를 이용하여 PB1을 2초 동작시키고, 또 다시 3초를 동작시켜 PB1이 동작한 총 시간을 합하여 설정값(5초) 이상이 되면 PL1을 점등시키고, PB2는 타이머를 리셋(RESET)시키는 타임차트이다. GLOFA에서 프로그램을 작성하기 위해서 먼저 해야 할 일은 아래와 같이 TMR은 기본 펑션이 아니기 때문에 라이브러리에 TMR을 등록하여야 한다.

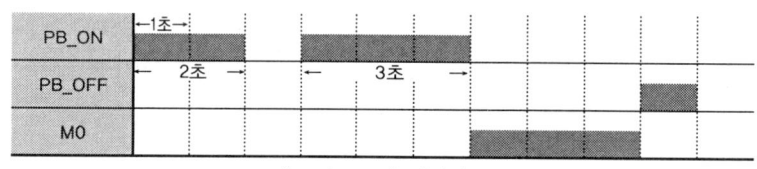

[그림 6 - 9] 타임차트

(2) TMR 펑션 등록하기

적산 타이머(TMR) 타이머를 사용하기 위해서는 먼저 수행해야 할 작업이 있다.

① 프로젝트 창에서 라이브러리 창을 클릭하고 프로젝트 – 프로젝트항목 추가 – 라이브러리 – 열기 메뉴창이 나오면 APP.4fb 더블 클릭하여 라이브러리에 등록 하여야 한다.

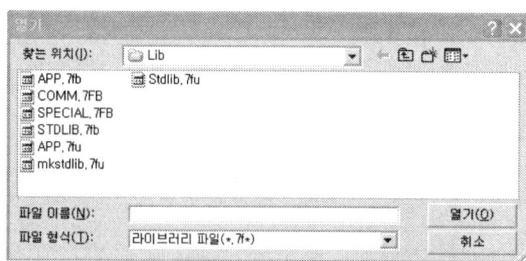

[그림 6 - 10] 라이브러리 등록

(3) 입·출력 메모리 할당

타임차트에서 입력은 PB1, PB2 스위치가 있고 출력은 PL1 램프가 있다. 따라서 PB1(IX0.0.0), PB2(IX0.0.1), PL1(QX0.0.0)번지를 할당한다. 내부릴레이 M, 타이머 T, 카운터 C 등은 메모리 할당을 자동으로 하면 된다.

6.1 GLOFA PLC(기종 : G7M-DR30A)

	변수 명	데이터 타입	메모리 할당	초기 값	변수 종류	사용 여부	설명문
1	PB1	BOOL	%IX0.0.0		VAR		
2	PB2	BOOL	%IX0.0.1		VAR		
3	PL1	BOOL	%QX0.0.0		VAR		
4	T0	FB Instance	<자동>		VAR		

[그림 6-11] 메모리 할당

(4) PLC 프로그램 작성방법

① 작성하고자 하는 위치에 커서를 두고(사각형의 커서가 깜박거림)

② LD 창에서 a접점 선택하여 – 클릭 – 변수 이름에 'PB1' 입력 – 확인 – 변수 추가/수정의 메모리 할당에서 – 사용자정의 클릭 – 'X0.0.0' 입력 – 확인

③ LD 창에서 펑션블록을 선택하고 – 프로그램창을 클릭 – 펑션블록 선택창에서 – 'TMR' 입력 – 인스턴스 명에 – 'T0' 입력 – 확인

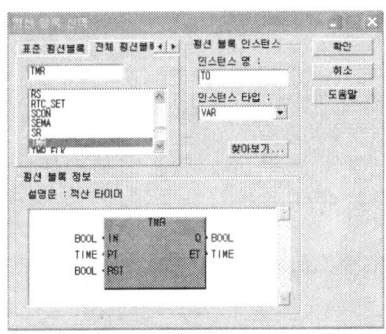

[그림 6-12] TON 펑션 입력

④ T0 블록의 PT 앞에 커서를 두고 더블 클릭하여 변수창에 'T#5S' 입력 – 확인

⑤ T0 블록의 RST 앞에 커서를 두고 더블 클릭하여 변수창에 'PB2' 입력 – 메모리 할당에서 – 사용자 정의 체크 – 'IX0.0.1' 입력 – 확인

⑦ LD 창에서 a접점을 클릭 – 변수 목록에서 T0.Q를 더블 클릭

[그림 6-13] TON 펑션 입력

⑧ LD 창에서 코일을 선택하여 – 클릭 – 변수 이름에 'PL1' 입력 – 확인 – 변수 추가/수정의 메모리 할당에서 – 사용자정의 클릭 – 'QX0.0.0' 입력 – 확인

⑨ 완성된 PLC 프로그램은 다음과 같다.

[그림 6-14] 완성된 프로그램

⑩ GLOFA에서 TMR 기능은 시뮬레이터 지원을 하지 않기 때문에 PLC로 직접 전송하여 시뮬레이션 해야 한다.

[그림 6-15] 시뮬레이션 프로그램

6.1.3 TON 타이머를 이용한 반복동작(Flicker)회로 프로그램 작성

(1) 타임차트 설명

TON 타이머를 사용하여 PL1을 1[sec] 간격으로 점등과 소등을 반복으로 동작 시키는 타임차트이다. PL1은 PB1을 동작시키면 타이머에 의해 1초 점등, 1초 소등 동작을 반복하다가 PB2를 동작시키면 모든 동작이 초기화 되는 타임차트이다. 이런 유형은 전기기능장 실기 시험의 PLC 프로그램 작성에서 많이 출제가 되므로 반복 동작의 타이머 배열을 반드시 익혀야 한다.

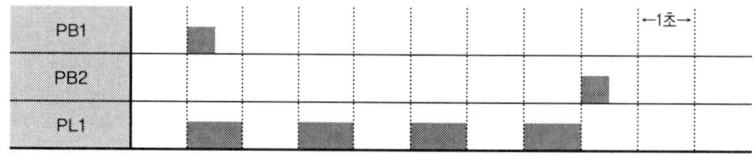

[그림 6-16] 타임차트

(2) 입·출력 메모리 할당

프로그램을 작성하기 위해서 먼저 해야 할 일은 입력 접점과 출력에 대한 메모리

6.1 GLOFA PLC(기종 : G7M-DR30A)

할당을 해야 한다. 아래 타임차트에서 입력은 PB1, PB2 스위치가 있고 출력소자로는 PL1 램프가 있다. 따라서 PB1(IX0.0.0), PB2(IX0.0.1), PL1(QX0.0.0) 번지를 할당한다. 내부릴레이 M, 타이머 T, 카운터 C등은 메모리 할당을 자동으로 하면 된다.

	변수 명	데이터 타입	메모리 할당	초기 값	변수 종류	사용 여부	설명문
1	PB1	BOOL	%IX0.0.0		VAR		
2	PB2	BOOL	%IX0.0.1		VAR		
3	PL1	BOOL	%QX0.0.0		VAR	*	
4	M000	BOOL	<자동>		VAR	*	
5	T0	FB Instance	<자동>		VAR	*	
6	T1	BOOL	<자동>		VAR		

[그림 6-17] 메모리 할당

(3) PLC 프로그램 작성방법

① 작성하고자 하는 위치에 커서를 두고(사각형의 커서가 깜박거림)
② LD 창에서 a접점을 클릭-변수 이름에 'PB1' 입력-확인-변수 추가/수정의 메모리 할당에서-사용자정의 클릭-'IX0.0.0'입력-확인
③ LD 창에서 b접점을 클릭-변수 이름에 'PB2' 입력-확인-변수 추가/수정의 메모리 할당에서-사용자정의 클릭-'IX0.0.1' 입력-확인
④ LD 창에서 코일을 클릭-변수 이름에 'M0'입력-확인
⑤ LD 창에서 a접점을 클릭-변수 목록에서 M0을 더블 클릭
⑥ 세로선으로 자기유지회로 구성
⑦ LD 창에서 a접점을 클릭-변수 목록에서 M0을 더블 클릭
⑧ 커서를 한 칸 띄운 다음에 LD 창에서 펑션 블록-[FB]-아이콘을 클릭-표준 펑션 블록 창에 'TON'을 입력하고 인스턴스 명에 'T0'을 입력한 후-확인

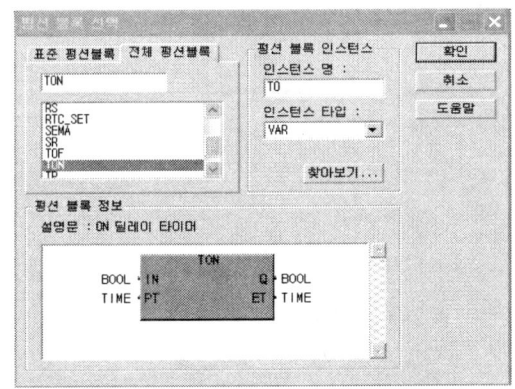

[그림 6-18] TON 펑션 블록 입력

132 제6장 타임차트에 의한 프로그램 작성

[그림 6 - 19] TON 펑션 블록 입력

⑨ T0 블록을 클릭하고 Ctrl를 누른 채로 옆으로 드래그 하면 블록이 복사 되면서 T1 블록이 나타난다.

> **Tip** GLOFA 프로그램에서는 모든 레더을 드래그 이동, 드래그 복사가 가능함으로 이 기능을 숙지하면 아주 유용하게 사용할 수 있다.

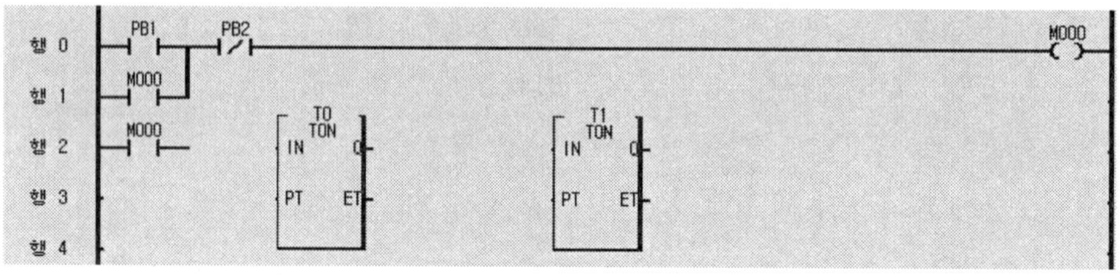

[그림 6 - 20] TON 펑션 블록 입력

⑩ LD 창에서 b접점을 선택하여 T0 블록 앞에 설치하고 변수이름 창에서 T1.Q를 선택하고 확인한다. T1, T2 사이에는 가로선으로 연결 한 후 T1 PT, T2 PT 앞에 커서를 각각 두고 더블 클릭하고 변수이름 창에서 'T#1S'를 입력한다.

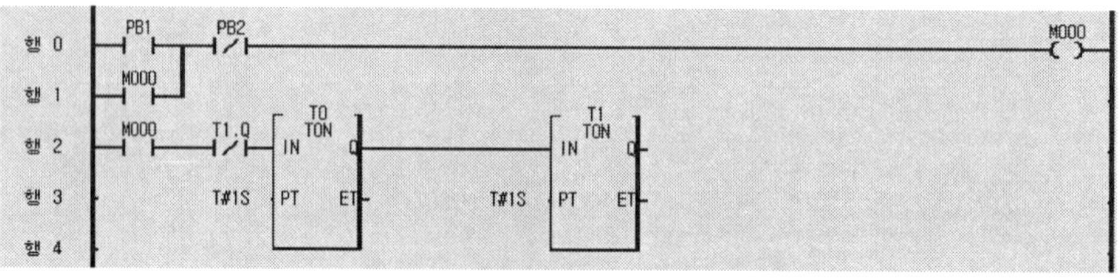

[그림 6 - 21] TON 펑션 블록 입력

⑪ PL1 출력 회로를 구성하려면 T0.Q의 a접점, 또는 b접점 중 어느 접점을 사용하느냐가 중요하다. 타임차트에서 보면 PB1 동작과 동시에 PL1이 점등됨으로 반드시 b접점을 사용해야 한다.

이때 주의 할 점은 반드시 M000-a접점을 T0.Q-b접점 앞에 선행시켜야 한다는

6.1 GLOFA PLC(기종 : G7M - DR30A) 133

것이다. M000-a접점이 없으면 PLC 전원이 공급됨과 동시에 PL1이 점등 된다.

⑫ LD 창에서 a 접점을 클릭-변수 목록에서 M0을 더블 클릭

⑬ LD 창에서 a 접점을 클릭-변수 목록에서 T0.Q를 더블 클릭

⑭ LD 창에서 코일을 클릭-변수 이름에 'PL1'입력-확인-변수 추가/수정의 메모리 할당에서-사용자정의 클릭-'QX0.0.0' 입력-확인

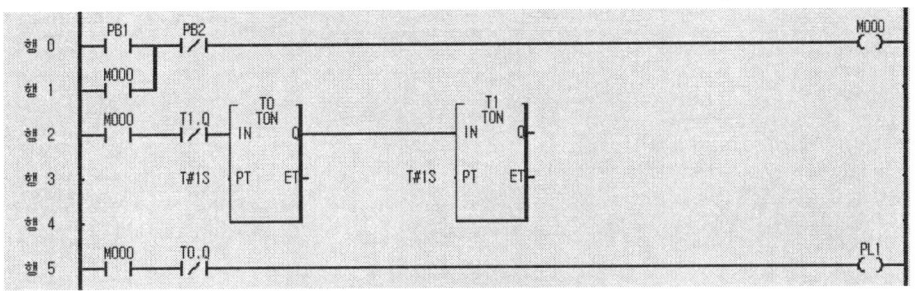

[그림 6 - 22] 완성된 프로그램

⑫ 다음 그림은 프로그램 작성 완료 후 시뮬레이션 하고 있는 그림이다.

동작을 설명하면 PB1을 동작시키면 PL1 램프가 PB2를 동작시킬 때까지 반복 동작해야 하기 때문에 자기유지회로를 사용하였다. PL1은 M000-a의 신호를 받아 T0-b에 의해 1초간 점등되고 T2-b에 의해 1초간 소등과 T1, T2의 리셋을 시킨다. 따라서 PL1은 계속 반복 동작을 하게 된다. 이 패턴은 시험에 자주 출제되는 패턴이므로 반드시 숙지하여야 한다. 특히 T0, T1의 배열, T0.Q-b, T1.Q-b의 사용 위치를 알아야 한다.

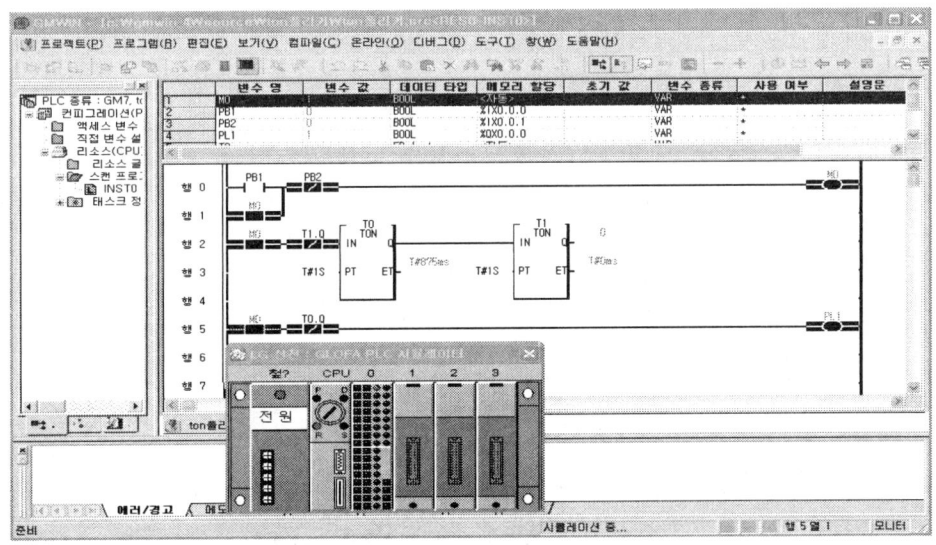

[그림 6 - 23] 시뮬레이션 화면

6.1.4 CTU(Up Counter)카운터 프로그램 작성

(1) 타임차트 설명

업 카운터(CTU)를 사용하여 PL1을 동작을 시키는 타임차트이다. 타임차트 상에 PB_ON 3번 동작시키면 CTU 출력이 1이 되는 것을 이용한 것으로 여기서는 자기유지회로가 필요가 없다. PL1은 PB_ON이 3회 이상 동작하면 CTU가 동작되어 점등이 되고, PB_OFF에 의해 리셋이 되면 PL1은 소등된다.

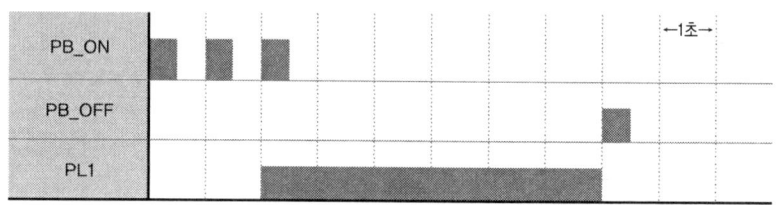

[그림 6 - 24] 타임차트

(2) 입·출력 메모리 할당

프로그램을 작성하기 위해서 먼저 해야 할 일은 입력 접점과 출력에 대한 메모리 할당을 해야 한다. 아래 타임차트에서 입력 소자로는 PB_ON, PB_OFF 스위치가 있고 출력소자로는 PL1 램프가 있다. 따라서 PB_ON(IX0.0.0), PB_OFF(IX0.0.1), PL1(QX0.0.0) 번지를 할당한다. 내부릴레이 M, 타이머 T, 카운터 C 등은 메모리 할당을 자동으로 하면 된다.

(3) PLC 프로그램 작성방법

① 작성하고자 하는 위치에 커서를 두고(사각형의 커서가 깜박거림)

② LD 창에서 a접점을 선택하여 - 클릭 - 변수 이름에 'PB_ON' 입력 - 확인 - 변수 추가/수정의 메모리 할당에서 - 사용자정의 클릭 - 'IX0.0.0' 입력 - 확인

[그림 6 - 25] CTU 펑션 블록 입력

③ 커서를 한 칸 띄운 다음에 LD 창에서 펑션 블록 [FB] 아이콘을 선택 - 프로그램 커서 창 클릭 - 펑션블록 선택 - 'CTU 입력' - 인스턴스 명에 'C0' 입력 - 확인하면 CTU 블록 생성

6.1 GLOFA PLC(기종 : G7M - DR30A) **135**

④ CTU 블록의 R 앞에 커서를 두고 더블 클릭 - 변수창에서 '**PB_OFF**' 입력 - 확인 - 변수 추가/수정에서 사용자 정의 체크 - '**IX0.0.1**' 입력 - 확인

⑤ CTU 블록의 PV 앞에 커서를 두고 더블 클릭 - 변수창에서 '**3**' 입력 - 확인

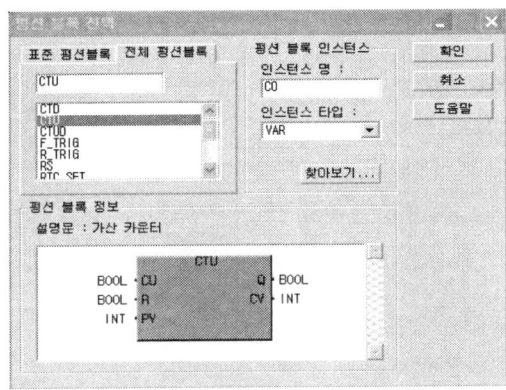

[그림 6 - 26] CTU 펑션 블록 입력

⑥ LD 창에서 a접점을 선택하여 클릭 - 변수 목록에서 C0.Q를 더블 클릭
⑦ LD 창에서 코일을 선택하고 변수 이름 창에 '**PL1**' 입력 - 확인 - 메모리 할당에서 사용자 정의 체크 - '**QX0.0.0**'을 입력 - 확인

[그림 6 - 27] 완성된 프로그램

⑧ 다음 그림은 프로그램 작성완료 후 시뮬레이션 하고 있는 그림이다. 동작 설명을 하면 CU에 연결되어 있는 PB_ON를 누를 때 마다 CV값이 1씩 증가 한다. CV값이 입력한 PV값과 같아지면 Q 값이 1이 되어 C0의 출력이 1 됨을 의미한다. R은 리셋으로 PB_OFF 스위치를 누르게 되면 CV값은 초기화 된다.

136 제6장 타임차트에 의한 프로그램 작성

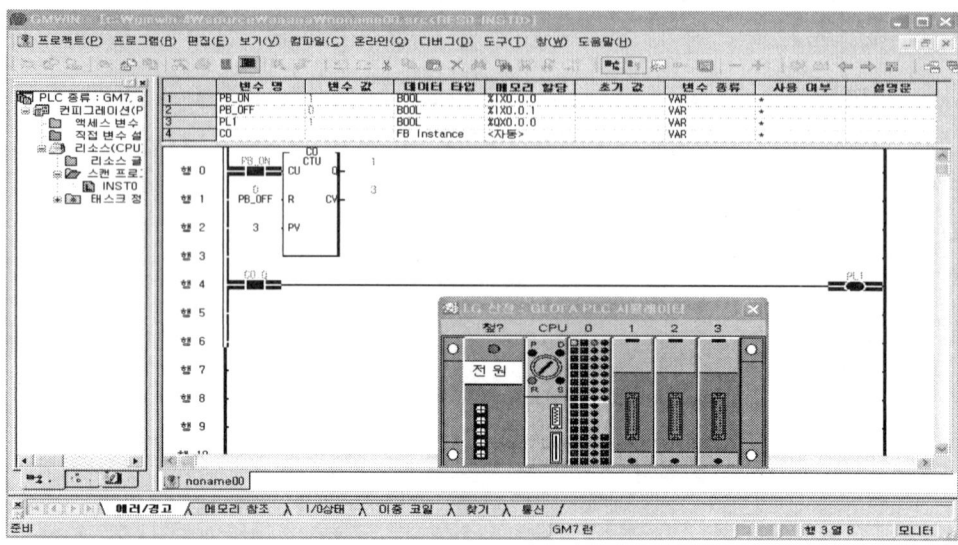

[그림 6 - 28] 시뮬레이션 화면

6.1.5 CTUD(Up/Down Counter)카운터 프로그램 작성

(1) 타임차트 설명

업-다운 카운터(CTUD)를 사용하여 PL1을 동작을 시키는 타임차트이다. 타임차트 상에 PB_UP 3번 이상이 되어야 업-다운 카운터(CTUD)의 출력이 1이 되어 PL1이 점등되는 동작이다. 여기서 PB_UP은 업 카운터의 입력으로, PB_DOWN은 다운 카운터의 입력으로 사용되며, PB_UP+PB_DOWN의 횟수가 +3회 이상이면 동작되고 3회 이하이면 정지되는 회로이다. 즉 4+(-1)=3이 되는 것과 같다.

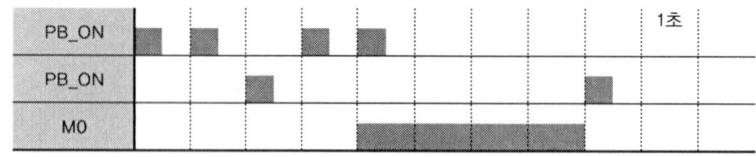

[그림 6 - 29] 타임차트

(2) 입·출력 메모리 할당

프로그램을 작성하기 위해서 먼저 해야 할 일은 입력 접점과 출력에 대한 메모리 할당을 해야 한다. 아래 타임차트에서 입력 소자로는 PB_UP, PB_DOWN 스위치가 있고 출력은 PL1 램프가 있다. 따라서 PB_UP(IX0.0.0), PB_DOWN(IX0.0.1), PL1(QX0.0.0)번지를 할당한다. 내부릴레이 M, 타이머 T, 카운터 C 등은 메모리 할당을 자동으로 하면 된다.

6.1 GLOFA PLC(기종 : G7M-DR30A)

(3) PLC 프로그램 작성방법

① 작성하고자 하는 위치에 커서를 두고(사각형의 커서가 깜박거림)
② LD 창에서 a접점을 선택하여-클릭-변수 이름에 'PB_UP' 입력-확인-변수 추가/수정의 메모리 할당에서-사용자정의 클릭-'IX0.0.0' 입력-확인
③ 커서를 한 칸 띄운 다음에 LD 창에서 펑션 블록 [FB] 아이콘을 선택-프로그램 커서 창 클릭-펑션블록 선택-'CTUD' 입력-인스턴스 명에 'C1' 입력-확인하면 CTUD 블록 생성
④ CTUD 블록의 CD 앞에 커서를 두고 더블 클릭-변수창에서 'PB_DOWN' 입력-확인-변수 추가/수정에서 사용자 정의 체크-'IX0.0.1' 입력-확인
⑤ CTUD 블록의 R 앞에 커서를 두고 더블 클릭-변수창에서 'RESTE' 입력-확인(실제 RESET은 없는데 입력을 하지 않으면 프로그램이 동작하지 않는다.)

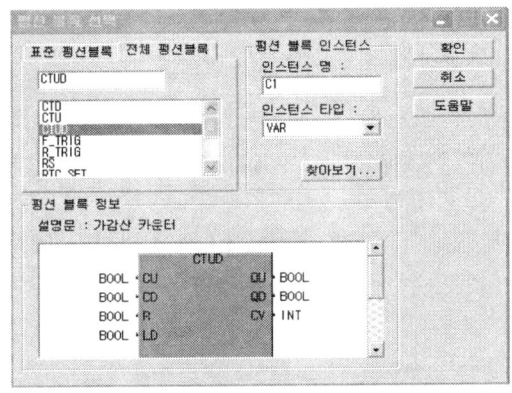

[그림 6-30] CTUD 펑션 블록 입력

⑥ CTUD 블록의 LD 앞에 커서를 두고 더블 클릭-변수창에서 '0' 입력-확인
⑦ CTUD 블록의 PV 앞에 커서를 두고 더블 클릭-변수창에서 '3' 입력-확인

[그림 6-31] CTUD 펑션 블록 입력

⑧ LD 창에서 a접점을 선택하고 클릭-변수 목록에서 C1.QU을 더블 클릭

⑨ LD 창에서 코일을 선택하고 변수 이름 창에 'PL1' 입력-확인-메모리 할당에서 사용자 정의 체크-'QX0.0.0'을 입력-확인

[그림 6-32] 완성 프로그램

⑩ 다음 그림은 프로그램 작성 완료 후 시뮬레이션 하고 있는 그림이다.

동작 설명을 하면 CU에 연결되어 있는 PB_UP를 누를 때 마다 CV값이 1씩 증가 하고 CD에 연결되어 있는 PB_DOWN을 누를 때 마다 CV값이 1씩 감소한다. 따라서 타임차트에 의하면 CV값이 입력한 PV값과 같거나 높을 경우 출력 CU 값은 1이 되고, 낮을 경우에는 출력 CV 값은 0이 되어 정지한다. 타임차트나 동작 설명에서 리셋에 관한 사항이 없으므로 리셋은 RST 또는 RESET 라고 입력하고 메모리 할당 을 자동으로 하면 된다. 만약 아무것도 입력하지 않으면 프로그램이 동작하지 않는다.

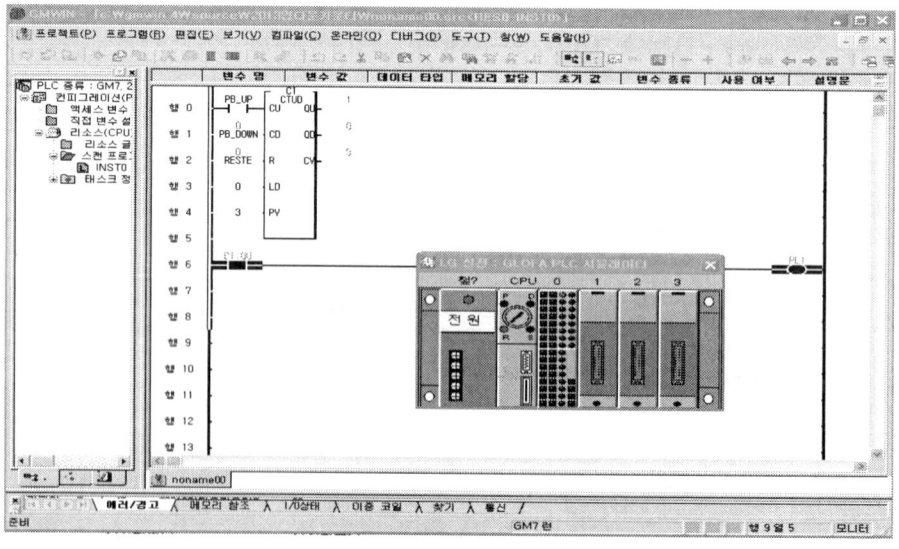

[그림 6-33] 시뮬레이션 화면

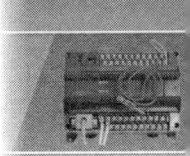

6.1 GLOFA PLC(기종 : G7M – DR30A) **139**

6.1.6 CTU를 사용한 다중 카운터 프로그램 작성

(1) 타임차트 설명

다중 카운터(CTU)를 사용하여 PL1을 동작을 시키는 타임차트이다. 타임차트 상에 PB3 1번 동작하면 PL1이 점등되고, 5번 동작하면 PL1이 소등되는 동작임으로 카운터를 다중 즉 2개를 사용하여 프로그램을 작성하여야 한다. 또한 타임차트를 잘 판독하면 PB3 스위치를 놓을 때 PL1은 점등 또는 소등이 된다. 따라서 프로그램 작성에서 유의 할 점은 PB3을 음변환 검출접점(하강엣지) 사용하여야 한다.

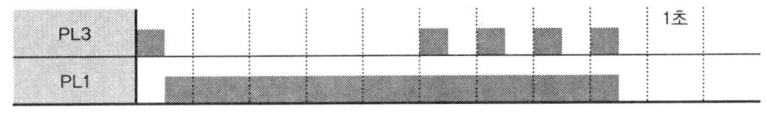

[그림 6 - 34] 타임차트

(2) 입·출력 메모리 할당

프로그램을 작성하기 위해서 먼저 해야 할 일은 입력 접점과 출력에 대한 메모리 할당을 해야 한다. PB3(IX0.0.0), PL1(QX0.0.0)번지를 할당한다. 내부릴레이 M, 타이머 T, 카운터 C 등은 메모리 할당을 자동으로 하면 된다.

(3) PLC 프로그램 작성방법

① 작성하고자 하는 위치에 커서를 두고(사각형의 커서가 깜박거림)
② LD 창에서 음변환 검출 접점을 선택하고 – 클릭 – 변수 이름에 'PB3' 입력 – 확인 – 변수 추가/수정의 메모리 할당에서 – 사용자정의 클릭 – 'IX0.0.0' 입력 – 확인
③ 커서를 두 칸 띄운 다음에 LD 창에서 펑션 블록 [FB] 아이콘을 선택 – 프로그램 커서 창 클릭 – 펑션블록 선택 – 'CTU' 입력 – 인스턴스 명에 'C1' 입력 – 확인하면 C1 CTU 블록 생성
④ C1 CTU 블록을 Ctrl를 누른 상태에서 마우스 커서로 잡고 드래그 하면 복사가 되므로 C1 아래쪽에 C2를 배치한다. 드래그를 하게 되면 점선으로 블록이 나타나는데 C1과 겹치면 복사가 되지 않는다.
⑤ 가로선과 세로 선으로 C1, C2를 연결한다.
⑥ C1 CTU 블록의 R 앞에 커서를 두고 더블 클릭 – 변수창에서 C2.Q를 더블 클릭한다.
⑦ C1 CTU 블록의 PV 앞에 커서를 두고 더블 클릭 – 변수창에 '1'을 입력한다.
⑧ C2 CTU 블록의 R 앞에 커서를 두고 더블 클릭 – 변수창에서 C2.Q를 더블 클릭한다.
⑨ C2 CTU 블록의 PV 앞에 커서를 두고 더블 클릭 – 변수창에 '5'를 입력한다.

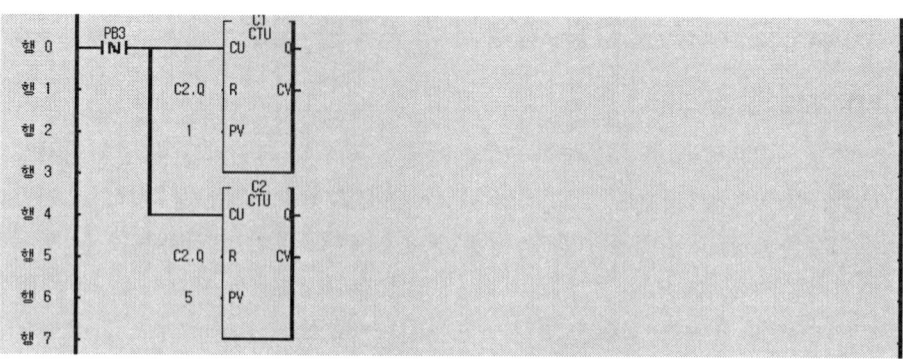

[그림 6-35] CTU 펑션 블록 입력

⑩ LD 창에서 a접점을 선택하고 프로그램창 클릭 - 변수 목록에서 C1.Q를 더블 클릭
⑪ LD 창에서 b접점을 선택하고 프로그램창 클릭 - 변수 목록에서 C2.Q를 더블 클릭
⑫ LD 창에서 코일을 선택하고 변수 이름 창에 'PL1' 입력 - 확인 - 메모리 할당에서 사용자 정의 체크 - 'QX0.0.0'을 입력 - 확인

[그림 6-36] 출력 회로 구성

⑬ 그림 6-37은 프로그램을 완성한 것이고, 그림 6-38은 시뮬레이션 하고 있는 그림이다.

동작 설명을 하면 CU에 연결되어 있는 PB3을 누를 때 마다 CV값이 1씩 증가 한다. 따라서 타임차트에 의하면 C1의 CV 값이 입력한 C1 PV값과 같거나 높을 경우 출력 C1의 Q 가 1이 되어 PL1이 점등되고, C2의 CV 값이 C2의 PV 값과 같거나 높을 경우 C2의 Q 값이 1되어 C1, C2가 리셋 되므로 PL1은 소등된다.

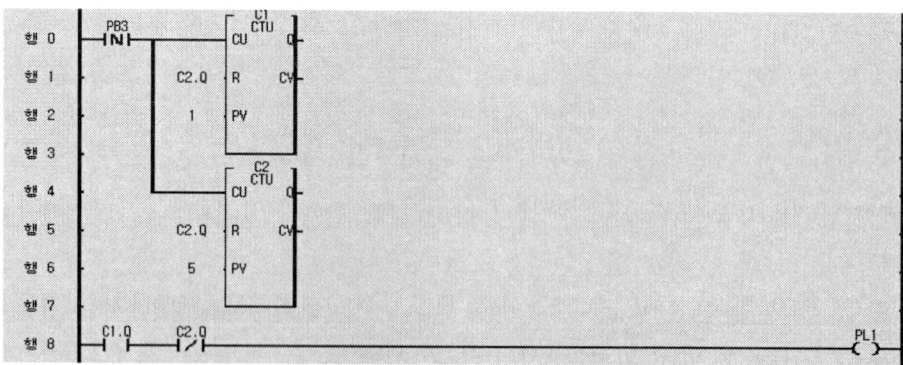

[그림 6-37] 완성 프로그램

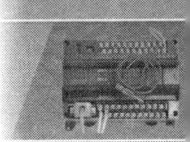

6.2 MASTER-K PLC(기종 : K7M-DR30S)

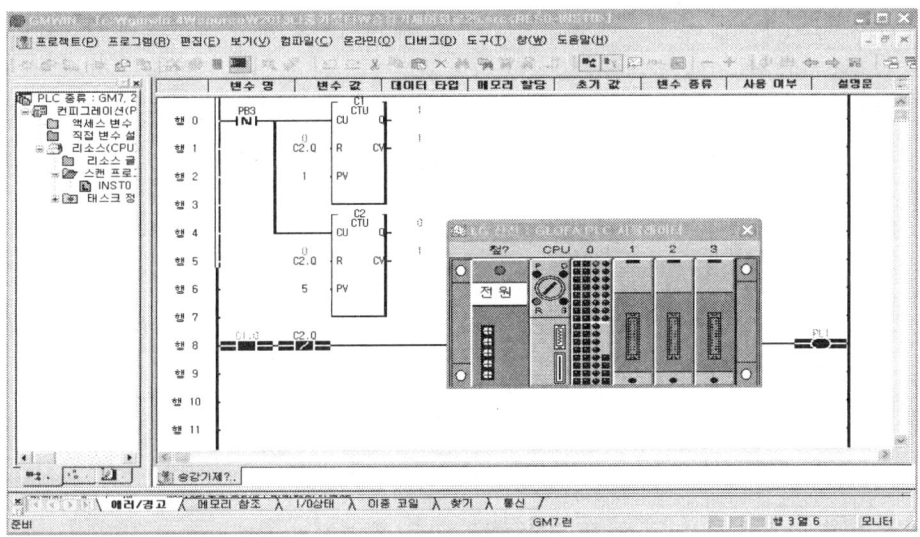

[그림 6 - 38] 시뮬레이션 화면

6.2 MASTER-K PLC(기종 : K7M-DR30S)

6.2.1 TON(ON Delay Timer) 프로그램 작성

(1) 타임차트

PL1은 PB_ON를 ON 시키면 타이머 T0이 작동하여 3초 지연 후 점등되고, PL2는 PLC 전원이 인가되면서 점등 되었다가 T0이 작동되고 3초 지연 후 소등된다. PB_OFF를 ON 시키면 PL1은 소등, PL2는 점등된다. 여기서 중요한 것은 타이머의 b접점을 사용한 PL2는 PLC 전원이 인가되면서부터 점등되고, 타이머 a 접점을 사용한 PL1은 타이머가 동작되고 나서 점등되는 것을 숙지하여야 한다.

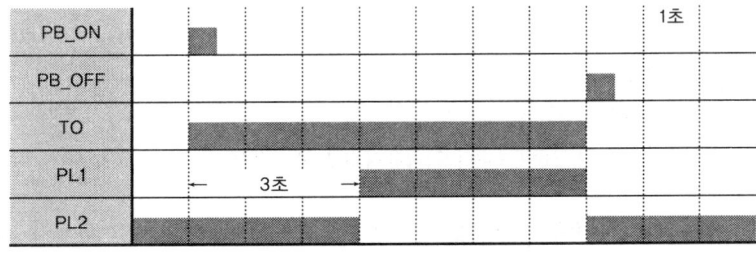

[그림 6 - 39] 타임차트

(2) 입·출력 메모리 할당

MASTER-K PLC(기종 : K7M-DR30S) 프로그램을 작성하기 위해서 먼저 해야 할 일은 PLC 기종에 따른 입·출력 메모리 할당 번호에 의한 입력 과 출력의 메모리 할당을 해야 한다. 상기 기종에서 메모리 할당(어드레스 할당)은 아래 표 6-1과 같다.

[표 6-1] K7M-DR30S 메모리 할당

구분	입력 : 18점	출력 : 12점
메모리 할당 (16진수 표기)	COM0 - P00 ~ P11	COM0 - P40 COM1 - P41 COM2 - P42 ~ P43 COM3 - P44 ~ P47 COM4 - P48 ~ P4B

타임차트에서 입력은 PB_ON, PB_OFF 스위치가 있고 출력은 PL1, PL2 램프가 있다. 따라서 PB_ON(P0000), PB_OFF(P0001), PL1(P0040), PL1(P0041)번지를 할당 한다. 내부릴레이 M, 타이머 T, 카운터 C 등은 메모리 할당은 0, 1, 2, 3 … 순으로 하면 된다.

(3) PLC 프로그램 작성방법

① 프로젝트생성하기 : 프로젝트-새프로젝트-새프로젝트 생성 창에서-기본 프로젝트 생성-확인-PLC기종에서-MK_S-80선택-래더 선택-제목-회사-저자명 입력-확인-프로젝트 활성창이 나타남
② 펑션키 F3을 누르고 레더 편집창에서 디바이스 명에 'P0' 입력-확인
③ 펑션키 F4를 누르고 레더 편집창에서 디바이스 명에 'P1' 입력-확인
④ 펑션키 F9를 누르고 레더 편집창에서 디바이스 명에 'M0' 입력-확인
⑤ 펑션키 F3을 누르고 레더 편집창에서 디바이스 명에 'M0' 입력-확인
⑥ 펑션키 F6 키를 이용하여 세로선으로 자기유지회로 구성

[그림 6-40] 자기유지회로 프로그램

⑦ 펑션키 F3-'M0' 입력- F4-'T2' 입력-F10을 누르고 레더 편집창에서 디바이스 명에 'TON T1 30' 입력-확인(띄워쓰기에 주의)

6.2 MASTER-K PLC(기종:K7M-DR30S)

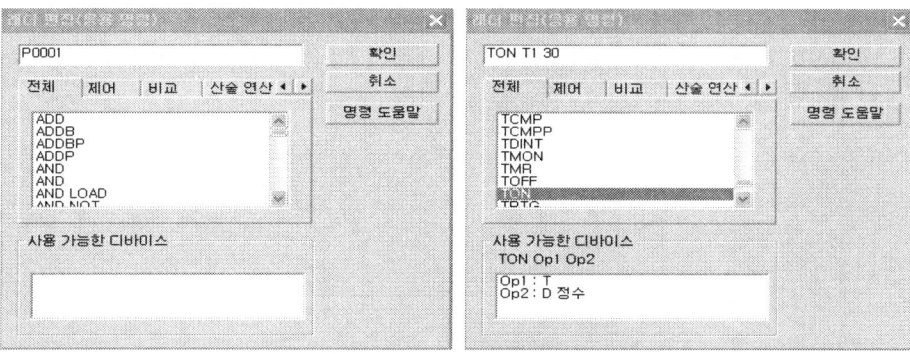

[그림 6-41] TON 펑션 입력

(MASTER-K)프로그램은 타이머의 기본 시간은 100[ms]이므로 정수 30은 3초를 의미한다.

[그림 6-42] TON 펑션 입력

⑧ 펑션키 F3-'T1', F9-'P40'을 입력-확인
⑨ 펑션키 F4-'T1', F9-'P41'을 입력-확인
⑩ 펑션키 F10-'END' 입력-확인

[그림 6-43] 출력회로 프로그램

⑪ 프로그램 작성이 완료된 도면이다.

[그림 6-44] 완성된 프로그램

⑫ PLC로 전송하여 시뮬레이션 한다.

MASTER-K PLC는 시뮬레이션 프로그램이 없을 경우에는 바로 PLC로 프로그램을 전송하여 시뮬레이션을 해 볼 수 있다.

[그림 6 - 45] 시뮬레이션 화면

> **Tip**
> PLC에 프로그램 전송후 PLC 동작 사항 체크(실기 시험시 중요사항 임)
> ① 출력측 단자에서 전원선을 연결한다.
> ② 입력측 단자에서 24V 와 COM0을 연결해 놓는다.
> ③ 입력측 단자에서 24G에 시험할 연결선을 연결해 놓는다.
> ④ 통신케이블 RS232 케이블을 PC와 연결한다.
> ⑤ PLC 전원을 투입한다.
> ⑥ PLC에 프로그램을 전송한다.
> ⑦ 온라인-모니터시작-클릭(또는 PLC 입·출력 표시램프에 의한 확인)
> ⑧ 24G 단자에 연결된 선으로 P00(PB_ON), P01(PB_OFF)단자에 교대로 연결 해보면서 프로그램 동작 사항을 모니터링 한다.

6.2.2 TMR(적산 Timer) 프로그램 작성

(1) 타임차트 설명

적산 타이머(TMR) 타이머를 이용하여 PB1을 2초 동작시키고, 또 다시 3초를 동작시켜 PB1이 동작한 총 시간을 합하여 설정값(5초) 이상이 되면 PL1을 점등시키고, PB2는 타이머를 리셋(RST)시키는 타임차트이다. GLOFA에서 프로그램을 작성하기 위해서 먼저 해야 할 일은 아래와 같이 TMR은 기본 평션이 아니기 때문에 라이브러리에 TMR을 등록하여야 한다.

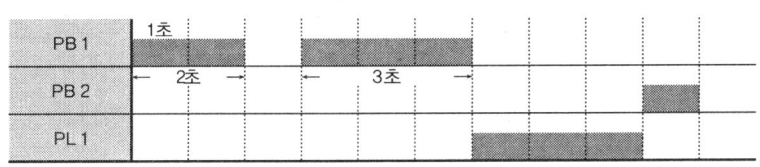

[그림 6 - 46] 타임차트

(2) 입·출력 메모리 할당

타임차트에서 입력은 PB1, PB2 스위치가 있고 출력소자로는 PL1 램프가 있다. 따라서 PB1(P0000), PB2(P0001), PL1(P0040)번지를 할당한다. 내부릴레이 M, 타이머 T, 카운터 C 등은 메모리 할당은 0, 1, 2, 3 … 순으로 하면 된다.

(3) PLC 프로그램 작성방법

① 평션키 F3을 누르고 레더 편집창에서 디바이스 명에 'P0' 입력 – 확인
② 평션키 F10을 누르고 레더 편집창에서 디바이스 명에 'TMR T0 50' 입력 – 확인(MASTER – K)프로그램은 타이머의 기본 시간은 100[ms]이므로 정수 50은 5초를 의미한다.

[그림 6 - 47] TMR 프로그램 작성

③ 평션키 F3을 누르고 레더 편집창에서 디바이스 명에 'P1' 입력 – 확인
④ 평션키 F10을 누르고 레더 편집창에서 디바이스 명에 'RST T0' 입력 – 확인

[그림 6 - 48] TMR 프로그램 작성

⑤ 펑션키 F3을 누르고 레더 편집창에서 디바이스 명에 'T0' 입력-확인
⑥ 펑션키 F9를 누르고 레더 편집창에서 디바이스 명에 '*' 입력-확인

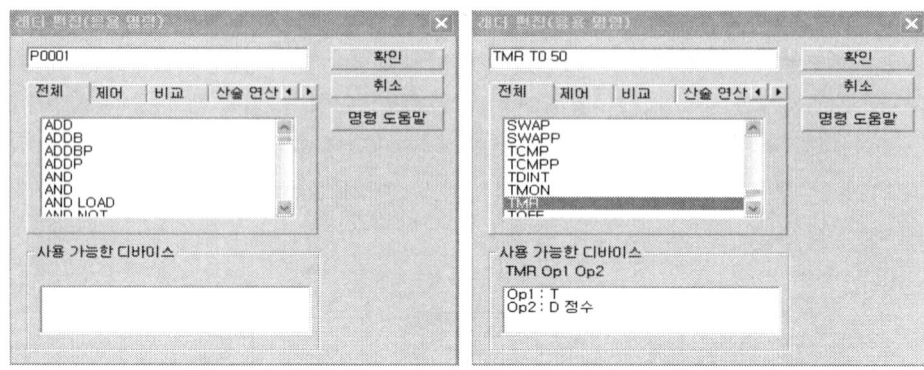

[그림 6-49] TMR 프로그램 작성

[그림 6-50] PL1 출력회로 작성

⑦ F10-'END' 입력-확인
⑧ 프로그램 작성이 완료된 도면이다.

[그림 6-51] 완성된 프로그램

⑨ PLC로 전송하여 시뮬레이션 : MASTER-K PLC는 시뮬레이션프로그램이 없을 경우에는 바로 PLC로 프로그램을 전송하여 실험해 볼 수 있다.

[그림 6-52] 시뮬레이션 화면

6.2 MASTER-K PLC(기종 : K7M-DR30S)

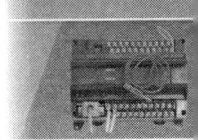

> **Tip** PLC에 프로그램 전송 후 PLC 동작 사항 체크(실기 시험시 중요사항 임)
> ① 출력측 단자에서 전원선을 연결 한다.
> ② 입력측 단자에서 24V 와 COM0을 연결해 놓는다.
> ③ 입력측 단자에서 24G에 시험할 연결선을 연결해 놓는다.
> ④ 통신케이블 RS232 케이블을 PC와 연결한다.
> ⑤ PLC 전원을 투입한다.
> ⑥ PLC에 프로그램을 전송한다.
> ⑦ 온라인-모니터시작-클릭(또는 PLC 입·출력 표시램프에 의한 확인)
> ⑧ 24G 단자에 연결된 선으로 P00(PB_ON), P01(PB_OFF)단자에 교대로 연결해보면서 프로그램 동작 사항을 모니터링 한다.

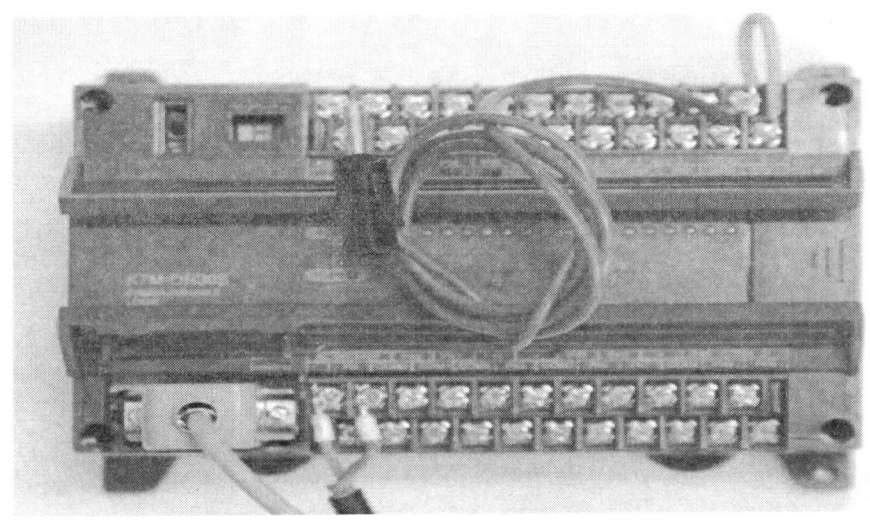

[그림 6-53] 테스터용 PLC 결선

[그림 6-54] 시뮬레이션 화면

6.2.3 TON 타이머를 이용한 반복동작(Flicker)회로 프로그램 작성

(1) 타임차트 설명

　　　　TON 타이머를 사용하여 PL1을 1[sec] 간격으로 점등과 소등을 반복으로 동작 시키는 타임차트이다. PL1은 PB1을 동작시키면 타이머에 의해 1초 점등, 1초 소등 동작을 반복하다가 PB2를 동작시키면 모든 동작이 초기화 되는 타임차트이다. 아래와 같은 유형의 경우 타이머 반복 동작을 계속 유지하기 위하여 자기유지회로를 사용하여야 한다. 이런 유형은 전기기능장 실기 시험의 PLC 프로그램 작성에서 많이 출제가 되므로 반복 동작의 타이머 배열을 반드시 익혀야 한다.

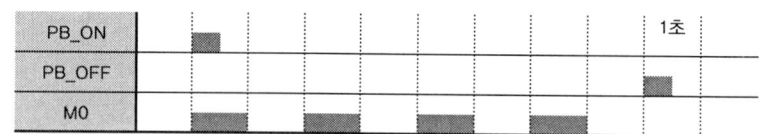

[그림 6 - 55] 타임차트

(2) 입·출력 메모리 할당

　　　　타임차트에서 입력은 PB_ON, PB_OFF 스위치가 있고 출력소자로는 PL1 램프가 있다. 따라서 PB_ON(P0000), PB_OFF(P0001), PL1(P0040)번지를 할당한다. 내부릴레이 M, 타이머 T, 카운터 C 등은 0, 1, 2, 3 … 순으로 하면 된다.

(3) PLC 프로그램 작성방법

　① 펑션키 F3을 누르고 레더 편집창에서 디바이스 명에 'P1' 입력 – 확인
　② 펑션키 F4를 누르고 레더 편집창에서 디바이스 명에 'P2' 입력 – 확인
　③ 펑션키 F9를 누르고 레더 편집창에서 디바이스 명에 'M0' 입력 – 확인
　④ 펑션키 F3 – 'M0'과 F6 키를 이용하여 자기유지회로 구성

[그림 6 - 56] 자기유지회로 프로그램

　⑤ 펑션키 F3을 누르고 레더 편집창에서 디바이스 명에 'M0' 입력 – 확인
　⑥ 펑션키 F4를 누르고 레더 편집창에서 디바이스 명에 'T2' 입력 – 확인
　⑦ 펑션키 F10을 누르고 레더 편집창에서 디바이스 명에 'TON T1 10' 입력 – 확인
　⑧ 커서를 T0002 뒤에 두고

6.2 MASTER-K PLC(기종 : K7M-DR30S)

⑨ 펑션키 F8로 세로선을 그린다.
⑩ 펑션키 F3을 누르고 레더 편집창에서 디바이스 명에 'T1' 입력-확인
⑪ 펑션키 F10을 누르고 레더 편집창에서 디바이스 명에 'TON T2 10' 입력-확인
⑫ 펑션키 F3을 누르고 레더 편집창에서 디바이스 명에 'M0' 입력-확인
⑬ 펑션키 F4을 누르고 레더 편집창에서 디바이스 명에 'T1' 입력-확인
⑭ 펑션키 F9을 누르고 레더 편집창에서 디바이스 명에 'P40' 을 입력-확인
⑮ F10을 누르고 'END' 입력-확인

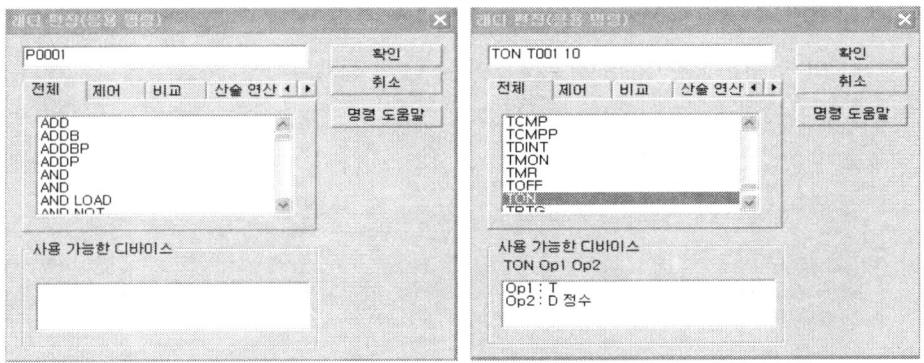

[그림 6 - 57] TON 입력하기

[그림 6 - 58] TON 입력하기

⑯ PLC로 전송하여 시뮬레이션 한다.

[그림 6 - 59] 시뮬레이션 화면

150 제6장 타임차트에 의한 프로그램 작성

> **Tip** 프로그램 작성시 유의 사항은 반드시 PB_ON이 ON이 됨과 동시에 램프 PL1도 점등되어야 한다는 점이다. PL1 출력 회로에 T2-b 접점만 사용하면 PLC 전원이 인가되면 바로 점등이 되기 때문에 앞에 M0-a접점을 사용하여야 한다. 아울러 위와 같은 프로그램 패턴은 전기기능장 시험에 자주 출제됨으로 반드시 숙지할 필요가 있다.

6.2.4 CTU(Up Counter)카운터 프로그램 작성

(1) 타임차트 설명

업 카운터(CTU)를 사용하여 PL1을 동작을 시키는 타임차트이다. 타임차트 상에 PB_ON 3번 동작시키면 CTU 출력이 1이 되는 것을 이용한 것으로 여기서는 자기유지회로가 필요가 없다. PL1은 PB_ON이 3회 이상 동작하면 CTU가 동작되어 점등이 되고, PB_OFF에 의해 리셋이 되면 PL1은 소등된다.

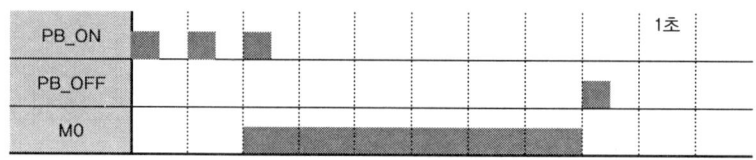

[그림 6-60] 타임차트

(2) 입·출력 메모리 할당

타임차트에서 입력 소자로는 PB_ON, PB_OFF 스위치가 있고 출력은 PL1 램프가 있다. 따라서 PB_ON(P0000), PB_OFF(P0001), PL1(P0040)번지를 할당한다. 내부릴레이 M, 타이머 T, 카운터 C 등은 0, 1, 2, 3… 순으로 할당 하면 된다.

(3) PLC 프로그램 작성방법

① 펑션키 F3을 누르고 레더 편집창에서 디바이스 명에 'P0' 입력-확인
② 펑션키 F10을 누르고 레더 편집창에서 'CTU C0 3' 입력-확인

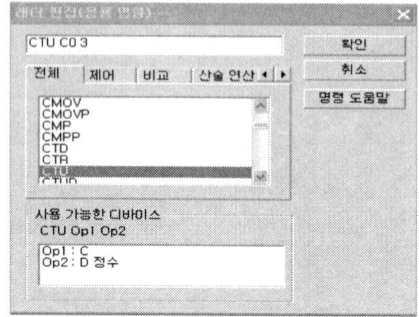

[그림 6-61] CTU 펑션 입력

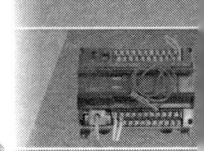

6.2 MASTER-K PLC(기종 : K7M-DR30S)

③ 커서를 아래로 내려 F3을 누르고 편집창에서 디바이스 명에 'P1'을 입력-확인-
  가로선으로 카운터 블록의 R 까지 연결

[그림 6-62] CTU 펑션 입력

④ F3 - 'C0' 입력과 F9 - 'P40'을 입력하여 출력 회로 구성
⑤ F10을 누르고 'END'를 입력-확인

> **Tip** 프로그램 작성시 유의 사항은 카운터 프로그램 작성시 CTU ∞ 3 입력사항 중 CTU는 업 카운터를 의미하고 ∞은 0번째 카운터를 의미하며 3은 정수로서 카운터의 입력을 3번 동작시키면 출력이 나온다는 의미이다. 따라서 이를 입력 할 때에는 반드시 띄워 쓰기를 해야 한다.

[그림 6-63] 완성된 프로그램

[그림 6-64] 시뮬레이션 화면

6.2.5 CTUD(Up/Down Counter)카운터 프로그램 작성

(1) 타임차트 설명

업-다운 카운터(CTUD)를 사용하여 PL1을 동작을 시키는 타임차트이다. 타임차트 상에 PB_UP 3번 이상이 되어야 업-다운 카운터(CTUD)의 출력이 1이 되어 PL1이 점등되는 동작이다. 여기서 PB_UP은 업 카운터의 입력으로, PB_DOWN은 다운 카운터의 입력으로 사용되며, PB_UP+PB_DOWN의 횟수가 +3회 이상이면 동작되고 3회 이하이면 정지되는 회로이다. 즉 4+(-1)=3이 되는 것과 같다.

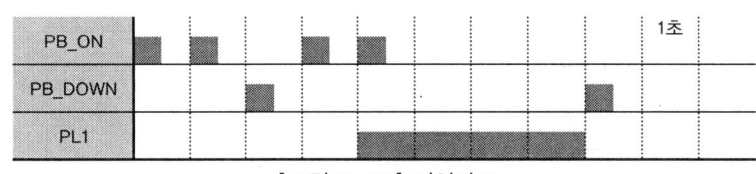

[그림 6 - 65] 타임차트

(2) 입·출력 메모리 할당

프로그램을 작성하기 위해서 먼저 해야 할 일은 입력 접점과 출력에 대한 메모리 할당을 해야 한다. 아래 타임차트에서 입력 소자로는 PB_UP, PB_DOWN 스위치가 있고 출력은 PL1 램프가 있다. 따라서 PB_UP(P0000), PB_DOWN(P0001), PL1(P0040)번지를 할당한다. 내부릴레이 M, 타이머 T, 카운터 C 등은 0, 1, 2, 3 … 순으로 하면 된다.

(3) PLC 프로그램 작성방법

① 펑션키 F3을 누르고 레더 편집창에서 디바이스 명에 'P0' 입력-확인
② 펑션키 F10을 누르고 레더 편집창에서 'CTUD C1 3' 입력-확인(띄워 쓰기에 주의할 것)
③ 펑션키 F3을 누르고 레더 편집창에서 디바이스 명에 'P1' 입력-확인-가로선으로 카운터 블록의 D 까지 연결
④ 펑션키 F3을 누르고 레더 편집창에서 디바이스 명에 'P100'입력-확인-가로선으로 카운터 블록의 R 까지 연결

> **Tip** CTUD R 열에 'P100' 번지를 입력하는 이유는 타임차트에서 리셋에 관한 사항이 없기 때문에 사용 가능성이 없는 번지수를 임의로 입력한 것이다.

6.2 MASTER-K PLC(기종 : K7M-DR30S)

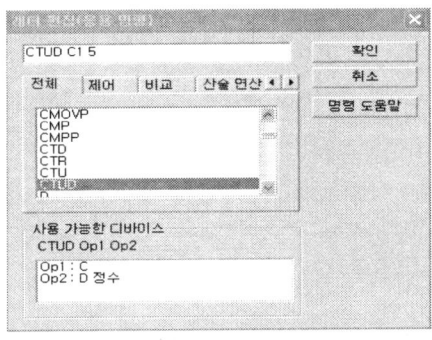

[그림 6-66] CTUP 펑션 입력

[그림 6-67] CTUP 펑션 입력

⑤ F3-'C1' 입력과 F9-'P40'을 입력하여 출력 회로 구성
⑥ F10을 누르고 'END'를 입력-확인

[그림 6-68] 완성 프로그램

> **Tip** 프로그램 작성시 유의 사항은 카운터 프로그램 작성시 **'CTUD C1 3'** 입력사항 중 CTUD는 업-다운 카운터를 의미하고 C1은 1번째 카운터를 의미하고 3은 정수로서 업-다운의 결과 값이 3회 이상이면 출력이 나온다는 의미이다. 예를 들면 PB_UP를 2회 누르고, PB_DOWN을 3회 누르고, 다시 PB_UP를 3회 눌렀다면 2+(-3)+3=2이므로 U의 값이 2가 되어 PL1은 점등되지 않는다. 따라서 PB_UP를 1회 이상 더 눌러야 PL1은 점등된다.

⑦ PLC로 전송하여 시뮬레이션

154 제6장 타임차트에 의한 프로그램 작성

[그림 6 - 69] 시뮬레이션 화면

6.2.6 CTU를 사용한 다중 카운터 프로그램 작성

(1) 타임차트 설명

다중 카운터(CTU)를 사용하여 PL1을 동작을 시키는 타임차트이다. 타임차트 상에 PB3 1번 동작하면 PL1이 점등되고, 5번 동작하면 PL1이 소등되는 동작임으로 카운터를 다중 즉 2개를 사용하여 프로그램을 작성하여야 한다. 또한 타임차트를 잘 판독하면 PB3 스위치를 놓을 때 PL1은 점등 또는 소등이 된다. 따라서 프로그램 작성에서 유의 할 점은 PB3을 음변환 검출접점(하강엣지) 사용하여야 한다.

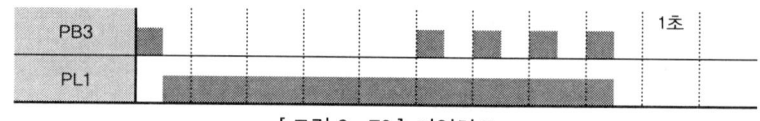

[그림 6 - 70] 타임차트

(2) 입·출력 메모리 할당

프로그램을 작성하기 위해서 먼저 해야 할 일은 입력 접점과 출력에 대한 메모리 할당을 해야 한다. PB3(P0000), PL1(P0040)번지를 할당한다. 내부릴레이 M, 타이머 T, 카운터 C 등은 0, 1, 2, 3, 순으로 하면 된다.

(3) PLC 프로그램 작성방법

① 펑션키 F3을 누르고 래더 편집창에서 디바이스 명에 'P0' 입력-확인
② 펑션키 F10을 누르고 래더 편집창에서 디바이스 명에 'D NOT M0' 입력-확인
③ 펑션키 F3을 누르고 래더 편집창에서 디바이스 명에 'M0' 입력-확인
④ 펑션키 F10을 누르고 래더 편집창에서 'CTU C1 1' 입력-확인(띄워 쓰기에 주의 할 것)
⑤ 펑션키 F3을 누르고 래더 편집창에서 디바이스 명에 'C2' 입력-확인-가로선으로

6.2 MASTER-K PLC(기종 : K7M-DR30S)

카운터 블록의 C001 R 까지 연결
⑥ 펑션키 F3을 누르고 레더 편집창에서 디바이스 명에 'M0' 입력-확인
⑦ 펑션키 F10을 누르고 레더 편집창에서 'CTU C2 5' 입력-확인(띄워 쓰기에 주의할 것)
⑧ 펑션키 F3을 누르고 레더 편집창에서 디바이스 명에 'C2' 입력-확인-가로선으로 카운터 블록의 C002 R 까지 연결

[그림 6-71] 프로그램 작성하기

⑨ F3-'C1' 입력, F4-'C2' 입력과 F9-'P40'을 입력하여 출력 회로 구성
⑩ F10을 누르고 'END'를 입력-확인

> **Tip** 프로그램 작성시 유의 사항은 MASTER-K 프로그램에는 하강엣지 신호 기호가 없으므로 D NOT 명령을 사용하여 출력 M0을 얻는다. 출력 M0 신호로 카운터 C1, C2의 입력 접점으로 사용하고 리셋은 C2 출력 접점을 이용하면 된다. PL1은 C1 출력에 의해 점등되고 C2 출력에 의해 소등된다.

[그림 6-72] 완성된 프로그램

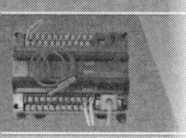

156 제6장 타임차트에 의한 프로그램 작성

⑪ PLC로 전송하여 시뮬레이션

[그림 6 - 73] 시뮬레이션 화면

MASTER-K PLC는 시뮬레이션 프로그램이 없을 경우에는 바로 PLC로 프로그램을 전송하여 실험해 볼 수 있다.

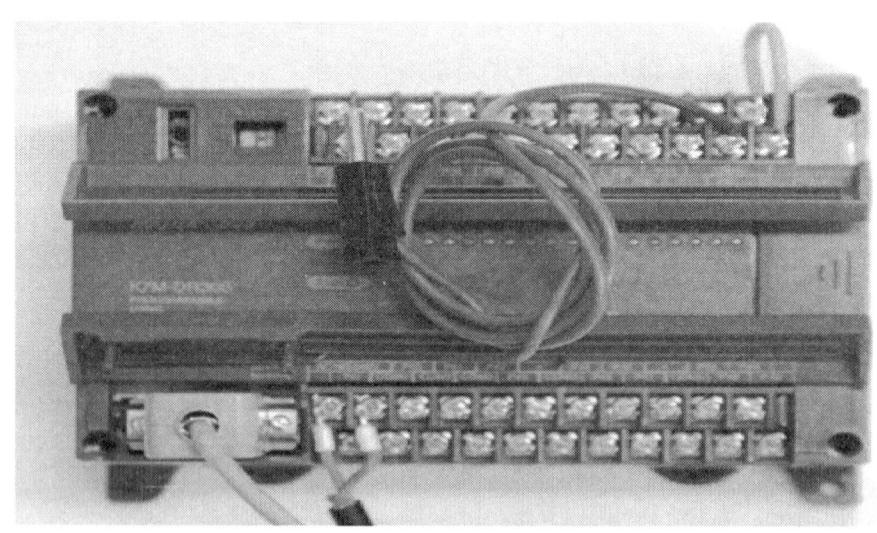

[그림 6 - 74] 테스터용 PLC 결선

6.3 MELSEC PLC(기종 : FX₃∪ – 32M)

6.3.1 TON(ON Delay Timer) 프로그램 작성

(1) 타임차트 설명

TON 타이머를 사용하여 PL1, PL2를 동작시키는 타임차트이다. PL1은 PB_ON를 ON 시키면 타이머 T1이 작동하여 3초 지연 후 점등되고, PL2는 PLC 전원이 인가되면서 점등 되었다가 T1이 작동되고 3초 지연 후 소등된다. PB_OFF를 ON 시키면 PL1은 소등, PL2는 점등된다.

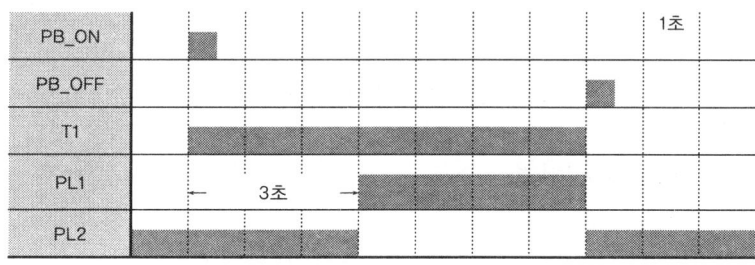

[그림 6 - 75] 타임차트

(2) 입·출력 메모리 할당

타임차트에서 입력은 PB_ON, PB_OFF 스위치가 있고 출력은 PL1, PL2 램프가 있다. 따라서 PB_ON(X001), PB_OFF(X002), PL1(Y000), PL2(Y001)번지를 할당한다. 아래 표 6-2는 FX₃∪ –32M 기종의 입·출력 메모리 할당표이다. 내부릴레이 M, 타이머 T, 카운터 C 등은 메모리 할당은 0, 1, 2, 3 … 순으로 하면 된다.

[표 6-2] FX₃∪ –32M 메모리 할당

구 분	입력 : 16점	출력 : 12점
메모리 할당	S/S – X0 ~ X7 X10 ~ X17	COM1 – Y0 ~ Y3 COM2 – Y4 ~ Y7 COM3 – Y10 ~ Y13 COM4 – Y14 ~ Y17

(3) PLC 프로그램 작성방법

① 프로젝트 새로만들기 – PLC 시리즈에서 FXCPU 선택 – PLCDB형에서 FX3U(C) 선택 – 프로젝트이름설정 체크 – 프로젝트이름에 타이머회로 입력

② 펑션키 F5를 누르고 레더 입력창 – 'X1' 입력 – 확인, F6을 누르고 'X2' 입력 – 확인, F7을 누르고 'M1' 입력 – 확인, F5 – 'M1'을 입력하고 Shift + F9키로 세로선을 그린다.

158 제6장 타임차트에 의한 프로그램 작성

[그림 6 - 76] 자기유지회로 프로그램

③ 펑션키 F5를 누르고 래더 입력창 - 'M1' 입력, F6 - 'T1' 입력, F7 - 'T1 K30' 입력 - 확인(MELSEC PLC에서 타이머의 기본 단위가 100[ms]이므로 K30은 정수로서 3초를 의미한다.)

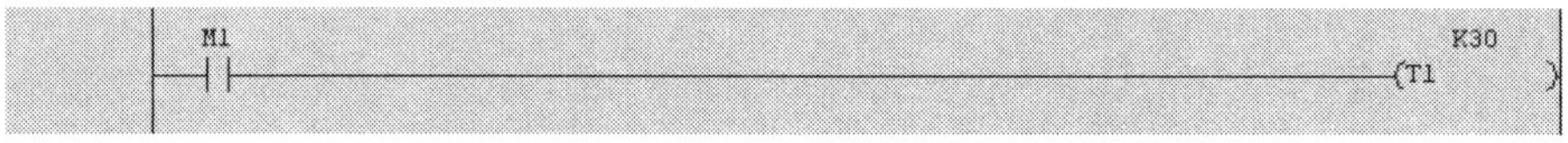

[그림 6 - 77] TON 펑션 프로그램

④ F5 - 'T1' 입력, F7 - 'Y0' 입력 - 확인
⑤ F6 - 'T1' 입력, F7 - 'Y1' 입력 - 확인

[그림 6 - 78] 출력회로 프로그램

⑥ 타이머 회로 프로그램이 완성되었다.

[그림 6 - 79] 완성된 프로그램

6.3 MELSEC PLC(기종 : FX₃U-32M) 159

⑦ 프로그램을 전환하기 위하여 F4키를 누른다.

[그림 6 - 80] 변환(F4) 프로그램

⑧ MELSEC PLC는 USB 코드를 사용할 경우 USB를 연결 할 때마다 포트가 달라지기 때문에 프로그램을 PLC로 전송하기 위하여 내 컴퓨터-하드웨어-장치관리자에서 USB Serial Port(COM4)-확인하여야 한다.

⑨ 프로그램 창에서 온라인-연결대상지정-연결대상지정창에서 시리얼포트 더블 클릭하여 COM4로 변경-연결테스트-접속에 성공하였습니다. 메시지 확인-닫기 위에 확인을 한번 더 눌러야 설정사항이 저장된다.

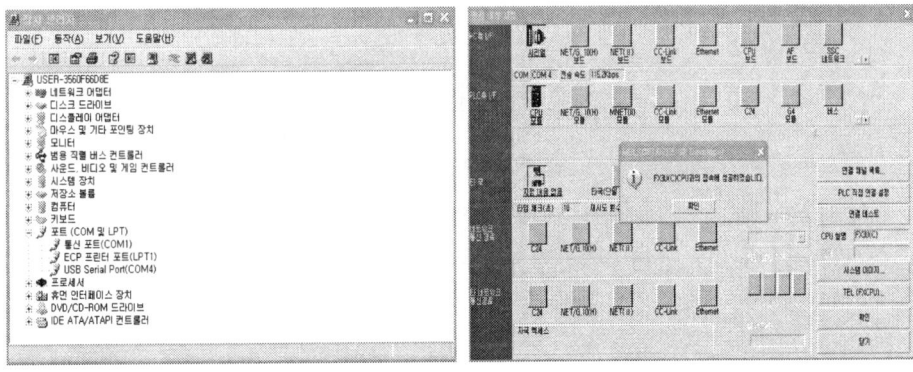

[그림 6 - 81] 통신설정

⑩ 온라인-PLC 쓰기-모두선택-실행-확인
⑪ 온라인-모니터모드에서 시뮬레이션 확인

160 제6장 타임차트에 의한 프로그램 작성

[그림 6-82] 시뮬레이션 화면

6.3.2 TMR(적산 Timer) 프로그램 작성

(1) 타임차트 설명

PL1은 PB1이 ON되는 시간의 총합이 5초 이상이 되면 점등되는 타임차트이다. PB2는 TMR를 리셋 시키는 스위치로 리셋이 되면 반복해서 동작을 시킬 수 있다.

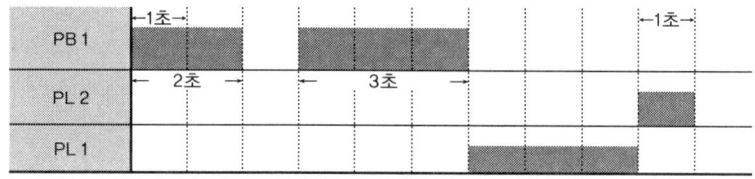

[그림 6-83] 시뮬레이션 화면

(2) 입·출력 메모리 할당 및 타이머 메모리 할당

MELSEC FX3U 시리즈에서는 적산타이머를 사용하기 위해서는 타이머의 사용 번호를 숙지하여야 한다. 아래 표는 타이머의 번호이다. 아래 표 6-3에서 보는 바와 같이 적산타이머를 사용하기 위해서는 타이머 T 번호를 250~255 중에 사용해야 한다.

[표 6-3] 시뮬레이션 화면

FX3U, FX3UC	T0 ~ T199 루틴프로그램용 T192 ~ T199	T200 ~ T245	T246 ~ T249 인터럽터실행 Keep용	T250 ~ T255 Keep용	T256 ~ T511

타임차트에서 입력은 PB1, PB2 스위치가 있고 출력소자로는 PL1 램프가 있다. 따라서 PB1(X000), PB2(X001), PL1(Y000)번지를 할당한다. 내부릴레이 M, 타이머 T, 카운터 C 등은 메모리 할당은 0, 1, 2, 3… 순으로 하면 된다. 단, 적산타이머를 사용하기 위해서는 타이머 T 번호를 250~255 중에 사용해야 한다.

6.3 MELSEC PLC(기종 : FX₃U-32M) **161**

(3) PLC 프로그램 작성방법

① 프로젝트 새로만들기 - PLC 시리즈에서 **FXCPU** 선택 - PLCDB형에서 **FX3U(C)** 선택
 - 프로젝트이름설정 체크 - 프로젝트이름에 타이머회로 입력한다.

> **Tip** 전기기능장 시험시 여러 개의 프로그램을 작성해야 하기 때문에 반드시 프로젝트 이름을 상황에 맞게 입력해야 나중에 필요할 때 프로그램을 불러 올 수 있다.

② 펑션키 F5를 누르고 레더 입력창 - 'X0' 입력 - 확인
③ 펑션키 F7 - 'T250 K50' 입력 - 확인

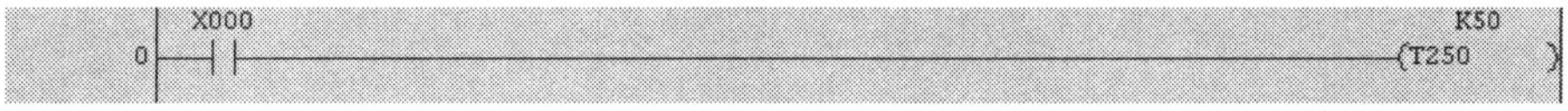

```
      X000                                              K50
0 ────┤ ├──────────────────────────────────────────(T250  )
```

[그림 6 - 84] TON 프로그램

④ 펑션키 F5를 누르고 레더 입력창에 - 'X1' 입력, F7 - 'RST T250' 입력 - 확인

```
      X001
4 ────┤ ├──────────────────────────────[RST   T250  ]
```

[그림 6 - 85] TON 프로그램

⑤ 펑션키 F5를 누르고 레더 입력창에 - 'T250' 입력 - 확인, F7 - 'Y0' 입력 - 확인

```
      T250
6 ────┤ ├──────────────────────────────────────────(Y000  )
```

[그림 6 - 86] 출력회로 프로그램

⑥ 타이머 회로 프로그램이 완성되었다.

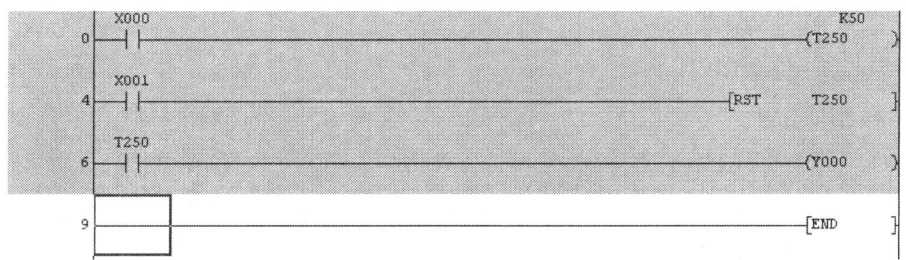

[그림 6 - 87] TON 프로그램

⑦ 프로그램을 전환하기 위하여 **F4**키를 누른다.

162 제6장 타임차트에 의한 프로그램 작성

[그림 6 - 88] 변환(F4) 프로그램

⑧ MELSEC PLC는 USB 코드를 사용할 경우 USB를 연결 할 때마다 포트가 달라지기 때문에 프로그램을 PLC로 전송하기 위하여 내 컴퓨터-하드웨어-장치관리자에서 USB Serial Port(COM 6)-확인하여야 한다.

⑨ 프로그램 창에서 온라인-연결대상지정-연결대상지정창에서 시리얼포트 더블 클릭하여 COM6로 변경-연결테스트-접속에 성공하였습니다. 메시지 확인-확인

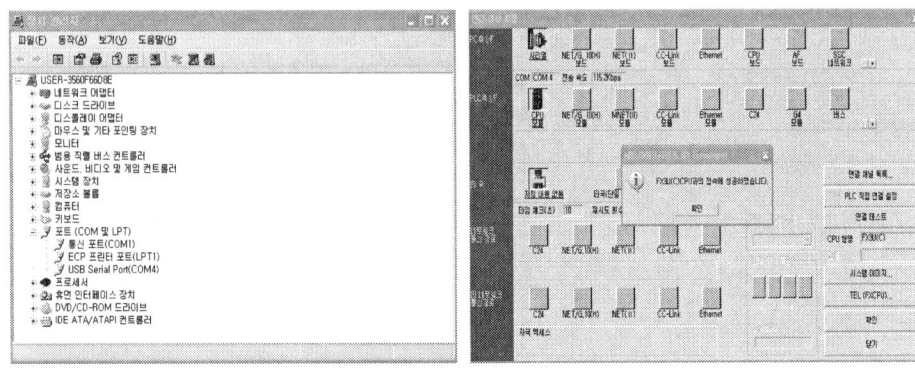

[그림 6 - 89] 통신포트 설정

⑩ 온라인-PLC 쓰기-모두선택-실행-확인
⑪ 온라인-모니터모드에서 시뮬레이션 확인

[그림 6 - 90] 시뮬레이션 프로그램

6.3 MELSEC PLC(기종 : FX₃∪ −32M)

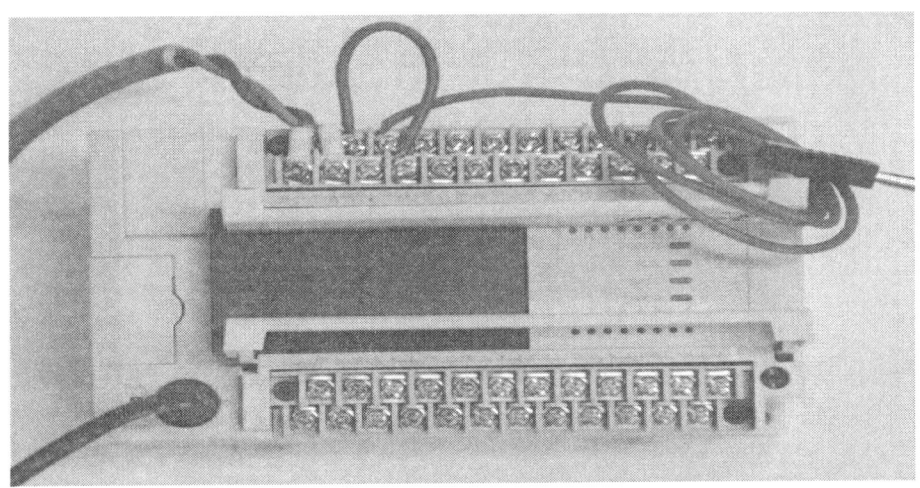

[그림 6 - 91] 테스터용 PLC 결선

6.3.3 TON 타이머를 이용한 반복동작(Flicker)회로 프로그램 작성

(1) 타임차트 설명

TON 타이머를 사용하여 PL1을 1[sec] 간격으로 점등과 소등을 반복으로 동작 시키는 타임차트이다. PL1은 PB1을 동작시키면 타이머에 의해 1초 점등, 1초 소등 동작을 반복하다가 PB2를 동작시키면 모든 동작이 초기화 되는 타임차트이다. 이런 유형은 전기기능장 실기 시험의 PLC 프로그램 작성에서 많이 출제가 되므로 반복 동작의 타이머 배열을 반드시 익혀야 한다.

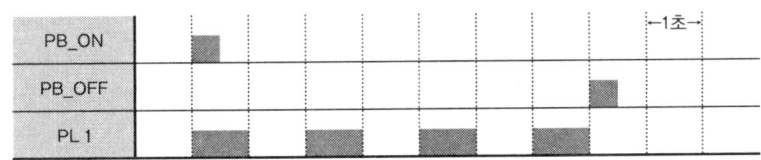

[그림 6 - 92] 타임차트

(2) 입·출력 메모리 할당

타임차트에서 입력은 PB_ON, PB_OFF 스위치가 있고 출력소자로는 PL1 램프가 있다. 따라서 PB_ON(X000), PB_OFF(X001), PL1(Y000)번지를 할당한다. 내부릴레이 M, 타이머 T, 카운터 C 등은 0, 1, 2, 3 … 순으로 하면 된다.

(3) PLC 프로그램 작성방법

① 프로젝트 새로만들기 − 프로젝트이름설정 체크 − 프로젝트이름에 **'플리커회로'** 입력

164 제6장 타임차트에 의한 프로그램 작성

② 펑션키 F5를 누르고 레더 입력창-'X0' 입력-확인, F6을 누르고 'X1' 입력-확인, F7을 누르고 'M0' 입력-확인, F5-'M0' 입력하고 Shift + F9키로 세로선을 그린다.

[그림 6 - 93] 자기유지회로 프로그램

③ 펑션키 F5를 누르고 레더 입력창-'M0' 입력, F6-'T2' 입력, F7-'T1 K10' 입력-확인

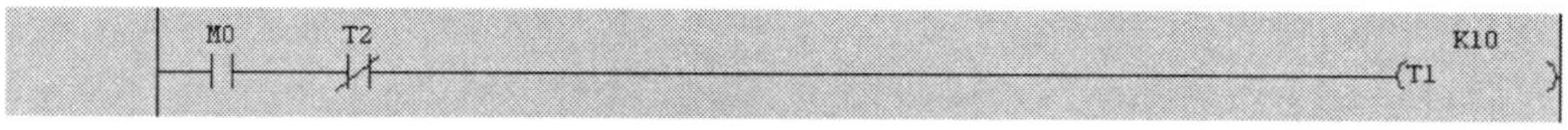

[그림 6 - 94] TON 펑션 프로그램

④ F5-'T1' 입력, F7-'T2 K10' 입력-확인

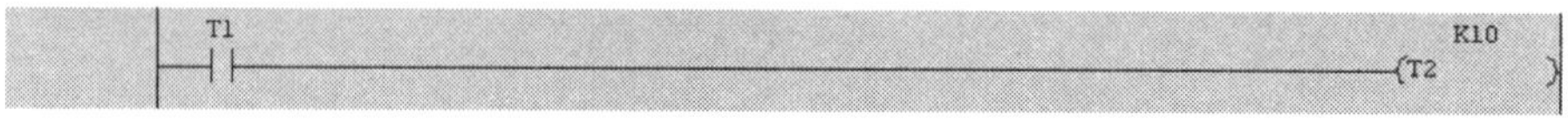

[그림 6 - 95] TON 펑션 프로그램

⑤ F5-'M0' 입력, F6-'T1' 입력, F7-'Y0' 입력-확인

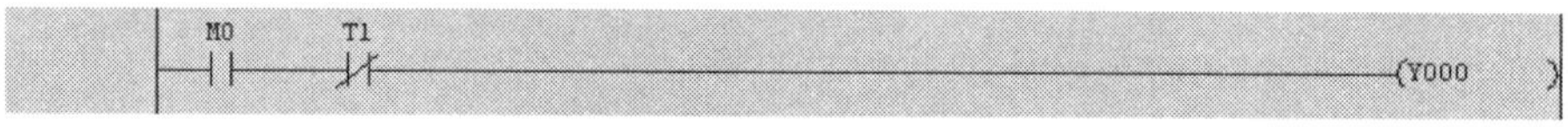

[그림 6 - 96] 출력회로 프로그램

⑥ Y000이 1초 간격으로 반복 동작하는 프로그램이 완성되었다.

[그림 6 - 97] 완성 프로그램

6.3 MELSEC PLC(기종 : FX₃U – 32M)

⑦ 프로그램을 전환하기 위하여 F4키를 누른다.

[그림 6 - 98] 변환(F4) 프로그램

⑧ MELSEC PLC는 USB 코드를 사용할 경우 USB를 연결 할 때마다 포트가 달라지기 때문에 프로그램을 PLC로 전송하기 위하여 내 컴퓨터 – 하드웨어 – 장치관리자에서 USB Serial Port(COM4) – 확인하여야 한다.

⑨ 프로그램 창에서 온라인 – 연결대상지정 – 연결대상지정창에서 시리얼포트 더블 클릭하여 COM4로 변경 – 연결테스트 – 접속에 성공하였습니다. 메시지 확인 – 확인

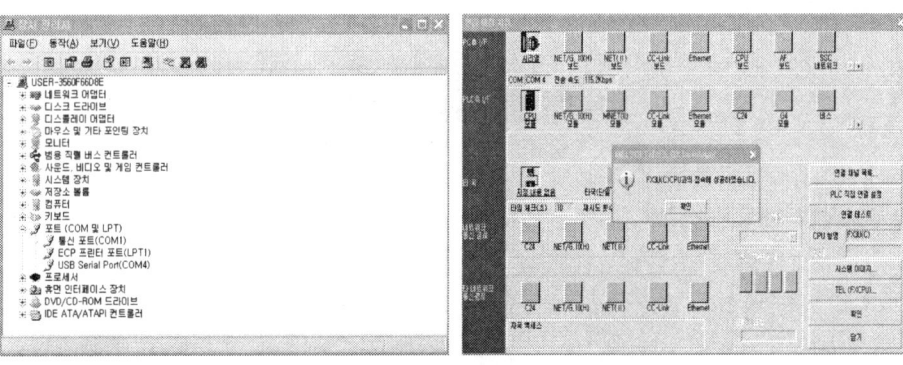

[그림 6 - 99] 통신포트 설정

⑩ 온라인 – PLC 쓰기 – 모두선택 – 실행 – 확인
⑪ 온라인 – 모니터모드에서 시뮬레이션

166 제6장 타임차트에 의한 프로그램 작성

[그림 6 - 100] 시뮬레이션 프로그램

6.3.4 CTU(Up Counter)카운터 프로그램 작성

(1) 타임차트 설명

업 카운터(CTU)를 사용하여 PL1을 동작을 시키는 타임차트이다. 타임차트 상에 PB_ON 3번 동작시키면 CTU 출력이 1이 되는 것을 이용한 것으로 여기서는 자기유지회로가 필요가 없다. PL1은 PB_ON이 3회 이상 동작하면 CTU가 동작되어 점등이 되고, PB_OFF에 의해 리셋이 되면 PL1은 소등된다.

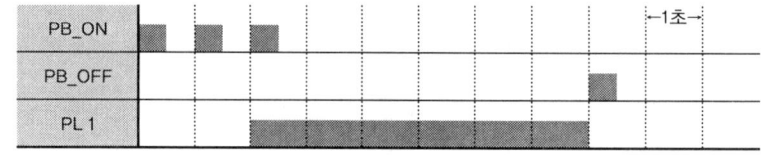

[그림 6 - 101] 타임차트

(2) 입·출력 메모리 할당

타임차트에서 입력 소자로는 PB_ON, PB_OFF 스위치가 있고 출력소자로는 PL1 램프가 있다. 따라서 PB_ON(X000), PB_OFF(X001), PL1(Y000)번지를 할당한다. 내부릴레이 M, 타이머 T, 카운터 C 등은 메모리 할당은 0, 1, 2, 3 … 순으로 하면 된다.

(3) PLC 프로그램 작성방법

① 프로젝트 새로만들기 – 프로젝트이름설정 체크 – 프로젝트이름에 **'카운터회로'** 입력

② 펑션키 F5를 누르고 래더 입력창 – 'X0' 입력 – 확인, F7을 누르고 **'C0 K2'** 입력 – 확인

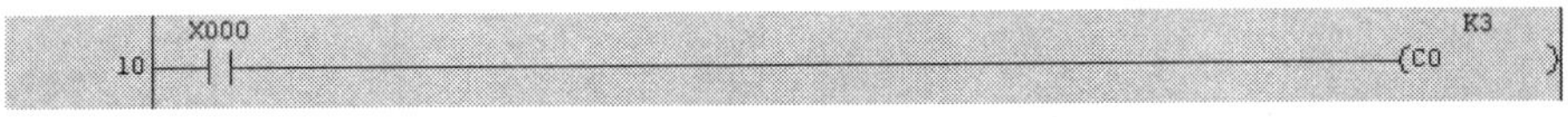

6.3 MELSEC PLC(기종 : FX₃U – 32M) **167**

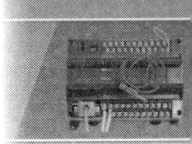

[그림 6 - 102] CTU 펑션 프로그램

③ 펑션키 F5를 누르고 레더 입력창-'X1' 입력, F8-'RST C0' 입력-확인

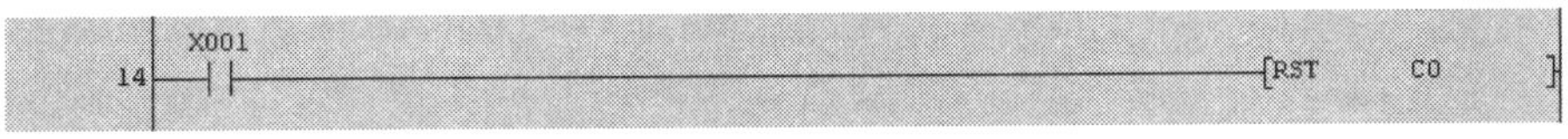

[그림 6 - 103] CTU 펑션 프로그램

④ F5-'C0' 입력, F7-'Y0' 입력-확인

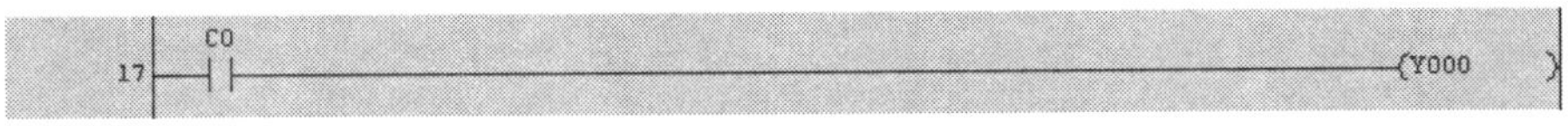

[그림 6 - 104] 출력회로 프로그램

⑤ 카운터회로 프로그램이 완성되었다.

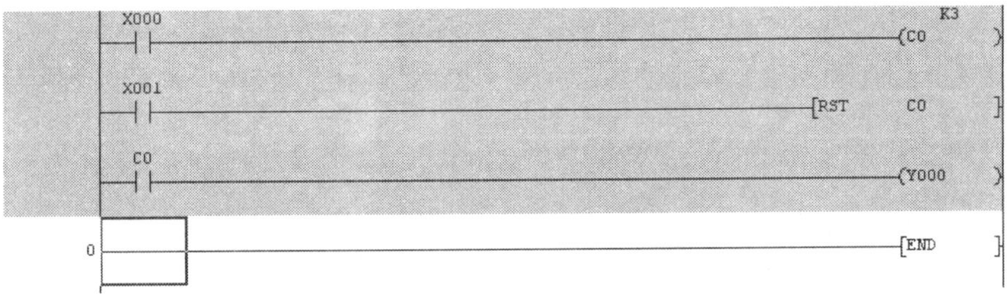

[그림 6 - 105] 완성 프로그램

⑥ 프로그램을 전환하기 위하여 F4키를 누른다.

[그림 6 - 106] 변환(F4) 프로그램

⑦ MELSEC PLC는 USB 코드를 사용할 경우 USB를 연결 할 때마다 포트가 달라지기 때문에 프로그램을 PLC로 전송하기 위하여 내컴퓨터-하드웨어-장치관리자에

168 제6장 타임차트에 의한 프로그램 작성

서 USB Serial Port(COM4)-확인하여야 한다.

⑧ 프로그램 창에서 온라인-연결대상지정-연결대상지정창에서 시리얼포트 더블 클릭하여 COM4로 변경-연결테스트-접속에 성공하였습니다. 메시지 확인-확 인

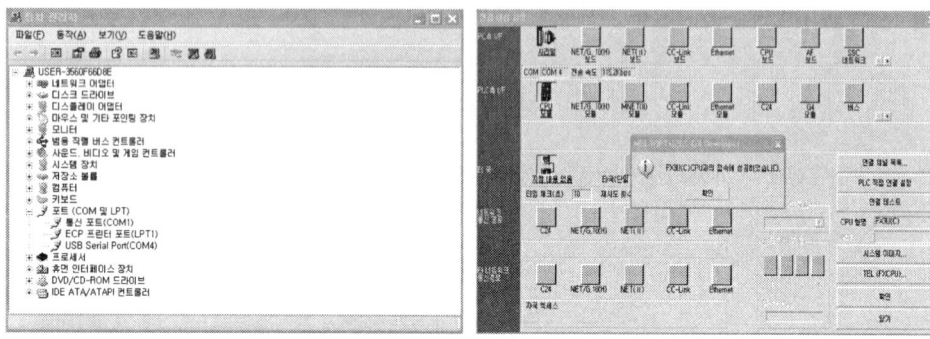

[그림 6 - 107] 통신포트 설정

⑩ 온라인-PLC 쓰기-모두선택-실행-확인
⑪ 온라인-모니터모드에서 시뮬레이션

[그림 6 - 108] 시뮬레이션 프로그램

6.3.5 CTUD(Up/Down Counter)카운터 프로그램 작성

(1) 타임차트 설명

Up/Down Counter(CTUD)를 사용하여 PL1을 동작을 시키는 타임차트이다. 타임차트 상에 PB_UP 3번 이상이 되어야 Up/Down Counter(CTUD)의 출력이 1이 되어 PL1이 점등되는 동작이다. 여기서 PB_UP은 업 카운터의 입력으로, PB_DOWN은 다운 카운터의 입력으로 사용되며, PB_UP+PB_DOWN의 횟수가 +3회 이상이면 동작되고 3회 이하이면 정지되는 회로이다. 즉 4+(-1)=3이 되는 것과 같다.

6.3 MELSEC PLC(기종 : FX₃U-32M)

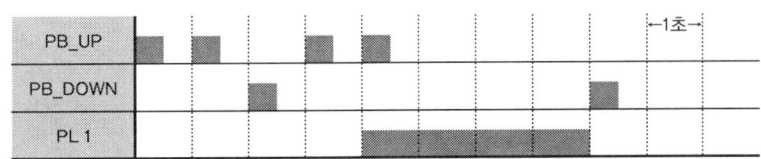

[그림 6-109] 타임차트

(2) 입·출력 메모리 할당

MELSEC FX₃U 시리즈에서는 Up/Down Counter 명령이 별도로 없다. 따라서 업 카운터와 다운 카운터를 사용하는 카운터의 번호를 알아야 한다. 아래 표 6-4는 카운터의 번호이다. 또한 업-다운의 방향전환 디바이스를 알아야 한다. C200번의 카운터 방향전환 디바이스는 M8200을 사용한다.

[표 6-4] Up/Down Counter 메모리 할당

구분	16Bit Up 카운터		32Bit Up-Down 카운터	
FX₃U, FX₃UC	일반용	정전보존용	일반용	정전보존용
	C0 ~ C99	C100 ~ C199	C200 ~ C219	C220 ~ C234

프로그램을 작성하기 위해서 먼저 해야 할 일은 입력 접점과 출력에 대한 메모리 할당을 해야 한다. 아래 타임차트에서 입력 소자로는 PB_UP, PB_DOWN 스위치가 있고 출력소자로는 PL1 램프가 있다. 따라서 PB_UP(X000), PB_DOWN(X001), PL1(Y000)번지를 할당한다. 내부릴레이 M, 타이머 T, 카운터 C 등은 0, 1, 2, 3… 순으로 하면 된다. 단, Up/Down Counter를 사용하기 위해서는 C200번을 사용해야 한다.

(3) PLC 프로그램 작성방법

① 프로젝트 새로만들기-프로젝트이름설정 체크-프로젝트이름에 '업·다운카운터 회로' 입력
② 먼저 PB_DOWN(X001)를 다운 카운터의 입력으로 사용하기 위해
③ 펑션키 F5를 누르고 레더 입력창-'X1' 입력-확인,
④ 펑션키 F7을 누르고 레더 입력창에 'M8200' 입력-확인

> **Tip** PB_DOWN(X001) 다운 카운터의 입력임으로 방향을 전환하기 위하여 M8200을 사용한다. PB_UP(X000)은 업 카운터의 입력임으로 C200에 연결하면 된다. 프로그램 작성시 위에서부터 순서대로 작성하여야 프로그램이 동작한다.

⑤ 펑션키 F5를 누르고 레더 입력창-'X0' 입력-확인
⑥ 펑션키 F7을 누르고 레더 입력창에 'C200 K3' 입력-확인

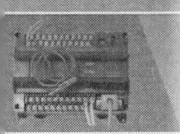

⑦ 펑션키 F5를 누르고 레더 입력창–'X1' 입력–확인
⑧ 커서를 X000 뒤로 옮기고 Shift + F9로 세로선을 그린다.

[그림 6 - 110] CTUD 프로그램작성

⑨ 펑션키 F5를 누르고 레더 입력창–'C200' 입력–확인
⑩ 펑션키 F7을 누르고 레더 입력창–'Y0' 입력–확인

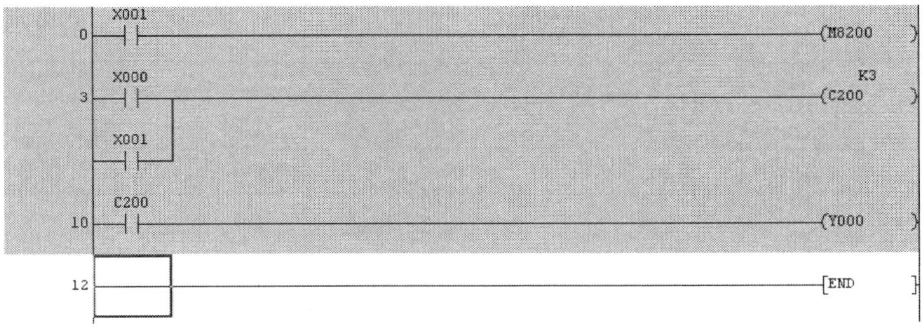

[그림 6 - 111] 완성 프로그램

⑪ 프로그램을 전환하기 위하여 F4키를 누른다.

[그림 6 - 112] 변환 프로그램

⑫ MELSEC PLC는 USB 코드를 사용할 경우 USB를 연결 할 때마다 포트가 달라지기 때문에 프로그램을 PLC로 전송하기 위하여 내컴퓨터–하드웨어–장치관리자에서 USB Serial Port(COM4)–확인하여야 한다.
⑬ 프로그램 창에서 온라인–연결대상지정–연결대상지정창에서 시리얼포트 더블클릭하여 COM4로 변경–연결테스트–접속에 성공하였습니다. 메시지 확인–확인

6.3 MELSEC PLC(기종 : FX$_{3U}$ - 32M)

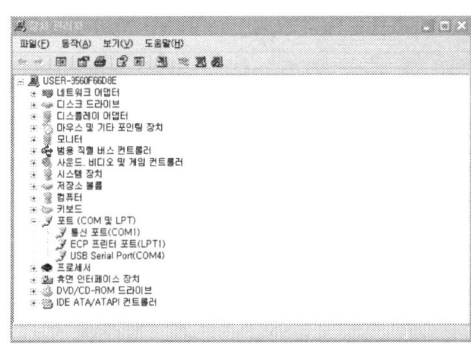
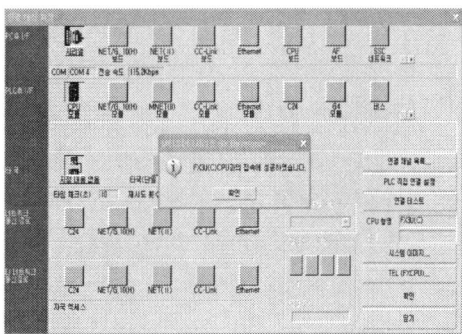

[그림 6 - 113] 통신포트 설정

⑭ 프로그램을 PLC로 전송하여 시뮬레이터 한 그림이다.

[그림 6 - 114] 시뮬레이션 프로그램

Tip 다음은 문제를 다른 방식에 의해 프로그래밍을 한 것이다. 동작 설명을 하면 프로그램상에 상승엣지 기호(sF7)을 사용한 이유는 상승엣지 신호는 PB_UP, PB_DOWN 스위치를 누를 때 상승 엣지 신호만 검출하기 때문에 스위치의 동작사항을 정확히 검출할 수 있다. 또한 INCP 명령은 D0의 값을 +1을 하는 명령이고, DECP는 D0 값을 -1을 하는 명령이므로 업-다운에 활용할 수 있다. 또한 >= D0 K3은 D0의 값이 정수 3과 비교하여 같거나 크면 출력 M0(또는 Y000을 사용할 수도 있음)을 실행시켜라 하는 내용이다. 참고로 INCP, DECP 명령은 MASTER-K 에서도 사용할 수 있다.

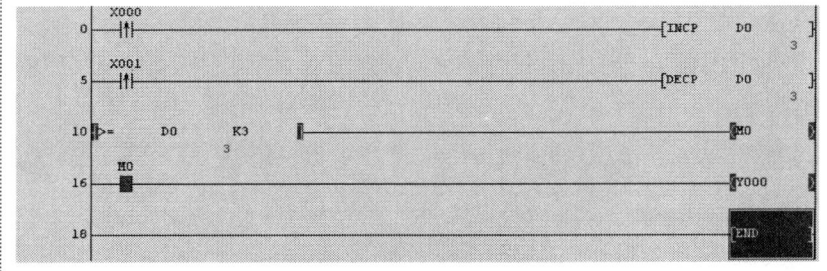

[그림 6 - 115] CTUD 응용 프로그램

6.3.6 CTU를 사용한 다중 카운터 프로그램 작성

(1) 타임차트 설명

다중 카운터(CTU)를 사용하여 PL1을 동작을 시키는 타임차트이다. 타임차트 상에 PB3을 1번 동작하면 PL1이 점등되고, 5번 동작하면 PL1이 소등되는 동작임으로 카운터를 다중 즉 2개를 사용하여 프로그램을 작성하여야 한다. 또한 타임차트를 잘 판독하면 PB3 스위치를 놓을 때 점등 또는 소등이 된다. 따라서 프로그램 작성에서 유의 할 점은 PB3을 하강엣지 접점을 사용하여야 한다.

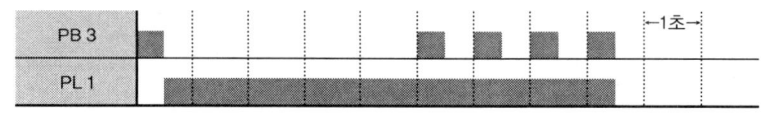

[그림 6 - 116] 타임차트

(2) 입·출력 메모리 할당

프로그램을 작성하기 위해서 먼저 해야 할 일은 입력 접점과 출력에 대한 메모리 할당을 해야 한다. PB3(X000), PL1(Y000)번지를 할당한다. 내부릴레이 M, 타이머 T, 카운터 C 등은 0, 1, 2, 3, 순으로 하면 된다.

(3) PLC 프로그램 작성방법

① 프로젝트 새로만들기 – 프로젝트이름설정 체크 – 프로젝트이름에 '**다중카운터회로**' 입력

② 펑션키 Shift + F8을 누르고 레더 입력창 – 'X0' 입력 – 확인, F8을 누르고 'C1 K1' 입력 – 확인

③ 펑션키 F5를 누르고 레더 입력창 – 'M0' 입력 – 확인, F8을 누르고 'RST C1' 입력 – 확인

④ 펑션키 Shift + F8을 누르고 레더 입력창 – 'X0' 입력 – 확인, F8을 누르고 'C2 K5' 입력 – 확인

⑤ 펑션키 F5를 누르고 레더 입력창 – 'M0' 입력 – 확인, F8을 누르고 'RST C2' 입력 – 확인

⑥ 펑션키 F5를 누르고 레더 입력창 – 'C2' 입력 – 확인, F7을 누르고 'M0' 입력 – 확인

6.3 MELSEC PLC(기종 : FX3U-32M)

[그림 6 - 117] CTU 펑션 프로그램

⑦ 펑션키 F5를 누르고 레더 입력창-'C1' 입력-확인
⑧ 펑션키 F6을 누르고 레더 입력창-'C2' 입력-확인
⑨ 펑션키 F7을 누르고 레더 입력창-'Y0' 입력-확인

[그림 6 - 118] 완성 프로그램

⑩ 프로그램을 전환하기 위하여 F4키를 누른다.

174 제6장 타임차트에 의한 프로그램 작성

[그림 6 - 119] 변환(F4) 프로그램

⑪ MELSEC PLC는 USB 코드를 사용할 경우 USB를 연결 할 때마다 포트가 달라지기 때문에 프로그램을 PLC로 전송하기 위하여 내컴퓨터 – 하드웨어 – 장치관리자에서 USB Serial Port(COM4) – 확인하여야 한다.

⑫ 프로그램 창에서 온라인 – 연결대상지정 – 연결대상지정창에서 시리얼포트 더블클릭하여 COM4로 변경 – 연결테스트 – 접속에 성공하였습니다. 메시지 확인 – 확인

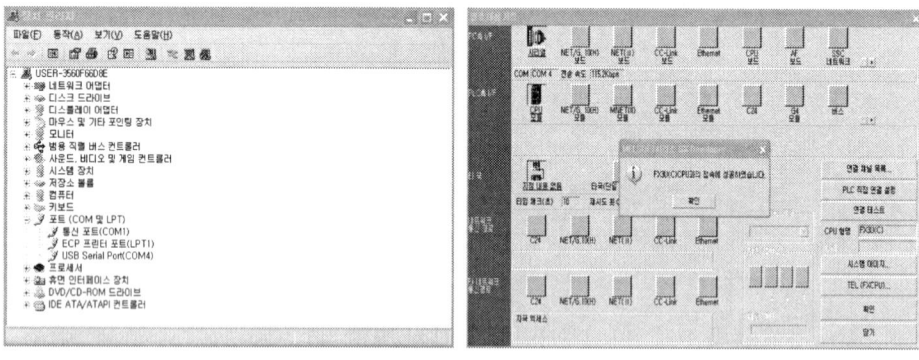

[그림 6 - 120] 통신포트 설정

⑬ 온라인 – PLC 쓰기 – 모두선택 – 실행 – 확인 – 온라인 – 모니터모드에서 시뮬레이션 하면 아래 그림과 같이 된다. 동작 설명을 하면 타임차트에서 PB3을 놓을 때 점등과 소등이 일어나므로 하강엣지 기호(↓sF8)을 사용하여야 한다. 리셋은 C2의 출력 신호로 M0을 동작시켜 출력 M0에 의해 시키는 회로를 구성하면 된다.

6.3 MELSEC PLC(기종 : FX3U – 32M)

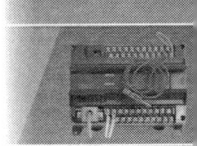

[그림 6 - 121] 시뮬레이션 프로그램

chapter 7

PLC 예제 문제 해설

7 chapter
PLC 예제 문제 해설

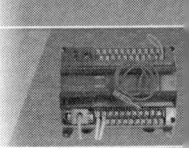

7장 PLC 예제 문제 해설

7.1 GLOFA PLC(기종 : G7M – DR30A)

7.1.1 예제 문제 47

1. PLC 문제

(1) 동작 설명

① PB3을 두 번째 누르면 PL4가 점등되어 3초 후 소등되고, PL5는 PL4가 소등된 후 1초 뒤 점등되어 3초 후 소등되며, PL6은 1초 뒤 PL4가 다시 점등된다.

② PB4를 누를 때까지 위 사항을 계속 반복 동작하며, PB4를 누르면 동작 중이던 PL4, PL5, PL6이 소등된다.

③ PLC 전원이 투입되면 PL3은 점등(2초)과 소등(1초)을 반복 동작한다.

(2) PLC 타임차트

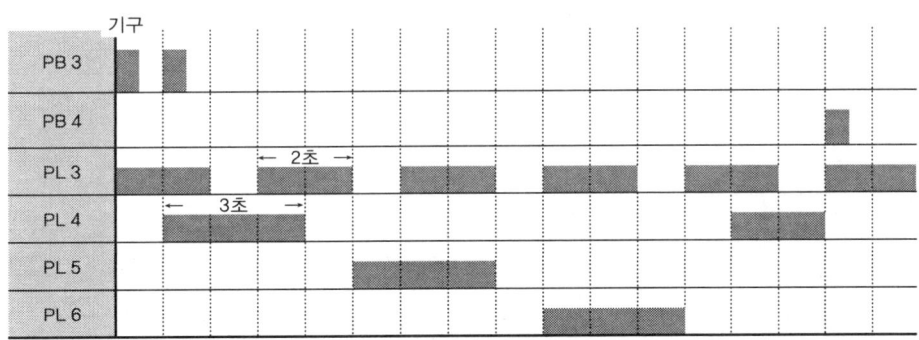

[그림 7 - 1] 타임차트

(3) PLC 입·출력도

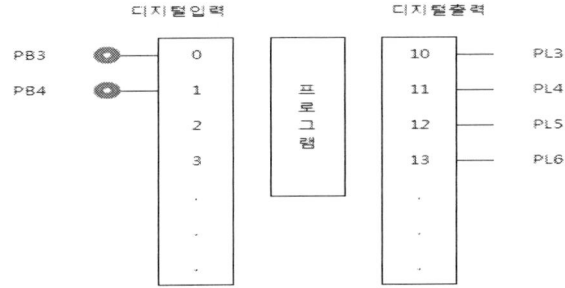

[그림 7 - 2] PLC 입·출력도

2. PLC 프로그램 작성 해석

PLC 프로그램을 작성하기 위해서는 먼저 타임차트의 해석이 필요하다. 타임차트의 해석에 따라 프로그래밍 방법이 달라 질 수 있다. 따라서 본 교재에서 제시하는 해석 또는 프로그램은 GLOFA PLC(기종 : G7M-DR30A)프로그램에 의해 작성되었으며, 이 프로그래밍은 그냥 하나의 모범 답이라 할 수 있다. 왜냐하면 엔지니어의 능력에 따라 해석 방법이나 프로그램 작성 방법이 조금씩 다를 수 있기 때문이다.

아래 동작 설명과 타임차트에서 보면 PL4~PL6은 PB3, PB4로 ON-OFF 시키게 되는데 PB3의 동작 조건을 보면 2번 동작 시켜야 파일 롯 램프들이 점등 하게 되므로 카운터를 사용하여야 한다. 카운터의 리셋은 PB4에 의해 이루어진다. 또한 PL3은 PB3, PB4 스위치와 관계없이 PLC 전원이 투입되면 바로 동작되어야 한다.

(1) 동작 설명 해석

① PL4의 동작은 PB3을 두 번 동작시킬 때 즉 카운터 C0이 동작했을 때부터 PB4에 의해 리셋 될 때까지 3초-9초를 반복 동작하고, PL5는 카운터 C0이 동작하고 4초 지연 후 3초-9초를 반복 동작하고, PL6은 카운터 C0이 동작하고 8초 지연 후 3초-9초를 반복 동작한다고 할 수 있다.

② PB4를 누르면 동작 중이던 PL4, PL5, PL6이 소등되어야 함으로 카운터 C0을 리셋 시키면 카운터의 출력이 0이 되어 정지하게 된다.

③ PL3은 PLC 전원이 투입되면 2초-1초를 반복 동작한다.

(2) 타임차트

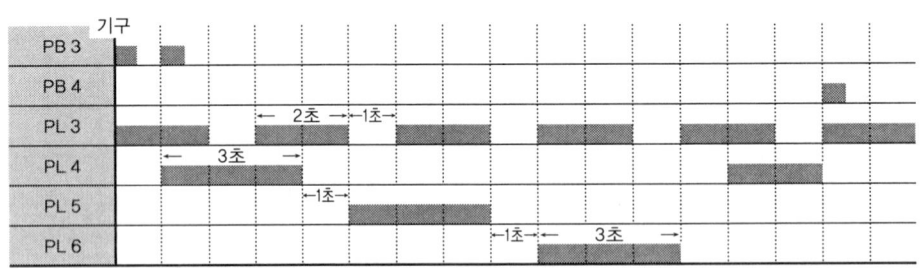

[그림 7-3] 타임차트

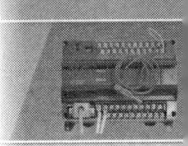

7.1 GLOFA PLC(기종 : G7M – DR30A)

(3) PLC 메모리 할당

	변수 명	데이터 타입	메모리 할당	초기 값	변수 종류	사용 여부	설명문
1	PB3	BOOL	%IX0.0.0		VAR	*	
2	PB4	BOOL	%IX0.0.1		VAR	*	
3	PL3	BOOL	%QX0.0.0		VAR	*	
4	PL4	BOOL	%QX0.0.1		VAR	*	
5	PL5	BOOL	%QX0.0.2		VAR	*	
6	PL6	BOOL	%QX0.0.3		VAR	*	
7	C0	FB Instance	<자동>		VAR	*	
8	T0	FB Instance	<자동>		VAR	*	
9	T1	FB Instance	<자동>		VAR	*	
10	T2	FB Instance	<자동>		VAR	*	
11	T3	FB Instance	<자동>		VAR	*	
12	T4	FB Instance	<자동>		VAR	*	
13	T5	FB Instance	<자동>		VAR	*	
14	T6	FB Instance	<자동>		VAR	*	
15	T7	FB Instance	<자동>		VAR	*	
16	T8	FB Instance	<자동>		VAR	*	
17	T9	FB Instance	<자동>		VAR	*	

[그림 7 - 4] 메모리 할당

입·출력의 메모리 할당은 입력은 PB3 – IX0.0.0, PB4 – IX0.0.1번지로 출력은 PL3 – QX0.0.0, PL24 – QX0.0.1, PL5 – QX0.0.2, PL6 – QX0.0.3으로 PLC의 입·출력 도의 순서대로 할당하여야 프로그램 작성 및 PLC 결선 할 때 오류를 방지할 수 있다. 내부릴레이(M), 타이머(T), 카운터(C) 등은 자동으로 할당 한다.

3. PLC 프로그램 작성

(1) PL3(QX0.0.0) 동작회로

① 타임차트

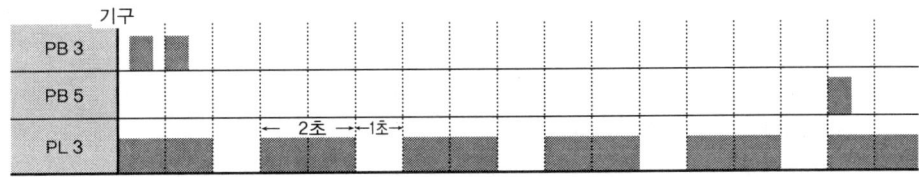

[그림 7 - 5] 타임차트

② 설명

타임차트에서 보면 PB3, PB4에 관계없이 PL3은 2초 점등, 1초 소등을 반복함으로 타이머 T0 ~ T1을 사용하여 반복동작(Flicker) 시키는 회로를 프로그래밍하면 된다. 동작을 설명하면 출력 PL3은 T0 – b에 의해 3초 점등, T1 – b에 의해 1초 소등과 리셋을 함으로 반복 동작을 하게 된다.

③ PL3(QX0.0.0) 동작회로 프로그램(2S-1S)

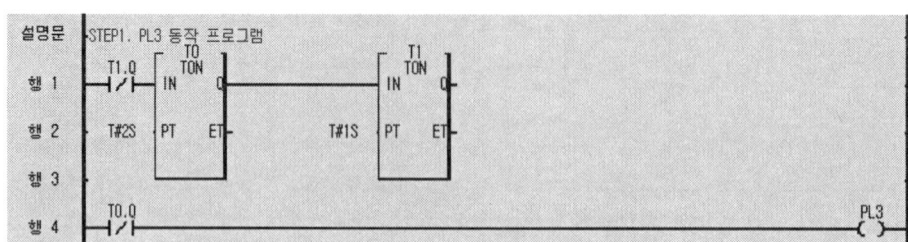

[그림 7-6] PL3(QX0.0.0)동작 회로

(2) PL4(QX0.0.1) 동작회로

① 타임차트

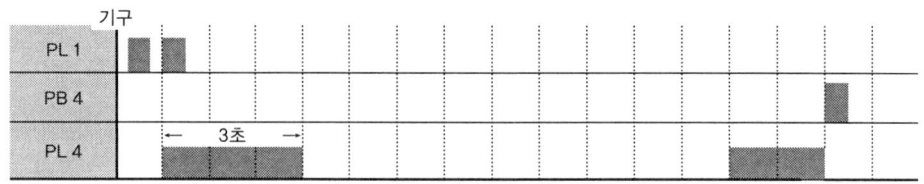

[그림 7-7] 타임차트

② 설명

출력 PL4는 PB3에 의한 업 카운터(CTU)의 값이 2 이상이 될 때 3초 점등, 9초 소등을 반복함으로 C0.Q-a접점 신호를 받아 회로를 구성하면 된다. 타이머는 T2~T3까지 2개가 필요하며 타이머 반복동작(Flicker)회로를 구성하면 된다. 동작을 설명하면 출력 PL4는 C0-a, T2-b에 의해 3초 점등, T3-b에 의해 9초 소등과 리셋을 하게 됨으로 반복 동작을 하게 된다. 이때 주의 할 점은 타이머회로나, PL4 회로는 C0의 출력에 의해 점등되는 회로를 구성하여야 한다.

③ PL4(QX0.0.1) 동작회로 프로그램(3S-9S)

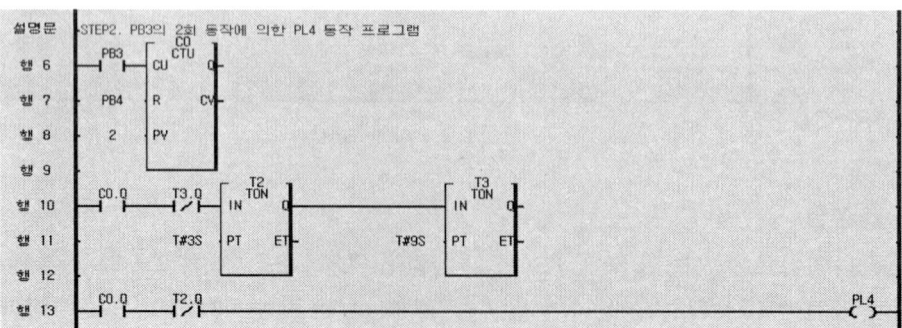

[그림 7-8] PL4 동작회로 프로그램

7.1 GLOFA PLC(기종 : G7M – DR30A)

(3) PL5(QX0.0.2) 동작회로

① 타임차트

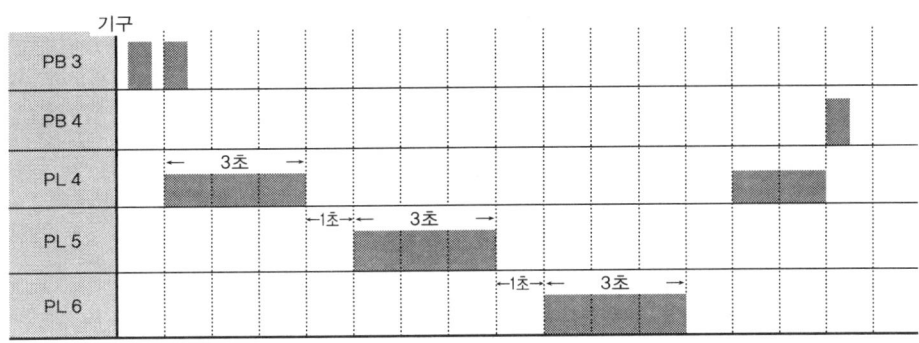

[그림 7 - 9] 타임차트

② 동작 설명

출력 PL2는 C0 – Q 값이 1이 되고 4초 지연 후 시작 되어야 하며 타임차트에서 반복 구간을 보면 3초 – 9초 구간이 반복 구간이 된다. 따라서 타이머는 T4 ~ T6까지 3개가 필요하며 T4는 점등시간을 4초 지연시키는 타이머로, T5, T6은 반복동작(Flicker)회로에 사용한다.

동작을 설명하면 출력 PL4는 T4 – a와 T5 – b에 의해 4초 지연 후 3초 점등, T6 – b에 의해 9초 소등과 리셋을 함으로 반복 동작을 하게 된다. 이때 주의 할 점은 T4의 출력에 의해 점등되는 회로를 구성하여야 한다.

③ PL5(QX0.0.2) 동작회로 프로그램(4S지연 – 3S – 9S)

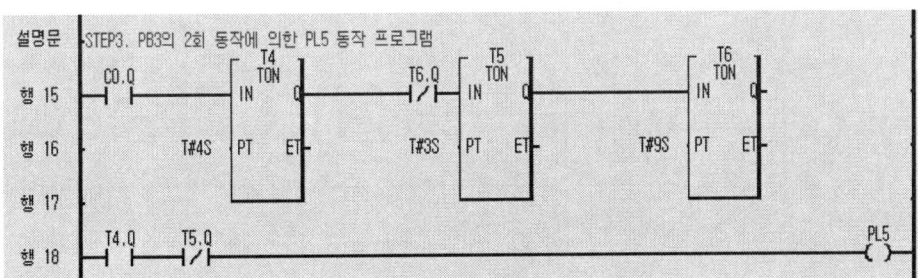

[그림 7 - 10] PL5 동작회로 프로그램

(4) PL6(QX0.0.3) 동작 회로

① 타임차트

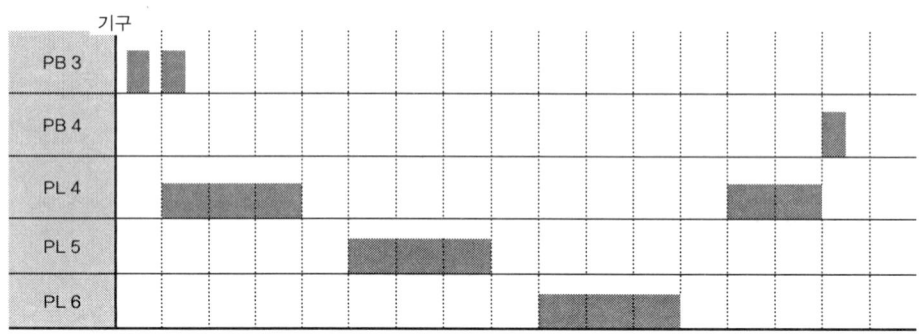

[그림 7-11] 타임차트

② 동작 설명

출력 PL6은 C0-Q 값이 1이 되고 8초 지연 후 시작 되어야 하며 타임차트에서 반복 구간을 보면 3초-9초 구간이 반복 구간이 된다. 따라서 타이머는 T7 ~ T9까지 3개가 필요하며 T7은 점등시간을 8초 지연시키는 타이머로, T8, T9는 반복동작(Flicker)회로에 사용한다.

동작을 설명하면 출력 PL5는 T7-a와 T8-b에 의해 8초 지연 후 3초 점등, T9-b에 의해 9초 소등과 리셋을 하게 됨으로 반복 동작을 하게 된다. 이때 주의 할 점은 T7의 출력에 의해 점등되는 회로를 구성하여야 한다.

③ PL6(QX0.0.3) 동작 회로 프로그램(8S지연-3S-9S)

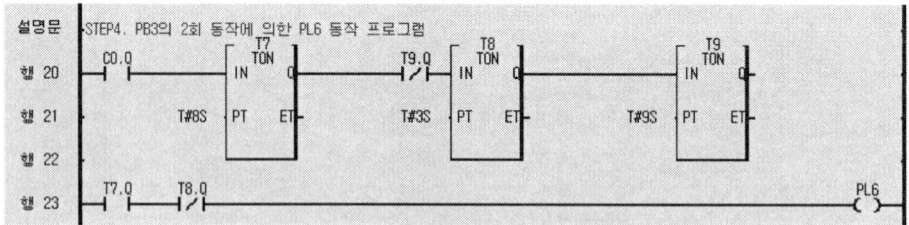

[그림 7-12] PL6(QX0.0.3) 동작 회로

(5) 예제 문제 47 완성 프로그램

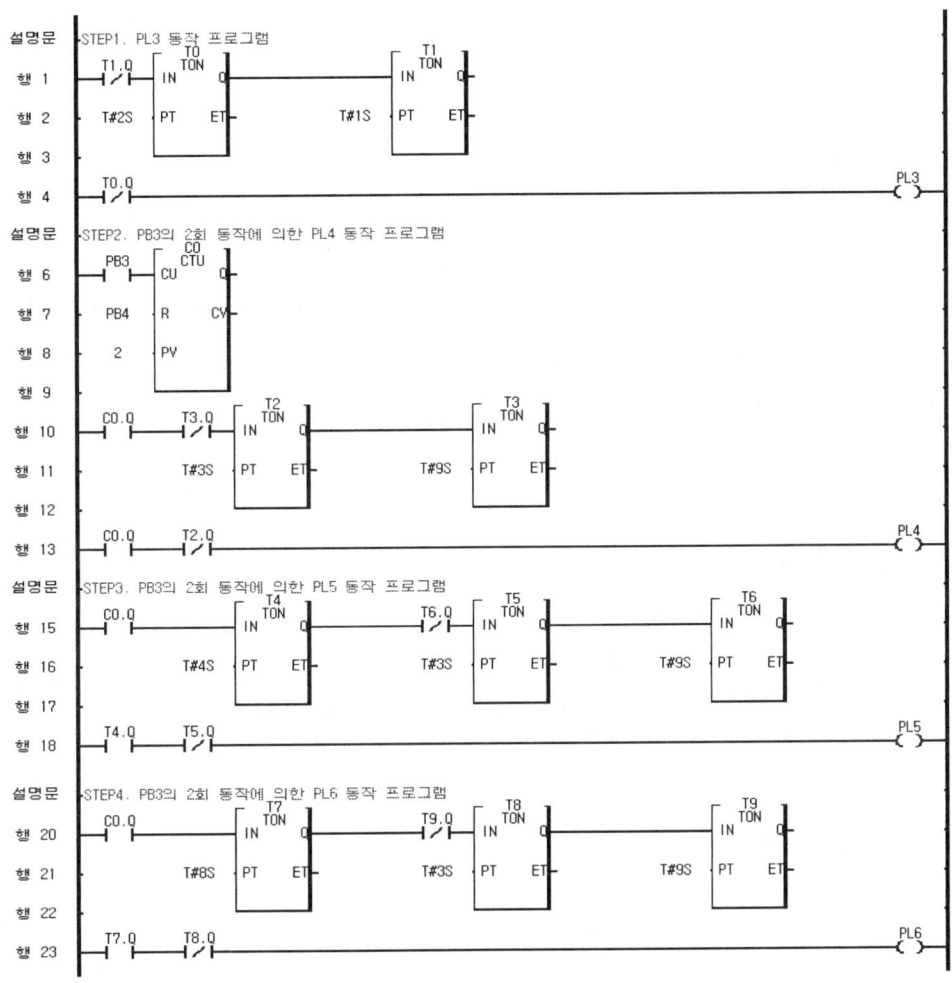

[그림 7-13] 47 완성 프로그램

7.1.2 예제 문제 48 GLOFA PLC(기종 : G7M-DR30A)

1. PLC 문제

(1) 동작 설명

① PB4를 누르면 PL4가 2초 점등, 1초 소등을 계속 반복 하고, PL5는 2초 후 1초 점등, 2초 소등을 반복한다. PL6은 3초 후 계속 점등된다.

② PB5를 누를 때까지 위 사항을 계속 반복 동작하며, PB5를 누르면 동작 중이던 PL4, PL5, PL6은 소등된다.

(2) PLC 타임차트

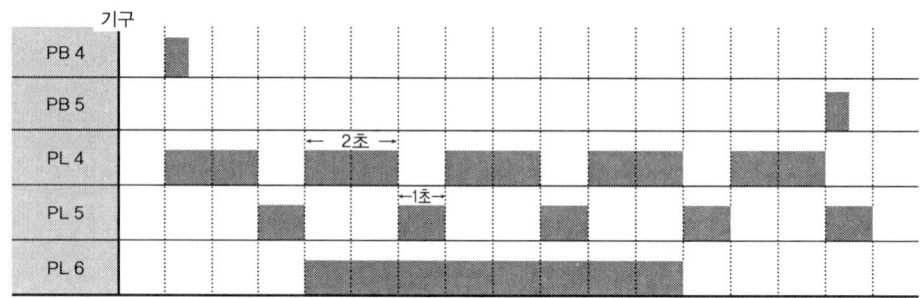

[그림 7 - 14] 타임차트

(3) PLC 입·출력도

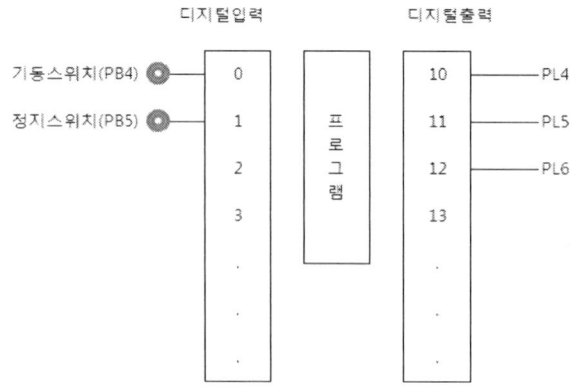

[그림 7 - 15] PLC 입·출력도

7.1 GLOFA PLC(기종 : G7M-DR30A)

2. PLC 프로그램 작성 해석

PLC 프로그램을 작성하기 위해서는 먼저 타임차트의 해석이 필요하다. 타임차트의 해석과 PLC 프로그래밍 방법은 여러 가지 있을 수 있다.

동작 설명과 타임차트에서 보면 PL4~PL6은 PB4, PB5로 ON-OFF을 하면 되므로 이 예제에서는 자기유지회로가 필요하다.

(1) **동작 설명 해석**

① PL4의 동작은 PB4를 동작시킬 때부터 2초 점등, 1초 소등을 반복하고, PL5는 PB4를 동작 시키고 2초 지연 후 1초 점등, 2초 소등을 반복 동작하고, PL6은 3초 지연 후 계속적으로 동작한다.

② PB5를 누르면 동작 중이던 PL4, PL5, PL6이 소등되어야 함으로 자기유지회로를 OFF(리셋)시키면 정지하게 된다.

(2) **타임차트**

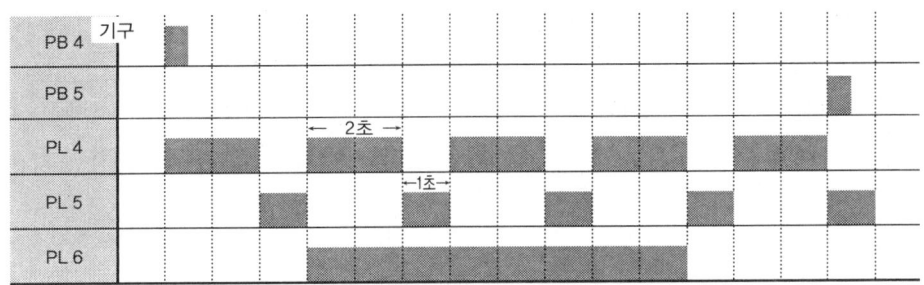

[그림 7-16] 타임차트

(3) **PLC 메모리 할당**

메모리 할당은 입력 PB4-IX0.0.0, PB5-IX0.0.1번지로, 출력은 PL4-QX0.0.0, PL5-QX0.0.1, PL6-QX0.0.2로 PLC의 입·출력도 순서로 할당하여야 프로그램 작성 및 결선을 할 때 오류를 방지할 수 있다. 내부릴레이(M), 타이머(T), 카운터(C) 등은 자동으로 할당한다.

	변수 명	데이터 타입	메모리 할당	초기 값	변수 종류	사용 여부	설명문
1	PB4	BOOL	%IX0.0.0		VAR	*	
2	PB5	BOOL	%IX0.0.1		VAR	*	
3	PL4	BOOL	%QX0.0.0		VAR	*	
4	PL5	BOOL	%QX0.0.1		VAR	*	
5	PL6	BOOL	%QX0.0.2		VAR	*	
6	M0	BOOL	<자동>		VAR	*	
7	T0	FB Instance	<자동>		VAR	*	
8	T1	FB Instance	<자동>		VAR	*	
9	T2	FB Instance	<자동>		VAR	*	
10	T3	FB Instance	<자동>		VAR	*	
11	T4	FB Instance	<자동>		VAR	*	
12	T5	FB Instance	<자동>		VAR	*	

[그림 7-17] 메모리 할당

3. PLC 프로그램 작성

(1) PL4(QX0.0.0) 동작 회로

① 타임차트

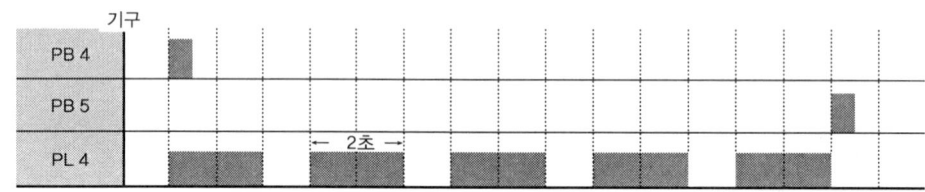

[그림 7 - 18] 타임차트

② 동작 설명

타임차트에서 보면 PB4가 ON이 되는 순간 점등되므로 PB4, PB5, M0을 이용하여 자기유지회로를 프로그래밍하면 된다.

동작을 설명하면 출력 PB4에 의해 ON이 되는 자기유지회로를 만들고 PB5에 의해 정지시키면 된다. 이때 출력은 내부릴레이 M0을 사용하면 된다.

PL4는 M0-a와 T0-b에 의해 2초 점등, T1-b에 의해 1초 소등과 리셋을 함으로 반복 동작을 하게 된다. 이때 주의 할 점은 M0-a를 사용하여 타이머회로나 출력 PL4 회로를 구성하여야 한다.

③ PL4(QX0.0.0) 동작 회로 프로그램(2S - 1S)

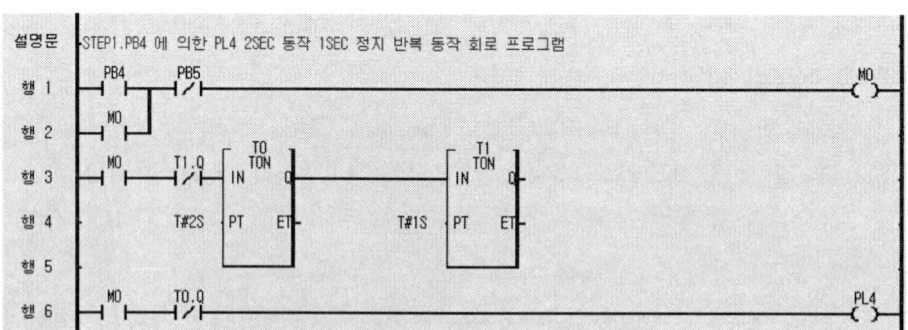

[그림 7 - 19] PL4 동작 회로 프로그램

7.1 GLOFA PLC(기종 : G7M-DR30A) 189

(2) PL5(QX0.0.1) 동작 회로

① 타임차트

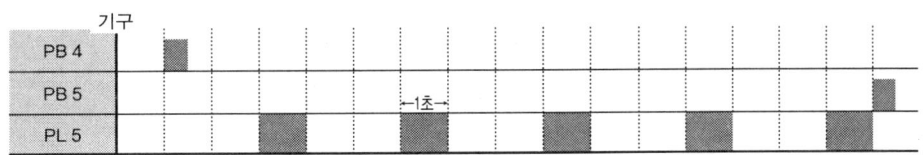

[그림 7 - 20] 타임차트

② 동작 설명

출력 PL5는 타임차트에서 보면 PB4에 의해 M0이 동작되고 2초 지연 후 1초 점등, 2초 소등을 반복하게 된다.

동작을 설명하면 PL5는 T2-a와 T3-b에 의해 1초 점등, T4-b에 의해 2초 소등과 리셋을 함으로 반복 동작을 하게 된다. 이때 주의 할 점은 T2-a를 사용하여 출력 PL4회로를 구성하여야 한다.

③ PL5(QX0.0.1) 동작 회로(2초 지연 1S-2S)

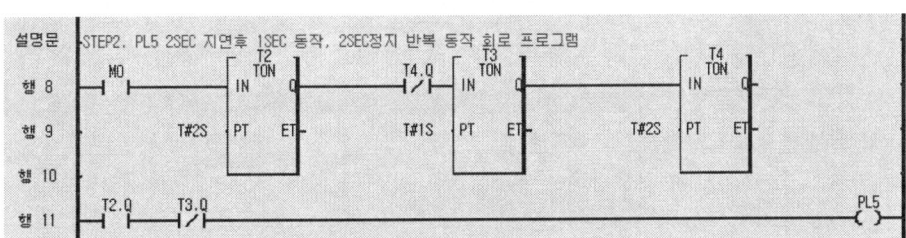

[그림 7 - 21] PL5 동작 회로 프로그램

(3) PL6(QX0.0.2) 동작 회로

① 타임차트

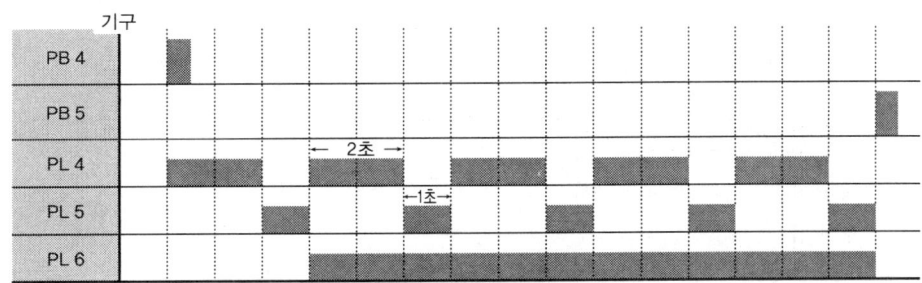

[그림 7 - 22] 타임차트

② 동작 설명

출력 PL6은 타임차트에서 보면 PB4에 의해 M0이 동작되고 3초 지연 후 계속

190 제7장 PLC 예제 문제 해설

동작을 하게 된다.

동작을 설명하면 **PL6**은 T5-a에 의해 3초 지연 후 점등되는데 반드시 T5-a 접점을 사용하여야 한다.

③ PL6(QX0.0.2) 동작 회로 프로그램(3S 지연-계속동작)

[그림 7-23] PL6 동작 회로 프로그램

(4) 예제 문제 48 완성 프로그램

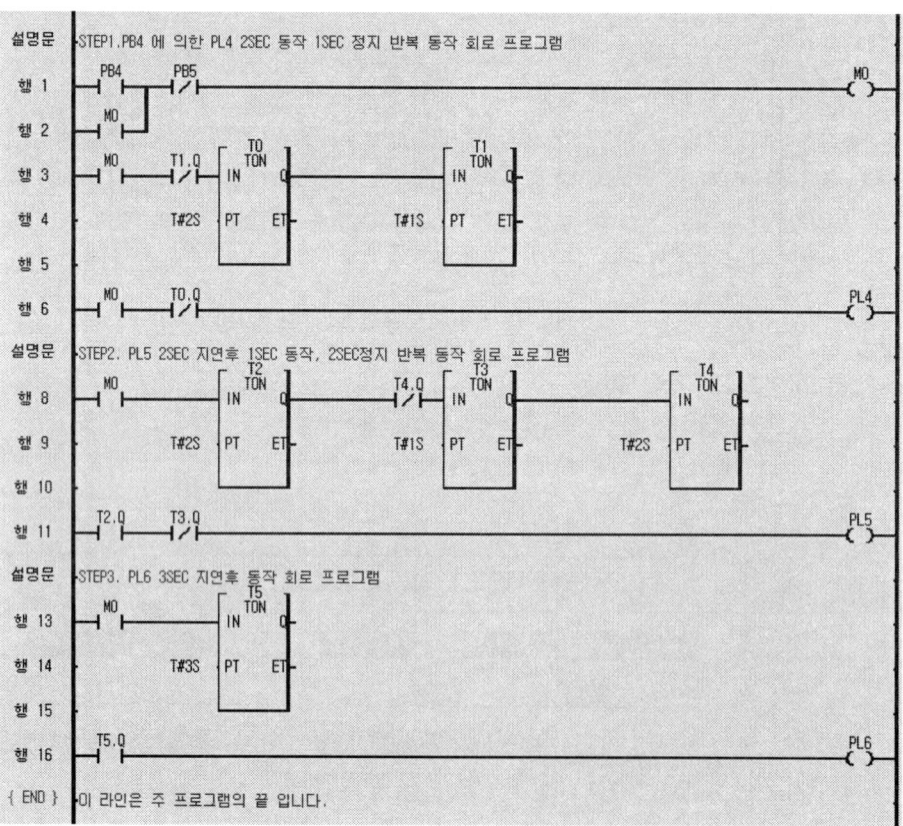

[그림 7-24] 예제 문제 48 완성 프로그램

7.1 GLOFA PLC(기종 : G7M – DR30A)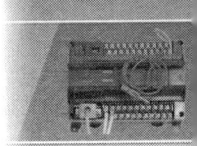

7.1.3 예제 문제 49 GLOFA PLC(기종 : G7M – DR30A)

1. PLC 문제

(1) 동작 설명

① PB3을 누르면 PL4가 점등되며, 3초 후 PL5가 점등되고, 3초 후 PL6이 점등된다.

② PB4를 누르면 PL4가 소등되며, 3초 후 PL5가 소등되고, 3초 후 PL6이 소등된다.

(2) PLC 타임차트

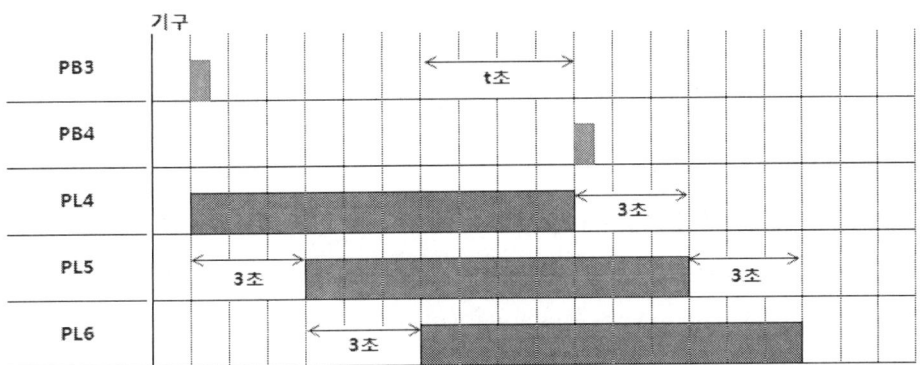

[그림 7 - 25] 타임차트

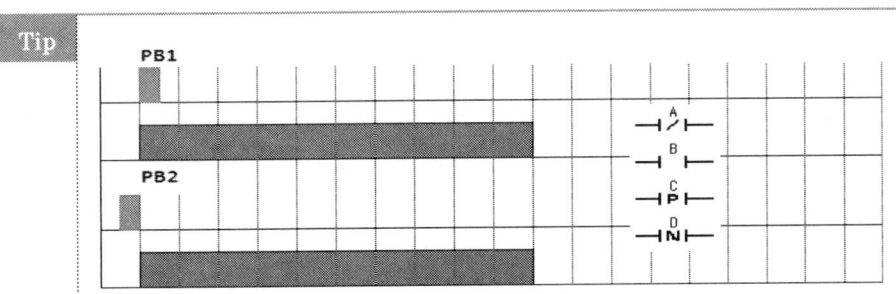

[그림 7 - 26] 타임차트

> 타임차트를 해석 할 때는 반드시 스위치 블록을 확인해야 한다. 그림 7-26에서 보면 PB1과 PB2의 위치가 서로 다름을 알 수 있다. PB1의 타임차트 일 경우 레더 기호는 B, C를 사용하면 되고 PB2의 경우는 D 기호 레더(음변환검출접점)를 사용하여야 한다.

(3) PLC 입·출력도

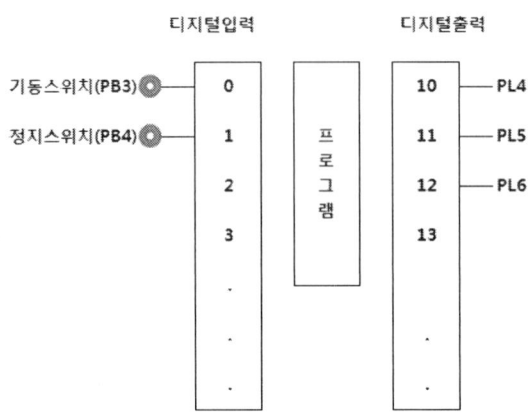

[그림 7 - 27] PLC 입·출력도

2. PLC 프로그램 작성 해석

PLC 프로그램을 작성하기 위해서는 먼저 타임차트의 해석이 필요하다. 타임차트와 PLC 프로그램은 해석 방법이나 작성방법에 따라 여러 가지 있을 수 있다. 그 예를 본 문제 맨 뒤에 응용 프로그램으로 설명하였다.

동작 설명과 타임차트에서 보면 PL4 ~ PL6은 PB3, PB4로 점등, 소등을 하게 됨으로 자기유지회로가 필요하다.

점등 시에는 PL4 ~ PL6이 3초 간격으로 순차 점등을 하며 정지 시에도 PB4에 의해 PL4 ~ PL6이 3초 간격으로 순차 소등을 하게 된다. 특히 PB4에 의해 정지(리셋)할 때도 별도의 자기유지회로를 구성하여야 한다. 본 설명에서는 PB4-a접점을 활용하여 RESET 라는 출력회로를 만들어 RESET 신호에 의해 정지되도록 프로그램을 작성하였다.

(1) 동작 설명 해석

① PB3을 누르면 PL4가 점등되며, 3초 후 PL5가 점등되고, 3초 후 PL6이 점등해야 함으로 자기유지회로를 구성하여 타이머가 동작되도록 한다.

② PB4를 누르면 PL4가 소등되며, 3초 후 PL5가 소등되고, 3초 후 PL6이 소등되어야 함으로 자기유지회로를 구성하여 타이머가 동작되도록 한다.

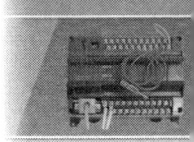

7.1 GLOFA PLC(기종 : G7M-DR30A) **193**

(2) 타임차트

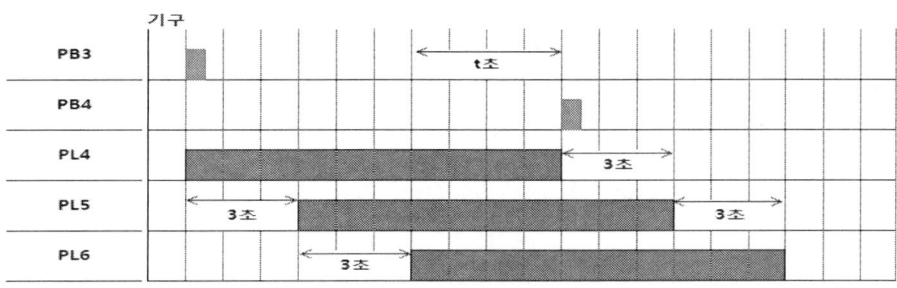

[그림 7 - 28] 타임차트

(3) PLC 메모리 할당

입·출력의 메모리 할당은 입력은 PB3-IX0.0.0, PB4-IX0.0.1번지로 출력은 PL4-QX0.0.0, PL5-QX0.0.1, PL6-QX0.0.2로 PLC의 입·출력도 순서로 할당하여야 프로그램 작성 및 결선을 할 때 오류를 방지할 수 있다. 내부메모리(M), 타이머(T), 카운터(C) 등은 자동으로 할당 한다.

	변수 명	데이터 타입	메모리 할당	초기 값	변수 종류	사용 여부	설명문
1	PB3	BOOL	%IX0.0.0		VAR	*	
2	PB4	BOOL	%IX0.0.1		VAR	*	
3	PL4	BOOL	%QX0.0.0		VAR	*	
4	PL5	BOOL	%QX0.0.1		VAR	*	
5	PL6	BOOL	%QX0.0.2		VAR	*	
6	M0	BOOL	<자동>		VAR	*	
7	M1	BOOL	<자동>		VAR	*	
8	T0	FB Instance	<자동>		VAR	*	
9	T1	FB Instance	<자동>		VAR	*	
10	T2	FB Instance	<자동>		VAR	*	
11	T3	FB Instance	<자동>		VAR	*	

[그림 7 - 29] 메모리 할당

3. PLC 프로그램 작성

(1) PL4(QX0.0.0), PL5(QX0.0.1), PL6(QX0.0.2) 동작 회로

① 타임차트

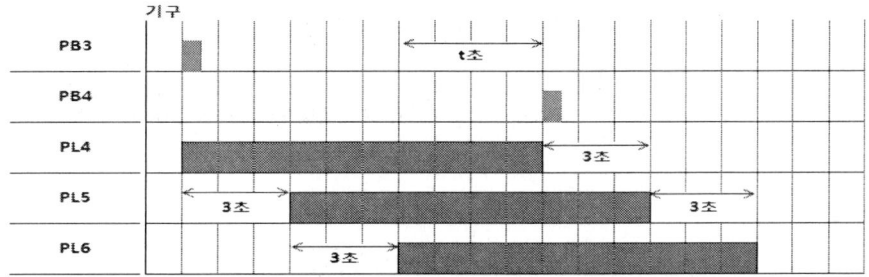

[그림 7 - 30] 타임차트

② 동작 설명

타임차트에서 보면 PB3이 동작하면 PL4, PL5, PL6이 차례로 점등되는 회로 이므로 먼저 동작 조건 만 가지고 프로그램을 작성하는데 점등 상태가 계속 유지하도록 자기유지회로로 프로그램을 작성한다.

③ PL4(QX0.0.0), PL5(QX0.0.1), PL6(QX0.0.2) 동작회로 프로그램

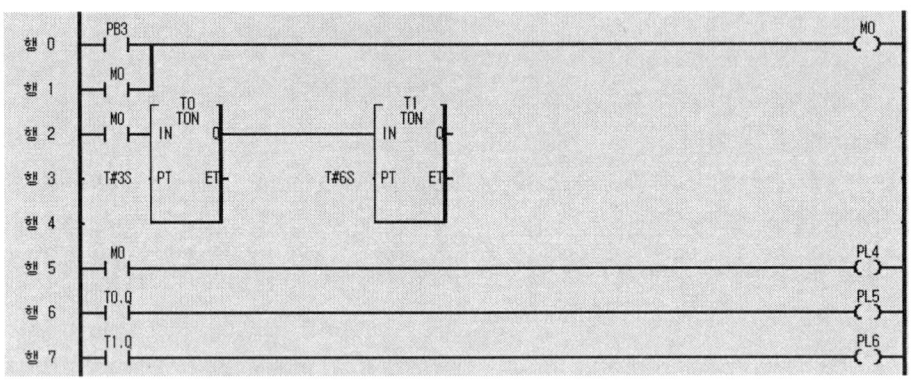

[그림 7 - 31] PL4, PL5, PL6 동작회로 프로그램

동작을 설명하면 출력 PL4는 내부메모리 M0-a에 의해 점등되고, PL5는 T0-a에 의해 3초 지연 후 점등되며, PL6은 T1-a에 의해 6초 지연 후 점등된다.

(2) PL4(QX0.0.0), PL5(QX0.0.1), PL6(QX0.0.2) 정지회로

① 타임차트

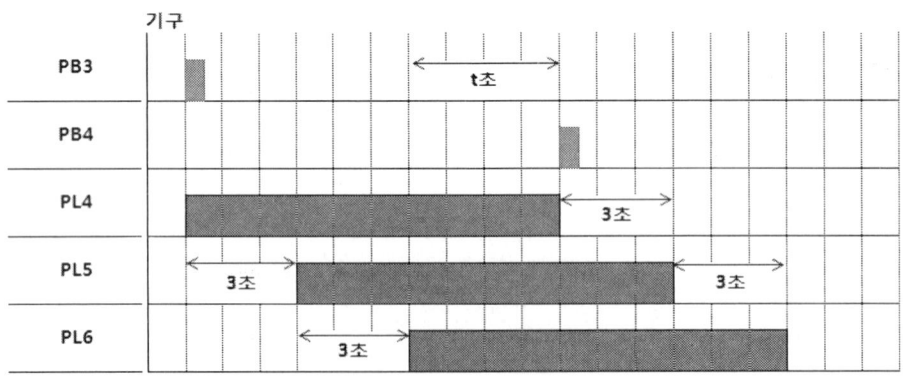

[그림 7 - 32] 타임차트

② 동작 설명

PB4에 의한 정지회로는 통상(1)에서 작성한 자기유지회로를 정지 시키면 된다고 생각하는데 이런 회로를 구성하면 PL4, PL5, PL6이 한 번에 정지하게 됨으로 동작

7.1 GLOFA PLC(기종 : G7M-DR30A) **195**

을 지연시켜 줄 타이머 T2, T3 회로를 위하여 PB4-a접점을 사용하여 M1을 출력으로 하는 자기유지회로를 만들었다.

③ PL4(QX0.0.0), PL5(QX0.0.1), PL6(QX0.0.2) 정지회로 프로그램

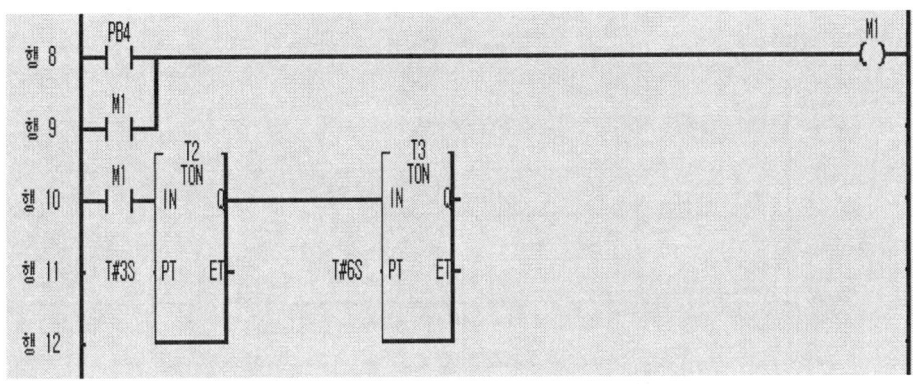

[그림 7 - 33] PL4, PL5, PL6 정지회로 프로그램

(3) PL4(QX0.0.0), PL5(QX0.0.1), PL6(QX0.0.2) 동작·정지 회로 프로그램

① 타임차트

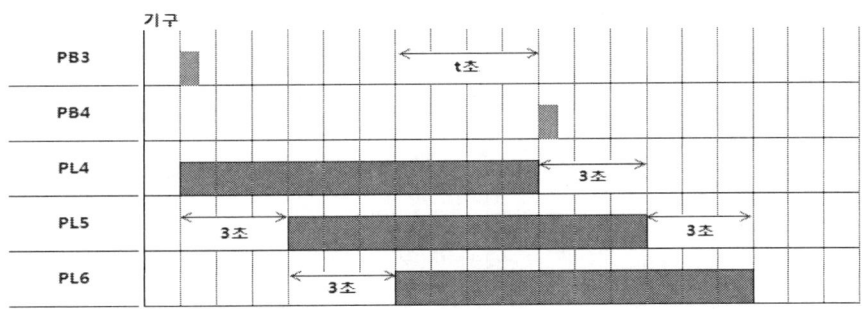

[그림 7 - 34] 타임차트

② 타임차트에서 보면 PB3이 ON이 되면 PL4, PL5, PL6이 차례로 점등되는 회로이므로 먼저 점등 조건 만을 생각하고 프로그램을 작성하고, 그림 7-35와 같이 정지되는 회로를 작성한다. 정지(RESET) 조건으로 출력되는 것이 M1이므로 PL4는 M1에 의해, PL5는 T2에 의해, PL6은 T3에 의해 정지하도록 하고, 아울러 T3에 의해 M0, M1을 정지시키면 모든 동작이 초기화 된다.

196 제7장 PLC 예제 문제 해설

③ PL4(QX0.0.0), PL5(QX0.0.1), PL6(QX0.0.2) 동작·정지 회로 프로그램

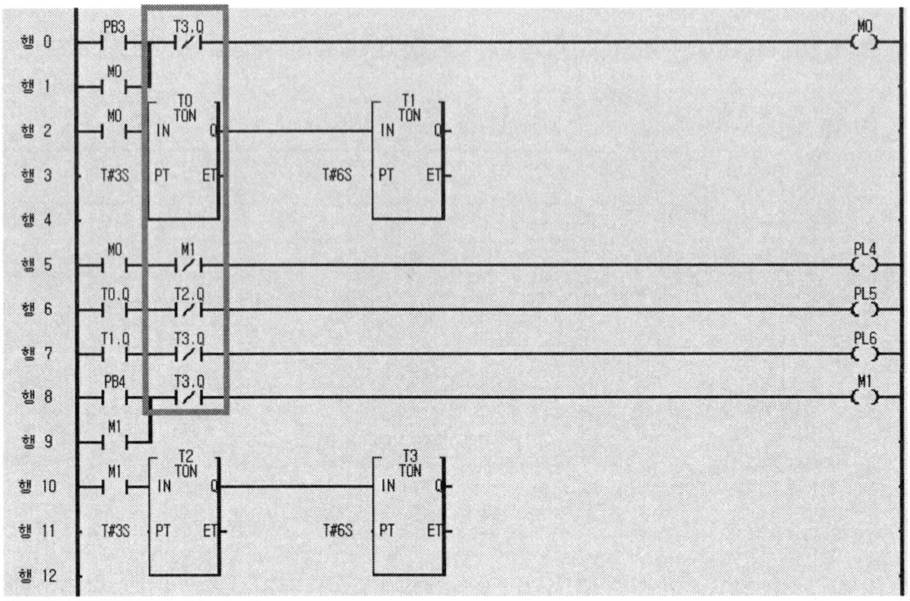

[그림 7 - 35] PL4, PL5, PL6 동작 · 정지 회로 프로그램

(4) 예제 문제 49 완성 프로그램

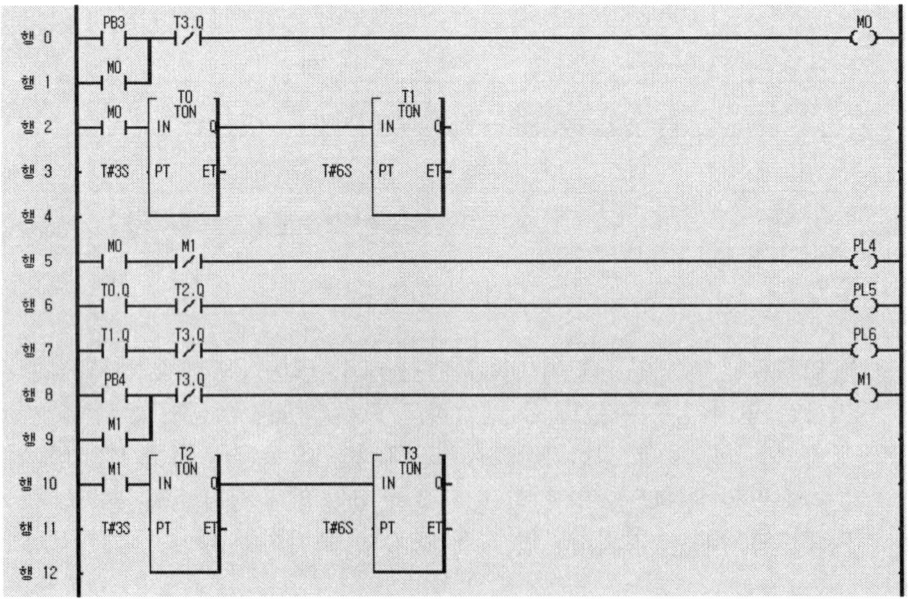

[그림 7 - 36] 예제 문제 49 완성 프로그램

7.1 GLOFA PLC(기종 : G7M – DR30A) **197**

(5) 예제 문제 49 응용 프로그램

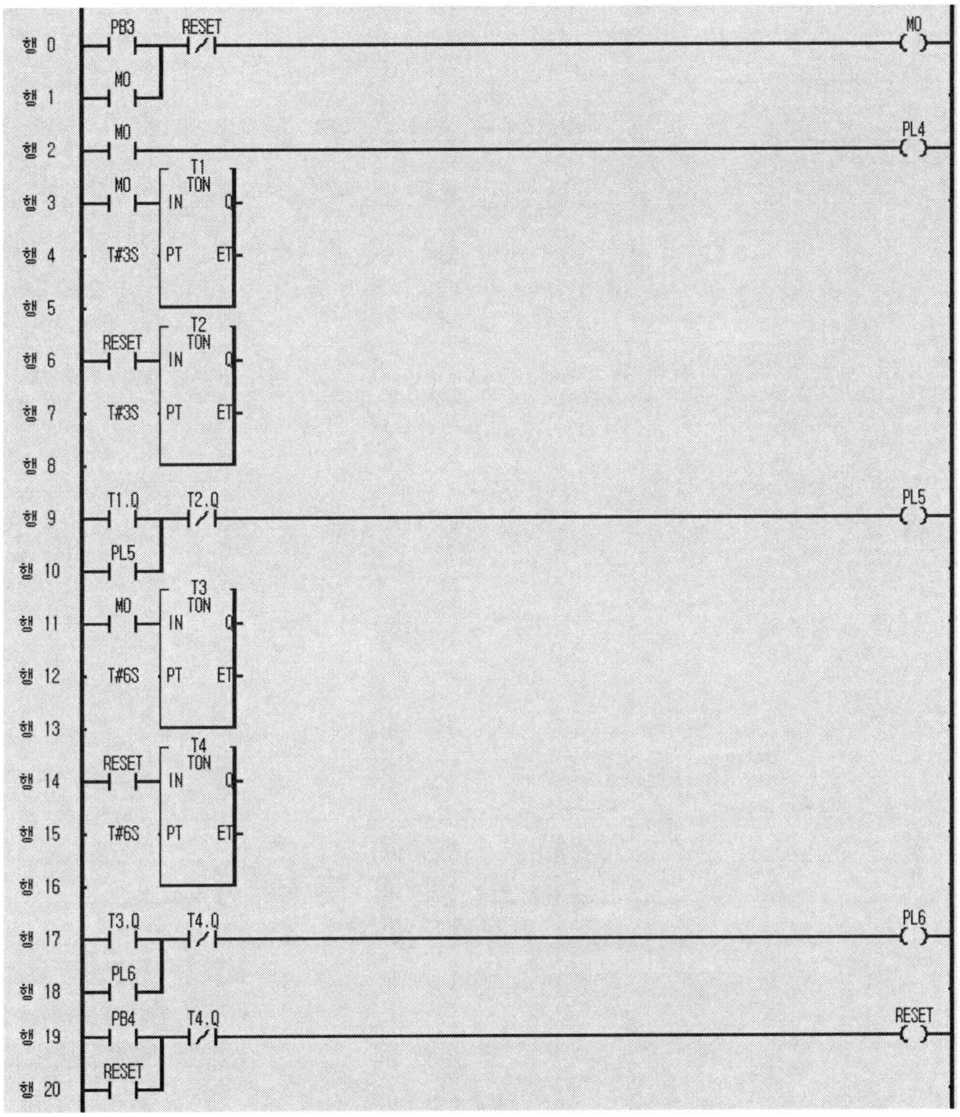

행 0	─┤ PB3 ├─┤/ RESET ├──────────────── (M0)
행 1	─┤ M0 ├─
행 2	─┤ M0 ├──────────────── (PL4)
행 3	─┤ M0 ├─ [T1 TON IN Q]
행 4	T#3S ─ PT ET
행 5	
행 6	─┤ RESET ├─ [T2 TON IN Q]
행 7	T#3S ─ PT ET
행 8	
행 9	─┤ T1.Q ├─┤/ T2.Q ├──────────────── (PL5)
행 10	─┤ PL5 ├─
행 11	─┤ M0 ├─ [T3 TON IN Q]
행 12	T#6S ─ PT ET
행 13	
행 14	─┤ RESET ├─ [T4 TON IN Q]
행 15	T#6S ─ PT ET
행 16	
행 17	─┤ T3.Q ├─┤/ T4.Q ├──────────────── (PL6)
행 18	─┤ PL6 ├─
행 19	─┤ PB4 ├─┤/ T4.Q ├──────────────── (RESET)
행 20	─┤ RESET ├─

[그림 7 - 37] 예제 문제 49 응용 프로그램

7.1.4 예제 문제 50 GLOFA PLC(기종 : G7M-DR30A)

1. PLC 문제

(1) 동작 설명

① PB_UP와 PB_DOWN 카운터 입력에 의한 Up-Down 카운터(설정치 5)의 현재치가 5이상이면 PL1은 3초 간격으로 점멸하고, PL2는 PL1이 점등된 후 2초 뒤부터 1초 간격으로 점멸하며, PL3은 PL2가 점등된 후 2초 뒤부터 2초 간격으로 점멸한다.

② Up-Down 카운터의 현재치가 5이상이면 위 사항을 계속 반복 동작하며, 현재치가 5보다 적으면 동작 중이던 PL1, PL2, PL3은 소등된다.

③ EOCR이 동작되면 X3과 YL(점등(2초)-소등(1초)-점등(1초)-소등(1초)-점등(3초)-소등(1초) 반복)이 동작하고, EOCR을 리셋하면 모든 동작은 멈춘다.

(2) PLC 타임차트

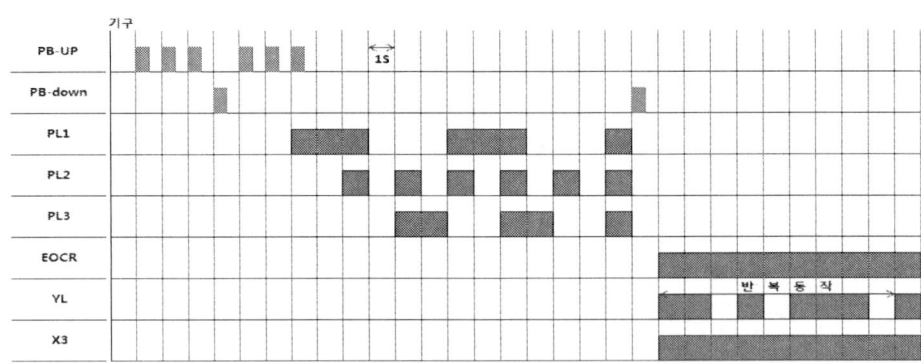

[그림 7 - 38] 타임차트

(3) PLC 입·출력도

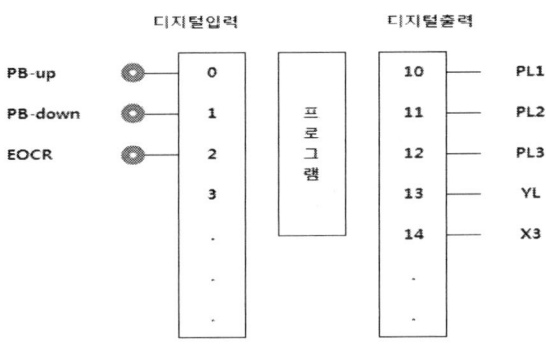

[그림 7 - 39] PLC 입·출력도

2. PLC 프로그램 작성 해석

PLC 프로그램을 작성하기 위해서는 먼저 타임차트의 해석이 필요하다. 아래 동작 설명과 타임차트에서 보면 PB_UP 스위치와 PB_DOWN 스위치를 이용하여 업-다운카운터 CTUD를 작동시켜 CTUD의 설정치를 설정 기준으로 이상이면 동작, 이하이면 정지 하도록 되어 있다.

또한 출력 PL1~PL3과 EOCR에 의한 동작부분은 별도의 동작으로 해석하여야 할 것으로 보인다. 전기분야의 경험이 많은 분들은 대체적으로 EOCR이 동작하면 모든 회로의 동작이 정지하도록 하여야 한다고 생각하기 쉬운데 전기 회로도에서 PLC의 전원은 EOCR 접점 전단에 연결되어 있음을 주지하여야 한다.

또한 EOCR에 의한 X3 릴레이를 동작시키도록 되어 있다.

(1) 동작 설명 해석

① PB_UP와 PB_DOWN의 입력에 의한 Up-Down 카운터(설정치 5)의 현재치가 5이상 이면, PL1은 3초 간격으로 점멸하고, PL2는 PL1이 점등된 후 2초 뒤부터 1초 간격으로 점멸하며, PL3은 PL2가 점등된 후 2초 뒤부터 2초 간격으로 점멸한다.

② Up-DOWN 카운터의 현재치가 5이상이면 위 사항을 계속 반복 동작하며, 현재치 가 5보다 적으면 동작 중이던 PL1, PL2, PL3은 소등된다. 예를 들면 동작은 6+(-1)=5가 되고, 정지는 6+(-2)=4가 되어 정지한다.

③ EOCR이 동작되면 X3과 YL(점등(2초)-소등(1초)-점등(1초)-소등(1초)-점등(3초)-소등(1초) 반복)이 동작하고, EOCR을 리셋하면 모든 동작은 멈춘다. 여기서 X3은 릴레이의 전원으로 출력이다.

200 제7장 PLC 예제 문제 해설

(2) 타임차트

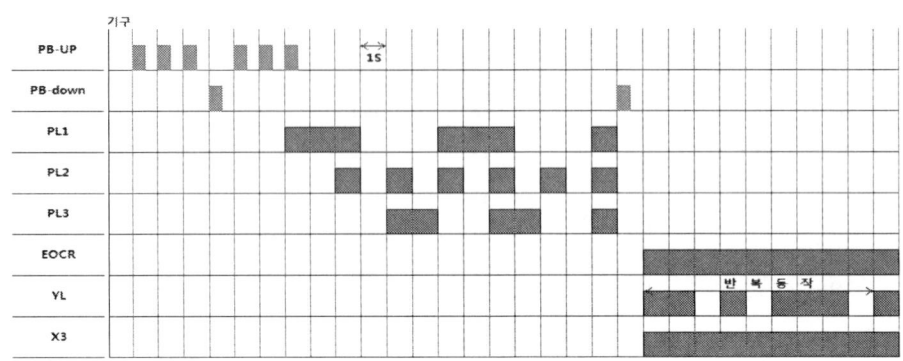

[그림 7 - 40] 타임차트

(3) PLC 메모리 할당

	변수 명	데이터 타입	메모리 할당	초기 값	변수 종류	사용 여부	설명문
1	PB_UP	BOOL	%IX0.0.0		VAR	*	
2	PB_DOWN	BOOL	%IX0.0.1		VAR	*	
3	EOCR	BOOL	%IX0.0.2		VAR	*	
4	PL1	BOOL	%QX0.0.0		VAR	*	
5	PL2	BOOL	%QX0.0.1		VAR	*	
6	PL3	BOOL	%QX0.0.2		VAR	*	
7	YL	BOOL	%QX0.0.3		VAR	*	
8	X3	BOOL	%QX0.0.4		VAR	*	
9	C1	FB Instance	<자동>		VAR	*	
10	RESTE	BOOL	<자동>		VAR	*	
11	T0	FB Instance	<자동>		VAR	*	
12	T1	FB Instance	<자동>		VAR	*	

[그림 7 - 41] 메모리 할당

입·출력의 메모리 할당은 입력은 PB_UP-IX0.0.0, PB_DOWN-IX0.0.1, EOCR-IX0.0.2번지로 출력은 PL1-QX0.0.0, PL2-QX0.0.1, PL3-QX0.0.2, YL-QX0.0.3, X4-QX0.0.4로 PLC의 입·출력도 순서로 할당하여야 프로그램 작성 및 결선을 할 때 오류를 방지할 수 있다.

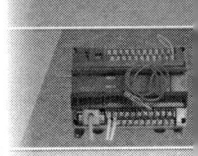

7.1 GLOFA PLC(기종 : G7M-DR30A) 201

3. PLC 프로그램 작성

(1) PB_UP와 PB_DOWN에 의한 업-다운카운터(CTUD) 동작 회로

① 타임차트

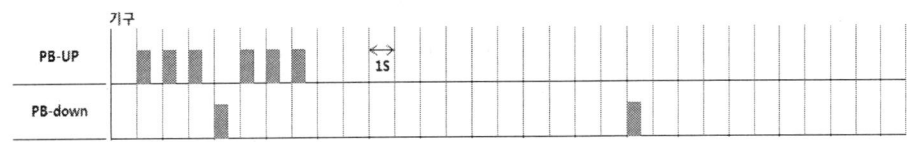

[그림 7-42] 타임차트

② 동작 설명

타임차트에서 보면 업-다운카운터(CTUD)에서 PB_Up 스위치는 CU 입력으로 사용하고 PB_Down 스위치는 CD 입력으로 사용하는데 CD에는 레더가 입력되지 않기 때문에 직접 변수명을 입력하고 메모리를 할당하면 된다.

리셋(R)은 타임차트나 동작 설명에서 언급이 없기 때문에 변수명을 'RESET'라 입력하고 메모리는 자동으로 할당한다. LD에는 '0'을 입력하고, PV에는 동작 설명에서 제시된 값 '5'를 입력하면 된다.

③ PB_UP와 PB_DOWN에 의한 업-다운카운터(CTUD) 동작 회로 프로그램

[그림 7-43] 업-다운카운터(CTUD) 동작 회로 프로그램

(2) PL1(QX0.0.0) 동작 회로

① 타임차트

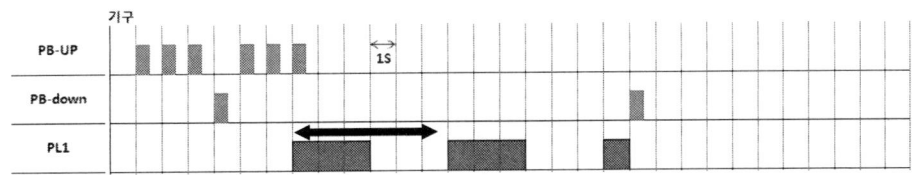

[그림 7-44] 타임차트

② 동작 설명

출력 PL1은 PB_UP와 PB_DOWN에 의한 업-다운카운터(CTUD)의 값이 5이상이 될 때 C1-QU 값이 1이 되므로 C1의 출력 QU-a의 신호를 받아 회로를 구성하면 된다. 타임차트에서 반복 구간은 반복 구간을 보면 화살표로 표시된 부분과 같이 3초-3초 구간이 반복 구간이 되며 C1-QU 값이 1이 됨과 동시에 점등된다. 따라서 타이머는 T0~T1까지 2개가 필요하며 타이머 반복 동작 회로로 구성하면 된다. 동작을 설명하면 출력 PL1은 C1-a, T0-b에 의해 3초 점등, T1-b에 의해 3초 소등과 리셋을 하게 됨으로 반복 동작을 하게 된다. 이때 주의 할 점은 C1의 출력에 의해 점등되도록 회로를 구성하여야 한다.

③ PL1(QX0.0.0) 동작 회로 프로그램(3S-3S)

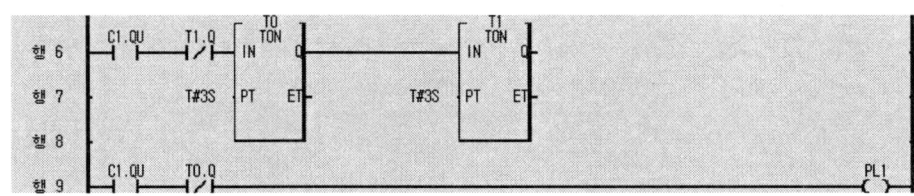

[그림 7-45] PL1(QX0.0.0) 동작 회로 프로그램

(3) PL2(QX0.0.1) 동작 회로

① 동작 설명

출력 PL2는 C1-QU 값이 1이 되고 2초 지연 후 시작 되어야 하며 타임차트에서 반복 구간을 보면 화살표로 표시된 부분과 같이 1초-1초 구간이 반복 구간이 된다. 따라서 타이머는 T2~T4까지 3개가 필요하며 T2는 점등시간을 2초 지연시키는 타이머 이며, T3, T4는 반복동작 타이머이다.

동작을 설명하면 출력 PL2는 T2-a와 T3-b에 의해 2초 지연 후 1초 점등, T4-b에 의해 1초 소등과 리셋을 하게 됨으로 반복 동작을 하게 된다. 이때 주의 할 점은 T2의 출력에 의해 점등되도록 회로를 구성하여야 한다.

7.1 GLOFA PLC(기종 : G7M-DR30A)

② 타임차트

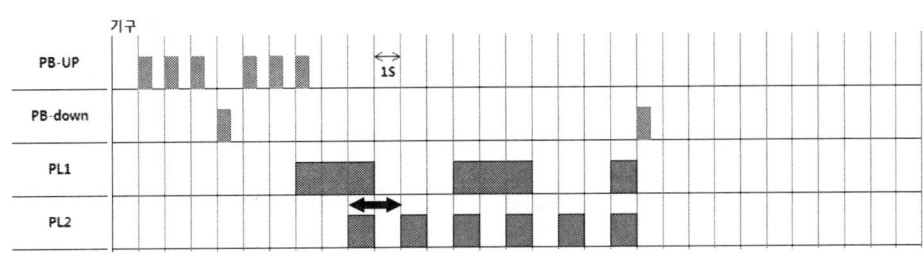

[그림 7 - 46] 타임차트

③ PL2(QX0.0.1) 동작 회로 프로그램(2S지연-1S-1S)

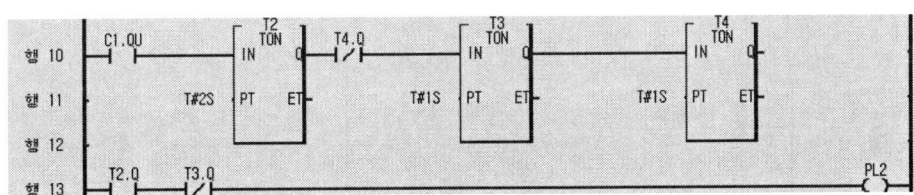

[그림 7 - 47] PL2(QX0.0.1) 동작 회로 프로그램

(4) PL3(QX0.0.2) 동작 회로

① 동작 설명

출력 PL3은 C1-QU 값이 1이 되고 4초 지연 후 시작 되어야 하며 타임차트에서 반복 구간을 보면 화살표로 표시된 부분과 같이 2초-2초 구간이 반복 구간이 된다. 따라서 타이머는 T5~T7까지 3개가 필요하며 T5는 점등시간을 4초 지연시 키는 타이머이며, T6, T7은 반복동작 타이머이다.

동작을 설명하면 출력 PL3은 T5-a와 T6-b에 의해 4초 지연 후 2초 점등, T7-b 에 의해 2초 소등과 리셋을 하게 됨으로 반복 동작을 하게 된다. 이때 주의 할 점은 T5의 출력에 의해 점등되도록 회로를 구성하여야 한다.

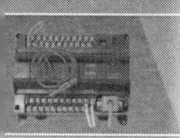

204 제7장 PLC 예제 문제 해설

② 타임차트

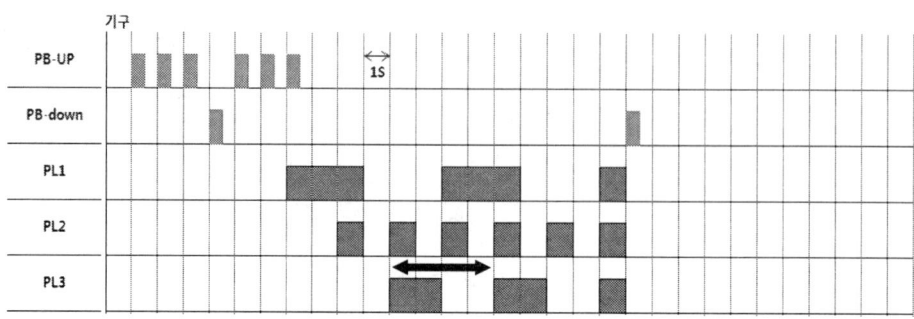

[그림 7 - 48] 타임차트

③ PL3(QX0.0.2) 동작 회로 프로그램(4S 지연 후 - 2S - 2S)

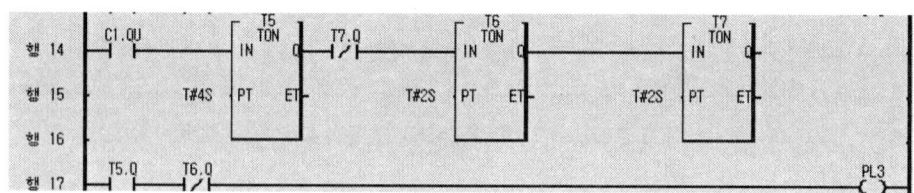

[그림 7 - 49] PL3(QX0.0.2) 동작 회로 프로그램

(5) YL(QX0.0.3)과 X3(QX0.0.4) 동작 회로

① 동작 설명

출력 YL(QX0.0.3)는 타임차트에서 보면 EOCR 접점에 의하여 바로 반복 동작하며, EOCR 접점은 푸시버튼 스위치와 다르므로 자기유지회로가 필요 없다. 타임차트에서 반복 구간을 보면 화살표로 표시된 부분과 같이 2초-1초-1초-1초-3초-1초 구간이 반복 구간이 된다. 따라서 타이머는 T8~T13까지 6개가 필요 하다. 동작을 설명하면 출력 YL은 EOCR-a와 T8-b에 의해 2초 점등, T9-a 에 의해 1초 소등 T10-b에 의해 1초 점등, T11-a에 의해 1초 소등, T12-b에 의해 3초 점등, T13-b에 의해 1초 소등과 리셋을 하게 됨으로 반복 동작을 하게 된다. 이때 주의 할 점은 EOCR의 출력을 받아 점등되도록 회로를 구성하여야 한다. 또한 X3은 EOCR의 신호를 받아 바로 여자 되도록 프로그램을 작성하며, 특히 주의할 것은 X3은 제어판의 X3 릴레이 전원임으로 전원선의 한 가닥은 PLC 출력 Q04에 연결하여야 한다.

7.1 GLOFA PLC(기종 : G7M-DR30A)

② 타임차트

[그림 7 - 50] 타임차트

③ YL(QX0.0.3)과 X3(QX0.0.4) 동작 회로 프로그램
　YL(2S-1S-1S-1S-3S-1S), X3(지속동작)

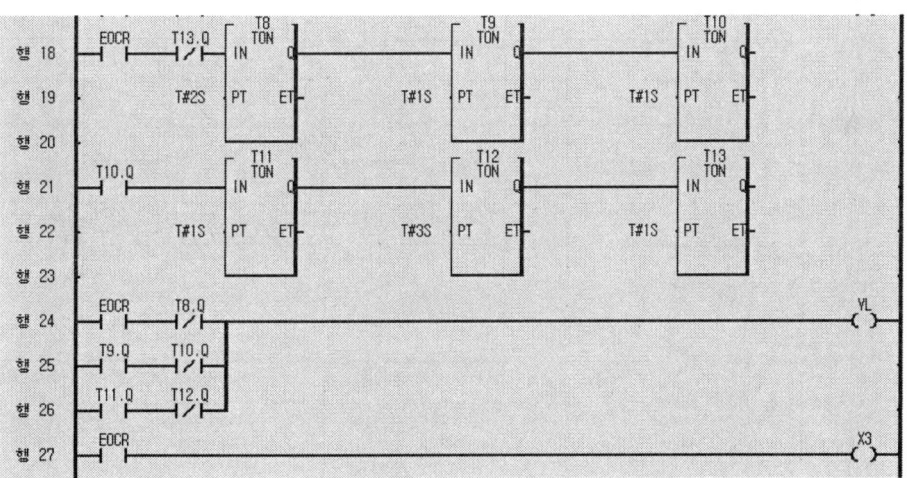

[그림 7 - 51] YL, X3 동작 회로 프로그램

206 제7장 PLC 예제 문제 해설

(6) 예제 문제 50 완성 프로그램

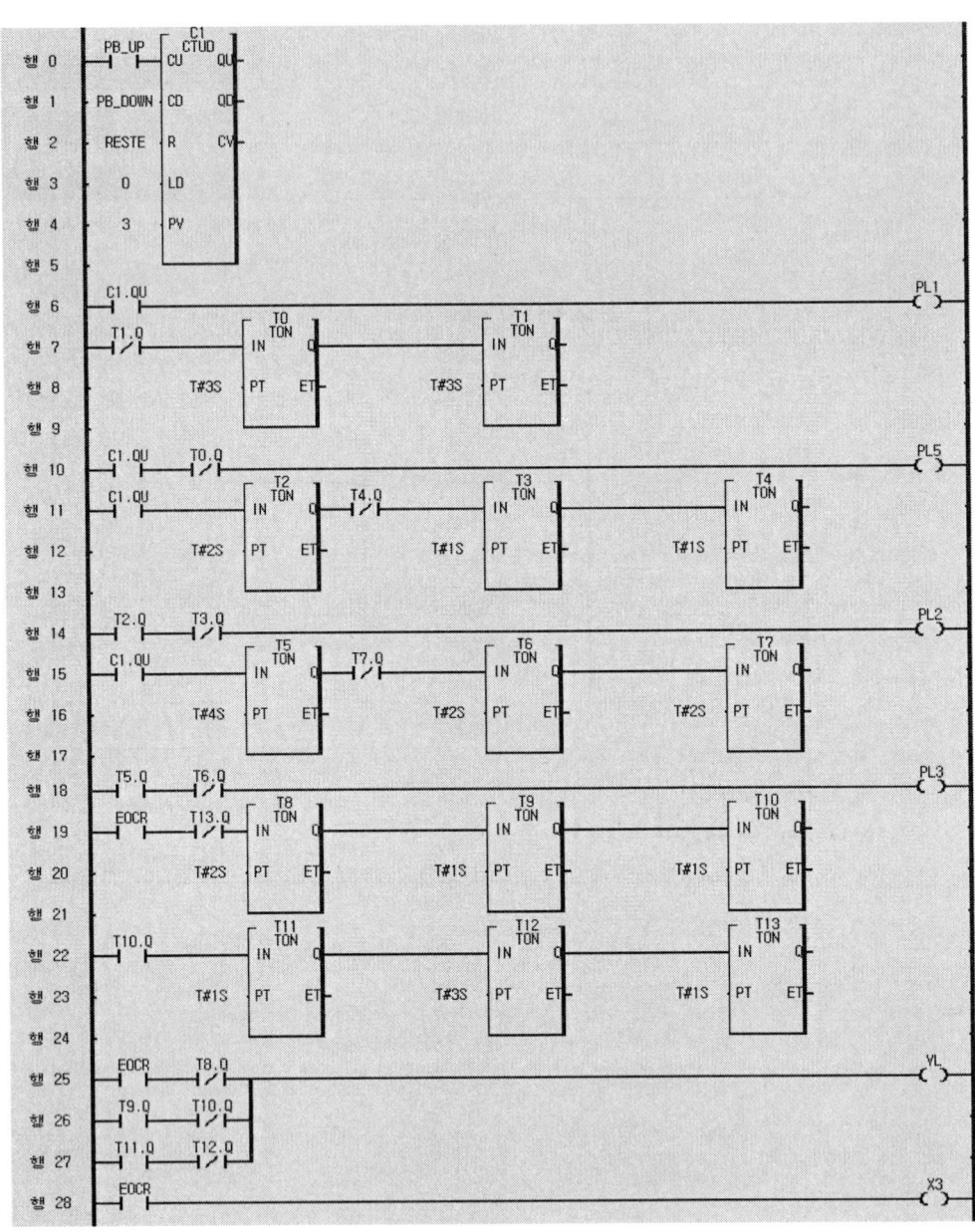

[그림 7-52] YL, X3 동작 회로 프로그램

7.1 GLOFA PLC(기종 : G7M – DR30A)

7.1.5 예제 문제 51 GLOFA PLC(기종 : G7M – DR30A)

1. PLC 문제

(1) 동작 설명

① PB6을 누른 후 놓으면 PL1은 주어진 시간동안 점등과 소등(⑤-①-①-①-⑤-①초)을 반복 동작하고, PL2는 PL1이 점등된 1초 후 점등과 소등(⑤-①-⑤-③초)을 반복 동작하고, PL3은 PL2가 점등된 1초 후 점등과 소등(③-①-①-①-③-②-①-②초)을 반복 동작한다.

② PB7의 입력이 들어오기 전까지 위 사항을 계속 반복 동작하게 되며, PB7을 누르면 동작 중이던 PL1, PL2, PL3은 모두 소등된다.

③ 제어회로의 EOCR이 동작하면 X4가 여자 되고, YL은 점등과 소등(②-①-①-①초)을 반복하고, BZ는 YL 점등 1초 후 동작과 정지(①-①-②-①초)을 반복동작한다. EOCR이 복귀되면 YL과 BZ는 동작을 멈춘다.

(2) PLC 타임차트

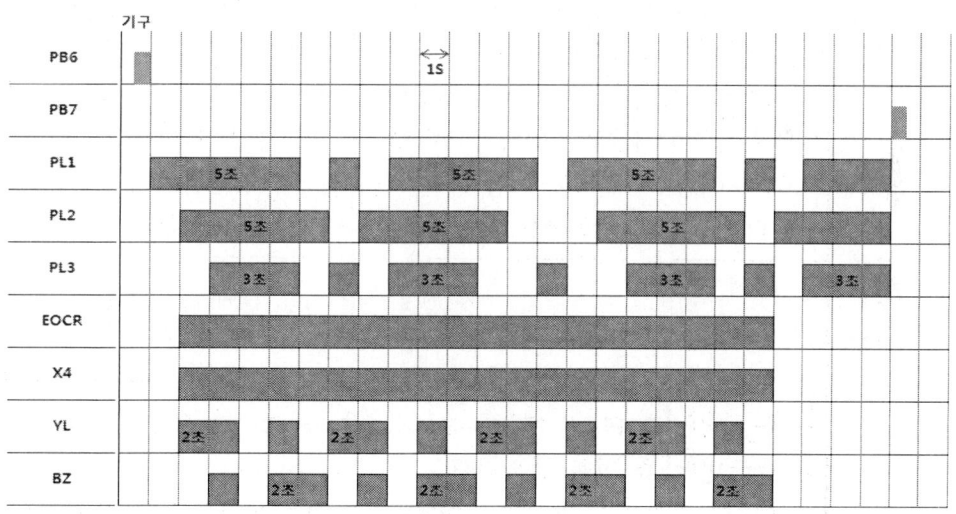

[그림 7 - 53] 타임차트

(3) PLC 입·출력도

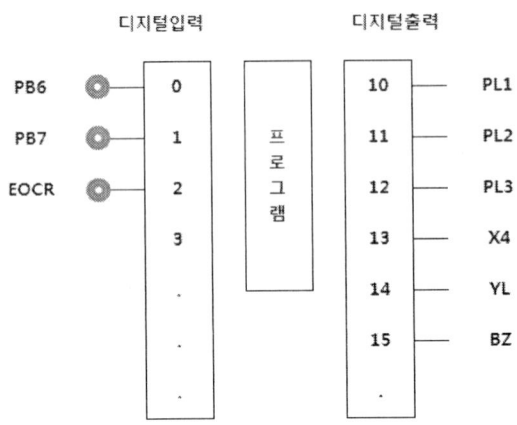

[그림 7 - 54] PLC 입·출력도

2. PLC 프로그램 작성 해석

PLC 프로그램을 작성하기 위해서는 먼저 타임차트의 해석이 필요하다. 아래 동작설명과 타임차트에서 보면 PB6 스위치를 ON 스위치로, PB7 스위치를 OFF 스위치로 사용하여 PL1 ~ PL3까지 동작을 시킬 수 있도록 구성되어 있다. 이때 스위치의 블록이 시작점 또는 끝나는 점에서 동작이 되는지를 반드시 확인하여야 한다. 아래 차트와 같이 끝나는 점에서 출력이 시작되면 반드시 PLC 접점을 음변환 검출 접점으로 하여야 한다.

또한 EOCR에 의한 X4 릴레이를 동작시키도록 되어있다. EOCR의 접점은 푸시버튼 스위치가 아니고 a접점임으로 자기유지회로를 구성할 필요가 없다.

(1) 동작 설명 해석

① PB6을 누른 후 놓으면 PL1은 주어진 시간동안 점등과 소등(⑤-①-①-①-⑤-①초)을 반복 동작하고, PL2는 PL1이 점등된 1초 후 점등과 소등(⑤-①-⑤-③초)을 반복 동작하고, PL3는 PL2가 점등된 1초 후 점등과 소등(③-①-①-①-③-②-①-②초)을 반복 동작한다.

② PB7의 입력이 들어오기 전까지 위 사항을 계속 반복 동작하게 되며, PB7을 누르면 동작 중이던 PL1, PL2, PL3은 모두 소등된다.

③ 제어회로의 EOCR이 동작하면 X4가 여자되고, YL은 점등과 소등(②-①-①-①초)를 반복하고, BZ는 YL 점등 1초 후 동작과 정지(①-①-②-①초)을 반복동작한다. EOCR이 복귀되면 YL과 BZ는 동작을 멈춘다.

(2) 타임차트

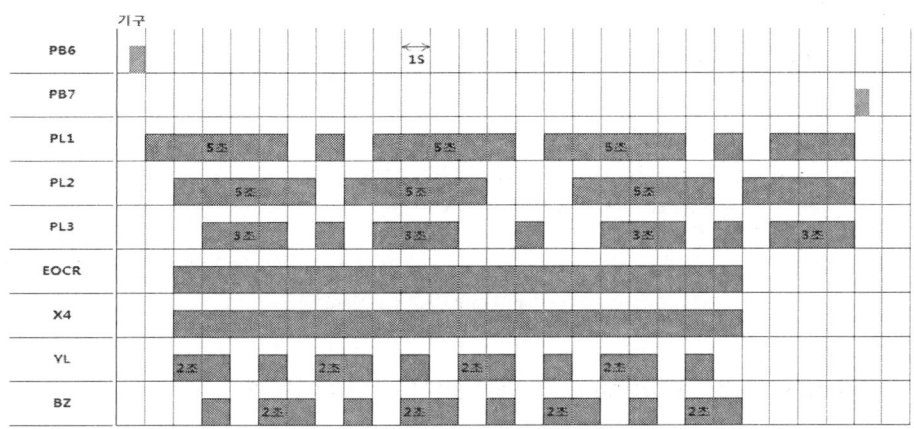

[그림 7 - 55] 타임차트

(3) PLC 메모리 할당

	변수 명	데이터 타입	메모리 할당	초기 값	변수 종류	사용 여부	설명문
1	PB6	BOOL	%IX0.0.0		VAR	*	
2	PB7	BOOL	%IX0.0.1		VAR	*	
3	EOCR	BOOL	%IX0.0.2		VAR	*	
4	PL1	BOOL	%QX0.0.0		VAR	*	
5	PL2	BOOL	%QX0.0.1		VAR	*	
6	PL3	BOOL	%QX0.0.2		VAR	*	
7	X4	BOOL	%QX0.0.3		VAR	*	
8	YL	BOOL	%QX0.0.4		VAR	*	
9	BZ	BOOL	%QX0.0.5		VAR	*	
10	M0	BOOL	<자동>		VAR	*	
11	T0	FB Instance	<자동>		VAR	*	
12	T1	FB Instance	<자동>		VAR	*	
13	T10	FB Instance	<자동>		VAR	*	
14	T11	FB Instance	<자동>		VAR	*	
15	T12	FB Instance	<자동>		VAR	*	
16	T13	FB Instance	<자동>		VAR	*	
17	T14	FB Instance	<자동>		VAR	*	
18	T15	FB Instance	<자동>		VAR	*	
19	T16	FB Instance	<자동>		VAR	*	

[그림 7 - 56] 메모리 할당

입·출력의 메모리 할당은 입력은 PB6-IX0.0.0, PB7-IX0.0.1, EOCR-IX0.0.2번지로 출력은 PL1-QX0.0.0, PL2-QX0.0.1, PL3-QX0.0.2, X4-QX0.0.3, YL-QX0.0.4, BZ-QX0.0.5로 PLC의 입·출력 도면의 순서대로 할당하여야 프로그램 작성 및 결선을 할 때 오류를 방지할 수 있다. M0, 타이머, 카운터 등은 자동으로 할당 한다.

3. PLC 프로그램 작성

(1) PB6(IX0.0.0), PB7(IX0.0.1) 기동·정지 회로

① PB6 스위치는 눌렀다가 놓을 때 동작하는 하강 엣지 신호임으로 음변환 검출접점

(⊣N⊢)을 사용하여 자기유지회로 프로그램을 작성하여야 한다. 이때 출력은 내부 릴레이 M0을 사용하면 된다.

② 타임차트

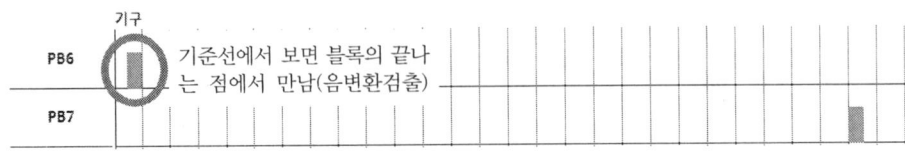

[그림 7 - 57] 타임차트

③ PB6(IX0.0.0), PB7(IX0.0.1) 기동·정지 회로 프로그램

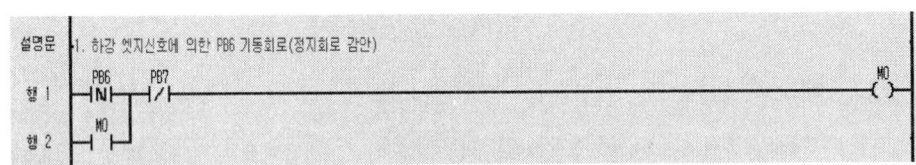

[그림 7 - 58] PB6, PB7 기동·정지 회로 프로그램

(2) PL1(QX0.0.0) 동작회로

① 출력 PL1은 PB6 스위치를 놓는 것과 동시에 시작 되어야 하며 타임차트에서 반복 구간을 보면 화살표로 표시된 부분과 같이 5초-1초-1초-1초-5초-1초 구간이 반복 구간이 된다. 따라서 타이머는 T0~T5까지 6개가 필요하며 이 타이머들을 계속해서 연결사용하여도 무방하다. 아래 프로그램은 이해도를 증진시키기 위하여 반복 동작하는 요소 별로 타이머를 2개 씩 묶어서 작성하였다. 동작을 설명하면 출력 PL1은 M0-a, T0-b에 의해 5초 점등, T1-a에 의해 1초 소등, T2-b에 의해 1초 점등, T3-a에 의해 1초 소등, T4-b에 의해 5초 점등, T5-b에 의해 1초 소등과 리셋을 하게 됨으로 반복 동작을 하게 된다. 이때 주의 할 점은 M0의 출력을 받아 점등되도록 회로를 구성하여야 한다.

② 타임차트

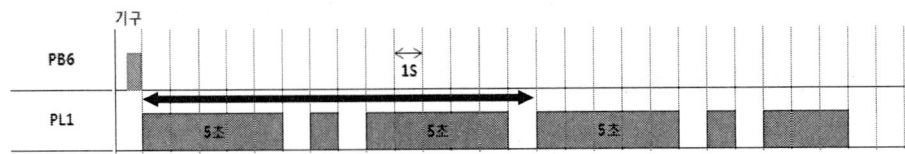

[그림 7 - 59] 타임차트

③ PL1(QX0.0.0) 동작회로 프로그램(5S-1S-1S-1S-5S-1S)

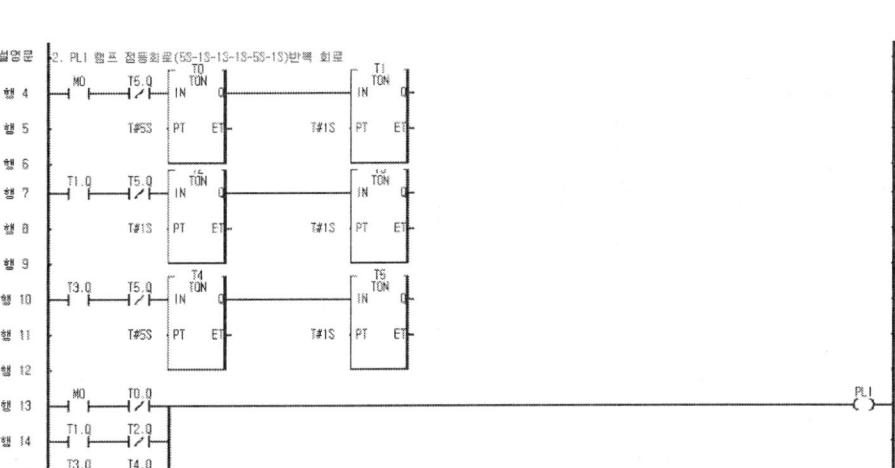

[그림 7 - 60] PL1(QX0.0.0) 동작회로 프로그램

(3) PL2(QX0.0.1) 동작회로

① 출력 PL2는 PB6 스위치를 놓는 것과 동시에 1초 지연 후 시작 되어야 하며 타임차트에서 반복 구간을 보면 화살표로 표시된 부분과 같이 5초-1초-5초-3초 구간이 반복 구간이 된다. 따라서 타이머는 T6~T10까지 5개가 필요하며, 아래 프로그램은 이해도 증진을 위해 지연시키는 타이머와 반복 동작하는 요소 별로 타이머를 2개 씩 묶어서 작성하였다.

동작을 설명하면 출력 PL2는 T6-a와 T7-b에 의해 5초 점등, T8-a에 의해 1초 소등, T9-b에 의해 5초 점등, T10-b에 의해 3초 소등과 리셋을 하게 됨으로 반복 동작을 하게 된다. 이때 주의 할 점은 T6의 출력을 받아 점등되도록 회로를 구성하여야 한다.

② 타임차트

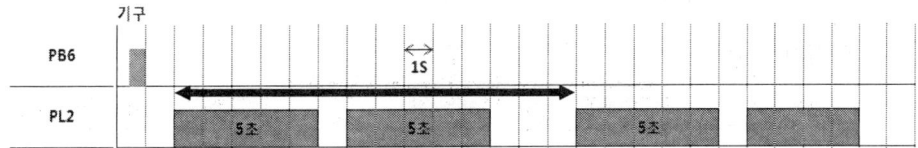

[그림 7 - 61] 타임차트

③ PL2(QX0.0.1) 동작회로 프로그램(1S지연-5S-1S-5S-3S)

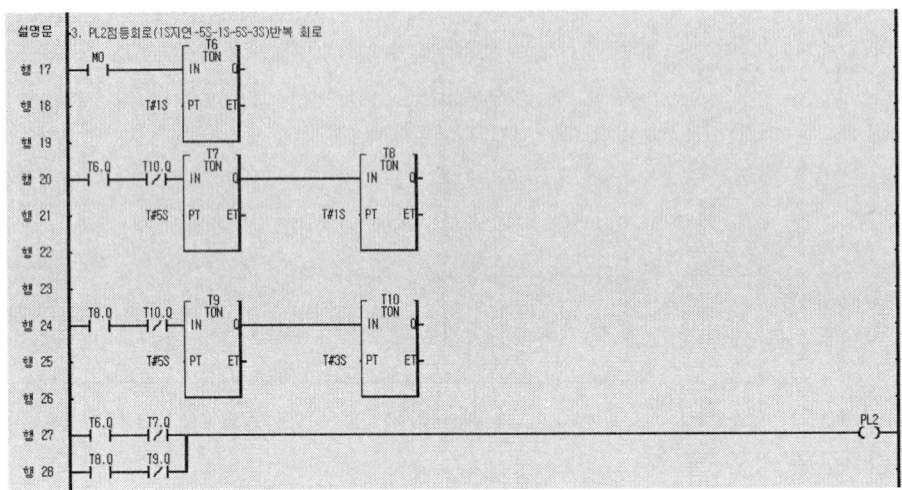

[그림 7-62] PL2(QX0.0.1) 동작회로 프로그램

(4) PL3(QX0.0.2) 동작회로

① 출력 PL3은 PB6 스위치를 놓는 것과 동시에 2초 지연 후 시작 되어야 하며 타임차트에서 반복 구간을 보면 화살표로 표시된 부분과 같이 3초-1초-1초-2초-1초-2초 구간이 반복 구간이 된다. 따라서 타이머는 T11~T19까지 9개가 필요하며 아래 프로그램은 이해도 증진을 위해 지연시키는 타이머와 반복 동작하는 요소 별로 타이머를 2개 씩 묶어서 작성하였다. 동작을 설명하면 출력 PL3은 T11-a, T12-b에 의해 3초 점등, T13-a에 의해 1초 소등, T14-b에 의해 1초 점등, T15-a에 의해 1초 소등, T16-b에 의해 3초 점등, T17-a에 의해 2초 소등, T18-b에 의해 1초 점등, T19-b에 의해 2초 소등과 리셋을 하게 됨으로 반복 동작을 하게 된다.

② 타임차트

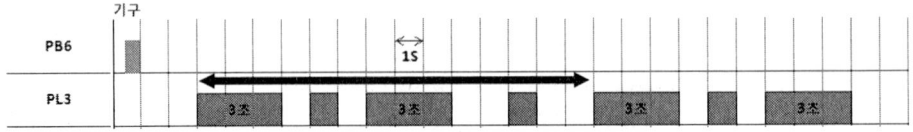

[그림 7-63] 타임차트

③ PL3(QX0.0.2) 동작회로 프로그램(2S지연-3S-1S-1S-1S-3S-2S-1S-2S)

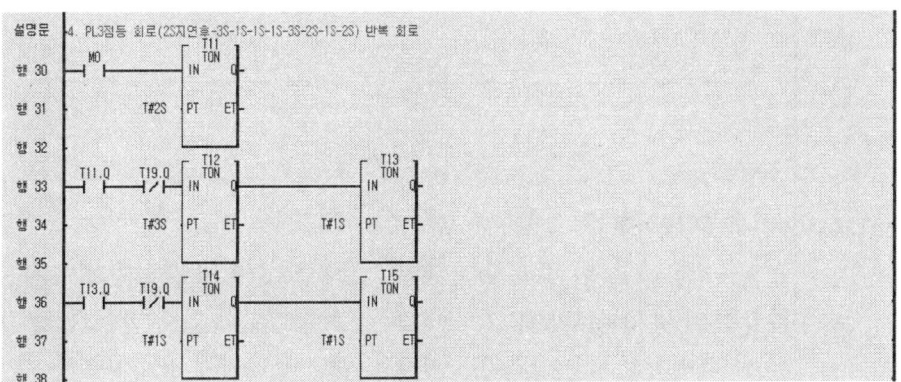

[그림 7 - 64] PL3(QX0.0.2) 동작회로 프로그램

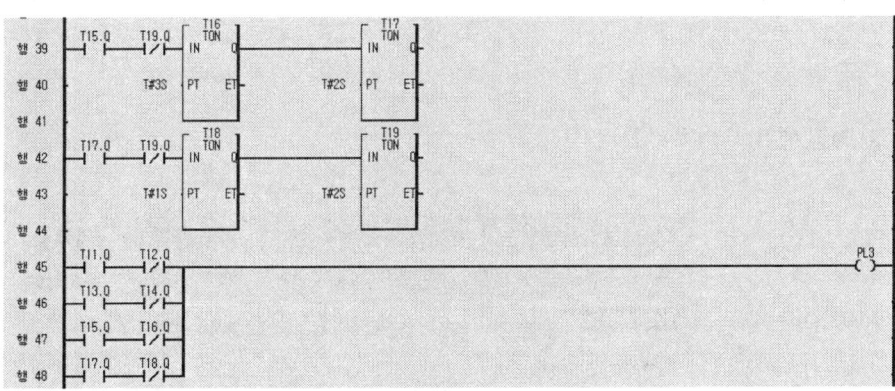

[그림 7 - 65] PL3(QX0.0.2) 동작회로 프로그램

(5) **X4(QX0.0.3) 동작회로**

① 출력 X4(QX0.0.3)는 타임차트에서 보면 EOCR 접점에 의하여 동작한다. EOCR 접점은 푸시버튼 스위치와 다르므로 자기유지회로가 필요 없다. 특히 주의할 것은 X4는 제어판의 X4 릴레이 전원임으로 전원선의 한 가닥은 PLC 출력 Q03에 연결하여야 한다.

② 타임차트

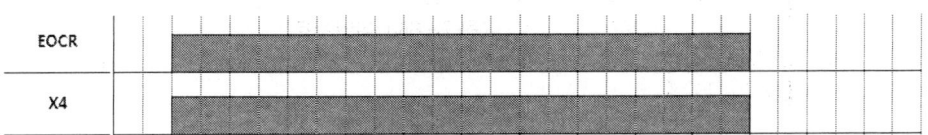

[그림 7 - 66] 타임차트

③ X4(QX0.0.3) 동작회로 프로그램

[그림 7 - 67] X4(QX0.0.3) 동작회로 프로그램

(6) YL(QX0.0.4) 동작회로

① 출력 YL은 X4가 여자 됨과 동시에 시작 되어야 하며 타임차트에서 반복 구간을 보면 화살표로 표시된 부분과 같이 2초-1초-1초-1초 구간이 반복 구간이 된다. 따라서 타이머는 T20~T23까지 4개가 필요하며 아래 프로그램은 이해도 증진을 위해 반복 동작하는 요소 별로 타이머를 2개 씩 묶어서 작성하였다. 동작을 설명하면 출력 YL은 X4-a, T20-b에 의해 2초 점등, T21-a에 의해 1초 소등, T22-b에 의해 1초 점등, T23-b에 의해 1초 소등과 리셋을 하게 됨으로 반복 동작을 하게 된다.

② 타임차트

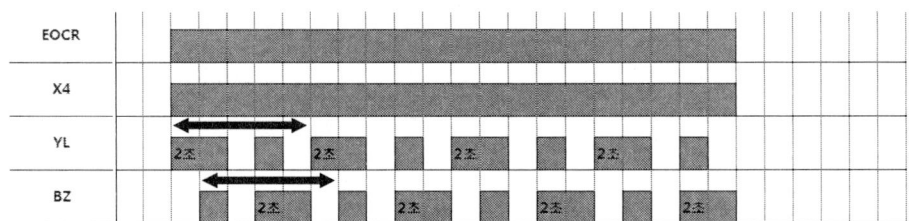

[그림 7 - 68] 타임차트

③ YL(QX0.0.4) 동작회로 프로그램(2S-1S-1S-1S)

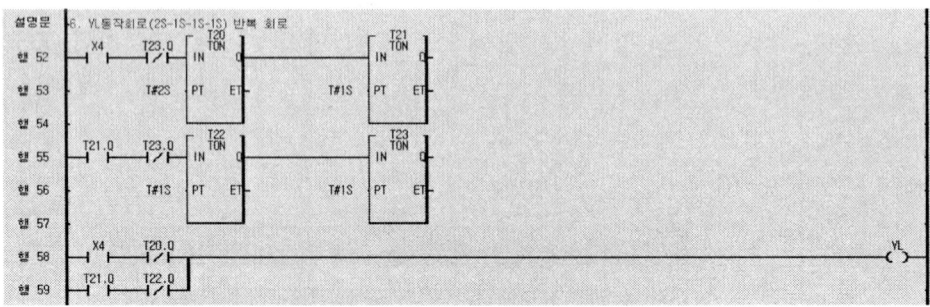

[그림 7 - 69] YL 동작회로 프로그램

7.1 GLOFA PLC(기종 : G7M-DR30A)

(7) BZ(QX0.0.5) 구성회로 프로그램

① 출력 BZ은 X4가 여자 됨과 동시에 1 초 지연 후 동작 되어야 하며 타임차트에서 반복 구간을 보면 화살표로 표시된 부분과 같이 1초-1초-2초-1초 구간이 반복 구간이 된다. 따라서 타이머는 T24 ~ T28까지 5개가 필요하며 아래 프로그램은 이해도 증진을 위해 지연을 시키는 타이머와 반복 동작하는 요소 별로 타이머를 2개 씩 묶어서 작성하였다. 동작을 설명하면 출력 BZ은 T24-a에 의해 1초 지연 후 T24-a, T25-b에 의해 1초 동작, T26-a에 의해 1초 정지, T27-b에 의해 2초 동작, T28-b에 의해 1초 정지와 리셋을 하게 됨으로 반복 동작을 하게 된다.

② 타임차트

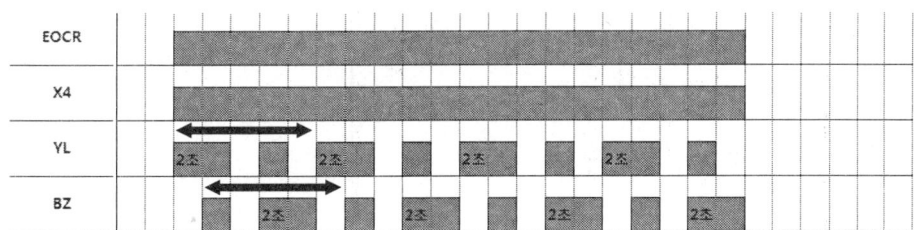

[그림 7 - 70] 타임차트

③ BZ(QX0.0.5) 동작회로 프로그램(1초 지연 - 1S - 1S - 2S - 1S)

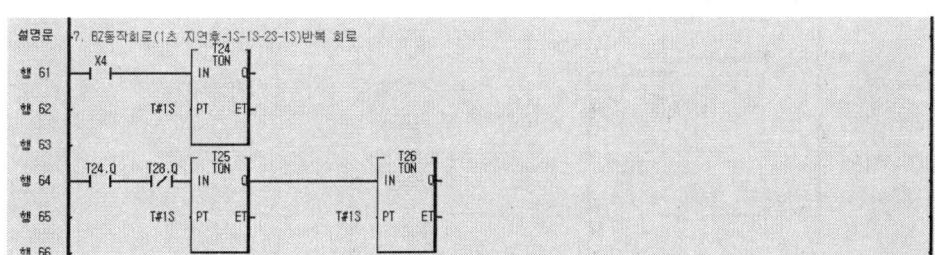

[그림 7 - 71] BZ 동작회로 프로그램

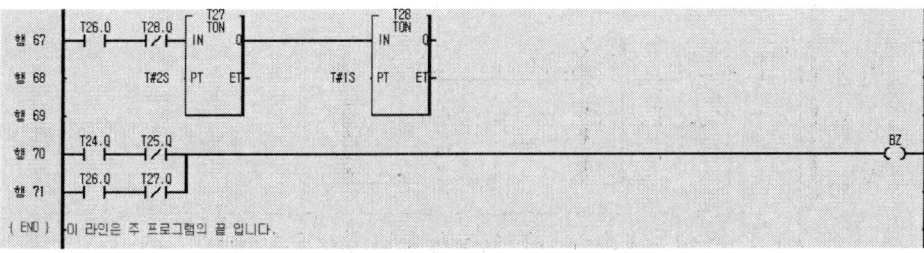

[그림 7 - 72] BZ 동작회로 프로그램

216 제7장 PLC 예제 문제 해설

(8) **예제 문제 51 완성 프로그램**

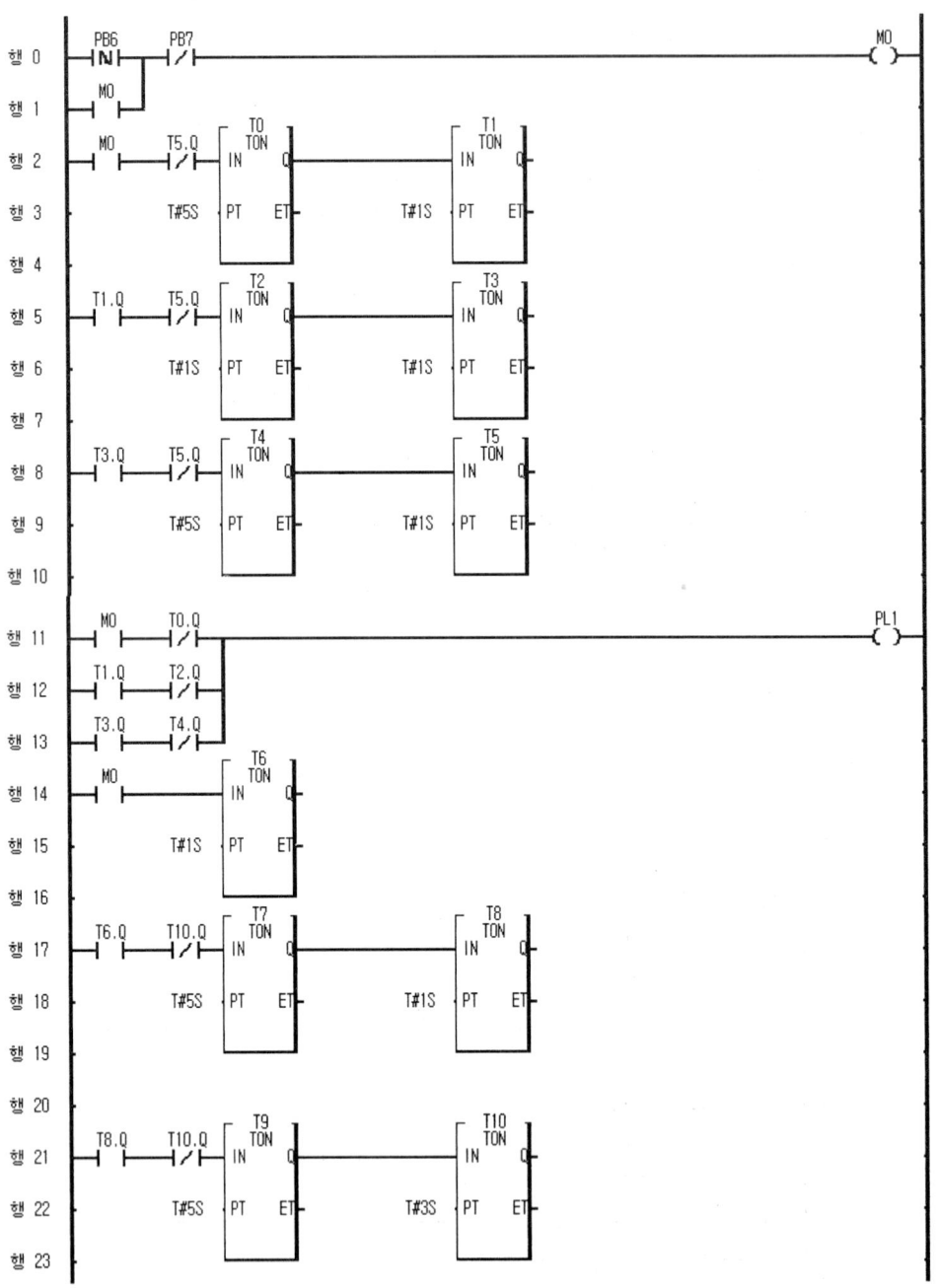

[그림 7 - 73] 예제 문제 51 완성 프로그램 (1)

7.1 GLOFA PLC(기종 : G7M-DR30A)

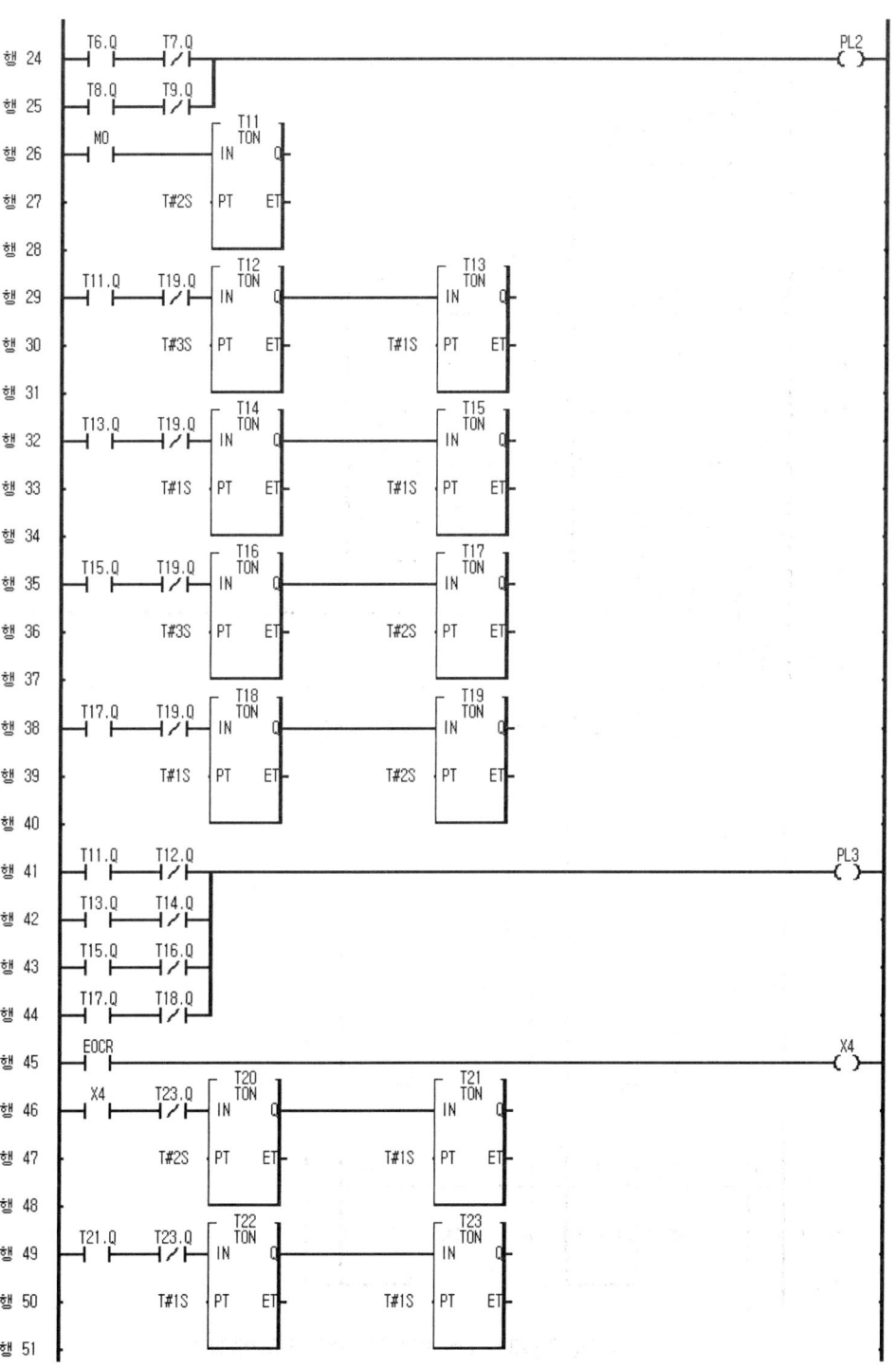

[그림 7 - 74] 예제 문제 51 완성 프로그램 (2)

218 제7장 PLC 예제 문제 해설

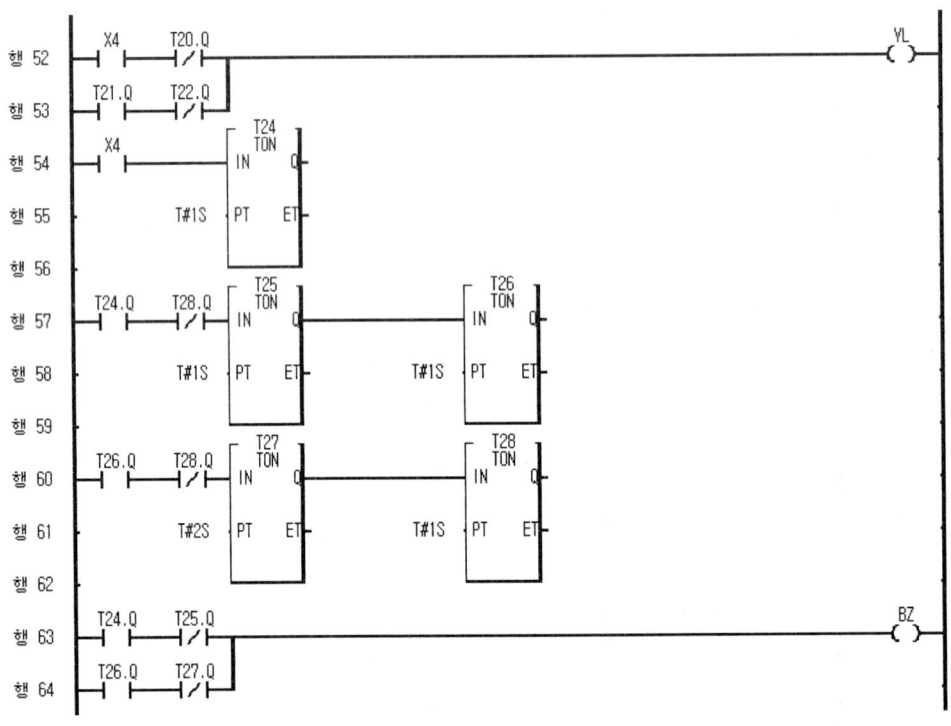

[그림 7 - 75] 예제 문제 51 완성 프로그램 (3)

7.1.6 예제 문제 52 GLOFA PLC(기종 : G7M-DR30A)

1. PLC 문제

(1) 동작 설명

① PB3을 1번 누르면, PL1은 점등과 소등(⑤-③-①-③초)을 반복 동작하고, PL2는 PL1이 점등된 1초 후 점등과 소등(③-③-③-③초)을 반복 동작하고, PL3은 PL2가 점등된 1초 후 점등과 소등(①-③-⑤-③초)을 반복 동작한다.
PB3을 5번 누르면 동작 중이던 PL1, PL2, PL3은 모두 소등 된다.

② PB4를 1번 눌렀다 놓으면, PL4는 점등과 소등(③-①-②-①-①초)을 1회 동작한다.

③ 제어회로의 X0이 동작되면 BZ는 동작과 정지(①-②-①-②초)를 반복하고, YL은 BZ 동작 1초 후 점등과 소등(②-①-①-②초)을 반복 동작한다. X0이 복귀되면 YL과 BZ는 동작을 멈춘다.

(2) PLC 타임차트

[그림 7-76] 타임차트

(3) PLC 입·출력도

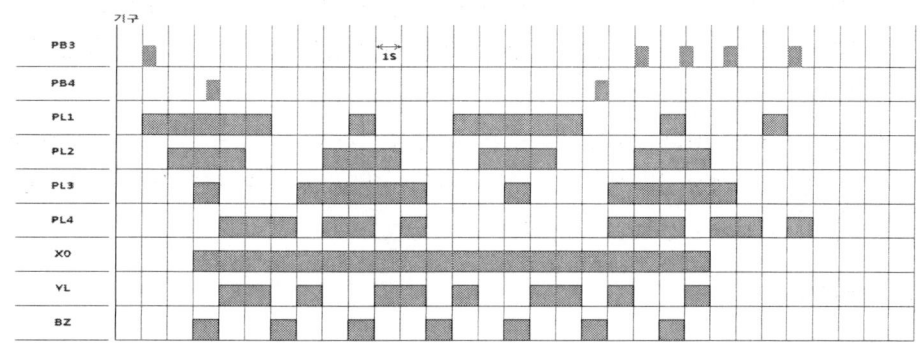

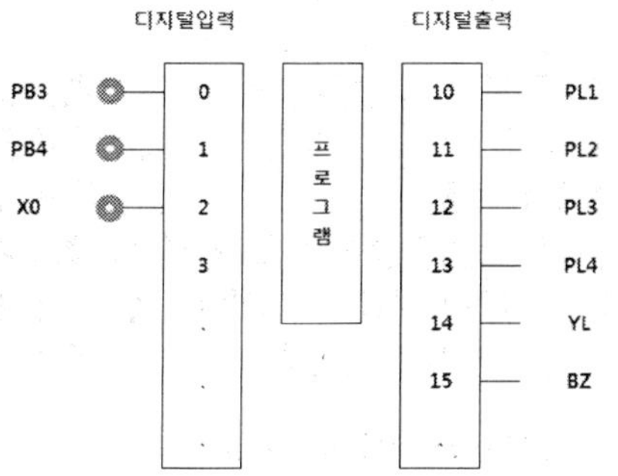

[그림 7-77] 입·출력도

2. PLC 프로그램 작성 해석

PLC 프로그램을 작성하기 위해서는 먼저 타임차트의 해석이 필요하다. 아래 동작 설명과 타임차트에서 보면 PB3 스위치를 CTU(Up Counter)카운터의 입력으로 사용한다. 카운터의 동작 상황은 카운터를 1번 동작시킬 때와 5번 동작시킬 때를 구분해야 함으로 다중(2중)카운터를 사용해야 한다. 리셋은 별도의 스위치가 없으므로 C2 카운터 출력을 사용하여 리셋 시킨다.

PB4 스위치는 PL4를 동작시키기 위한 전용 스위치이다.

PB3 스위치로 PL1~PL3까지 동작 시키며, PB4 스위치로 PL4를 동작 시킨다. 또 한 X0에 의해 YL, BZ가 동작된다. 주의할 점은 X0은 X0-a접점임으로 자기유지회로를 구성할 필요가 없다.

(1) 동작 설명 해석

① PB3을 1번 누르면 C0 카운터가 동작하여 PL1은 점등과 소등(⑤-③-①-③초)을 반복 동작하고, PL2는 PL1이 점등된 1초 후 점등과 소등(③-③-③-③초)을 반복 동작하고, PL3은 PL2가 점등된 1초 후 점등과 소등(①-③-⑤-③초)을 반복 동작한다.

PB3을 5번 누르면 동작 중이던 PL1, PL2, PL3은 모두 소등 된다.

② PB4를 1번 눌렀다 놓으면, PL4는 점등과 소등(③-①-②-①-①초)을 1회 동작한다.

③ 제어회로의 X0이 동작되면 BZ는 동작과 정지(①-②-①-②초)를 반복하고, YL은 BZ 동작 1초 후 점등과 소등(②-①-①-②초)을 반복 동작한다. X0이 복귀되면 YL과 BZ는 동작을 멈춘다.

(2) 타임차트

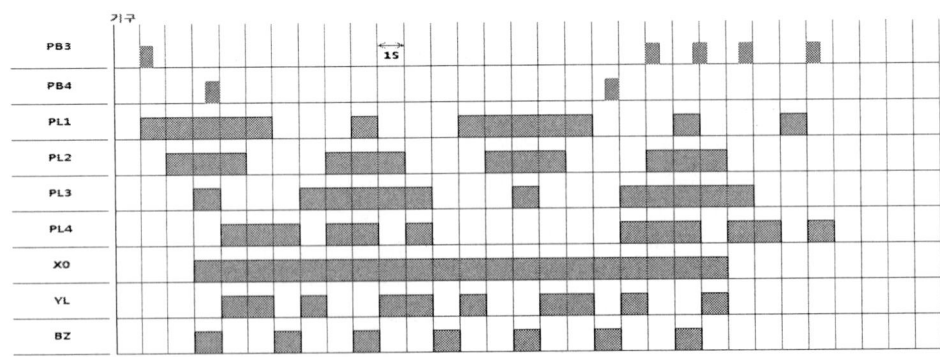

[그림 7 - 78] 타임차트

(3) PLC 메모리 할당

메모리 할당은 입력은 PB3,-IX0.0.0, PB4-IX0.0.1, X0-IX0.0.2번지로 출력은 PL1-QX0.0.0, PL2-QX0.0.1, PL3-QX0.0.2, PL4-QX0.0.3, YL-QX0.0.4, BZ-QX0.0.5로 도면의 순서대로 할당하여야 하며, 내부메모리, 카운터, 타이머 등은 자동으로 할당한다.

> **Tip** 타임차트만 보면 X0이 입력인지 출력인지 구분하기 어렵다. 따라서 반드시 PLC 입·출력도와 비교하면서 메모리 할당을 하여야 한다.

	변수 명	데이터 타입	메모리 할당	초기 값	변수 종류	사용 여부	설명문
1	PB3	BOOL	%IX0.0.0		VAR	*	
2	PB4	BOOL	%IX0.0.1		VAR	*	
3	X0	BOOL	%IX0.0.2		VAR	*	
4	PL1	BOOL	%QX0.0.0		VAR	*	
5	PL2	BOOL	%QX0.0.1		VAR	*	
6	PL3	BOOL	%QX0.0.2		VAR	*	
7	PL4	BOOL	%QX0.0.3		VAR	*	
8	YL	BOOL	%QX0.0.4		VAR	*	
9	BZ	BOOL	%QX0.0.5		VAR	*	
10	C1	FB Instance	<자동>		VAR	*	
11	C2	FB Instance	<자동>		VAR	*	
12	M000	BOOL	<자동>		VAR	*	
13	M001	BOOL	<자동>		VAR	*	
14	T1	FB Instance	<자동>		VAR	*	
15	T10	FB Instance	<자동>		VAR	*	
16	T11	FB Instance	<자동>		VAR	*	
17	T12	FB Instance	<자동>		VAR	*	
18	T13	FB Instance	<자동>		VAR	*	
19	T14	FB Instance	<자동>		VAR	*	
20	T15	FB Instance	<자동>		VAR	*	
21	T16	FB Instance	<자동>		VAR	*	
22	T17	FB Instance	<자동>		VAR	*	

[그림 7 - 79] 메모리 할당

3. PLC 프로그램 작성

(1) PB3(IX0.0.0)에 의한 CTU 동작 회로

① 타임차트

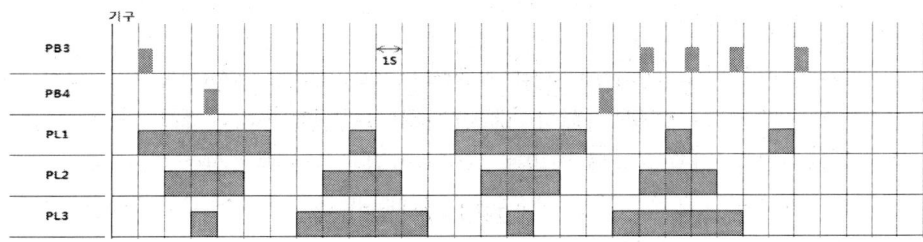

[그림 7 - 80] 타임차트

② 동작 설명

PB3 스위치 1번 동작 조건과 5번 동작 조건을 고려하여 카운터를 사용하여 아래와 같이 프로그램을 작성한다. R에는 5번 동작조건을 고려하여 C2.Q를 입력한다.

③ PB3(IX0.0.0)에 의한 CTU 동작 회로 프로그램

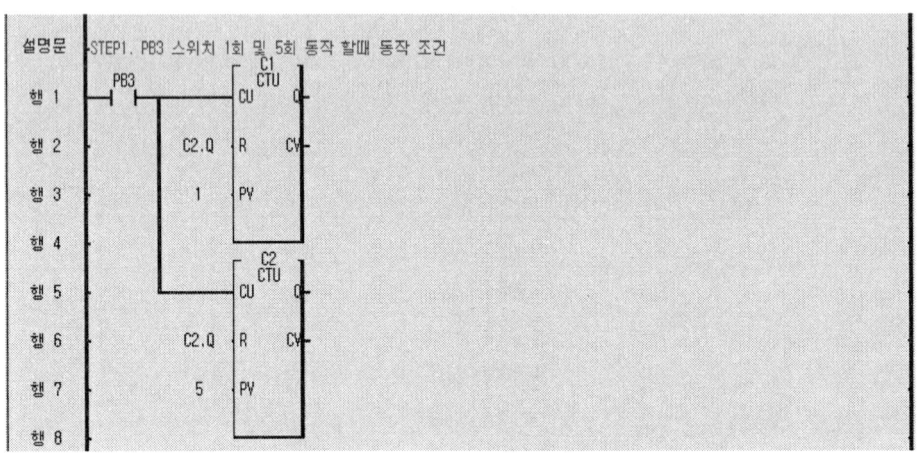

[그림 7 - 81] CTU 동작 회로 프로그램

(2) PL1(QX0.0.0) 동작회로

① 타임차트

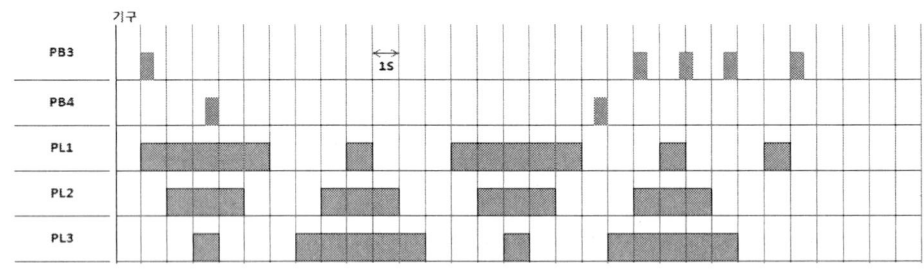

[그림 7 - 82] 타임차트

② 동작회로 설명

PL1은 카운터 C1의 출력을 받아 타이머 T1~T4를 사용하여 5초-3초-1초-3초 반복 동작하는 회로를 작성하고 출력 PL1은 T1에 의해 5초 동작 후 3초 정지를 위해 b접점을 사용하고 병렬로 T2-a접점과 T3-b접점을 이용하여 1초 동작 후 3초 정지하는 프로그램을 작성한다. 이때 반드시 카운터 C1 출력을 받아 점등되도록 회로를 구성하여야 한다.

7.1 GLOFA PLC(기종 : G7M-DR30A)

③ PL1(QX0.0.0) 동작회로 프로그램

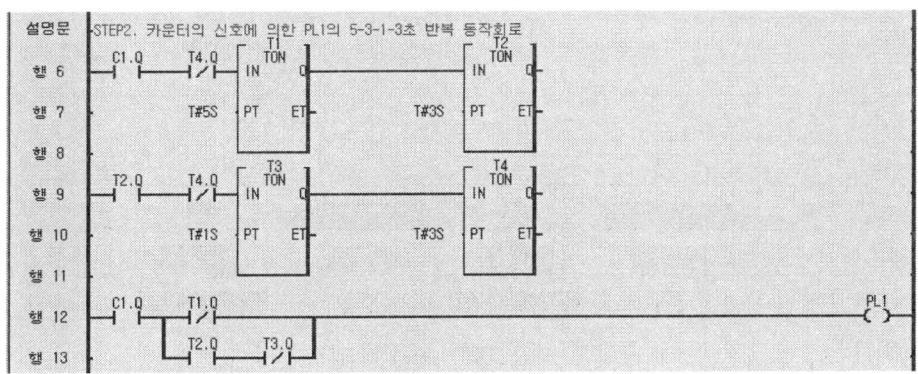

[그림 7 - 83] PL1 동작회로 프로그램

(3) PL2(QX0.0.1) 동작회로

① 타임차트

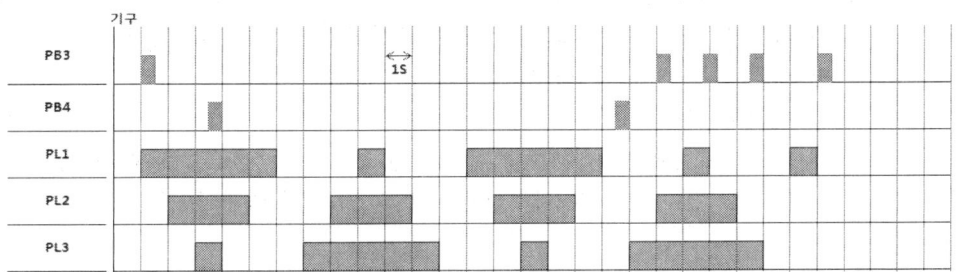

[그림 7 - 84] 타임차트

② 동작회로 설명

　　PL2는 카운터 C1의 출력을 받아 타이머 T5~T7을 사용하여 1초 지연 후 3초-3초 반복 동작하는 회로를 작성하고 출력 PL2는 T5에 의해 1초 지연 후 3초 동작 3초 정지 반복 동작을 시키기 위해 T5-a접점과 T6-b접점을 직렬로 연결한다.

③ PL2(QX0.0.1) 동작회로 프로그램

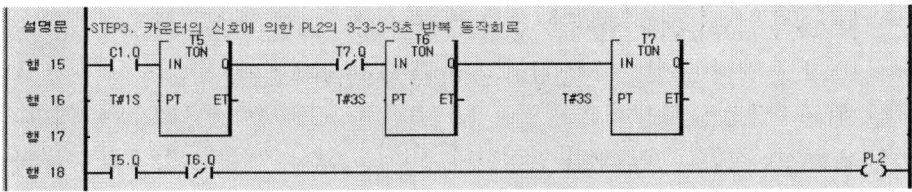

[그림 7 - 85] PL2 동작회로 프로그램

(4) PL3(QX0.0.2) 동작회로

① 타임차트

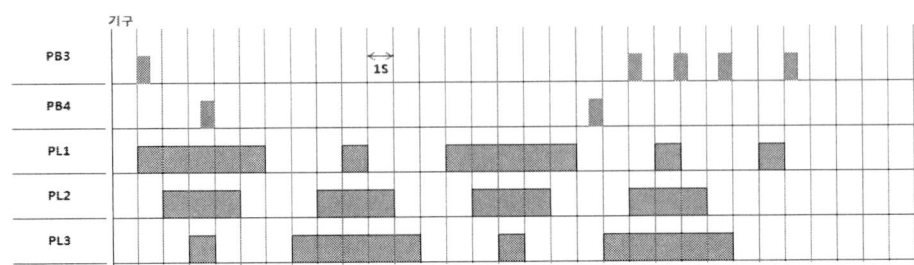

[그림 7 - 86] 타임차트

② 동작회로 설명

PL3은 카운터 C1의 출력을 받아 타이머 T8~T12를 사용하여 T8에 의해 2초 지연 후 1초-3초-5초-3초 반복 동작하는 회로를 작성하고 출력 PL3은 T9에 의해 1초 동작 후 3초 정지를 위해 b접점을 사용하고 병렬로 T10-a접점과 T11-b접점을 이용하여 5초 동작 후 3초 정지하는 프로그램을 작성한다. 이때 반드시 카운터 T8의 출력을 받아 점등되도록 회로를 구성하여야 한다. T8을 제외하면 PL1의 동작 프로그램과 같음을 인식해야 한다.

> **Tip** 타임차트에서 점등과 소등을 분리해서 생각하면 반복동작(Flicker)이므로 항상 점등-소등을 나누어서 프로그래밍하면 쉽게 할 수 있다.

③ PL3(QX0.0.2) 동작회로 프로그램

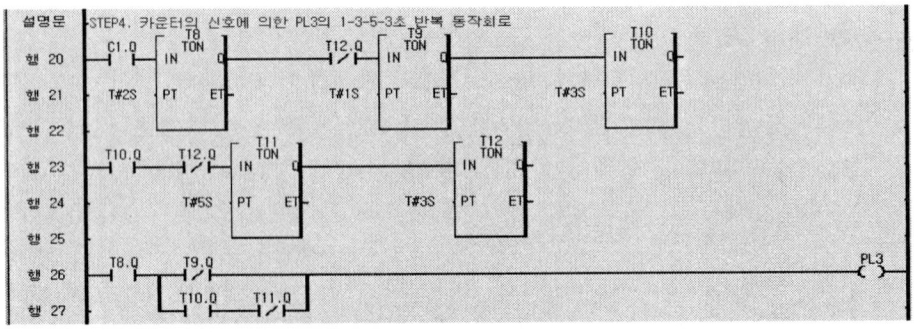

[그림 7 - 87] PL3 동작회로 프로그램

(5) PL4(QX0.0.3) 동작회로

① 타임차트

PB4를 1번 눌렀다 놓으면, PL4는 점등과 소등(③-①-②-①-①초)을 1회 동작한다.

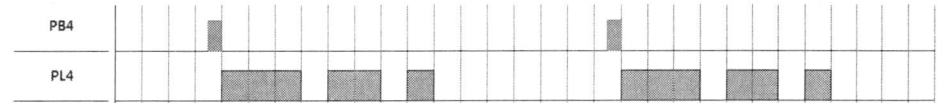

[그림 7 - 88] 타임차트

② 동작 설명

PB4 스위치는 놓을 때 작동하여야 함으로 음변환 검출 접점을 사용하여야 하며 PB4에 의하여 PL4를 3초-1초-2초-1초-1초 1회 반복동작 하여야한다. 타이머는 T13 ~ T17을 사용하여 프로그램을 작성하고, PB4의 자기유지를 위하여 내부메모리 M000을 사용한다.

PL4는 T13과 T14에 의하여 3초 동작 1초 정지 하는 회로를 구성하기 위하여 T13-b 접점을 사용하고, 병렬로 T14와 T15, T16과 T17의 a, b접점을 각각 연결한다. 이때 M0-a접점을 사용하지 않으면 PB4와 관계없이 PLC동작부터 PL4가 점등됨에 유의하여야 한다. 또한 PB4에 의한 1회 동작이므로 자기유지회로에 T17-b접점을 직렬로 연결하여 리셋조건을 주어야 한다.

③ PL4(QX0.0.3) 동작회로 프로그램

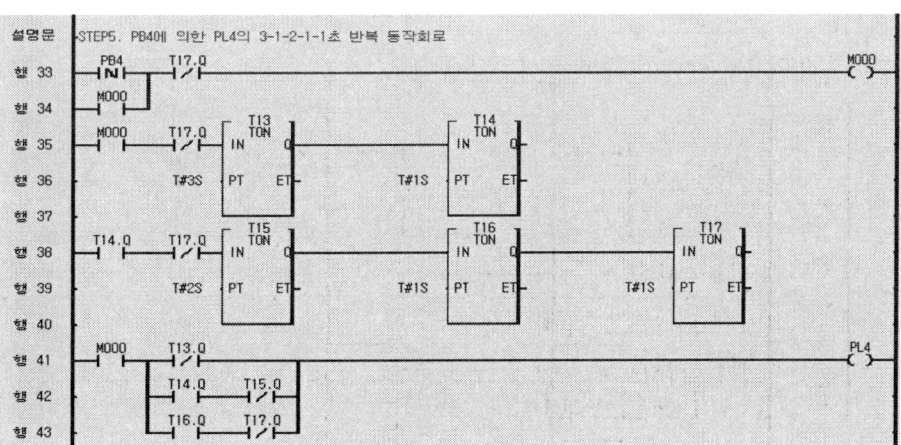

[그림 7 - 89] PL4 동작회로 프로그램

(6) YL(QX0.0.4), BZ(QX0.0.5) 동작회로

① 타임차트

제어회로의 X0이 동작되면 BZ는 동작과 정지(①-②-①-②초)를 반복하고, YL 은 BZ 동작 1초 후 점등과 소등(②-①-①-②초)을 반복 동작한다. X0이 복귀되 면 YL과 BZ는 동작을 멈춘다.

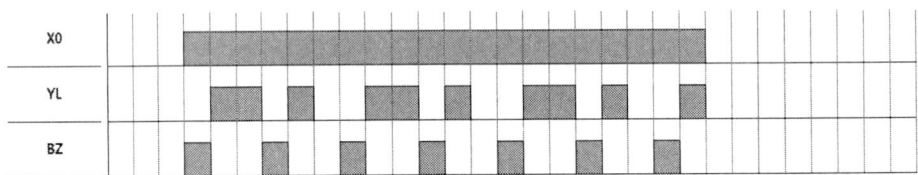

[그림 7 - 90] 타임차트

② 동작 설명

X0은 스위치가 아니고 릴레이 a접점이므로 자기유지회로 없이 직접 타이머를 구 동하는 프로그램을 작성하면 된다. T18~T24를 사용하여 타이머 회로를 작성하 고 YL은 1초 지연 후 동작하는 회로이므로 T18을 이용하여 지연시키고 T19, T20으 로 2초, 1초 동작회로를 T21과 T22로 1초, 2초 반복동작회로를 만든다. BZ는 1초 동작, 2초 정지 반복회로이므로 T23과 T24를 이용하여 프로그램을 작성하면 된다.

③ YL(QX0.0.4), BZ(QX0.0.5) 동작회로 프로그램

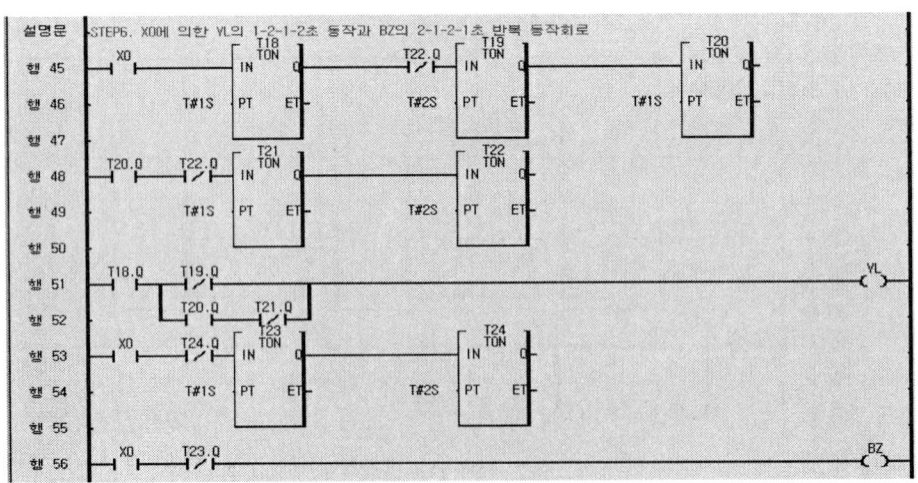

[그림 7 - 91] YL, BZ 동작회로 프로그램

(7) 예제 문제 52 완성 프로그램

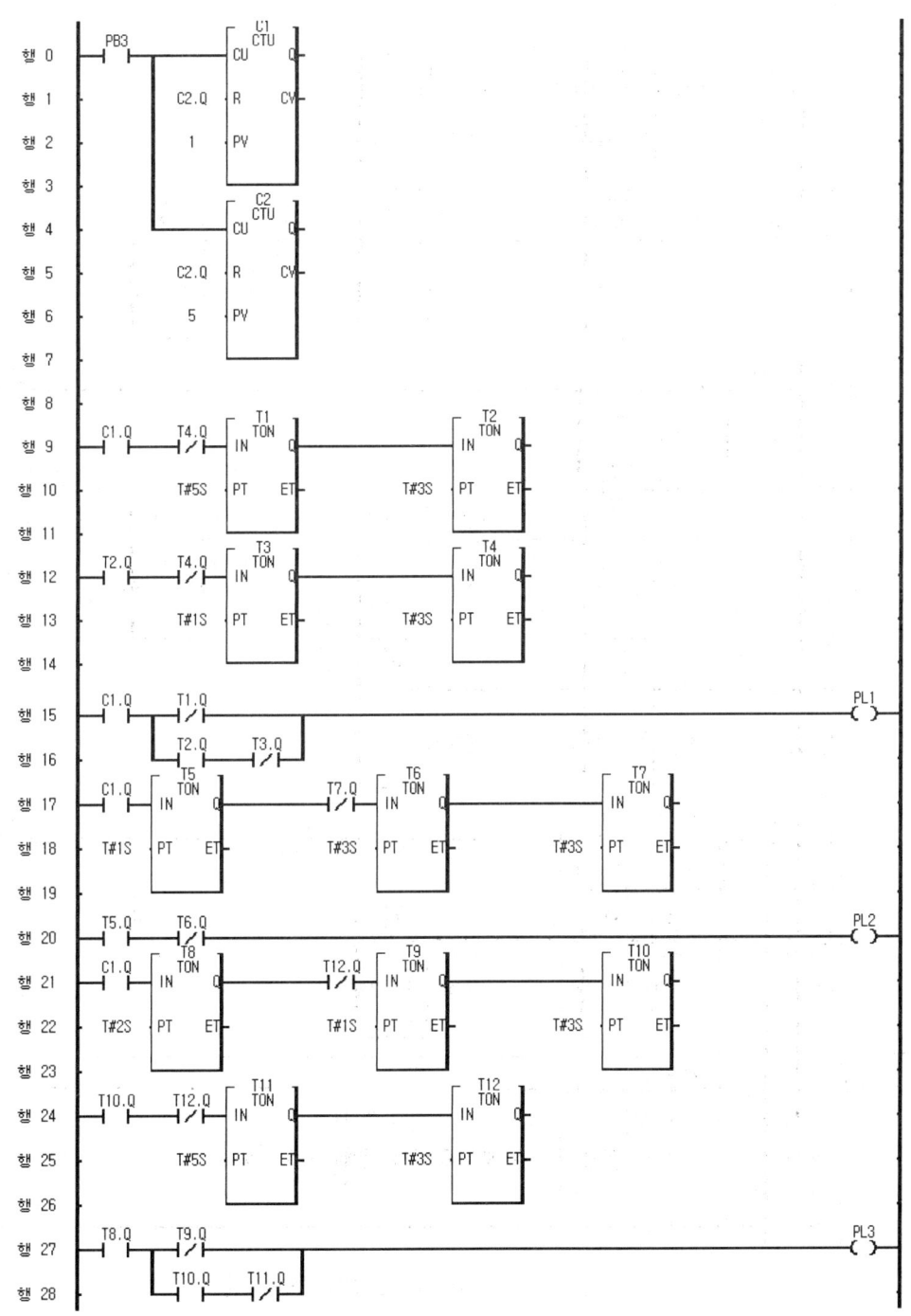

[그림 7 - 92] 예제 문제 52 완성 프로그램 (1)

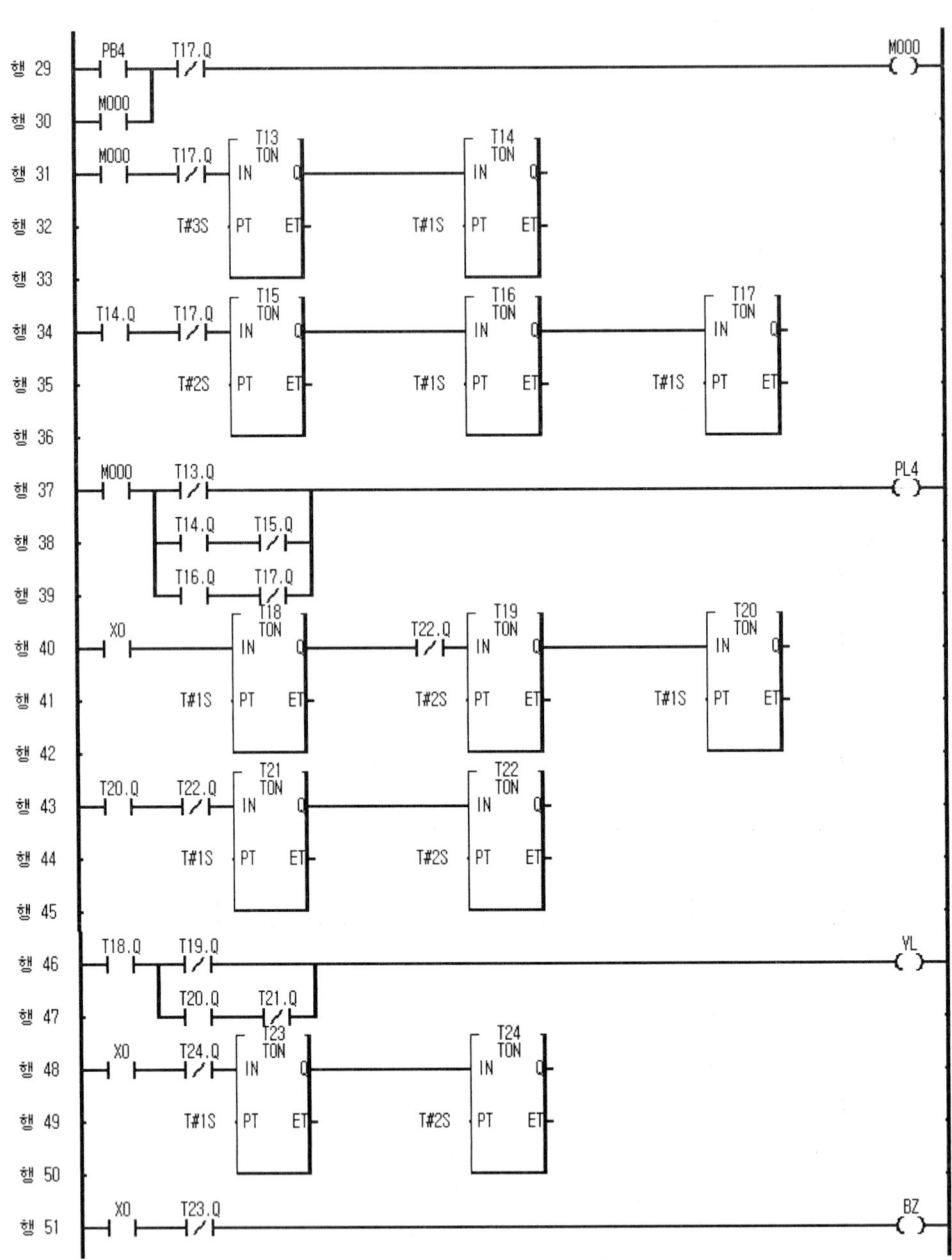

[그림 7-93] 예제 문제 52 완성 프로그램 (2)

7.2 MASTER-K PLC(기종:K7M-DR30S)

7.2.1 예제 문제 47 MASTER-K PLC(기종:K7M-DR30S)

1. PLC 문제

(1) **동작 설명**

① PB3을 두 번째 누르면 PL4가 점등되어 3초 후 소등되고, PL5는 PL4가 소등된 후 1초 뒤 점등되어 3초 후 소등되며, PL6은 1초 뒤 PL4가 다시 점등된다.

② PB4를 누를 때까지 위 사항을 계속 반복 동작하며, PB4를 누르면 동작 중이던 PL4, PL5, PL6이 소등된다.

③ PLC 전원이 투입되면 PL3은 점등(2초)과 소등(1초)을 반복 동작한다.

(2) **PLC 타임차트**

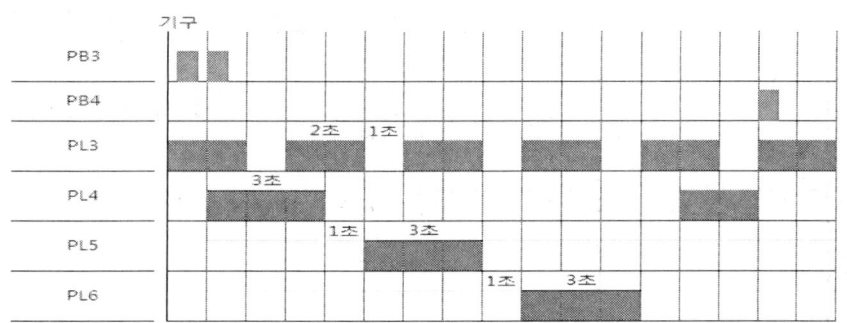

[그림 7-94] 타임차트

(3) **PLC 입·출력도**

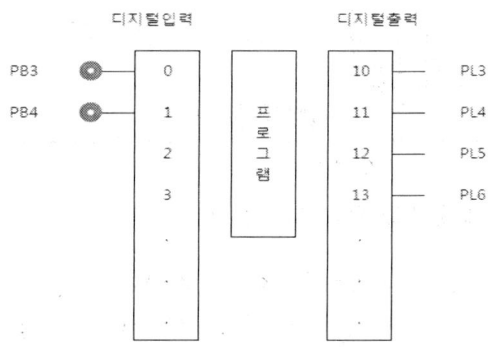

[그림 7-95] PLC 입·출력도

2. PLC 프로그램 작성 해석

PLC 프로그램을 작성하기 위해서는 먼저 타임차트의 해석이 필요하다. 타임차트의 해석과 PLC 프로그램은 해석 방법이나 프로그램 작성방법은 다양하다. 따라서 본 교재에서 제시하는 해석 또는 프로그램은 MASTER-K PLC(기종 : K7M-DR30S)프로그램과 기기에 의해 작성되었으며, 반드시 정답일 수 는 없다. 왜냐하면 엔지니어의 능력에 따라 해석 방법과 프로그램 방법이 조금씩 다를 수 있기 때문이다.

아래 동작 설명과 타임차트에서 보면 PL4~PL6은 PB3, PB4로 ON-OFF 시키게 되는데 PB3의 동작 조건을 보면 2번 동작 시켜야 파일 롯 램프들이 점등 또는 소등을 하게 되므로 카운터를 사용하여야 한다. 또한 PL3은 PB3, PB4 스위치와 관계없이 PLC 전원이 투입되면 바로 동작되어야 한다.

(1) 동작 설명 해석

① PL4의 동작은 PB3을 두 번 동작시킬 때 즉 카운터 C0이 동작했을 때부터 3초-9초를 반복 동작하고, PL5는 카운터 C0이 동작하고 4초 지연 후 3초-9초를 반복 동작하고, PL6은 C0이 동작하고 8초 지연 후 3초-9초를 반복 동작한다고 할 수 있다.

② PB4를 누르면 동작 중이던 PL4, PL5, PL6이 소등되어야 함으로 카운터 C0을 리셋 시키면 카운터의 출력이 0이 되어 정지하게 된다.

③ PL3은 PLC 전원이 투입되면 바로 2초-1초를 반복 동작한다.

(2) 타임차트

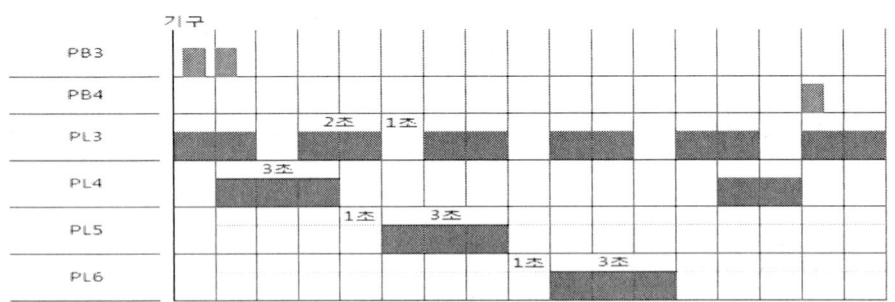

[그림 7-96] 타임차트

(3) PLC 메모리 할당

입·출력의 메모리 할당은 입력은 PB3-P0000, PB4-P0001번지로 출력은 PL3-P0040, PL24-P0041, PL5-P0042, PL6-P0043으로 PLC의 입·출력 도면의 순서대로 할당하여야 프로그램 작성 및 결선을 할 때 오류를 방지할 수 있다. 내부릴레이, 타이머, 카운터 등은 0, 1, 2, 3… 순으로 할당 하여야 혼동되지 않는다.

3. PLC 프로그램 작성

(1) PL3(P0040) 동작 회로

① 타임차트

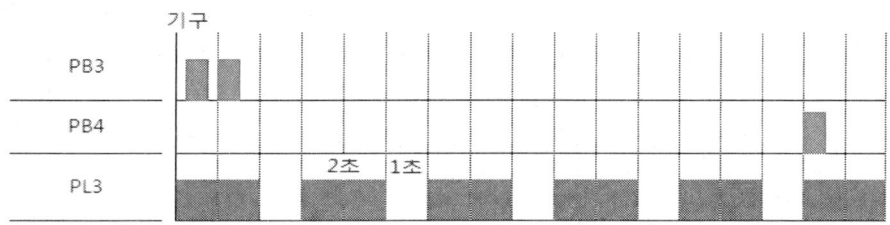

[그림 7 - 97] 타임차트

② 동작 설명

타임차트에서 보면 PB3과 관계없이 PL3은 2초 점등, 1초 소등을 반복하는 회로임으로 타이머 T000 ~ T001을 사용하여 반복 동작을 시키는 회로를 프로그래밍하면 된다.

동작을 설명하면 출력 PL3은 T000 - b에 의해 3초 점등, T001 - b에 의해 1초 소등과 리셋을 함으로 반복 동작을 하게 된다. 이때 주의 할 점은 타이머 T000, T0001, PL3 - P0040을 b 접점을 사용하여야 한다.

③ PL3(P0040) 동작 회로 프로그램

[그림 7 - 98] PL3(P0040) 동작 회로

(2) PL4(P0041) 동작회로

① 타임차트

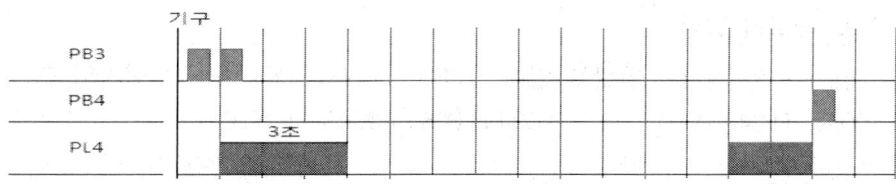

[그림 7 - 99] 타임차트

② 동작 설명

출력 PL4는 PB3에 의한 업 카운터(CTU)의 값이 2이상이 될 때 C0000-Q 값이 1이 되므로 C0000의 출력 Q-a 접점의 신호를 받아 회로를 구성하면 된다. PB4에 의한 정지(리셋)는 카운터에 바로 연결하면 된다.

타임차트에서 반복 구간은 반복 구간을 보면 화살표로 표시된 부분과 같이 3초-9초 구간이 반복 구간이 되며 C0000-Q 값이 1이 됨과 동시에 점등된다. 따라서 타이머는 T2~T3까지 2개가 필요하며 타이머 반복 동작 회로로 구성하면 된다. 동작을 설명하면 출력 PL4는 C0000-a, T0002-b에 의해 3초 점등, T0003-b에 의해 9초 소등과 리셋을 하게 됨으로 반복 동작을 하게 된다.

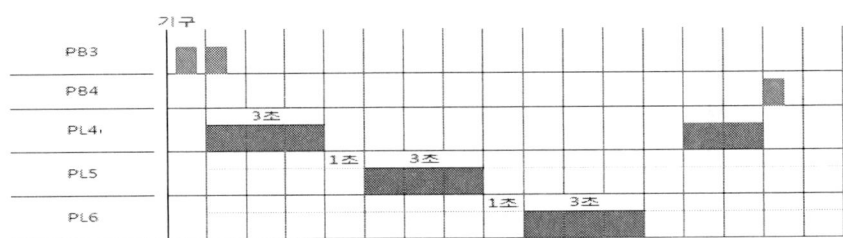

[그림 7 - 100] 타임차트

③ PL4(P0041) 동작 회로 프로그램(3S-9S)

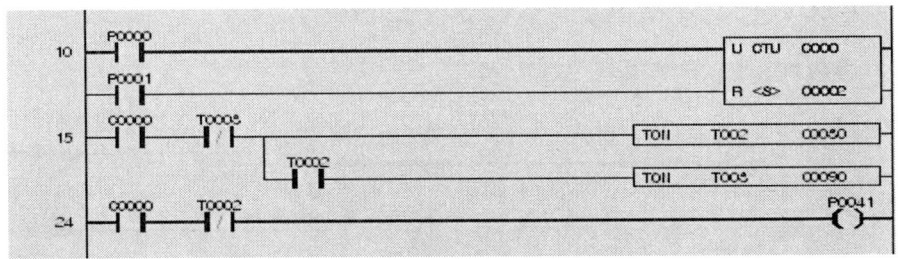

[그림 7 - 101] PL4(P0041) 동작 회로

(3) PL5(P0042) 동작 회로

① 타임차트

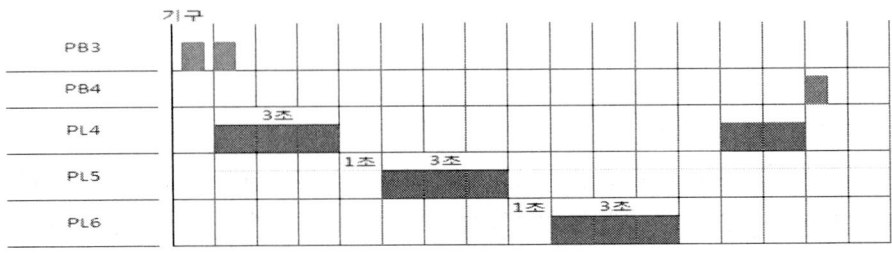

[그림 7 - 102] 타임차트

7.2 MASTER-K PLC(기종 : K7M-DR30S)

② 동작 설명

출력 PL5는 C0000-Q 값이 1이 되고 4초 지연 후 시작 되어야 하며 타임차트에서 반복 구간을 보면 화살표로 표시된 부분과 같이 3초-9초 구간이 반복 구간이 된다. 따라서 타이머는 T4~T6까지 3개가 필요하며 T0004는 점등시간을 4초 지연시키는 타이머이다.

동작을 설명하면 출력 PL4는 T0004-a와 T0005-b에 의해 4초 지연 후 3초 점등, T0006-b에 의해 9초 소등과 리셋을 하게 됨으로 반복 동작을 하게 된다. 이때 주의 할 점은 T0004의 출력을 받아 점등되도록 회로를 구성하여야 한다.

③ PL5(P0042) 동작 회로 프로그램(4S지연-3S-9S)

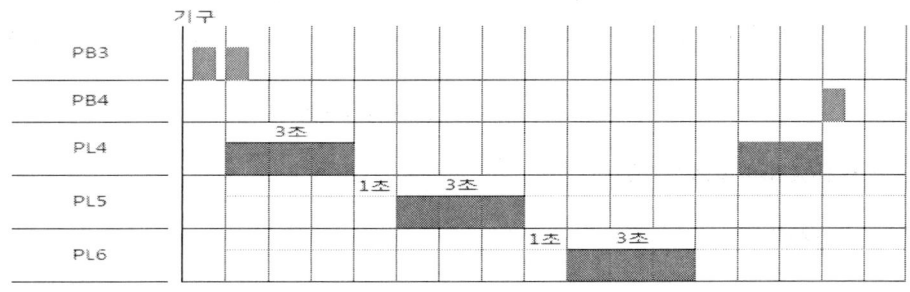

[그림 7 - 103] PL5(P0042) 동작 회로

(4) PL6(P0043) 동작 회로

① 타임차트

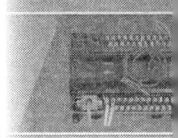

[그림 7 - 104] 타임차트

② 동작 설명

출력 PL6은 C0000-Q 값이 1이 되고 8초 지연 후 시작 되어야 하며 타임차트에서 반복 구간을 보면 화살표로 표시된 부분과 같이 3초-9초 구간이 반복 구간이 된다. 따라서 타이머는 T7~T9까지 3개가 필요하며 T0007은 점등시간을 8초 지

연시키는 타이머이다.

동작을 설명하면 출력 PL5는 T0007-a와 T0008-b에 의해 8초 지연 후 3초 점등, T0009-b에 의해 9초 소등과 리셋을 하게 됨으로 반복 동작을 하게 된다. 이때 주의 할 점은 T0007의 출력을 받아 점등되도록 회로를 구성하여야 한다.

③ PL6(P0043) 동작 회로 프로그램(8S 지연 후-3S-9S)

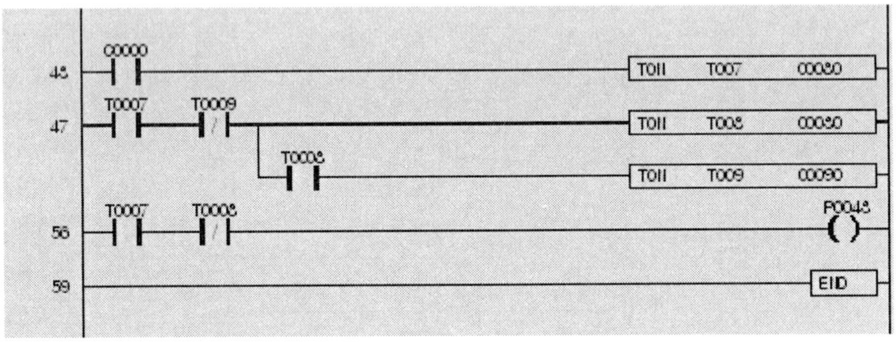

[그림 7 - 105] PL6(P0043) 동작 회로

(5) 예제 문제 47 완성된 프로그램

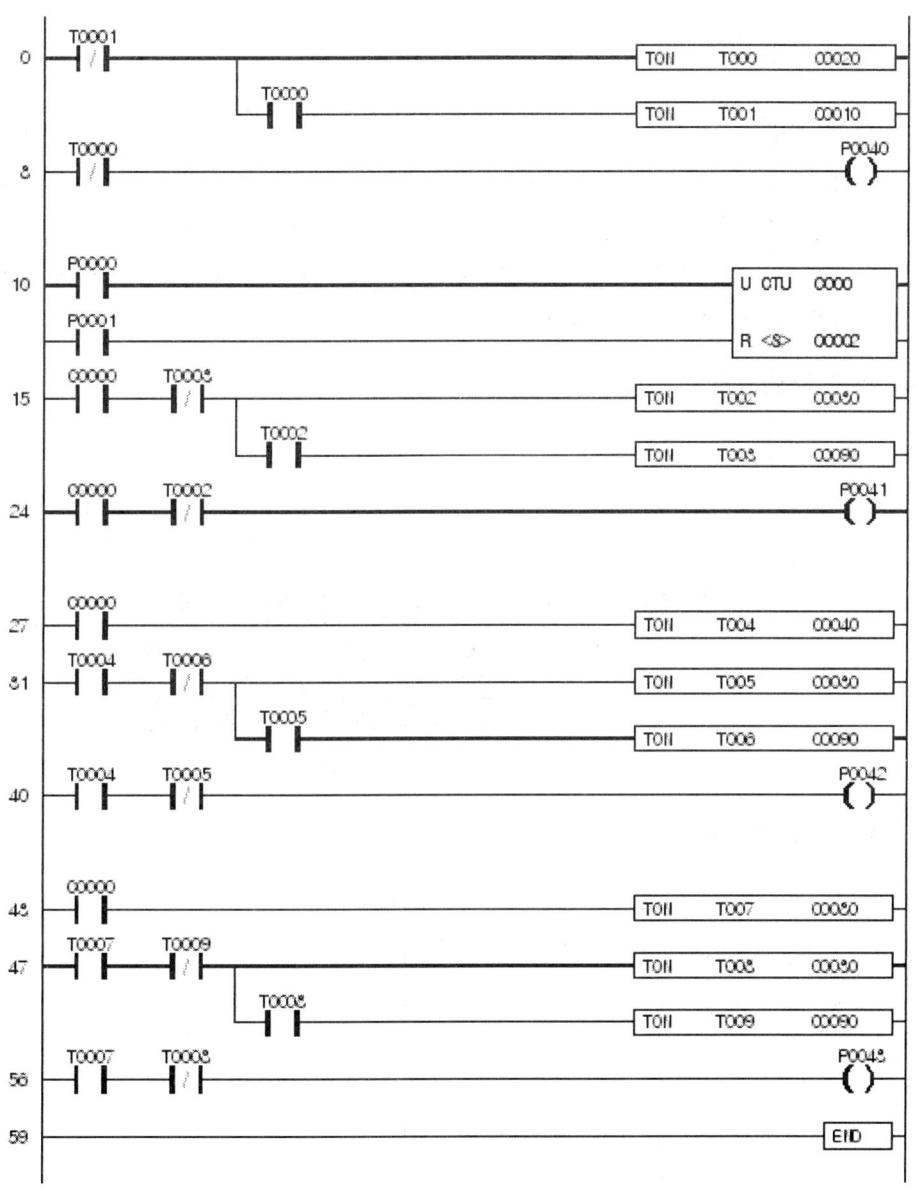

[그림 7 - 106] 예제문제 47 완성 프로그램

7.2.2 예제 문제 48   MASTER-K PLC(기종 : K7M-DR30S)

1. PLC 문제

(1) 동작 설명

① PB4를 누르면 PL4가 2초 점등, 1초 소등을 계속 반복 하고, PL5는 2초 후 1초 점등, 2초 소등을 반복한다. PL6은 3초 후 계속 점등된다.

② PB5를 누를 때까지 위 사항을 계속 반복 동작하며, PB5를 누르면 동작 중이던 PL4, PL5, PL6은 소등된다.

(2) PLC 타임차트

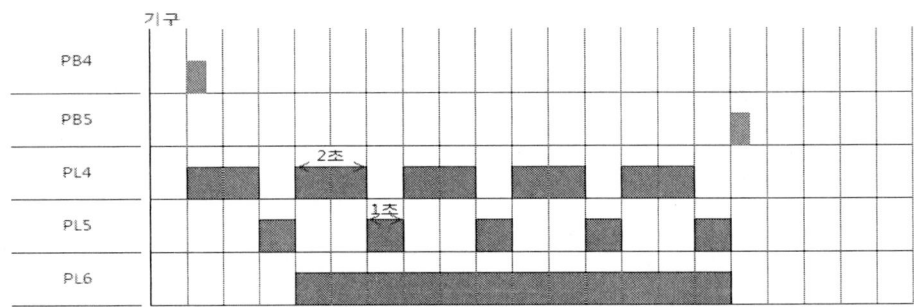

[그림 7 - 107] 타임차트

(3) PLC 입·출력도

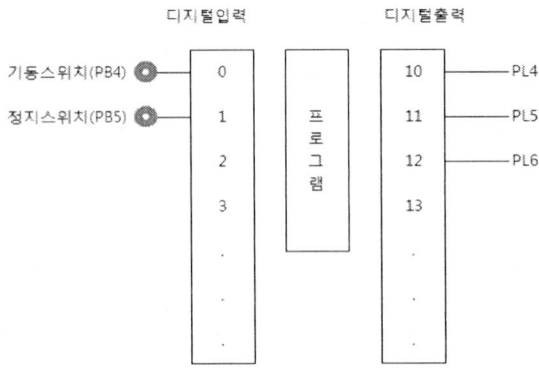

[그림 7 - 108] PLC 입·출력도

2. PLC 프로그램 작성 해석

PLC 프로그램을 작성하기 위해서는 먼저 타임차트의 해석이 필요하다. 타임차트의 해석에서 하나만 잘 못 해석해도 동작사항이 다르기 때문에 기능장 실기시험 에서 불합격 처리 될 수 있다. 그러므로 신중히 타임차트를 해석해 볼 필요가 있다.

동작 설명과 타임차트에서 보면 PL4~PL6은 PB4, PB5로 ON-OFF 시키게 되는데 PB4의 동작으로 PL4~PL6 램프들이 점등 또는 소등을 하게 되므로 이 문제에서는 자기유지회로가 필요하다.

(1) 동작 설명 해석

① PL4의 동작은 PB4를 동작시킬 때부터 2초-1초를 반복 동작하고, PL5는 PB4를 동작 시키고 2초 지연 후 1초-2초를 반복 동작하고, PL6은 3초 지연 후 계속적으로 동작한다고 할 수 있다.

② PB5를 누르면 동작 중이던 PL4, PL5, PL6이 소등되어야 함으로 자기유지회로를 OFF(리셋)시키면 정지하게 된다.

(2) 타임차트

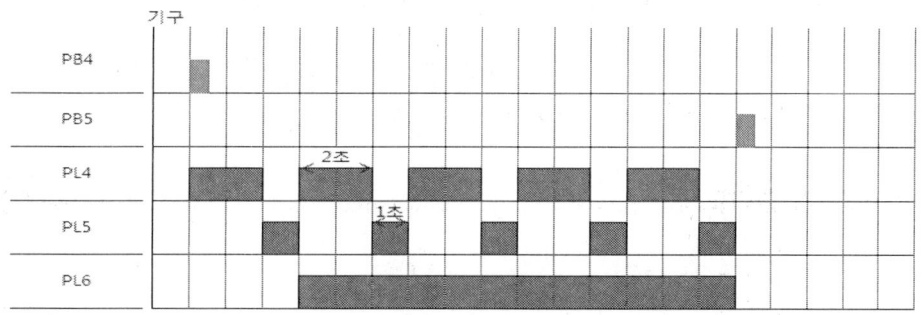

[그림 7 - 109] 타임차트

(3) PLC 메모리 할당

입·출력의 메모리 할당은 입력은 PB4-P0000, PB5-P0001번지로 출력은 PL4-P0040, PL5-P0041, PL6-P0042로 PLC의 입·출력 도면의 순서대로 할당하여야 프로그램 작성 및 결선을 할 때 오류를 방지할 수 있다. 내부메모리, 타이머, 카운터 등은 자동으로 할당 한다.

2. PLC 프로그램 작성

(1) PL4(P0040) 동작 회로

① 타임차트에서 보면 PB4가 ON이 되면 점등되므로 PB4, PB5, M0을 이용하여 자기유지회로를 프로그래밍하면 된다. 동작을 설명하면 출력 PB4에 의해 ON이 되는 자기유지회로를 만들고 PB5에 의해 정지시키면 된다. 이때 출력은 내부릴레이 M0을 사용하면 된다. PL4는 M0000-a와 T0000-b에 의해 2초 점등, T0001-b에 의해 1초 소등과 리셋을 함으로 반복 동작을 하게 된다. 이때 주의 할 점은 M0000을 사용하여 출력 PL4회로를 구성하여야 한다.

② 타임차트

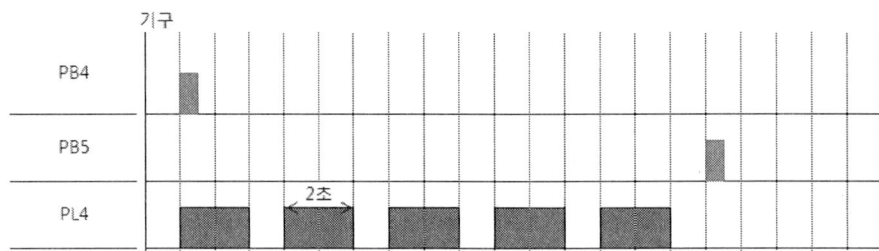

[그림 7 - 110] 타임차트

③ PL4(P0040) 동작 회로 프로그램(2S - 1S)

[그림 7 - 111] PL4 동작 회로 프로그램

(2) PL5(P0041) 동작회로

① 출력 PL5는 타임차트에서 보면 PB4에 의해 M0이 동작되고 2초 지연 후 1초-2초 동작을 반복하게 된다.

동작을 설명하면 PL5는 T0002-a와 T0003-b에 의해 1초 점등, T0004-b에 의해 2초 소등과 리셋을 함으로 반복 동작을 하게 된다. 이때 주의 할 점은 T0002

−a를 사용하여 출력 PL5회로를 구성하여야 한다.

② 타임차트

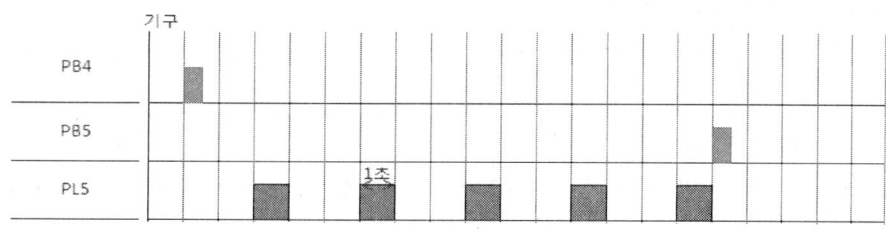

[그림 7 - 112] 타임차트

③ PL5(P0041) 동작회로 프로그램(2초 지연 - 1S - 2S)

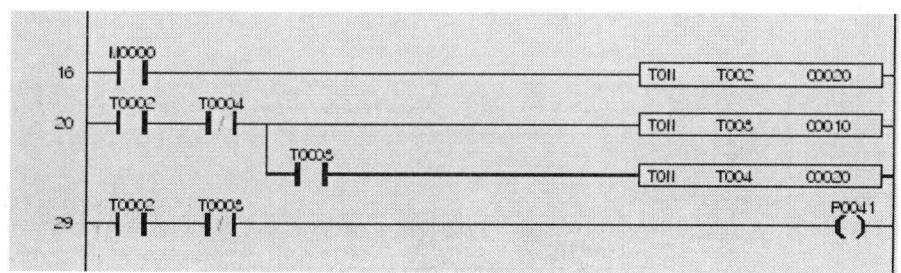

[그림 7 - 113] PL5 동작 회로 프로그램

(3) PL6(P0042) 동작회로

① 출력 PL6은 타임차트에서 보면 PB4에 의해 M0이 동작되고 3초 지연 후 계속 동작을 하게 된다.

동작을 설명하면 PL5는 T0005−a에 의해 3초 지연 후 점등이 되도록 하면 되는데 반드시 T0005−a 접점을 사용하여 출력회로를 구성 하여야 한다.

② 타임차트

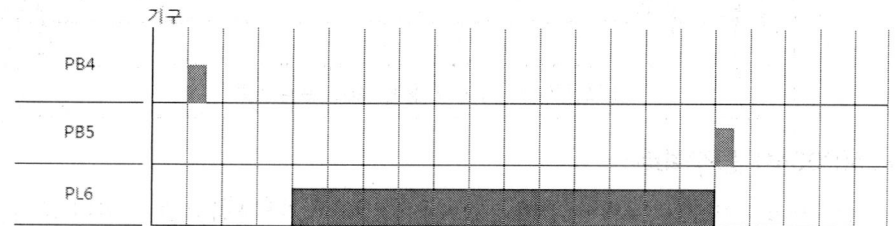

[그림 7 - 114] 타임차트

240 제7장 PLC 예제 문제 해설

③ PL6(P0042) 동작회로 프로그램(3S지연 - 계속동작)

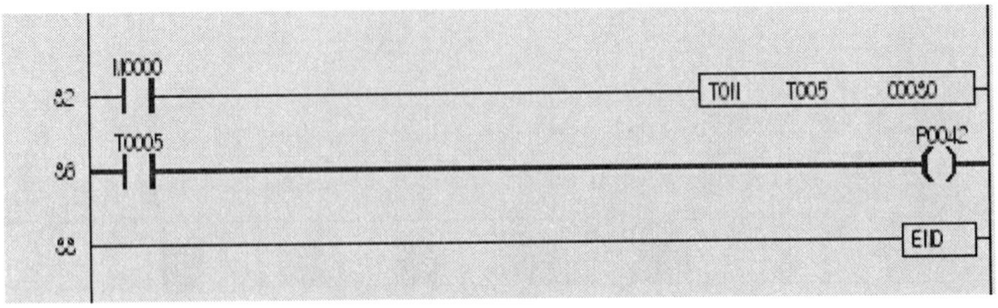

[그림 7-115] PL6 동작 회로 프로그램

(4) 예제 문제 48 완성 프로그램

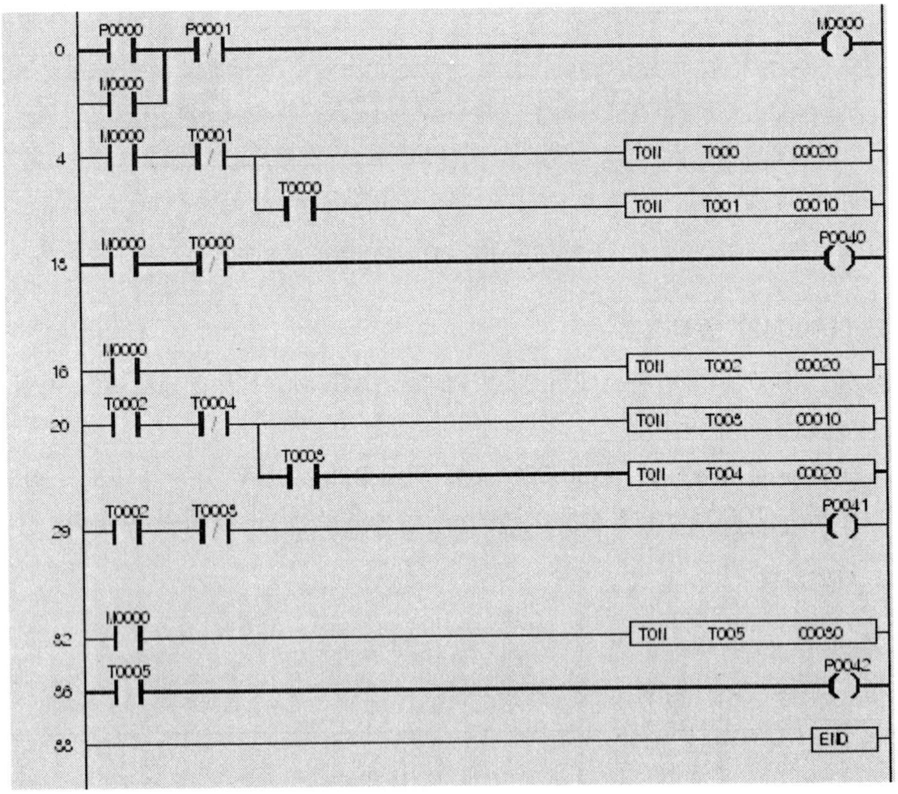

[그림 7-116] 예제 문제 48 완성 프로그램

7.2.3 예제 문제 49 MASTER-K PLC(기종:K7M-DR30S)

1. PLC 문제

(1) **동작 설명**

① PB3을 누르면 PL4가 점등되며, 3초 후 PL5가 점등되고, 3초 후 PL6이 점등된다.
② PB4를 누르면 PL4가 소등되며, 3초 후 PL5가 소등되고, 3초 후 PL6이 소등된다.

(2) **PLC 타임차트**

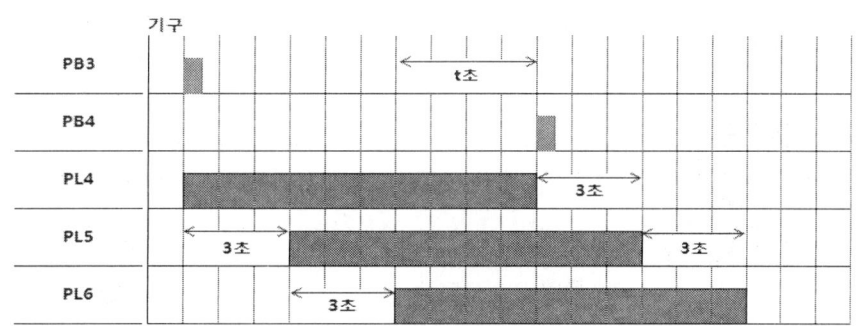

[그림 7 - 117] 타임차트

(3) **PLC 입·출력도**

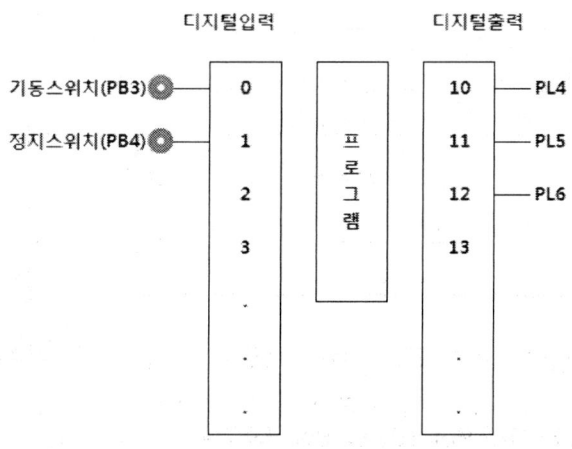

[그림 7 - 118] PLC 입·출력도

2. PLC 프로그램 작성 해석

PLC 프로그램을 작성하기 위해서는 먼저 타임차트의 해석이 필요하다. 타임차트의 해석과 PLC 프로그램은 해석 방법이나 프로그램 작성방법이 여러 가지 있을 수 있다. 그 프로그램 예를 끝에 설명하였다.

동작 설명과 타임차트에서 보면 PL4~PL6은 PB3, PB4로 ON-OFF 시키게 되는데 PB3의 동작 조건을 보면 1번 동작으로 PL4~PL6이 3초 간격으로 순차 동작을 하며 정지시에도 PB4에 의해 PL4~PL6이 3초 간격으로 순차 소등을 하게 된다. 따라서 과제를 수행하기 위해서는 자기유지회로를 적절히 사용해야 하며, 특히 PB4에 의한 정지(리셋)신호시 통상 전기회로에 사용하는 자기유지회로를 사용하면 안 된다. 본 설명에서는 PB4-a 접점을 활용하여 M1이라는 출력회로를 만들어 M1 신호에 의해 정지되도록 프로그램을 작성하였다.

(1) 동작 설명 해석

① PB3을 누르면 PL4가 점등되며, 3초 후 PL5가 점등되고, 3초 후 PL6이 점등된다.
② PB4를 누르면 PL4가 소등되며, 3초 후 PL5가 소등되고, 3초 후 PL6이 소등된다.

(2) 타임차트

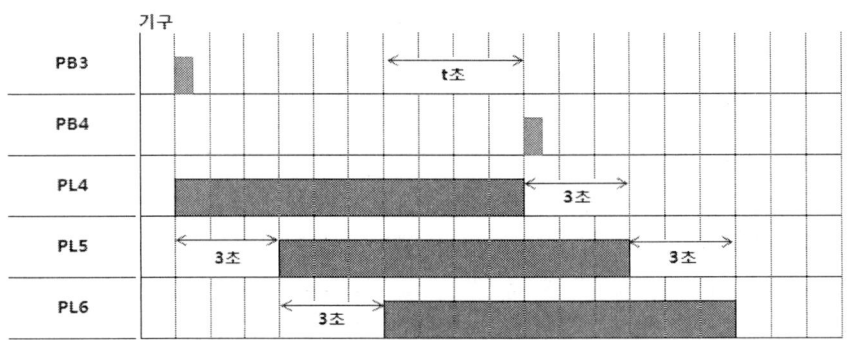

[그림 7 - 119] 타임차트

(3) PLC 메모리 할당

입·출력의 메모리 할당은 입력은 PB3-P000, PB4-P0001번지로 출력은 PL4-P0040, PL5-P0041, PL6-P0042로 PLC 입·출력 도면의 순서로 할당하여야 프로그램 작성 및 결선을 할 때 오류를 방지할 수 있다. 내부메모리, 타이머, 카운터 등은 자동으로 할당 한다.

3. PLC 프로그램 작성

(1) PL4(P0040), PL5(P0041), PL6(P0042) 동작회로

① 타임차트에서 보면 PB3이 ON이 되면 PL4, PL5, PL6이 차례로 점등되는 회로이므로 먼저 셋 조건 만을 생각하고 프로그램을 작성하는데 점등 상태가 계속 유지되어야 함으로 자기유지회로를 생각하여 프로그램을 작성한다. 동작을 설명하면 출력 PL4는 내부메모리 M0000-a에 의해 동작되고, PL5는 T0000-a에 의해 3초 지연 후 동작되며, PL6은 T0001-a에 의해 6초 지연 후 동작된다.

② 타임차트

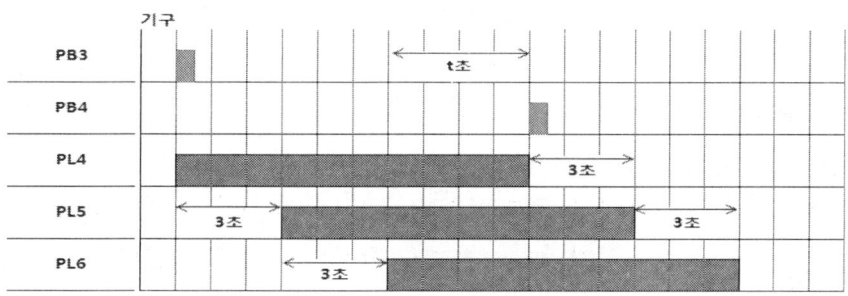

[그림 7 - 120] 타임차트

③ PL4, PL5, PL6 동작회로 프로그램

[그림 7 - 121] PL4, PL5, PL6 동작회로 프로그램

(2) PL4(QX0.0.0), PL5(QX0.0.1), PL6(QX0.0.2) 정지회로

① PB4에 의한 정지회로는 통상 정지회로는 b 접점으로 생각하는데 여기서는 a 접점을 사용하여 M1을 출력으로 하는 자기유지회로를 만들었다. 동작을 설명하면 PB4를 동작시키는 중에도 PL5, PL6은 동작 상태임으로M1에 의해 T1, T2로 정지를 지연시키는 회로를 작성하여야 한다.

244 제7장 PLC 예제 문제 해설

② 타임차트

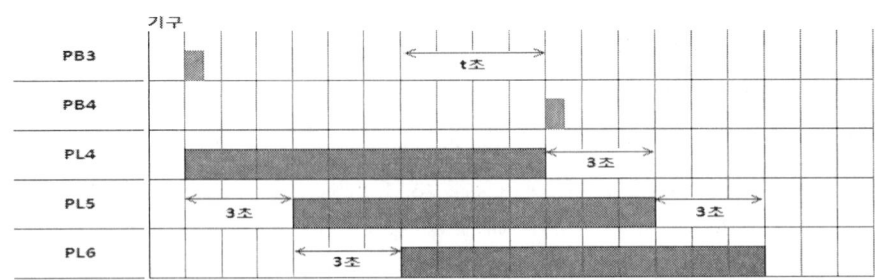

[그림 7 - 122] 타임차트

③ PL4, PL5, PL6 정지 회로 프로그램

[그림 7 - 123] PL4, PL5, PL6 정지회로 프로그램

(3) PL4(QX0.0.0), PL5(QX0.0.1), PL6(QX0.0.2) 동작·정지 회로

① 타임차트에서 보면 PB3이 ON이 되면 PL4, PL5, PL6이 차례로 점등되는 회로이므로 먼저 셋 조건 만을 생각하고 프로그램을 작성하고 그림 7-125와 같이 정지되는 회로를 작성한다. 정지(RESET) 조건으로 출력되는 것이 M0001이므로 PL4는 M0001에 의해, PL5는 T0002에 의해, PL6은 T0003에 의해 정지하도록 하고, 아울러 T0003에 의해 M0000, M0001을 정지시키면 모든 동작이 초기화된다.

② 타임차트

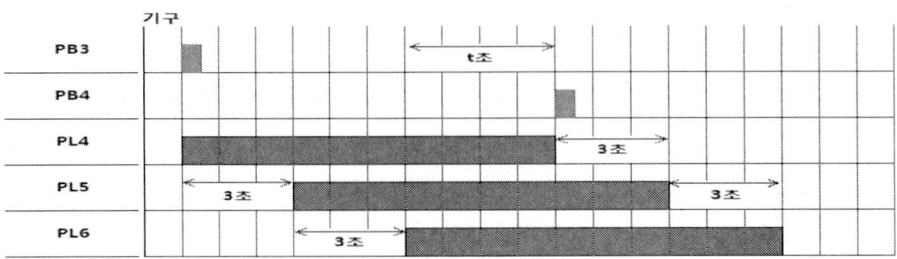

[그림 7 - 124] 타임차트

③ PL4(QX0.0.0), PL5(QX0.0.1), PL6(QX0.0.2) 동작 정지 회로 프로그램

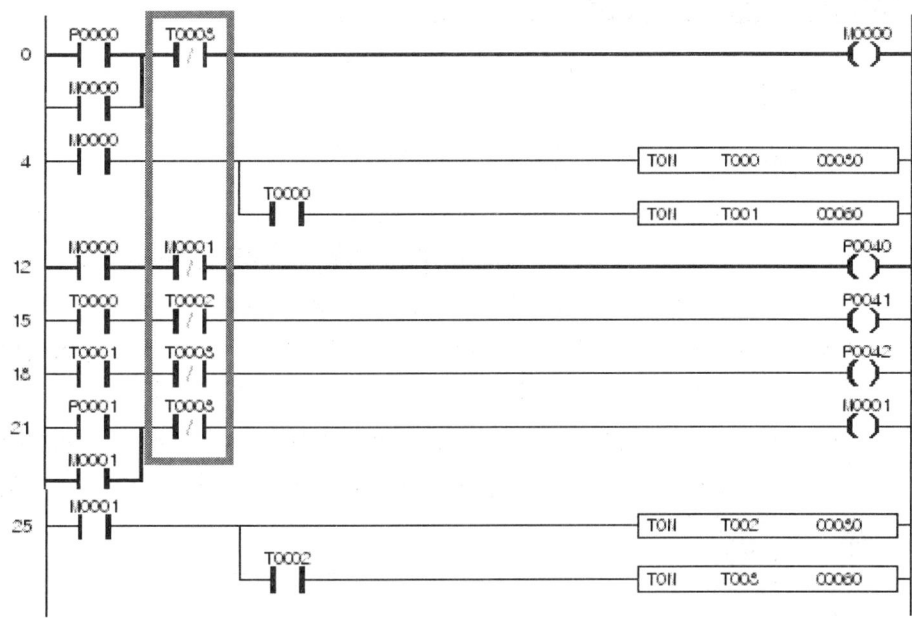

[그림 7 - 125] PL4, PL5, PL6 동작·정지 회로 프로그램

(4) 예제 문제 49 완성 프로그램

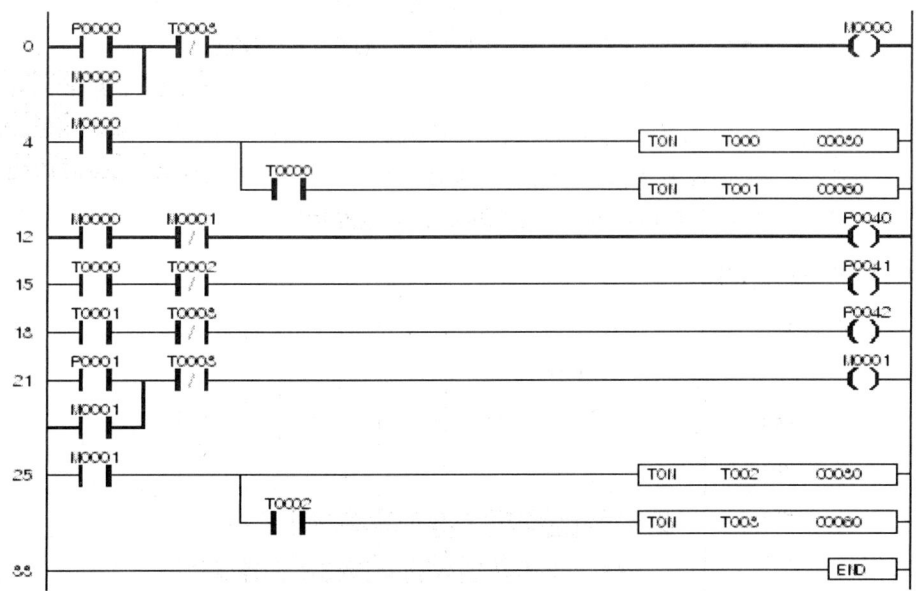

[그림 7 - 126] 예제문제 49 완성 프로그램

7.2.4 예제 문제 50 MASTER-K PLC(기종 : K7M-DR30S)

1. PLC 문제

(1) 동작 설명

① PB_Up와 PB_Down의 입력에 의한 Up-down 카운터(설정치 5)의 현재치가 5이상이면, PL1은 3초 간격으로 점멸하고, PL2는 PL1이 점등된 후 2초 뒤부터 1초 간격으로 점멸하며, PL3은 PL2가 점등된 후 2초 뒤부터 2초 간격으로 점멸한다.

② Up-DOWN 카운터의 현재치가 5이상이면 위 사항을 계속 반복 동작하며, 현재치가 5보다 적으면 동작 중이던 PL1, PL2, PL3은 소등된다.

③ EOCR이 동작되면 X3과 YL(점등(2초)-소등(1초)-점등(1초)-소등(1초)-점등(3초)-소등(1초)을 반복)이 동작하고, EOCR을 리셋하면 모든 동작은 멈춘다.

(2) PLC 타임차트

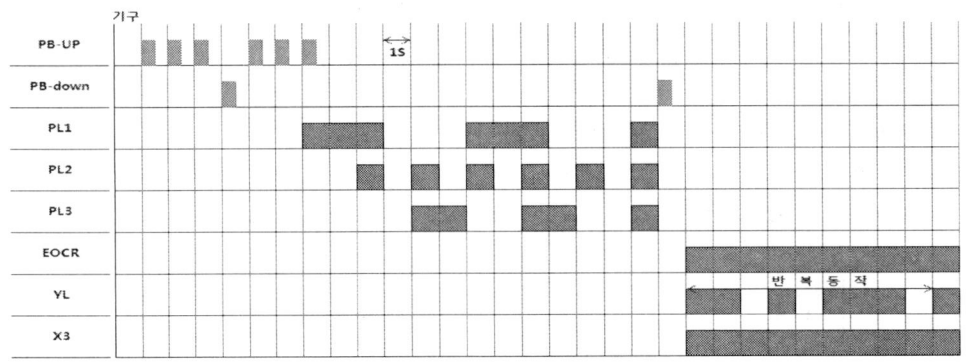

[그림 7 - 127] 타임차트

(3) PLC 입·출력도

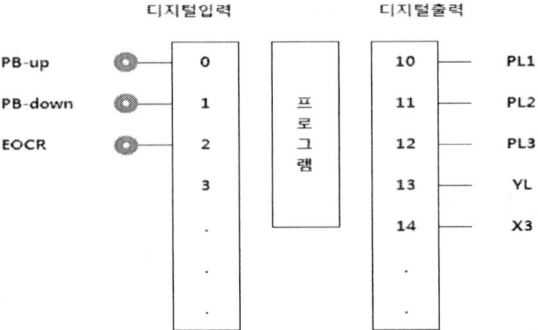

[그림 7 - 128] PLC 입·출력도

2. PLC 프로그램 작성 해석

PLC 프로그램을 작성하기 위해서는 먼저 타임차트의 해석이 필요하다. 아래 동작 설명과 타임차트에서 보면 PB_UP 스위치와 PB_DOWN 스위치를 이용하여 업다운 카운터 CTUD를 작동시켜 CTUD의 설정치를 기준으로 이상이면 동작, 이하이면 정지를 하도록 되어 있다.

또한 출력 PL1~PL3과 EOCR에 의한 동작부분은 별도로 보아야 할 것으로 보인다. 전기 분야의 경험이 많은 분들은 대체적으로 EOCR이 동작하면 모든 회로의 동작이 정지하도록 하여야 한다고 생각하기 쉬운데 전기 회로도에서 PLC의 전원은 EOCR 접점 전단에 연결되어 있음을 생각하여야 한다.

또한 EOCR에 의한 X3 릴레이를 동작시키도록 되어있다. EOCR의 접점은 푸시버튼 스위치가 아니고 a접점임으로 자기유지회로를 구성할 필요가 없다.

(1) 동작 설명 해석

① PB_Up와 PB_Down의 입력에 의한 Up-Down 카운터(설정치 5)의 현재치가 5이상 이면, PL1은 3초 간격으로 점멸하고, PL2는 PL1이 점등된 후 2초 뒤부터 1초 간격으로 점멸하며, PL3은 PL2가 점등된 후 2초 뒤부터 2초 간격으로 점멸한다.

② Up-Down 카운터의 현재치가 5이상이면 위 사항을 계속 반복 동작하며, 현재치가 5보다 적으면 동작 중이던 PL1, PL2, PL3은 소등된다.

③ EOCR이 동작되면 X3과 YL(점등(2초)-소등(1초)-점등(1초)-소등(1초)-점등(3초)-소등(1초)를 반복)이 동작하고, EOCR을 리셋하면 모든 동작은 멈춘다.

(2) 타임차트

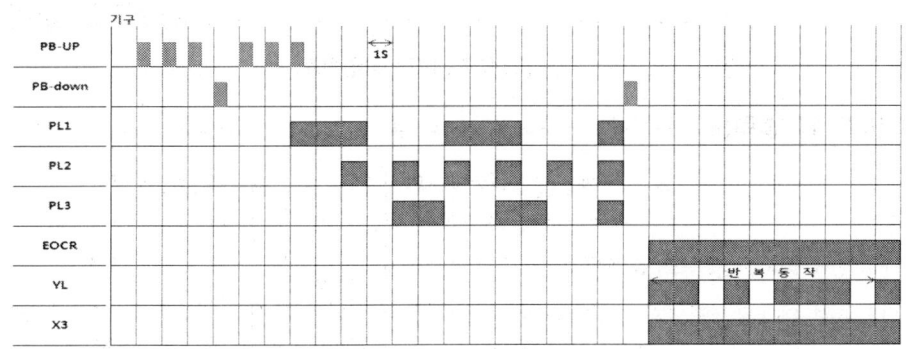

[그림 7 - 129] 타임차트

(3) PLC 메모리 할당

입·출력의 메모리 할당은 입력은 PB_UP-P0000, PB_DOWN-P0001, EOCR-P0002번

지로 출력은 PL1-P0040, PL2-P0041, PL3-P0042, YL-P0043, X4-P0043로 PLC의 입·출력 도면의 순서대로 할당하여야 프로그램 작성 및 결선을 할 때 오류를 방지할 수 있다. 내부메모리, 타이머, 카운터 등은 0, 1, 2, 3…순으로 할당 한다.

3. PLC 프로그램 작성

(1) PB_UP와 PB_DOWN에 의한 업-다운 카운터(CTUD) 동작회로

① 타임차트에서 보면 업-다운 카운터(CTUD)의 출력 값(QU)은 PB_UP의 카운터 횟수가 5회 이상이면 출력이 나오고 5회 이하 이면 출력이 나오지 않도록 되어 있다. 즉 6+(-1)=5가 되는 것이다. PB_UP(P0000) 스위치는 U의 입력으로 사용하고 PB_PB_DOWN(P0001) 스위치는 D의 입력으로 사용하면 된다.

리셋(R)은 타임차트나 동작 설명에서 언급이 없기 때문에 P0100으로 입력하고 PLC에서는 결선은 하지 않는다. CTUD 입력 방법은 F10-CTUD✔C1✔5를 입력하면 된다.

② 타임차트

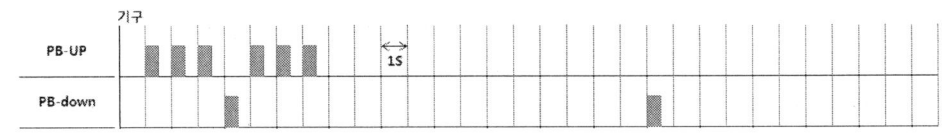

[그림 7 - 130] 타임차트

③ PB_UP와 PB_DOWN에 의한 업-다운 카운터(CTUD) 동작 회로 프로그램

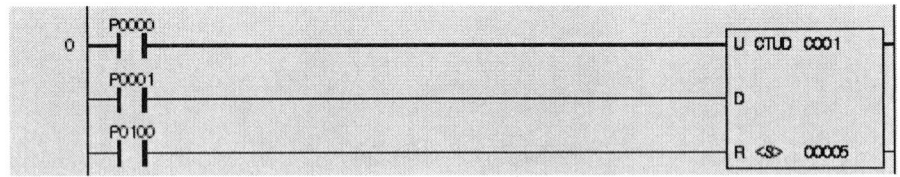

[그림 7 - 131] 업 - 다운 카운터(CTUD) 동작 회로 프로그램

(2) PL1(P0040) 동작회로

① 출력 PL1은 PB_UP와 PB_DOWN에 의한 업 다운카운터(CTUD)의 값이 5이상이 될 때 C1의 출력 값이 1이 되므로 C1의 출력 신호를 받아 회로를 구성하면 된다. 타임차트에서 반복 구간은 반복 구간을 보면 화살표로 표시된 부분과 같이 3초-3초 구간이 반복 구간이 되며 C1-QU 값이 1이 됨과 동시에 점등된다. 따라서 타이머는 T0~T1까지 2개가 필요하며 타이머 반복 동작 회로로 구성하면 된다. 동작을 설명하면 출력 PL1은 C0001-a, T0000-b에 의해 3초 점등, T0001-b에

의해 3초 소등과 리셋을 하게 됨으로 반복 동작을 하게 된다. 이때 주의 할 점은 C0001의 출력을 받아 점등되도록 회로를 구성하여야 한다.

② 타임차트

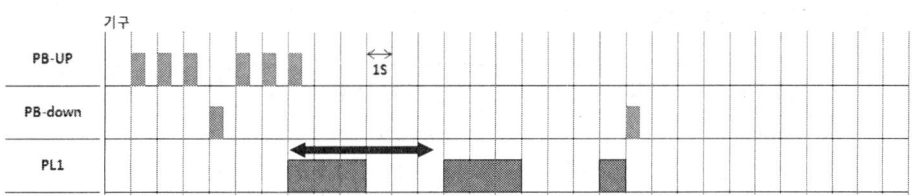

[그림 7 - 132] 타임차트

③ PL1(P0040) 동작회로 프로그램(3S – 3S)

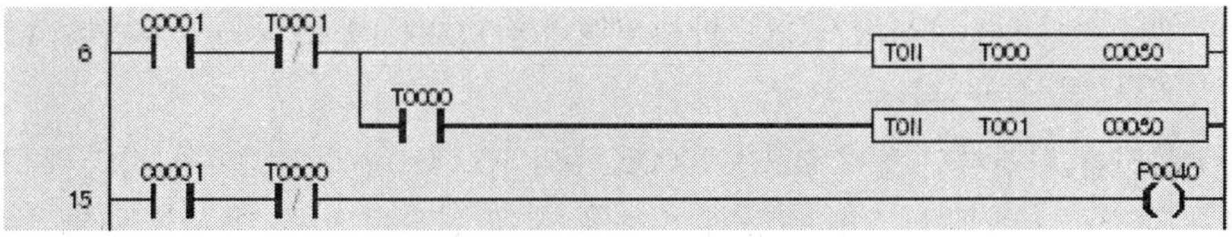

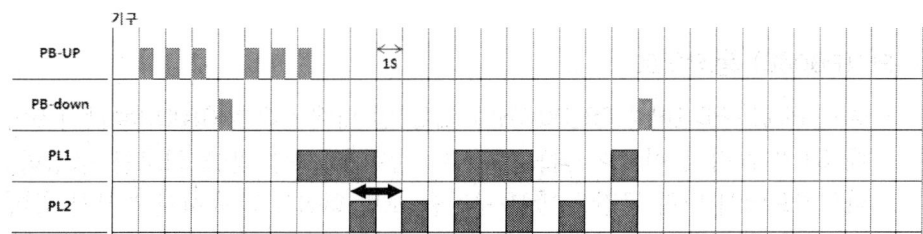

[그림 7 - 133] PL1(P0040) 동작회로 프로그램

(3) PL2(P0041) 동작회로

① 출력 PL2는 C1 출력 값이 1이 되고 2초 지연 후 시작 되어야 하며 타임차트에서 반복 구간을 보면 화살표로 표시된 부분과 같이 1초 – 1초 구간이 반복 구간이 된다. 따라서 타이머는 T2 ~ T4까지 3개가 필요하며 T2는 점등시간을 2초 지연시키는 타이머이다. 동작을 설명하면 출력 PL2는 T0002 – a와 T0003 – b에 의해 2초 지연 후 1초 점등, T0004 – b에 의해 1초 소등과 리셋을 하게 됨으로 반복 동작을 하게 된다. 이때 주의 할 점은 T0002의 출력을 받아 점등되도록 회로를 구성하여야 한다.

② 타임차트

[그림 7 - 134] 타임차트

③ PL2(P0041) 동작회로 프로그램(2S지연-1S-1S)

[그림 7 - 135] PL2(P0041) 동작회로 프로그램

(4) PL3(P0042) 동작회로

① 출력 PL3은 C1 출력 값이 1이 되고 4초 지연 후 시작 되어야 하며 타임차트에서 반복 구간을 보면 화살표로 표시된 부분과 같이 2초-2초 구간이 반복 구간이 된다. 따라서 타이머는 T5~T7까지 3개가 필요하며 T5는 점등시간을 4초 지연시 키는 타이머이다.

동작을 설명하면 출력 PL3은 T0005-a와 T0006-b에 의해 4초 지연 후 2초 점등, T0007-b에 의해 2초 소등과 리셋을 하게 됨으로 반복 동작을 하게 된다. 이때 주의 할 점은 T0005의 출력을 받아 점등되도록 회로를 구성하여야 한다.

② 타임차트

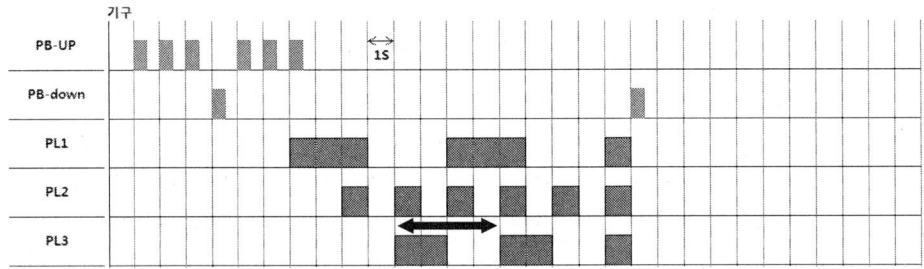

[그림 7 - 136] 타임차트

③ PL3(P0042) 동작회로 프로그램(4S지연-2S-2S)

[그림 7 - 137] PL3(P0042) 동작회로 프로그램

(5) YL(P0043)과 X3(P0044) 동작회로

① 출력 YL(P0043)은 타임차트에서 보면 EOCR 접점에 의하여 바로 반복 동작하며, EOCR 접점은 A접점임으로 자기유지회로가 필요 없다. 타임차트에서 반복 구간을 보면 화살표로 표시된 부분과 같이 2초-1초-1초-1초-3초-1초 구간이 반복 구간이 된다. 따라서 타이머는 T8~T13까지 6개가 필요 하다.

동작을 설명하면 출력 YL은 EOCR-a와 T0008-b에 의해 2초 점등, T0009-a에 의해 1초 소등 T0010-b에 의해 1초 점등, T0011-a에 의해 1초 소등, T0012-b에 의해 3초 점등, T0013-b에 의해 1초 소등과 리셋을 하게 됨으로 반복 동작을 하게 된다. 이때 주의 할 점은 EOCR의 출력을 받아 점등되도록 회로를 구성하여야 한다.

또한 X3(P0043)은 EOCR의 신호를 받아 바로 여자 되도록 프로그램을 작성하며, 특히 주의할 것은 X3은 제어판의 X3 릴레이 전원임으로 전원선의 한 가닥은 PLC 출력 Q04에 연결하여야 한다.

② 타임차트

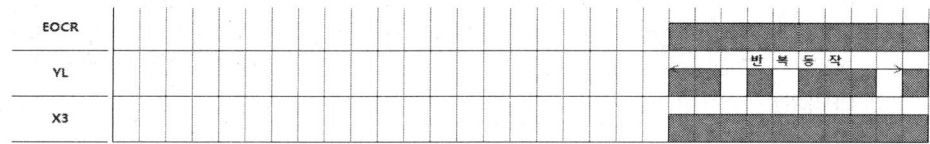

[그림 7 - 138] 타임차트

③ YL(2S-1S-1S-1S-3S-1S)과 X3(지속동작) 동작회로 프로그램

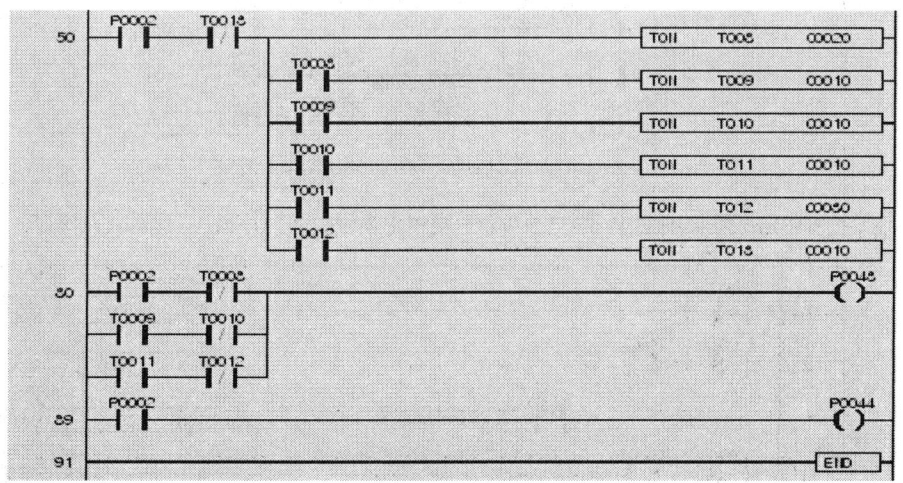

[그림 7 - 139] YL과 X3(지속동작) 동작회로 프로그램

252 제7장 PLC 예제 문제 해설

> **Tip** MASTER-K PLC 프로그램에서 단순 반복동작(플리커) 회로나 연속 반복동작이 이루어지는 경우 타이머 프로그램 패턴을 반드시 숙지하여야 한다.

(6) 예제문제 50 완성 프로그램

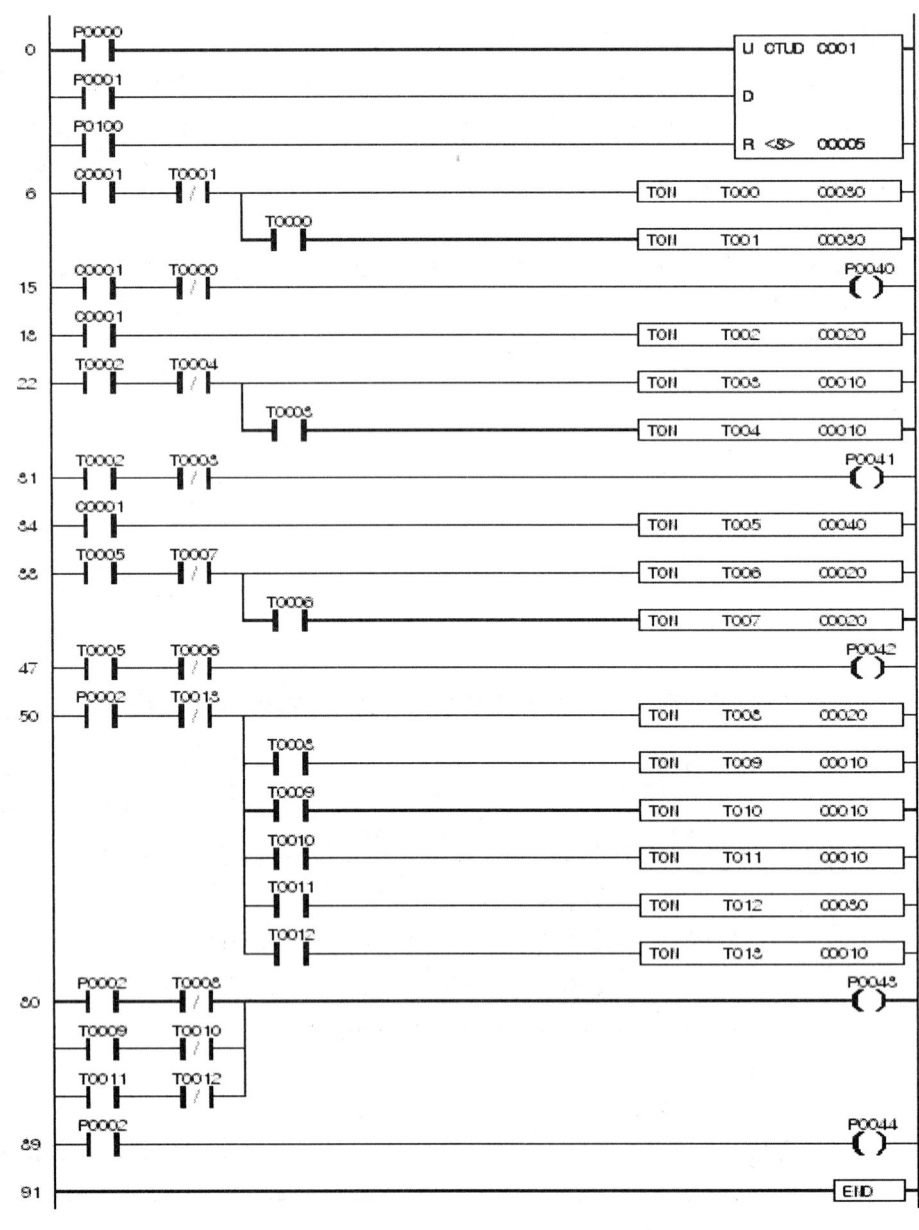

[그림 7 - 140] 예제문제 50 완성 프로그램

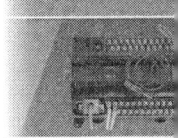

7.2.5 예제 문제 51 MASTER-K PLC(기종:K7M-DR30S)

1. PLC 문제

(1) 동작 설명

① PB6을 누른 후 놓으면

PL1은 주어진 시간동안 점등과 소등(⑤-①-①-①-⑤-①초)을 반복 동작하고, PL2는 PL1이 점등된 1초 후 점등과 소등(⑤-①-⑤-③초)을 반복 동작하고, PL3은 PL2가 점등된 1초 후 점등과 소등(③-①-①-①-③-②-①-②초)을 반복 동작한다.

② PB7의 입력이 들어오기 전까지 위 사항을 계속 반복 동작하게 되며, PB7을 누르면 동작 중이던 PL1, PL2, PL3은 모두 소등된다.

③ 제어회로의 EOCR이 동작하면 X4가 여자 되고, YL은 점등과 소등(②-①-①-①초)을 반복하고, BZ는 YL 점등 1초 후 동작과 정지(①-①-②-①초)를 반복 동작한다. EOCR이 복귀되면 YL과 BZ는 동작을 멈춘다.

(2) PLC 타임차트

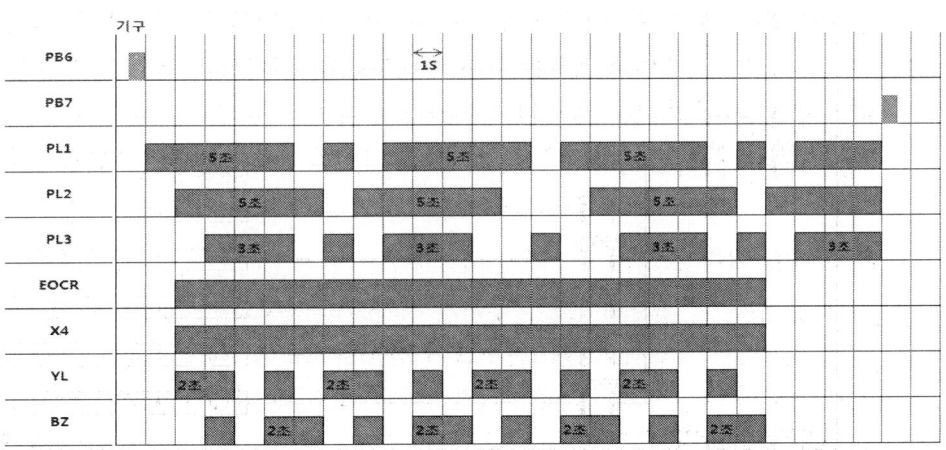

[그림 7 - 141] 타임차트

(3) PLC 입·출력도

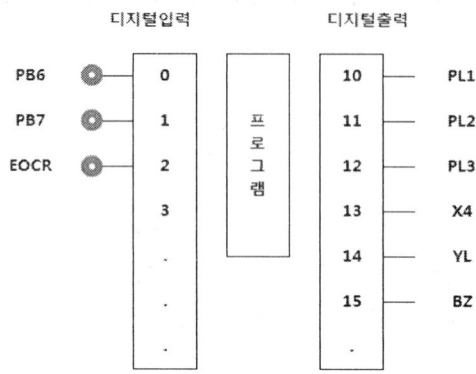

[그림 7 - 142] PLC 입·출력도

2. PLC 프로그램 작성과 해석

PLC 프로그램을 작성하기 위해서는 먼저 타임차트의 해석이 필요하다. 아래 동작 설명과 타임차트에서 보면 PB6 스위치를 ON 스위치로, PB7 스위치를 OFF 스위치로 사용하여 PL1~PL3까지 동작을 시킬 수 있도록 구성되어 있다. 이때 스위치의 블록이 시작점 또는 끝나는 점에서 동작이 되는지를 반드시 확인하여야 한다. 아래 차트와 같이 끝나는 점에서 출력이 시작되면 MASTER-K PLC 프로그램에서는 음변환 검출접점이 없기 때문에 D NOT 명령을 사용하여 프로그램을 작성 할 수 있다.

또한 EOCR에 의한 X4 릴레이를 동작시키도록 되어있다. EOCR의 접점은 a접점임으로 자기유지회로를 구성할 필요가 없다.

(1) 동작 설명 해석

① PB6을 누른 후 놓으면 PL1은 주어진 시간동안 점등과 소등(⑤-①-①-①-⑤-①초)을 반복 동작하고, PL2는 PL1이 점등된 1초 후 점등과 소등(⑤-①-⑤-③초)을 반복 동작하고, PL3은 PL2가 점등된 1초 후 점등과 소등(③-①-①-①-③-②-①-②초)을 반복 동작한다.

② PB7의 입력이 들어오기 전까지 위 사항을 계속 반복 동작하게 되며, PB7을 누르면 동작 중이던 PL1, PL2, PL3은 모두 소등된다.

③ 제어회로의 EOCR이 동작하면 X4가 여자 되고, YL은 점등과 소등(②-①-①-①초)을 반복하고, BZ는 YL 점등 1초 후 동작과 정지(①-①-②-①초)를 반복동작 한다. EOCR이 복귀되면 YL과 BZ는 동작을 멈춘다.

7.2 MASTER-K PLC(기종 : K7M-DR30S) **255**

(2) 타임차트

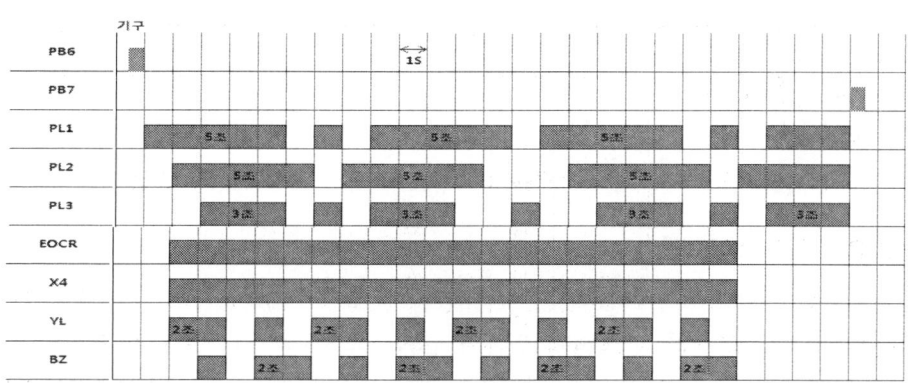

[그림 7 - 143] 타임차트

(3) PLC 메모리 할당

    MASTER-K PLC 입·출력의 메모리 할당은 입력은 PB6-P0000, PB7-P0001, EOCR-P0002번지로 출력은 PL1-P0040, PL2-P0041, PL3-P0042, X4-P0043, YL-P0044, BZ-P0045로 PLC의 입·출력 도면의 순서로 할당하여야 프로그램 작성 및 결선을 할 때 오류를 방지할 수 있다. 내부 릴레이, 타이머, 카운터 등은 순서대로 0, 1, 2, 3 … 순으로 할당 한다.

3. PLC 프로그램 작성

(1) PB6(P0000), PB7(P0001) 기동·정지 회로

  ① PB6-P0000 스위치는 눌렀다가 놓을 때 동작하는 하강 엣지 신호임으로 MASTER-K PLC에서는 D NOT 명령을 사용하여 프로그래밍 한다. 이때 출력으로 나오는 M0000을 이용하여 자기유지회로 프로그램을 작성하여야 한다. 이때 출력은 내부 릴레이 M0001을 사용하면 된다.

  ② 타임차트

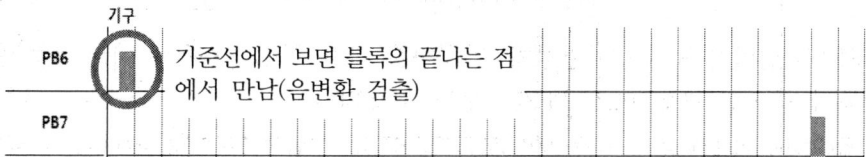

[그림 7 - 144] 타임차트

③ PB6(P0000), PB7(P0001) 기동·정지 회로 프로그램

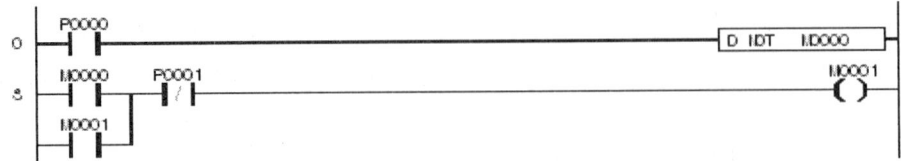

[그림 7 - 145] PB6(P0000), PB7(P0001) 기동·정지 회로 프로그램

(2) PL1(P0040) 동작회로

① 출력 PL1은 PB6 스위치를 놓는 것과 동시에 시작 되어야 하며 타임차트에서 반복 구간을 보면 화살표로 표시된 부분과 같이 5초 - 1초 - 1초 - 1초 - 5초 - 1초 구간이 반복 구간이 된다. 따라서 타이머는 T0 ~ T5까지 6개가 필요하며 이 타이머들을 계속해서 연결사용하여도 무방하다.

동작을 설명하면 출력 PL1은 M0001, T0000 - b에 의해 5초 점등, T0001 - a에 의해 1초 소등, T0002 - b에 의해 1초 점등, T0003 - a에 의해 1초 소등, T0004 - b에 의해 5초 점등, T0005 - b에 의해 1초 소등과 리셋을 하게 됨으로 반복 동작을 하게 된다. 이때 주의 할 점은 M0001의 출력을 받아 점등되도록 회로를 구성하여야 한다.

② 타임차트

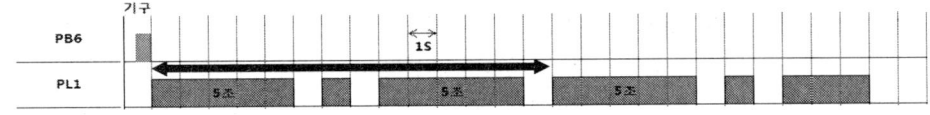

[그림 7 - 146] 타임차트

③ PL1(P0040) 동작회로 프로그램(5S - 1S - 1S - 1S - 5S - 1S)

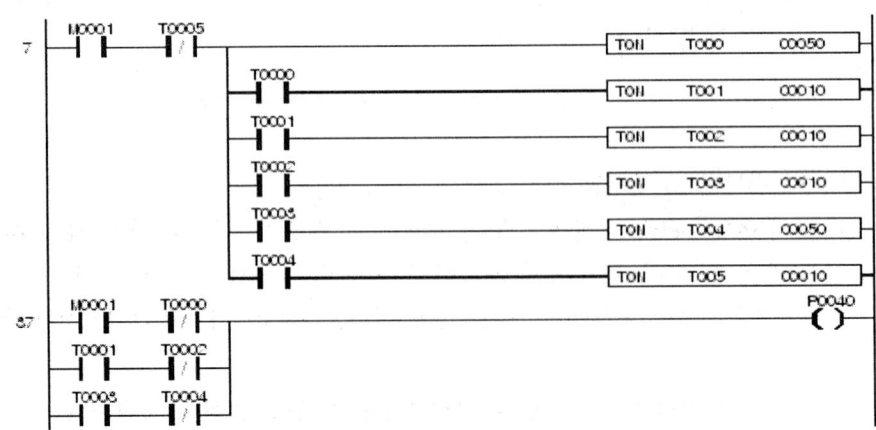

[그림 7 - 147] PL1(P0040) 동작회로 프로그램

(3) PL2(P0041) 동작회로

① 출력 PL2는 PB6 스위치를 놓는 것과 동시에 1초 지연 후 시작 되어야 하며 타임차트에서 반복 구간을 보면 화살표로 표시된 부분과 같이 5초-1초-5초-3초 구간이 반복 구간이 된다. 따라서 타이머는 T6~T10까지 5개가 필요 하다.

동작을 설명하면 출력 PL2는 T0006-a와 T0007-b에 의해 5초 점등, T0008-a에 의해 1초 소등, T0009-b에 의해 5초 점등, T0010-b에 의해 3초 소등과 리셋을 하게 됨으로 반복 동작을 하게 된다. 이때 주의 할 점은 T0006의 출력을 받아 점등되도록 회로를 구성하여야 한다.

② 타임차트

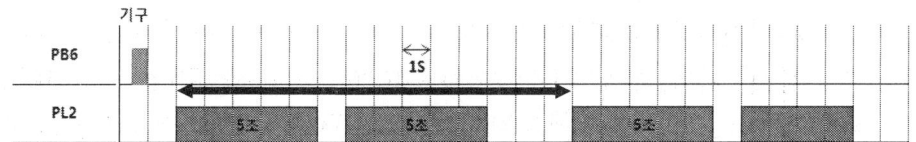

[그림 7 - 148] 타임차트

③ PL2(P0041) 동작회로 프로그램(1S지연-5S-1S-5S-3S)

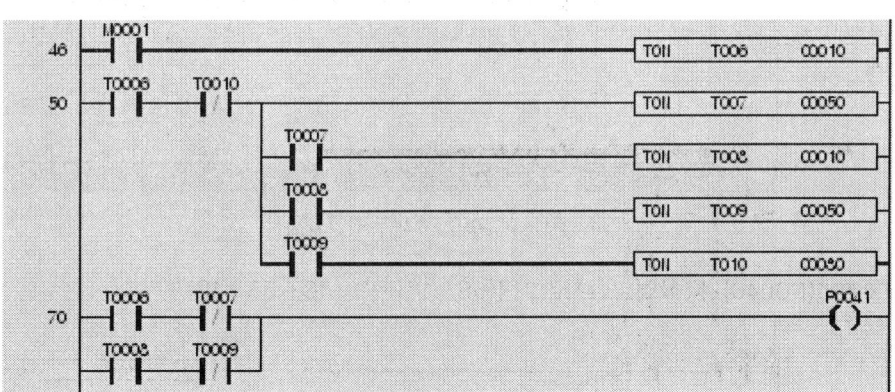

[그림 7 - 149] PL2(P0041) 동작회로 프로그램

(4) PL3(P0042) 동작회로

① 출력 PL3은 PB6 스위치를 놓는 것과 동시에 2초 지연 후 시작 되어야 하며 타임차트에서 반복 구간을 보면 화살표로 표시된 부분과 같이 3초-1초-1초-1초-2초-1초-2초 구간이 반복 구간이 된다. 따라서 타이머는 T11~T19까지 9개가 필요 하다.

동작을 설명하면 출력 PL3은 T0011-a, T0012-b에 의해 3초 점등, T0013-a에 의해 1초 소등, T0014-b에 의해 1초 점등, T0015-a에 의해 1초 소등, T0016-b

에 의해 3초 점등, T0017-a에 의해 2초 소등, T0018-b에 의해 1초 점등, T0019 -b에 의해 2초 소등과 리셋을 하게 됨으로 반복 동작을 하게 된다.

② 타임차트

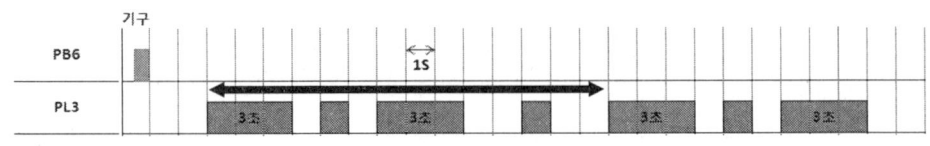

[그림 7 - 150] 타임차트

③ PL3(P0042) 동작회로 프로그램(2S지연-3S-1S-1S-1S-3S-2S-1S-2S)

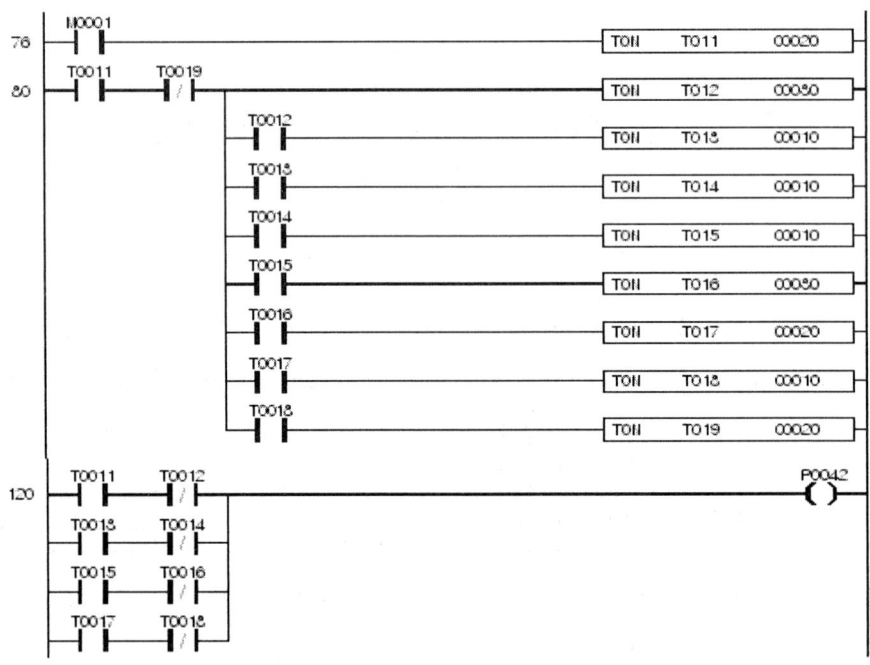

[그림 7 - 151] PL3(P0042) 동작회로 프로그램

(5) EOCR(P0002)에 의한 X4(P0043) 동작회로

① 출력 X4는 타임차트에서 보면 EOCR 접점에 의하여 동작한다. EOCR 접점은 푸시버튼 스위치와 다르므로 자기유지회로가 필요 없다. 특히 주의할 것은 X4는 제어판의 X4 릴레이 전원임으로 전원선의 한 가닥은 PLC 출력 Q03에 연결하여야 한다.

7.2 MASTER-K PLC(기종 : K7M-DR30S)

② 타임차트

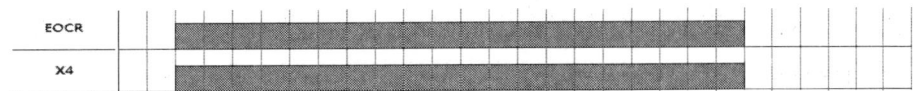

[그림 7 - 152] 타임차트

③ EOCR(P0002)에 의한 X4(P0043) 동작회로 프로그램

[그림 7 - 153] PL3(P0042) 동작회로 프로그램

(6) YL(P0044) 동작회로

① 출력 YL은 X4가 여자 됨과 동시에 시작 되어야 하며 타임차트에서 반복 구간을 보면 화살표로 표시된 부분과 같이 2초-1초-1초-1초 구간이 반복 구간이 된다. 따라서 타이머는 T20 ~ T23까지 4개가 필요 하다.

동작을 설명하면 출력 YL은 P0043-a, T0020-b에 의해 2초 점등, T0021-a에 의해 1초 소등, T0022-b에 의해 1초 점등, T0023-b에 의해 1초 소등과 리셋을 하게 됨으로 반복 동작을 하게 된다.

② 타임차트

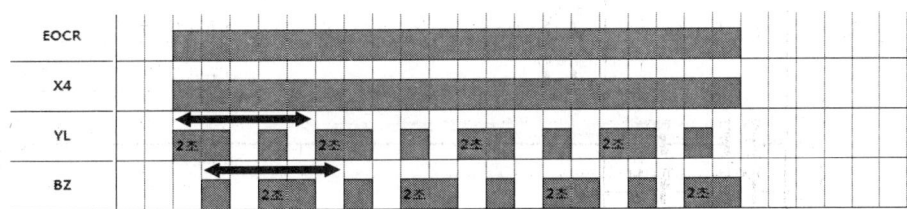

[그림 7 - 154] 타임차트

③ YL(P0044) 동작회로 프로그램(2S-1S-1S-1S)

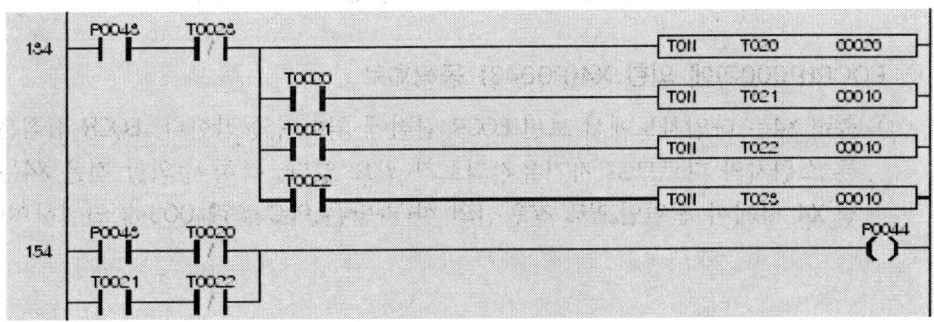

[그림 7 - 155] YL(P0044) 동작회로 프로그램

(7) BZ(P0045) 동작회로

① 출력 BZ은 X4가 여자 됨과 동시에 1초 지연 후 동작 되어야 하며 타임차트에서 반복 구간을 보면 화살표로 표시된 부분과 같이 1초-1초-2초-1초 구간이 반복 구간이 된다. 따라서 타이머는 T24~T28까지 5개가 필요 하다.

동작을 설명하면 출력 BZ은 T0024-a에 의해 1초 지연 후 T0024-a, T0025-b에 의해 1초 동작, T0026-a에 의해 1초 정지, T0027-b에 의해 2초 동작, T0028-b에 의해 1초 정지와 리셋을 하게 됨으로 반복 동작을 하게 된다. MASTER-K에서는 프로그램의 끝에 반드시 END명령을 사용하여 프로그램이 끝났음을 표시하여야 한다.

② 타임차트

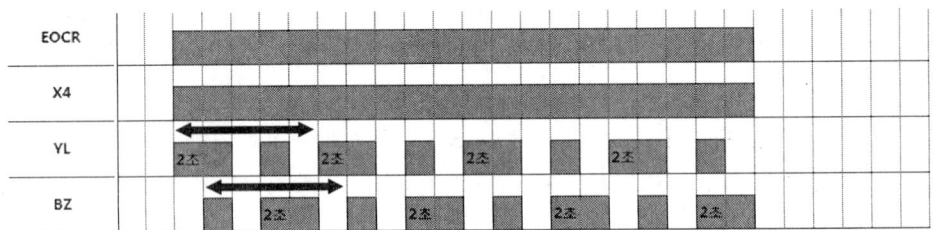

[그림 7 - 156] 타임차트

③ BZ(P0045) 동작회로 프로그램(1초 지연 후-1S-1S-2S-1S)

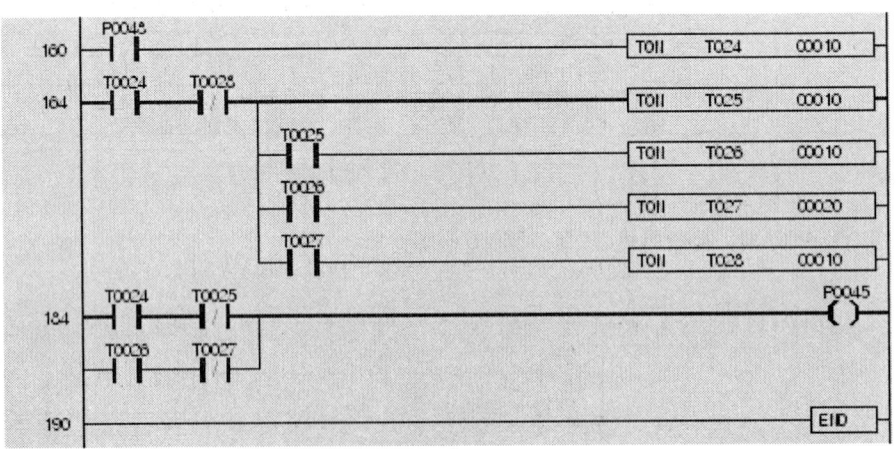

[그림 7 - 157] BZ(P0045) 동작회로 프로그램

(8) 예제문제 51 완성 프로그램

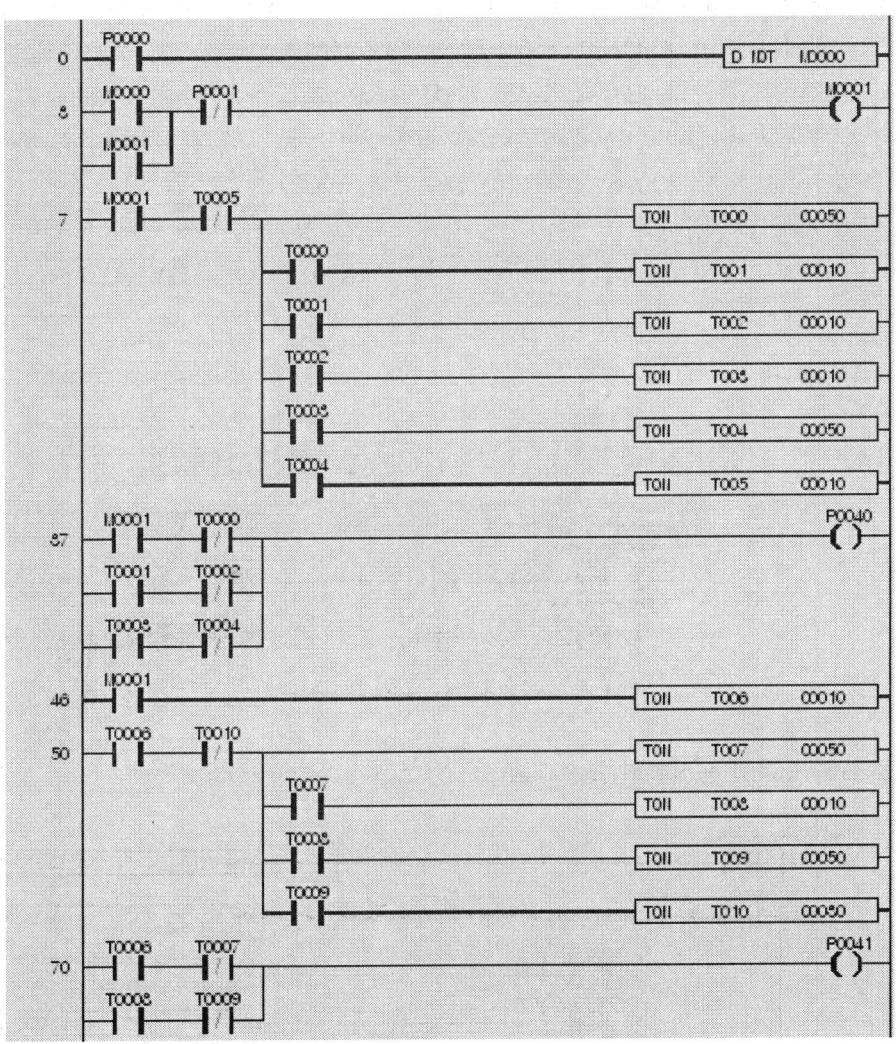

[그림 7 - 158] 예제문제 51 완성 프로그램 (1)

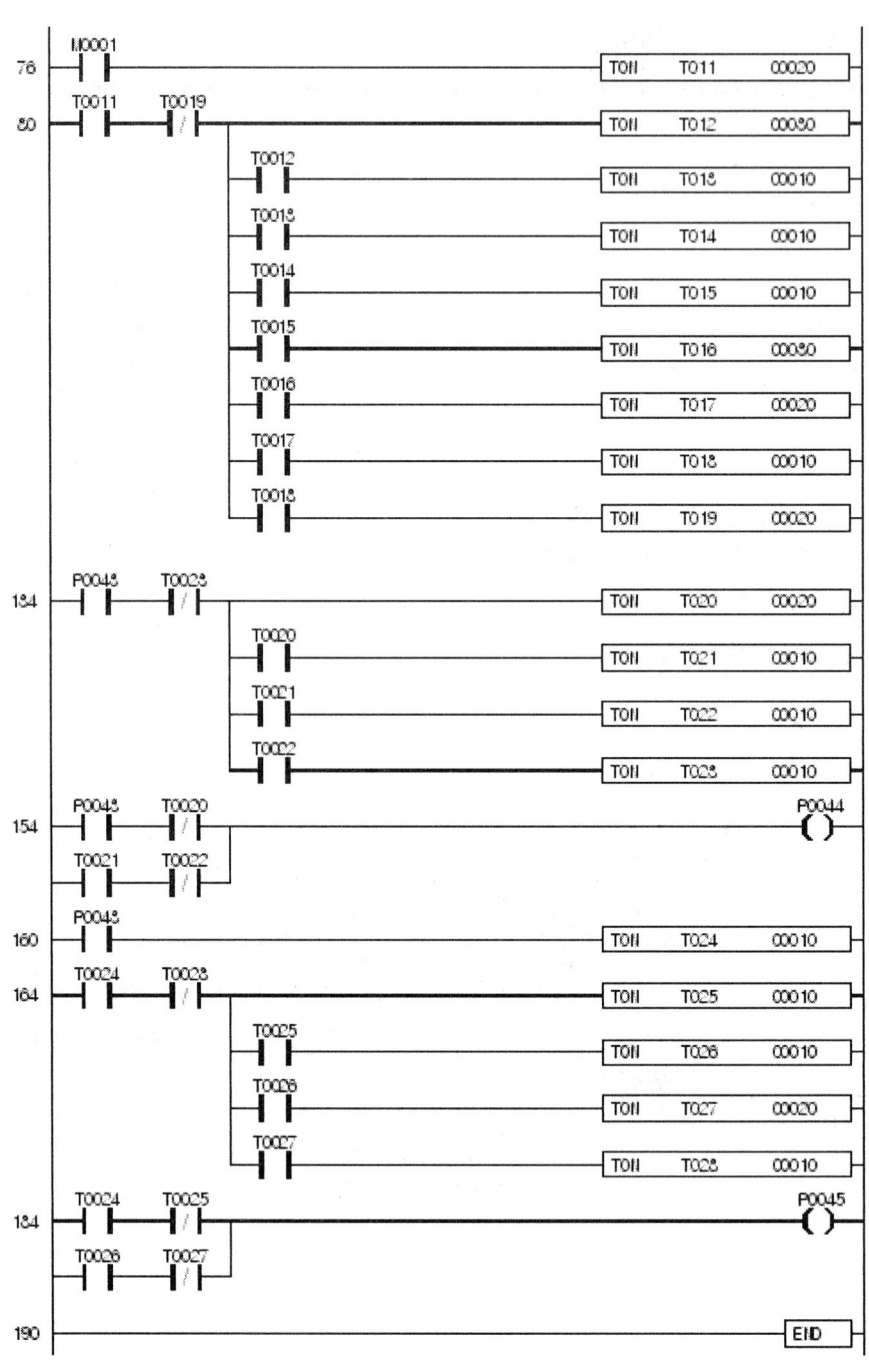

[그림 7 - 159] 예제문제 51 완성 프로그램 (2)

7.2.6 예제 문제 52   MASTER-K PLC(기종 : K7M-DR30S)

1. PLC 문제

(1) 동작 설명

① PB3을 1번 누르면, PL1은 점등과 소등(⑤-③-①-③초)을 반복 동작하고, PL2는 PL1이 점등된 1초 후 점등과 소등(③-③-③-③초)을 반복 동작하고, PL3은 PL2가 점등된 1초 후 점등과 소등(①-③-⑤-③초)을 반복 동작한다.

② PB4를 1번 눌렀다 놓으면, PL4는 점등과 소등(③-①-②-①-①초)을 1회 동작한다.

③ 제어회로의 X0이 동작되면 BZ는 동작과 정지(①-②-①-②초)를 반복하고, YL은 BZ 동작 1초 후 점등과 소등(②-①-①-②초)을 반복 동작한다. X0이 복귀되면 YL과 BZ는 동작을 멈춘다.

(2) 타임차트

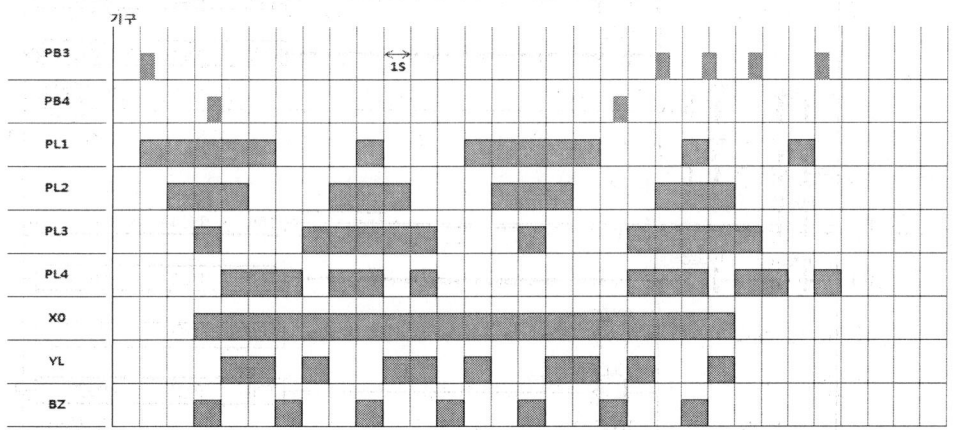

[그림 7 - 160] 타임차트

(3) PLC 입·출력도

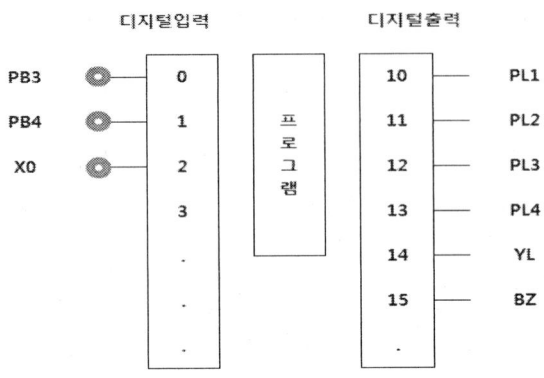

[그림 7 - 161] PLC 입·출력도

2. PLC 프로그램 작성 해석

　　PLC 프로그램을 작성하기 위해서는 먼저 타임차트의 해석이 필요하다. 아래 동작 설명과 타임차트에서 보면 PB3 스위치를 CTU(Up Counter)카운터의 입력으로 사용한다. 카운터의 동작 상황은 카운터를 1번 동작시킬 때와 5번 동작시킬 때를 구분해야 함으로 다중(2중)카운터를 사용해야 한다. 리셋은 별도의 스위치가 없으므로 C2 카운터 출력을 사용하여 리셋 시킨다. PB4 스위치는 PL4를 동작시키기 위한 전용 스위치이다.
　　PB3 스위치로 PL1~PL3까지 동작 시키며, PB4 스위치로 PL4를 동작 시킨다. 또 한 X0에 의해 YL, BZ가 동작된다. 주의할 점은 X0은 X0-a접점임으로 자기유지회로를 구성할 필요가 없다.

(1) 동작 설명 해석

① PB3을 1번 누르면, PL1은 점등과 소등(⑤-③-①-③초)을 반복 동작하고, PL2는 PL1이 점등된 1초 후 점등과 소등(③-③-③-③초)을 반복 동작하고, PL3은 PL2가 점등된 1초 후 점등과 소등(①-③-⑤-③초)을 반복 동작한다.

② PB4를 1번 눌렀다 놓으면, PL4는 점등과 소등(③-①-②-①-①초)을 1회 동작한다.

③ 제어회로의 X0이 동작되면 BZ는 동작과 정지(①-②-①-②초)를 반복하고, YL은 BZ 동작 1초 후 점등과 소등(②-①-①-②초)을 반복 동작한다. X0이 복귀되면 YL과 BZ는 동작을 멈춘다.

(2) 타임차트

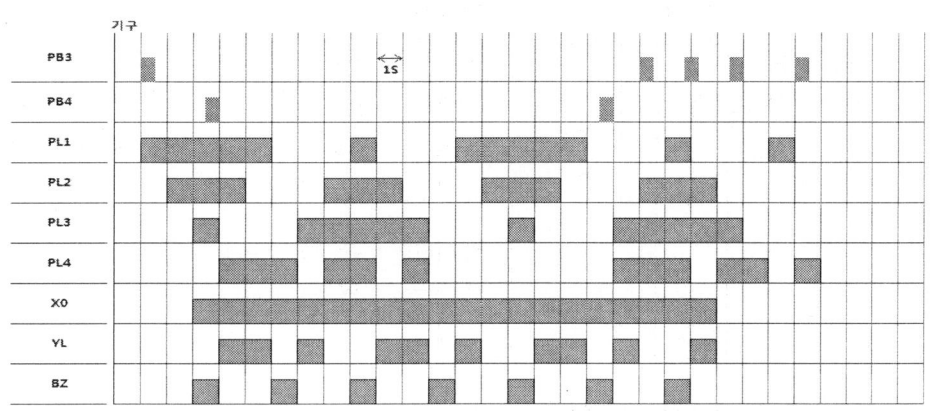

[그림 7 - 162] 타임차트

(3) 메모리 할당

PLC에서 메모리 할당은 입력은 PB3-P0000, PB4-P0001, X0-P0002번지로 출력은 PL1-P0040, PL2-P0041, PL3-P0042, PL4-P0043, YL-P0044, BZ-P0045로 도면의 순서대로 할당 하여야 프로그램 작성과 결선할 때 편리하다. 또한 PLC기종에 따라 다르므로 반드시 확인하여 할당한다.

3. PLC 프로그램 작성

(1) PB3(P0000)에 의한 CTU 동작 회로

① 타임차트

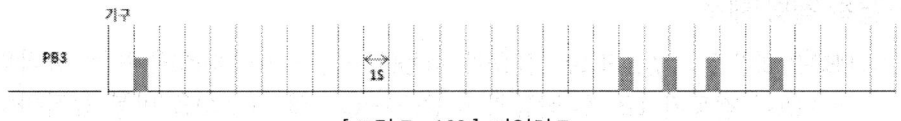

[그림 7 - 163] 타임차트

② 동작 설명

PB3 스위치의 타임차트를 보면 스위치를 1번 동작시켰을 때와 5번 동작시켰을 때로 나누어 생각해야 함으로 다중 카운터를 적용해야 한다. 따라서 두 개의 카운터(C0001, C0002)를 만들고 동작은 PB3-P0000 접점을 사용하고, 리셋은 C2의 a접점을 사용하면 된다.

③ PB3(P0000)에 의한 CTU 동작 회로 프로그램

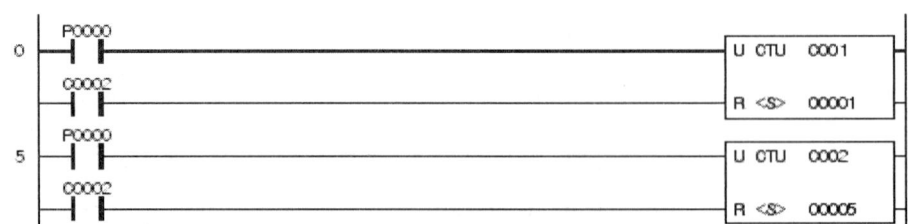

[그림 7 - 164] CTU 동작 회로 프로그램

(2) PL1(P0040) 동작 회로

① 타임차트

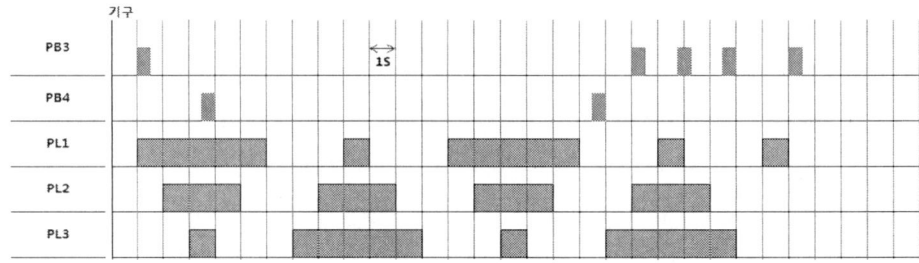

[그림 7 - 165] 타임차트

② 동작 설명

PL1은 타임차트에서 반복동작 구간은 5초 점등, 3초 소등, 1초 점등, 3초 소등이 된다. 따라서 점등과 소등(⑤-③-①-③초)을 반복 동작시켜야 함으로 C0001의 신호를 받아 T0004-b접점으로 반복 리셋을 시키고 T0001~T0004를 연속적으로 연결하는 프로그램을 작성하면 된다.

동작 설명을 하면 PL1-P0040은 C0001 접점과 T0001 접점에 의해 5초 동작, T0002 접점에의 하여 3초 정지, T0003에 의하여 1초 동작, T0004 리셋 접점에 의하여 3초 정지 순으로 반복동작을 하게 된다.

③ PL1(P0040) 동작 회로 프로그램(5S-3S-1S-3S)

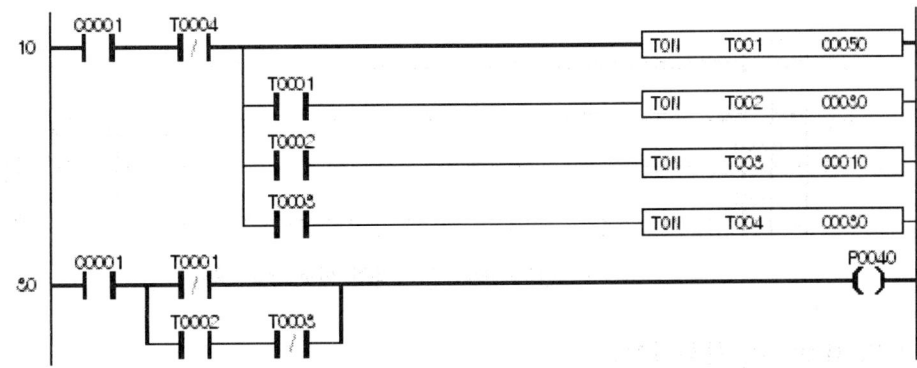

[그림 7 - 166] PL1(P0040) 동작 회로 프로그램

(3) PL2(P0041) 동작 회로

① 타임차트

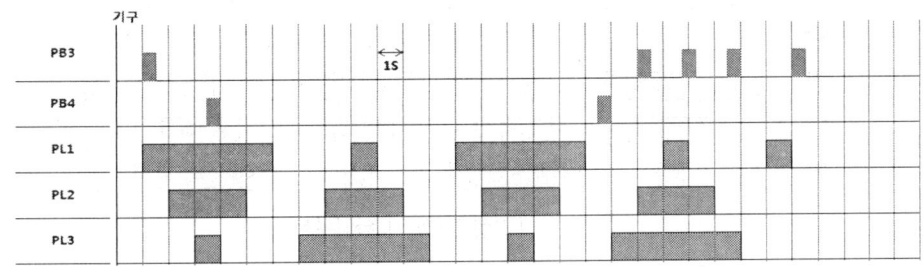

[그림 7 - 167] 타임차트

② 동작 설명

PL2-P0041은 타임차트에서 보면 1초 지연 후(③-③-③-③초) 반복 동작함으로 카운터 C0001의 신호를 받아 타이머 T0005에 의해 1초 지연 후 타이머 T0006과 T0007을 사용하여 3초 동작, 3초 정지를 반복 하는 프로그램을 작성한다. 따라서 PL2-P0041은 T0005에 의해 1초 지연 후 T0006에 의해 3초 동작, T0007 리셋 접점에 의해 3초 정지 후 반복 동작을 하게 된다.

③ PL2(P0041) 동작 회로 프로그램(1초 지연-3S-3S-3S-3S)

[그림 7 - 168] PL2(P0041) 동작 회로 프로그램

(4) PL3(P0042) 동작 회로

① 타임차트

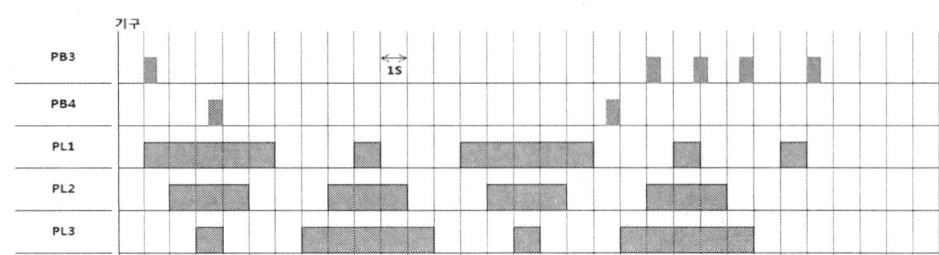

[그림 7 - 169] 타임차트

② 동작 설명

PL3-P0042는 타임차트에서 보면 2초 지연 후 점등과 소등(①-③-⑤-③초)을 반복 동작시켜야 함으로 C0001의 신호를 받아 T0008에 의해 2초를 지연시키고 T0008의 출력신호를 받아 T0012-b접점으로 반복 리셋을 시키고 T0009~T0012를 연속적으로 연결하는 프로그램을 작성하면 된다.

따라서 PL3-P0042는 T0008 접점과 T0009 접점에 의해 1초 동작, T0010 접점에 의하여 3초 정지, T0011에 의하여 5초 동작, T0012 리셋 접점에 의하여 3초 정지 순으로 반복동작을 하게 된다.

③ PL3(P0042) 동작 회로 프로그램(2초 지연-1S-3S-5S-3S)

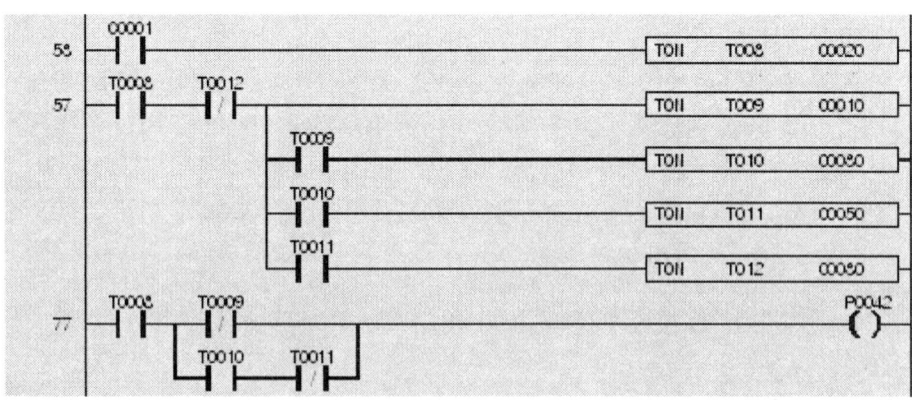

[그림 7 - 170] PL3(P0042) 동작 회로 프로그램

(5) PB4(P0001)에 음변환 검출 동작 회로

① 타임차트

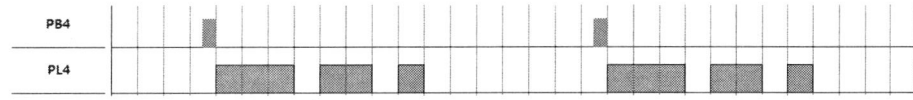

[그림 7 - 171] 타임차트

② 동작 설명

PL4-P0043은 타임차트에서 보면 PB4를 눌렀다 놓을 때 작동하여야 함으로 음변환 검출 스위치를 사용하여야 한다. PL4는 PB4에 의하여 3초-1초-2초-1초-1초 1회 반복동작을 시키기 위하여 자기유지회로가 필요하다.

MASTER-K PLC 프로그램에서는 음변환 검출접점이 없기 때문에 D NOT 명령을 사용하여 처리하여야 한다.

③ PB4(P0001)에 음변환 검출 동작 회로 프로그램

[그림 7 - 172] 음변환 검출 동작 회로 프로그램

(6) PL4(P0043) 동작 회로

① 타임차트

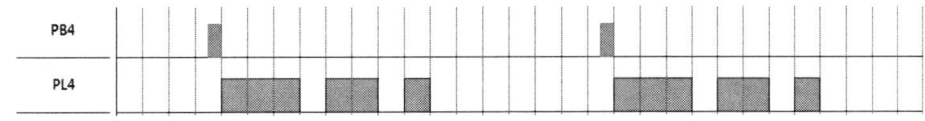

[그림 7 - 173] 타임차트

② 동작 설명

PL4는 M0001의 출력신호를 받아 T0017-b접점으로 반복 리셋을 시키고 T0013 ~ T0017을 연속적으로 연결하는 프로그램을 작성하면 된다.

따라서 PL3-P0043은 M0001 접점과 T0013 접점에 의해 3초 동작, T0014 접점에 의하여 1초 정지, T0015에 의하여 2초 동작, T0016에 의하여 1초 정지 T0017 접점에 의하여 1초 동작 후 정지 순으로 동작을 하게 된다.

③ PL4(P0043) 동작 회로 프로그램(3S-1S-2S-1S-1S)

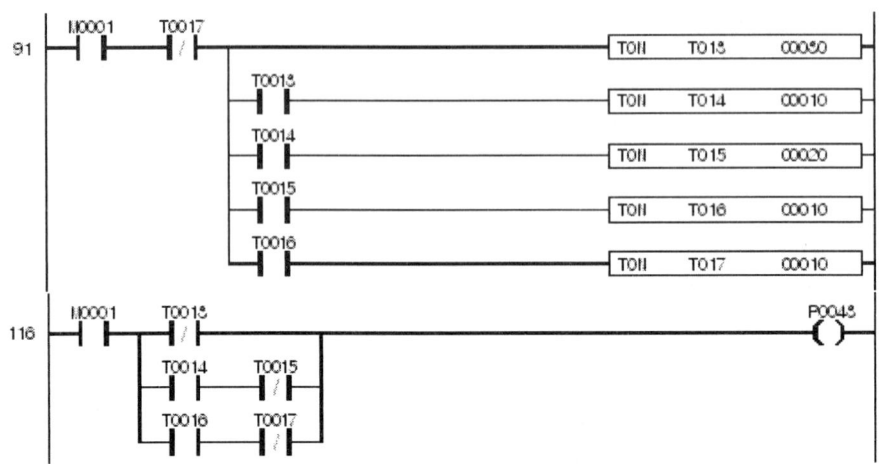

[그림 7-174] PL4(P0043) 동작 회로 프로그램

(7) YL(P0044), BZ(P0045) 동작 회로

① 타임차트

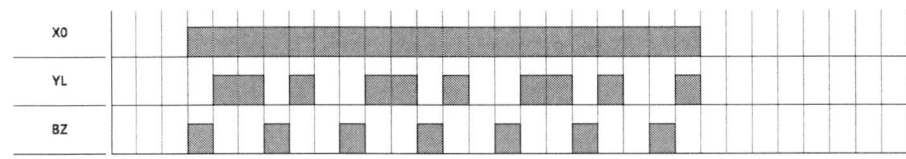

[그림 7-175] 타임차트

② 동작 설명

제어회로의 X0이 동작되면 BZ는 동작과 정지(①-②-①-②초)를 반복하고, YL은 BZ 동작 1초 후 점등과 소등(②-①-①-②초)을 반복 동작한다. X0이 복귀되면 YL과 BZ는 동작을 멈춘다.

X0-P0002는 스위치가 아니고 릴레이 a접점이므로 자기유지회로 없이 직접 타이머를 구동하는 프로그램을 작성하면 된다. T0018~T0024를 사용하여 타이머 회로를 작성하고 YL-P0044는 1초 지연 후 동작하는 회로이므로 T0018을 이용하여 지연시키고 T0019, T0020으로 2초, 1초 동작회로를 T0021과 T0022로 1초, 2초 반복동작회로를 만든다. BZ-P0045는 1초 동작, 2초 정지 반복회로이므로 T0023과 T0024를 이용하여 프로그램을 작성하면 된다.

프로그램의 맨 끝은 END 명령을 반드시 주어야 한다.

7.2 MASTER-K PLC(기종 : K7M-DR30S)

③ YL(P0044), BZ(P0045) 동작 회로 프로그램

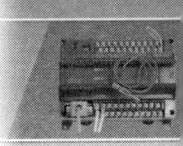

[그림 7 - 176] YL(P0044), BZ(P0045) 동작 회로 프로그램

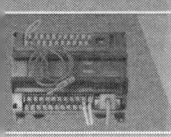

272 제7장 PLC 예제 문제 해설

(8) 예제문제 52 완성 프로그램

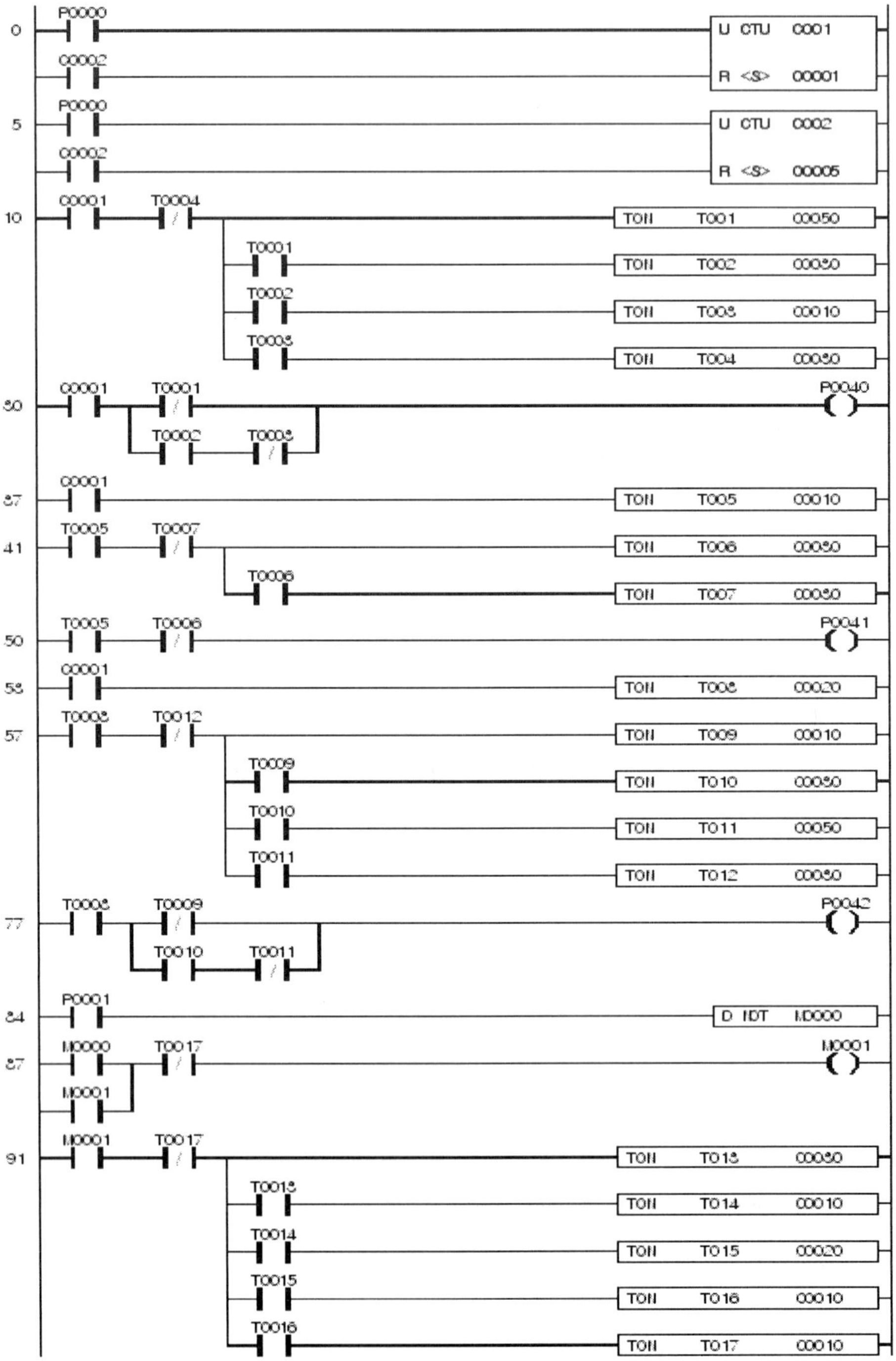

[그림 7 - 177] 예제문제 52 완성 프로그램 (1)

7.2 MASTER-K PLC(기종 : K7M-DR30S)

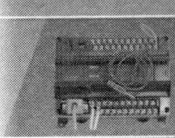

[그림 7 - 178] 예제문제 52 완성 프로그램 (2)

7.3 MELSEC PLC(기종 : FX₃U - 32M)

7.3.1 예제 문제 47 MELSEC PLC(기종 : FX₃U - 32M)

1. PLC 문제

(1) 동작 설명

① PB3을 두 번째 누르면 PL4가 점등되어 3초 후 소등되고, PL5는 PL4가 소등된 후 1초 뒤 점등되어 3초 후 소등되며, PL6은 1초 뒤 PL4가 다시 점등된다.

② PB4를 누를 때까지 위 사항을 계속 반복 동작하며, PB4를 누르면 동작 중이던 PL4, PL5, PL6이 소등된다.

③ PLC 전원이 투입되면 PL3은 점등(2초)과 소등(1초)을 반복 동작한다.

(2) PLC 타임차트

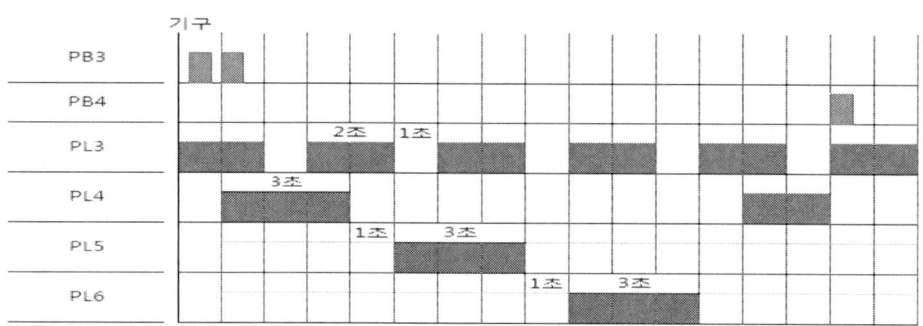

[그림 7 - 179] 타임차트

(3) PLC 입·출력도

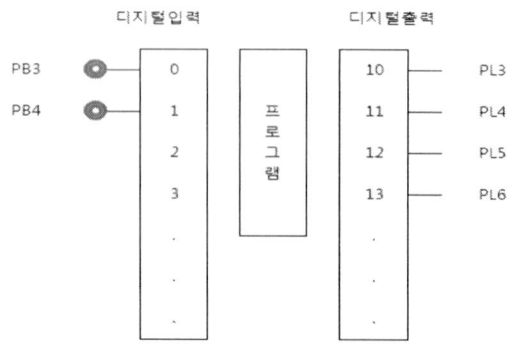

[그림 7 - 180] 입·출력도

2. PLC 프로그램 작성 해석

PLC 프로그램을 작성하기 위해서는 먼저 타임차트의 해석이 필요하다. 타임차트의 해석과 PLC 프로그램은 해석 방법이나 프로그램 작성방법이 여러 방법이 있을 수 있다. 따라서 본 교재에서 제시하는 해석 또는 프로그램은 MELSEC PLC(기종 : FX$_{3U}$ -32M)에서 작성되었으며 반드시 정답일 수 는 없다. 왜냐하면 엔지니어의 능력에 따라 해석 방법이 프로그램 방법이 조금씩 다를 수 있기 때문이다.

아래 동작 설명과 타임차트에서 보면 PL4 ~ PL6은 PB3, PB4로 ON-OFF 시키게 되는데 PB3의 동작 조건을 보면 2번 동작 시켜야 파일럿램프들이 점등 또는 소등을 하게 되므로 카운터를 사용하여야 한다. 또한 PL3은 PB3, PB4 스위치와 관계없이 PLC 전원이 투입되면 바로 동작되어야 한다.

(1) 동작 설명 해석

① PL4의 동작은 PB3을 두 번 동작시킬 때 즉 카운터 C0이 동작했을 때부터 3초-9초를 반복 동작하고, PL5는 카운터 C0이 동작하고 4초 지연 후 3초-9초를 반복 동작하고, PL6은 C0이 동작하고 8초 지연 후 3초-9초를 반복 동작한다고 할 수 있다.

② PB4를 누르면 동작 중이던 PL4, PL5, PL6이 소등되어야 함으로 카운터 C0을 리셋 시키면 카운터의 출력이 0이 되어 정지하게 된다.

③ PL3은 PLC 전원이 투입되면 2초-1초를 반복 동작한다.

(2) 타임차트

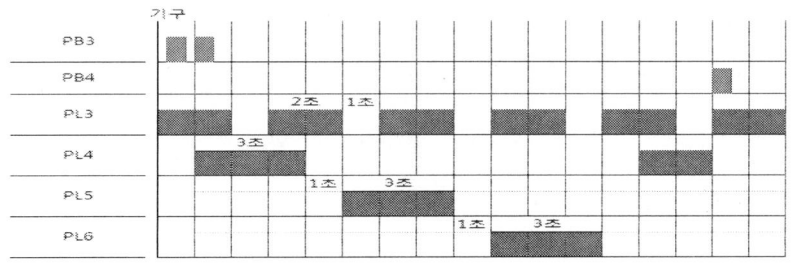

[그림 7 - 181] 타임차트

(3) PLC 메모리 할당

입·출력의 메모리 할당은 입력은 PB3-X000, PB4-X001번지로 출력은 PL3-Y000, PL24-Y001, PL5-Y002, PL6-Y003으로 PLC의 입·출력 도면의 순서대로 할당하여야 프로그램 작성 및 결선을 할 때 오류를 방지할 수 있다. 내부릴레이, 타이머, 카운터 등은 0, 1, 2, 3 … 순으로 할당 하여야 혼동되지 않는다.

3. PLC 프로그램 작성

(1) PL3(Y000) 동작 회로

① 타임차트

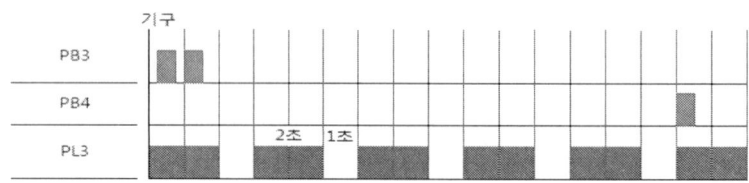

[그림 7 - 182] 타임차트

② 동작 설명

타임차트에서 보면 PB3과 관계없이 PL3은 2초 점등, 1초 소등을 반복하는 회로임으로 타이머 T0 ~ T1을 사용하여 반복 동작을 시키는 회로를 프로그래밍하면 된다.

동작을 설명하면 출력 PL3은 T0-b에 의해 3초 점등, T1-b에 의해 1초 소등과 리셋을 함으로 반복 동작을 하게 된다. 이때 주의 할 점은 타이머 T0나, PL3-Y000을 b접점을 사용하여야 한다.

③ PL3(Y000) 동작 회로(2S-1S)

[그림 7 - 183] PL3(Y000) 동작 회로

(2) PL4(Y001) 동작 회로

① 타임차트

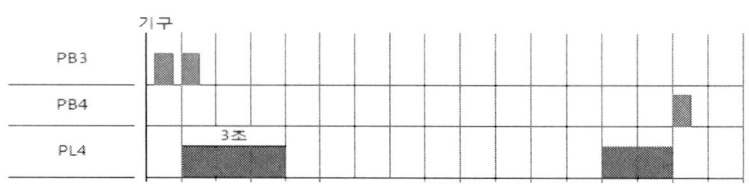

[그림 7 - 184] 타임차트

7.3 MELSEC PLC(기종 : FX3U-32M)

② 동작 설명

출력 PL4는 PB3에 의한 업 카운터(CTU)의 값이 2이상이 될 때 C0-Q 값이 1이 되므로 C0의 출력 Q-a 접점의 신호를 받아 회로를 구성하면 된다. PB4에 의한 정지(리셋)는 카운터에 바로 연결하면 된다.

타임차트에서 반복 구간은 반복 구간을 보면 화살표로 표시된 부분과 같이 3초-9초 구간이 반복 구간이 되며 C0-Q 값이 1이 됨과 동시에 점등된다. 따라서 타이머는 T2~T3까지 2개가 필요하며 타이머 반복 동작 회로로 구성하면 된다. 동작을 설명하면 출력 PL4는 C0-a, T2-b에 의해 3초 점등, T3-b에 의해 9초 소등과 리셋을 하게 됨으로 반복 동작을 하게 된다.

③ PL4(Y001) 동작 회로 프로그램(3S-9S)

[그림 7-185] PL4(Y001) 동작 회로

(3) PL5(Y002) 동작 회로

① 타임차트

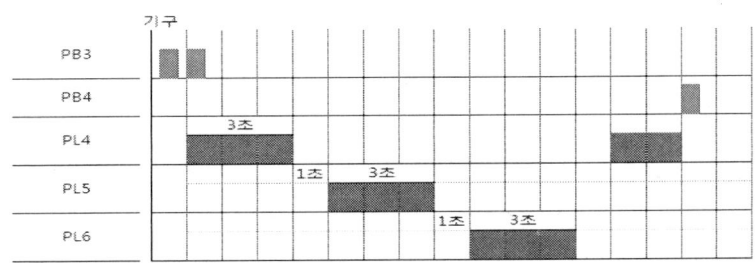

[그림 7-186] 타임차트

② 동작 설명

출력 PL5는 C0-Q 값이 1이 되고 4초 지연 후 시작 되어야 하며 타임차트에서 반복 구간을 보면 화살표로 표시된 부분과 같이 3초-9초 구간이 반복 구간이 된다. 따라서 타이머는 T4~T6까지 3개가 필요하며 T4는 점등시간을 4초 지연시키는 타이머이다.

동작을 설명하면 출력 PL4는 T4-a와 T5-b에 의해 4초 지연 후 3초 점등, T6-b에 의해 9초 소등과 리셋을 하게 됨으로 반복 동작을 하게 된다. 이때 주의 할 점은 T4의 출력을 받아 점등되도록 회로를 구성하여야 한다.

③ PL5(Y002) 동작 회로 프로그램(4S지연-3S-9S)

[그림 7 - 187] PL5(Y002) 동작 회로

(4) PL6(Y003) 동작 회로

① 타임차트

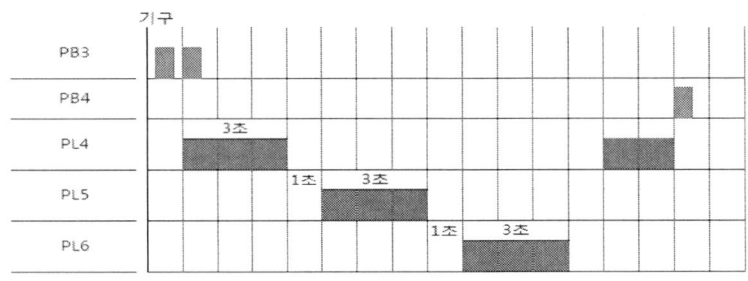

[그림 7 - 188] 타임차트

② 동작 설명

출력 PL6은 C0-Q 값이 1이 되고 8초 지연 후 시작 되어야 하며 타임차트에서 반복 구간을 보면 화살표로 표시된 부분과 같이 3초-9초 구간이 반복 구간이 된다. 따라서 타이머는 T7~T9까지 3개가 필요하며 T7은 점등시간을 8초 지연시키는 타이머이다.

동작을 설명하면 출력 PL5는 T7-a와 T8-b에 의해 8초 지연 후 3초 점등, T9-b에 의해 9초 소등과 리셋을 하게 됨으로 반복 동작을 하게 된다. 이때 주의 할 점은 T7의 출력을 받아 점등되도록 회로를 구성하여야 한다.

7.3 MELSEC PLC(기종 : FX3U – 32M)

③ PL6(Y003) 동작 회로 프로그램(8S 지연 후 – 3S – 9S)

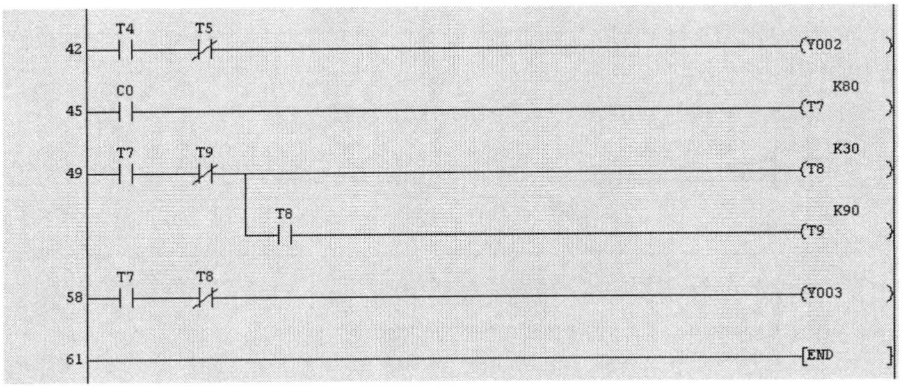

```
42 ─┤T4├─┤/T5├──────────────────────(Y002)
                                         K80
45 ─┤C0├──────────────────────────(T7)
                                         K30
49 ─┤T7├─┤/T9├────────────────────(T8)
              │                          K90
              └─┤T8├──────────────(T9)

58 ─┤T7├─┤/T8├────────────────────(Y003)

61 ────────────────────────────────[END]
```

[그림 7 - 189] PL6(Y003) 동작 회로

(5) 예제문제 47 완성 프로그램

```
      T1                                              K20
 0 ───┤/├─────┬──────────────────────────────────────(T0)
             │  T0                                   K10
             └─┤ ├─────────────────────────────────(T1)

      T0
 8 ───┤/├────────────────────────────────────────(Y000)

      X000                                            K2
10 ───┤ ├────────────────────────────────────────(C0)

      X001
14 ───┤ ├──────────────────────────────[RST  C0]

      C0    T3                                       K30
17 ───┤ ├──┬─┤/├──────────────────────────────────(T2)
           │  T2                                     K90
           └─┤ ├─────────────────────────────────(T3)

      C0    T2
26 ───┤ ├──┤/├───────────────────────────────────(Y001)

      C0                                              K40
29 ───┤ ├────────────────────────────────────────(T4)

      T4    T6                                       K30
33 ───┤ ├──┬─┤/├──────────────────────────────────(T5)
           │  T5                                     K90
           └─┤ ├─────────────────────────────────(T6)

      T4    T5
42 ───┤ ├──┤/├───────────────────────────────────(Y002)

      C0                                              K80
45 ───┤ ├────────────────────────────────────────(T7)

      T7    T9                                       K30
49 ───┤ ├──┬─┤/├──────────────────────────────────(T8)
           │  T8                                     K90
           └─┤ ├─────────────────────────────────(T9)

      T7    T8
58 ───┤ ├──┤/├───────────────────────────────────(Y003)

61 ───────────────────────────────────────────[END]
```

[그림 7 - 190] 예제문제 47 완성 프로그램

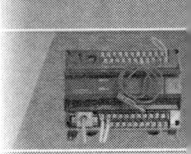

7.3 MELSEC PLC(기종 : FX3U – 32M)

7.3.2 예제 문제 48 MELSEC PLC(기종 : FX3U – 32M)

1. PLC 문제

(1) **동작 설명**

① PB4를 누르면 PL4가 2초 점등, 1초 소등을 계속 반복 하고, PL5는 2초 후 1초 점등, 2초 소등을 반복한다. PL6은 3초 후 계속 점등된다.

② PB5를 누를 때까지 위 사항을 계속 반복 동작하며, PB5를 누르면 동작 중이던 PL4, PL5, PL6은 소등된다.

(2) **PLC 타임차트**

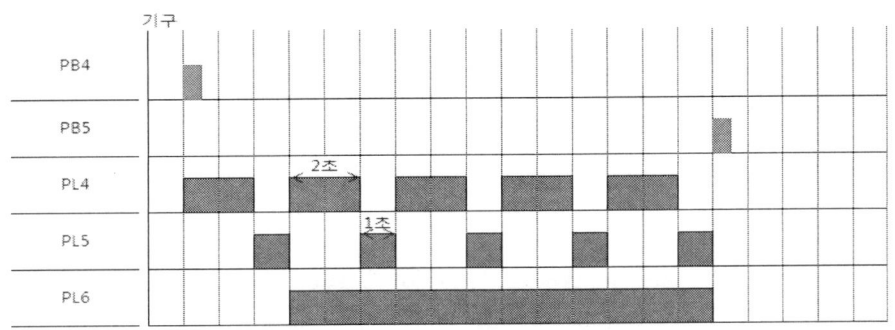

[그림 7 - 191] 타임차트

(3) **PLC 입·출력도**

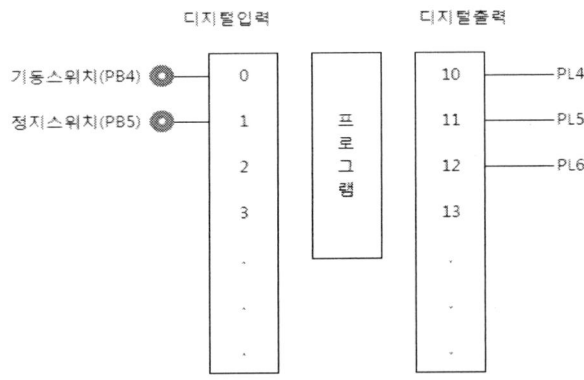

[그림 7 - 192] PLC 입·출력도

2. PLC 프로그램 작성 해석

PLC 프로그램을 작성하기 위해서는 먼저 타임차트의 해석이 필요하다. 타임차트의 해석과 PLC 프로그램은 해석 방법이나 프로그램 작성방법이 여러 가지 있을 수 있다. 동작 설명과 타임차트에서 보면 PL4~PL6은 PB4, PB5로 ON-OFF 시키게 되는데 PB4, PB5의 동작 조건을 보면 1번 동작으로 PL4~PL6 램프들이 점등 또는 소등을 하게 되므로 이 문제에서는 자기유지회로가 필요하다.

(1) 동작 설명

① PL4의 동작은 PB4를 동작시킬 때부터 2초-1초를 반복 동작하고, PL5는 PB4를 동작 시키고 2초 지연 후 1초-2초를 반복 동작하고, PL6은 3초 지연 후 계속적으로 동작한다고 할 수 있다.

② PB5를 누르면 동작 중이던 PL4, PL5, PL6이 소등되어야 함으로 자기유지회로를 OFF(리셋)시키면 정지하게 된다.

(2) 타임차트

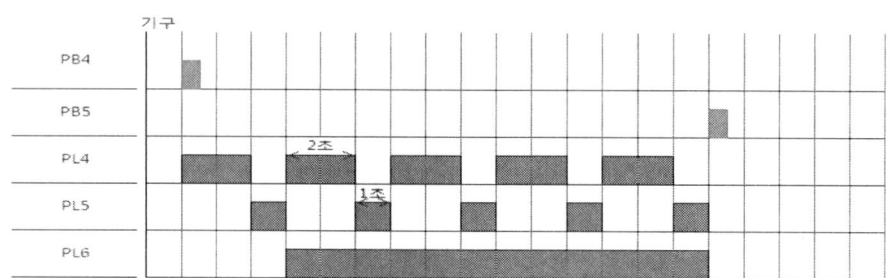

[그림 7 - 193] 타임차트

(3) PLC 메모리 할당

입·출력의 메모리 할당은 입력은 PB4-X000, PB5-X001번지로 출력은 PL4-Y000, PL5-Y001, PL6-Y002로 PLC의 입·출력 도면의 순서로 할당하여야 프로그램 작성 및 결선을 할 때 오류를 방지할 수 있다. 내부릴레이, 타이머, 카운터 등은 자동으로 할당한다.

3. PLC 프로그램 작성

(1) PL4(Y000) 동작 회로

① 타임차트에서 보면 PB4가 ON이 되면 점등되므로 PB4, PB5, M0을 이용하여 자기유지회로를 프로그래밍하면 된다. 동작을 설명하면 출력 PB4에 의해 ON이 되는 자기유지회로를 만들고 PB5에 의해 정지시키면 된다. 이때 출력은 내부릴레이 M0을 사용하면 된다. PL4는 M0-a와 T0-b에 의해 2초 점등, T1-b에 의해 1초

7.3 MELSEC PLC(기종 : FX3U-32M)

소등과 리셋을 함으로 반복 동작을 하게 된다. 이때 주의 할 점은 M0을 사용하여 출력 PL4회로를 구성하여야 한다.

② 타임차트

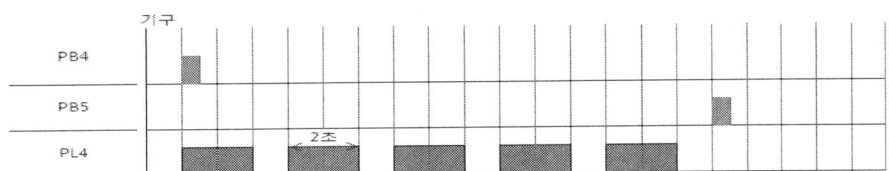

[그림 7 - 194] 타임차트

③ PL4(Y000) 동작회로 프로그램(2S-1S)

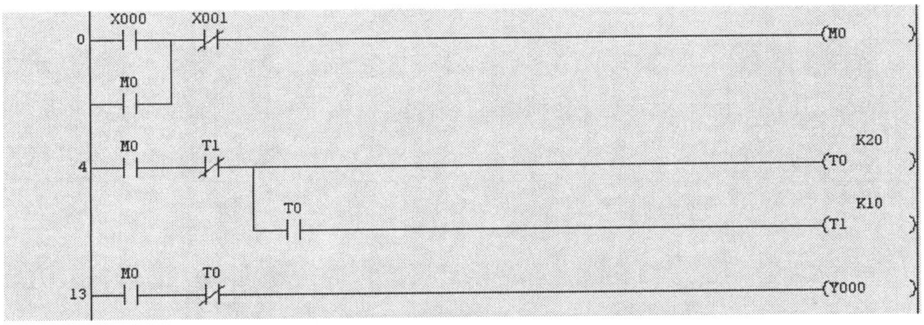

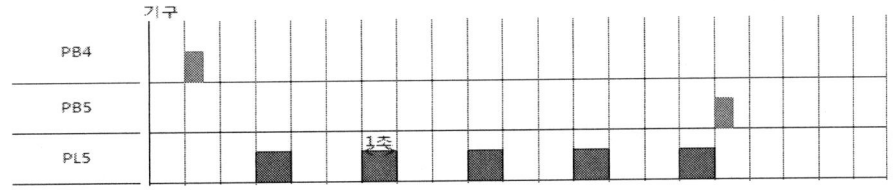

[그림 7 - 195] PL4(Y000) 동작회로 프로그램

(2) PL5(Y001) 동작회로

① 출력 PL5는 타임차트에서 보면 PB4에 의해 M0이 동작되고 2초 지연 후 1초-2초 동작을 반복하게 된다.

동작을 설명하면 PL5는 T2-a와 T3-b에 의해 1초 점등, T4-b에 의해 2초 소등과 리셋을 함으로 반복 동작을 하게 된다. 이때 주의 할 점은 T2-a를 사용하여 출력 PL4회로를 구성하여야 한다.

② 타임차트

[그림 7 - 196] 타임차트

③ PL5(Y001) 동작회로 프로그램(2초 지연-1S-2S)

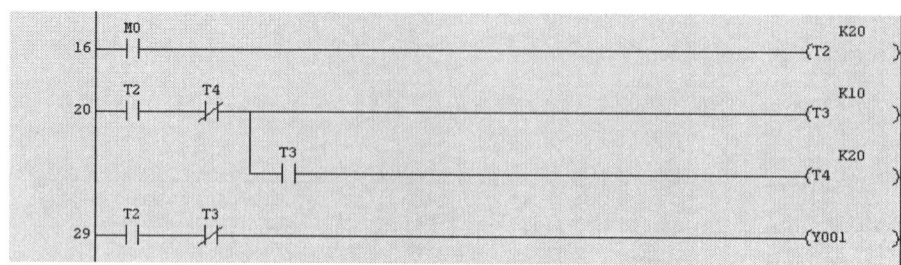

[그림 7 - 197] PL5(Y001) 동작회로 프로그램

(3) **PL6(Y002) 동작회로**

① 출력 PL6은 타임차트에서 보면 PB4에 의해 M0이 동작되고 3초 지연 후 계속 동작을 하게 된다.

동작을 설명하면 PL5는 T5-a에 의해 3초 지연 후 점등이 되도록 하면 되는데 반드시 T5-a 접점을 사용하여야 한다.

② 타임차트

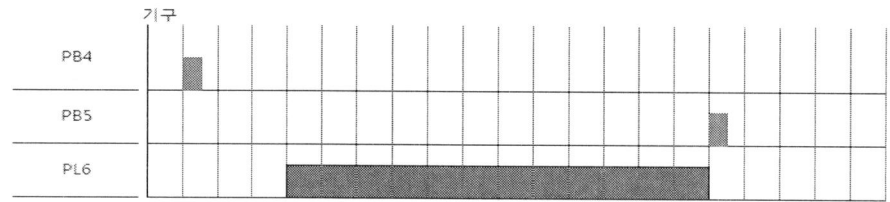

[그림 7 - 198] 타임차트

③ PL6(Y002) 동작회로 프로그램(3S지연-계속동작)

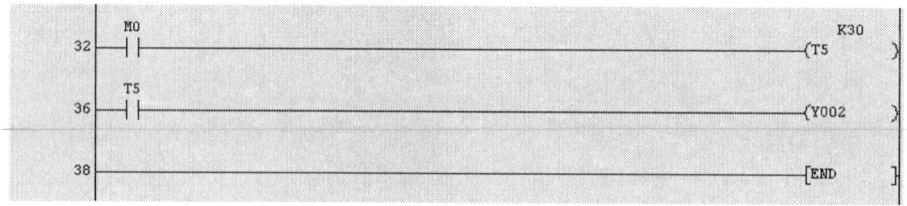

[그림 7 - 199] PL6(Y002) 동작회로 프로그램

7.3 MELSEC PLC(기종 : FX3U – 32M)

(4) **예제문제 48 완성 프로그램**

[그림 7 - 200] 예제문제 48 완성 프로그램

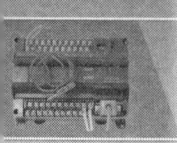

7.3.3 예제 문제 49 MELSEC PLC(기종 : FX3U – 32M)

1. PLC 문제

(1) 동작 설명

① PB3을 누르면 PL4가 점등되며, 3초 후 PL5가 점등되고, 3초 후 PL6이 점등된다.
② PB4를 누르면 PL4가 소등되며, 3초 후 PL5가 소등되고, 3초 후 PL6이 소등된다.

(2) PLC 타임차트

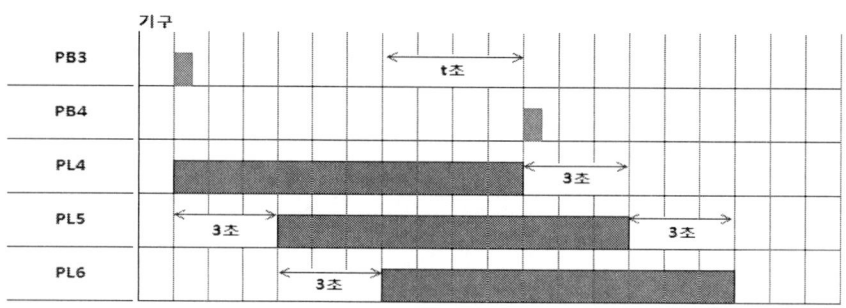

[그림 7 - 201] 타임차트

(3) PLC 입·출력도

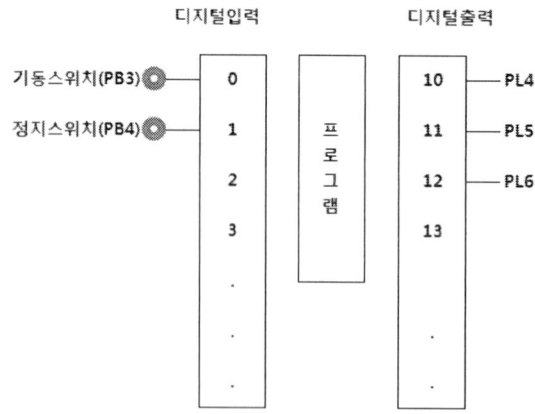

[그림 7 - 202] PLC 입·출력도

2. PLC 프로그램 작성 해석

PLC 프로그램을 작성하기 위해서는 먼저 타임차트의 해석이 필요하다. 타임차트의 해석과 PLC 프로그램은 해석 방법이나 프로그램 작성방법이 여러 가지 있을 수 있다. 그 프로그램 예를 끝에 설명하였다.

동작 설명과 타임차트에서 보면 PL4~PL6은 PB3, PB4로 ON-OFF 시키게 되는데 PB3의 동작 조건을 보면 1번 동작으로 PL4~PL6이 3초 간격으로 순차 동작을 하며 정지 시에도 PB4에 의해 PL4~PL6이 3초 간격으로 순차 소등을 하게 된다. 따라서 과제를 수행하기 위해서는 자기유지회로를 적절히 사용해야 하며, 특히 PB4에 의한 정지(리셋)신호시 통상 전기회로에 사용하는 자기유지회로를 사용하면 안 된다. 본 설명에서는 PB4-a 접점을 활용하여 M1이라는 출력회로를 만들어 M1 신호에 의해 정지되도록 프로그램을 작성하였다.

(1) 동작 설명

① PB3을 누르면 PL4가 점등되며, 3초 후 PL5가 점등되고, 3초 후 PL6이 점등된다.
② PB4를 누르면 PL4가 소등되며, 3초 후 PL5가 소등되고, 3초 후 PL6이 소등된다.

(2) 타임차트

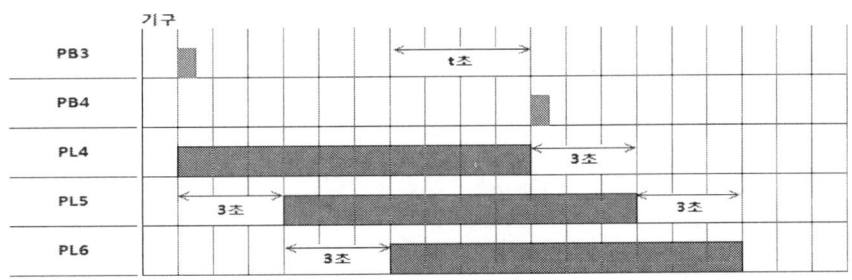

[그림 7-203] 타임차트

(3) PLC 메모리 할당

입·출력의 메모리 할당은 입력은 PB3-X000, PB4-X001번지로 출력은 PL4-Y000, PL5-Y001, PL6-Y002로 PLC의 입·출력 도면의 순서대로 할당하여야 프로그램 작성 및 결선을 할 때 오류를 방지할 수 있다. 내부릴레이, 타이머, 카운터 등은 0, 1, 2, 3… 순으로 할당 한다.

3. PLC 프로그램 작성

(1) PL4(Y000), PL5(Y001), PL6(Y002) 동작 회로

① 타임차트에서 보면 PB3이 ON이 되면 PL4, PL5, PL6이 차례로 점등되는 회로이므로 먼저 셋 조건 만을 생각하고 프로그램을 작성하는데 점등 상태가 계속 유지되어야 함으로 자기유지회로를 생각하여 프로그램을 작성한다. 동작을 설명하면 출력 PL4는 내부메모리 M0-a에 의해 동작되고, PL5는 T0-a에 의해 3초 지연 후 동작되며, PL6은 T1-a에 의해 6초 지연 후 동작된다.

② 타임차트

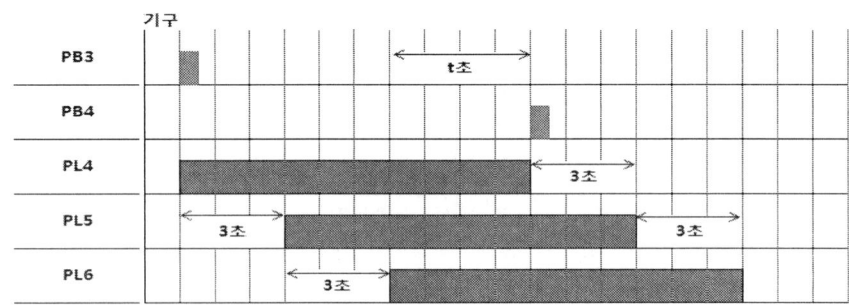

[그림 7 - 204] 타임차트

③ PL4(Y000), PL5(Y001), PL6(Y002) 동작회로 프로그램

[그림 7 - 205] PL4(Y000), PL5(Y001), PL6(Y002) 동작회로 프로그램

(2) PL4(Y000), PL5(Y001), PL6(Y002) 정지회로

① PB4에 의한 정지회로는 통상 정지회로는 b 접점으로 생각하는데 여기서는 a 접점을 사용하여 M1을 출력으로 하는 자기유지회로를 만들었다.

7.3 MELSEC PLC(기종 : FX3U - 32M)

② 타임차트

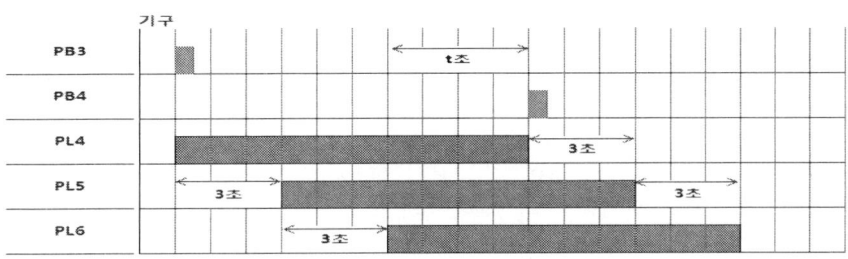

[그림 7 - 206] 타임차트

③ PL4(Y000), PL5(Y001), PL6(Y002) 정지회로 프로그램

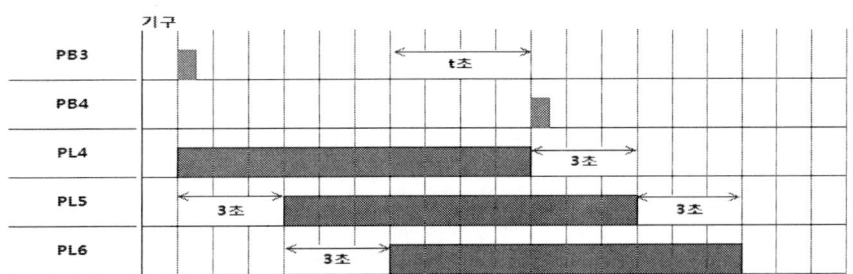

7.3 MELSEC PLC(기종 : FX3U - 32M)

② 타임차트

[그림 7 - 206] 타임차트

③ PL4(Y000), PL5(Y001), PL6(Y002) 정지회로 프로그램

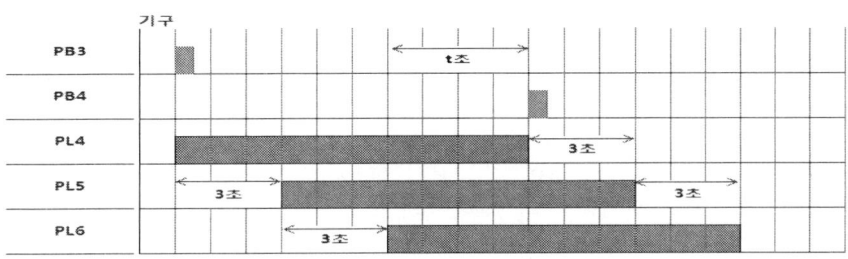

[그림 7 - 207] PL4(Y000), PL5(Y001), PL6(Y002) 정지회로 프로그램

(3) PL4(Y000), PL5(Y001), PL6(Y002) 동작·정지 회로

① 타임차트에서 보면 PB3이 ON이 되면 PL4, PL5, PL6이 차례로 점등되는 회로이므로 먼저 셋 조건 만을 생각하고 프로그램을 작성하고 그림 7-209와 같이 정지되는 회로를 작성한다. 정지(RESET) 조건으로 출력되는 것이 M1이므로 PL4는 M1에 의해, PL5는 T2에 의해, PL6은 T3에 의해 정지하도록 하고, 아울러 T3에 의해 M0, M1을 정지시키면 모든 동작이 초기화 된다.

② 타임차트

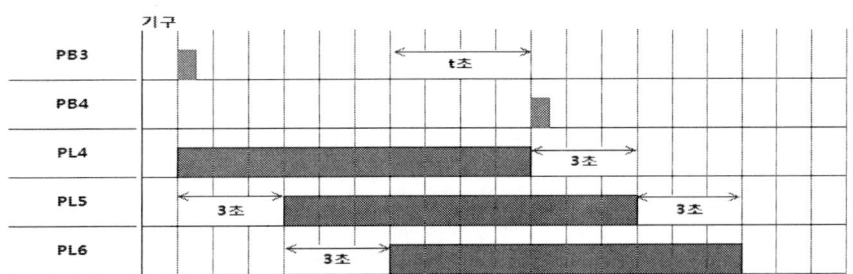

[그림 7 - 208] 타임차트

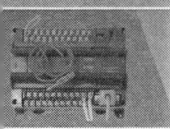

290 제7장 PLC 예제 문제 해설

③ PL4(Y000), PL5(Y001), PL6(Y002) 동작·정지 회로 프로그램

[그림 7 - 209] PL4, PL5, PL6 동작·정지 회로 프로그램

[그림 7 - 210] PL4, PL5, PL6 동작·정지 회로 프로그램

7.3 MELSEC PLC(기종 : FX3U-32M)

(4) 예제문제 49 완성 프로그램

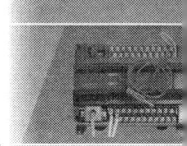

[그림 7 - 211] 예제문제 49 완성 프로그램

7.3.4 예제 문제 50 MELSEC PLC(기종 : FX₃ᵤ-32M)

1. PLC 문제

(1) 동작 설명

① PB_Up와 PB_Down의 입력에 의한 Up-Down 카운터(설정치 5)의 현재치가 5이상 이면, PL1은 3초 간격으로 점멸하고, PL2는 PL1이 점등된 후 2초 뒤부터 1초 간격으로 점멸하며, PL3은 PL2가 점등된 후 2초 뒤부터 2초 간격으로 점멸한다.

② Up-Down 카운터의 현재치가 5이상이면 위 사항을 계속 반복 동작하며, 현재치가 5보다 적으면 동작 중이던 PL1, PL2, PL3은 소등된다.

③ EOCR이 동작되면 X3과 YL(점등(2초)-소등(1초)-점등(1초)-소등(1초)-점등(3초)-소등(1초)을 반복)이 동작하고, EOCR을 리셋하면 모든 동작은 멈춘다.

(2) PLC 타임차트

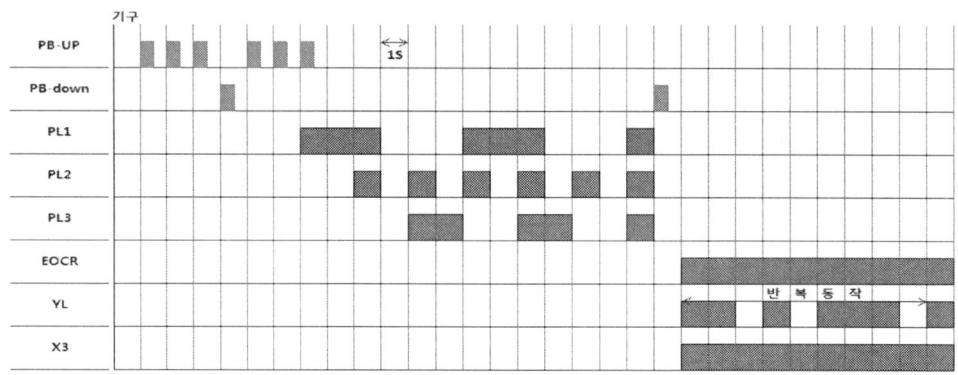

[그림 7-212] 타임차트

(3) PLC 입·출력도

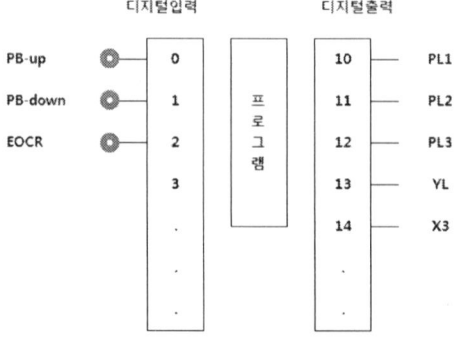

[그림 7-213] PLC 입·출력도

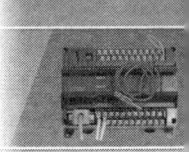

2. PLC 프로그램 작성 해석

PLC 프로그램을 작성하기 위해서는 먼저 타임차트의 해석이 필요하다. 아래 동작 설명과 타임차트에서 보면 PB_Up 스위치와 PB_Down 스위치를 이용하여 업-다운 카운터 CTUD를 작동시켜 CTUD의 설정치를 기준으로 이상이면 동작, 이하이면 정지 하도록 되어 있다.

또한 출력 PL1~PL3과 EOCR에 의한 동작부분은 별도로 해석하여야 할 것으로 보인다. 전기 분야의 경험이 많은 분들은 대체적으로 EOCR이 동작하면 모든 회로의 동작이 정지하도록 하여야 한다고 생각하기 쉬운데 전기 회로도에서 PLC의 전원은 EOCR 접점 전단에 연결되어 있음을 주지하여야 한다.

또한 EOCR에 의한 X3 릴레이를 동작시키도록 되어있다. EOCR의 접점은 푸시버튼스위치가 아니고 EOCR의 a접점임으로 자기유지회로를 구성할 필요가 없다.

(1) 동작 설명

① PB_Up와 PB_Down의 입력에 의한 Up-Down 카운터(설정치 5)의 현재치가 5이상이면, PL1은 3초 간격으로 점멸하고, PL2는 PL1이 점등된 후 2초 뒤부터 1초 간격으로 점멸하며, PL3은 PL2가 점등된 후 2초 뒤부터 2초 간격으로 점멸한다.

② Up-DOWN 카운터의 현재치가 5이상이면 위 사항을 계속 반복 동작하며, 현재치가 5보다 적으면 동작 중이던 PL1, PL2, PL3은 소등된다.

③ EOCR이 동작되면 X3과 YL(점등(2초)-소등(1초)-점등(1초)-소등(1초)-점등(3초)-소등(1초)을 반복)이 동작하고, EOCR을 리셋하면 모든 동작은 멈춘다.

(2) 타임차트

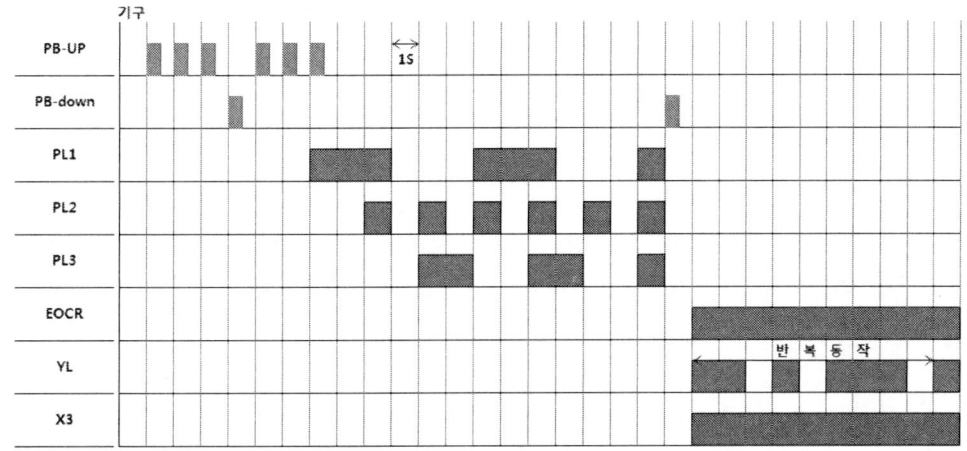

[그림 7 - 214] 타임차트

(3) PLC 메모리 할당

입·출력의 메모리 할당은 입력은 PB_Up-X000, PB_Down-X001, EOCR-X002번지로 출력은 PL1-Y000, PL2-Y001, PL3-Y002, YL-Y003, X4-Y004로 PLC의 입·출력 도면의 순서대로 할당하여야 프로그램 작성 및 결선을 할 때 오류를 방지할 수 있다. 내부메모리, 타이머, 카운터 등은 0, 1, 2, 3…순으로 할당 한다.

3. PLC 프로그램 작성

(1) PB_Up와 PB_Down에 의한 업-다운 카운터(CTUD) 동작회로

① 타임차트에서 보면 업-다운카운터(CTUD)의 출력 값은 PB_Up과 PB_Down의 카운터 횟수 합이 5회 이상이면 출력이 나오고 5회 이하 이면 출력이 나오지 않도록 되어 있다.

동작 설명을 하면 프로그램 상에 상승엣지 기호()을 사용한 이유는 상승엣지 신호는 PB_Up, PB_Down 스위치를 누를 때 상승 엣지 신호만 검출하기 때문에 스위치의 동작사항을 정확히 검출할 수 있다.

프로그램 작성방법은 두 가지를 사용 할 수 있는데

첫째는 업-다운카운터(CTUD)를 사용하는 방법이다.

MELSEC FX3U 시리즈에서는 Up/Down Counter 명령이 별도로 없다. 따라서 업 카운터와 다운 카운터를 사용하는 카운터의 할당 번호를 알아야 한다. 아래 표 7-1은 카운터의 번호이다. 또한 업-다운의 방향전환 디바이스를 알아야 한다. C200번의 카운터 방향전환 디바이스는 M8200을 사용한다.

[표 7-1] Up/Down Counter 메모리 할당

구분	16Bit Up 카운터		32Bit Up-Down 카운터	
	일반용	정전보존용	일반용	정전보존용
FX3U, FX3UC	C0 ~ C99	C100 ~ C199	C200 ~ C219	C220 ~ C234

프로그램을 작성하기 위해서 먼저 해야 할 일은 입력 접점과 출력에 대한 메모리 할당을 해야 한다. 아래 타임차트에서 입력은 PB_Up(X000), PB_Down(X001), EOCR(X002)번지로 출력은 PL1(Y000), PL2(Y001), PL3(Y002), YL(Y003), X4(Y004)로 PLC의 입·출력 도면의 순서대로 할당하여야 프로그램 작성 및 결선을 할 때 오류를 방지할 수 있다. 내부메모리, 타이머, 카운터 등은 0, 1, 2, 3…순으로 할당 한다. 단, Up/Down Counter를 사용하기 위해서는 C200번을 사용해야 한다.

둘째 INCP와 DECP 명령을 사용하는 방법이다.

INCP 명령은 D0의 값을 +1을 하는 명령이고, DECP는 D0 값을 -1을 하는 명령이

7.3 MELSEC PLC(기종 : FX3U - 32M)

므로 업-다운에 활용할 수 있다. 또한 [> = D0 K5]은 D0의 값이 정수 5와 비교하여 크거나 같으면 출력 M0을 실행시켜라 하는 내용이다.

② 타임차트

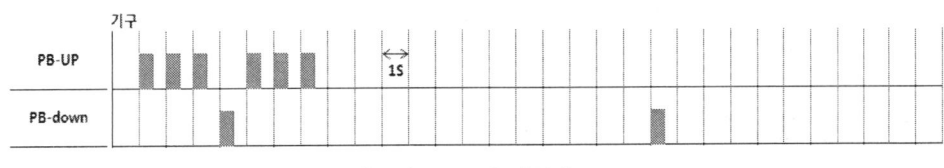

[그림 7 - 215] 타임차트

③ PB_Up와 PB_Down에 의한 업-다운 카운터(CTUD) 동작회로 프로그램

```
 0 ─┤X000├──────────────────────────[INCP  D0 ]
 5 ─┤X001├──────────────────────────[DECP  D0 ]
10 ─[>=  D0  K5]────────────────────────(M0)
```

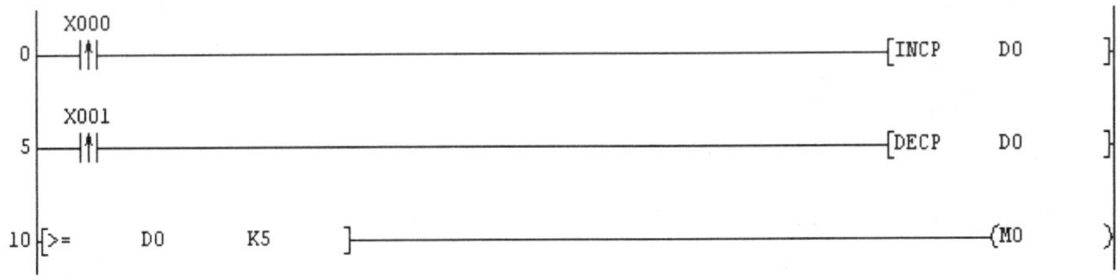

[그림 7 - 216] 업 - 다운 카운터(CTUD) 동작회로 프로그램

(2) 출력 PL1(Y000) 구성회로 프로그램

① 출력 PL1은 PB_Up(X000)와 PB_Down(X001)에 의한 정수 5 이상이 되면 M0의 출력 신호가 발생하므로 M0의 출력 신호를 받아 회로를 구성하면 된다. 타임차트에서 반복 구간을 보면 화살표로 표시된 부분과 같이 3초-3초 구간이 반복 구간이 되며 M0의 값이 1이 됨과 동시에 점등된다. 따라서 타이머는 T0 ~ T1까지 2개가 필요하며 타이머 반복 동작 회로로 구성하면 된다. 동작을 설명하면 출력 PL1은 M0-a, T0-b에 의해 3초 점등, T1-b에 의해 3초 소등과 리셋을 하게 됨으로 반복 동작을 하게 된다. 이때 주의 할 점은 M0의 출력을 받아 PL1(Y000)이 점등되도록 회로를 구성하여야 한다.

② 타임차트

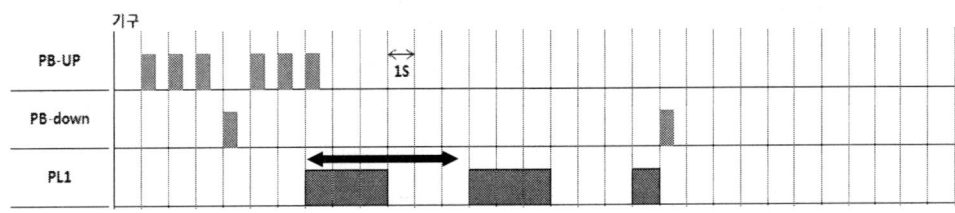

[그림 7 - 217] 타임차트

③ PL1 램프 점등회로(3S − 3S)반복 회로

[그림 7 - 218] PL1(Y000) 동작회로 프로그램

(3) PL2(Y001) 동작회로

① 출력 PL2는 M0의 출력 값이 1이 되고 2초 지연 후 시작 되어야 하며 타임차트에서 반복 구간을 보면 화살표로 표시된 부분과 같이 1초 − 1초 구간이 반복 구간이 된다. 따라서 타이머는 T2 ~ T4까지 3개가 필요하며 T2는 점등시간을 2초 지연시키는 타이머이다. 동작을 설명하면 출력 PL2는 T2−a와 T3−b에 의해 2초 지연 후 1초 점등, T4−b에 의해 1초 소등과 리셋을 하게 됨으로 반복 동작을 하게 된다. 이때 주의 할 점은 T2의 출력을 받아 점등되도록 회로를 구성하여야 한다.

② 타임차트

[그림 7 - 219] 타임차트

③ PL2(Y001) 동작회로 프로그램(2S지연 − 1S − 1S)

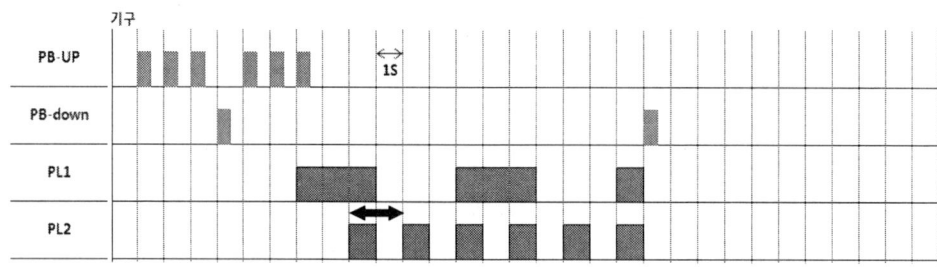

[그림 7 - 220] PL2(Y001) 동작회로 프로그램

(4) PL3(Y002) 동작회로

① 출력 PL3은 M0 출력 값이 1이 되고 4초 지연 후 시작 되어야 하며 타임차트에서 반복 구간을 보면 화살표로 표시된 부분과 같이 2초-2초 구간이 반복 구간이 된다. 따라서 타이머는 T5~T7까지 3개가 필요하며 T5는 점등시간을 4초 지연시키는 타이머이다. 동작을 설명하면 출력 PL3은 T5-a와 T6-b에 의해 4초 지연 후 2초 점등, T7-b에 의해 2초 소등과 리셋을 하게 됨으로 반복 동작을 하게 된다. 이때 주의 할 점은 T5의 출력을 받아 점등되도록 회로를 구성하여야 한다.

② 타임차트

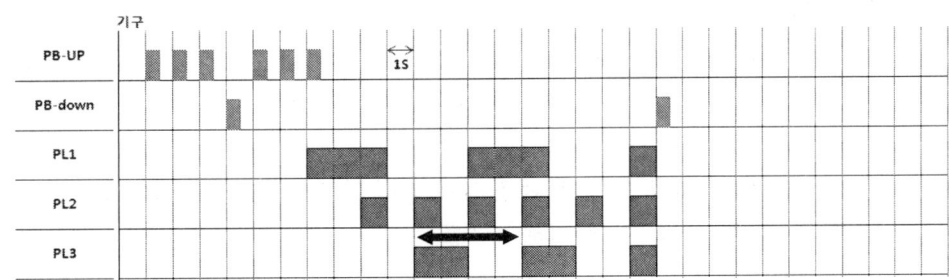

[그림 7 - 221] 타임차트

③ PL3(Y002) 동작회로 프로그램(4S지연-2S-2S)

[그림 7 - 222] PL3(Y002) 동작회로 프로그램

(5) YL(Y003)과 X3(Y004) 동작회로

① 출력 YL(Y003)는 타임차트에서 보면 EOCR 접점에 의하여 바로 반복 동작하며, EOCR 접점은 푸시버튼 스위치와 다르므로 자기유지회로가 필요 없다. 타임차트에서 반복 구간을 보면 화살표로 표시된 부분과 같이 2초-1초-1초-1초-3초-1초 구간이 반복 구간이 된다. 따라서 타이머는 T8~T13까지 6개가 필요 하다. 동작을 설명하면 출력 YL은 EOCR-a와 T8-b에 의해 2초 점등, T9-a 에 의해 1초 소등 T10-b에 의해 1초 점등, T11-a에 의해 1초 소등, T12-b에 의해 3초

점등, T13-b에 의해 1초 소등과 리셋을 하게 됨으로 반복 동작을 하게 된다. 이때 주의 할 점은 EOCR의 출력을 받아 점등되도록 회로를 구성하여야 한다. 또한 X3(Y004)은 EOCR의 신호를 받아 바로 여자 되도록 프로그램을 작성하며, 특히 주의할 것은 X3은 제어판의 X3 릴레이 전원임으로 전원선의 한 가닥은 PLC 출력 Y4에 연결하여야 한다.

② 타임차트

[그림 7 - 223] 타임차트

③ YL(Y003)과 X3(Y004) 동작회로 프로그램

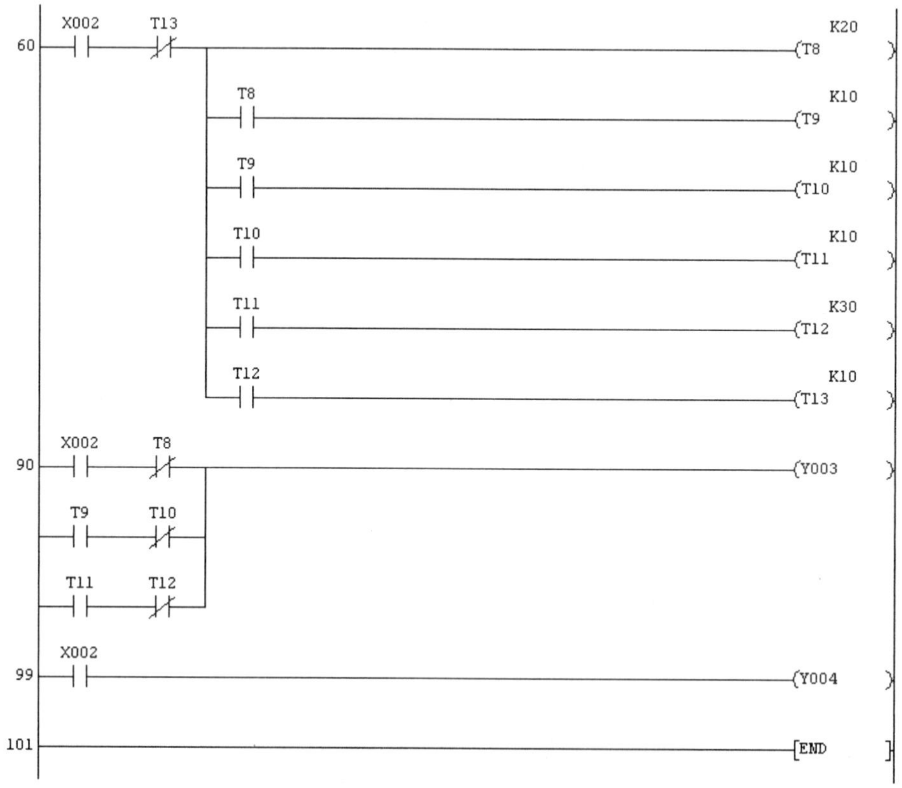

[그림 7 - 224] YL(Y003)과 X3(Y004) 동작회로 프로그램

7.3 MELSEC PLC(기종 : FX3U – 32M)

(6) 예제문제 50 완성 프로그램

```
 0 ──[X000↑]─────────────────────────────[INCP  D0]

 5 ──[X001↑]─────────────────────────────[DECP  D0]

10 ──[>=  D0  K5]────────────────────────────(M0)

                                               K30
16 ──[M0]──[T1/]──────────────────────────────(T0)
           │
           └──[T0]──────────────────────────────(T1)
                                               K30

25 ──[M0]──[T0/]──────────────────────────────(Y000)

                                               K20
28 ──[M0]─────────────────────────────────────(T2)

                                               K10
32 ──[T2]──[T4/]──────────────────────────────(T3)
           │
           └──[T3]──────────────────────────────(T4)
                                               K10

41 ──[T2]──[T3/]──────────────────────────────(Y001)

                                               K40
44 ──[M0]─────────────────────────────────────(T5)

                                               K20
48 ──[T5]──[T7/]──────────────────────────────(T6)
           │
           └──[T6]──────────────────────────────(T7)
                                               K20

57 ──[T5]──[T6/]──────────────────────────────(Y002)
```

[그림 7 - 225] 예제문제 50 완성 프로그램 (1)

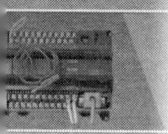

300 제7장 PLC 예제 문제 해설

[그림 7 - 226] 예제문제 50 완성 프로그램 (2)

7.3 MELSEC PLC(기종 : FX3U – 32M)

7.3.5 예제 문제 51 MELSEC PLC(기종 : FX3U – 32M)

1. PLC 문제

(1) 동작 설명

① PB6을 누른 후 놓으면 PL1은 주어진 시간동안 점등과 소등(⑤-①-①-①-⑤-①초)을 반복 동작하고, PL2는 PL1이 점등된 1초 후 점등과 소등(⑤-①-⑤-③초)을 반복 동작하고, PL3은 PL2가 점등된 1초 후 점등과 소등(③-①-①-①-③-②-①-②초)을 반복 동작한다.

② PB7의 입력이 들어오기 전까지 위 사항을 계속 반복 동작하게 되며, PB7을 누르면 동작 중이던 PL1, PL2, PL3은 모두 소등된다.

③ 제어회로의 EOCR이 동작하면 X4가 여자 되고, YL은 점등과 소등(②-①-①-①초)을 반복하고, BZ는 YL 점등 1초 후 동작과 정지(①-①-②-①초)를 반복동작한다. EOCR이 복귀되면 YL과 BZ는 동작을 멈춘다.

(2) PLC 타임차트

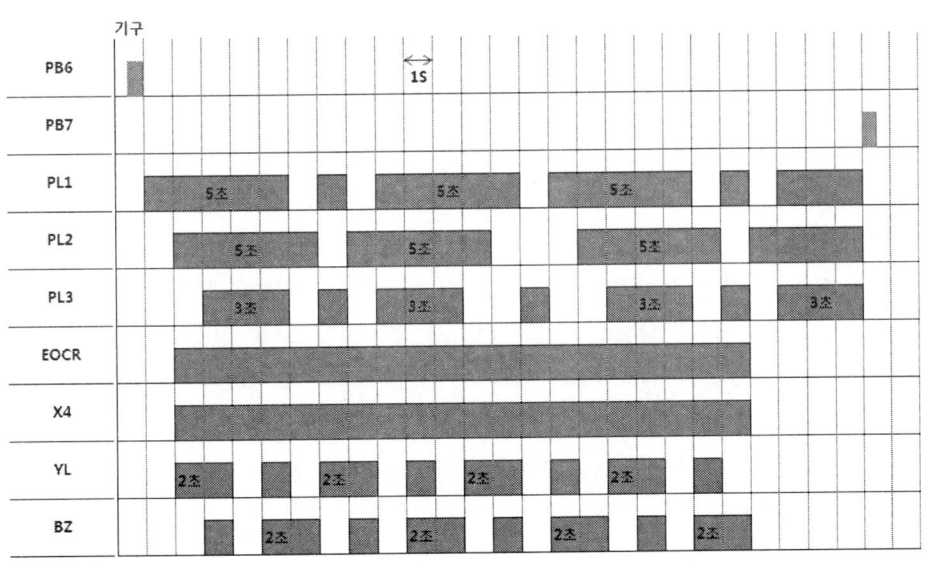

[그림 7 - 227] 타임차트

(3) PLC 입·출력도

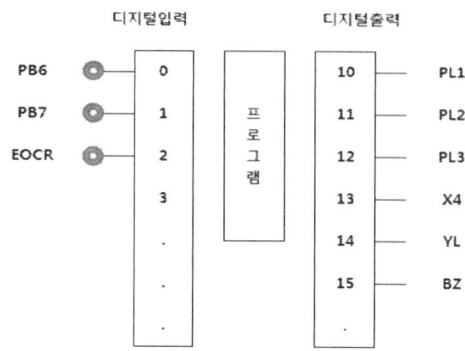

[그림 7 - 228] PLC 입·출력도

2. PLC 프로그램 작성 해석

　　PLC 프로그램을 작성하기 위해서는 먼저 타임차트의 해석이 필요하다. 아래 동작 설명과 타임차트에서 보면 PB6 스위치를 ON 스위치로, PB7 스위치를 OFF 스위치로 사용하여 PL1 ~ PL3까지 동작을 시킬 수 있도록 구성되어 있다. 이때 스위치의 블록이 시작점 또는 끝나는 점에서 동작이 되는지를 반드시 확인하여야 한다. 아래 차트와 같이 끝나는 점에서 출력이 시작되면 반드시 PLC 접점을 펄스하강(sF8) 접점으로 하여야 한다.
　　또한 EOCR에 의한 X4 릴레이를 동작시키도록 되어있다. EOCR의 접점은 푸시버튼 스위치 아니고 a접점임으로 자기유지회로를 구성할 필요가 없다.

(1) 동작 설명

① PB6을 누른 후 놓으면 PL1은 주어진 시간동안 점등과 소등(⑤-①-①-①-⑤-①초)을 반복 동작하고, PL2는 PL1이 점등된 1초 후 점등과 소등(⑤-①-⑤-③초)을 반복 동작하고, PL3은 PL2가 점등된 1초 후 점등과 소등(③-①-①-①-③-②-①-②초)을 반복 동작한다.

② PB7의 입력이 들어오기 전까지 위 사항을 계속 반복 동작하게 되며, PB7을 누르면 동작 중이던 PL1, PL2, PL3은 모두 소등된다.

③ 제어회로의 EOCR이 동작하면 X4가 여자 되고, YL은 점등과 소등(②-①-①-①초)을 반복하고, BZ는 YL 점등 1초 후 동작과 정지(①-①-②-①초)를 반복동작 한다. EOCR이 복귀되면 YL과 BZ는 동작을 멈춘다.

(2) 타임차트

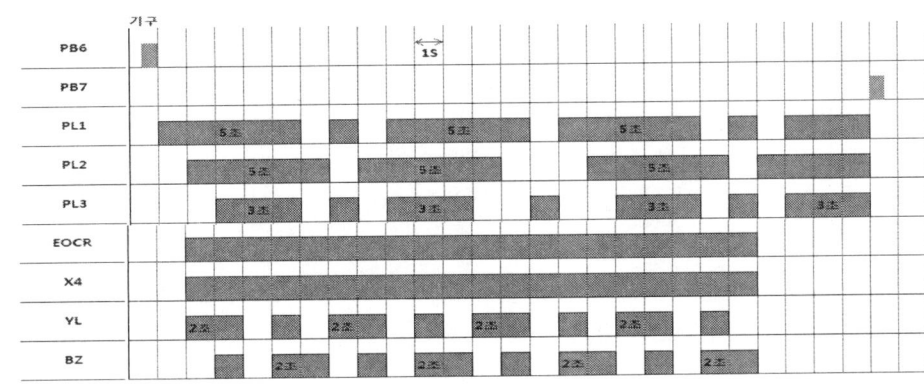

[그림 7 - 229] 타임차트

(3) PLC 메모리 할당

MELSEC PLC 입·출력의 메모리 할당은 입력은 PB6-X000, PB7-X001, EOCR-X002번 지로 출력은 PL1-Y000, PL2-Y001, PL3-Y002, X4-Y003, YL-Y004, BZ-Y005로 PLC의 입·출력 도면의 순서대로 할당하여야 프로그램 작성 및 결선을 할 때 오류를 방지할 수 있다. 내부 릴레이(M), 타이머(T), 카운터(C) 등은 순서대로 0, 1, 2, 3 … 순으로 할당 한다.

3. PLC 프로그램 작성

(1) PB6-X000, PB7-X001 기동·정지 회로 프로그램

① PB6-X000 스위치는 눌렀다가 놓을 때 동작하는 하강 엣지 신호임으로 MELSEC PLC에서는 펄스하강(sF8)접점을 사용하여야 한다. 이때 출력으로 나오는 M0을 이용하여 자기유지회로 프로그램을 작성하여야 한다.

② 타임차트

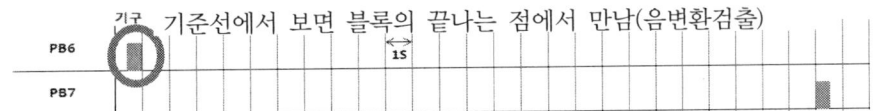

[그림 7 - 230] 타임차트

③ PB6, PB7에 의한 기동 정지회로

[그림 7 - 231] PB6, PB7에 의한 기동 정지회로

(2) PL1(Y000) 동작회로

① 출력 PL1은 PB6 스위치를 놓는 것과 동시에 시작 되어야 하며 타임차트에서 반복 구간을 보면 화살표로 표시된 부분과 같이 5초-1초-1초-1초-5초-1초 구간이 반복 구간이 된다. 따라서 타이머는 T0~T5까지 6개가 필요하며 이 타이머들을 계속해서 연결사용하여도 무방하다. 아래 프로그램은 이해도를 증진시키기 위하여 반복 동작하는 요소 별로 타이머를 묶어서 작성하였다. 동작을 설명하면 출력 PL1은 M0, T0-b에 의해 5초 점등, T1-a에 의해 1초 소등, T2-b에 의해 1초 점등, T3-a에 의해 1초 소등, T4-b에 의해 5초 점등, T5-b에 의해 1초 소등과 리셋을 하게 됨으로 반복 동작을 하게 된다. 이때 주의 할 점은 M0의 출력을 받아 점등되도록 회로를 구성하여야 한다.

② 타임차트

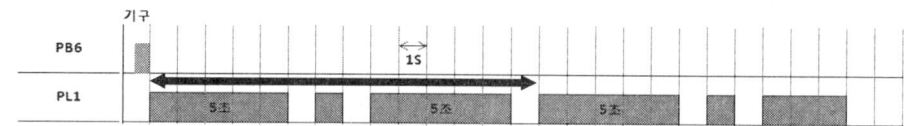

[그림 7 - 232] 타임차트

③ PL1(Y000) 동작회로 프로그램(5S-1S-1S-1S-5S-1S)

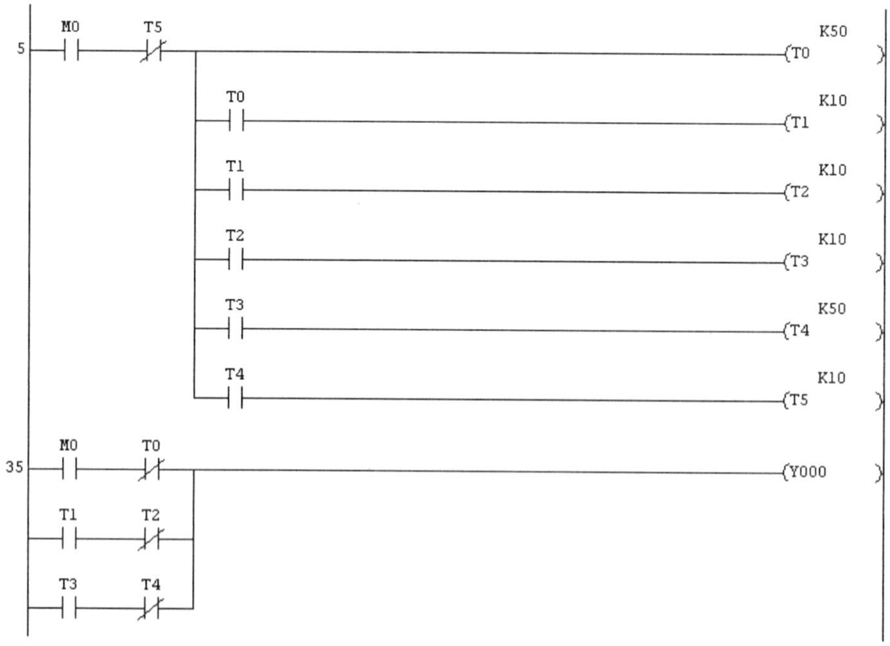

[그림 7 - 233] PL1(Y000) 동작회로 프로그램

(3) PL2(Y001) 동작회로

① 출력 PL2는 PB6 스위치를 놓는 것과 동시에 1초 지연 후 시작 되어야 하며 타임차트에서 반복 구간을 보면 화살표로 표시된 부분과 같이 5초-1초-5초-3초 구간이 반복 구간이 된다. 따라서 타이머는 T6~T10까지 5개가 필요하며, 아래 프로그램은 이해도 증진을 위해 지연시키는 타이머와 반복 동작하는 요소 별로 타이머를 묶어서 작성하였다.

동작을 설명하면 출력 PL2는 T6-a와 T7-b에 의해 5초 점등, T8-a에 의해 1초 소등, T9-b에 의해 5초 점등, T10-b에 의해 3초 소등과 리셋을 하게 됨으로 반복 동작을 하게 된다. 이때 주의 할 점은 T6의 출력을 받아 점등되도록 회로를 구성하여야 한다.

② 타임차트

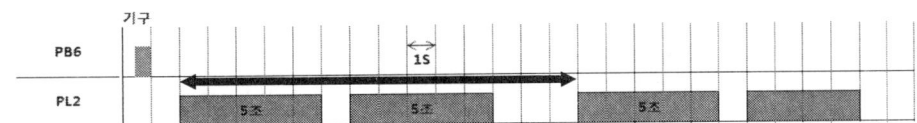

[그림 7 - 234] 타임차트

③ PL2(Y001) 동작회로 프로그램(1S지연-5S-1S-5S-3S)

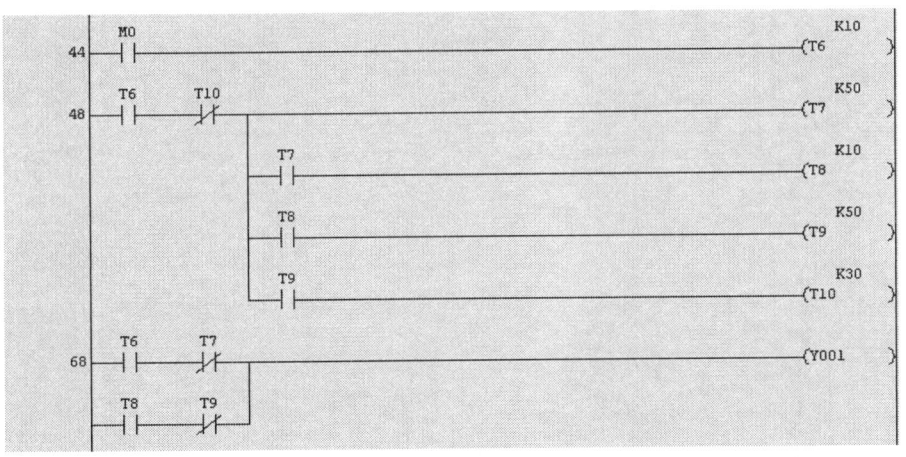

[그림 7 - 235] PL2(Y001) 동작회로 프로그램

(4) PL3(Y002) 동작회로

① 출력 PL3은 PB6 스위치를 놓는 것과 동시에 2초 지연 후 시작 되어야 하며 타임차트에서 반복 구간을 보면 화살표로 표시된 부분과 같이 3초-1초-1초-1초-2초-1초-2초 구간이 반복 구간이 된다. 따라서 타이머는 T11~T19까지 9개가 필요하며 아래 프로그램은 이해도 증진을 위해 지연시키는 타이머와 반복 동작하

는 요소 별로 타이머를 묶어서 작성하였다. 동작을 설명하면 출력 PL3은 T11-a, T12-b에 의해 3초 점등, T13-a에 의해 1초 소등, T14-b에 의해 1초 점등, T15-a에 의해 1초 소등, T16-b에 의해 3초 점등, T17-a에 의해 2초 소등, T18-b에 의해 1초 점등, T19-b에 의해 2초 소등과 리셋을 하게 됨으로 반복 동작을 하게 된다.

② 타임차트

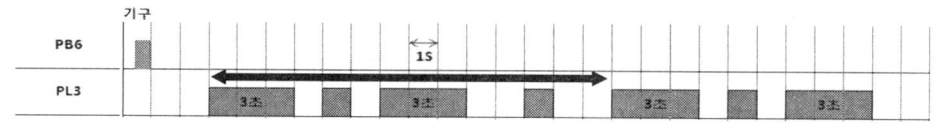

[그림 7 - 236] 타임차트

③ PL3(Y002) 동작회로 프로그램(2S 지연 후-3S-1S-1S-1S-3S-2S-1S-2S)

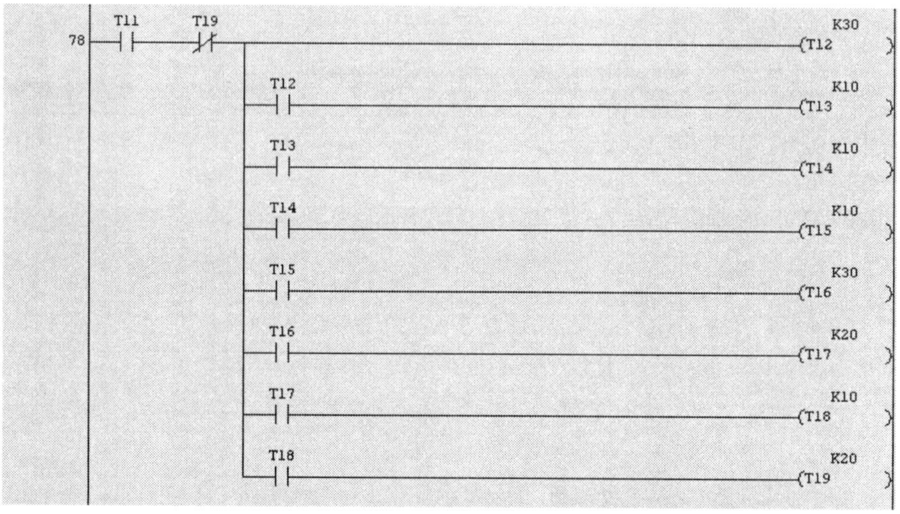

[그림 7 - 237] PL3(Y002) 동작회로 프로그램

[그림 7 - 238] PL3(Y002) 동작회로 프로그램

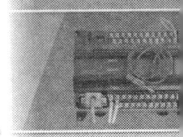

7.3 MELSEC PLC(기종 : FX3U – 32M)

(5) X4(Y003) 동작회로

① 출력 X4는 타임차트에서 보면 EOCR 접점에 의하여 동작한다. EOCR 접점은 푸시버튼 스위치와 다르므로 자기유지회로가 필요 없다. 특히 주의할 것은 X4는 제어판의 X4 릴레이 전원임으로 전원선의 한 가닥은 PLC 출력 Q03에 연결하여야 한다.

② 타임차트

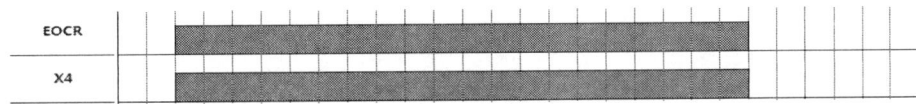

[그림 7 - 239] 타임차트

③ EOCR 동작회로 프로그램

[그림 7 - 240] EOCR 동작회로 프로그램

(6) YL(Y004) 동작회로

① 출력 YL은 X4가 여자 됨과 동시에 시작 되어야 하며 타임차트에서 반복 구간을 보면 화살표로 표시된 부분과 같이 2초 – 1초 – 1초 – 1초 구간이 반복 구간이 된다. 따라서 타이머는 T20 ~ T23까지 4개가 필요하며 아래 프로그램은 이해도 증진을 위해 반복 동작하는 요소 별로 타이머를 묶어서 작성하였다. 동작을 설명하면 출력 YL은 Y003-a, T20-b에 의해 2초 점등, T21-a에 의해 1초 소등, T22-b에 의해 1초 점등, T23-b에 의해 1초 소등과 리셋을 하게 됨으로 반복 동작을 하게 된다.

② 타임차트

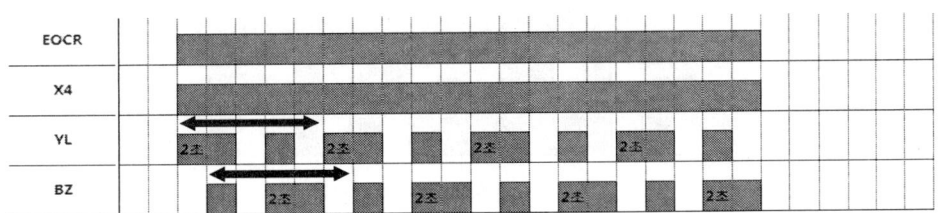

[그림 7 - 241] 타임차트

③ YL(Y004) 동작회로 프로그램(2S-1S-1S-1S)

```
        Y003   T23                                    K20
132 ─┤├──┤/├─────────────────────────────────────────(T20)
                    T20                                K10
                ─┤├───────────────────────────────────(T21)
                    T21                                K10
                ─┤├───────────────────────────────────(T22)
                    T22                                K10
                ─┤├───────────────────────────────────(T23)

        Y003   T20
152 ─┤├──┤/├─────────────────────────────────────────(Y004)
        T21    T22
     ─┤├───┤/├─
```

[그림 7 - 242] YL(Y004) 동작회로 프로그램

(7) BZ(Y005) 동작회로

① 출력 BZ은 X4가 여자 됨과 동시에 1초 지연 후 동작 되어야 하며 타임차트에서 반복 구간을 보면 화살표로 표시된 부분과 같이 1초-1초-2초-1초 구간이 반복 구간이 된다. 따라서 타이머는 T24~T28까지 5개가 필요하며 아래 프로그램은 이해도 증진을 위해 지연을 시키는 타이머와 반복 동작하는 요소 별로 타이머를 묶어서 작성하였다. 동작을 설명하면 출력 BZ은 T24-a에 의해 1초 지연 후 T24-a, T25-b에 의해 1초 동작, T26-a에 의해 1초 정지, T27-b에 의해 2초 동작, T28-b에 의해 1초 정지와 리셋을 하게 됨으로 반복 동작을 하게 된다. MELSEC PLC에서는 프로그램의 끝에 자동으로 END명령 처리된다.

② 타임차트

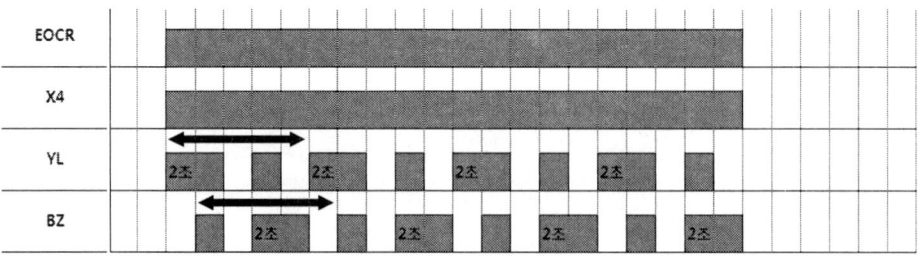

[그림 7 - 243] 타임차트

7.3 MELSEC PLC(기종 : FX3U – 32M)

③ BZ(Y005) 동작회로 프로그램(1초 지연 – 1S – 1S – 2S – 1S)

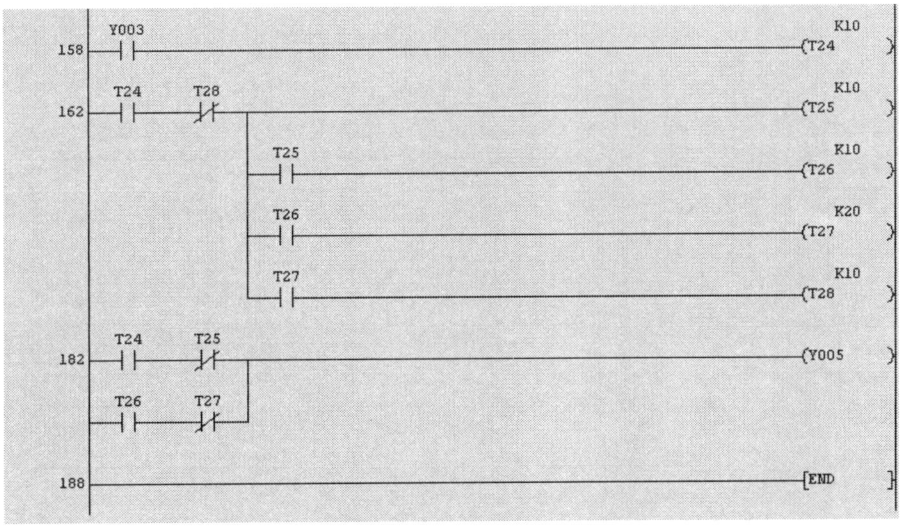

[그림 7 - 244] BZ(Y005) 동작회로 프로그램

(8) 예제문제 51 완성 프로그램

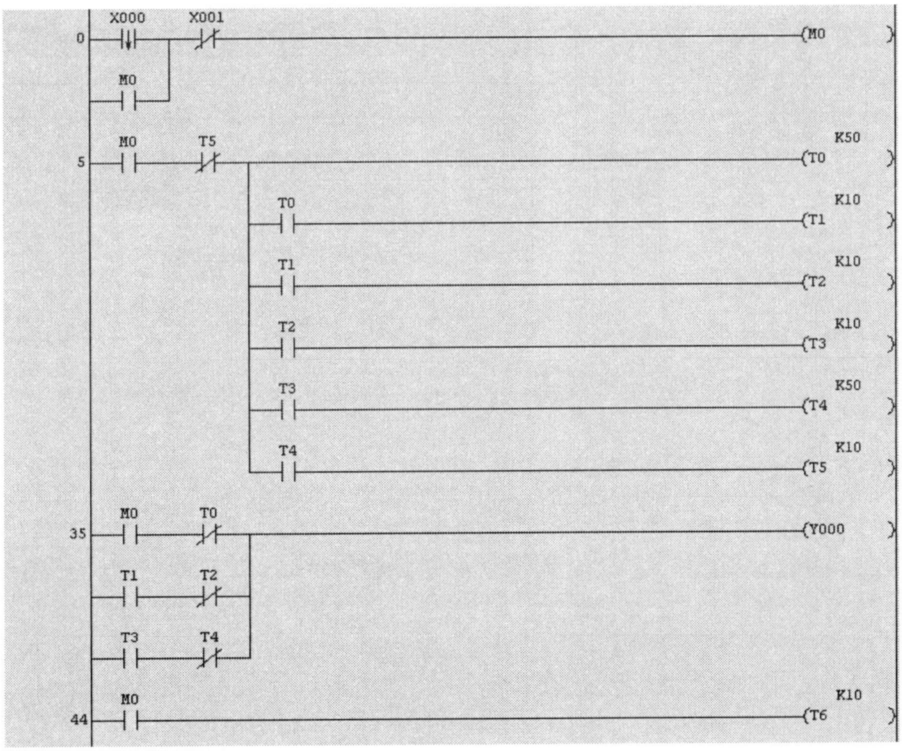

[그림 7 - 245] 예제문제 51 완성 프로그램1

310 제7장 PLC 예제 문제 해설

[그림 7 - 246] 예제문제 51 완성 프로그램2

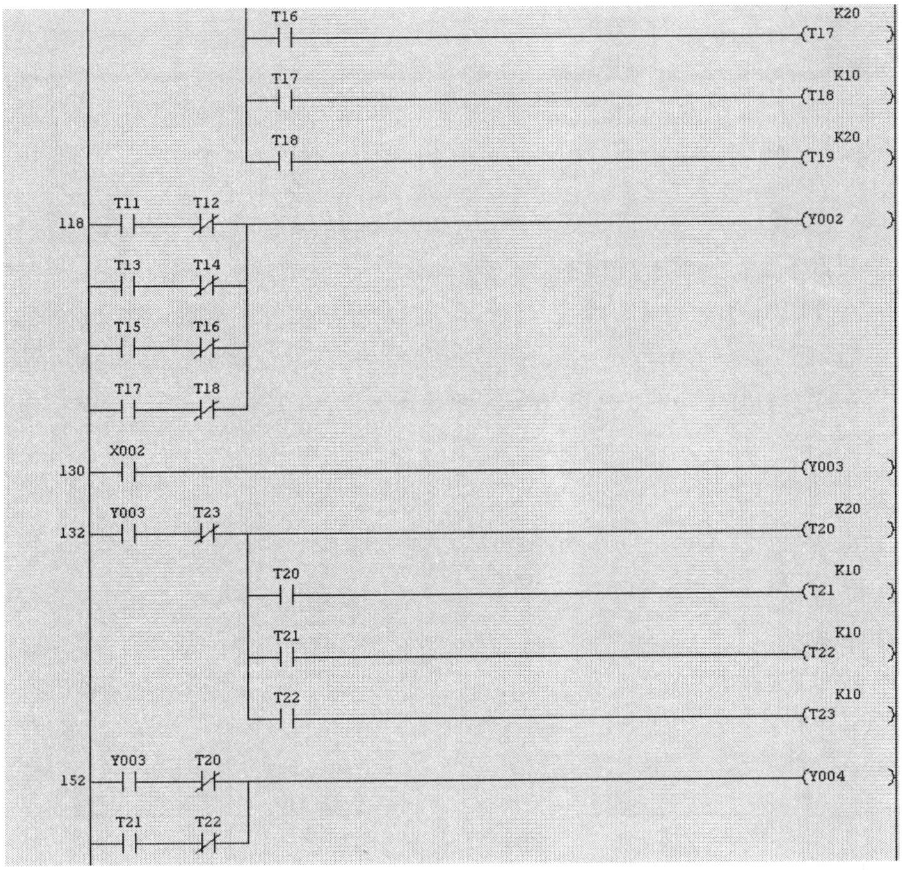

7.3 MELSEC PLC(기종 : FX3U – 32M) **311**

[그림 7 - 247] 예제문제 51 완성 프로그램3

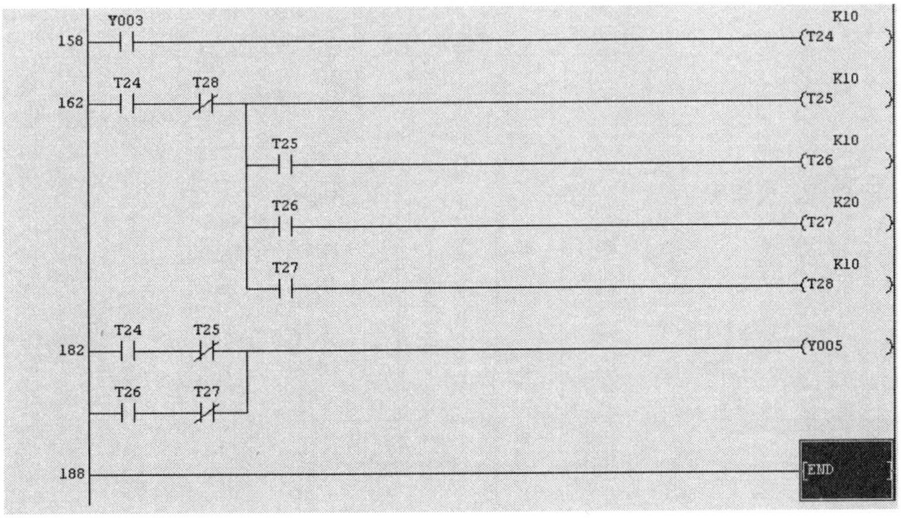

[그림 7 - 248] 예제문제 51 완성 프로그램4

7.3.6 예제 문제 52 MELSEC PLC(기종 : FX3U – 32M)

1. PLC 문제

(1) 동작 설명

① PB3을 1번 누르면, PL1은 점등과 소등(⑤-③-①-③초)을 반복 동작하고, PL2는 PL1이 점등된 1초 후 점등과 소등(③-③-③-③초)을 반복 동작하고, PL3은 PL2가 점등된 1초 후 점등과 소등(①-③-⑤-③초)을 반복 동작한다.

② PB4를 1번 눌렀다 놓으면, PL4는 점등과 소등(③-①-②-①-①초)을 1회 동작한다.

③ 제어회로의 X0이 동작되면 BZ는 동작과 정지(①-②-①-②초)를 반복하고, YL은 BZ 동작 1초 후 점등과 소등(②-①-①-②초)을 반복 동작한다. X0이 복귀되면 YL과 BZ는 동작을 멈춘다.

(2) 타임차트

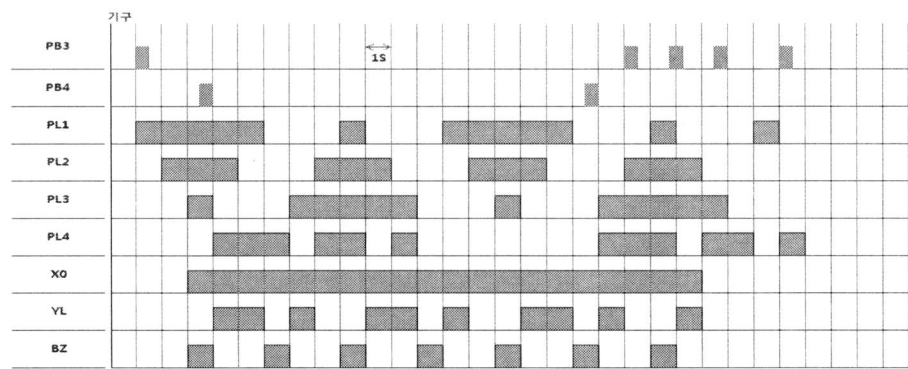

[그림 7 - 249] 타임차트

(3) PLC 입·출력도

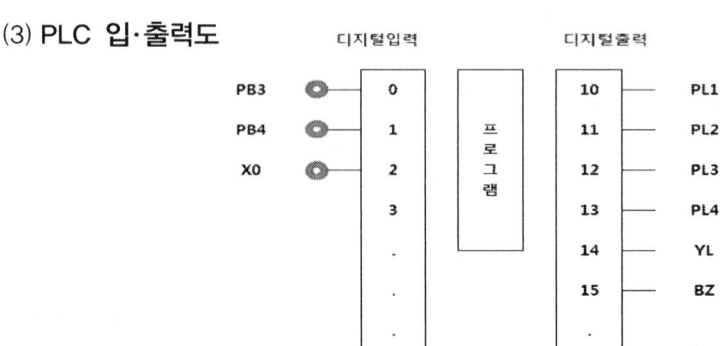

[그림 7 - 250] PLC 입·출력도

2. PLC 프로그램 작성 해석

PLC 프로그램을 작성하기 위해서는 먼저 타임차트의 해석이 필요하다. 아래 동작 설명과 타임차트에서 보면 PB3 스위치를 CTU(Up Counter)카운터의 입력으로 사용한다. 카운터의 동작 상황은 카운터를 1번 동작시킬 때와 5번 동작시킬 때를 구분해야 함으로 다중(2중)카운터를 사용해야 한다. 리셋은 별도의 스위치가 없으므로 C2 카운터 출력을 사용하여 리셋 시킨다.

PB4 스위치는 PL4를 동작시키기 위한 전용 스위치이다.

PB3 스위치로 PL1~PL3까지 동작 시키며, PB4 스위치로 PL4를 동작 시킨다. 또 한 X0에 의해 YL, BZ가 동작된다. 주의할 점은 X0은 X0-a접점임으로 자기유지회로를 구성할 필요가 없다.

(1) 동작 설명 해석

① PB3을 1번 누르면 C0 카운터가 동작하여 PL1은 점등과 소등(⑤-③-①-③초)을 반복 동작하고, PL2는 PL1이 점등된 1초 후 점등과 소등(③-③-③-③초)을 반복 동작하고, PL3은 PL2가 점등된 1초 후 점등과 소등(①-③-⑤-③초)을 반복 동작한다.

PB3을 5번 누르면 동작 중이던 PL1, PL2, PL3은 모두 소등 된다.

② PB4를 1번 눌렀다 놓으면, PL4는 점등과 소등(③-①-②-①-①초)을 1회 동작 한다.

③ 제어회로의 X0이 동작되면 BZ는 동작과 정지(①-②-①-②초)를 반복하고, YL은 BZ 동작 1초 후 점등과 소등(②-①-①-②초)을 반복 동작한다. X0이 복귀되면 YL과 BZ는 동작을 멈춘다.

(2) 타임차트

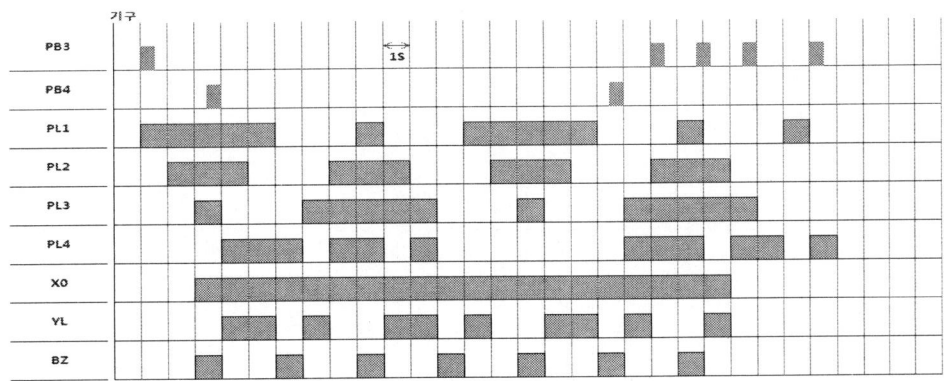

[그림 7-251] 타임차트

(3) PLC 메모리 할당

MELSEC PLC(FX₃U시리즈)에서 메모리 할당은 입력은 PB3-X000, PB4-X001, X0-X002번지로 출력은 PL1-Y000, PL2-Y001, PL3-Y002, PL4-Y003, YL-Y004, BZ-Y005로 아래 도면의 순서대로 할당 하여야 프로그램 작성과 결선할 때 편리하다. 또한 PLC기종에 따라 다르므로 반드시 확인하여 할당한다.

3. 프로그램 작성 해석

(1) PB3에 의한 다중카운터 사용하기

① 동작 설명

PB3 스위치의 타임차트를 보면 스위치를 1번 동작시켰을 때와 5번 동작시켰을 때로 나누어 생각해야 함으로 다중 카운터를 적용해야 한다. 따라서 두 개의 카운터(C1, C2)를 만들고 동작은 PB3-X000 접점을 사용하고, 리셋은 C2의 a접점으로 내부메모리 M0을 동작 시키고 M0의 상승펄스(a접점)로 하면 된다. 이때 상승펄스(sF7)나 하강펄스(sF8)는 스캔동안 한번만 동작하는 접점이므로 프로그램 작성시 적절하게 활용해야 한다.

② 타임차트

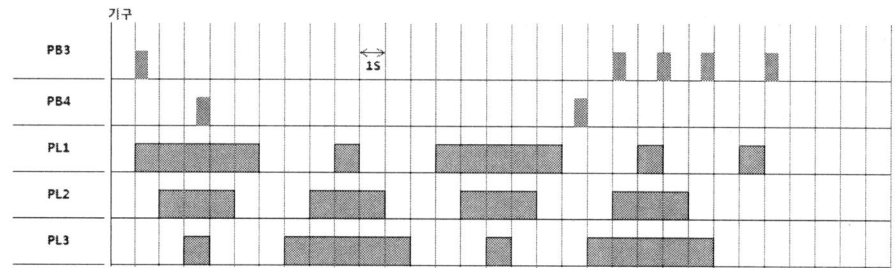

[그림 7 - 252] 타임차트

③ PB3에 의한 다중카운터 사용하기

[그림 7 - 253] PB3에 의한 다중카운터 사용하기

(2) PL1(Y000) 동작회로

① PL1은 타임차트에서 보면 점등과 소등(⑤-③-①-③초)을 반복 동작시켜야 함으로 C1의 신호를 받아 T4-b접점으로 반복 리셋을 시키고 T1~T4를 연속적으로 연결하는 프로그램을 작성하면 된다.

따라서 PL1-Y000은 C1 접점과 T1 접점에 의해 5초 동작, T2 접점에의 하여 3초 정지, T3에 의하여 1초 동작, T4 리셋 접점에 의하여 3초 정지 순으로 반복동작을 하게 된다.

② 타임차트

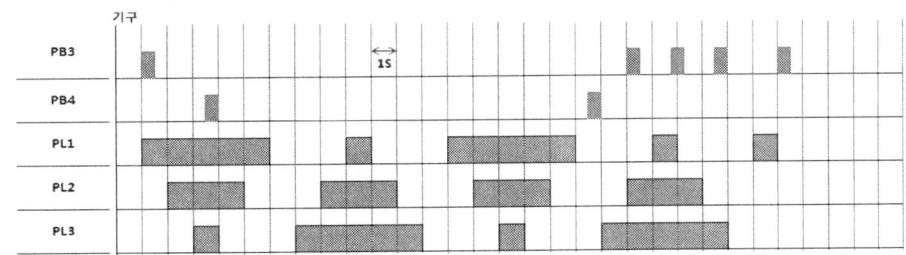

[그림 7 - 254] 타임차트

③ PL1(Y000) 동작회로 프로그램(5S-3S-1S-3S)

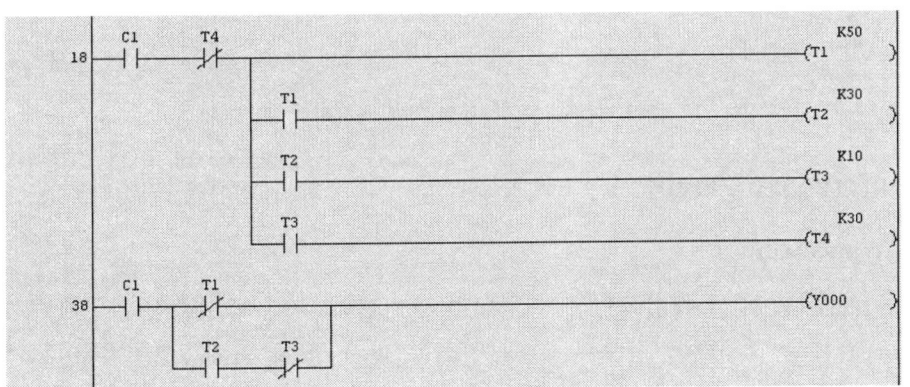

[그림 7 - 255] PL1(Y000) 동작회로 프로그램

(3) PL2(Y001) 동작회로

① 동작 설명

PL2-Y001은 타임차트에서 보면 1초 지연 후(③-③-③-③초) 반복 동작함으로 카운터 C1의 신호를 받아 타이머 T5에 의해 1초 지연 후 타이머 T6과 T7을 사용하여 3초 동작, 3초 정지를 반복 하는 프로그램을 작성한다. 따라서 PL2-Y00

1은 T5에 의해 1초 지연 후 T6에 의해 3초 동작, T7리셋 접점에 의해 3초 정지 후 반복 동작을 하게 된다.

② 타임차트

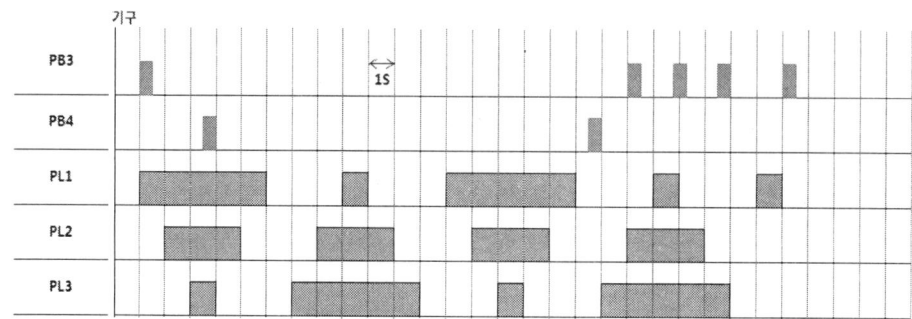

[그림 7 - 256] 타임차트

③ PL2(Y001) 동작회로 프로그램(3S – 3S – 3S – 3S)

```
     C1                                                K10
45 ──┤ ├──────────────────────────────────────────────(T5  )
     T5    T7                                          K30
49 ──┤ ├──┤/├─┬───────────────────────────────────────(T6  )
          T6 │                                         K30
          ├──┤ ├──────────────────────────────────────(T7  )
     T5    T6
58 ──┤ ├──┤/├─────────────────────────────────────────(Y001)
```

[그림 7 - 257] PL2(Y001) 동작회로 프로그램

(4) PL3(Y002) 동작회로

① 동작 설명

PL3-Y002는 타임차트에서 보면 2초 지연 후 점등과 소등(①-③-⑤-③초)을 반복 동작시켜야 함으로 C1의 신호를 받아 T8에 의해 2초를 지연시키고 T8의 출력신호를 받아 T12-b접점으로 반복 리셋을 시키고 T9~T12를 연속적으로 연결하는 프로그램을 작성하면 된다.

따라서 PL3-Y002는 T8 접점과 T9 접점에 의해 1초 동작, T10 접점에의 하여 3초 정지, T11에 의하여 5초 동작, T12 리셋 접점에 의하여 3초 정지 순으로 반복동작을 하게 된다.

② 타임차트

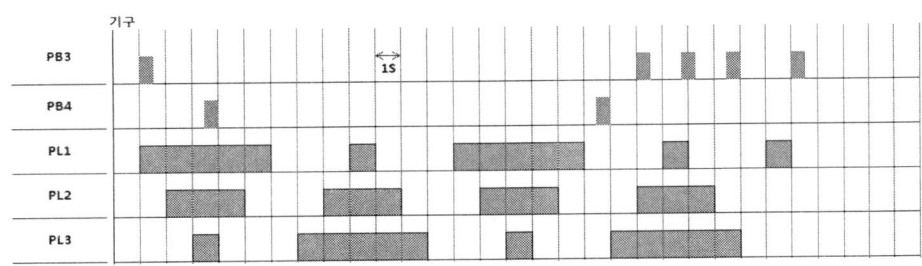

[그림 7 - 258] 타임차트

③ PL3(Y002) 동작회로 프로그램(1S – 3S – 5S – 3S)

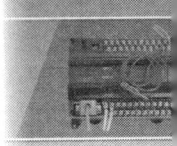

[그림 7 - 259] PL3(Y002) 동작회로 프로그램

(5) PL4(Y003) 동작회로

① 동작 설명

PL4-Y003은 타임차트에서 보면 점등과 소등(③-①-②-①-①초)을 반복 동작시켜야 함으로 좀 복잡하다. 또한 PB4-X001 스위치를 놓을 때 동작하여야 하며, 한번 만 동작 시켜야 함으로 자기유지회로가 필요하다.

PB4-X001 스위치는 펄스하강 접점을 이용하여 자기유지회로를 프로그램하고 출력은 내부 메모리 M1을 사용한다. 또한 한번 만 동작 시키는 회로이기 때문에 자기유지회로를 리셋 시키는 접점을 T17 접점으로 하여야 한다.

따라서 PL4-Y003은 M1 접점과 T13 접점에 의해 3초 동작, T14 접점에의 하여 1초 정지, T15에 의하여 2초 동작, T16에 의하여 1초 정지 T17 접점에 의하여 1초 동작 후 정지 순으로 반복동작을 하게 된다.

② 타임차트

[그림 7 - 260] 타임차트

③ PL4(Y003) 동작회로 프로그램(3S – 1S – 2S – 1S – 1S)

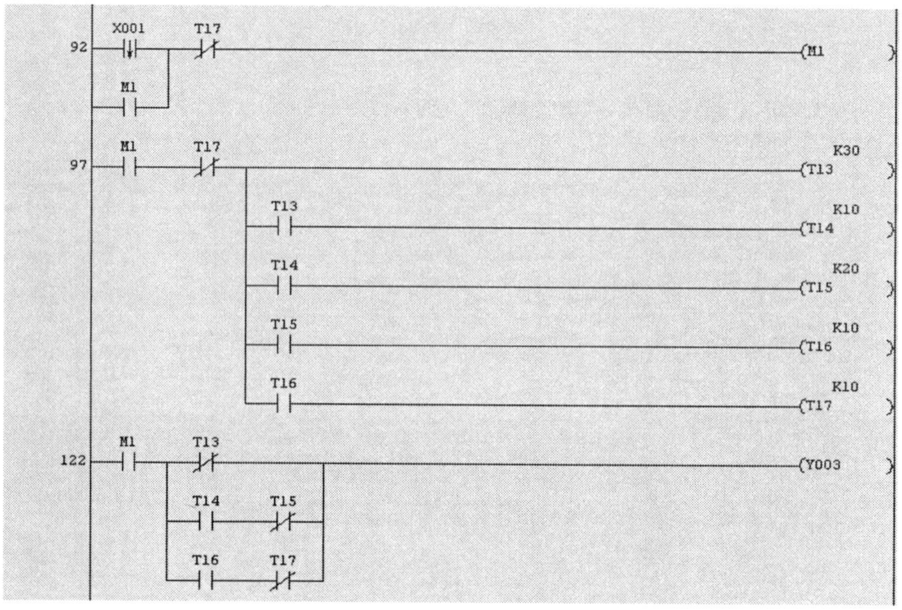

[그림 7 - 261] PL4(Y003) 동작회로 프로그램

⑹ YL(Y003), BZ(Y004) 동작회로

① 동작 설명

제어회로의 X0이 동작되면 BZ는 동작과 정지(①-②-①-②초)를 반복하고, YL 은 BZ 동작 1초 후 점등과 소등(②-①-①-②초)을 반복 동작한다. X0이 복귀되면 YL과 BZ는 동작을 멈춘다.

X0-X002는 스위치가 아니고 릴레이 a접점이므로 자기유지회로 없이 직접 타이머를 구동하는 프로그램을 작성하면 된다. T18~T24를 사용하여 타이머 회로를 작성하고 YL-Y004는 1초 지연 후 동작하는 회로이므로 T18을 이용하여 지연시키고 T19, T20으로 2초, 1초 동작회로를 T21과 T22로 1초, 2초 반복동작회로를 만든다. BZ-P45는 1초 동작, 2초 정지 반복회로이므로 T23과 T24를 이용하여 프로그램을 작성하면 된다.

7.3 MELSEC PLC(기종 : FX3U – 32M) 319

② 타임차트

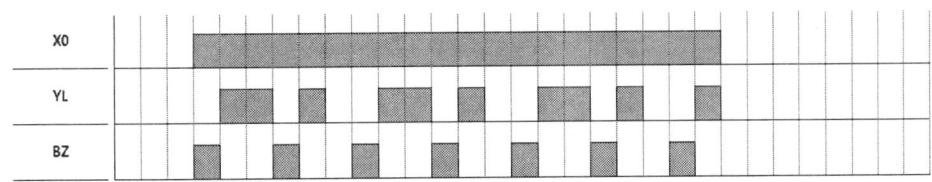

[그림 7 - 262] 타임차트

③ PL4(Y003) 동작회로 프로그램(3S – 1S – 2S – 1S – 1S)

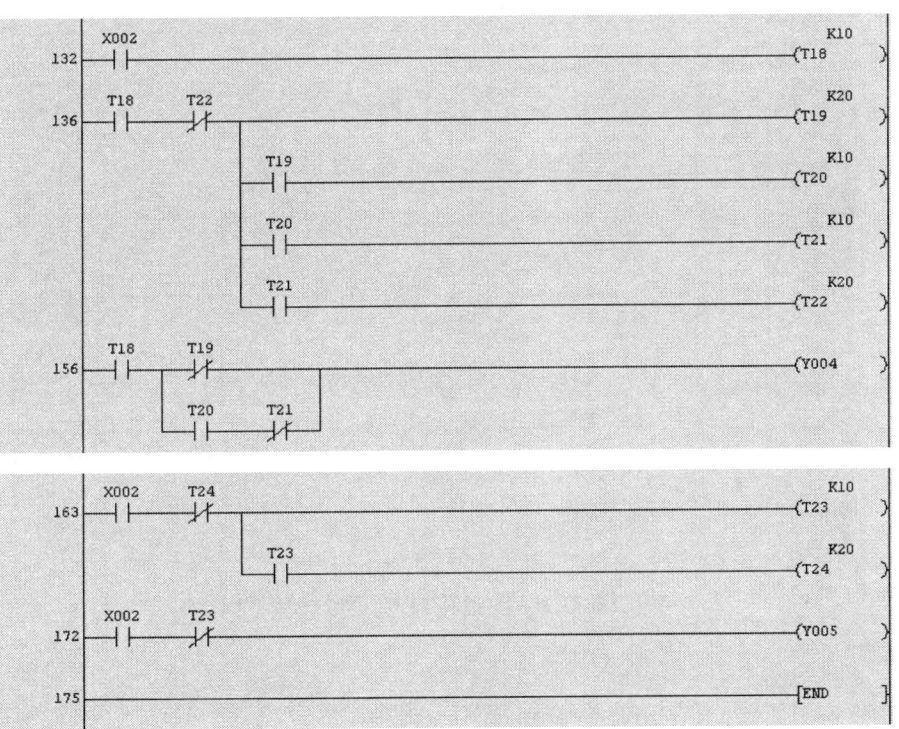

[그림 7 - 263] PL4(Y003) 동작회로 프로그램

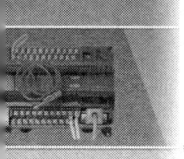

320 제7장 PLC 예제 문제 해설

(7) 예제문제 52 완성 프로그램

[그림 7 - 264] 예제문제 52 완성 프로그램 (1)

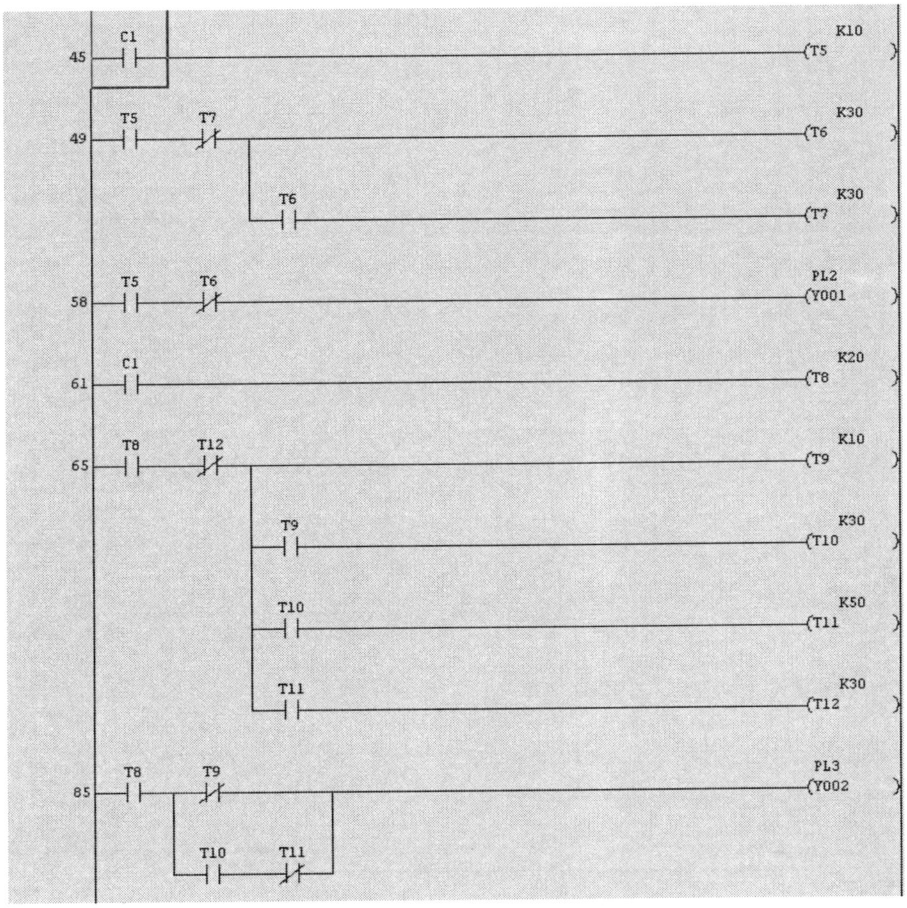

7.3 MELSEC PLC(기종 : FX3U – 32M)

```
      C1                                           K10
45 ──┤├──┬─────────────────────────────────────────(T5 )

      T5    T7                                     K30
49 ──┤├──┬─┤/├────────────────────────────────────(T6 )
         │   T6
         └──┤├───

      T5    T6                                     PL2
58 ──┤├────┤/├────────────────────────────────────(Y001)

      C1                                           K20
61 ──┤├──────────────────────────────────────────(T8 )

      T8    T12                                    K10
65 ──┤├──┬─┤/├────────────────────────────────────(T9 )
         │   T9                                    K30
         ├──┤├────────────────────────────────────(T10)
         │   T10                                   K50
         ├──┤├────────────────────────────────────(T11)
         │   T11                                   K30
         └──┤├────────────────────────────────────(T12)

      T8    T9                                     PL3
85 ──┤├──┬─┤/├────────────────────────────────────(Y002)
         │ T10   T11
         └─┤├───┤├──
```

[그림 7 - 265] 예제문제 52 완성 프로그램 (2)

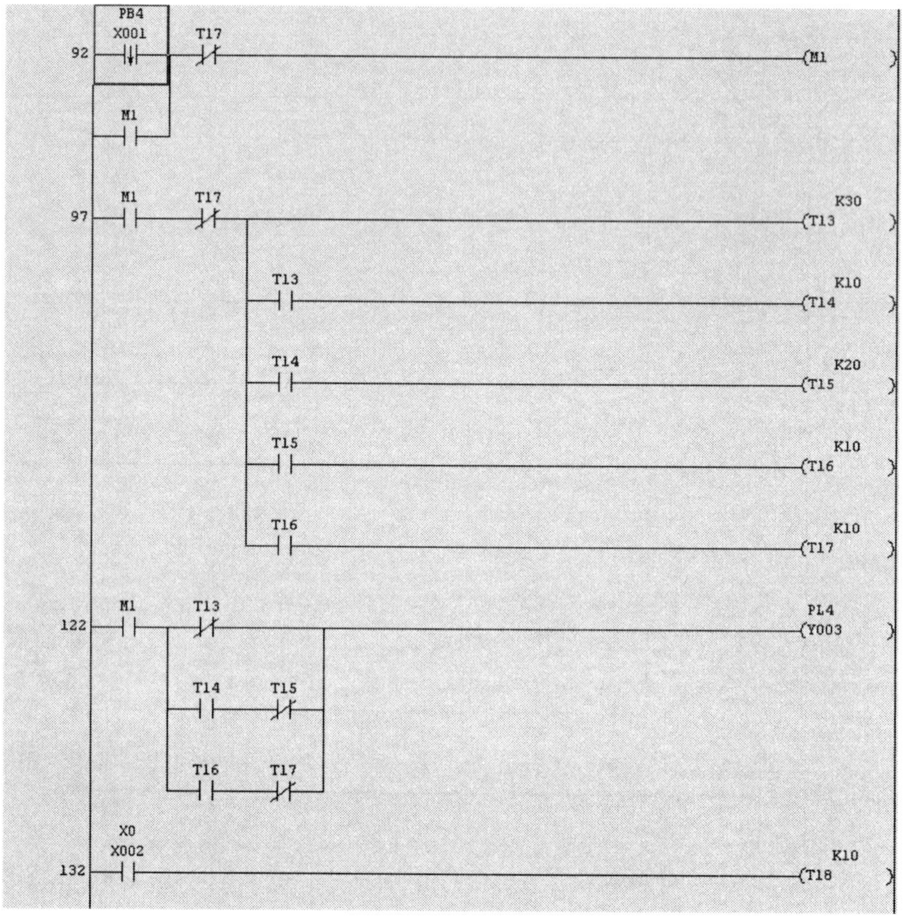

322 제7장 PLC 예제 문제 해설

[그림 7 - 266] 예제문제 52 완성 프로그램 (3)

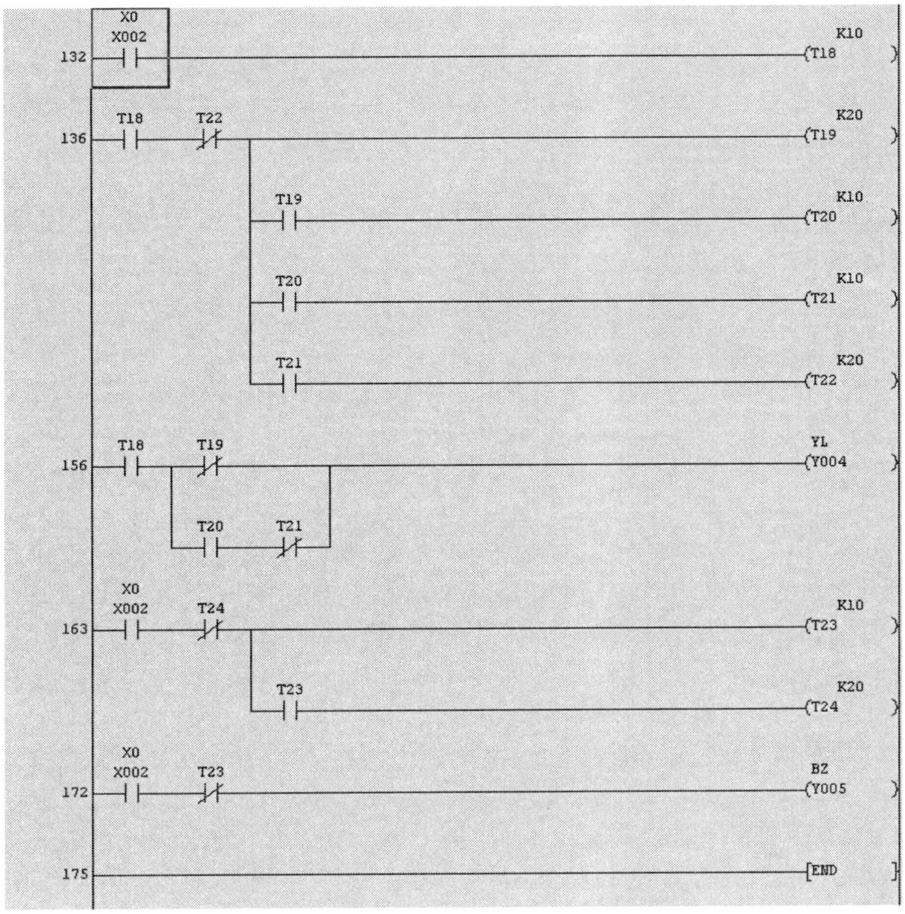

7.3 MELSEC PLC(기종 : FX3U-32M)

[그림 7-267] 예제문제 52 완성 프로그램(4)

chapter 8

전기기능장 실전 문제

chapter 8

전기기능장 실전 문제

8장 전기기능장 실전 문제

8.1 실전 문제 53

8.1.1 실전 문제 53 GLOFA PLC(기종 : G7M-DR30A)

1. PLC 문제

(1) 동작 설명

① PB3을 두 번째 누르면(PB3 카운터 값 RESET) 2초 지연 후 PL1이 동작되며, 3초 후 PL2가 동작되며, 4초 후 PL3이 동작되며, 5초 후 PL4가(1초 점등-1초 소등) 동작을 반복한다.

② PB4를 두 번 눌렀다 떼면(PB4 카운터 값 RESET) PL4 동작이 정지되며, 1초 후 PL3 동작이 정지되며, 2초 후 PL2 동작이 정지되며, 3초 후 PL1 동작이 정지된다.

(2) PLC 타임차트

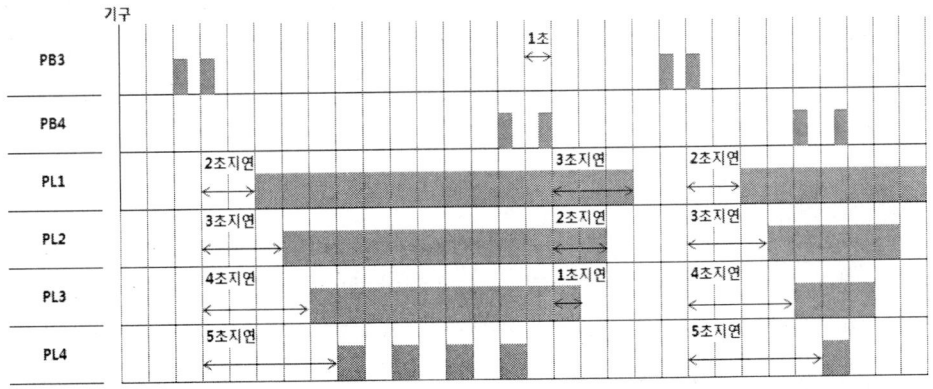

[그림 8-1] 타임차트

(3) PLC 입·출력도

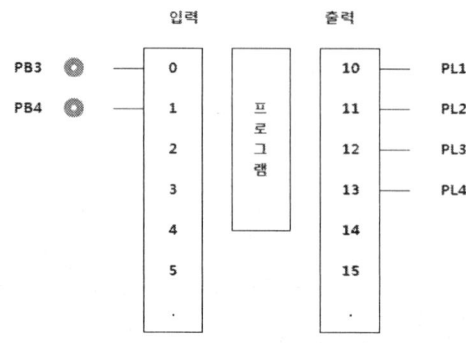

[그림 8-2] 입·출력도

2. PLC 프로그램 작성 해석

　　PLC 프로그램을 작성하기 위해서는 먼저 타임차트의 해석이 필요하다. 타임차트의 해석에 따라 프로그래밍 방법이 달라 질 수 있다. 따라서 본 교재에서 제시하는 해석 또는 프로그램은 GLOFA PLC(기종 : G7M-DR30A)프로그램에 의해 작성되었으며, 이 프로그래밍은 그냥 하나의 모범 답이라 할 수 있다. 왜냐하면 엔지니어의 능력에 따라 해석 방법이나 프로그램 작성 방법이 조금씩 다를 수 있기 때문이다.

　　아래 동작 설명 해석과 타임차트에서 보면 PL1~PL4는 PB3, PB4에 의해 동작한다. PB3의 동작 조건을 보면 2번 동작 시켜야 PL1~PL4가 점등되고, 또한 PB4의 동작 조건을 보면 2번 동작 시켜야 PL1~PL4가 조건에 의해 소등되어야 한다. 따라서 카운터를 두 개 사용하여야 한다.

(1) **동작 설명 해석**

① PB3의 동작 타임차트를 보면 상승 엣지 신호에서 동작을 하므로 일반적으로 a 접점 또는 양변환 검출 접점을 사용해야 하며 PB3을 두 번째 누르면 2초 지연 후 PL1이 동작되며, 3초 후 PL2가 동작되며, 4초 후 PL3이 동작되며, 5초 후 PL4가(1초 점등-1초 소등) 동작을 반복하고 또한 정지 카운터(C2)의 RESET도 고려하여야 한다.

② PB4의 동작 타임차트를 보면 하강 엣지 신호에서 동작을 하므로 반드시 음변환 검출 접점을 사용해야 하며 두 번 눌렀다 떼면 PL4 동작이 정지되며, 1초 후 PL3 동작이 정지되며, 2초 후 PL2 동작이 정지되며, 3초 후 PL1 동작이 정지하고 기동카운터의 RESET도 고려해야 한다.

(2) **타임차트**

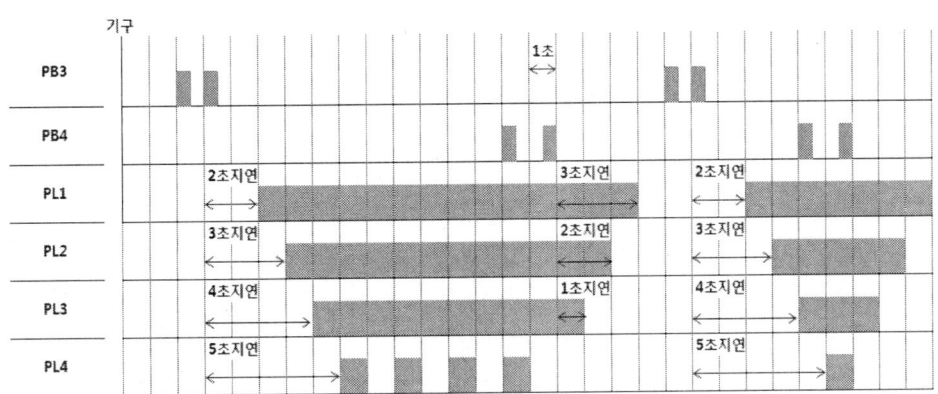

[그림 8 - 3] 입·출력도

(3) **PLC 메모리 할당**

	변수명	데이터 타입	메모리 할당	초기 값	변수 종류	사용 여부	설명문
1	PB3	BOOL	%IX0.0.0		VAR	*	
2	PB4	BOOL	%IX0.0.1		VAR	*	
3	PL1	BOOL	%QX0.0.0		VAR	*	
4	PL2	BOOL	%QX0.0.1		VAR	*	
5	PL3	BOOL	%QX0.0.2		VAR	*	
6	PL4	BOOL	%QX0.0.3		VAR	*	
7	C1	FB Instanc	<자동>		VAR	*	
8	C2	FB Instanc	<자동>		VAR	*	
9	M0	BOOL	<자동>		VAR	*	
10	T1	FB Instanc	<자동>		VAR	*	
11	T2	FB Instanc	<자동>		VAR	*	
12	T3	FB Instanc	<자동>		VAR	*	
13	T4	FB Instanc	<자동>		VAR	*	
14	T5	FB Instanc	<자동>		VAR	*	
15	T6	FB Instanc	<자동>		VAR	*	
16	T7	FB Instanc	<자동>		VAR	*	
17	T8	FB Instanc	<자동>		VAR	*	
18	T9	FB Instanc	<자동>		VAR	*	

[그림 8 - 4] 입·출력도

입·출력의 메모리 할당은 입력 PB3-IX0.0.0, PB4-IX0.0.1번지로 출력은 PL1-QX0.0.0, PL2-QX0.0.1, PL3-QX0.0.2, PL4-QX0.0.3으로 PLC의 입·출력 도의 순서대로 할당하여야 프로그램 작성 및 PLC 결선 할 때 오류를 방지할 수 있다. 내부릴레이(M), 타이머(T), 카운터(C) 등은 자동으로 할당 한다.

3. PLC 프로그램 작성

(1) PB3(IX0.0.0)에 의한 기동카운터 동작회로

① 타임차트

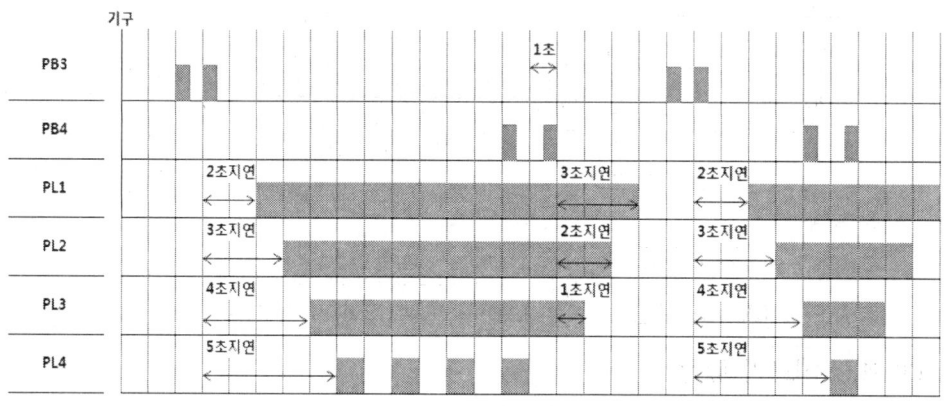

[그림 8-5] 타임차트

② 설명

타임차트에서 보면 PB3에 두 번 동작에 의해 PL1, PL2, PL3, PL4가 점등을 하므로 기동카운터를 사용해야 한다. 카운터(CTU)의 입력은 a접점 또는 양변환 검출 접점을 사용하고 리셋 R에는 PB4를, PV에는 정수 2를 입력한다.

정지 스위치 PB4를 동작 시킬 때까지 PL1, PL2, PL3, PL4는 지속 동작을 해야함으로 C1.Q에 의해 자기유지회로를 만들면 된다.

③ PB3(IX0.0.0)에 의한 기동카운터 동작회로 프로그램

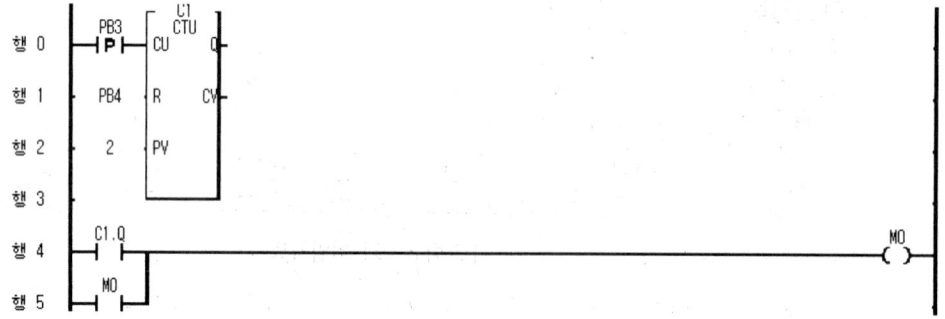

[그림 8-6] 기동카운터 동작회로 프로그램

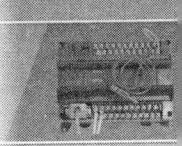

(2) PL1(QX0.0.0) 동작회로

① 타임차트

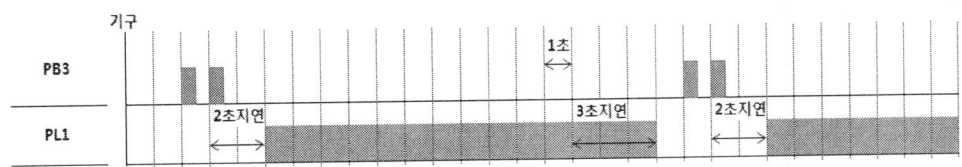

[그림 8-7] 타임차트

② 설명

타임차트에서 보면 PB3에 의해 PL1은 2초 지연 후 정지할 때까지 계속 동작을 함으로 M0-a 접점에 의해 타이머 T1회로를 구성하고, PL1은 T1-a에 의해 동작을 하게 된다.

③ PL1(QX0.0.0) 동작회로 프로그램

[그림 8-8] PL1(QX0.0.0) 동작회로 프로그램

(3) PL2(QX0.0.1) 동작회로

① 타임차트

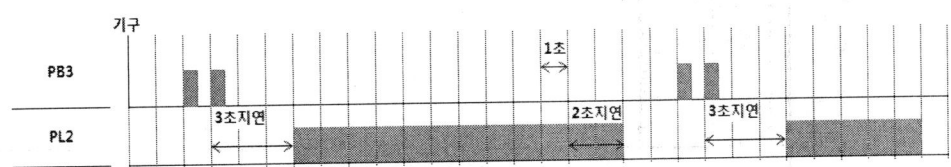

[그림 8-9] 타임차트

② 설명

출력 PL2는 PB3에 의한 기동카운터(CTU) 출력에 의해 3초 지연 후 정지 할 때까지 계속 동작을 함으로 M0-a 접점에 의해 타이머 T2회로를 구성하고, PL2는 T2-a

에 의해 동작을 하게 된다.

③ PL2(QX0.0.1) 동작회로 프로그램

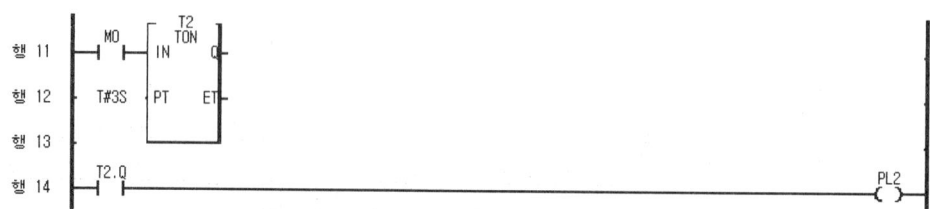

[그림 8 - 10] PL2(QX0.0.1) 동작회로 프로그램

(4) PL3(QX0.0.2) 동작회로

① 타임차트

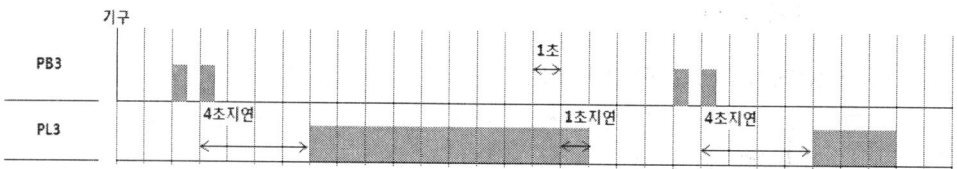

[그림 8 - 11] 타임차트

② 동작 설명

출력 PL3은 PB3에 의한 기동카운터(CTU) 출력에 의해 4초 지연 후 정지 할 때까지 계속 동작을 함으로 M0-a 접점에 의해 타이머 T3회로를 구성하고, PL3은 T3-a 에 의해 동작을 하게 된다.

③ PL3(QX0.0.2) 동작회로 프로그램

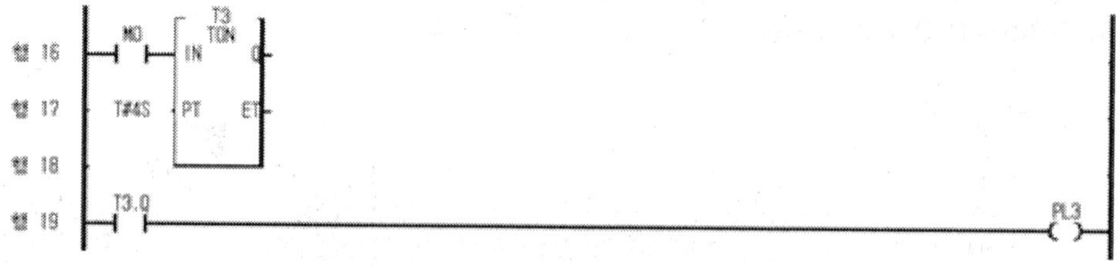

[그림 8 - 12] PL3(QX0.0.2) 동작회로 프로그램

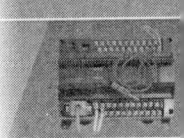

(5) PL4(QX0.0.3) 동작 회로

① 타임차트

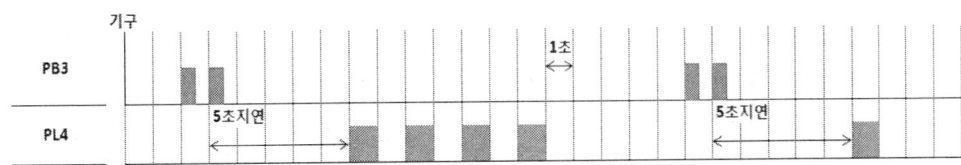

[그림 8-13] 타임차트

② 동작 설명

출력 PL4는 PB3에 의한 기동카운터(CTU) 출력에 의해 5초 지연 후 정지 할 때까지 1초 점등, 1초 소등을 계속 반복 동작을 함으로 M0-a 접점에 의해 타이머 T4회로를 구성하여 5초 지연 시키고 T5와 T6을 사용하여 반복 동작하는 회로를 구성하면 된다.

동작을 설명하면 출력 PL4는 T4-a에 의해 5초 지연 후 T5-b에 의해 1초 점등과 T6-b에 의해 소등과 리셋을 하게 됨으로 반복 동작을 하게 된다.

③ PL4(QX0.0.3) 동작 회로 프로그램

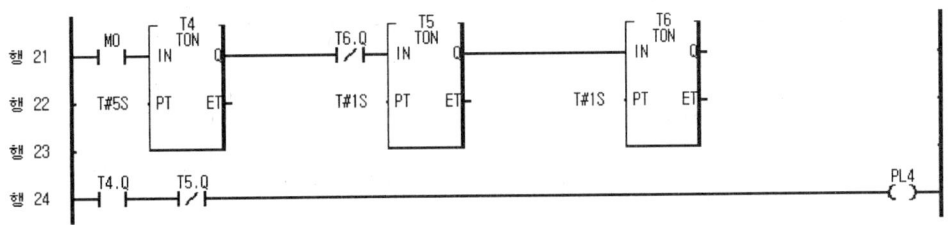

[그림 8-14] PL4(QX0.0.3) 동작 회로 프로그램

(6) PB4(IX0.0.1)에 의한 정지 카운터 동작 회로

① 타임차트

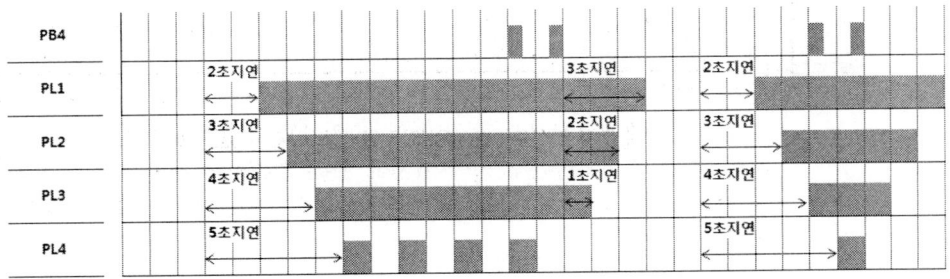

[그림 8-15] 타임차트

② 동작 설명

타임차트에서 보면 PB4의 두 번 동작에 의한 PL4, PL3, PL2, PL1 순으로 정지를 해야 하므로 카운터와 지연 시간을 감안 한 프로그램을 작성해야 한다.

먼저 정지카운터 C2를 만들고 입력 CU에 음변환 검출 접점을 사용하고, R에 PB3을 입력, PV에 정수 2를 입력한다.

PL4, PL3, PL2, PL1은 PB3의 입력 신호에 의한 C1.Q의 출력이 나올 때까지 지속 정지를 해야 함으로 C2.Q에 의해 자기유지회로를 만들면 된다. 또한 M1-a에 의해 T7, T8, T9 회로를 프로그램 한다.(각 타이머의 시간에 주의)

③ PB4(IX0.0.1)에 의한 정지 카운터 동작 회로 프로그램

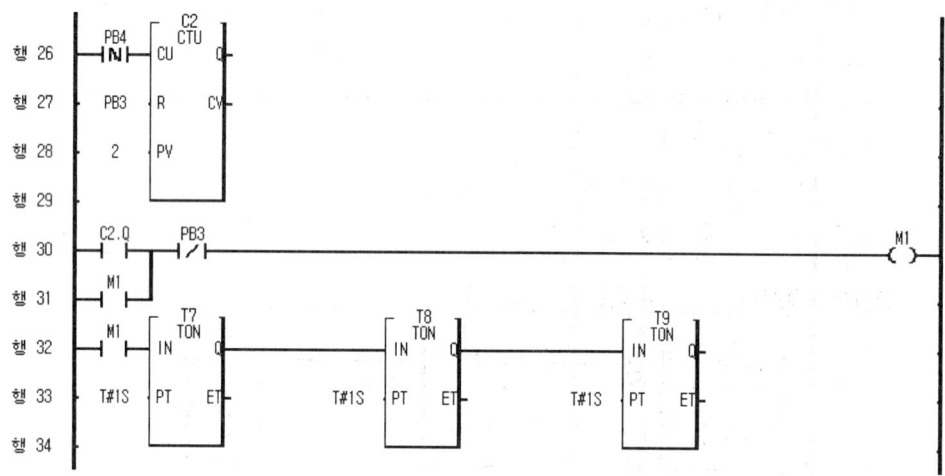

[그림 8-16] 정지 카운터 동작 회로 프로그램

④ PL4, PL3, PL2, PL1 소등 동작 회로 프로그램

소등 프로그램은 PL4 회로에 C2-b, PL3 회로에 T7-b, PL2 회로에 T8-b, PL1 회로에 T9-b, M0 자기유지회로에 T9-b 접점을 사용하여 정지하는 회로를 구성하면 프로그램이 완성된다.

> **Tip** 전기기능장 시험을 응시할 경우 문제의 요구사항을 소홀히 하여 불합격하는 경우가 많다. 따라서 연습을 할 경우에도 요구사항을 반드시 숙지하는 연습이 필요하며 동작사항, 동작 설명, 타임차트의 해석 등을 정확히 해야한다. 통상 수험자들은 본인이 가지고 있는 습관이나 선입견을 버리지 못하고 시험에 응하여 결국은 불합격 하는 경우가 많음을 반드시 기억해야한다.

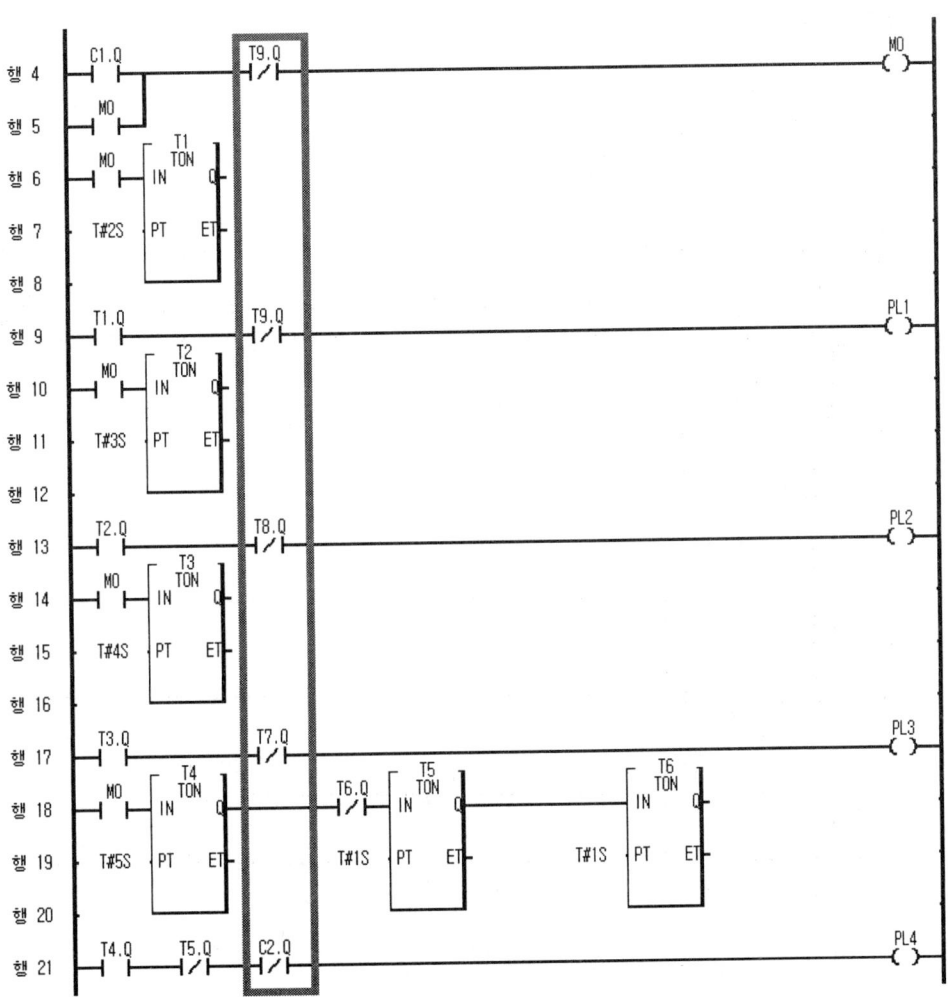

[그림 8-17] PB4(IX0.0.1)에 의한 정지 카운터 동작 회로 프로그램

(7) 실전 문제 53 완성 프로그램(1)

[그림 8-18] 실전 문제 53 완성 프로그램(1)

(8) 실전 문제 53 완성 프로그램(2)

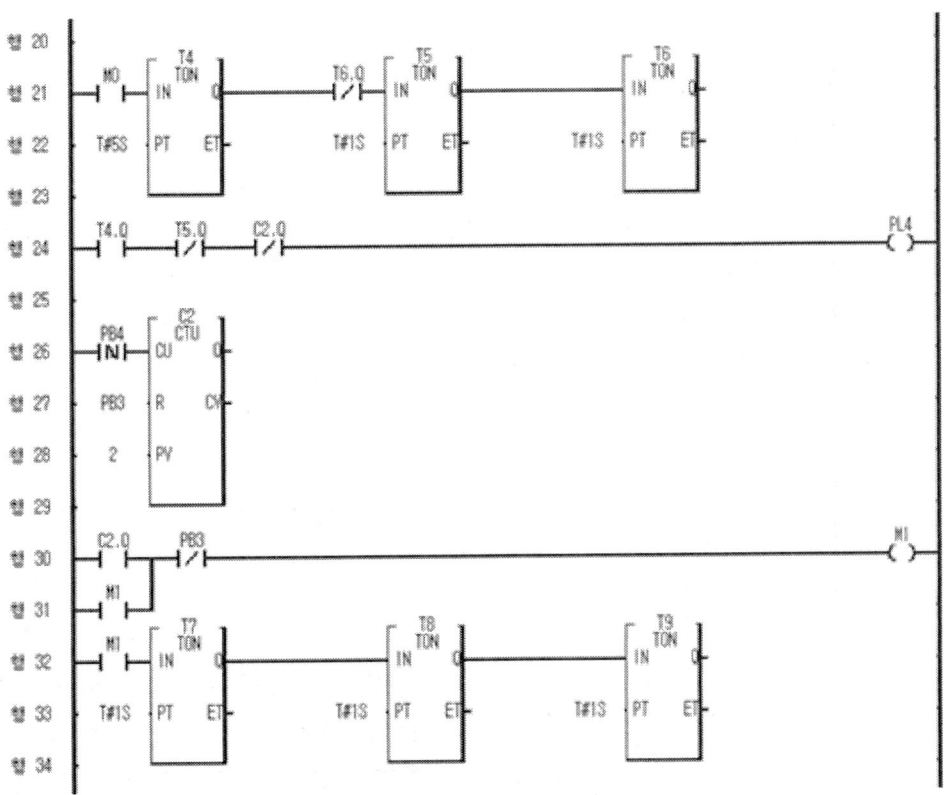

[그림 8 - 19] 실전 문제 53 완성 프로그램 (2)

8.1.2 실전 문제 53 MASTER-K PLC(기종 : K7M-DR30S)

1. PLC 문제

(1) 동작 설명

① PB3을 두 번째 누르면(PB3 카운터 값 RESET) 2초 지연 후 PL1이 동작되며, 3초 후 PL2가 동작되며, 4초 후 PL3이 동작되며, 5초 후 PL4가(1초 점등-1초 소등) 동작을 반복한다.

② PB4를 두 번 눌렀다 떼면(PB4 카운터 값 RESET) PL4 동작이 정지되며, 1초 후 PL3 동작이 정지되며, 2초 후 PL2 동작이 정지되며, 3초 후 PL1 동작이 정지된다.

(2) PLC 타임차트

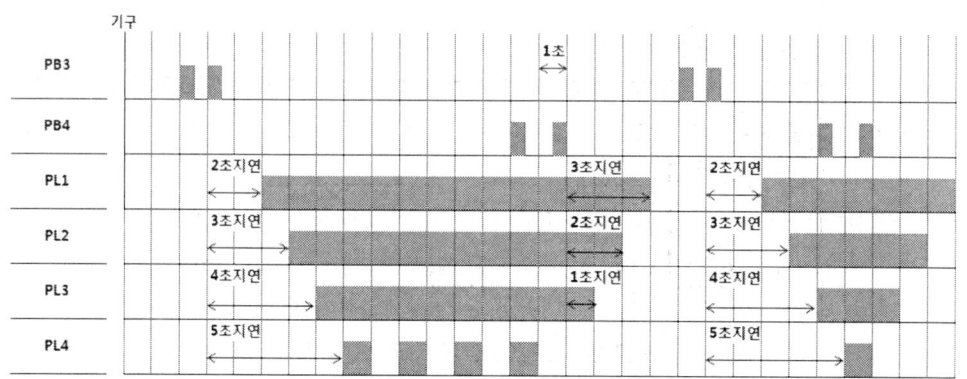

[그림 8-20] 타임차트

(3) PLC 입·출력도

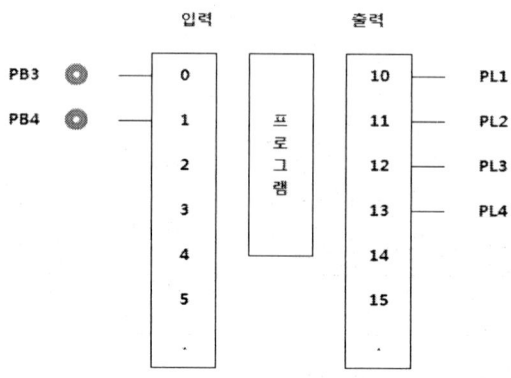

[그림 8-21] 입·출력도

2. PLC 프로그램 작성 해석

PLC 프로그램을 작성하기 위해서는 먼저 타임차트의 해석이 필요하다. 타임차트의 해석에 따라 프로그래밍 방법이 달라 질 수 있다. 따라서 본 교재에서 제시하는 해석 또는 프로그램은 MASTER-K PLC(기종 : K7M-DR30S) 프로그램에 의해 작성되었으며, 이 프로그래밍은 그냥 하나의 모범 답이라 할 수 있다. 왜냐하면 엔지니어의 능력에 따라 해석 방법이나 프로그램 작성 방법이 조금씩 다를 수 있기 때문이다.

아래 동작 설명 해석과 타임차트에서 보면 PL1~PL4는 PB3, PB4에 의해 동작한다. PB3의 동작 조건을 보면 2번 동작 시켜야 PL1~PL4가 점등되고, 또한 PB4의 동작 조건을 보면 2번 동작 시켜야 PL1~PL4가 조건에 의해 소등되어야 한다. 따라서 카운터를 두 개 사용하여야 한다.

(1) 동작 설명 해석

① PB3의 동작 타임차트를 보면 상승 엣지 신호에서 동작을 하므로 일반적으로 a 접점 또는 양변환 검출 접점을 사용해야 하며 PB3을 두 번째 누르면 2초 지연 후 PL1이 동작되며, 3초 후 PL2가 동작되며, 4초 후 PL3이 동작되며, 5초 후 PL4가(1초 점등-1초 소등) 동작을 반복하고 또한 정지 카운터(C2)의 RESET도 고려하여야 한다.

② PB4의 동작 타임차트를 보면 하강 엣지 신호에서 동작을 하므로 반드시 음변환 검출 접점을 사용해야 하며 두 번 눌렀다 떼면 PL4 동작이 정지되며, 1초 후 PL3 동작이 정지되며, 2초 후 PL2 동작이 정지되며, 3초 후 PL1 동작이 정지하고 기동카운터의 RESET도 고려해야 한다.

(2) 타임차트

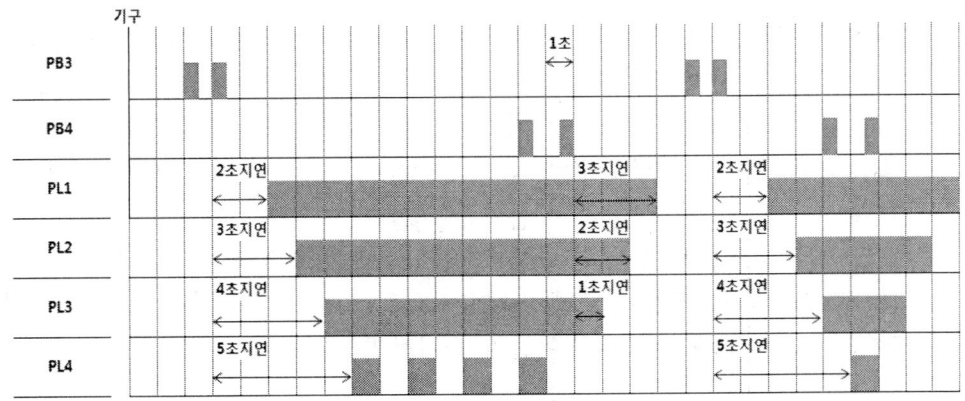

[그림 8-22] 타임차트

(3) PLC 메모리 할당

입·출력의 메모리 할당은 입력 PB3-P0000, PB4-P0001번지로 출력은 PL1-P0040, PL2-P0041, PL3-P0042, PL4-P0043으로 PLC의 입·출력 도의 순서대로 할당하여야 프로그램 작성 및 PLC 결선 할 때 오류를 방지할 수 있다. 내부릴레이(M), 타이머(T), 카운터(C) 등은 자동으로 할당 한다.

3. PLC 프로그램 작성

(1) PB3(P0000)에 의한 기동카운터 동작회로

① 타임차트

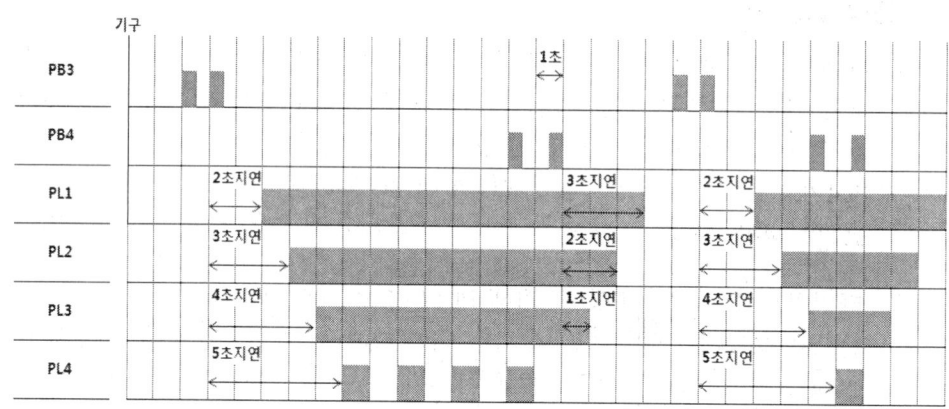

[그림 8 - 23] 타임차트

② 설명

타임차트에서 보면 PB3에 두 번 동작에 의해 PL1, PL2, PL3, PL4가 점등을 하므로 기동카운터를 사용해야 한다. 먼저 기동카운터 C001를 만드는 방법은 F10를 누르고, 레더 편집창에 CTU C1 2를 띄워 쓰기해서 입력한다. C001의 입력 U에 PB3(P0000)의 a접점 또는 양변환 검출 접점을 사용하고, 리셋 R에는 PB4(P0001)를 입력한다.

정지 스위치 PB4를 동작 시킬 때까지 PL1, PL2, PL3, PL4는 지속 동작을 해야 함으로 C001-a 접점에 의해 자기유지회로를 작성하고 반복 동작을 고려하여 T009-b 접점으로 자기유지회로를 소거하면 된다.

③ PB3(P0000)에 의한 기동카운터 동작회로 프로그램

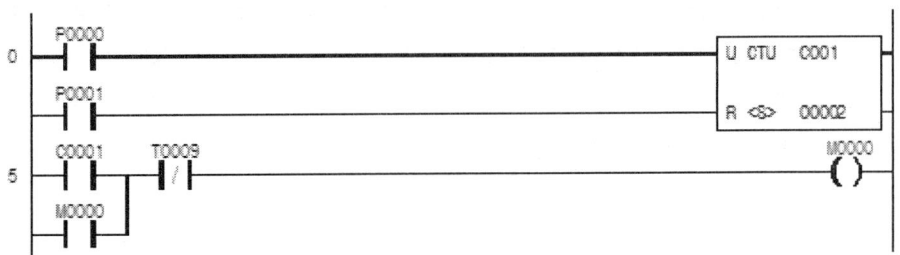

[그림 8 - 24] 기동카운터 동작회로 프로그램

(2) PL1(P0040) 동작회로

① 타임차트

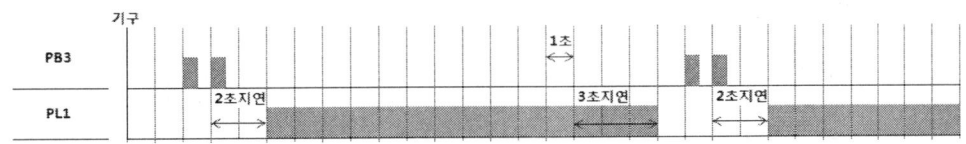

[그림 8 - 25] 타임차트

② 설명

타임차트에서 보면 PB3에 의해 PL1은 2초 지연 후 정지할 때까지 계속 동작을 함으로 M0000-a 접점에 의해 타이머 T001회로를 구성하고, PL1은 T001-a에 의해 점등을 하며, T009-b에 의하여 소등되는 회로를 구성한다.

③ PL1(P0040) 동작회로 프로그램

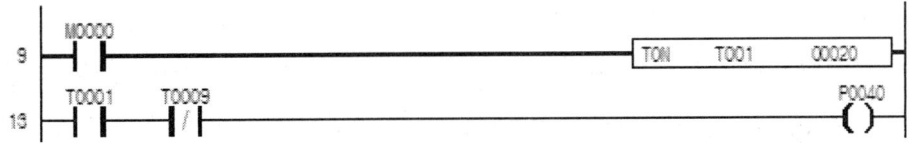

[그림 8 - 26] PL1(P0040) 동작회로 프로그램

(3) PL2(P0041) 동작회로

① 타임차트

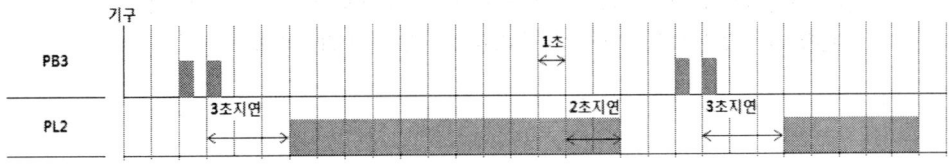

[그림 8 - 27] 타임차트

② 설명

출력 PL2는 PB3에 의한 기동카운터(CTU) 출력에 의해 3초 지연 후 정지 할 때까지 계속 동작을 함으로 M0000-a 접점에 의해 타이머 T002회로를 구성하고, PL2는 T002-a에 의해 점등을 하며 T008-b에 의하여 소등되는 회로를 구성한다.

③ PL2(P0041) 동작회로 프로그램

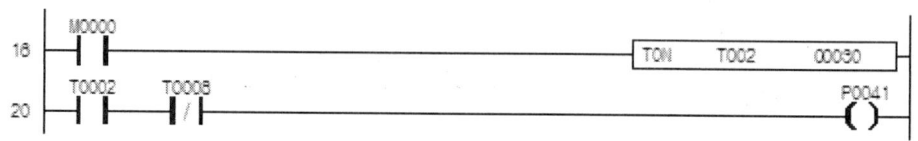

[그림 8 - 28] PL2(P0041) 동작회로 프로그램

(4) PL3(P0042) 동작회로

① 타임차트

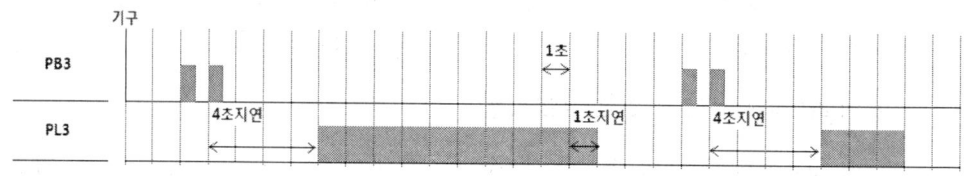

[그림 8 - 29] 타임차트

② 동작 설명

출력 PL3은 PB3에 의한 기동카운터(CTU) 출력에 의해 4초 지연 후 정지 할 때까지 계속 동작을 함으로 M0000-a 접점에 의해 타이머 T003회로를 구성하고, PL3은 T003-a에 의해 점등을 하며 T007-b에 의하여 소등되는 회로를 구성한다.

③ PL3(P0042) 동작회로 프로그램

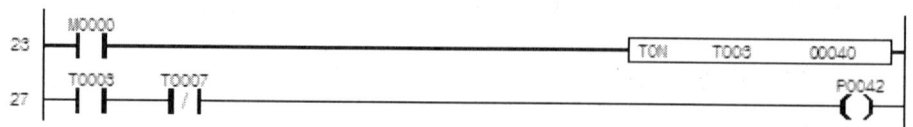

[그림 8 - 30] PL3(P0042) 동작회로 프로그램

(5) PL4(P0043) 동작 회로

① 타임차트

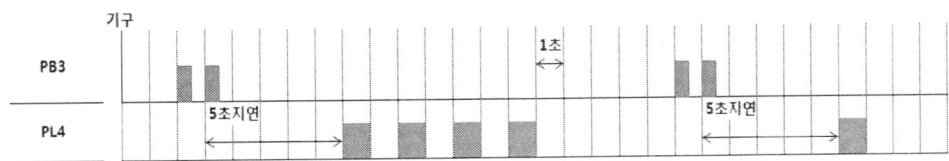

[그림 8 - 31] 타임차트

② 동작 설명

출력 PL4는 PB3에 의한 기동카운터(CTU) 출력에 의해 5초 지연 후 정지 할 때까지 1초 점등, 1초 소등을 계속 반복 동작을 함으로 M0000-a 접점에 의해 타이머 T004회로를 구성하여 5초 지연 시키고 T005와 T006을 사용하여 반복 동작하는 회로를 구성하면 된다.

동작을 설명하면 출력 PL4는 T004-a에 의해 5초 지연 후 T005-b에 의해 1초 점등과 T006-b에 의해 소등과 리셋을 하게 됨으로 반복 점등과 소등을 하며, 카운터 C002-b에 의하여 정지하는 회로를 구성한다.

③ PL4(P0043) 동작 회로 프로그램

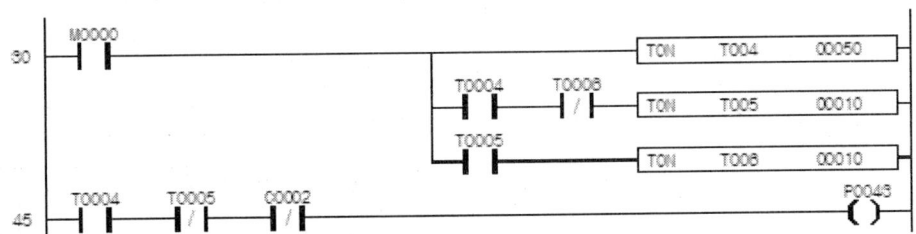

[그림 8 - 32] PL4(P0043) 동작 회로 프로그램

(6) PB4(P0001)에 의한 정지 카운터 동작 회로

① 타임차트

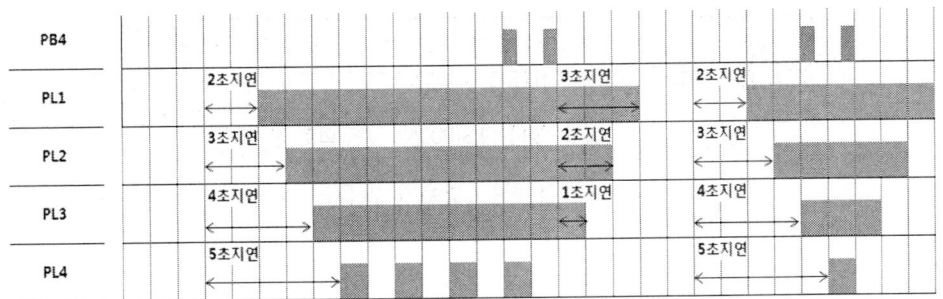

[그림 8 - 33] 타임차트

② 동작 설명

타임차트에서 보면 PB4의 두 번 동작에 의한 PL4, PL3, PL2, PL1 순으로 정지를 해야 하므로 카운터와 지연 시간을 감안 한 프로그램을 작성해야 한다.

먼저 정지카운터 C002를 만드는 방법은 F10를 누르고, 레더 편집창에 CTU C2 2를 띄워 쓰기해서 입력한다. C002의 입력 U에 PB4(P0001) 음변환 검출 접점을 사용해야 하는데 MASTER-K PLC에서는 D NOT 명령을 사용하여 M0001의 a접점을 사용해야 하고, R에 PB3(P0000)을 입력한다.

PL4, PL3, PL2, PL1은 PL1이 정지 할 때까지 지속해야 함으로 C002에 의해 자기유지회로를 만들고 PB3에 의해 리셋 시키면 된다. 또한 M0002-a에 의해 T007, T008, T009 회로를 프로그램 한다.(각 타이머의 시간에 주의)

③ PB4(P0001)에 의한 정지 카운터 동작 회로 프로그램

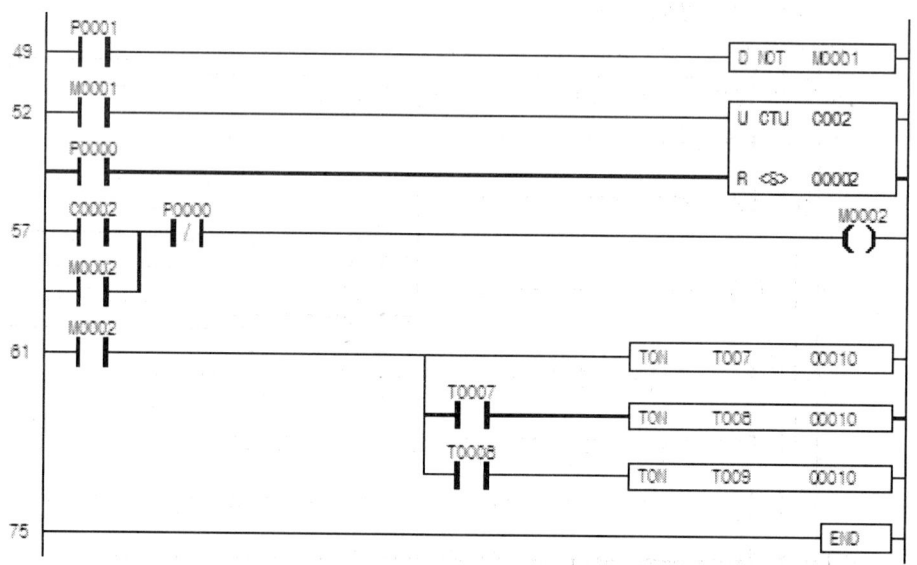

[그림 8 - 34] 정지 카운터 동작 회로 프로그램

> **Tip** 전기기능장 시험을 응시할 경우 문제의 요구사항을 소홀히 하여 불합격 하는 경우가 많다. 따라서 연습을 할 경우에도 요구사항을 반드시 숙지하는 연습이 필요하며 동작사항, 동작 설명, 타임차트의 해석 등을 정확히 해야 한다. 통상 수험자들은 본인이 가지고 있는 습관이나 선입견을 버리지 못하고 시험에 응하여 결국은 불합격 하는 경우가 많음을 반드시 기억해야 한다.

(7) 실전 문제 53 완성 프로그램

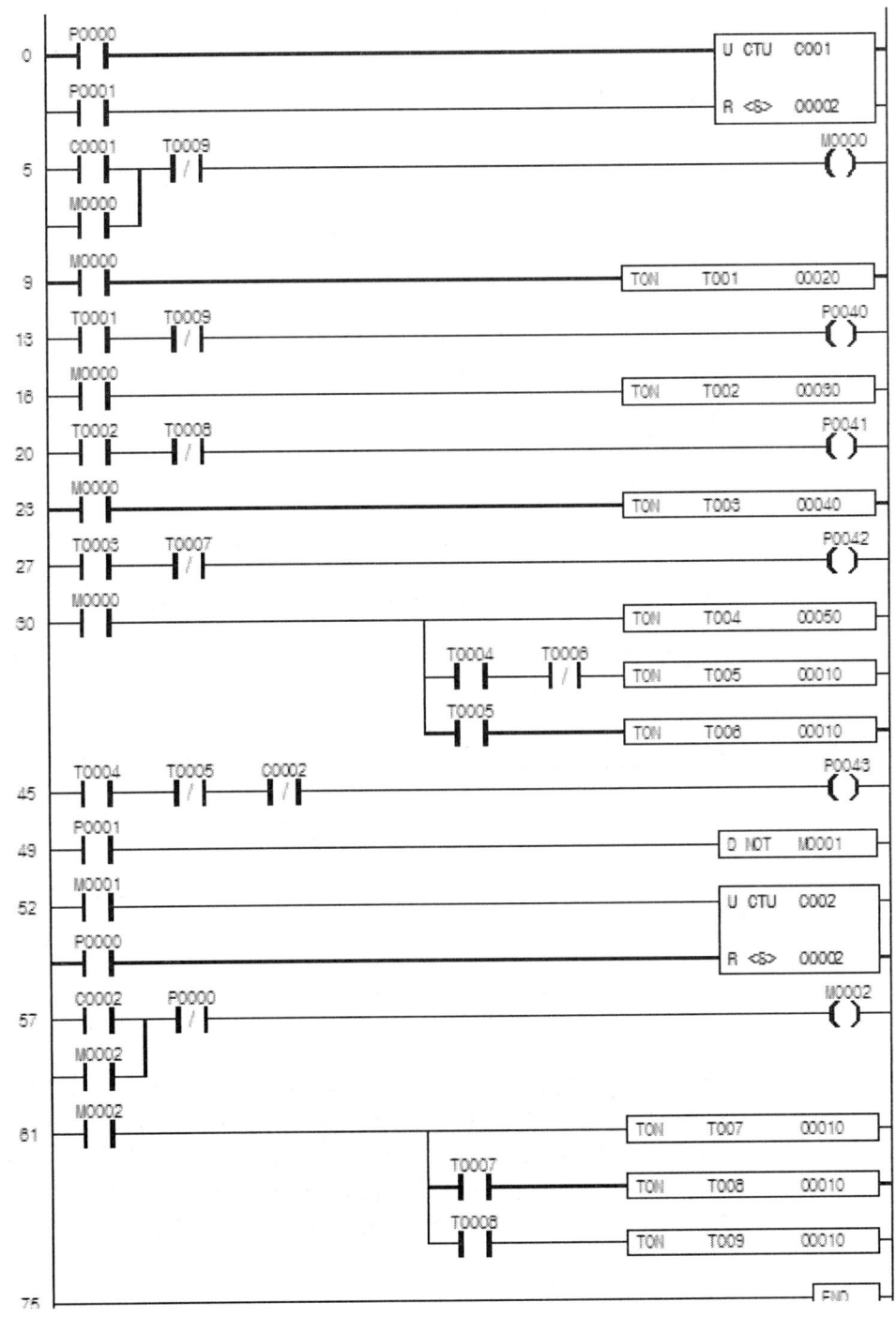

[그림 8 - 35] 실전 문제 53 완성 프로그램

8.1.3 실전 문제 53 MELSEC PLC(기종 : FX₃U-32M)

1. PLC 문제

(1) **동작 설명**

① PB3을 두 번째 누르면(PB3 카운터 값 RESET) 2초 지연 후 PL1이 동작되며, 3초 후 PL2가 동작되며, 4초 후 PL3이 동작되며, 5초 후 PL4가(1초 점등-1초 소등) 동작을 반복한다.

② PB4를 두 번 눌렀다 떼면(PB4 카운터 값 RESET) PL4 동작이 정지되며, 1초 후 PL3 동작이 정지되며, 2초 후 PL2 동작이 정지되며, 3초 후 PL1 동작이 정지된다.

(2) PLC 타임차트

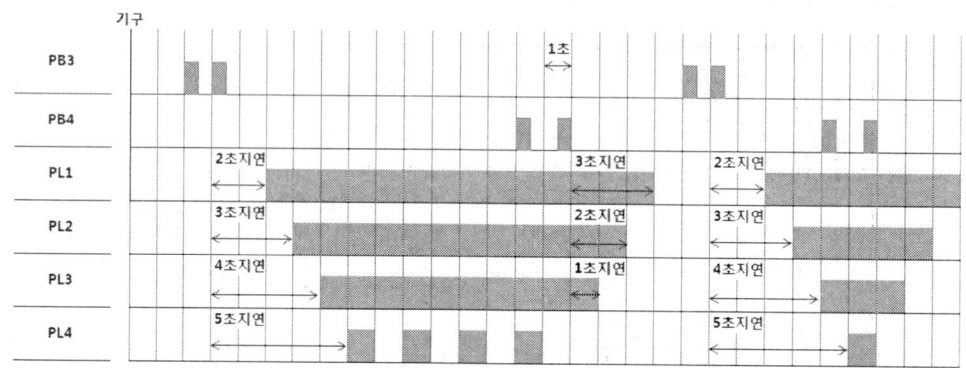

[그림 8 - 36] 타임차트

(3) PLC 입·출력도

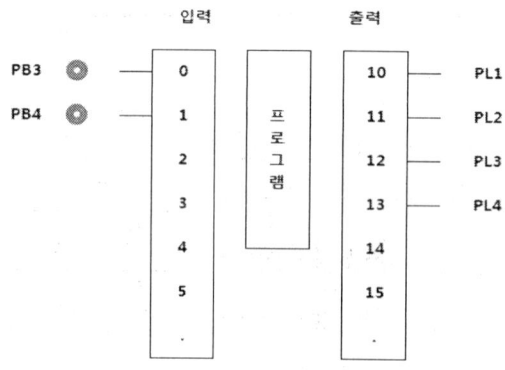

[그림 8 - 37] 입·출력도

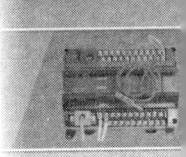

2. PLC 프로그램 작성 해석

PLC 프로그램을 작성하기 위해서는 먼저 타임차트의 해석이 필요하다. 타임차트의 해석에 따라 프로그래밍 방법이 달라 질 수 있다. 따라서 본 교재에서 제시하는 해석 또는 프로그램은 MASTER-K PLC(기종 : K7M-DR30S) 프로그램에 의해 작성되었으며, 이 프로그래밍은 그냥 하나의 모범 답이라 할 수 있다. 왜냐하면 엔지니어의 능력에 따라 해석 방법이나 프로그램 작성 방법이 조금씩 다를 수 있기 때문이다.

아래 동작 설명 해석과 타임차트에서 보면 PL1~PL4는 PB3, PB4에 의해 동작한다. PB3의 동작 조건을 보면 2번 동작 시켜야 PL1~PL4가 점등되고, 또한 PB4의 동작 조건을 보면 2번 동작 시켜야 PL1~PL4가 조건에 의해 소등되어야 한다. 따라서 카운터를 두 개 사용하여야 한다.

(1) 동작 설명 해석

① PB3의 동작 타임차트를 보면 상승 엣지 신호에서 동작을 하므로 일반적으로 a접점 또는 양변환 검출 접점을 사용해야 하며 PB3을 두 번째 누르면 2초 지연 후 PL1이 동작되며, 3초 후 PL2가 동작되며, 4초 후 PL3이 동작되며, 5초 후 PL4가(1초 점등-1초 소등) 동작을 반복하고 또한 정지 카운터(C2)의 RESET도 고려하여야 한다.

② PB4의 동작 타임차트를 보면 하강 엣지 신호에서 동작을 하므로 반드시 음변환 검출 접점을 사용해야 하며 두 번 눌렀다 떼면 PL4 동작이 정지되며, 1초 후 PL3 동작이 정지되며, 2초 후 PL2 동작이 정지되며, 3초 후 PL1 동작이 정지하고 기동카운터의 RESET도 고려해야 한다.

(2) 타임차트

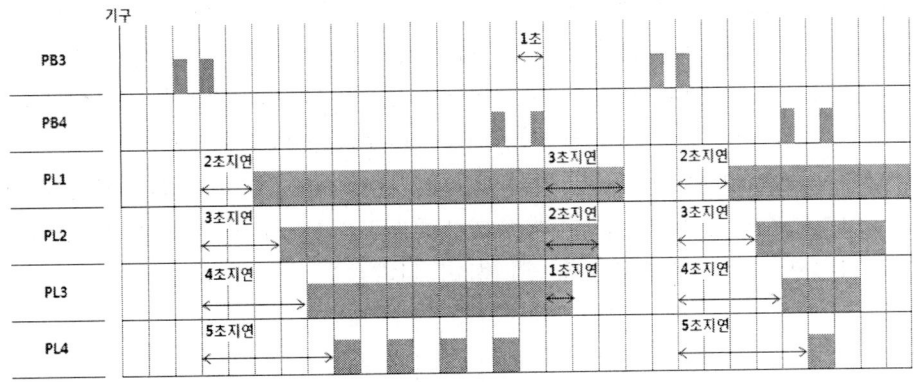

[그림 8 - 38] 타임차트

(3) PLC 메모리 할당

입·출력의 메모리 할당은 입력 PB3-X000, PB4-P0001번지로 출력은 PL1-Y000, PL2-Y001, PL3-Y002, PL4-Y003으로 PLC의 입·출력 도의 순서대로 할당하여야 프로그램 작성 및 PLC 결선 할 때 오류를 방지할 수 있다. 내부릴레이(M), 타이머(T), 카운터(C) 등은 자동으로 할당 한다.

3. PLC 프로그램 작성

(1) PB3(Y000)에 의한 기동카운터 동작회로

① 타임차트

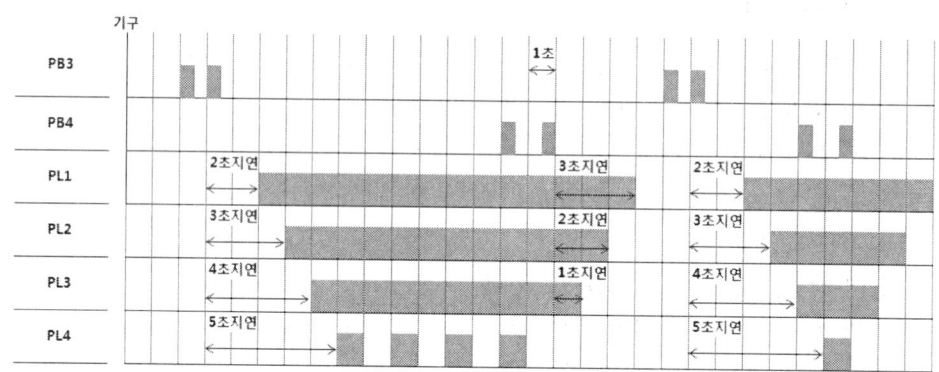

[그림 8 - 39] 타임차트

② 설명

타임차트에서 보면 PB3에 두 번 동작에 의해 PL1, PL2, PL3, PL4가 점등을 하므로 기동카운터를 사용해야 한다. 먼저 기동카운터 C0를 만드는 방법은 F7을 누르고, 레더 편집창에 C0 K2를 띄워 쓰기해서 입력한다. C0의 입력에 PB3(X000)의 a접점 또는 양변환 검출 접점을 사용하고, 리셋에는 PB4(X001)를 입력한다.

정지 스위치 PB4를 동작 시킬 때까지 PL1, PL2, PL3, PL4는 지속 동작을 해야 함으로 C0-a 접점에 의해 자기유지회로를 작성하고 반복 동작을 고려하여 T9-b 접점으로 자기유지회로를 소거하면 된다.

③ PB3(X000)에 의한 기동카운터 동작회로 프로그램

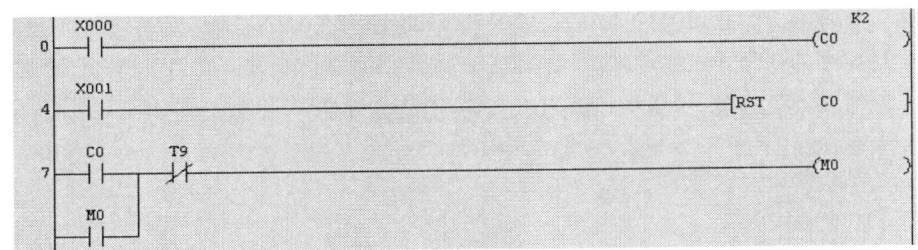

[그림 8 - 40] 기동카운터 동작회로 프로그램

(2) PL1(Y000) 동작회로

① 타임차트

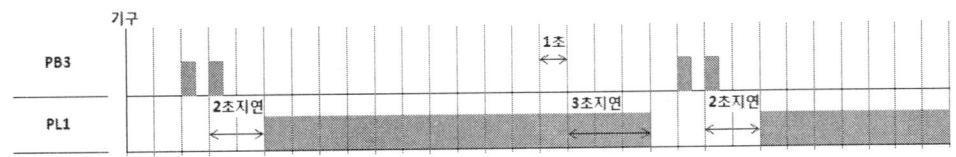

[그림 8 - 41] 타임차트

② 설명

타임차트에서 보면 PB3에 의해 PL1은 2초 지연 후 정지할 때까지 계속 동작을 함으로 M0-a 접점에 의해 타이머 T1회로를 구성하고, PL1은 T1-a에 의해 점등을 하며, T9-b에 의하여 소등되는 회로를 구성한다.

③ PL1(Y000) 동작회로 프로그램

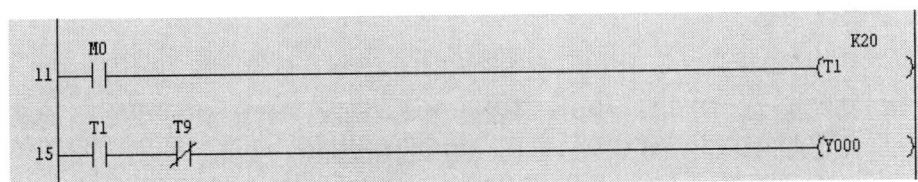

[그림 8 - 42] PL1(Y000) 동작회로 프로그램

(3) PL2(Y001) 동작회로

① 타임차트

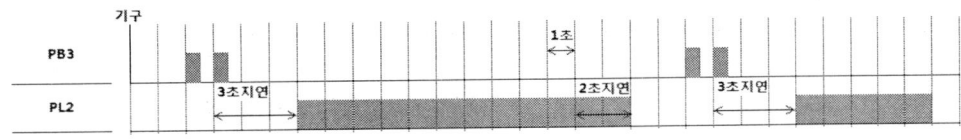

[그림 8 - 43] 타임차트

② 설명

출력 PL2는 PB3에 의한 기동카운터(CTU) 출력에 의해 3초 지연 후 정지 할 때까지 계속 동작을 함으로 M0-a 접점에 의해 타이머 T2회로를 구성하고, PL2는 T2-a 에 의해 점등을 하며 T8-b로 소등되는 회로를 구성한다.

③ PL2(Y001) 동작회로 프로그램

[그림 8-44] PL2(Y001) 동작회로 프로그램

(4) PL3(Y002) 동작회로

① 타임차트

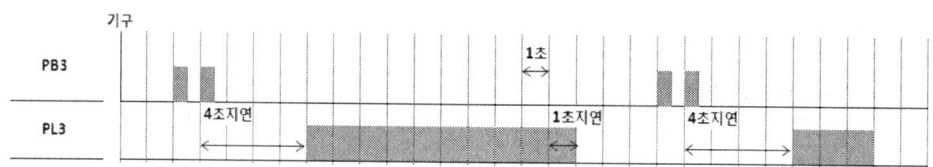

[그림 8-45] 타임차트

② 동작 설명

출력 PL3은 PB3에 의한 기동카운터(CTU) 출력에 의해 4초 지연 후 정지 할 때까지 계속 동작을 함으로 M0-a 접점에 의해 타이머 T3회로를 구성하고, PL3은 T3-a 에 의해 점등을 하며 T7-b로 소등되는 회로를 구성한다.

③ PL3(Y002) 동작회로 프로그램

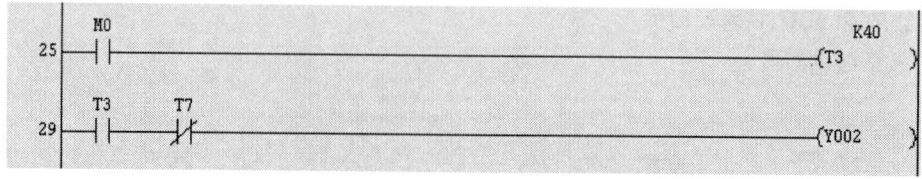

[그림 8-46] PL3(Y002) 동작회로 프로그램

(5) PL4(Y003) 동작 회로

① 타임차트

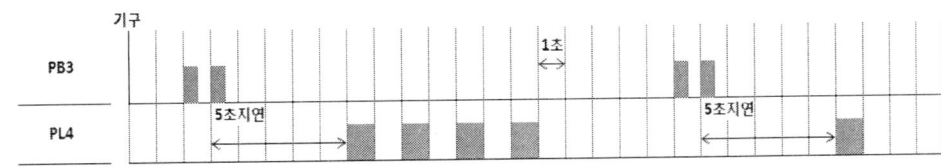

[그림 8 - 47] 타임차트

② 동작 설명

출력 PL4는 PB3에 의한 기동카운터(CTU) 출력에 의해 5초 지연 후 정지 할 때까지 1초 점등, 1초 소등을 계속 반복 동작을 함으로 M0-a 접점에 의해 타이머 T4회로를 구성하여 5초 지연 시키고 T5와 T6을 사용하여 반복 동작하는 회로를 구성하면 된다.

동작을 설명하면 출력 PL4는 T4-a에 의해 5초 지연 후 T5-b에 의해 1초 점등과 T6-b에 의해 소등과 리셋을 하게 됨으로 반복 점등과 소등을 하며, 카운터 C1-b에 의하여 정지하는 회로를 구성한다.

③ PL4(Y003) 동작 회로 프로그램

[그림 8 - 48] PL4(Y003) 동작 회로 프로그램

(6) PB4(X001)에 의한 정지 카운터 동작 회로

① 타임차트

PB4
PL1
PL2
PL3
PL4
2초지연
3초지연
4초지연
5초지연
1초지연

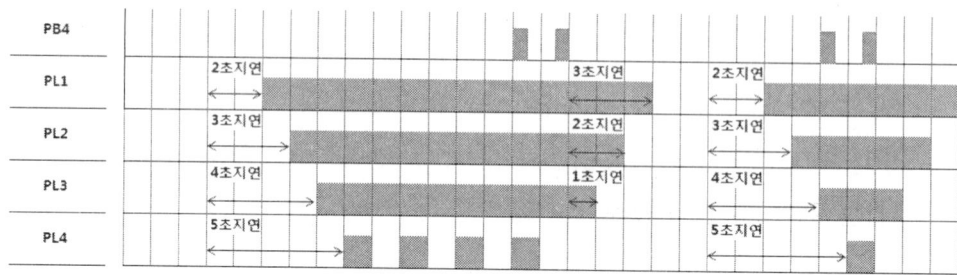

[그림 8-49] 타임차트

② 동작 설명

타임차트에서 보면 PB4의 두 번 동작에 의한 PL4, PL3, PL2, PL1 순으로 정지를 해야 하므로 카운터와 지연 시간을 감안 한 프로그램을 작성해야 한다.

먼저 정지카운터 C1를 만드는 방법은 F8를 누르고, 레더 편집창에 C1 K2를 띄워 쓰기해서 입력한다. C1의 입력에 PB4(X001) 음변환 검출 접점을 사용해야 하고, Reset에는 PB3(X000)을 입력한다.

PL4, PL3, PL2, PL1은 PL1이 정지 할 때까지 지속해야 함으로 C1에 의해 자기유지 회로를 만들고 PB3에 의해 리셋 시키면 된다. 또한 M1−a에 의해 T007, T008, T009 회로를 프로그램 한다.(각 타이머의 시간에 주의)

③ PB4(X001)에 의한 정지 카운터 동작 회로 프로그램

51
X001
K2
C1
56
X000
RST
C1
59
C1
X000
M1
M1
63
M1
K10
T7
T7
K10
T8
T8
K10
T9
77
END

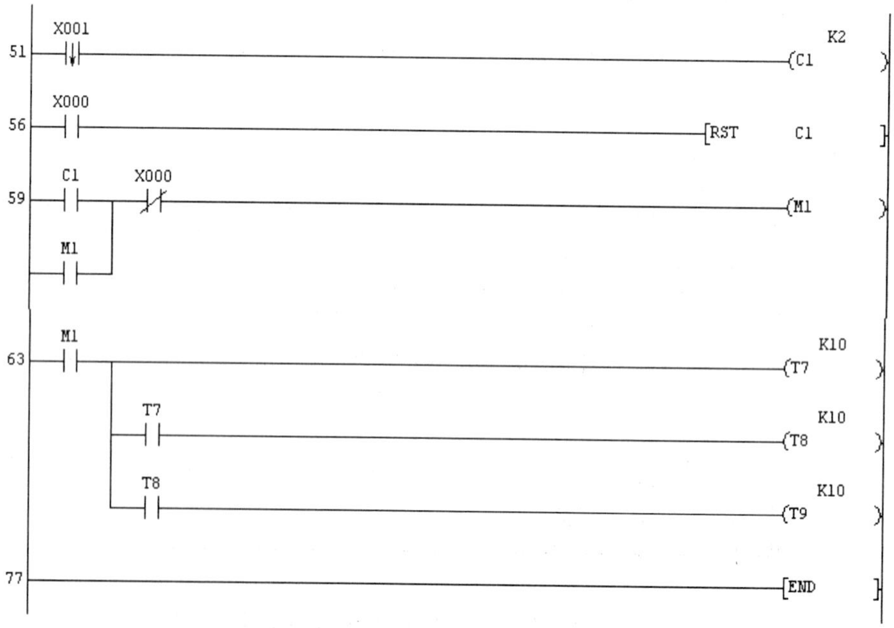

[그림 8-50] 정지 카운터 동작 회로 프로그램

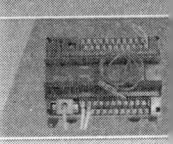

| Tip | 전기기능장 시험을 응시할 경우 문제의 요구사항을 소홀히 하여 불합격 하는 경우가 많다. 따라서 연습을 할 경우에도 요구사항을 반드시 숙지하는 연습이 필요하며 동작사항, 동작 설명, 타임차트의 해석 등을 정확히 해야 한다. 통상 수험자들은 본인이 가지고 있는 습관이나 선입견을 버리지 못하고 시험에 응하여 결국은 불합격 하는 경우가 많음을 반드시 기억해야 한다. |

(7) 실전 문제 53 완성 프로그램

```
      X000                                                    K2
0 ────┤├──────────────────────────────────────────────────(C0     )

      X001
4 ────┤├──────────────────────────────────[RST   C0      ]

      C0    T9
7 ────┤├────┤/├──────────────────────────────────────────(M0     )
      M0
      ┤├

      M0                                                     K20
11 ───┤├──────────────────────────────────────────────────(T1     )

      T1    T9
15 ───┤├────┤/├──────────────────────────────────────────(Y000   )

      M0                                                     K30
18 ───┤├──────────────────────────────────────────────────(T2     )

      T2    T8
22 ───┤├────┤/├──────────────────────────────────────────(Y001   )

      M0                                                     K40
25 ───┤├──────────────────────────────────────────────────(T3     )

      T3    T7
29 ───┤├────┤/├──────────────────────────────────────────(Y002   )

      M0                                                     K50
32 ───┤├──────────────────────────────────────────────────(T4     )

            T4    T6                                         K10
            ┤├────┤/├──────────────────────────────────────(T5     )

            T5                                               K10
            ┤├────────────────────────────────────────────(T6     )

      T4    T5    C1
47 ───┤├────┤/├────┤├────────────────────────────────────(Y003   )
```

[그림 8 - 51] 실전 문제 53 완성 프로그램 (1)

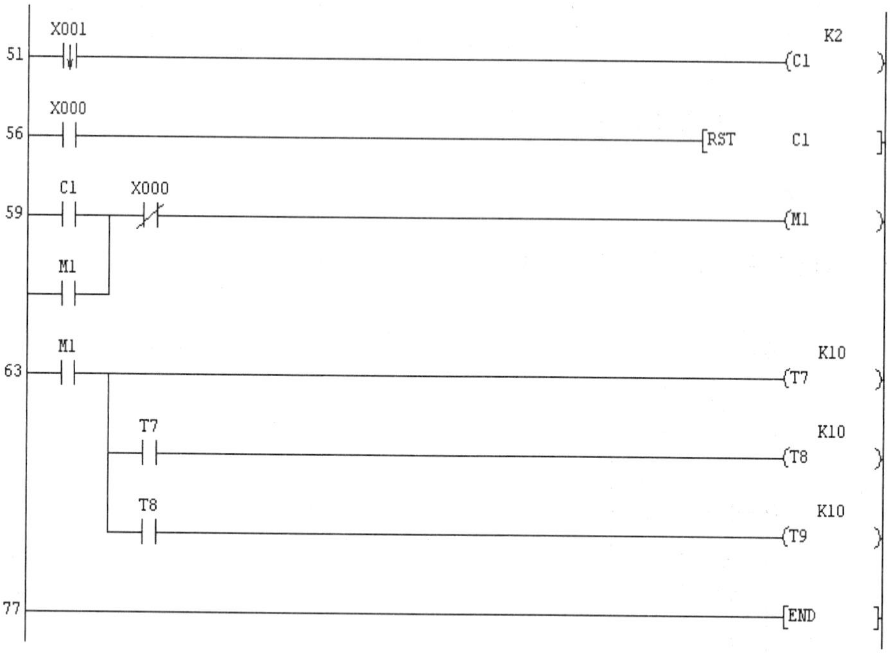

```
        X001                                       K2
51      ─┤↓├──────────────────────────────────────(C1)─

        X000
56      ─┤ ├─────────────────────────────[RST  C1]─

        C1    X000
59      ─┤ ├───┤/├──────────────────────────────(M1)─
        M1
        ─┤ ├──┘

        M1                                        K10
63      ─┤ ├──┬──────────────────────────────────(T7)─
              │  T7                               K10
              ├──┤ ├───────────────────────────(T8)─
              │  T8                               K10
              └──┤ ├───────────────────────────(T9)─

77      ──────────────────────────────────────[END]─
```

[그림 8 - 52] 실전 문제 53 완성 프로그램 (2)

8.1.4 실전 문제 53 도면

1. 전기공사 문제

(1) 배치도

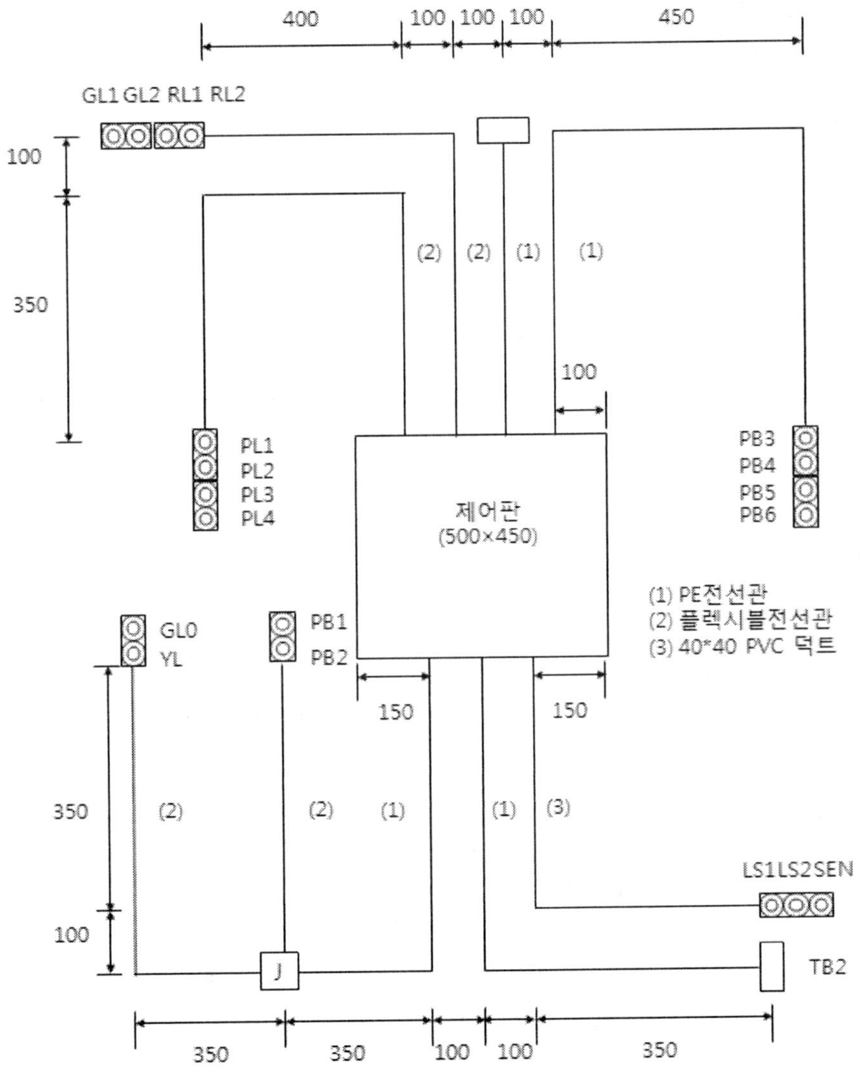

[그림 8 - 53] 배치도

(2) 회로도

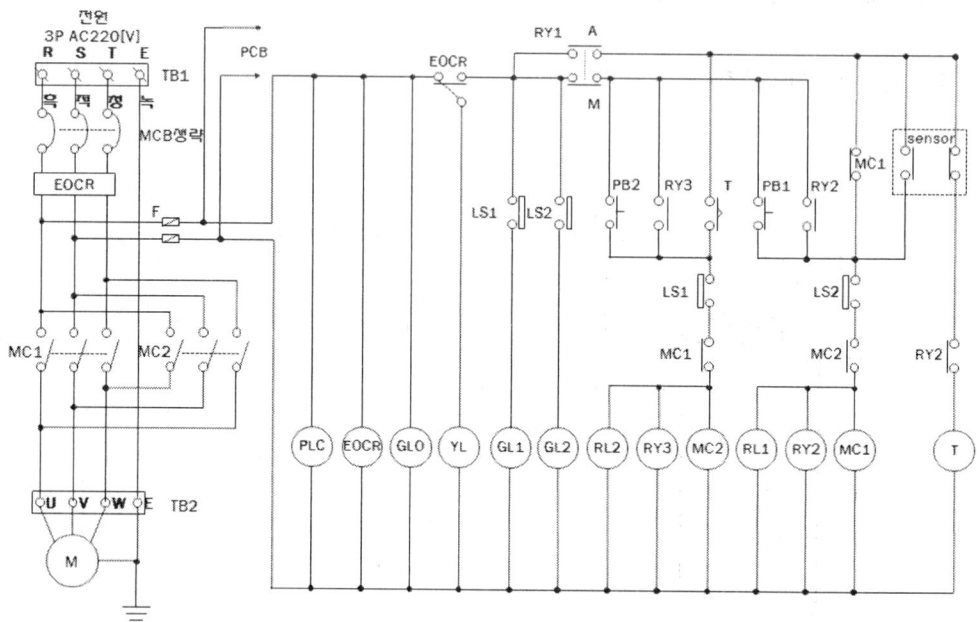

[그림 8 - 54] 회로도

(3) 전자 회로도

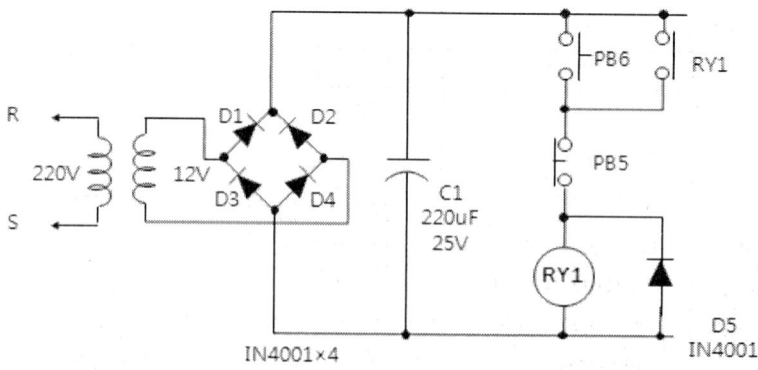

[그림 8 - 55] 전자 회로도

(4) 기구 배치도

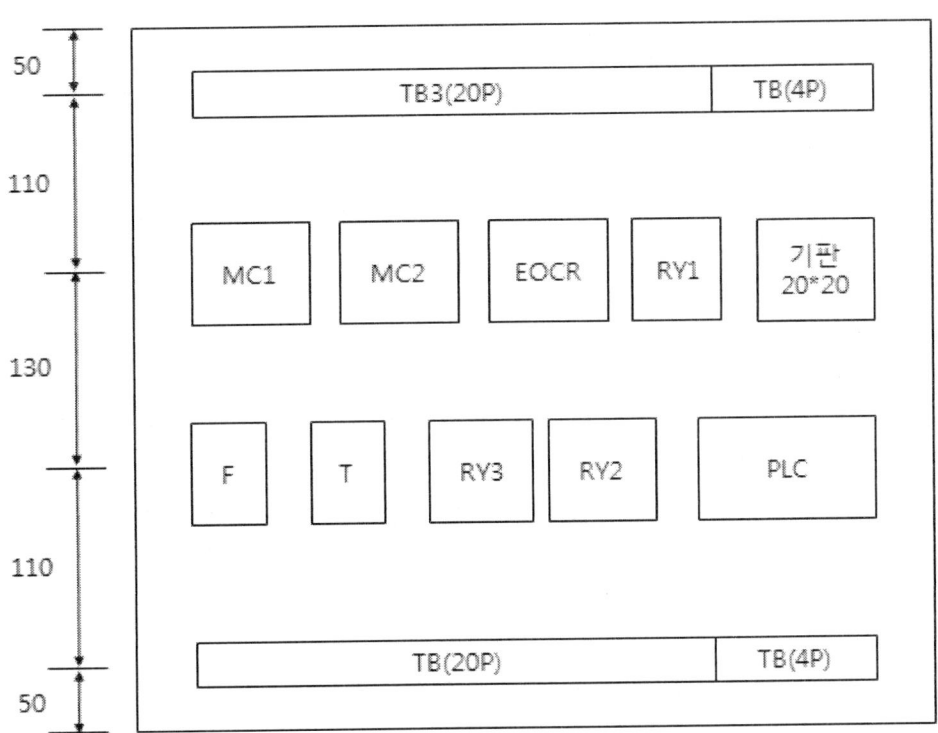

[그림 8 - 56] 기구 배치도

(5) 기구 범례

[표 8-1] 기구 범례

기 호	명 칭	기 호	명 칭
MC1, MC2	12P전자접촉기	PL1 ~ PL4	파이롯램프(녹)
EOCR	12P과부하계전기	YL	파이롯램프(황)
RY1	8P릴레이(DC12V)	TB1 ~ TB2	4P단자대
RY2, RY3	14P릴레이(AC220V)	TB3 ~ TB4	24P단자대
PB2, PB4, PB5	푸시버튼SW(적)	F	퓨즈홀더
PB1, PB3, PB6	푸시버튼SW(녹)	T	8P TON(2a2b)
GL0, GL1	파이롯램프(녹)	LS1 ~ LS2	푸시버튼SW(적)
RL1, RL2	파이롯램프(적)	SEN(sensor)	푸시버튼SW(적)

8.2 실전 문제 54

8.2.1 실전 문제 54 GLOFA PLC(기종 : G7M-DR30A)

1. PLC 문제

(1) 동작설명

① PB3 스위치를 2번째 누르면 PL1 ~ PL4는 다음과 같은 동작을 반복한다. PL1은 11초 점등-1초 소등되고, PL2는 1초 소등-1초 점등-1초 소등-5초 점등-1초 소등-1초 점등-2초 소등된다.
PL3은 1초 소등-1초 점등-2초 소등-3초 점등-1초 소등-1초 점등-3초 소등되고, PL4는 PL2와 PL3가 동시에 점등될 때에만 동작한다.

② PB3 스위치를 6번 째 눌렀다 떼면 동작 중인 PL1 ~ PL4는 즉시 소등되며, PB3 스위치의 카운터 값은 복귀(RESET)된다.

③ PB4 스위치를 누르면 "②"항과 같은 동작을 한다.

④ YL 동작조건 : EOCR에 의해서 RY3이 여자 되면 YL은 2초 점등-1초 소등-1초 점등-2초 소등을 반복 동작하고, RY3이 소자되면 YL은 동작을 멈춘다.

(2) PLC 타임차트

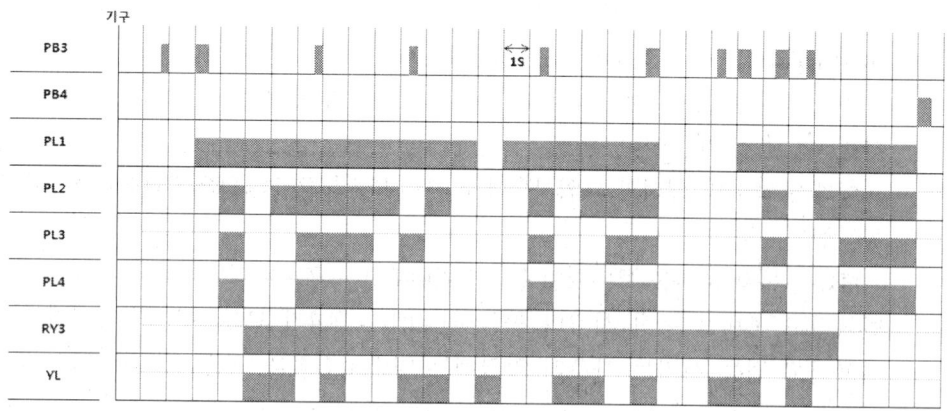

[그림 8-57] 타임차트

(3) PLC 입·출력도

[그림 8-58] 입·출력도

2. PLC 프로그램 작성 해석

PLC 프로그램을 작성하기 위해서는 먼저 타임차트의 정확한 해석이 필요하다. 타임차트의 해석에 따라 프로그래밍 방법이 달라 문제에서 요구하는 동작이 되지 않을 수 있기 때문이다. 따라서 본 교재에서 제시하는 해석 또는 프로그램은 GLOFA PLC(기종 : G7M-DR30A)프로그램에 의해 작성되었으며, 이 프로그래밍은 하나의 모범 답이라 할 수 있다. 왜냐하면 엔지니어의 능력에 따라 해석 방법이나 프로그램 작성 방법이 조금씩 다를 수 있기 때문이다.

아래 동작설명 해석과 타임차트에서 보면 PL1 ~ PL4는 PB3가 ON이 되는 횟수에 의해 동작한다.

PB3의 동작 조건을 보면 2번 동작시키면 PL1 ~ PL4가 타임차트에 따라 점등과 소등을 반복하고, 6번을 동작 시켰다 놓을 때 PL1 ~ PL4가 모두 소등되므로 다중 카운터를 사용하고 점등 시키는 카운터 입력에는 일반 a접점을, 소등 시키는 카운터 입력에는 반드시 음 변환 접점(┤N├)을 사용하여야 한다.

PB4의 동작 조건은 PB3 스위치를 6번 동작시키는 것과 같은 동작을 해야 함으로 카운터의 리셋(RESET)에 주의해야 한다.

(1) 동작 설명 해석

① PB3은 타임차트를 보면 2회 동작시키면 PL1 ~ PL4까지 모두 반복 동작되므로 일반 a접점을 사용하여 카운터 C1을 동작시키고, 6회를 눌렀다 놓을 때 정지함으로 카운터 C2에는 반드시 음 변환 접점(⫯⫯)을 사용하여야 한다.

이 때 주의 할 점은 동작설명 ②항과 ③항에서 PB3 스위치 6회 또는 PB4 스위치를 동작시키면 동작하던 PL1 ~ PL4가 모두 정지해야 함으로 C2 출력 접점과 PB4를 병렬로 하여 내부릴레이 M0을 동작시켜 카운터 C1, C2를 모두 리셋 시키면 된다.

② PB3 스위치를 2번째 누르면 PL1 ~ PL4는 다음과 같은 동작을 반복한다.

PL1은 11초 점등-1초 소등되고, PL2는 1초 지연 후 1초 점등, 1초 소등, 5초 점등, 1초 소등, 1초 점등, 2초 소등된다.

PL3은 1초 지연 후 1초 점등, 2초 소등, 3초 점등, 1초 소등, 1초 점등, 3초 소등되고, PL4는 1초 지연 후 1초 점등, 2초 소등, 3초 점등, 5초 소등 된다.

③ PB3 스위치를 6번 째 눌렀다 떼면 동작 중인 PL1 ~ PL4는 즉시 소등되며, PB3 스위치의 카운터 값은 복귀(RESET)된다.

④ PB4 스위치를 누르면 PB3을 6번 눌렀다 놓을 때와 같은 동작을 해야 한다. 단 그림 8-59 타임차트에서 보면 PB3 스위치의 6번 째 동작은 하강 신호, PB4 동작은 상승 신호임을 숙지하여야 한다.

⑤ YL 동작조건은 EOCR에 의해서 RY3이 여자 되면 YL은 2초 점등, 1초 소등, 1초 점등, 2초 소등을 반복 동작하고, RY3이 소자되면 YL은 동작을 멈춘다.

(2) 타임차트

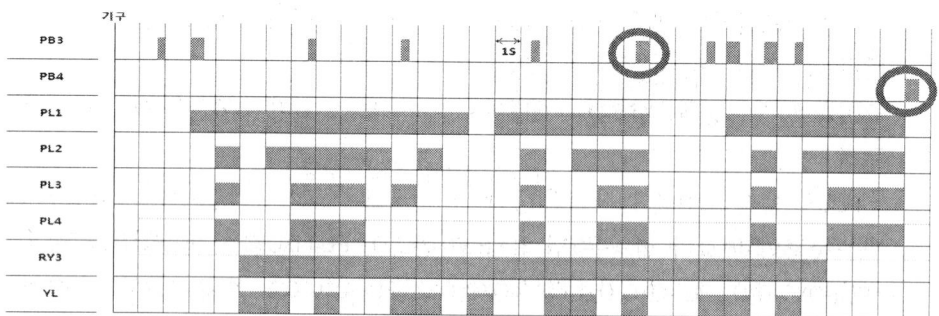

[그림 8-59] 타임차트

(3) PLC 메모리 할당

	변수 명	데이터 타입	메모리 할당	초기 값	변수 종류	사용 여부	설명문
1	PB3	BOOL	%IX0.0.0		VAR	*	
2	PB4	BOOL	%IX0.0.1		VAR	*	
3	RY3	BOOL	%IX0.0.2		VAR	*	
4	PL1	BOOL	%QX0.0.0		VAR	*	
5	PL2	BOOL	%QX0.0.1		VAR	*	
6	PL3	BOOL	%QX0.0.2		VAR	*	
7	PL4	BOOL	%QX0.0.3		VAR	*	
8	YL	BOOL	%QX0.0.4		VAR	*	
9	C1	FB Instance	<자동>		VAR	*	
10	C2	FB Instance	<자동>		VAR	*	
11	M0	BOOL	<자동>		VAR	*	
12	R	BOOL	<자동>		VAR		
13	T1	FB Instance	<자동>		VAR	*	
14	T10	FB Instance	<자동>		VAR	*	
15	T11	FB Instance	<자동>		VAR	*	
16	T12	FB Instance	<자동>		VAR	*	
17	T13	FB Instance	<자동>		VAR	*	
18	T14	FB Instance	<자동>		VAR	*	
19	T15	FB Instance	<자동>		VAR	*	
20	T16	FB Instance	<자동>		VAR	*	
21	T17	FB Instance	<자동>		VAR	*	
22	T18	FB Instance	<자동>		VAR	*	
23	T19	FB Instance	<자동>		VAR	*	
24	T2	FB Instance	<자동>		VAR	*	
25	T20	FB Instance	<자동>		VAR	*	
26	T21	FB Instance	<자동>		VAR	*	
27	T22	FB Instance	<자동>		VAR	*	
28	T23	FB Instance	<자동>		VAR	*	
29	T24	FB Instance	<자동>		VAR	*	
30	T25	FB Instance	<자동>		VAR	*	
31	T3	FB Instance	<자동>		VAR	*	
32	T4	FB Instance	<자동>		VAR	*	
33	T5	FB Instance	<자동>		VAR	*	
34	T6	FB Instance	<자동>		VAR	*	
35	T7	FB Instance	<자동>		VAR	*	
36	T8	FB Instance	<자동>		VAR	*	
37	T9	FB Instance	<자동>		VAR	*	

[그림 8-60] 메모리 할당

입·출력의 메모리 할당은 입력 PB3-IX0.0.0, PB4-IX0.0.1, RY3-IX0.0.2번지로 출력은 PL1-QX0.0.0, PL2-QX0.0.1, PL3-QX0.0.2, PL4-QX0.0.3, YL-QX0.0.4으로 PLC의 입·출력도의 순서대로 할당하여야 프로그램 작성 및 PLC 결선할 때 오류를 방지할 수 있다. 내부릴레이(M), 타이머(T), 카운터(C) 등은 자동으로 할당 한다.

3. PLC 프로그램 작성

(1) PB3(IX0.0.0), PB4(IX0.0.1)에 의한 카운터 동작 회로

① 타임차트

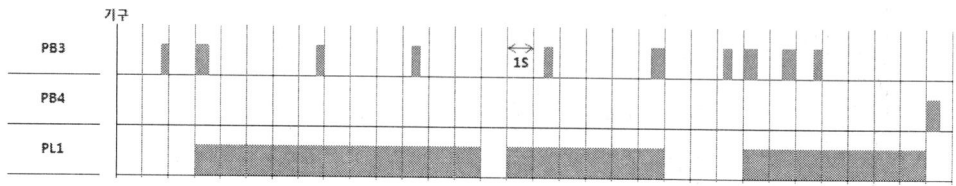

[그림 8-61] 타임차트

② 설명

PB3을 2회 누르면 PL1 ~ PL4가 반복 동작하고, 6회 눌렀다 놓을 때 PL1 ~ PL4가 소등된다. PB4가 동작되어도 PL1 ~ PL4가 소등되어야 한다. 또한 카운터 값을 RESET 시켜야 함으로 내부메모리 M0을 사용하여 카운터 C1, C2를 RESET 시킨다. 타임차트를 해석할 때는 반드시 반복동작을 고려해야 한다. 즉, PB4에 의해 카운터가 RESET되지 않으면 1회만 동작 될 수 있음으로 이를 간과해서는 안 된다.

③ PB3(IX0.0.0), PB4(IX0.0.1)에 의한 카운터 동작 회로 프로그램

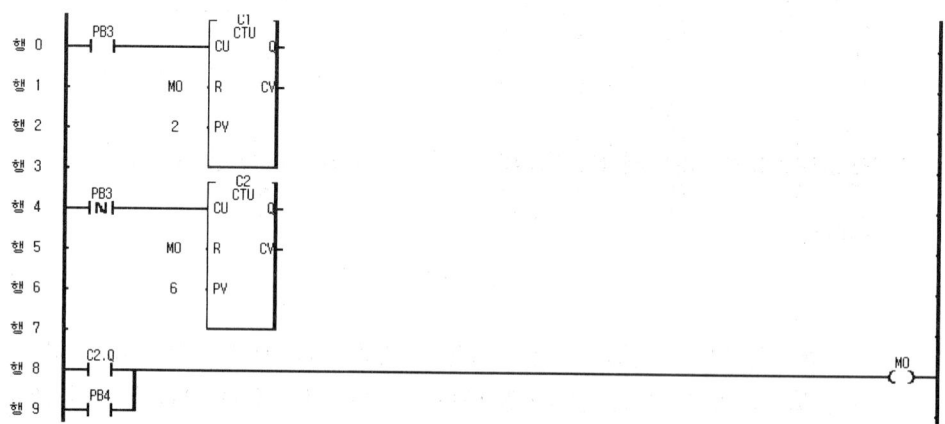

[그림 8-62] 카운터 동작회로 프로그램

(2) PB3(IX0.0.0) 카운터 C1 동작에 의한 PL1(QX0.0.0) 동작회로

① 타임차트

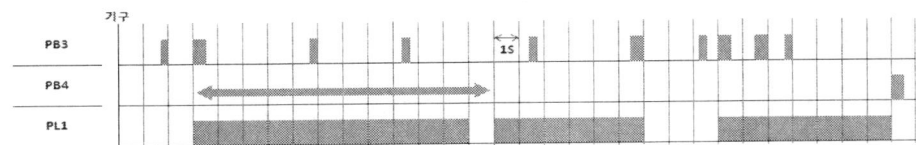

[그림 8-63] 타임차트

② 설명

타임 차트에서 보면 PB3을 두 번 동작시키면 PL1이 11초 점등, 1초 소등을 반복하다가 PB3을 6번 눌렀다 놓을 때 또는 PB4를 동작시킬 때 정지한다. 따라서 프로그램은 카운터 C1의 출력신호 C1.Q를 받아 타이머 T1, T2를 동작시키고, C1.Q와 T1.Q(b접점)의 신호를 AND로 연결하면 PL1은 11초 점등, 1초 소등을 하게 된다.

③ PB3(IX0.0.0) 카운터 C1 동작에 의한 PL1(QX0.0.0) 동작회로 프로그램

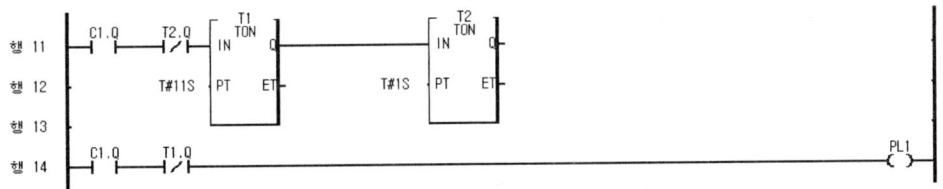

[그림 8-64] PL1(QX0.0.0) 동작회로 프로그램

(3) PB3(IX0.0.0) 카운터 C1 동작에 의한 PL2(QX0.0.1) 동작회로

① 타임차트

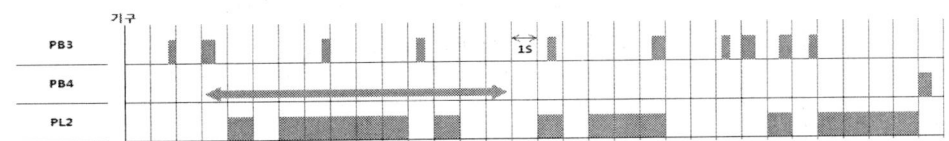

[그림 8-65] 타임차트

② 설명

타임 차트에서 보면 PB3을 두 번 동작시키면 PL2는 1초 지연 후 1초 점등, 1초 소등, 5초 점등, 1초 소등, 1초 점등, 2초 소등을 반복하다가 PB3을 6번 눌렀다 놓을 때 또는 PB4를 동작시킬 때 정지한다. 따라서 프로그램은 카운터 C1의 출력

신호 C1.Q를 받아 타이머 T3 ~ T9를 동작시키고, T9.Q에 의해 반복 동작을 하게 하고, T3.Q와 T4.Q, T5.Q와 T6.Q, T7.Q와 T8.Q의 신호를 AND-OR로 회로를 구성 하면 하면 PL2는 T3.Q에 의해 1초 소등, T4.Q에 의해 1초 점등, T5.Q에 의해 1초 소등, T6.Q에 의해 5초 점등, T7.Q에 의해 1초 소등, T8.Q에 의해 1초 점등, T9.Q에 의해 2초 소등을 반복한다.

③ PB3(IX0.0.0) 카운터 C1 동작에 의한 PL2(QX0.0.1) 동작회로 프로그램

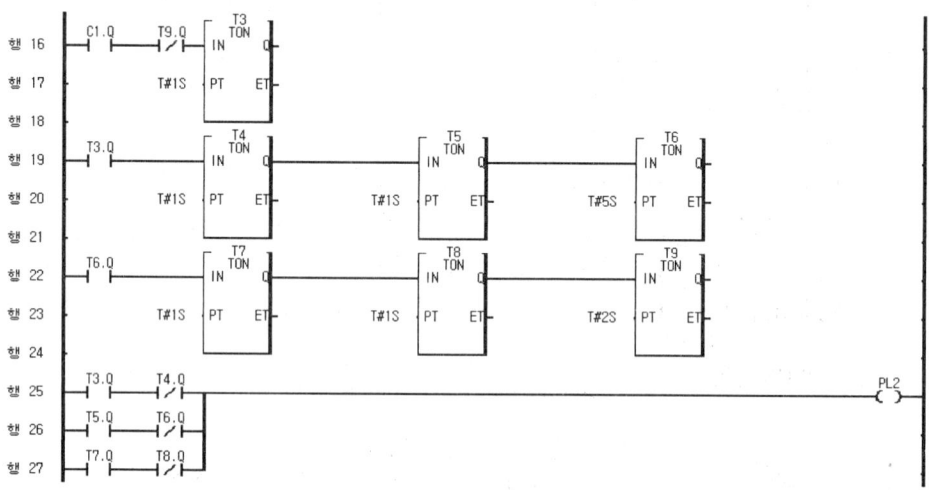

[그림 8-66] PL2(QX0.0.1) 동작회로 프로그램

(4) PB3(IX0.0.0) 카운터 C1 동작에 의한 PL3(QX0.0.2) 동작회로

① 타임차트

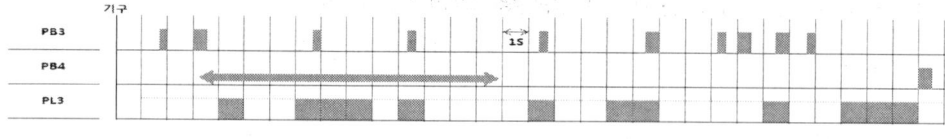

[그림 8-67] 타임차트

② 설명

프로그램은 카운터 C1의 출력신호 C1.Q를 받아 타이머 T10 ~ T16을 동작시키고, T16.Q에 의해 반복 동작을 하게하고, T10.Q와 T11.Q, T12.Q와 T13.Q, T14.Q와 T15.Q의 신호를 AND-OR로 회로를 구성하면 하면 PL3는 T10.Q에 의해 1초 소등, T11.Q에 의해 1초 점등, T12.Q에 의해 2초 소등, T13.Q에 의해 3초 점등, T14.Q에 의해 1초 소등, T15.Q에 의해 1초 점등, T16.Q에 의해 3초 소등을 반복한다.

③ PB3(IX0.0.0) 카운터 C1 동작에 의한 PL3(QX0.0.2) 동작회로 프로그램

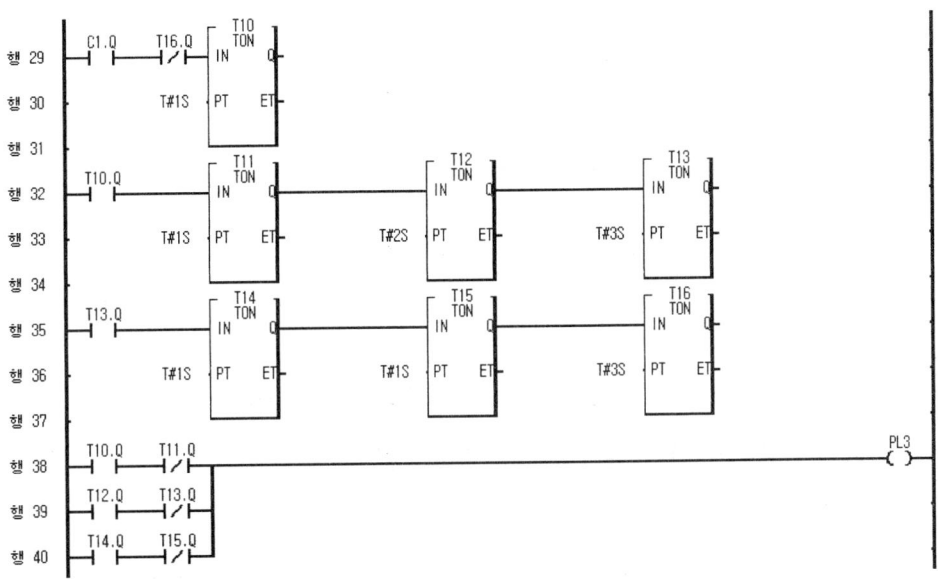

[그림 8-68] PL3(QX0.0.2) 동작회로 프로그램

(5) PB3(IX0.0.0) 카운터 C1 동작에 의한 PL4(QX0.0.3) 동작회로

① 타임차트

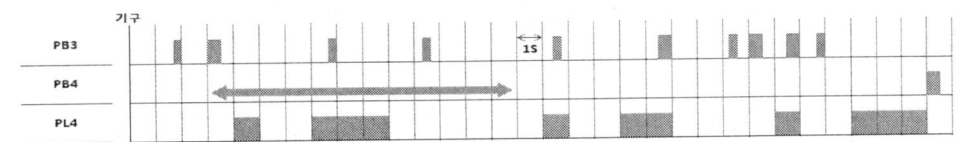

[그림 8-69] 타임차트

② 설명

타임 차트에서 보면 PB3을 두 번 동작시키면 PL2는 1초 지연 후 1초 점등, 2초 소등, 3초 점등, 5초 소등을 반복하다가 PB3을 6번 눌렀다 놓을 때 또는 PB4를 동작시킬 때 정지한다. 따라서 프로그램은 카운터 C1의 출력신호 C1.Q를 받아 타이머 T17 ~ T21을 동작시키고, T21.Q에 의해 반복 동작을 하게하고, T17.Q와 T18.Q, T19.Q와 T20.Q의 신호를 AND-OR로 회로를 구성하면 하면 PL4는 T17.Q에 의해 1초 소등, T18.Q에 의해 1초 점등, T19.Q에 의해 2초 소등, T20.Q에 의해 3초 점등, T21.Q에 의해 5초 소등을 반복한다.

③ PB3(IX0.0.0) 카운터 C1 동작에 의한 PL4(QX0.0.3) 동작회로 프로그램

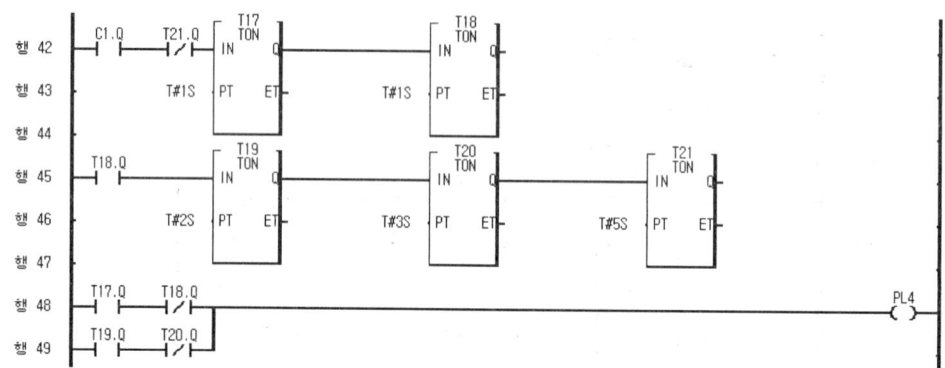

[그림 8-70] PL4(QX0.0.3) 동작회로 프로그램

(6) RY3(IX0.0.2) 동작에 의한 YL(QX0.0.4) 동작회로

① 타임차트

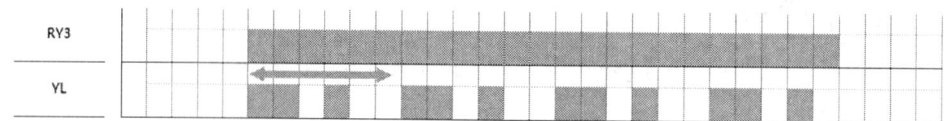

[그림 8-71] 타임차트

② 설명

타임 차트에서 보면 릴레이 RY3-a 접점에 의해 YL은 2초 점등, 1초 소등, 1초 점등, 2초 소등을 반복하다가 RY3-a 접점의 신호가 없어지면 정지한다. 따라서 프로그램은 카운터 RY3의 a-접점 신호를 받아 타이머 T22 ~ T25를 동작시킨다. RY3와 T22.Q, T23.Q와 T24.Q의 신호를 AND-OR로 회로를 구성하면 하면 YL은 T22.Q에 의해 2초 점등, T23.Q에 의해 1초 소등, T24.Q에 의해 1초 점등, T25.Q에 의해 2초 소등을 반복한다.

③ RY3(IX0.0.2) 동작에 의한 YL(QX0.0.4) 동작회로 프로그램

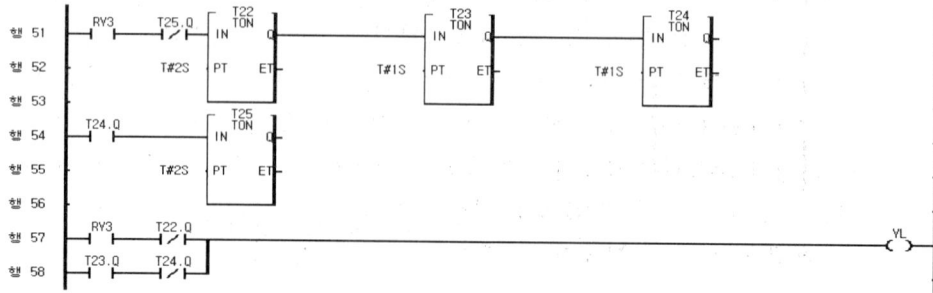

[그림 8-72] YL(QX0.0.4) 동작회로 프로그램

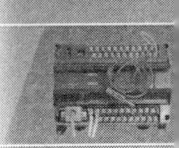

(7) 실전 문제 54 완성 프로그램(1)

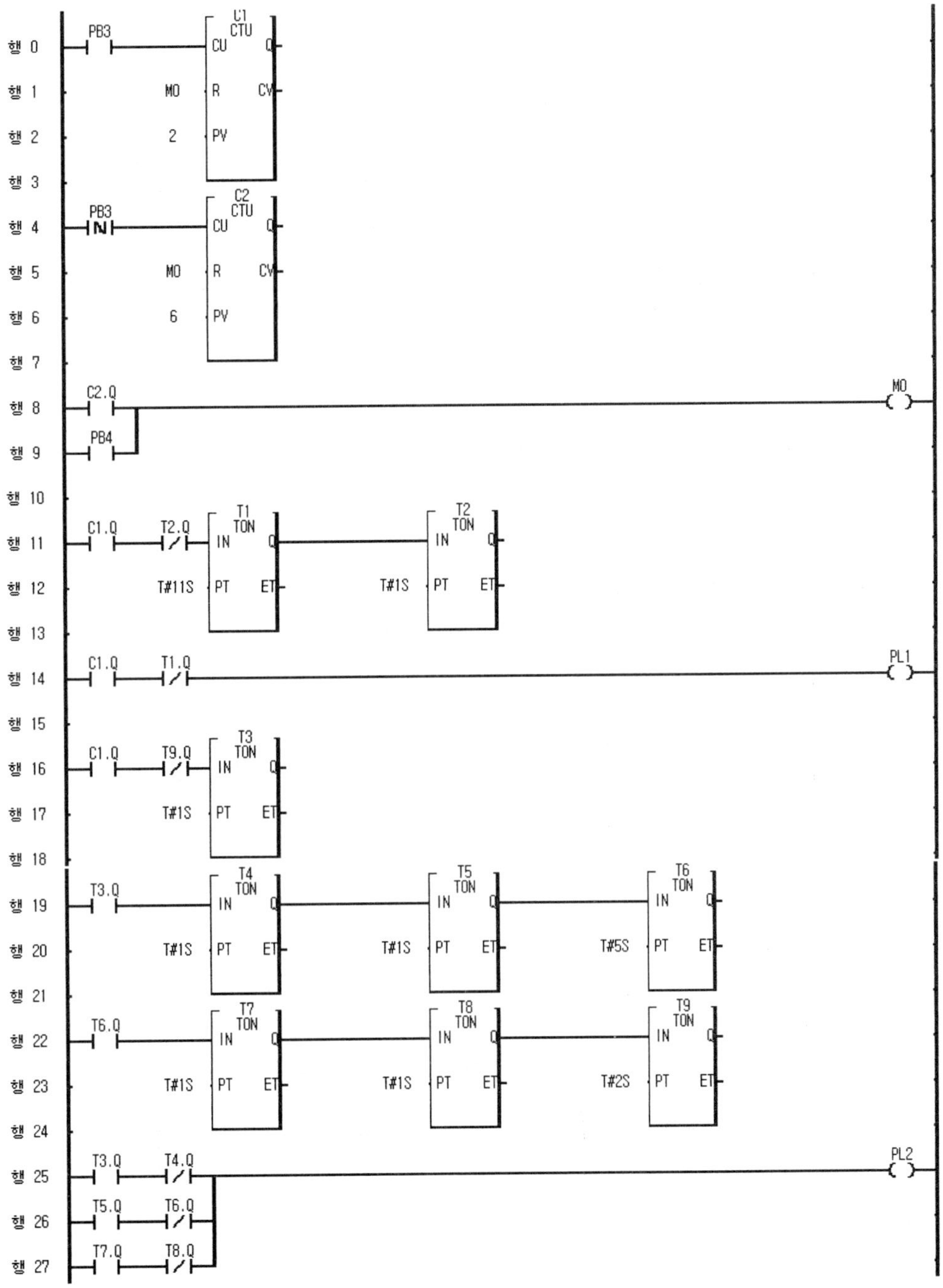

[그림 8-73] 실전 문제 54 완성 프로그램(1)

(8) 실전 문제 54 완성 프로그램(2)

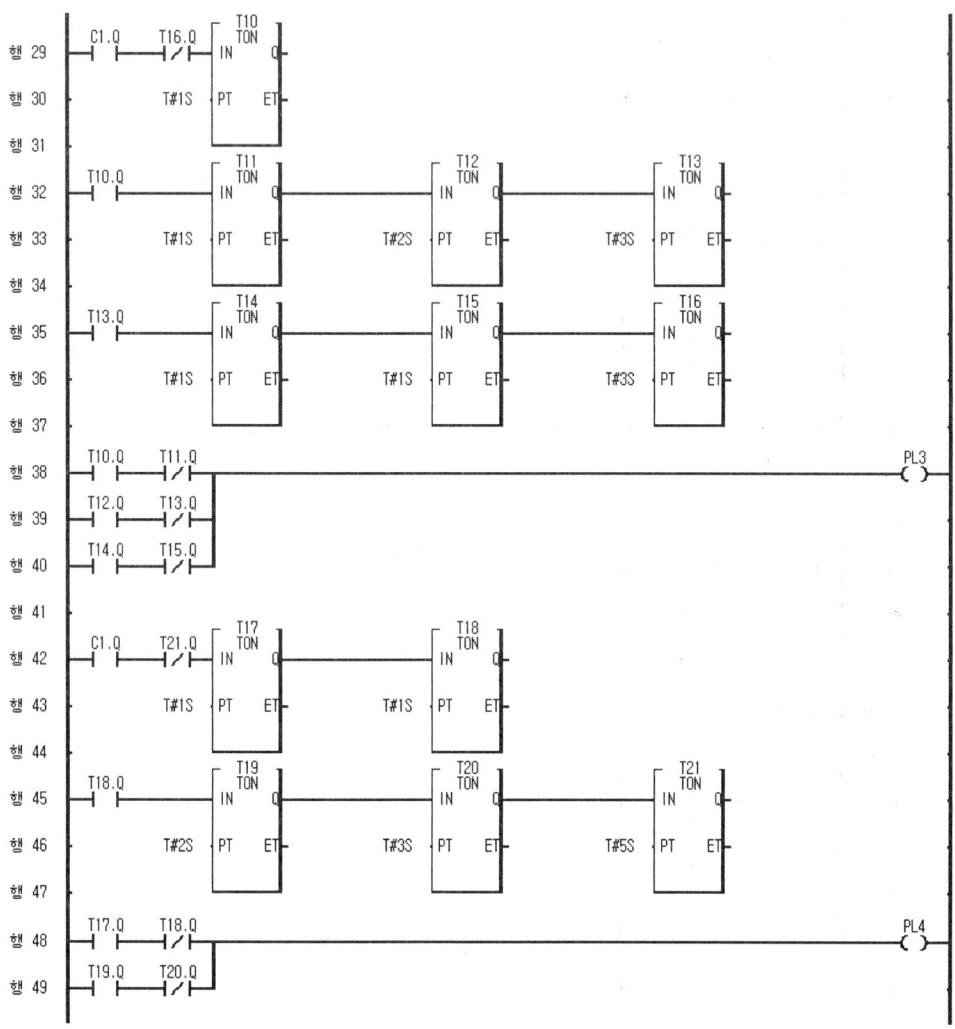

[그림 8-74] 실전 문제 54 완성 프로그램(2)

(9) 실전 문제 54 완성 프로그램(3)

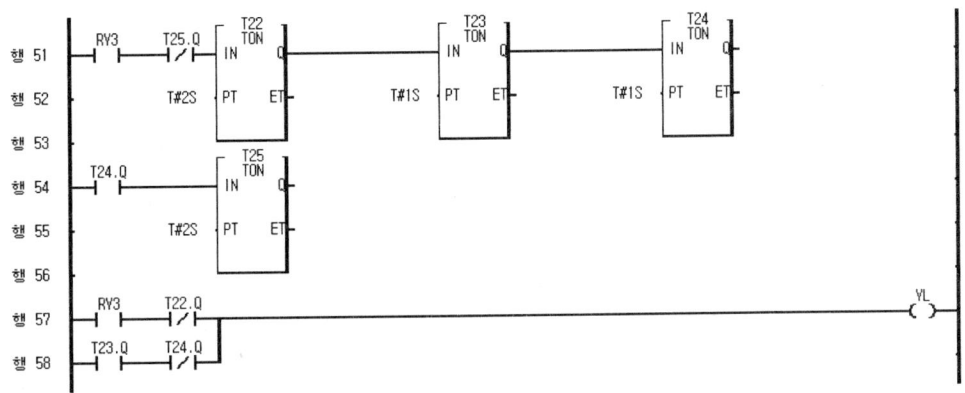

[그림 8-75] 실전 문제 54 완성 프로그램(3)

8.2.2 실전 문제 54 MASTER-K PLC(기종 : K7M-DR30S)

1. PLC 문제

(1) 동작 설명

① PB3 스위치를 2번째 누르면 PL1 ~ PL4는 다음과 같은 동작을 반복한다. PL1은 11초 점등-1초 소등되고, PL2는 1초 소등-1초 점등-1초 소등-5초 점등-1초 소등-1초 점등-2초 소등된다.
PL3은 1초 소등-1초 점등-2초 소등-3초 점등-1초 소등-1초 점등-3초 소등되고, PL4는 PL2와 PL3가 동시에 점등될 때에만 동작한다.

② PB3 스위치를 6번 째 눌렀다 떼면 동작 중인 PL1 ~ PL4는 즉시 소등되며, PB3 스위치의 카운터 값은 복귀(RESET)된다.

③ PB4 스위치를 누르면 "②"항과 같은 동작을 한다.

④ YL 동작조건 : EOCR에 의해서 RY3이 여자 되면 YL은 2초 점등-1초 소등-1초 점등-2초 소등을 반복 동작하고, RY3이 소자되면 YL은 동작을 멈춘다.

(2) PLC 타임차트

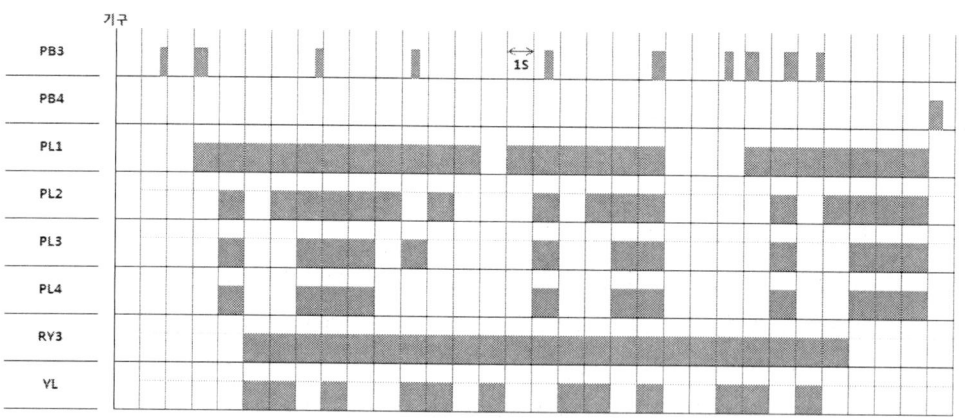

[그림 8-76] 타임차트

(3) PLC 입·출력도

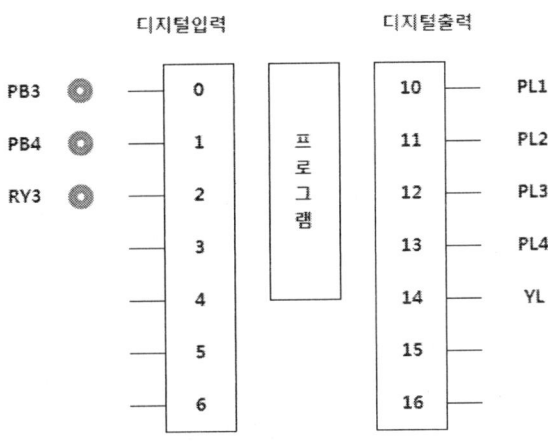

[그림 8-77] 입·출력도

2. PLC 프로그램 작성 해석

　　PLC 프로그램을 작성하기 위해서는 먼저 타임차트의 정확한 해석이 필요하다. 타임차트의 해석에 따라 프로그래밍 방법이 달라 문제에서 요구하는 동작이 되지 않을 수 있기 때문이다. 따라서 본 교재에서 제시하는 해석 또는 프로그램은 MASTER-K PLC(기종 : K7M-DR30S)프로그램에 의해 작성되었으며, 이 프로그래밍은 하나의 모범 답이라 할 수 있다. 왜냐하면 엔지니어의 능력에 따라 해석 방법이나 프로그램 작성 방법이 조금씩 다를 수 있기 때문이다. 아래 동작설명 해석과 타임차트에서 보면 PL1 ~ PL4는 PB3가 ON이 되는 횟수에 의해 동작한다.

　　PB3의 동작 조건을 보면 2번 동작시키면 PL1 ~ PL4가 타임차트에 따라 점등과 소등을 반복하고, 6번을 동작 시켰다 놓을 때 PL1 ~ PL4가 모두 소등되므로 다중 카운터를 사용하고 점등 시키는 카운터 입력에는 일반 a접점을 사용하고, 소등 시키는 카운터 입력에는 DO NOT 명령어에 의한 출력 접점을 사용하여야 한다.

　　PB4의 동작 조건은 PB3 스위치를 6번 동작시키는 것과 같은 동작을 해야 함으로 카운터의 리셋(RESET)에 주의해야 한다.

(1) **동작 설명 해석**

① PB3은 타임차트를 보면 2회 동작시키면 PL1 ~ PL4까지 모두 반복 동작되므로 일반 a접점을 사용하여 카운터 C1을 동작시키고, 6회를 눌렀다 놓을 때 정지함으로 카운터 C2에는 DO NOT 명령어에 의한 내부 릴레이 M0의 출력을 만들어 사용하여야 한다.

이 때 주의 할 점은 동작설명 ②항과 ③항에서 PB3 스위치 6회 또는 PB4 스위치를 동작시키면 동작하던 PL1 ~ PL4가 모두 정지해야 함으로 C2 출력 접점과 PB4를 병렬로 하여 내부릴레이 M1을 동작시켜 카운터 C1, C2를 모두 리셋 시키면 된다.

② PB3 스위치를 2번째 누르면 PL1 ~ PL4는 다음과 같은 동작을 반복한다.

PL1은 11초 점등-1초 소등되고, PL2는 1초 지연 후 1초 점등, 1초 소등, 5초 점등, 1초 소등, 1초 점등, 2초 소등된다.

PL3은 1초 지연 후 1초 점등, 2초 소등, 3초 점등, 1초 소등, 1초 점등, 3초 소등되고, PL4는 1초 지연 후 1초 점등, 2초 소등, 3초 점등, 5초 소등 된다.

③ PB3 스위치를 6번 째 눌렀다 떼면 동작 중인 PL1 ~ PL4는 즉시 소등되며, PB3 스위치의 카운터 값은 복귀(RESET)된다.

④ PB4 스위치를 누르면 PB3을 6번 눌렀다 놓을 때와 같은 동작을 해야 한다. 단 타임차트에서 보면 PB3 스위치의 6번 째 동작은 하강 신호, PB4 동작은 상승 신호임을 숙지하여야 한다.

⑤ YL 동작조건은 EOCR에 의해서 RY3이 여자 되면 YL은 2초 점등, 1초 소등, 1초 점등, 2초 소등을 반복 동작하고, RY3이 소자되면 YL은 동작을 멈춘다.

(2) **타임차트**

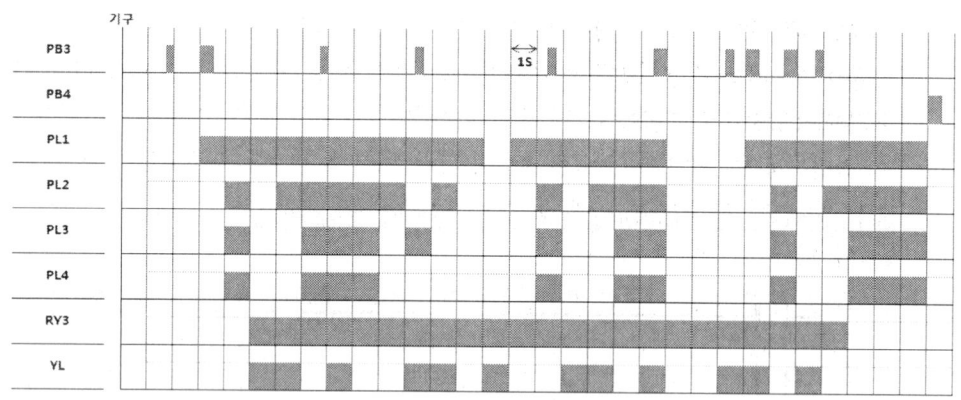

[그림 8-78] 타임차트

(3) **PLC 메모리 할당**

입·출력의 메모리 할당은 입력 PB3-P0000, PB4-P0001, RY3-P0002번지로 출력은 PL1-P0040, PL2-P0041, PL3-P0042, PL4-P0043, YL-P0044으로 PLC의 입·출력도의 순서대로 할당하여야 프로그램 작성 및 PLC 결선할 때 오류를 방지할 수 있다.

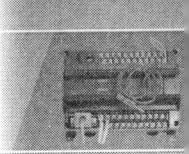

3. PLC 프로그램 작성

(1) PB3(P0000), PB4(P0001)에 의한 카운터 동작 회로

① 타임차트

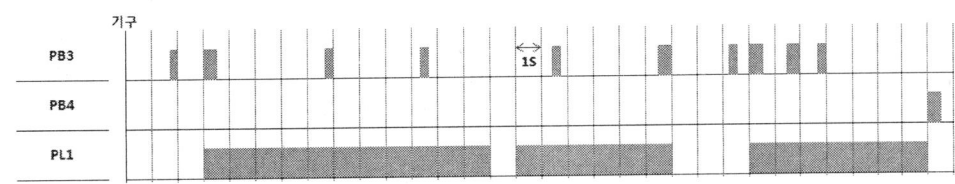

[그림 8-79] 타임차트

② 설명

PB3은 타임차트를 보면 2회 동작시키면 PL1 ~ PL4까지 모두 반복 동작되므로 일반 a접점을 사용하여 카운터 C1을 동작시키고, 6회를 눌렀다 놓을 때 정지함으로 카운터 C2에는 DO NOT 명령어에 의한 내부 릴레이 M0의 출력을 만들어 사용하여야 한다.

이 때 주의 할 점은 동작설명 ②항과 ③항에서 PB3 스위치 6회 또는 PB4 스위치를 동작시키면 동작하던 PL1 ~ PL4가 모두 정지해야 함으로 C2 출력 접점과 PB4를 병렬로 하여 내부릴레이 M1을 동작시켜 카운터 C1, C2를 모두 리셋 시키면 된다. 타임차트를 해석할 때는 반드시 반복동작을 고려해야 한다. 즉, PB4에 의해 카운터가 RESET되지 않으면 1회만 동작 될 수 있음으로 이를 간과해서는 안 된다.

③ PB3(P0000), PB4(P0001)에 의한 카운터 동작 회로 프로그램

[그림 8-80] 카운터 동작 회로 프로그램

(2) PB3(P0000) 카운터 C1 동작에 의한 PL1(P0040) 동작회로

① 타임차트

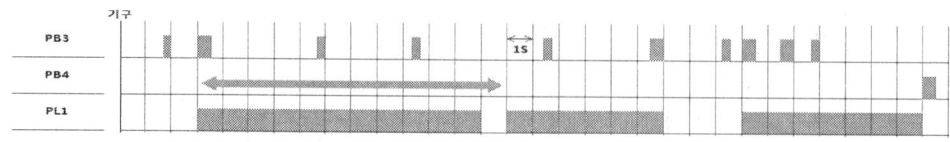

[그림 8-81] 타임차트

② 설명

타임 차트에서 보면 PB3을 두 번 동작시키면 PL1이 11초 점등, 1초 소등을 반복하다가 PB3을 6번 눌렀다 놓을 때 또는 PB4를 동작시킬 때 정지한다. 따라서 프로그램은 카운터 C1의 출력신호 C1을 받아 타이머 T1, T2를 동작시키고, C1과 T1(b접점)의 신호를 AND로 연결하면 PL1(P0040)은 11초 점등, 1초 소등을 하게 된다.

③ PB3(P0000) 카운터 C1 동작에 의한 PL1(P0040) 동작회로 프로그램

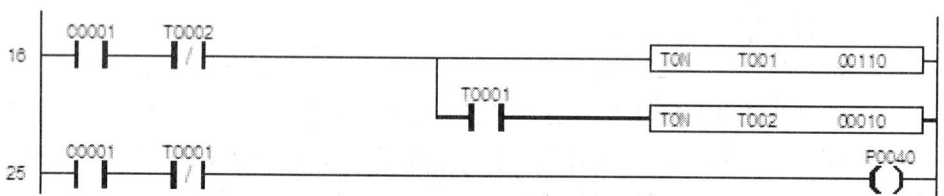

[그림 8-82] PL1(P0040) 동작회로 프로그램

(3) PB3(P0000) 카운터 C1 동작에 의한 PL2(P0041) 동작회로

① 타임차트

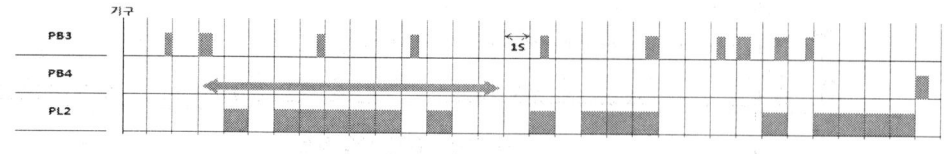

[그림 8-83] 타임차트

② 설명

타임 차트에서 보면 PB3을 두 번 동작시키면 PL2는 1초 지연 후 1초 점등, 1초 소등, 5초 점등, 1초 소등, 1초 점등, 2초 소등을 반복하다가 PB3을 6번 눌렀다 놓을 때 또는 PB4를 동작시킬 때 정지한다. 따라서 프로그램은 카운터 C1의 출력신호를 받아 타이머 T3 ~ T9를 동작시키고, T9에 의해 반복 동작을 하게하고,

T3와 T4, T5와 T6, T7와 T8의 신호를 AND-OR로 회로를 구성하면 하면 PL2는 T3에 의해 1초 소등, T4에 의해 1초 점등, T5에 의해 1초 소등, T6에 의해 5초 점등, T7에 의해 1초 소등, T8에 의해 1초 점등, T9에 의해 2초 소등을 반복한다.

③ PB3(P0000) 카운터 C1 동작에 의한 PL2(P0041) 동작회로 프로그램

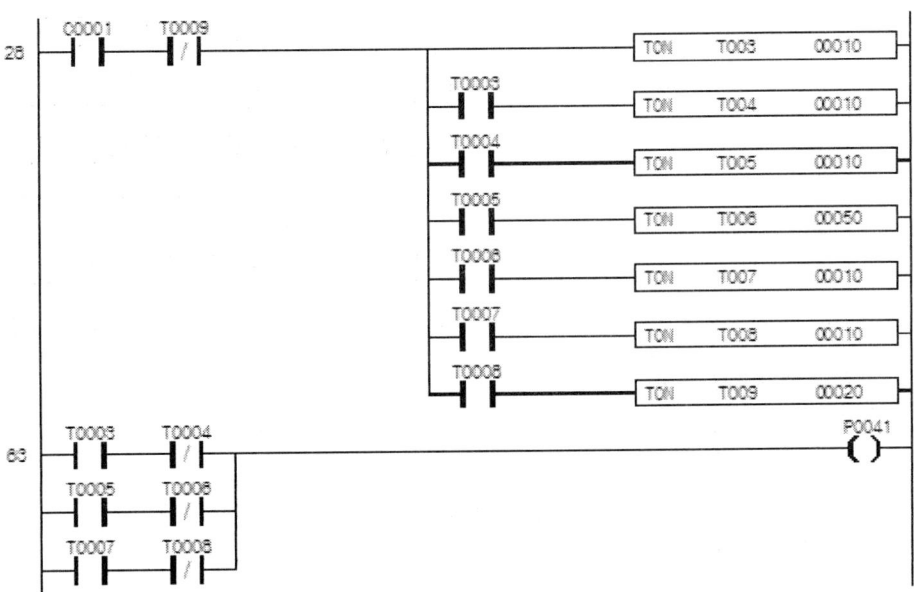

[그림 8-84] PL2(P0041) 동작회로 프로그램

(4) PB3(P0000) 카운터 C1 동작에 의한 PL3(P0042) 동작회로

① 타임차트

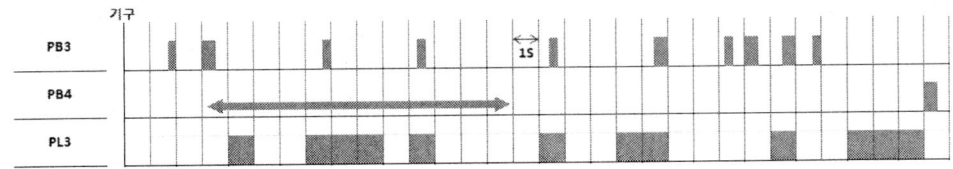

[그림 8-85] 타임차트

② 설명

프로그램은 카운터 C1의 출력신호를 받아 타이머 T10 ~ T16을 동작시키고, T16에 의해 반복 동작을 하게하고, T10과 T11, T12와 T13, T14와 T15의 신호를 AND-OR로 회로를 구성하면 하면 PL3는 T10에 의해 1초 소등, T11에 의해 1초 점등, T12에 의해 2초 소등, T13에 의해 3초 점등, T14에 의해 1초 소등, T15에 의해 1초 점등, T16에 의해 3초 소등을 반복한다.

③ PB3(P0000) 카운터 C1 동작에 의한 PL3(P0042) 동작회로 프로그램

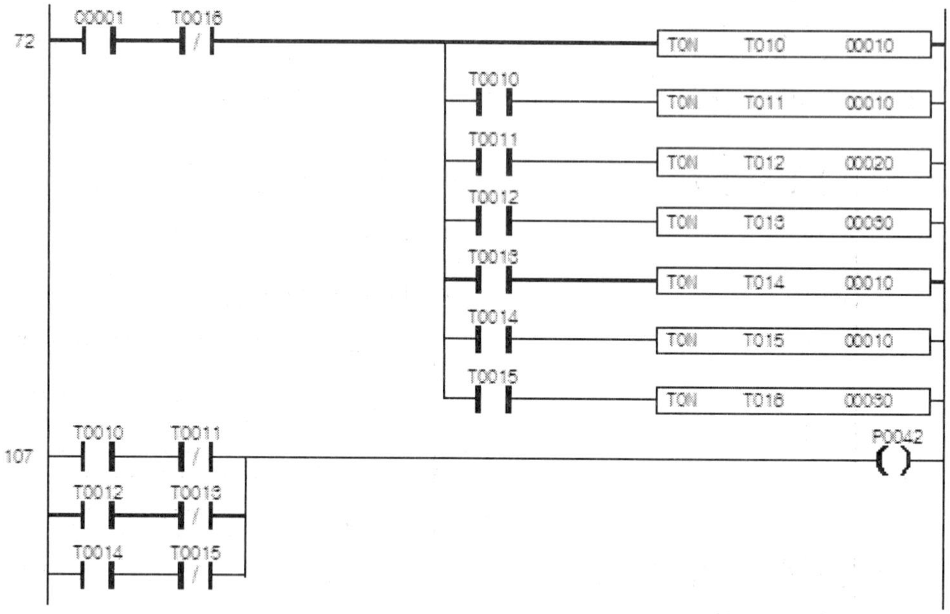

[그림 8-86] PL3(P0042) 동작회로 프로그램

(5) PB3(P0000) 카운터 C1 동작에 의한 PL4(P0043) 동작회로

① 타임차트

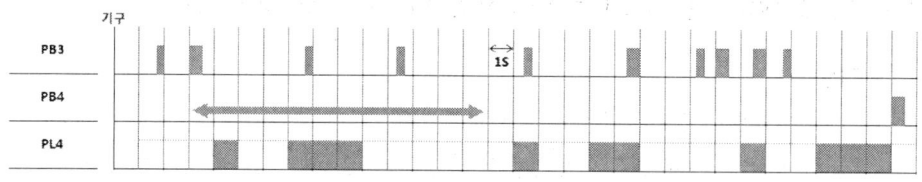

[그림 8-87] 타임차트

② 설명

타임 차트에서 보면 PB3을 두 번 동작시키면 PL4는 1초 지연 후 1초 점등, 2초 소등, 3초 점등, 5초 소등을 반복하다가 PB3을 6번 눌렀다 놓을 때 또는 PB4를 동작시킬 때 정지한다. 따라서 프로그램은 카운터 C1의 출력신호 C1을 받아 타이머 T17 ~ T21을 동작시키고, T21에 의해 반복 동작을 하게하고, T17와 T18, T19와 T20의 신호를 AND-OR로 회로를 구성하면 하면 PL4는 T17에 의해 1초 소등, T18에 의해 1초 점등, T19에 의해 2초 소등, T20에 의해 3초 점등, T21에 의해 5초 소등을 반복한다.

③ PB3(P0000) 카운터 C1 동작에 의한 PL4(P0043) 동작회로 프로그램

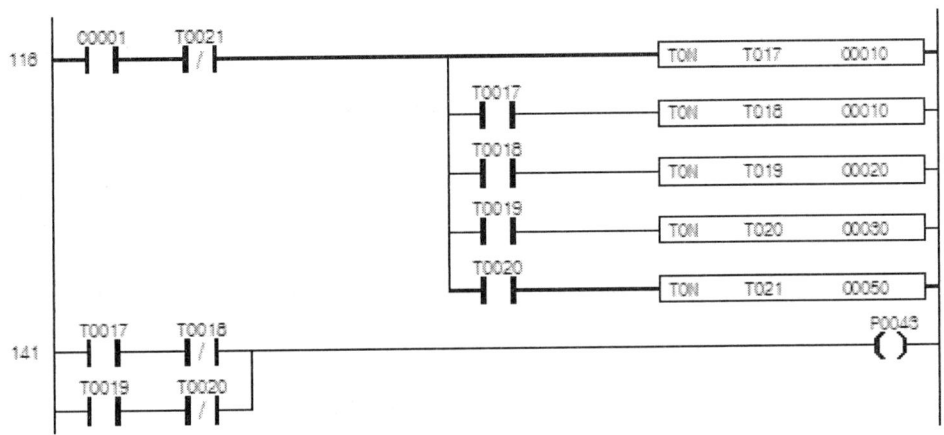

[그림 8-88] PL4(P0043) 동작회로 프로그램

(6) RY3(P0002) 동작에 의한 YL(P0044) 동작회로

① 타임차트

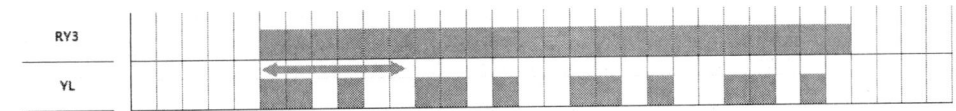

[그림 8-89] 타임차트

② 설명

타임 차트에서 보면 릴레이 RY3-a 접점에 의해 YL은 2초 점등, 1초 소등, 1초 점등, 2초 소등을 반복하다가 RY3-a 접점의 신호가 없어지면 정지한다. 따라서 프로그램은 카운터 RY3의 a-접점 신호를 받아 타이머 T22 ~ T25를 동작시킨다. RY3와 T22, T23와 T24의 신호를 AND-OR로 회로를 구성하면 하면 YL은 T22에 의해 2초 점등, T23에 의해 1초 소등, T24에 의해 1초 점등, T25에 의해 2초 소등을 반복한다.

③ RY3(P0002) 동작에 의한 YL(P0044) 동작회로 프로그램

[그림 8-90] YL(P0044) 동작회로 프로그램

> **Tip** 전기기능장 시험을 응시할 경우 문제의 요구사항을 소홀히 하여 불합격 하는 경우가 많다. 따라서 연습을 할 경우에도 요구사항을 반드시 숙지하는 연습이 필요하며 동작사항, 동작설명, 타임차트의 해석 등을 정확히 해야 한다. 통상 수험자들은 본인이 가지고 있는 습관이나 선입견을 버리지 못하고 시험에 응하여 결국은 불합격 하는 경우가 많음을 반드시 기억해야 한다.

(7) 실전 문제 54 완성 프로그램(1)

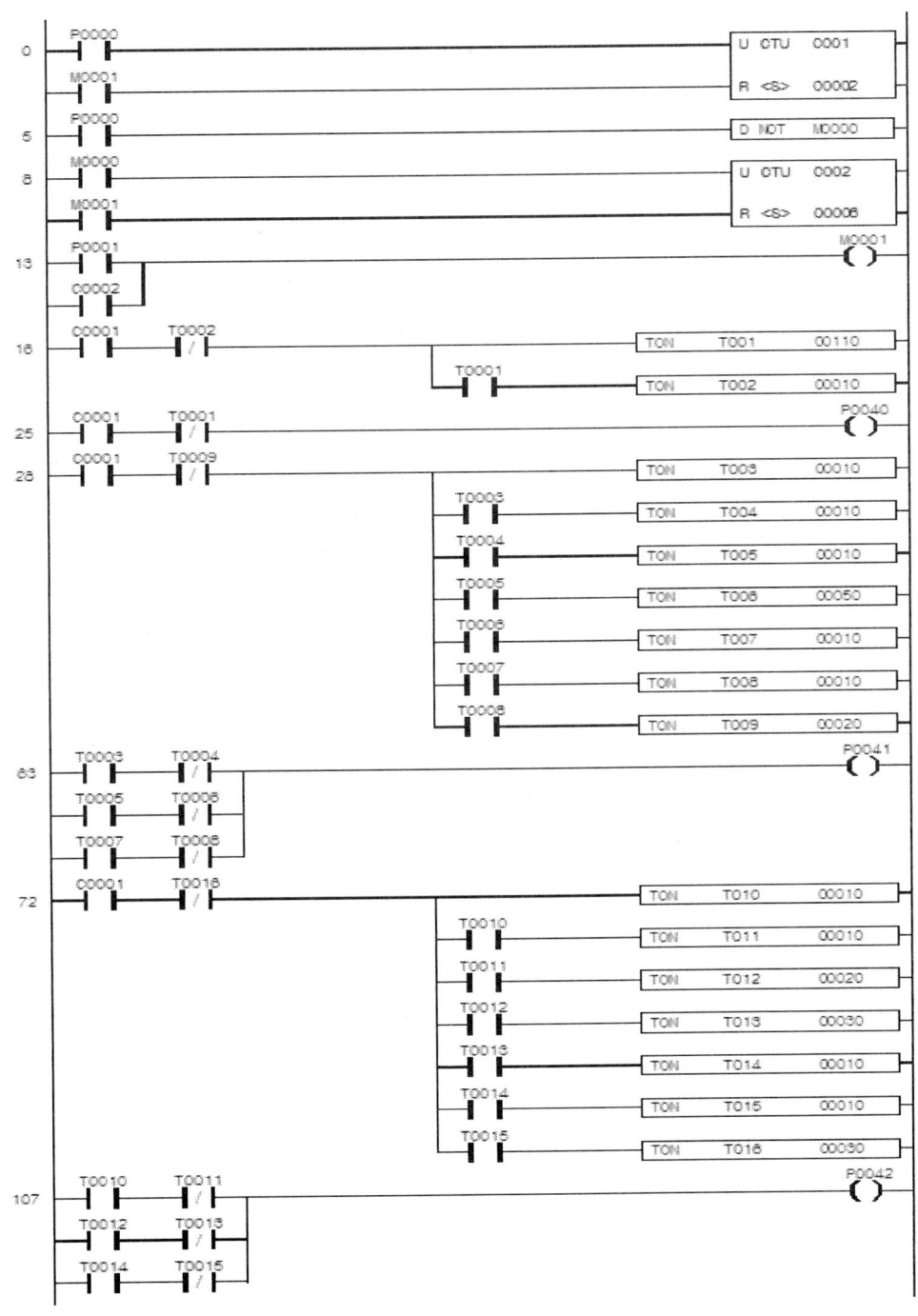

[그림 8-91] 실전 문제 54 완성 프로그램(1)

(8) 실전 문제 54 완성 프로그램(2)

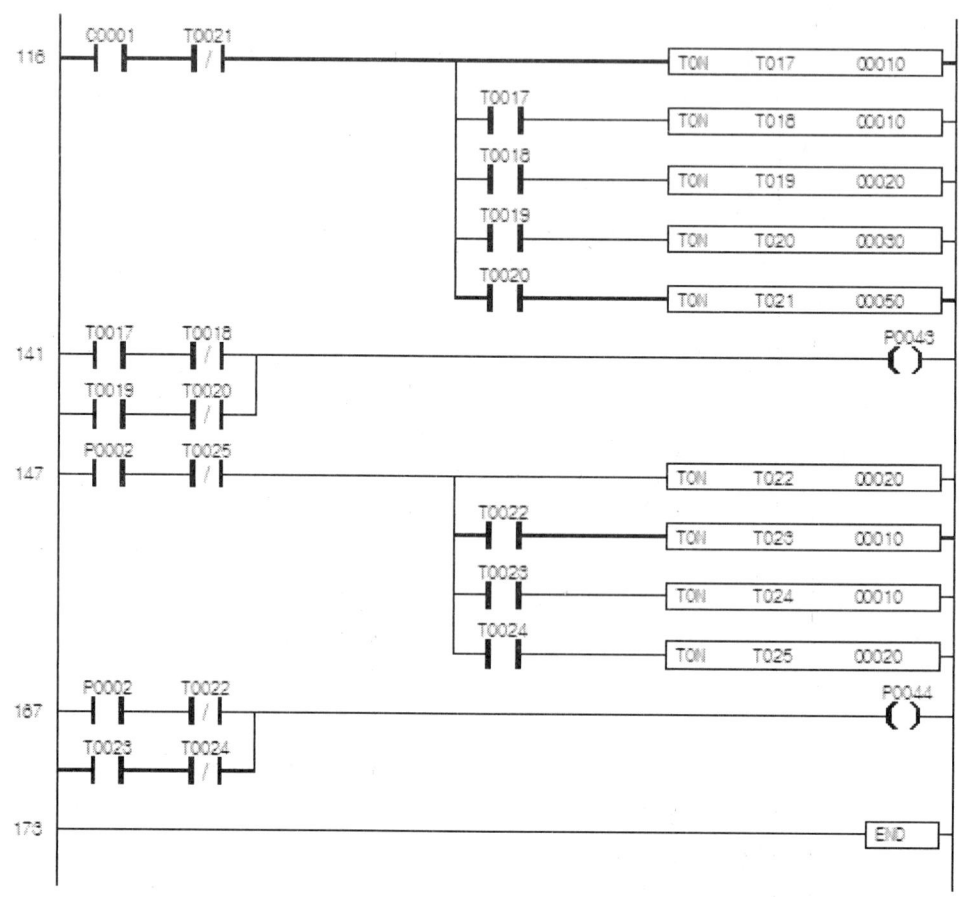

[그림 8-92] 실전 문제 54 완성 프로그램(2)

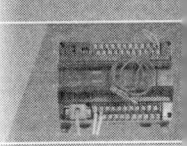

8.2.3 실전 문제 54   MELSEC PLC(기종 : FX₃ᵤ-32M)

1. PLC 문제

(1) 동작 설명

① PB3 스위치를 2번째 누르면 PL1 ~ PL4는 다음과 같은 동작을 반복한다. PL1은 11초 점등-1초 소등되고, PL2는 1초 소등-1초 점등-1초 소등-5초 점등-1초 소등-1초 점등-2초 소등된다.
PL3은 1초 소등-1초 점등-2초 소등-3초 점등-1초 소등-1초 점등-3초 소등되고, PL4는 PL2와 PL3가 동시에 점등될 때에만 동작한다.

② PB3 스위치를 6번 째 눌렀다 떼면 동작 중인 PL1 ~ PL4는 즉시 소등되며, PB3 스위치의 카운터 값은 복귀(RESET)된다.

③ PB4 스위치를 누르면 "②"항과 같은 동작을 한다.

④ YL 동작조건 : EOCR에 의해서 RY3이 여자 되면 YL은 2초 점등-1초 소등-1초 점등-2초 소등을 반복 동작하고, RY3이 소자되면 YL은 동작을 멈춘다.

(2) PLC 타임차트

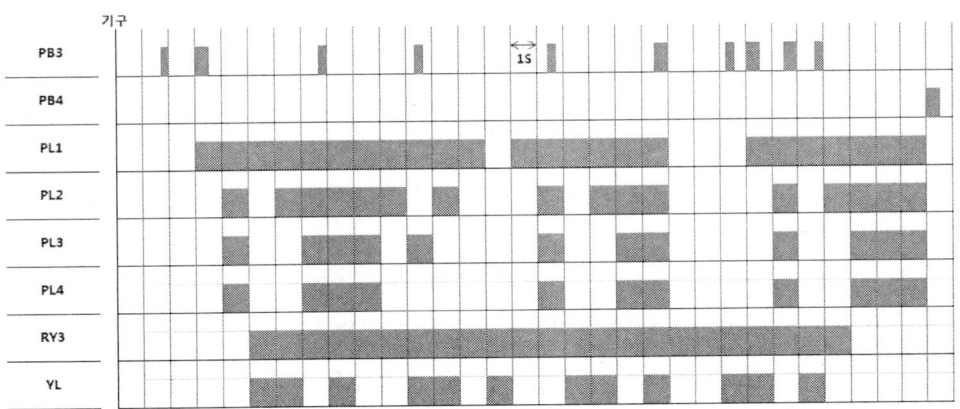

[그림 8-93] 타임차트

(3) PLC 입·출력도

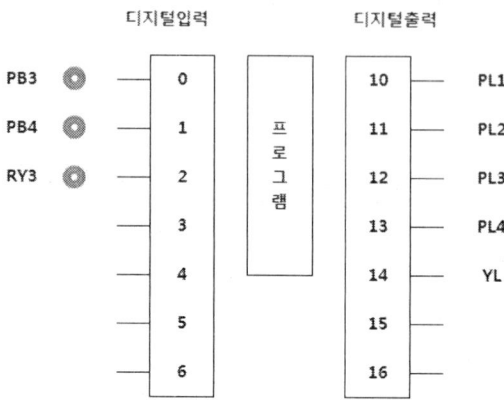

[그림 8-94] 입·출력도

2. PLC 프로그램 작성 해석

PLC 프로그램을 작성하기 위해서는 먼저 타임차트의 정확한 해석이 필요하다. 타임차트의 해석에 따라 프로그래밍 방법이 달라 문제에서 요구하는 동작이 되지 않을 수 있기 때문이다. 따라서 본 교재에서 제시하는 해석 또는 프로그램은 MELSEC PLC(기종 : FX3u-32M)프로그램에 의해 작성되었으며, 이 프로그래밍은 하나의 모범 답이라 할 수 있다. 왜냐하면 엔지니어의 능력에 따라 해석 방법이나 프로그램 작성 방법이 조금씩 다를 수 있기 때문이다.

아래 동작설명 해석과 타임차트에서 보면 PL1 ~ PL4는 PB3가 ON이 되는 횟수에 의해 동작한다.

PB3의 동작 조건을 보면 2번 동작시키면 PL1 ~ PL4가 타임차트에 따라 점등과 소등을 반복하고, 6번을 동작 시켰다 놓을 때 PL1 ~ PL4가 모두 소등되므로 다중 카운터를 사용하고 점등 시키는 카운터 입력에는 일반 a접점을, 소등 시키는 카운터 입력에는 반드시 음 변환 접점(⊣↓⊢)을 사용하여야 한다.

PB4의 동작 조건은 PB3 스위치를 6번 동작시키는 것과 같은 동작을 해야 함으로 카운터의 리셋(RESET)에 주의해야 한다.

(1) **동작 설명 해석**

① PB3은 타임차트를 보면 2회 동작시키면 PL1 ~ PL4까지 모두 반복 동작되므로 일반 a접점을 사용하여 카운터 C1을 동작시키고, 6회를 눌렀다 놓을 때 정지함으로 카운터 C2에는 반드시 음 변환 접점(⊣↓⊢)을 사용하여야 한다.

이 때 주의 할 점은 동작설명 ②항과 ③항에서 PB3 스위치 6회 또는 PB4 스위치를 동작시키면 동작하던 PL1 ~ PL4가 모두 정지해야 함으로 C2 출력 접점과 PB4를 병렬로 하여 내부릴레이 M0을 동작시켜 카운터 C1, C2를 모두 리셋 시키면 된다.

② PB3 스위치를 2번째 누르면 PL1 ~ PL4는 다음과 같은 동작을 반복한다.

PL1은 11초 점등−1초 소등되고, PL2는 1초 지연 후 1초 점등, 1초 소등, 5초 점등, 1초 소등, 1초 점등, 2초 소등된다.

PL3은 1초 지연 후 1초 점등, 2초 소등, 3초 점등, 1초 소등, 1초 점등, 3초 소등되고, PL4는 1초 지연 후 1초 점등, 2초 소등, 3초 점등, 5초 소등 된다.

③ PB3 스위치를 6번 째 눌렀다 떼면 동작 중인 PL1 ~ PL4는 즉시 소등되며, PB3 스위치의 카운터 값은 복귀(RESET)된다.

④ PB4 스위치를 누르면 PB3을 6번 눌렀다 놓을 때와 같은 동작을 해야 한다. 단 타임차트에서 보면 PB3 스위치의 6번 째 동작은 하강 신호, PB4 동작은 상승 신호임을 숙지하여야 한다.

⑤ YL 동작조건은 EOCR에 의해서 RY3이 여자 되면 YL은 2초 점등, 1초 소등, 1초 점등, 2초 소등을 반복 동작하고, RY3이 소자되면 YL은 동작을 멈춘다.

(2) 타임차트

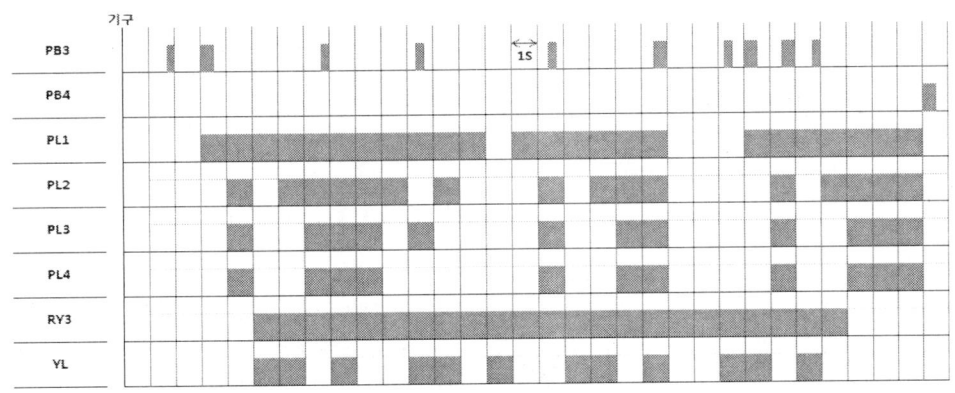

[그림 8-95] 타임차트

(3) PLC 메모리 할당

입·출력의 메모리 할당은 입력 PB3-X000, PB4-X001, RY3-X002번지로 출력은 PL1-Y000, PL2-Y001, PL3-Y002, PL4-Y003, YL-Y004으로 PLC의 입·출력 도의 순서대로 할당하여야 프로그램 작성 및 PLC 결선할 때 오류를 방지할 수 있다.

3. PLC 프로그램 작성

(1) PB3(X000), PB4(X001)에 의한 카운터 동작 회로

① 타임차트

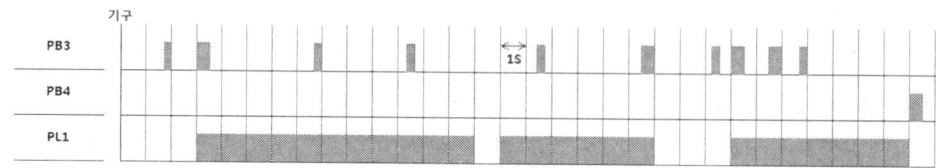

[그림 8-96] 타임차트

② 설명

PB3을 2회 누르면 PL1 ~ PL4가 반복 동작하고, 6회 눌렀다 놓을 때 PL1 ~ PL4가 소등된다. PB4가 동작되어도 PL1 ~ PL4가 소등되어야 한다. 또한 카운터 값을 RESET 시켜야 함으로 내부메모리 M0을 사용하여 카운터 C1, C2를 RESET 시킨다. 타임차트를 해석할 때는 반드시 반복동작을 고려해야 한다. 즉, PB4에 의해 카운터가 RESET되지 않으면 1회만 동작 될 수 있음으로 이를 간과해서는 안 된다.

③ PB3(X000), PB4(X001)에 의한 카운터 동작 회로 프로그램

[그림 8-97] 카운터 동작 회로 프로그램

(2) PB3(X000) 카운터 C1 동작에 의한 PL1(Y000) 동작회로

① 타임차트

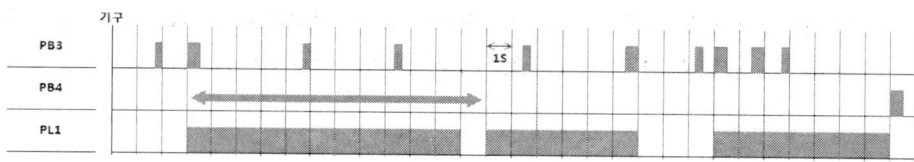

[그림 8-98] 타임차트

② 설명

타임 차트에서 보면 PB3을 두 번 동작시키면 PL1이 11초 점등, 1초 소등을 반복하다가 PB3을 6번 눌렀다 놓을 때 또는 PB4를 동작시킬 때 정지한다. 따라서 프로그램은 카운터 C1의 출력신호를 받아 타이머 T1, T2를 동작시키고, C1와 T1(b접점)의 신호를 AND로 연결하면 PL1은 11초 점등, 1초 소등을 하게 된다.

③ PB3(X000) 카운터 C1 동작에 의한 PL1(Y000) 동작회로 프로그램

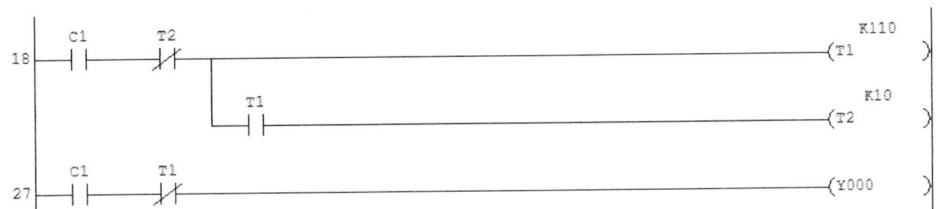

[그림 8-99] PL1(Y000) 동작회로 프로그램

(3) PB3(X000) 카운터 C1 동작에 의한 PL2(Y001) 동작회로

① 타임차트

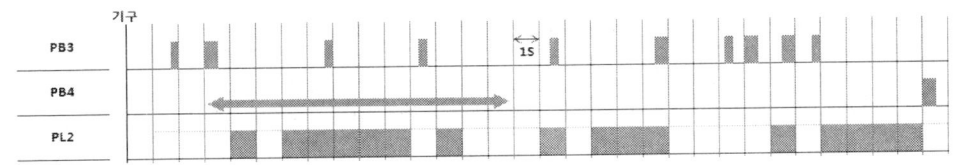

[그림 8-100] 타임차트

② 설명

타임 차트에서 보면 PB3을 두 번 동작시키면 PL2는 1초 지연 후 1초 점등, 1초 소등, 5초 점등, 1초 소등, 1초 점등, 2초 소등을 반복하다가 PB3을 6번 눌렀다 놓을 때 또는 PB4를 동작시킬 때 정지한다. 따라서 프로그램은 카운터 C1의 출력신호 C1을 받아 타이머 T3 ~ T9를 동작시키고, T9에 의해 반복 동작을 하게하고, T3와 T4, T5와 T6, T7와 T8의 신호를 AND-OR로 회로를 구성하면 하면 PL2는 T3에 의해 1초 소등, T4에 의해 1초 점등, T5에 의해 1초 소등, T6에 의해 5초 점등, T7에 의해 1초 소등, T8에 의해 1초 점등, T9에 의해 2초 소등을 반복한다.

③ PB3(X000) 카운터 C1 동작에 의한 PL2(Y001) 동작회로 프로그램

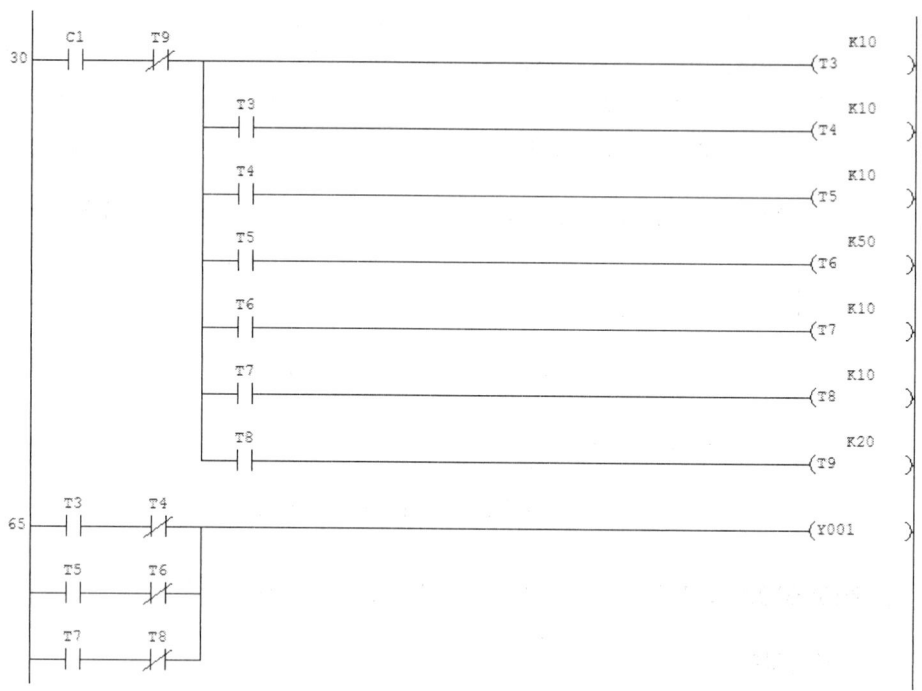

[그림 8-101] PL2(Y001) 동작회로 프로그램

(4) PB3(X000) 카운터 C1 동작에 의한 PL3(Y002) 동작회로

① 타임차트

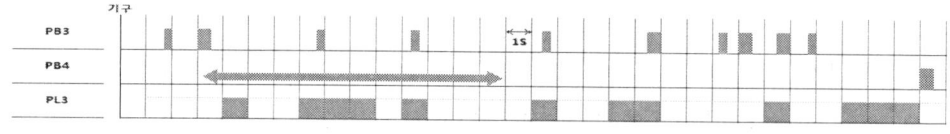

[그림 8-102] 타임차트

② 설명

프로그램은 카운터 C1의 출력신호를 받아 타이머 T10 ~ T16을 동작시키고, T16에 의해 반복 동작을 하게하고, T10와 T11, T12와 T13, T14와 T15의 신호를 AND-OR로 회로를 구성하면 하면 PL3는 T10에 의해 1초 소등, T11에 의해 1초 점등, T12에 의해 2초 소등, T13에 의해 3초 점등, T14에 의해 1초 소등, T15에 의해 1초 점등, T16에 의해 3초 소등을 반복한다.

③ PB3(X000) 카운터 C1 동작에 의한 PL3(Y002) 동작회로 프로그램

```
        C1    T16                                              K10
74  ────┤├────┤/├─┬─────────────────────────────────────────(T10 )
                  │  T10                                       K10
                  ├──┤├──────────────────────────────────────(T11 )
                  │  T11                                       K20
                  ├──┤├──────────────────────────────────────(T12 )
                  │  T12                                       K30
                  ├──┤├──────────────────────────────────────(T13 )
                  │  T13                                       K10
                  ├──┤├──────────────────────────────────────(T14 )
                  │  T14                                       K10
                  ├──┤├──────────────────────────────────────(T15 )
                  │  T15                                       K30
                  └──┤├──────────────────────────────────────(T16 )

         T10   T11
109 ──┬──┤├────┤/├────────────────────────────────────────(Y002 )
      │  T12   T13
      ├──┤├────┤/├──┤
      │  T14   T15
      └──┤├────┤/├──┤
```

[그림 8-103] PL3(Y002) 동작회로 프로그램

(5) PB3(X000) 카운터 C1 동작에 의한 PL4(Y003) 동작회로

① 타임차트

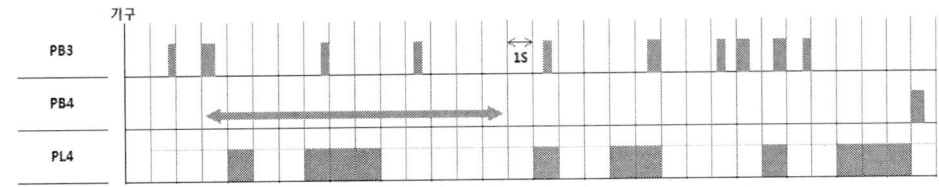

[그림 8-104] 타임차트

② 설명

타임 차트에서 보면 PB3을 두 번 동작시키면 PL4는 1초 지연후 1초 점등, 2초 소등, 3초 점등, 5초 소등을 반복하다가 PB3을 6번 눌렀다 놓을 때 또는 PB4를 동작시킬 때 정지한다. 따라서 프로그램은 카운터 C1의 출력신호를 받아 타이머 T17 ~ T21을 동작시키고, T21에 의해 반복 동작을 하게하고, T17와 T18, T19와

T20의 신호를 AND-OR로 회로를 구성하면 하면 PL4는 T17에 의해 1초 소등, T18에 의해 1초 점등, T19에 의해 2초 소등, T20에 의해 3초 점등, T21에 의해 5초 소등을 반복한다.

③ PB3(X000) 카운터 C1 동작에 의한 PL4(Y003) 동작회로 프로그램

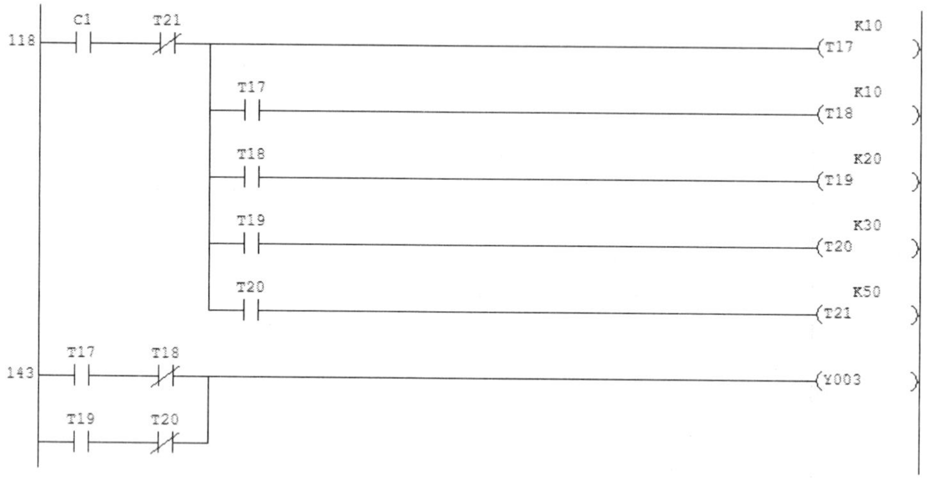

[그림 8-105] PL4(Y003) 동작회로 프로그램

(6) RY3(X002) 동작에 의한 YL(Y004) 동작회로

① 타임차트

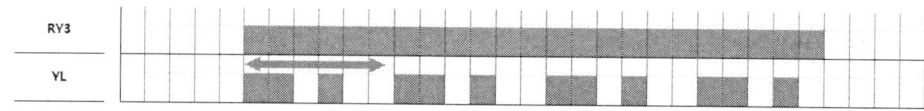

[그림 8-106] 타임차트

② 설명

타임 차트에서 보면 릴레이 RY3-a 접점에 의해 YL은 2초 점등, 1초 소등, 1초 점등, 2초 소등을 반복하다가 RY3-a 접점의 신호가 없어지면 정지한다. 따라서 프로그램은 카운터 RY3의 a-접점 신호를 받아 타이머 T22 ~ T25를 동작시킨다. RY3와 T22, T23와 T24의 신호를 AND-OR로 회로를 구성하면 하면 YL은 T22에 의해 2초 점등, T23에 의해 1초 소등, T24에 의해 1초 점등, T25에 의해 2초 소등을 반복한다.

③ RY3(X002) 동작에 의한 YL(Y004) 동작회로 프로그램

```
          X002      T25                                          K20
149       ─┤├─     ─┤/├─┬──────────────────────────────────────(T22)─
                        │ T22                                    K10
                        ├─┤├──────────────────────────────────(T23)─
                        │ T23                                    K10
                        ├─┤├──────────────────────────────────(T24)─
                        │ T24                                    K20
                        └─┤├──────────────────────────────────(T25)─

          X002     T22
169       ─┤├─┬──┤/├─┬────────────────────────────────────────(Y004)─
              │ T23  T24
              └─┤├──┤├─┘

175                                                           [END]
```

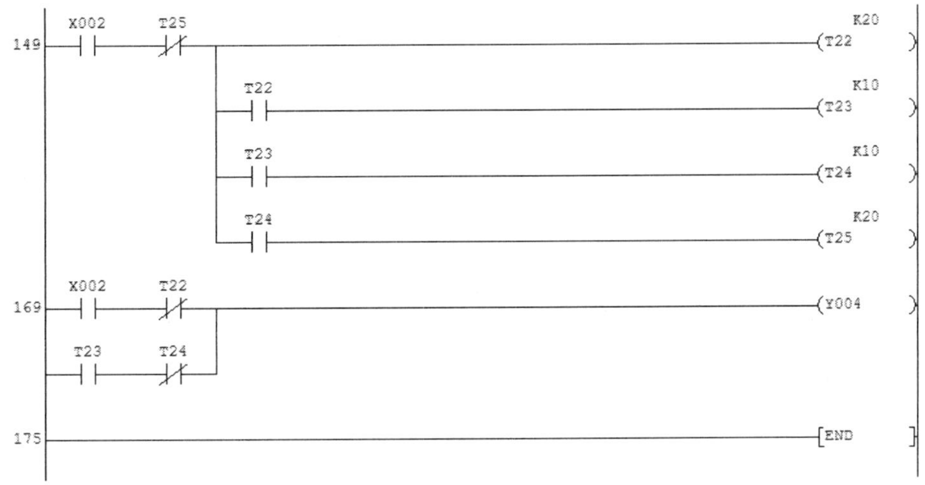

[그림 8-107] YL(Y004) 동작회로 프로그램

> **Tip** 전기기능장 시험을 응시할 경우 문제의 요구사항을 소홀히 하여 불합격 하는 경우가 많다. 따라서 연습을 할 경우에도 요구사항을 반드시 숙지하는 연습이 필요하며 동작사항, 동작 설명, 타임차트의 해석 등을 정확히 해야 한다. 통상 수험자들은 본인이 가지고 있는 습관이나 선입견을 버리지 못하고 시험에 응하여 결국은 불합격 하는 경우가 많음을 반드시 기억해야 한다.

(7) 실전 문제 54 완성 프로그램(1)

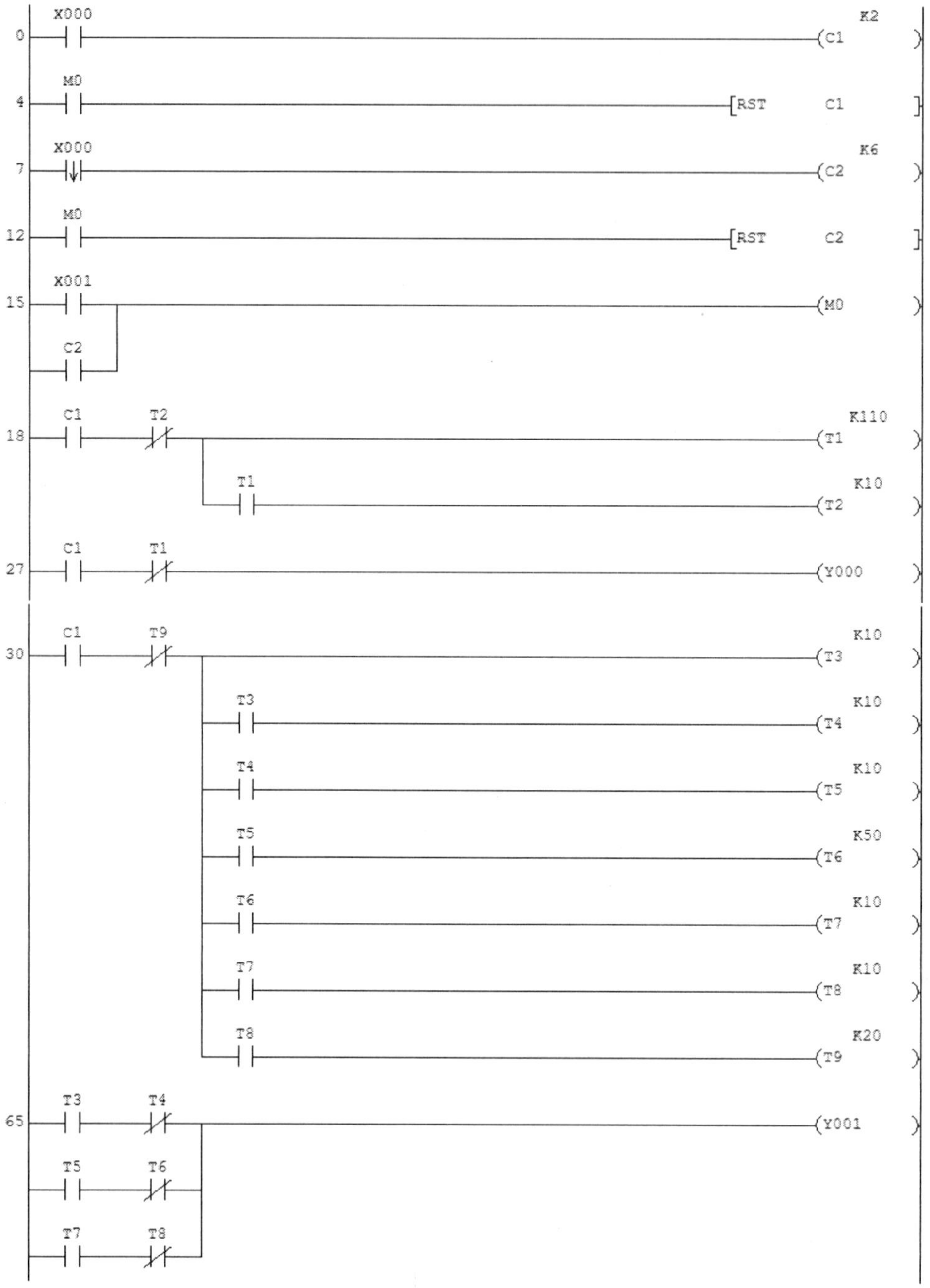

[그림 8-108] 실전 문제 54 완성 프로그램(1)

(8) 실전 문제 54 완성 프로그램(2)

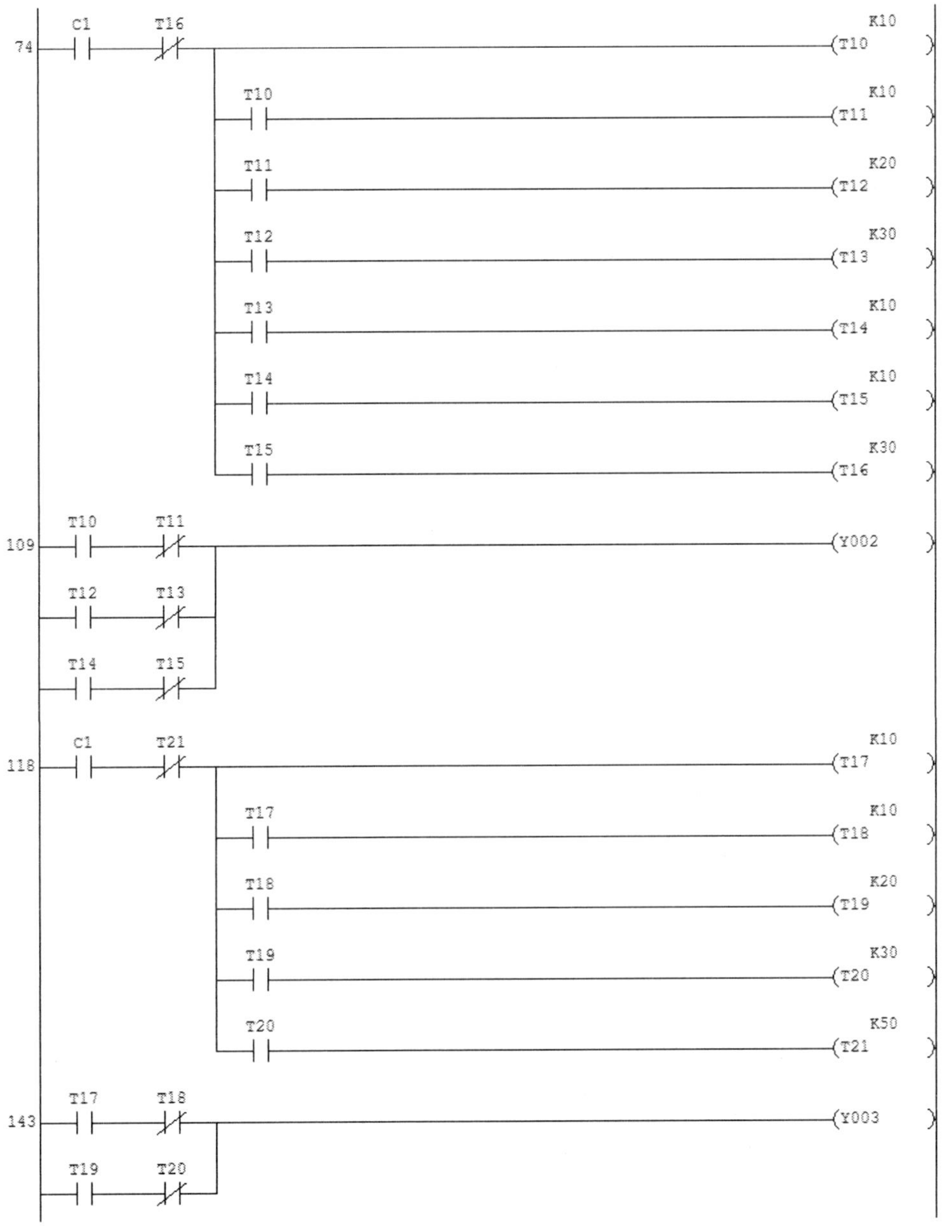

```
     C1    T16                                    K10
74 ──┤├───┤/├──────────────────────────────────(T10)──
           │   T10                                K10
           ├──┤├──────────────────────────────(T11)──
           │   T11                                K20
           ├──┤├──────────────────────────────(T12)──
           │   T12                                K30
           ├──┤├──────────────────────────────(T13)──
           │   T13                                K10
           ├──┤├──────────────────────────────(T14)──
           │   T14                                K10
           ├──┤├──────────────────────────────(T15)──
           │   T15                                K30
           └──┤├──────────────────────────────(T16)──

      T10   T11
109 ──┤├───┤/├─────────────────────────────────(Y002)──
      │ T12   T13
      ├─┤├───┤/├──
      │ T14   T15
      └─┤├───┤/├──

      C1    T21                                   K10
118 ──┤├───┤/├──────────────────────────────────(T17)──
           │   T17                                K10
           ├──┤├──────────────────────────────(T18)──
           │   T18                                K20
           ├──┤├──────────────────────────────(T19)──
           │   T19                                K30
           ├──┤├──────────────────────────────(T20)──
           │   T20                                K50
           └──┤├──────────────────────────────(T21)──

      T17   T18
143 ──┤├───┤/├─────────────────────────────────(Y003)──
      │ T19   T20
      └─┤├───┤/├──
```

[그림 8-109] 실전 문제 54 완성 프로그램(2)

(9) 실전 문제 54 완성 프로그램(3)

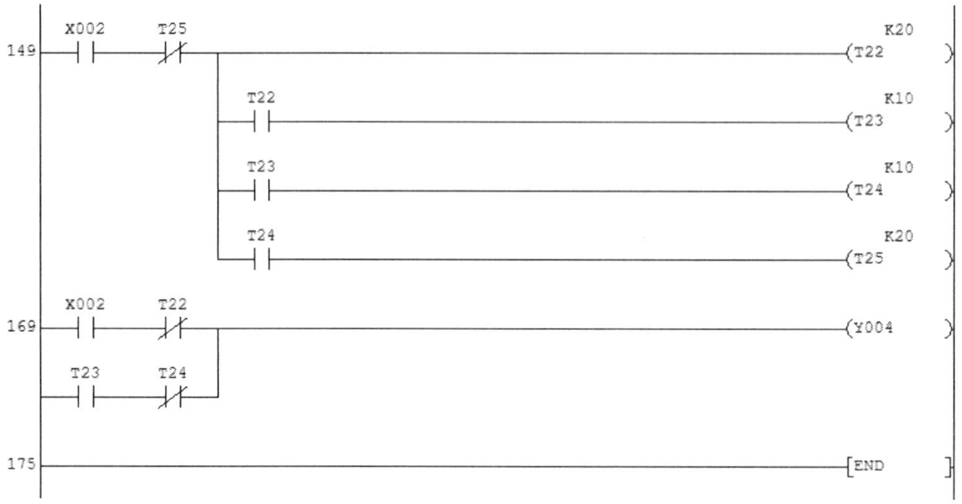

```
        X002    T25                                              K20
149 ─────┤├─────┤/├─────┬──────────────────────────────────────(T22)─
                        │   T22                                  K10
                        ├───┤├─────────────────────────────────(T23)─
                        │   T23                                  K10
                        ├───┤├─────────────────────────────────(T24)─
                        │   T24                                  K20
                        └───┤├─────────────────────────────────(T25)─

        X002    T22
169 ─────┤├─────┤/├────┬──────────────────────────────────────(Y004)─
         T23    T24    │
         ┤├─────┤/├────┘

175 ──────────────────────────────────────────────────────────[END]─
```

[그림 8-110] 실전 문제 54 완성 프로그램(3)

8.2.4 실전 문제 54 도면

1. 전기공사 문제

(1) 배치도

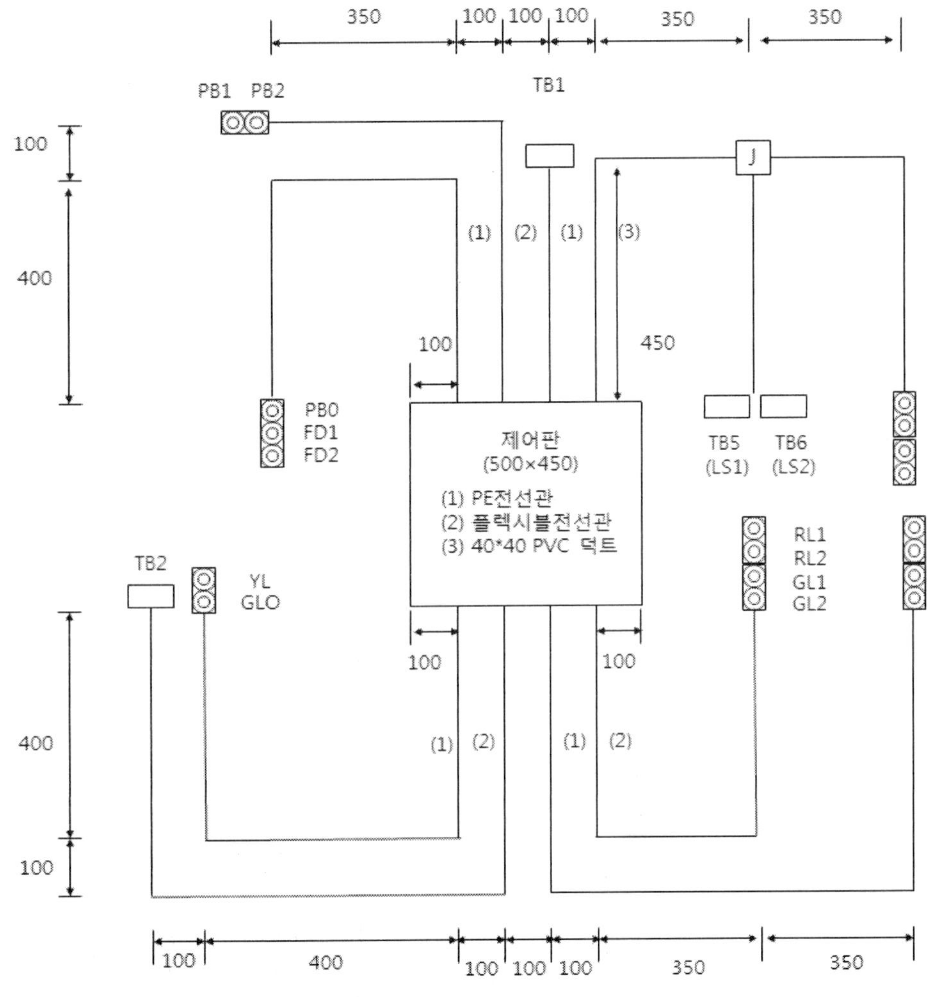

[그림 8-111] 배치도

(2) 회로도

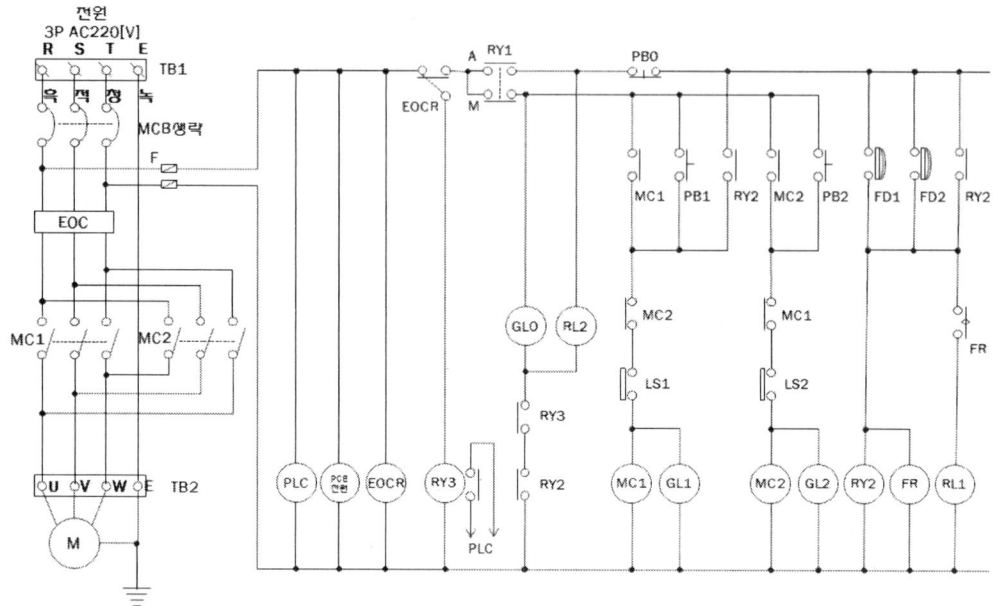

[그림 8-112] 회로도

(3) 전자 회로도

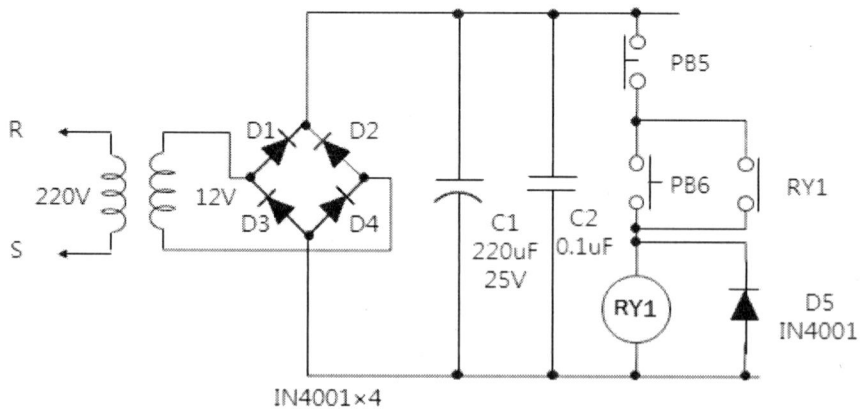

[그림 8-113] 전자 회로도

8.3 실전 문제 55

8.3.1 실전 문제 55 GLOFA PLC(기종 : G7M-DR30A)

1. 회로 동작 설명

(1) 일반 동작(RY2 소자)

① 전원을 투입하면 PLC와 EOCR1, EOCR2에 전원이 들어온다. 급수모터나 배수모터가 정지 시에는 GL램프가 점등되고, 가동 시에는 GL램프가 소등된다.

② PB5를 누르면 RY1이 여자되어 자동모드로 전환되고, 이 상태에서 PB6을 누르면 RY1이 소자되어 수동모드로 전환된다.

(2) 수동 동작

① PB1을 누르면 타이머 설정시간 동안만 MC1 여자, RL1 점등, PB2를 누르면 MC1 소자, RL1이 소등된다.

② PB3을 누르면 타이머 설정시간 동안만 MC2 여자, RL2 점등, PB4를 누르면 MC2 소자, RL2가 소등된다.

③ 전동기 운전 중 EOCR1, EOCR2가 작동되면 YL1, YL2가 2초 점등, 2초 소등을 플리커로 동작을 반복하며 전동기 및 위의 모든 동작이 정지한다.

(3) 자동 동작(RY1 여자)

① 급수시작으로 MC1 여자, RL1이 점등, 급수탱크에 급수가 완료되어 플로트리스 스위치(FLS 1)의 센서가 작동하면 MC1 소자, RL1 소등된다.

② 배수 탱크에 물이차서 배수용 플로트리스 스위치(FLS 2)의 센서가 작동하면 MC2 여자, RL2 점등되고 배수가 완료되면 MC2 소자, RL2가 소등된다.

③ 전동기 운전 중 EOCR1, EOCR2가 작동되면 YL1, YL2가 2초 점등, 2초 소등을 플리커로 동작을 반복하며 전동기 및 위의 모든 동작이 정지한다.

2. PLC 프로그램 작성 해석

(1) PLC 프로그램 작성 요구사항

① 시퀀스도와 요구사항의 동작 설명을 참조하여 PLC프로그램 하시오.

② PLC의 입력(8점)부 및 출력(6점)부 단자의 결선을 PLC 입·출력도와 같은 순으로 접속하여 급배수 회로를 완성하시오.

③ 지급재료 이외의 부품(플리커, 타이머, 보조릴레이 등)은 PLC내부 데이터를 이용하

여 프로그램 하시오.

④ 전원선 및 공통선(COM)은 지참한 PLC 기종에 알맞게 결선하시오.

(2) PLC 입·출력도

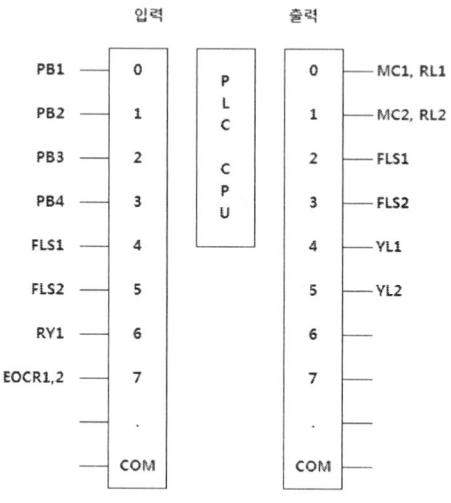

[그림 8-114] PLC 입·출력도

(3) 시퀀스 회로도

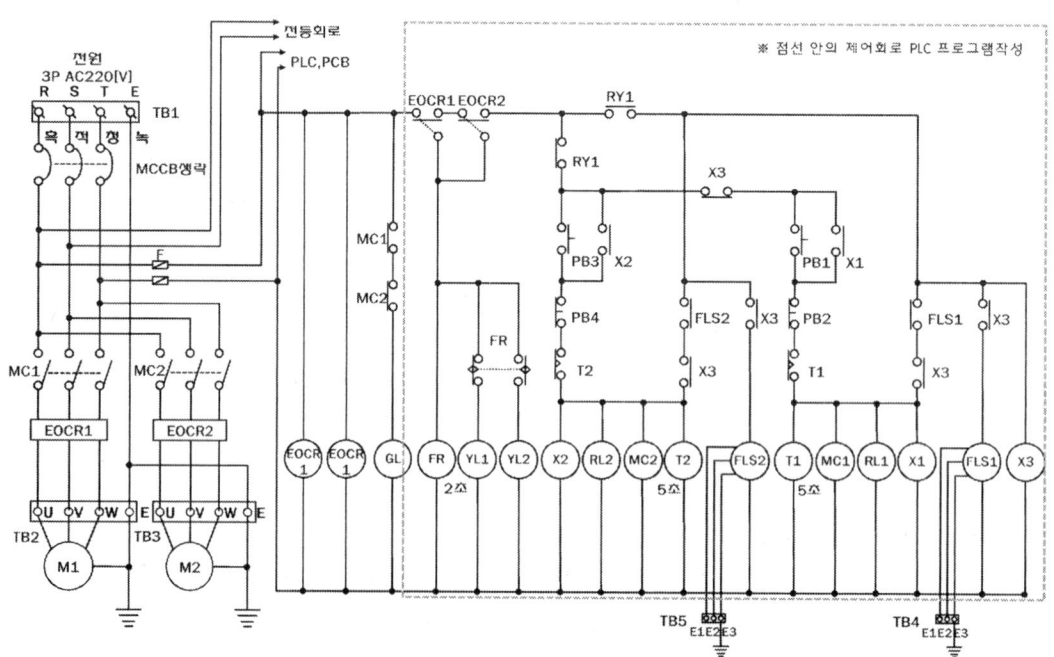

[그림 8-115] 시퀀스 회로도

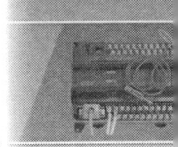

3. 시퀀스 회로도 해석

(1) 시퀀스 회로도를 PLC프로그램으로 작성 시 주의사항

① 시퀀스 회로도를 PLC로 작성할 때는 입력과 출력점을 확인한다.

② 시퀀스 회로도 상에 있는 각 소자의 a접점과 b접점을 그대로 사용한다. 특히 각 소자의 접점이 중복사용 되어도 시퀀스 회로와 같이 그대로 프로그램을 작성하여야 오류를 줄일 수 있다.

③ PLC의 입·출력도에 없는 릴레이 등은 PLC프로그램에서 내부릴레이를 사용하고 플리커 릴레이의 경우는 타이머를 가지고 플리커 회로를 만들어 사용한다.

④ 대부분의 PLC 입력에는 DC24V를 사용하고, 출력에는 DC24V와 AC220V를 혼용해서 사용할 수 있다.

(2) PLC 메모리 할당

입·출력의 메모리 할당은 PLC 입·출력도를 참조하여 다음과 같이 할당한다.

① 입력은 PB1-%IX0.0.0, PB2-%IX0.0.1, PB3-%IX0.0.2, PB4-%IX0.0.3, FLS1-%IX0.0.4, FLS2-%IX0.0.5, RY1-%IX0.0.6, EOCR1, 2-%IX0.0.7로 할당한다.

② 출력은 MC1, RL1-%QX0.0.0, MC2, RL2-%QX0.0.1, FLS1-%QX0.0.2, FLS2-%QX0.0.3, YL1-%QX0.0.4, YL2-%QX0.0.5로 할당한다.

PLC 프로그램을 작성하기 전에 데이터 창에서 먼저 변수 명을 입력하고 프로그램을 작성하면 쉽다. 작성하는 방법은 데이터 창에 마우스 포인트를 두고 오른쪽 마우스 클릭하고 변수 명, 메모리 할당을 순서대로 입력하면 된다.

PLC의 입·출력도의 순서대로 할당하여야 프로그램 작성 및 PLC 결선 오류를 방지할 수 있다. 내부릴레이(M), 타이머(T), 카운터(C) 등은 자동으로 할당한다.

	변수 명	데이터 타입	메모리 할당	초기 값	변수 종류	사용 여부	설명문
1	PB1	BOOL	%IX0.0.0		VAR	*	
2	PB2	BOOL	%IX0.0.1		VAR	*	
3	PB3	BOOL	%IX0.0.2		VAR	*	
4	PB4	BOOL	%IX0.0.3		VAR	*	
5	FLS1	BOOL	%IX0.0.4		VAR	*	
6	FLS2	BOOL	%IX0.0.5		VAR	*	
7	RY1	BOOL	%IX0.0.6		VAR	*	
8	EOCR12	BOOL	%IX0.0.7		VAR		
9	MC1RL1	BOOL	%QX0.0.0		VAR		
10	MC2RL2	BOOL	%QX0.0.1		VAR		
11	FLS1_1	BOOL	%QX0.0.2		VAR	*	
12	FLS2_2	BOOL	%QX0.0.3		VAR	*	
13	YL1	BOOL	%QX0.0.4		VAR	*	
14	YL2	BOOL	%QX0.0.5		VAR	*	
15	T1	FB Instanc	<자동>		VAR	*	
16	T10	FB Instanc	<자동>		VAR		
17	T11	FB Instanc	<자동>		VAR		
18	T2	FB Instanc	<자동>		VAR	*	
19	X1	BOOL	<자동>		VAR		
20	X2	BOOL	<자동>		VAR		
21	X3	BOOL	<자동>		VAR	*	

[그림 8-116] 메모리 할당

4. 프로그램 작성

(1) EOCR1, 2(%IX0.0.7)에 의한 YL1(%QX0.0.4), YL2(%QX0.0.5) 동작회로

① 시퀀스 회로도

EOCR1, 2에 의해 동작되는 경보표시 회로로 시퀀스 상에는 EOCR1, EOCR2 직렬로 연결되어 있지만 PLC 입·출력도에 의하면 EOCR1, 2(%IX0.0.7)로 메모리 어드레스가 할당되어 있으므로 a접점 하나로 EOCR1, 2를 프로그램하면 된다.

또한 플리커릴레이(FR)는 PLC 프로그램에서 표현할 수 없다. 따라서 PLC의 변수 창에서 플래그 접점을 활용하거나, 타이머로 플리커 회로를 만들어 사용해야 한다.

플래그 접점을 사용할 때 주의할 점은 1초 플래그 접점을 사용하면 주기가 1초라는 의미이다. 타이머로 플리커를 만들어 사용할 때는 주기가 아니고 펄스 타임이다. 여기서는 타이머로 플리커 릴레이(FR)를 프로그램 하는 방법을 제시한다. 타이머의 번호는 제어회로의 타이머와 구분하기 위하여 T10, T11로 하였다.

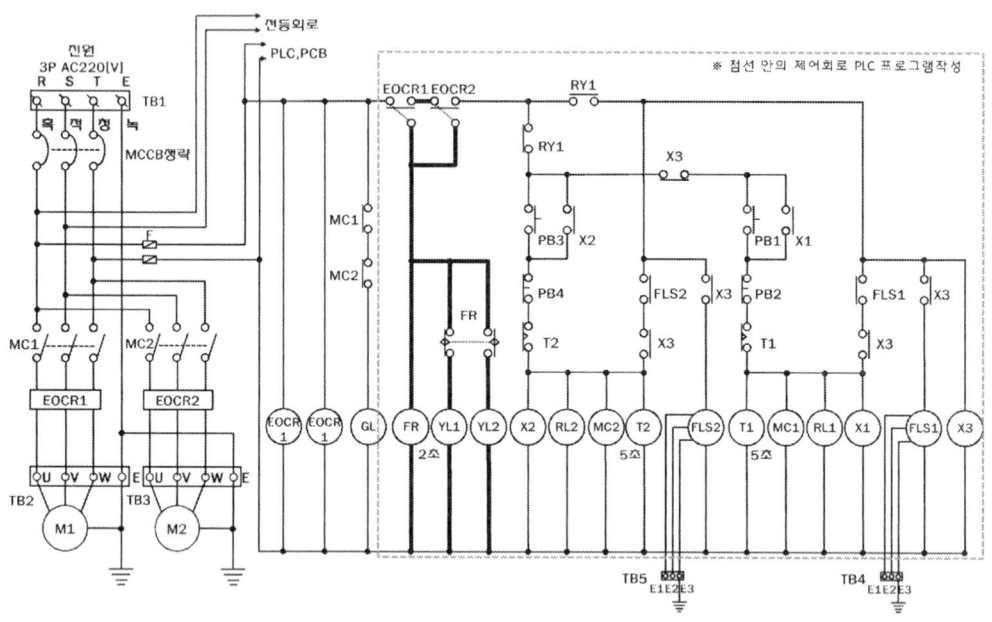

[그림 8-117] 시퀀스 회로도

② 프로그램

프로그램을 작성할 때는 병렬방식 보다는 주로 직렬방식을 많이 사용하여 프로그램하면 에러를 찾아내기가 쉽다. 시퀀스도의 굵은 선으로 표시된 부분만 프로그래밍 한다.

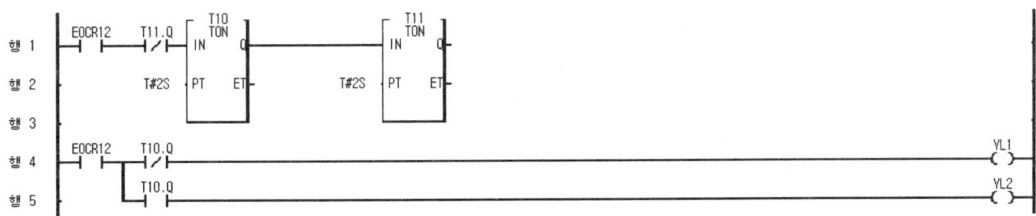

[그림 8-118] EOCR1, 2(%IX0.0.7)에 의한 YL1(%QX0.0.4), YL2(%QX0.0.5) 동작회로

(2) PB3(%IX0.0.2), PB4(%IX0.0.3)에 의한 MC2, RL2(%QX0.0.1), FLS2(%QX0.0.3) 동작회로

① 시퀀스 회로도

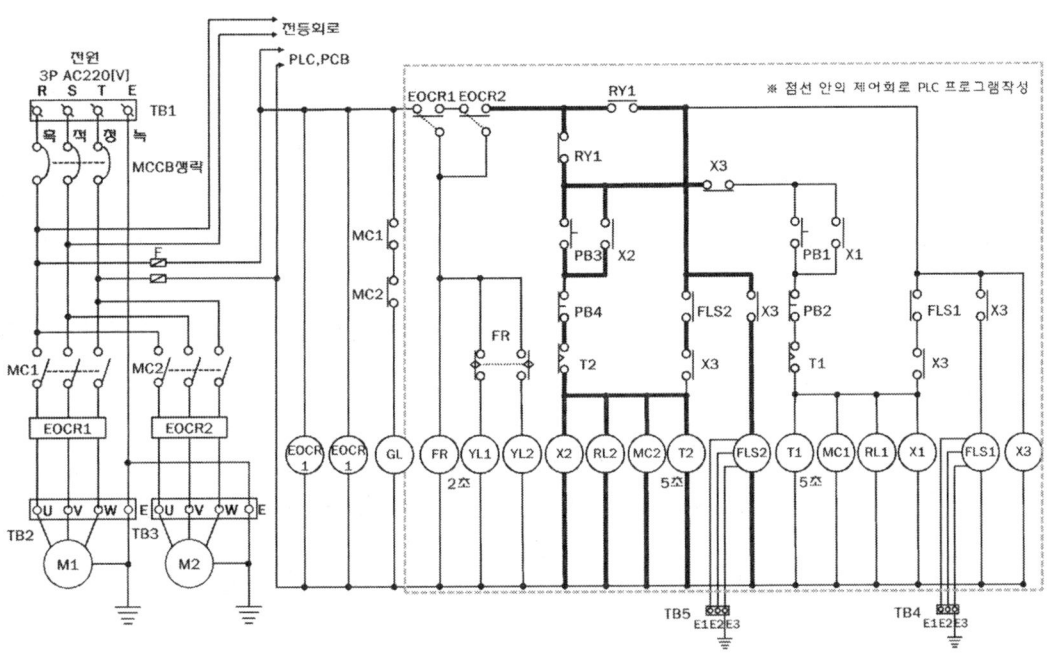

[그림 8-119] 시퀀스 회로도

굵은 선으로 표시된 회로의 프로그램은 EOCR-b 접점에 의해서 시작을 해야 한다. 특히 프로그램 작성 시 각 접점들의 a, b접점을 분명히 판단하여 시퀀스 도면과 같이 a, b접점을 사용하여 프로그램을 하여야 하며 시퀀도을 판단할 때는 상에서 하로, 좌에서 우로 해석하면 혼동이 되지 않는다.

시퀀스 회로 상에 있는 X2는 PLC 입·출력도에 어드레스가 할당되지 않았으므로 내부릴레이(자동할당)를 사용하면 된다.

특히 타이머 T2를 프로그래밍할 때는 직·병렬처리를 많이 하면 연산에러가 발생할 수 있으므로 X2 신호를 받아 동작하게 하였다.

PLC프로그램에서는 입력신호 접점은 중복사용이 가능하고 출력(코일) 접점은 중복사용이 불가능하다. 또한 입력과 출력을 같은 변수명으로 사용할 수 없다. FLS2의 경우 입력은 FLS2로, 출력은 FLS2_2로 프로그래밍 하였다.

② 프로그램

프로그램 작성할 때는 병렬방식 보다는 주로 직렬방식을 많이 사용하여 프로그램하면 에러를 찾아내기가 쉽다. 시퀀스도의 굵은 선으로 표시된 부분만 프로그래밍 한다.

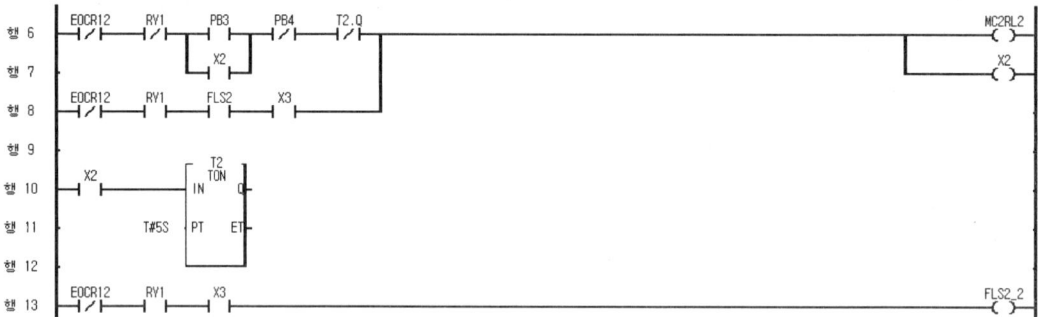

[그림 8-120] PB3(%IX0.0.2), PB4(%IX0.0.3)에 의한 MC2, RL2(%QX0.0.1), FLS2(%QX0.0.3) 동작회로

(3) PB1(%IX0.0.0), PB2(%IX0.0.1)에 의한 MC1, RL1(%QX0.0.0), FLS1(%QX0.0.2) 동작회로

① 시퀀스 회로도

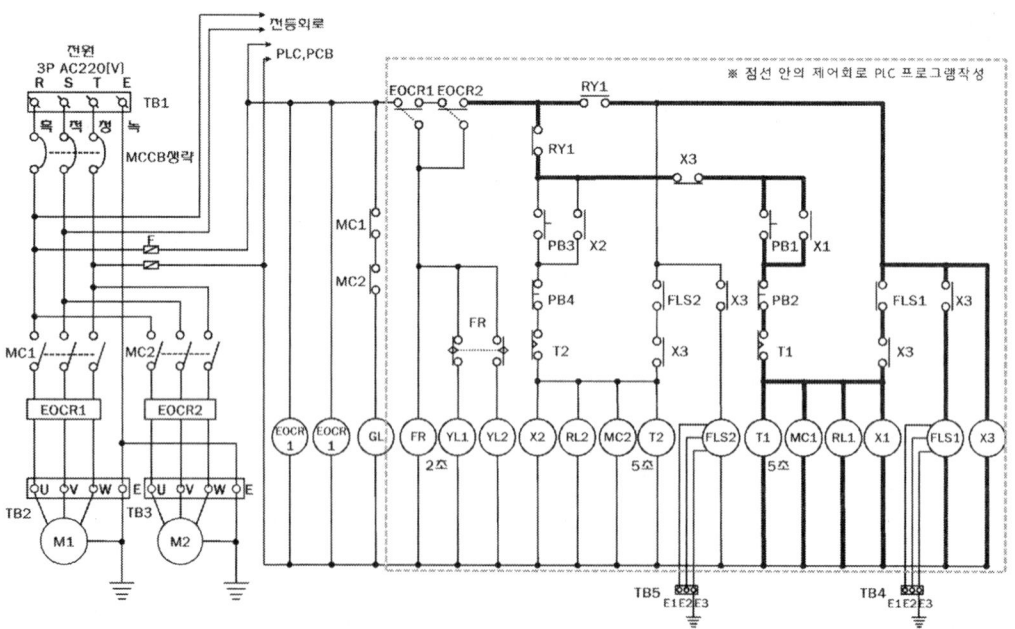

[그림 8-121] 시퀀스 회로도

시퀀스 회로 상에 있는 X1은 PLC입·출력도에 어드레스가 할당되지 않았으므로 내부릴레이(자동할당)를 사용하면 된다.

특히 타이머 T1을 프로그램할 때는 직·병렬처리를 많이 하면 연산에러가 발생할 수 있으므로 X1 신호를 받아 동작하게 하였다.

PLC프로그램에서는 입력신호 접점은 중복사용이 가능하고 출력(코일) 접점은 중복사용이 불가능하다. 또한 입력과 출력을 같은 변수명으로 사용할 수 없다. FLS1의 경우 입력은 FLS1로, 출력은 FLS1_1로 프로그래밍 하였다.

② 프로그램

프로그램을 작성할 때는 병렬방식 보다는 주로 직렬방식을 많이 사용하여 프로그램하면 에러를 찾아내기가 쉽다. 시퀀스도의 굵은 선으로 표시된 부분만 프로그래밍 한다.

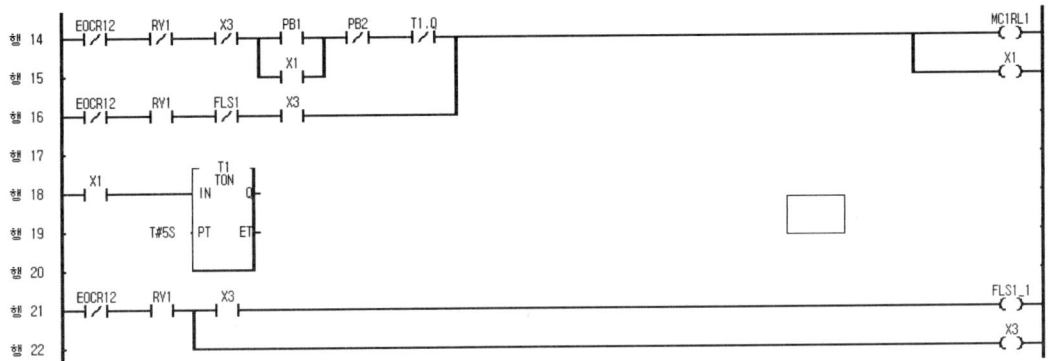

[그림 8-122] PB3(%IX0.0.2), PB4(%IX0.0.3)에 의한 MC2, RL2(%QX0.0.1), FLS2(%QX0.0.3) 동작회로

5. 전체 시퀀스 회로와 프로그램

(1) 시퀀스 회로

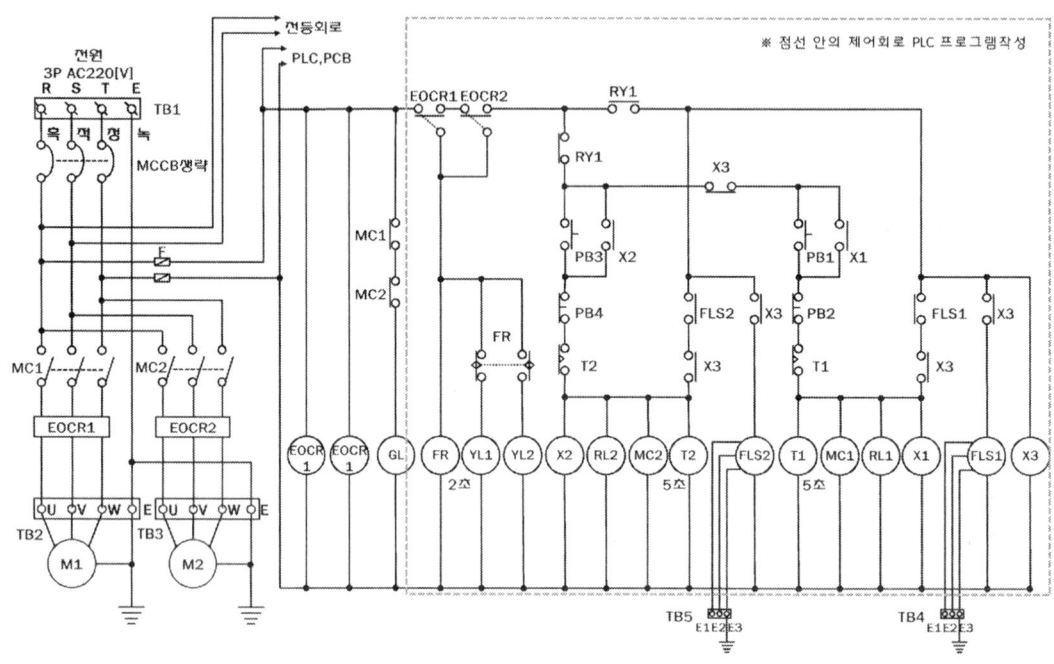

[그림 8-123] 시퀀스 회로도

8.3 실전 문제 55

(2) 실전문제 55 완성 프로그램

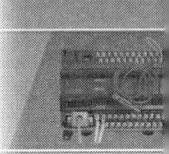

[그림 8-124] 실전문제 55 완성 프로그램

6. 전기공사

(1) 전기공사 시 주의사항

① PLC 입·출력도에 해당하는 기기의 베이스 번호를 기입한다.

② 제어판 내의 단자대 설계를 한다.

③ PLC 입력 결선이 공통부분을 정확히 판단해야 하며, 모든 기기(스위치, 릴레이 등이 a, b접점)의 접점은 a접점을 사용하여야 한다.

④ 대부분의 PLC 입력에는 DC24V를 사용하고, 출력에는 DC24V와 AC220V를 혼용해서 사용할 수 있다.

⑤ PLC 입력측에는 DC24V이므로 AC220V를 연결하면 PLC가 소손되므로 각별히 주의해야 한다.

(2) PLC 입력측 결선 방법

시퀀스 회로를 PLC 프로그램으로 작성할 때는 시퀀스 회로도에 표시된 기호(a접점, b접점)를 그대로 사용하여 프로그래밍 한다.

실제 PLC 배선 시는 아래를 참조하여 배선하되 기호로 표시된 것과 같이 모두 a접점을 사용한다. 즉 PB1, PB2, PB3, PB4, FLS1, FLS2, EOCR1, EOCR2 등은 a접점을 사용해야 한다. 예를 들면 PB2, PB4, FLS1은 시퀀스 회로도상에는 b접점으로 되어 있지만 실제 PLC 배선 시에는 a접점으로 배선한다. 또한 시퀀스 회로도상에 a, b접점이 동시에 사용되는 EOCR1, EOCR2, RY1의 경우에는 a, b접점은 PLC 프로그램에만 적용하고 실제 PLC배선은 a접점 하나만 한다.

특히 EOCR1, EOCR2는 직렬로 연결하여 결선한다.

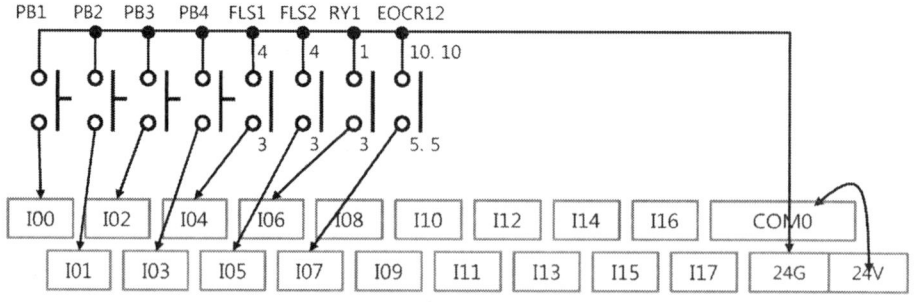

[그림 8-125] 입력측 결선도

(3) **PLC 출력측 결선 방법**

시퀀스 회로를 PLC 프로그램으로 작성할 때는 시퀀스 회로도에 표시된 기기명을 네임드 명으로 사용하여 프로그래밍할 경우 실수를 줄일 수 있다.

실제 PLC 배선 시는 아래를 참조하여 배선하되 PLC 출력 측에 있는 COM0, COM1, COM2, COM3, COM4 등은 출력측에 사용되는 기기의 전압에 따라 다르게 배선을 해야 한다. PLC 출력배선에서 주의할 점은 AC240V 단자에 COM을 연결할 경우 반드시 R 또는 T상을 체크하여 그림처럼 R상을 PLC COM에 연결한다. 기기의 부하 COM은 T상에 연결되어 있다.

① 출력에 사용되는 기기의 전압이 AC220V만 사용할 경우

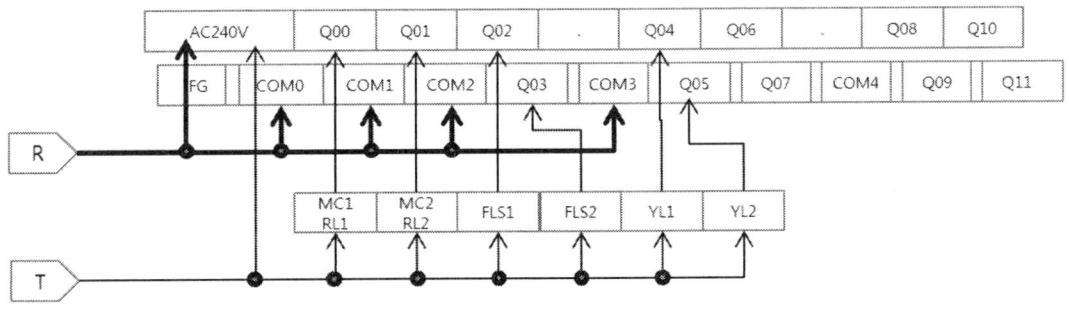

[그림 8-126] 출력측 결선도

② 출력에 사용되는 기기의 전압이 AC220V와 DC 24V를 혼용해서 사용할 경우

COM0~COM4를 적당히 분할하여 사용하여야 한다. 아래 그림은 COM0, COM1, COM2를 연결하여 Q00~Q03까지는 AC를 사용하고 COM3은 DC를 사용한 것이다.

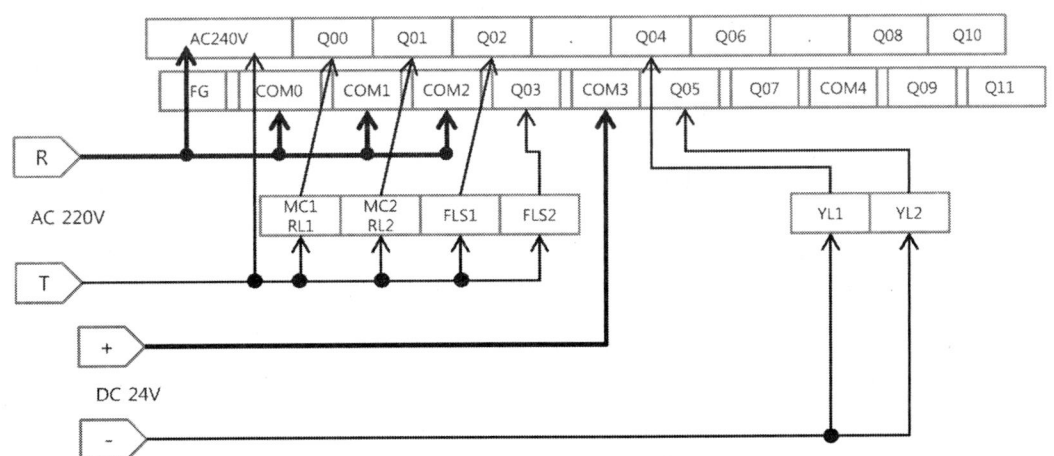

[그림 8-127] 출력측 응용결선도

8.3.2 실전 문제 55 MASTER-K PLC(기종 : G7M-DR30S)

1. 회로 동작 설명

(1) 일반 동작(RY2 소자)

① 전원을 투입하면 PLC와 EOCR1, EOCR2에 전원이 들어온다. 급수모터나 배수모터가 정지 시에는 GL램프가 점등되고, 가동 시에는 GL램프가 소등된다.

② PB5를 누르면 RY1이 여자되어 자동모드로 전환되고, 이 상태에서 PB6을 누르면 RY1이 소자되어 수동모드로 전환된다.

(2) 수동 동작

① PB1을 누르면 타이머 설정시간 동안만 MC1 여자, RL1 점등, PB2를 누르면 MC1 소자, RL1이 소등된다.

② PB3을 누르면 타이머 설정시간 동안만 MC2 여자, RL2 점등, PB4를 누르면 MC2 소자, RL2가 소등된다.

③ 전동기 운전 중 EOCR1, EOCR2가 작동되면 YL1, YL2가 2초 점등, 2초 소등을 플리커로 동작을 반복하며 전동기 및 위의 모든 동작이 정지한다.

(3) 자동 동작(RY1 여자)

① 급수시작으로 MC1 여자, RL1이 점등, 급수탱크에 급수가 완료되어 플로트리스 스위치(FLS 1)의 센서가 작동하면 MC1 소자, RL1 소등된다.

② 배수 탱크에 물이차서 배수용 플로트리스 스위치(FLS 2)의 센서가 작동하면 MC2 여자, RL2 점등되고 배수가 완료되면 MC2 소자, RL2가 소등된다.

③ 전동기 운전 중 EOCR1, EOCR2가 작동되면 YL1, YL2가 2초 점등, 2초 소등을 플리커로 동작을 반복하며 전동기 및 위의 모든 동작이 정지한다.

2. PLC 프로그램 작성 해석

(1) PLC 프로그램 작성 요구사항

① 시퀀스도와 요구사항의 동작 설명을 참조하여 PLC프로그램 하시오.

② PLC의 입력(8점)부 및 출력(6점)부 단자의 결선을 PLC 입·출력도와 같은 순으로 접속하여 급배수 회로를 완성하시오.

③ 지급재료 이외의 부품(플리커, 타이머, 보조릴레이 등)은 PLC내부 데이터를 이용하여 프로그램 하시오.

④ 전원선 및 공통선(COM)은 지참한 PLC 기종에 알맞게 결선하시오.

(2) PLC 입·출력도

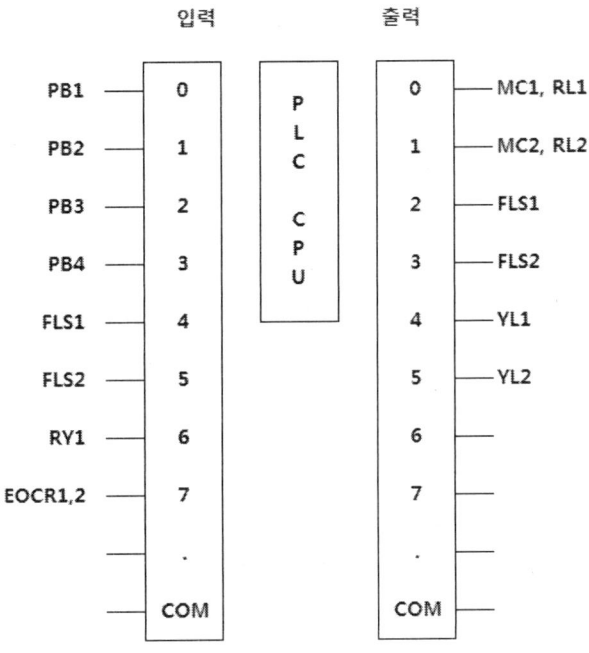

[그림 8-128] PLC 입·출력도

(3) 시퀀스 회로도

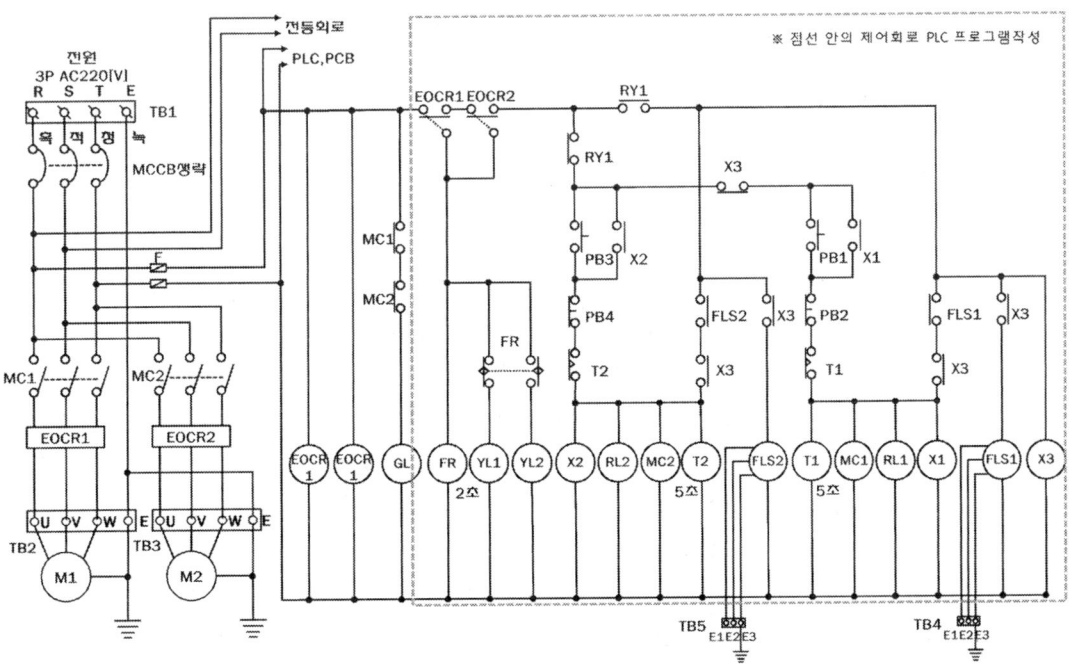

[그림 8-129] 시퀀스 회로도

3. 시퀀스 회로도 해석

(1) 시퀀스 회로도를 PLC프로그램으로 작성 시 주의사항

① 시퀀스 회로도를 PLC로 작성할 때는 입력과 출력점을 확인한다.
② 시퀀스 회로도 상에 있는 각 소자의 a접점과 b접점을 그대로 사용한다. 특히 각 소자의 접점이 중복사용 되어도 시퀀스 회로와 같이 그대로 프로그램을 작성하여야 오류를 줄일 수 있다.
③ PLC의 입·출력도에 없는 릴레이 등은 PLC프로그램에서 내부릴레이를 사용하고 플리커 릴레이의 경우는 타이머를 가지고 플리커 회로를 만들어 사용한다.
④ 대부분의 PLC 입력에는 DC24V를 사용하고, 출력에는 DC24V와 AC220V를 혼용해서 사용할 수 있다.

(2) PLC 메모리 할당

입·출력의 메모리 할당은 PLC 입·출력도를 참조하여 다음과 같이 할당한다.

① 입력은 PB1-P0000, PB2-P0001, PB3-P0002, PB4-P0003, FLS1-P0004, FLS2-P0005, RY1-P0006, EOCR1, 2-P0007로 할당한다.
② 출력은 MC1_RL1-P0040, MC2_RL2-P0041, FLS1-P0042, FLS2-P0043, YL1-P0044, YL2-P0045로 할당한다.

PLC의 입·출력도의 순서대로 할당하여야 프로그램 작성 및 PLC 결선 오류를 방지할 수 있다. 내부릴레이(M), 타이머(T), 카운터(C) 등은 자동으로 할당한다.

4. 프로그램 작성

(1) EOCR1, 2-P0007에 의한 YL1-P0044, YL2-P0045 동작회로

① 시퀀스 회로도

EOCR1, 2에 의해 동작되는 경보표시 회로로 시퀀스 상에는 EOCR1, EOCR2 직렬로 연결되어 있지만 PLC 입·출력도에 의하면 EOCR1, 2-P0007로 메모리 어드레스가 할당되어 있으므로 a접점 하나로 EOCR1, 2를 프로그래밍하면 된다.

또한 플리커릴레이(FR)는 PLC 프로그램에서 표현할 수 없다. 따라서 PLC의 변수창에서 플래그 접점을 활용하거나, 타이머로 플리커 회로를 만들어 사용해야 한다. 플래그 접점을 사용할 때는 주의할 점은 1초 플래그 접점을 사용하면 주기가 1초라는 의미이다. 타이머로 플리커를 만들어 사용할 때는 주기가 아니고 펄스 타임이다. 여기서는 타이머로 플리커 릴레이(FR)를 프로그래밍하는 방법을 제시한다. 타이머의 번호는 제어회로의 타이머와 구분하기 위하여 T10, T11로 하였다.

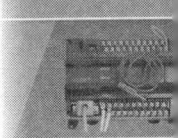

8.3 실전 문제 55

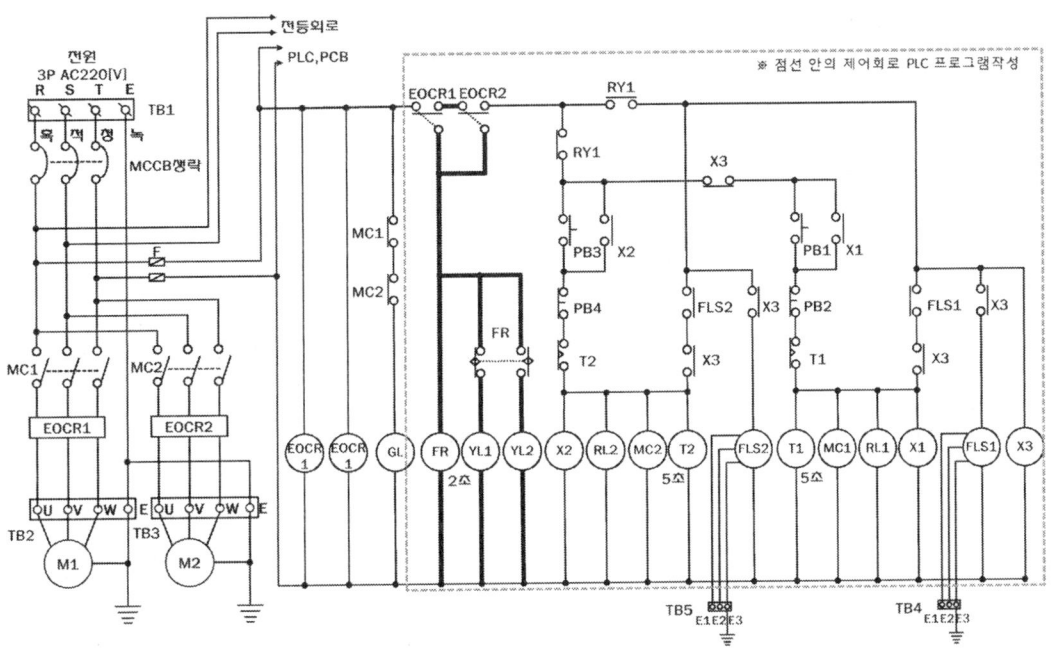

[그림 8-130] 시퀀스 회로도

② 프로그램

프로그램 작성할 때는 병렬방식 보다는 주로 직렬방식으로 프로그램하면 에러를 찾아내기가 쉽다. 시퀀스도의 굵은 선으로 표시된 부분만 프로그래밍 한다.

[그림 8-131] EOCR1, 2-P0007에 의한 YL1-P0044, YL2-P0045 동작회로

(2) PB3-P0002, PB4-P0003에 의한 MC2_RL2-P0041, FLS2-P0043 동작회로

① 시퀀스 회로도

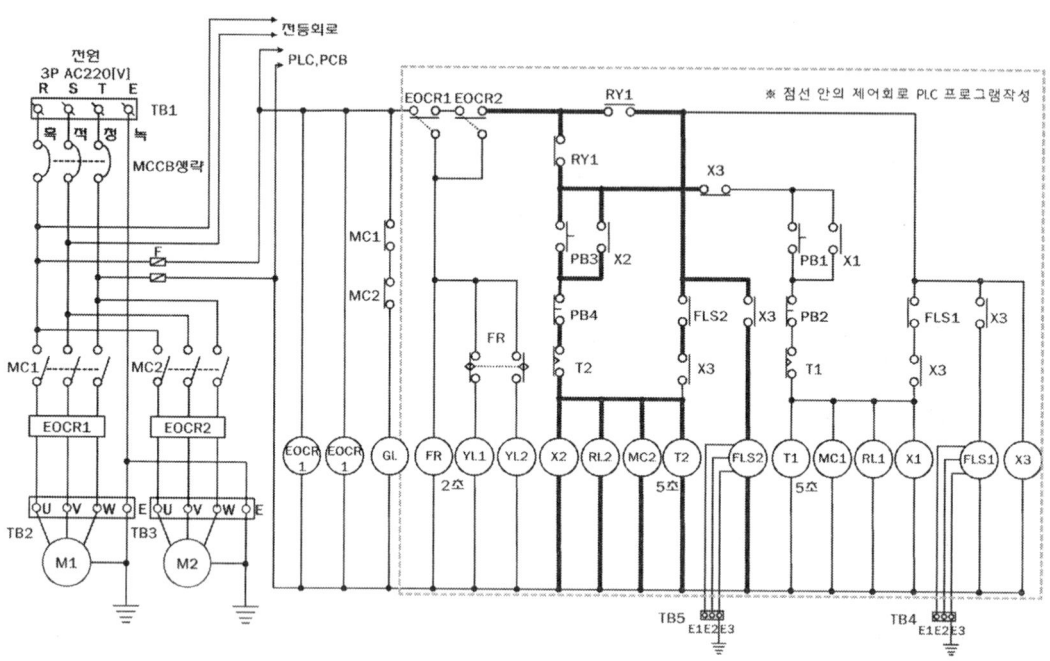

[그림 8-132] 시퀀스 회로도

굵은 선으로 표시된 회로의 프로그램은 EOCR1, 2-b 접점에 의해서 시작을 해야 한다. 특히 프로그램 작성 시 각 접점들의 a, b접점을 분명히 판단하여 시퀀스 도면과 같이 a, b접점을 사용하여 프로그래밍을 하여야 하며 시퀀스 도를 판단할 때는 상에서 하로, 좌에서 우로 해석하면 혼동이 되지 않는다.

시퀀스 회로 상에 있는 시퀀스도에 있는 X2는 PLC 입·출력도에 어드레스가 할당되지 않았으므로 내부릴레이(자동할당) M2로 대체하여 사용하면 된다.

특히 타이머 T2를 프로그래밍할 때는 직·병렬처리를 많이 하면 연산에러가 발생할 수 있으므로 M2신호를 받아 동작하게 하였다.

PLC프로그램에서는 입력신호 접점은 중복사용이 가능하고 출력(코일) 접점은 중복사용이 불가능하다. 또한 입력과 출력을 같은 변수명으로 사용할 수 없다. FLS2의 경우 입력은 FLS2로, 출력은 FLS2_1로 프로그래밍 하였다.

② 프로그램

프로그램 작성할 때는 병렬방식 보다는 주로 직렬방식을 많이 사용하여 프로그램하면 에러를 찾아내기가 쉽다. 시퀀스도의 굵은 선으로 표시된 부분만 프로그래밍 한다.

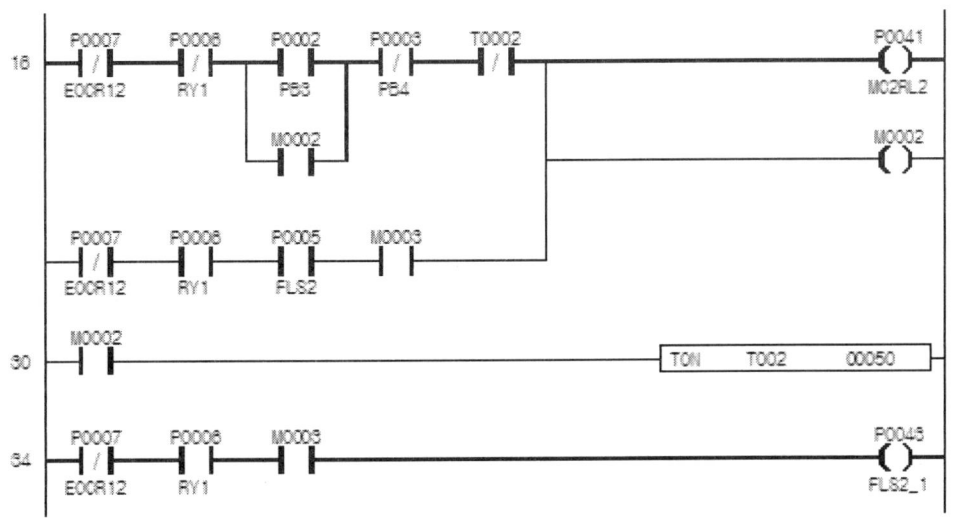

[그림 8-133] MC2_RL2-P0041, FLS2-P0043 동작회로

(3) PB1-P0000, PB2-P0001에 의한 MC1_RL1-P0040, FLS1-P0042 동작회로

① 시퀀스 회로도

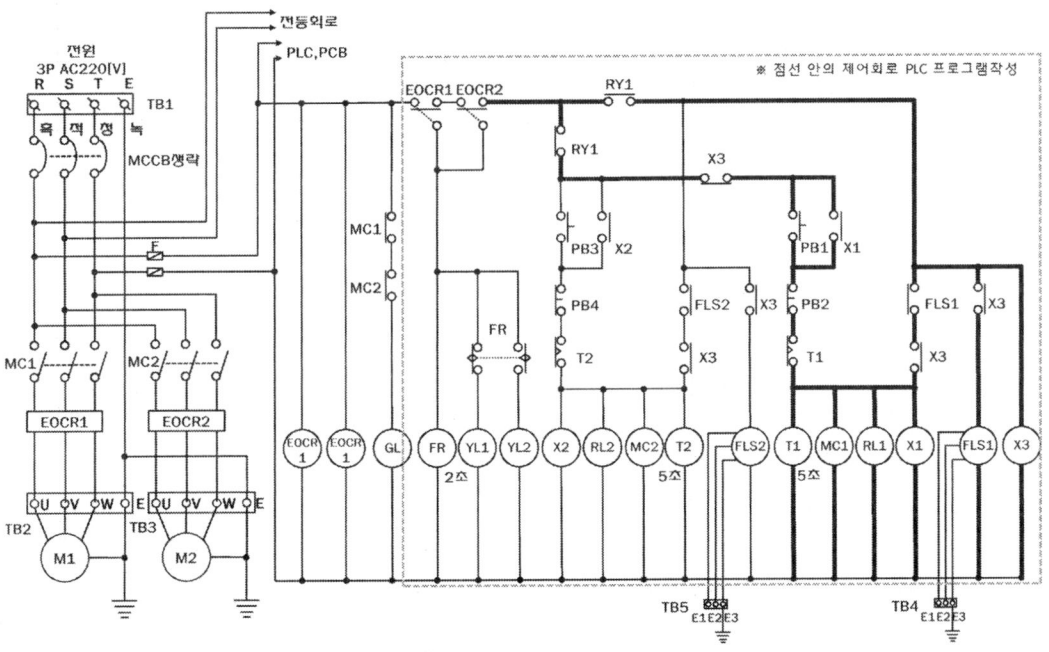

[그림 8-134] 시퀀스 회로도

412 제8장 전기기능장 실전 문제

시퀀스 회로 상에 있는 X1은 PLC입·출력도에 어드레스가 할당되지 않았으므로 내부릴레이(자동할당) M1로 대체하여 사용하면 된다.

특히 타이머 T1을 프로그래밍할 때는 직·병렬처리를 많이하면 연산에러가 발생할 수 있으므로 M1신호를 받아 동작하게 하였다.

PLC프로그램에서는 입력신호 접점은 중복사용이 가능하고 출력(코일) 접점은 중복사용이 불가능하다. 또한 입력과 출력을 같은 변수명으로 사용할 수 없다. FLS1의 경우 입력은 FLS1로, 출력은 FLS1_1로 프로그래밍 하였다.

② 프로그램

프로그램 작성할 때는 병렬방식 보다는 주로 직렬방식을 많이 사용하여 프로그램하면 에러를 찾아내기가 쉽다. 시퀀스도의 굵은 선으로 표시된 부분만 프로그래밍 한다.

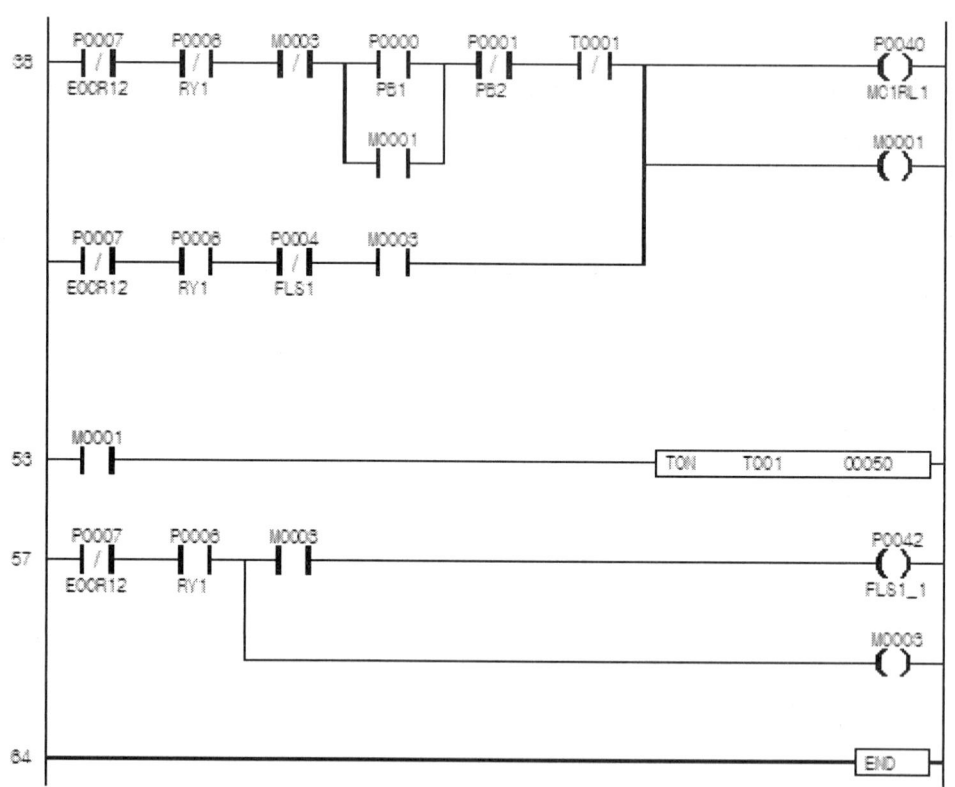

[그림 8-135] MC1_RL1-P0040, FLS1-P0042 동작회로

5. 전체 시퀀스 회로도와 프로그램

(1) 시퀀스 회로

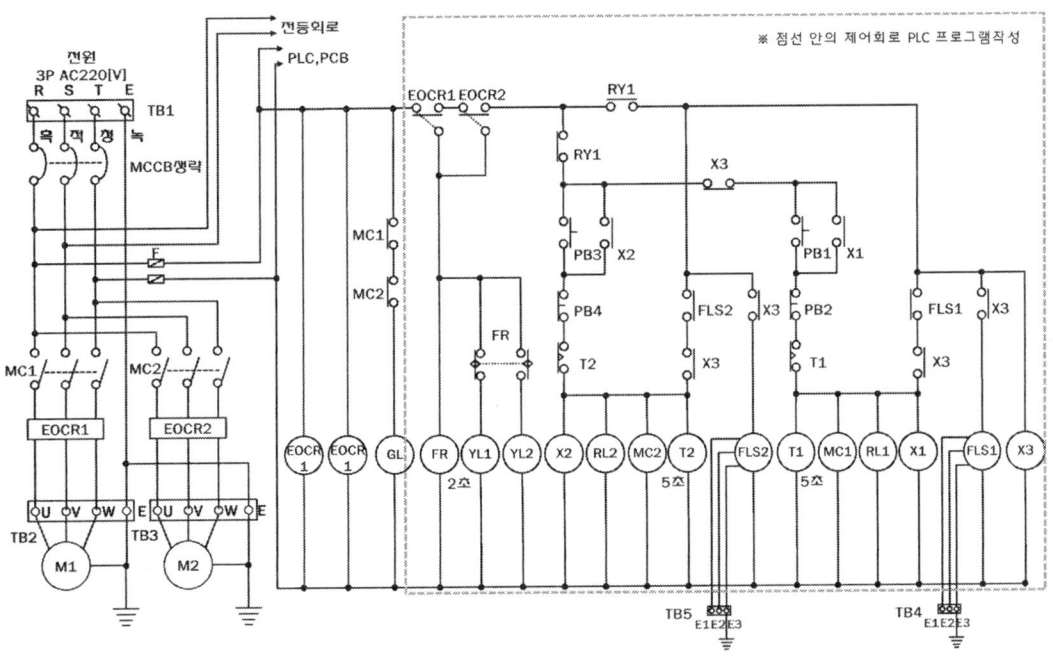

[그림 8-136] 시퀀스 회로도

(2) 실전문제 55 완성 프로그램

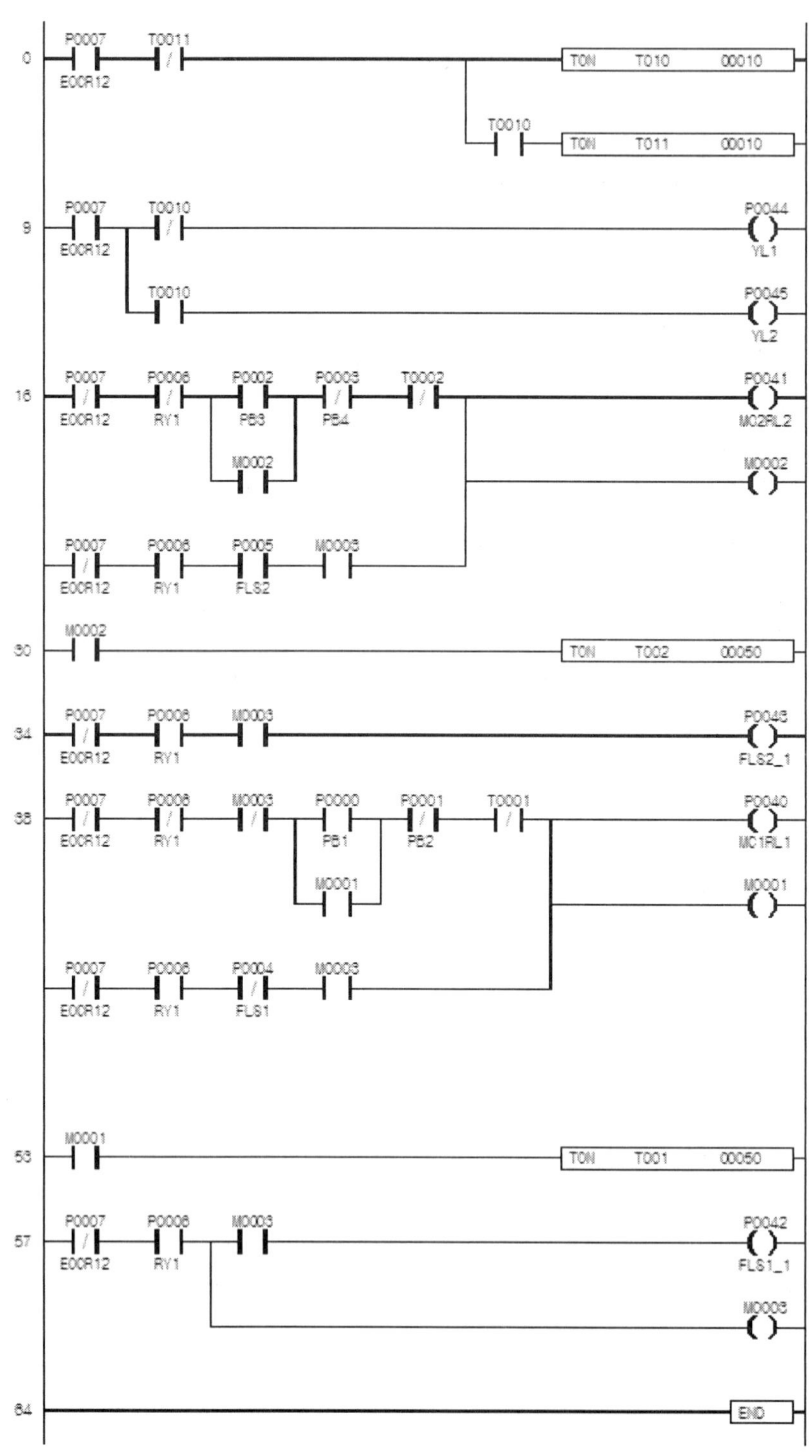

[그림 8-137] 실전문제 55 완성 프로그램

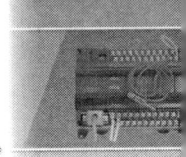

8.3.3 실전 문제 55   MELSEC PLC(기종 : FX₃ᵤ-32M)

1. 회로 동작 설명

(1) 일반 동작(RY2 소자)

① 전원을 투입하면 PLC와 EOCR1, EOCR2에 전원이 들어온다. 급수모터나 배수모터가 정지 시에는 GL램프가 점등되고, 가동 시에는 GL램프가 소등된다.

② PB5를 누르면 RY1이 여자되어 자동모드로 전환되고, 이 상태에서 PB6을 누르면 RY1이 소자되어 수동모드로 전환 된다.

(2) 수동 동작

① PB1를 누르면 타이머 설정시간 동안만 MC1 여자, RL1 점등, PB2를 누르면 MC1 소자, RL1이 소등된다.

② PB3을 누르면 타이머 설정시간 동안만 MC2 여자, RL2 점등, PB4를 누르면 MC2 소자, RL2가 소등된다.

③ 전동기 운전 중 EOCR1, EOCR2가 작동되면 YL1, YL2가 2초 점등, 2초 소등을 플리커로 동작을 반복하며 전동기 및 위의 모든 동작이 정지한다.

(3) 자동 동작(RY1 여자)

① 급수시작으로 MC1 여자, RL1이 점등, 급수탱크에 급수가 완료되어 플로트리스 스위치(FLS 1)의 센서가 작동하면 MC1 소자, RL1 소등된다.

② 배수 탱크에 물이차서 배수용 플로트리스 스위치(FLS 2)의 센서가 작동하면 MC2 여자, RL2 점등되고 배수가 완료되면 MC2 소자, RL2가 소등된다.

③ 전동기 운전 중 EOCR1, EOCR2가 작동되면 YL1, YL2가 2초 점등, 2초 소등을 플리커로 동작을 반복하며 전동기 및 위의 모든 동작이 정지한다.

2. PLC 프로그램 작성 해석

(1) PLC 프로그램 작성 요구사항

① 시퀀스도와 요구사항의 동작 설명을 참조하여 PLC프로그램 하시오.

② PLC의 입력(8점)부 및 출력(6점)부 단자의 결선을 PLC 입·출력도와 같은 순으로 접속하여 급배수 회로를 완성하시오.

③ 지급재료 이외의 부품(플리커, 타이머, 보조릴레이 등)은 PLC내부 데이터를 이용하여 프로그램 하시오.

④ 전원선 및 공통선(COM)은 지참한 PLC 기종에 알맞게 결선하시오.

(2) PLC 입·출력도

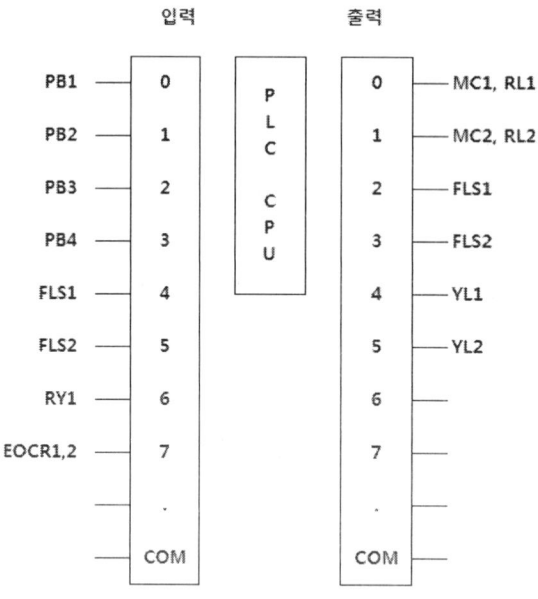

[그림 8-138] PLC 입·출력도

(3) 시퀀스 회로도

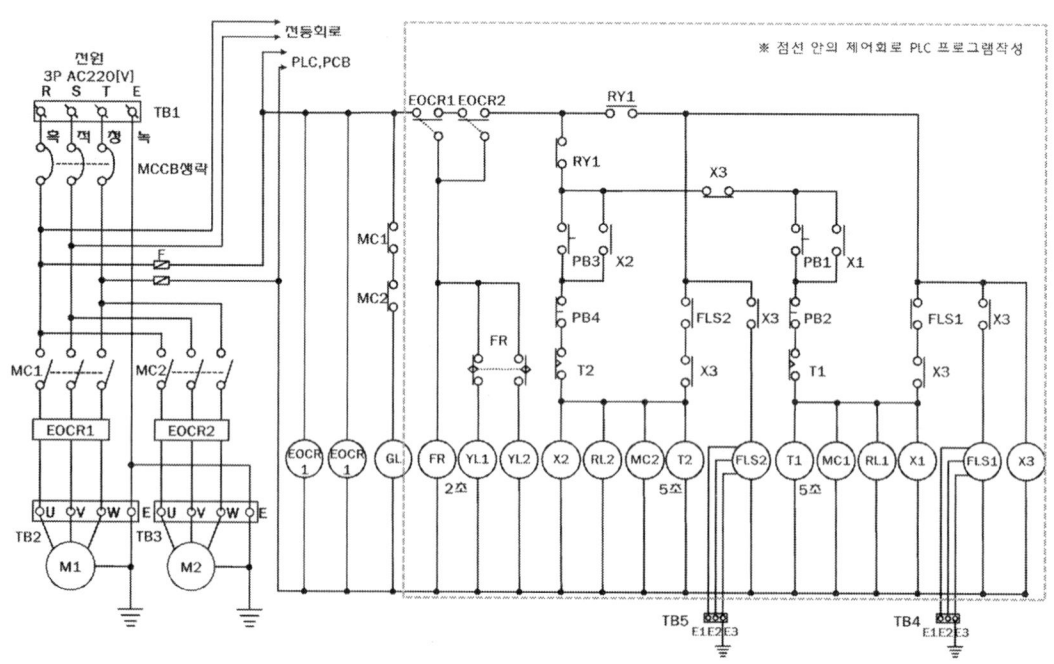

[그림 8-139] 시퀀스 회로도

3. 시퀀스 회로도 해석

(1) 시퀀스 회로도를 PLC프로그램으로 작성 시 주의사항

① 시퀀스 회로도를 PLC로 작성할 때는 입력과 출력점을 확인한다.

② 시퀀스 회로도 상에 있는 각 소자의 a접점과 b접점을 그대로 사용한다. 특히 각 소자의 접점이 중복사용 되어도 시퀀스 회로와 같이 그대로 프로그램을 작성하여야 오류를 줄일 수 있다.

③ PLC의 입·출력도에 없는 릴레이 등은 PLC프로그램에서 내부릴레이를 사용하고 플리커 릴레이의 경우는 타이머를 가지고 플리커 회로를 만들어 사용한다.

④ 대부분의 PLC 입력에는 DC24V를 사용하고, 출력에는 DC24V와 AC220V를 혼용해서 사용할 수 있다.

(2) PLC 메모리 할당

입·출력의 메모리 할당은 PLC 입·출력도를 참조하여 다음과 같이 할당한다.

① 입력은 PB1-X000, PB2-X001, PB3-X002, PB4-X003, FLS1-X004, FLS2-X005, RY1-X006, EOCR1, 2-X007로 할당한다.

② 출력은 MC1_RL1-Y000, MC2_RL2-Y001, FLS1-Y002, FLS2-Y003, YL1-Y004, YL2-Y005로 할당한다.

PLC의 입·출력도의 순서대로 할당하여야 프로그램 작성 및 PLC 결선 오류를 방지할 수 있다. 내부릴레이(M), 타이머(T), 카운터(C) 등은 자동으로 할당한다.

4. 프로그램 작성

(1) EOCR1, 2-X007에 의한 YL1-Y004, YL2-Y005 동작회로

① 시퀀스 회로도

EOCR1, 2에 의해 동작되는 경보표시 회로로 시퀀스 상에는 EOCR1, EOCR2 직렬로 연결되어 있지만 PLC 입·출력도에 의하면 EOCR1, 2-X007로 메모리 어드레스가 할당되어 있으므로 a접점 하나로 EOCR1, 2를 프로그래밍하면 된다.

또한 플리커릴레이(FR)는 PLC 프로그램에서 표현할 수 없다. 따라서 PLC의 변수창에서 플래그 접점을 활용하거나, 타이머로 플리커 회로를 만들어 사용해야 한다. 플래그 접점을 사용할 때는 주의할 점은 1초 플래그 접점을 사용하면 주기가 1초라는 의미이다. 타이머로 플리커를 만들어 사용할 때는 주기가 아니고 펄스 타임이다. 여기서는 타이머로 플리커 릴레이(FR)를 프로그램 하는 방법을 제시한다. 타이머의 번호는 제어회로의 타이머와 구분하기 위하여 T10, T11로 하였다.

418 제8장 전기기능장 실전 문제

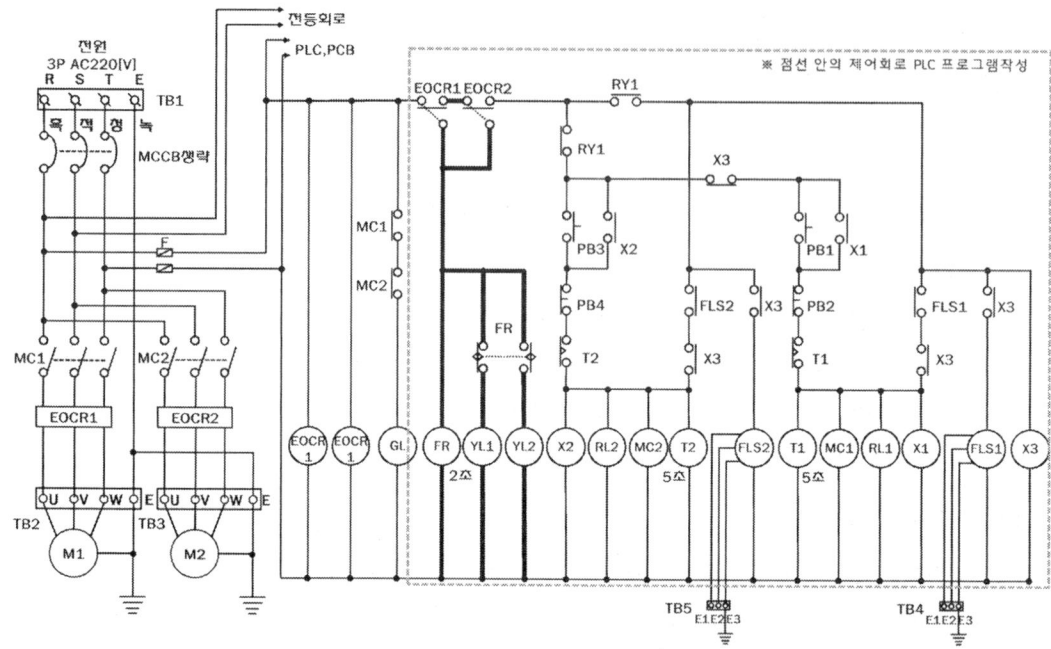

[그림 8-140] 시퀀스 회로도

② 프로그램

프로그램 작성할 때는 병렬방식 보다는 주로 직렬방식으로 프로그램하면 에러를 찾아내기가 쉽다. 시퀀스도의 굵은 선으로 표시된 부분만 프로그래밍 한다.

[그림 8-141] YL1-Y004, YL2-Y005 동작회로

(2) PB3-X002, PB4-X003에 의한 MC2_RL2-Y001, FLS2-Y003 동작회로

① 시퀀스 회로도

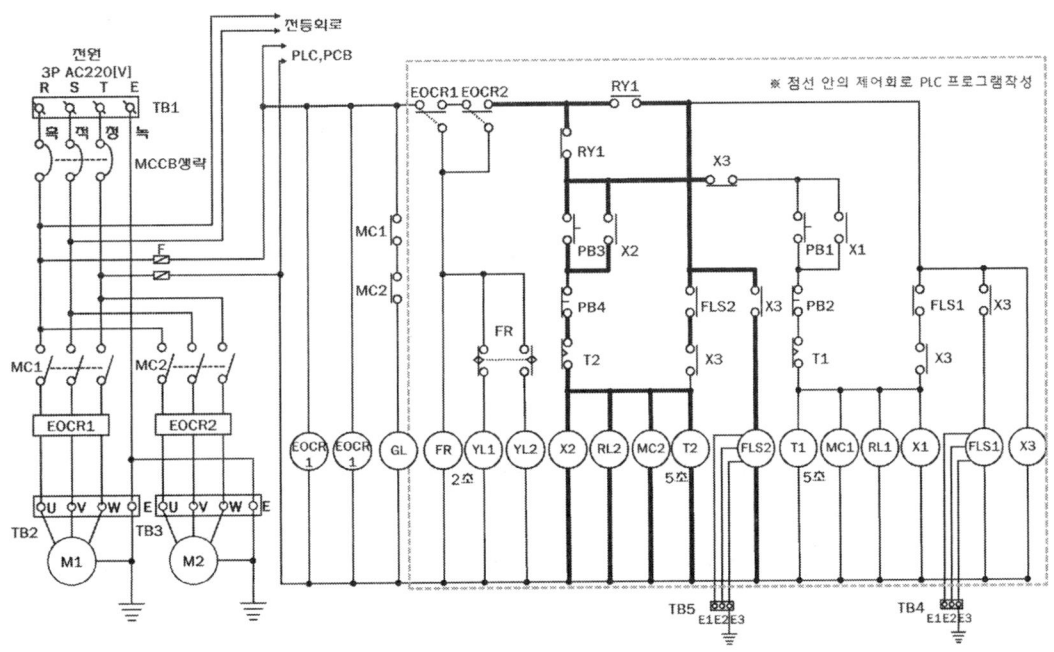

[그림 8-142] 시퀀스 회로도

굵은 선으로 표시된 회로의 프로그램은 EOCR1, 2-b접점에 의해서 시작을 해야 한다. 특히 프로그램 작성 시 각 접점들의 a, b접점을 분명히 판단하여 시퀀스 도면과 같이 a, b접점을 사용하여 프로그램을 하여야 하며 시퀀도을 판단할 때는 상에서 하로, 좌에서 우로 해석하면 혼동이 되지 않는다.

시퀀스 회로 상에 있는 시퀀스도에 있는 X2는 PLC 입·출력도에 어드레스가 할당되지 않았으므로 내부릴레이(자동할당) M2로 대체하여 사용하면 된다.

특히 타이머 T2를 프로그램 할 때는 직·병렬처리를 많이 하면 연산에러가 발생할 수 있으므로 M2신호를 받아 동작하게 하였다.

PLC프로그램에서는 입력신호 접점은 중복사용이 가능하고 출력(코일) 접점은 중복사용이 불가능하다. 또한 입력과 출력을 같은 변수명으로 사용할 수 없다. FLS2의 경우 입력은 FLS2로, 출력은 FLS2로 프로그래밍 하였다.

② 프로그램

프로그램 작성할 때는 병렬방식 보다는 주로 직렬방식을 많이 사용하여 프로그램하면 에러를 찾아내기가 쉽다. 시퀀스도의 굵은 선으로 표시된 부분만 프로그래밍 한다.

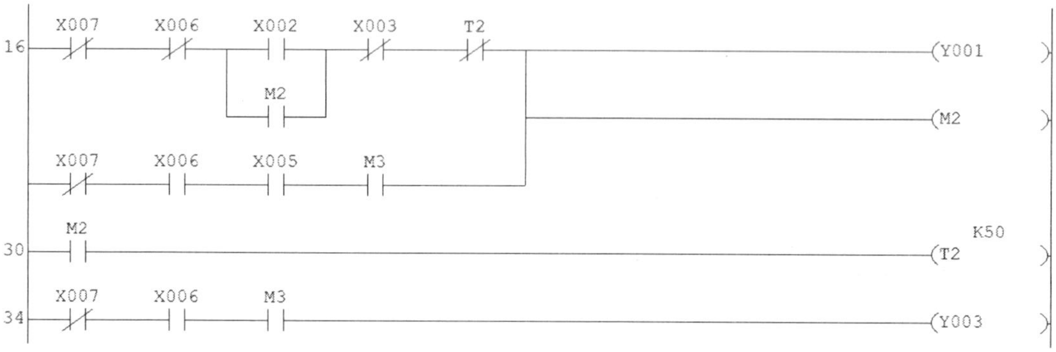

```
     X007  X006  X002  X003   T2
16 ───┤/├──┤/├──┬┤/├──┤/├──┤/├─────────────────────(Y001)─
                │                 │
                │  M2             │
                ├──┤├─────────────┤
                                  │
                                  └─────────────────(M2)──

     X007  X006  X005   M3
    ──┤/├──┤/├──┤├──┤├─

         M2                                          K50
30 ─────┤├───────────────────────────────────────────(T2)──

     X007  X006   M3
34 ───┤/├──┤/├──┤├─────────────────────────────────(Y003)─
```

[그림 8-143] MC2_RL2-Y001, FLS2-Y003 동작회로

(3) PB1-X000, PB2-X001에 의한 MC1_RL1-Y000, FLS1-Y002 동작회로

① 시퀀스 회로도

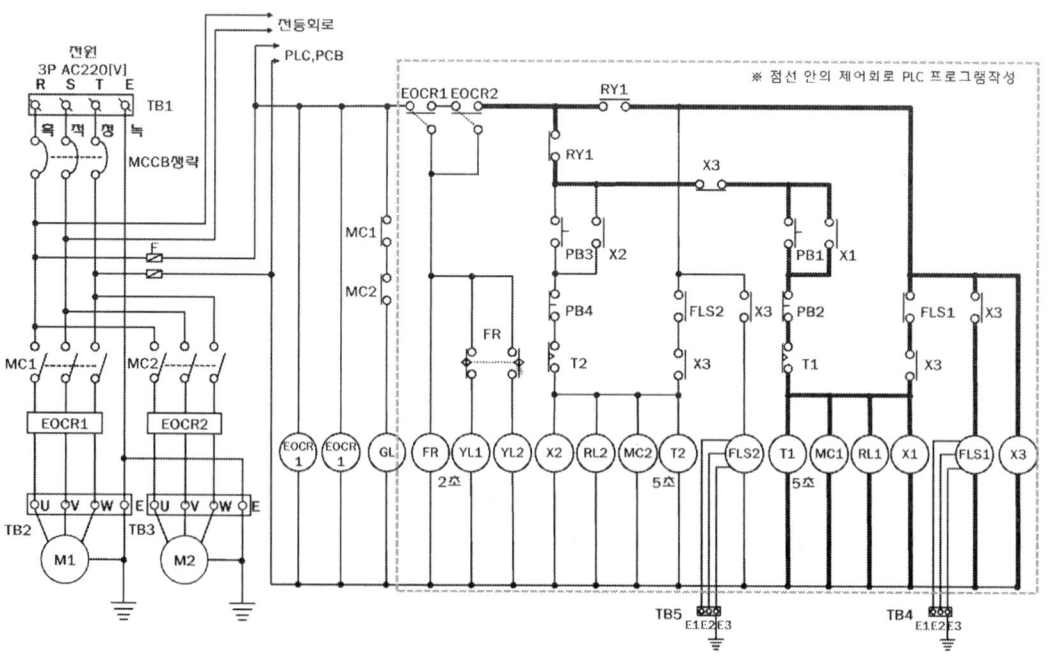

[그림 8-144] 시퀀스 회로도

시퀀스 회로 상에 있는 X1은 PLC입·출력도에 어드레스가 할당되지 않았으므로

내부릴레이(자동할당) M1로 대체하여 사용하면 된다.

특히 타이머 T1을 프로그래밍할 때는 직·병렬처리를 많이 하면 연산에러가 발생할 수 있으므로 M1신호를 받아 동작하게 하였다.

PLC프로그램에서는 입력신호 접점은 중복사용이 가능하고 출력(코일) 접점은 중복사용이 불가능하다. 또한 입력과 출력을 같은 변수명으로 사용할 수 없다. FLS1의 경우 입력은 FLS1로, 출력은 FLS1로 프로그래밍 하였다.

② 프로그램

프로그램 작성할 때는 병렬방식 보다는 주로 직렬방식을 많이 사용하여 프로그램하면 에러를 찾아내기가 쉽다. 시퀀스도의 굵은 선으로 표시된 부분만 프로그래밍 한다.

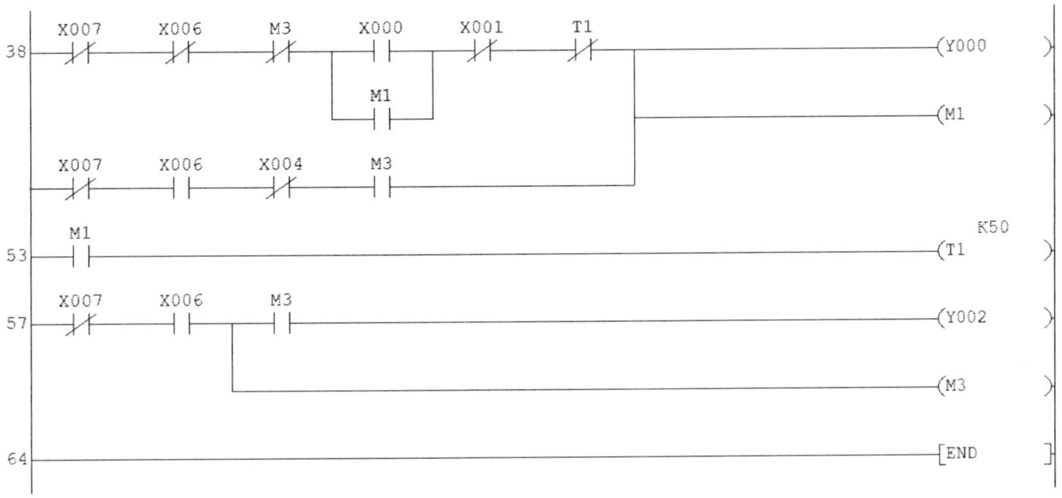

[그림 8-145] MC1_RL1-Y000, FLS1-Y002 동작회로

5. 시퀀스 회로도와 프로그램

(1) 시퀀스 회로

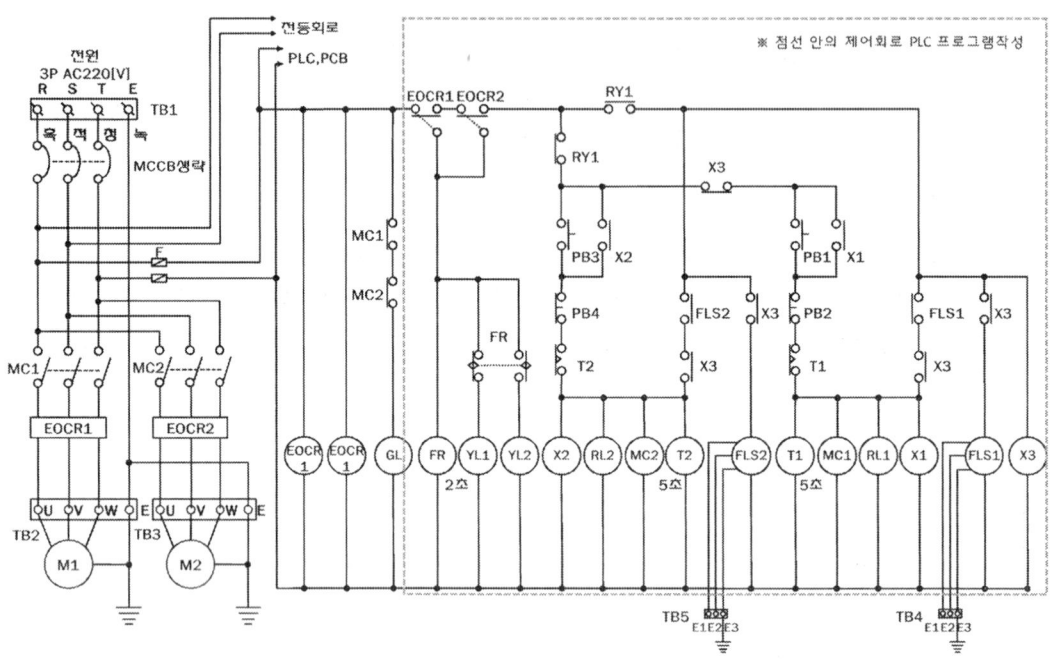

[그림 8-146] 시퀀스 회로도

(2) 실전문제 55 완성 프로그램

[그림 8-147] 실전문제 55 완성 프로그램

8.3.4 실전 문제 55 도면

1. 전기공사 문제

(1) 배치도

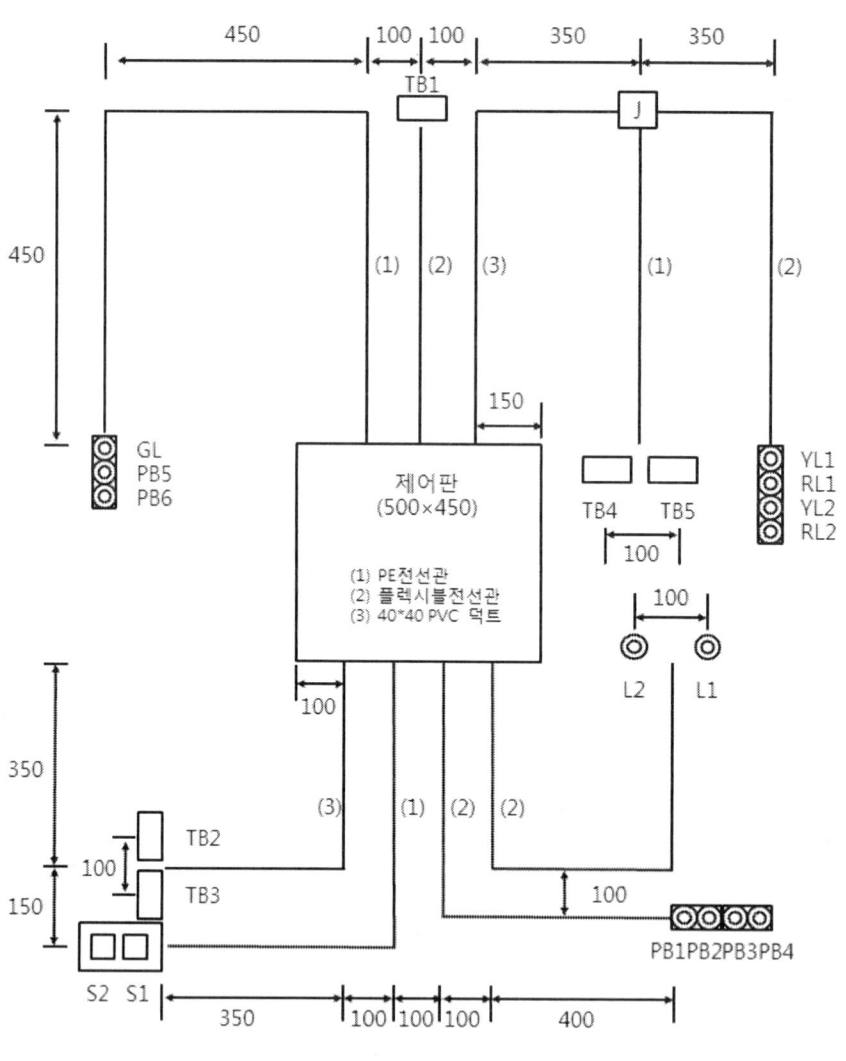

[그림 8-148] 배치도

(2) 시퀀스 회로도

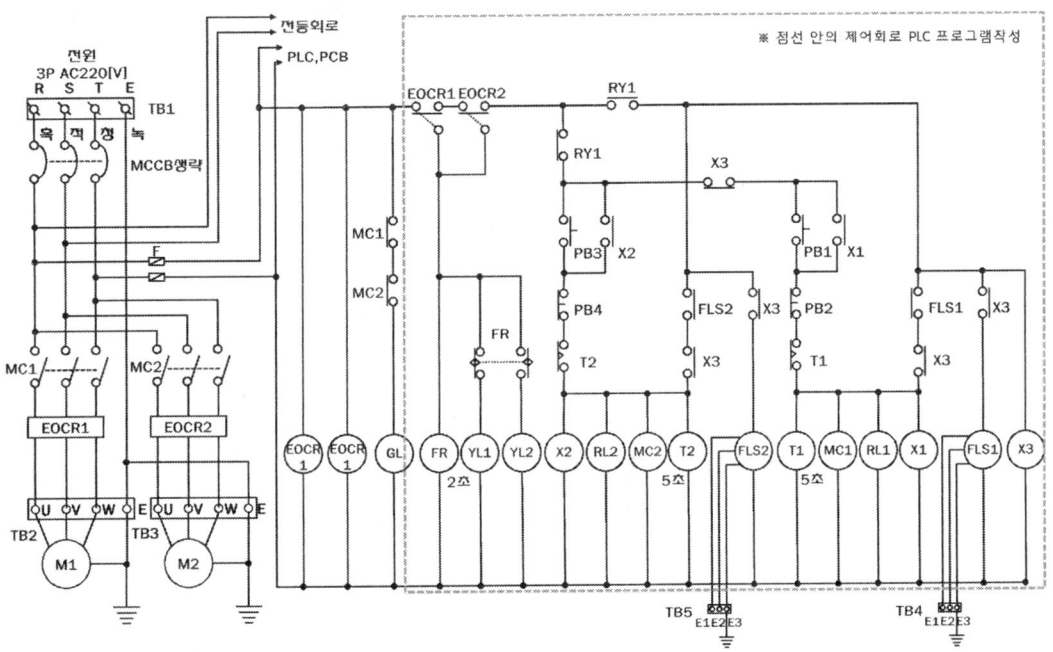

[그림 8-149] 시퀀스 회로도

(3) 전자 회로도

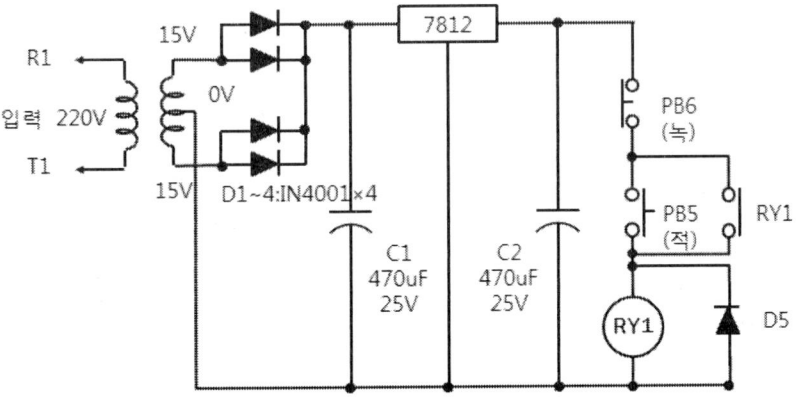

[그림 8-150] 전자 회로도

(4) 제어반 기구 배치도

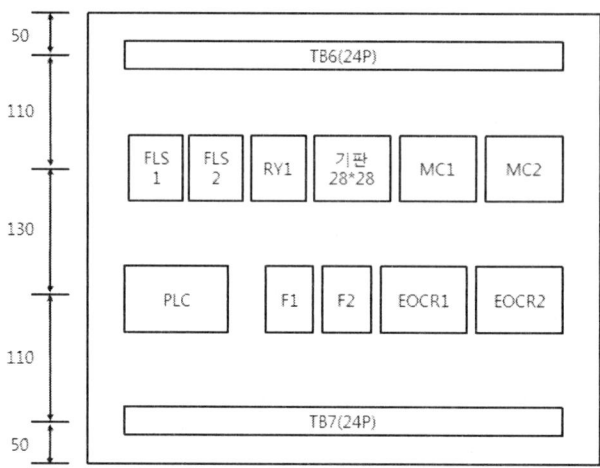

[그림 8-151] 배전반 기구 배치도

(5) 범례

[표 8-2] 범례

기 호	명 칭	기 호	명 칭
MC1, 2	전자접촉기	L1, L2	백열등(220V, 5W)
EOCR1, 2	과부하계전기	S1, S2	삼로스위치
RY1	8P 릴레이(DC12V)	F1, F2	퓨즈폴더
FLS1, 2	플로트리스 스위치	TB1 ~ TB3	단자대(4P)
PB2, PB4, PB6	푸시버튼스위치(녹)	TB4 ~ TB5	단자대(3P)
PB1, PB3, PB5	푸시버튼스위치(적)	TB6 ~ TB7	단자대(24P)
GL	파이롯램프(녹)	J	8각 박스
RL1, RL2	파이롯램프(적)		
YL1, YL2	파이롯램프(황)		

8.4 실전 문제 56

8.4.1 실전 문제 56 GLOFA PLC(기종 : G7M-DR30A)

1. PLC 문제

(1) **요구사항**

① PLC 입·출력 배치도와 같은 순으로 입·출력 단자를 결선하여 시퀀스도의 동작사항과 일치하는 PLC회로를 구성하여 프로그램 하시오.

② 전원선 및 공통선은 지참한 PLC기종에 맞게 결선하고, 플리커, 타이머, 카운터, 보조릴레이 등은 PLC내부 데이터를 이용하여 프로그램 하시오.

[표 8-3] 범례

기호	명칭	비고
M1	입차 차단기용 전동기	
M2	출차 차단기용 전동기	
S1	감지 스위치(입차)	
S2	감지 스위치(출차)	
S3	감지 스위치(입·출차)	
GL1	주차장 상황 표시 램프	
RL1	주차장 상황 표시 램프	
GL2	주차장 상황 표시 램프	
RL2	주차장 상황 표시 램프	

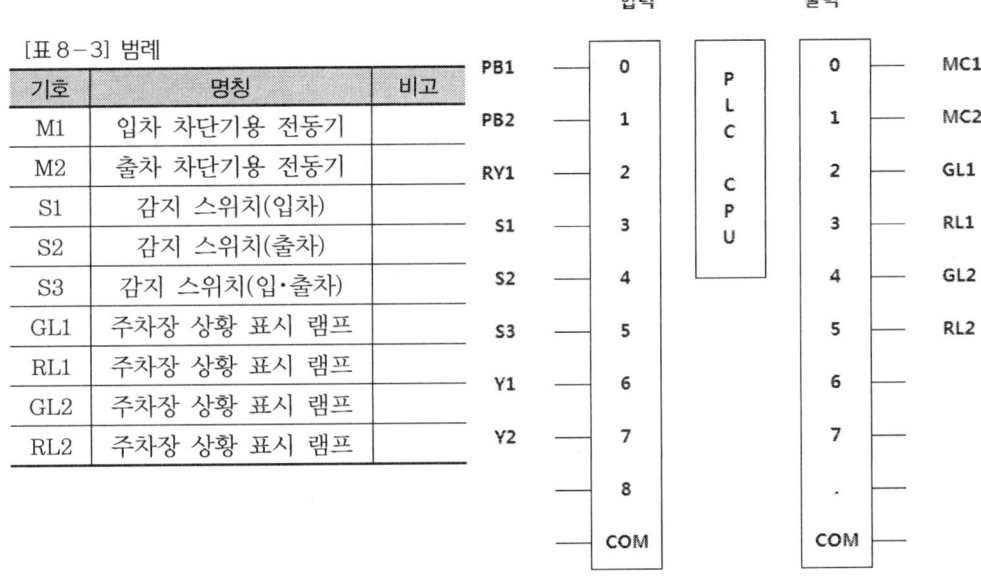

[그림 8-152] PLC 입·출력도

2. 동작설명

(1) **공통동작**

① 전원을 투입하면 PLC와 EOCR에 전원이 공급되며, 입차 및 출차 차단기가 모두 정지되면 GL3이 점등

② PB3을 ON하면 RY1이 여자되어 자동모드로 전환되고, PB4를 ON하면 RY1이 소자되어 수동모드로 전환

③ RL1, RL2, GL1, GL2 램프는 시퀀스도의 동작 조건에 의해 동작

④ EOCR1, 2가 동작되면 YL1, YL2가 각각 점등되며, 동작 중이던 차단기는 정지

(2) 수동모드(RY1_OFF)

① PB1 동작은 첫 번째 누르는 순간 MC1이 여자되며, 두 번째 눌렀다 놓는 순간 MC1이 소자

② PB2 동작은 누르는 동안만 MC2 여자되어야 하므로, 즉 PB1, PB2의 동작은 1개의 푸시버튼에 의해 ON, OFF 동작을 함.

(3) 자동모드(RY1_ON)

① 리미트 스위치 S1~S3에 의해 차량 수를 감지하고, 주차대수를 초과하는 경우 입차를 제한하며, 아울러 주차가 가능하면 입차를 허용하는 동작을 해야 함.

3. PLC 문제 해석

(1) 시퀀스 회로도 해석

본 예제의 시퀀스 회로도를 PLC 프로그램하기 위해서는 a, b접점을 확인하고 내부릴레이 사용할지 여부와 플리커릴레이(FR), 타이머(T), 카운터(C) 등이 있는지 판단하여야 한다. 또한 메모리 할당을 하여야 하는데 PLC 입·출력도에 순서에 의하여 한다.

(2) PLC 입·출력도

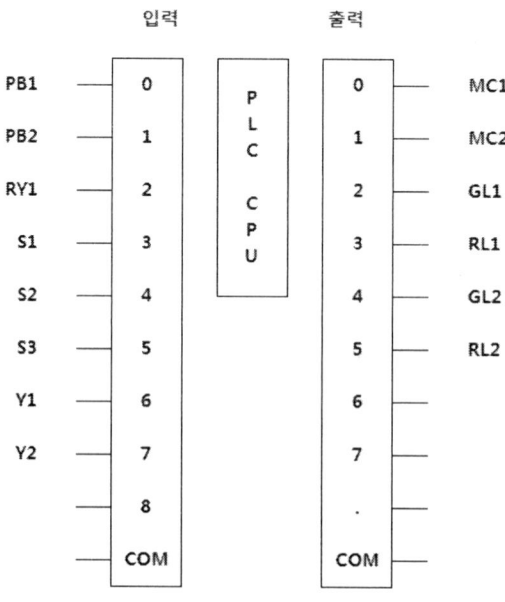

[그림 8-153] PLC 입·출력도

(3) 시퀀스 회로도

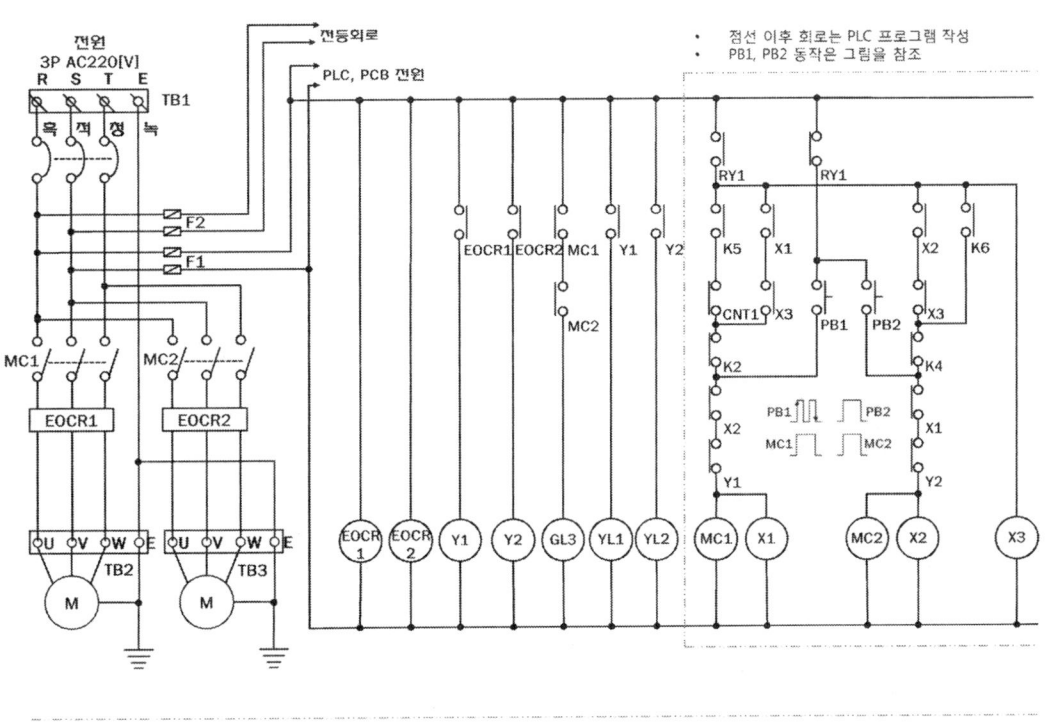

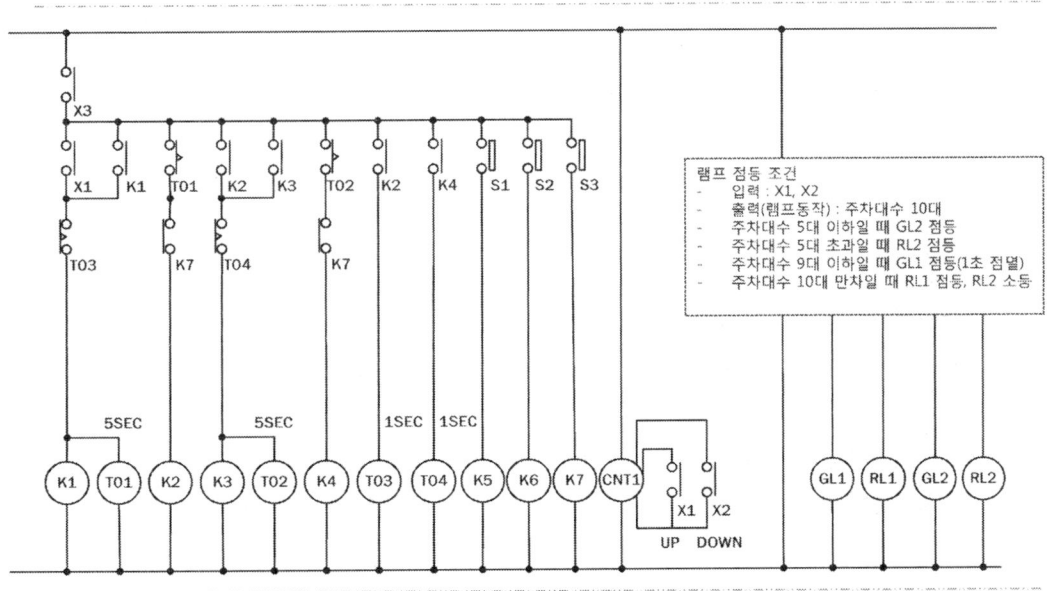

[그림 8-154] 시퀀스 회로도

(4) PLC 메모리 할당

입·출력의 메모리 할당은 다음과 같이 할당하여 입·출력에 대한 등록을 먼저 해놓으면 프로그램 작성하기가 편리하다. 등록하는 방법은 변수데이터 창에서 오른 쪽 마우스를 클릭 - 새로운 변수 추가로 PLC 입·출력도를 참고하여 입력한다.

① 입력은 PB1-%IX0.0.0, PB2-%IX0.0.1, RY1-%IX0.0.2, S1-%IX0.0.3, S2-%IX0.0.4, S3-%IX0.0.5, Y1-%IX0.0.6, Y2-%IX0.0.7로 할당한다.

② 출력은 MC1-%QX0.0.0, MC2-%QX0.0.1, GL1-%QX0.0.2, RL1-%QX0.0.3, GL2-%QX0.0.4, RL2-%QX0.0.5로 할당한다.

③ 시퀀스도에서 T1, T2, T3, T4와 카운터, 플리커 동작에 사용하는 타이머(T), 차량대수에 의한 램프점등에 사용하는 비교 명령어 등은 자동 할당한다. PLC의 입·출력도의 순서대로 할당하여야 프로그램 작성 및 PLC 결선 오류를 방지할 수 있다.

	변수 명	데이터 타입	메모리 할당	초기 값	변수 종류	사용 여부	설명문
1	PB1	BOOL	%IX0.0.0		VAR	*	
2	PB2	BOOL	%IX0.0.1		VAR	*	
3	RY1	BOOL	%IX0.0.2		VAR	*	
4	LS1	BOOL	%IX0.0.3		VAR	*	
5	LS2	BOOL	%IX0.0.4		VAR	*	
6	LS3	BOOL	%IX0.0.5		VAR	*	
7	Y1	BOOL	%IX0.0.6		VAR	*	
8	Y2	BOOL	%IX0.0.7		VAR	*	
9	MC1	BOOL	%QX0.0.0		VAR	*	
10	MC2	BOOL	%QX0.0.1		VAR	*	
11	GL1	BOOL	%QX0.0.2		VAR	*	
12	RL1	BOOL	%QX0.0.3		VAR	*	
13	GL2	BOOL	%QX0.0.4		VAR	*	
14	RL2	BOOL	%QX0.0.5		VAR	*	
15	C1	FB Instanc	<자동>		VAR	*	
16	C2	FB Instanc	<자동>		VAR	*	
17	CNT1	FB Instanc	<자동>		VAR	*	
18	K1	BOOL	<자동>		VAR	*	
19	K2	BOOL	<자동>		VAR	*	
20	K3	BOOL	<자동>		VAR	*	
21	K4	BOOL	<자동>		VAR	*	
22	K5	BOOL	<자동>		VAR	*	
23	K6	BOOL	<자동>		VAR	*	
24	K7	BOOL	<자동>		VAR	*	
25	M0	BOOL	<자동>		VAR	*	
26	M1	BOOL	<자동>		VAR	*	
27	M10	BOOL	<자동>		VAR	*	
28	M11	BOOL	<자동>		VAR	*	
29	M12	BOOL	<자동>		VAR	*	
30	M13	BOOL	<자동>		VAR	*	
31	S2	INT	<자동>		VAR	*	
32	T1	FB Instanc	<자동>		VAR	*	
33	T2	FB Instanc	<자동>		VAR	*	
34	T3	FB Instanc	<자동>		VAR	*	

35	T4	FB Instanc	<자동>	VAR	*
36	T5	FB Instanc	<자동>	VAR	*
37	T6	FB Instanc	<자동>	VAR	*
38	X1	BOOL	<자동>	VAR	*
39	X2	BOOL	<자동>	VAR	*
40	X3	BOOL	<자동>	VAR	*

[그림 8-155] 메모리 할당

4. 시퀀스 회로도 프로그램 하기

(1) 수동 모드에서의 PB1동작회로

① 시퀀스 회로도

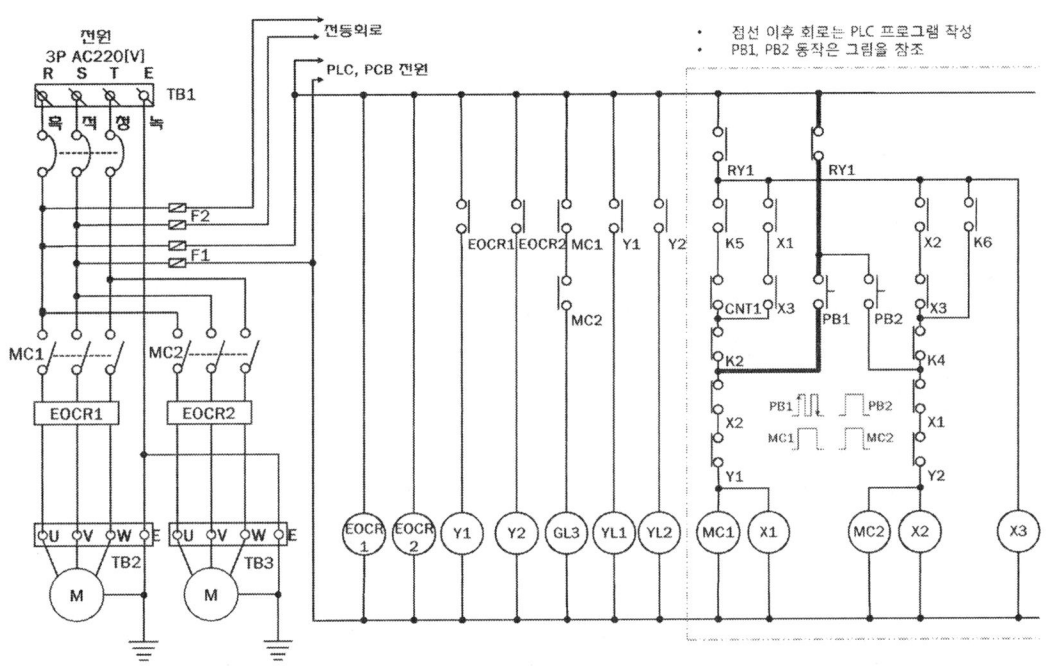

[그림 8-156] 시퀀스 회로도

PB1은 동작조건에서 보면 한 번 동작할 때 MC1_ON이 되고, 두 번 동작할 때 MC1_OFF되어야 하며, 한 번 동작할 때에는 상승 엣지 신호를, 두 번 동작할 때에는 하강 엣지 신호를 사용해야 한다.

따라서 카운터와 양변환, 음변환 검출 코일을 사용하면 된다. 특히 주의할 점은 카운터의 리셋 신호를 어떻게 주느냐 하는 것이다. 카운터의 리셋 신호는 C2.Q를 이용하면 된다.

432 제8장 전기기능장 실전 문제

② 프로그램

[그림 8-157] 수동 모드에서 PB1동작회로

(2) PB1에 의한 MC1, X1동작회로

① 시퀀스 회로도

PB1에 의한 MC1, X1동작회로의 프로그램은 시퀀스 도에 따라 프로그래밍하면 되는데, PB1 스위치 대신에 C1.Q, C2.Q의 접점을 사용하여 MC1이 ON_OFF 할 수 있도록 해야 한다.

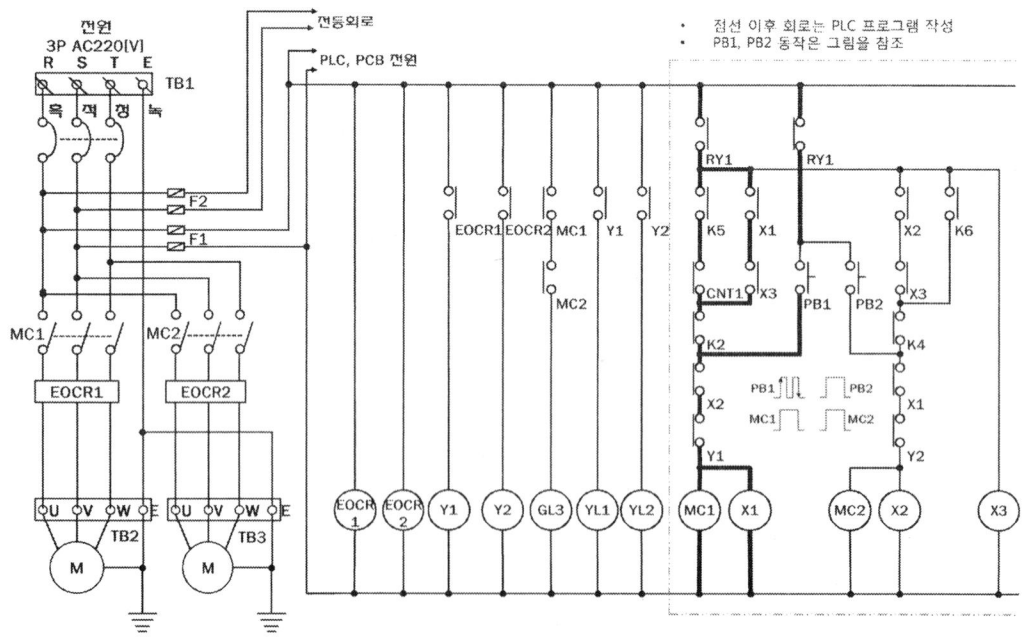

[그림 8-158] 시퀀스 회로도

② 프로그램

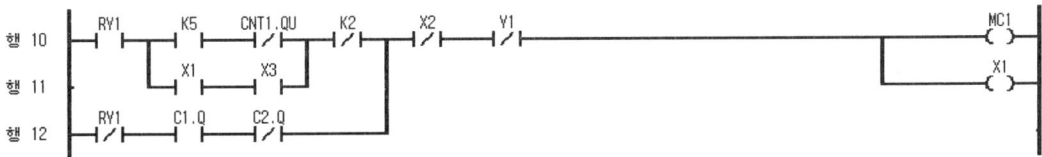

[그림 8-159] PB1에 의한 MC1, X1동작회로

(3) PB2에 의한 MC2, X2동작회로

① 시퀀스 회로도

PB2에 의한 MC2, X2동작회로의 프로그램은 시퀀스 회로도에 따라 프로그래밍하면 된다.

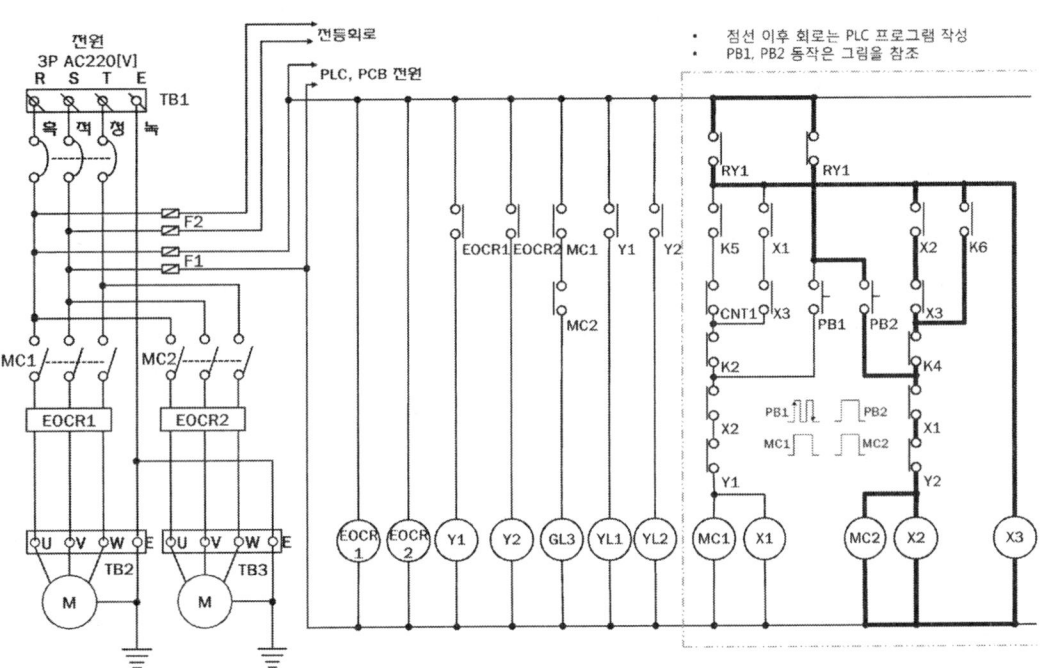

[그림 8-160] 시퀀스 회로도

② 프로그램

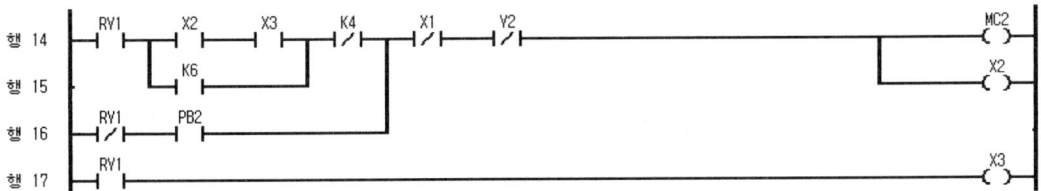

[그림 8-161] PB2에 의한 MC2, X2동작회로

(4) K1~K4 보조릴레이 동작회로

① 시퀀스 회로도

K1~K4 보조릴레이 동작회로의 프로그램은 K1, K2, K3, K4 보조릴레이는 내부릴레이와 같으므로 메모리 할당을 자동으로 하고, 시퀀스 도에 따라 프로그래밍하면 되는데 타이머는 도면에 표시된 시간을 입력해야 한다.

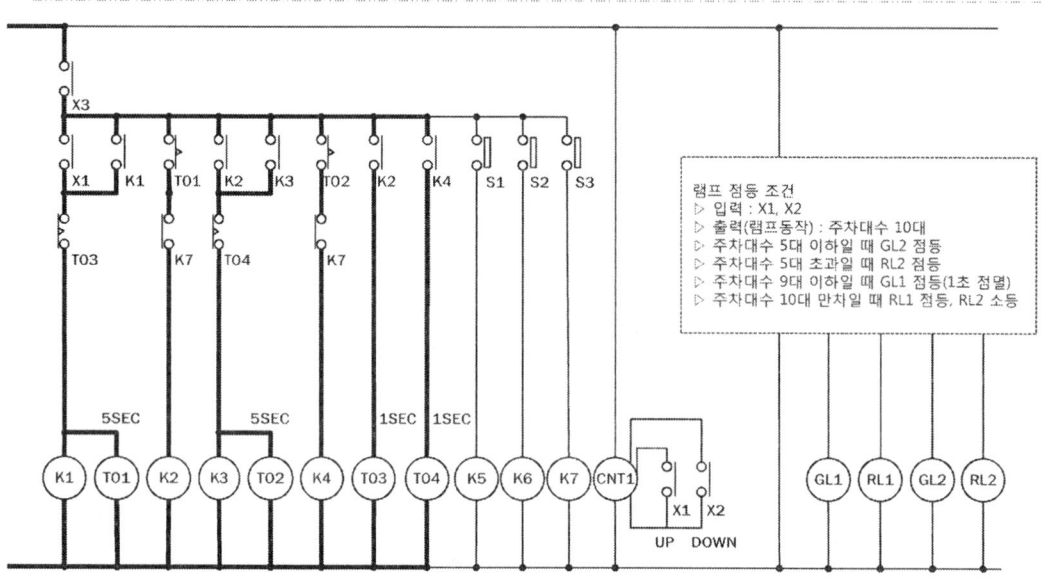

[그림 8-162] 시퀀스 회로도

② 프로그램

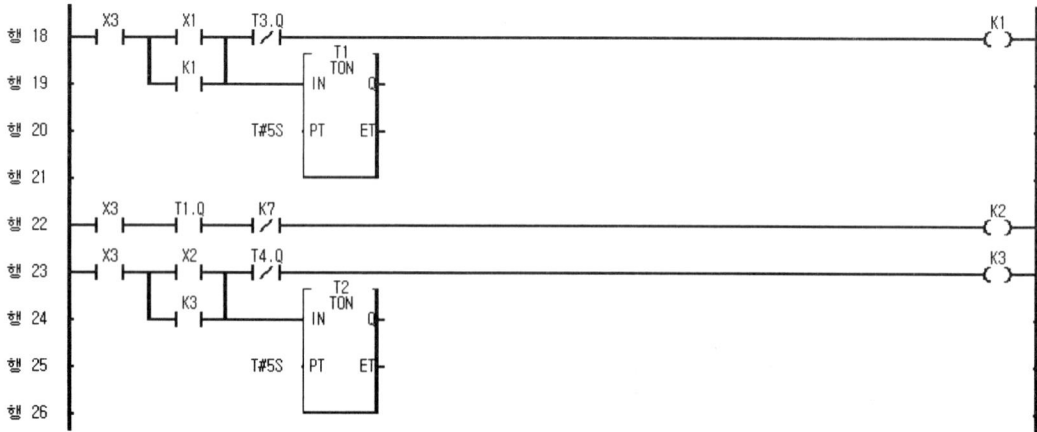

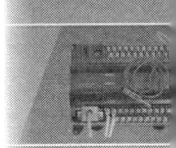

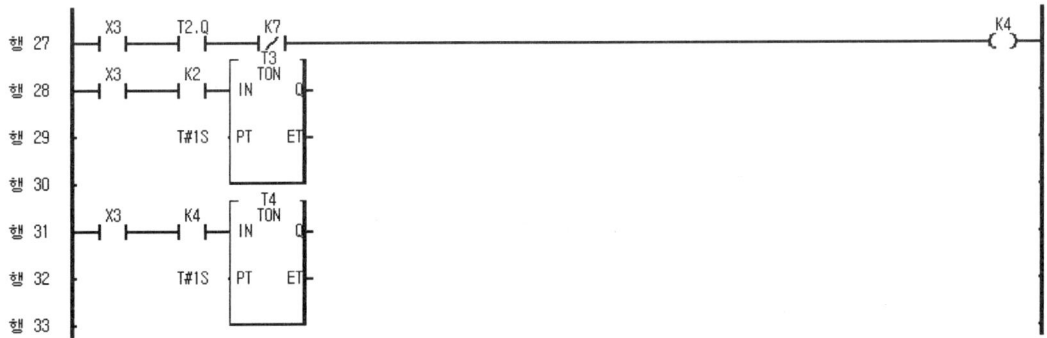

[그림 8-163] K1~K4 보조릴레이 동작회로

(5) K5~K7 보조릴레이 동작회로

① 시퀀스 회로도

K5~K7 보조릴레이 동작회로의 프로그램은 K5, K6, K7 보조릴레이는 내부릴레이와 같으므로 메모리 할당을 자동으로 하고, S1, S2, S3은 리미터 스위치 LS1, LS2, LS3이므로 시퀀스 도에 따라 프로그래밍 한다.

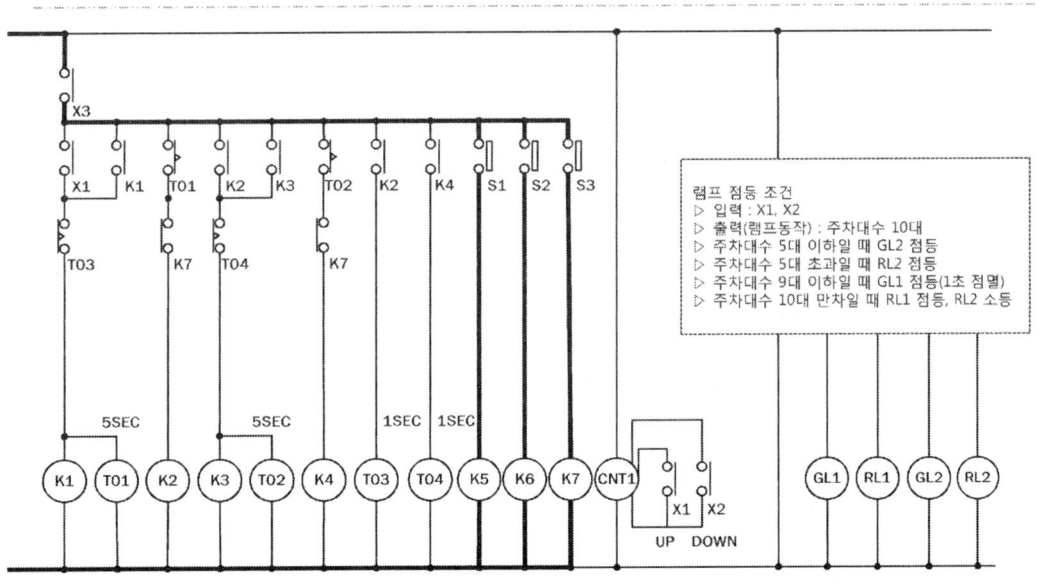

[그림 8-164] 시퀀스 회로도

② 프로그램

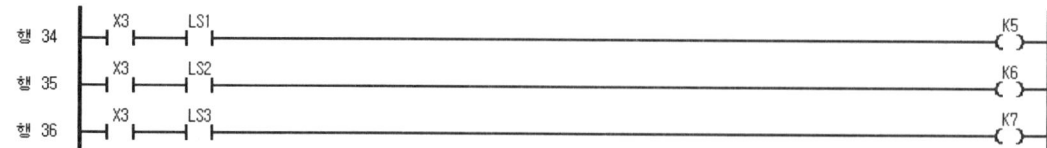

[그림 8-165] K5~K7 보조릴레이 동작회로

(6) 카운터(CNT1) 동작회로

① 시퀀스 회로도

CNT1 동작회로는 업다운 카운터를 사용해야 한다. 차량의 만차 대수가 10이므로 PV값은 10으로 입력하고, 리셋 조건이 없으므로 0을 입력한다.

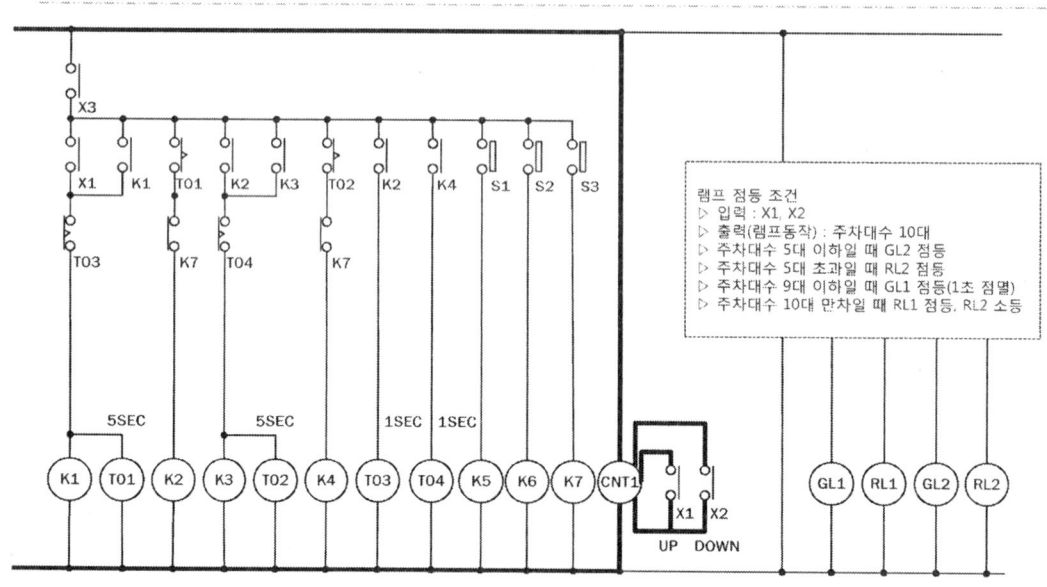

[그림 8-166] 시퀀스 회로도

② 프로그램

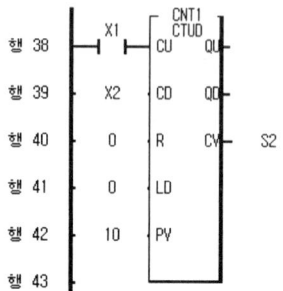

[그림 8-167] 카운터(CNT1) 동작회로

(7) 램프 동작회로

① 시퀀스 회로도

램프 동작조건은 GL2는 주차대수가 5대 이하이면 점등되고, RL2는 주차대수가 5대 초과 9대까지 점등되어야 한다. 또한 GL1은 주차대수가 9대 이하이면 1초 간격으로 점멸 점등되어야 하며, RL1은 주차대수가 10일 경우 점등되어야 한다. 단 RL1이 점등될 때 RL2는 소등되어야 한다. 따라서 본회로의 프로그램은 비교 펑션을 사용하는 것이 좋다.

비교 펑션의 종류 및 사용방법은 아래와 같다.

② GT : '크다'의 비교

IN1 > IN2이면 출력 OUT은 '1'이 됨. 즉, IN2가 IN1보다 크면 항상 출력은 1이 된다.

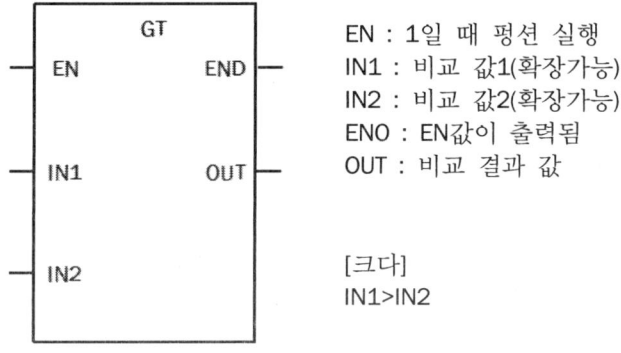

EN : 1일 때 펑션 실행
IN1 : 비교 값1(확장가능)
IN2 : 비교 값2(확장가능)
ENO : EN값이 출력됨
OUT : 비교 결과 값

[크다]
IN1>IN2

③ GE : '크거나 작다'의 비교

IN1 >= IN2이면 출력 OUT은 '1'이 됨. 즉, IN2가 IN1보다 작거나 같으면 항상 출력은 1이 된다.

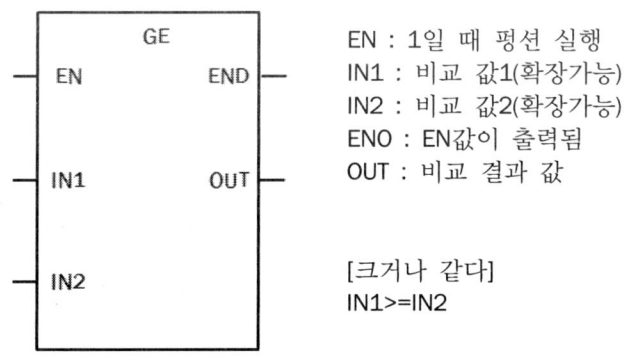

EN : 1일 때 펑션 실행
IN1 : 비교 값1(확장가능)
IN2 : 비교 값2(확장가능)
ENO : EN값이 출력됨
OUT : 비교 결과 값

[크거나 같다]
IN1>=IN2

④ EQ : '같다'의 비교

IN1=IN2이면 출력 OUT은 '1'이 됨. 즉, IN2가 IN1과 같으면 항상 출력은 1이 된다.

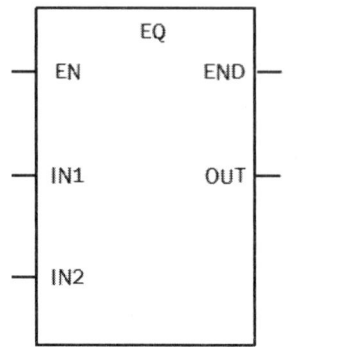

EN : 1일 때 펑션 실행
IN1 : 비교 값1(확장가능)
IN2 : 비교 값2(확장가능)
ENO : EN값이 출력됨
OUT : 비교 결과 값

[같다]
IN1=IN2

⑤ LE : '작거나 같다'의 비교

IN1<=IN2이면 출력 OUT은 '1'이 됨. 즉, IN1이 IN2보다 작거나 같으면 항상 출력은 1이 된다.

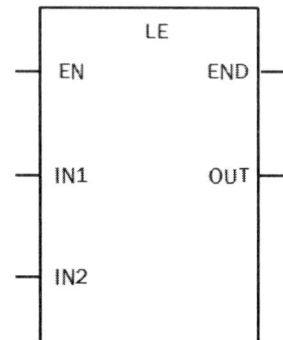

EN : 1일 때 펑션 실행
IN1 : 비교 값1(확장가능)
IN2 : 비교 값2(확장가능)
ENO : EN값이 출력됨
OUT : 비교 결과 값

[작거나 같다]
IN1<=IN2

⑥ LT : '작다'의 비교

IN1<IN2이면 출력 OUT은 '1'이 됨. 즉, IN1이 IN2보다 작으면 항상 출력은 1이 된다.

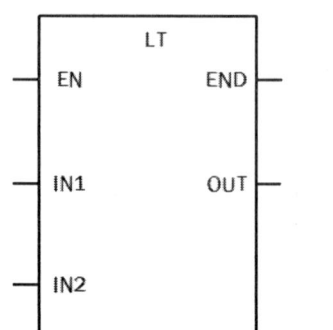

EN : 1일 때 펑션 실행
IN1 : 비교 값1(확장가능)
IN2 : 비교 값2(확장가능)
ENO : EN값이 출력됨
OUT : 비교 결과 값

[작다]
IN1<IN2

⑦ NE : '같지 않다'의 비교

IN1<>IN2이면 출력 OUT은 '1'이 됨. 즉, IN1과 IN2가 같지 않으면 항상 출력은 1이 된다.

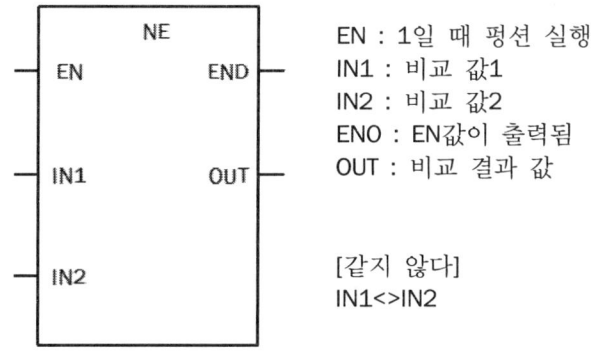

EN : 1일 때 펑션 실행
IN1 : 비교 값1
IN2 : 비교 값2
ENO : EN값이 출력됨
OUT : 비교 결과 값

[같지 않다]
IN1<>IN2

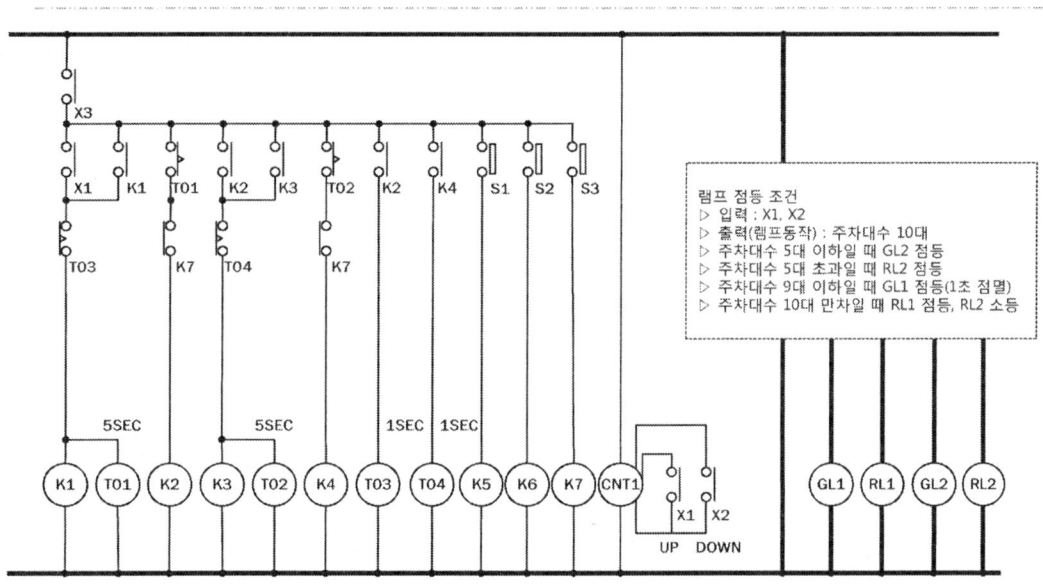

램프 점등 조건
▷ 입력 : X1, X2
▷ 출력(램프동작) : 주차대수 10대
▷ 주차대수 5대 이하일 때 GL2 점등
▷ 주차대수 5대 초과일 때 RL2 점등
▷ 주차대수 9대 이하일 때 GL1 점등(1초 점멸)
▷ 주차대수 10대 만차일 때 RL1 점등, RL2 소등

[그림 8-168] 시퀀스 회로도

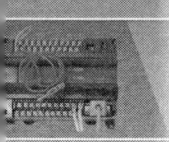

440 제8장 전기기능장 실전 문제

⑧ 프로그램

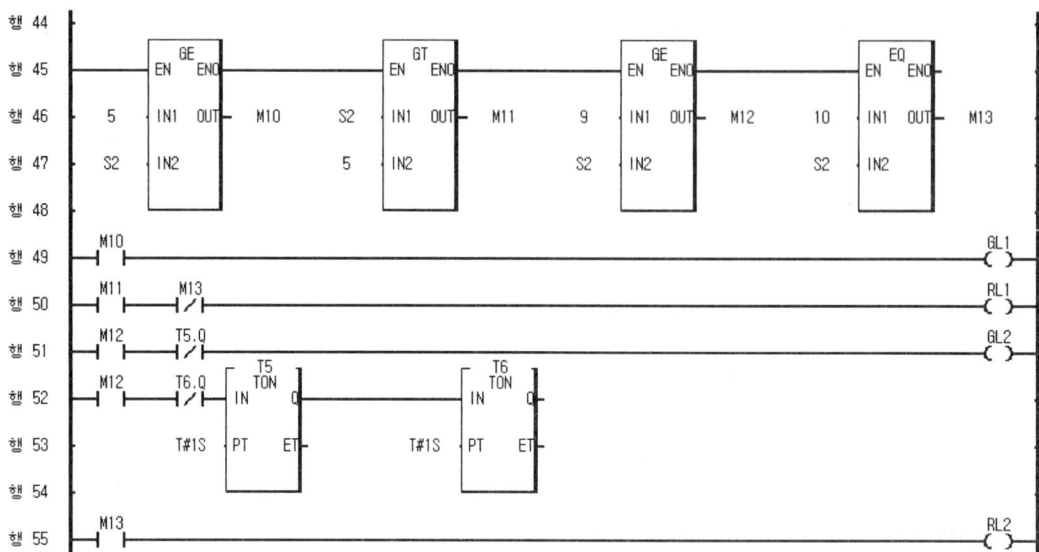

[그림 8-169] 램프 동작회로

(8) 실전 문제 56 완성 프로그램(1)

[그림 8-170] 실전 문제 56 완성 프로그램 (1)

(9) 실전 문제 56 완성 프로그램(2)

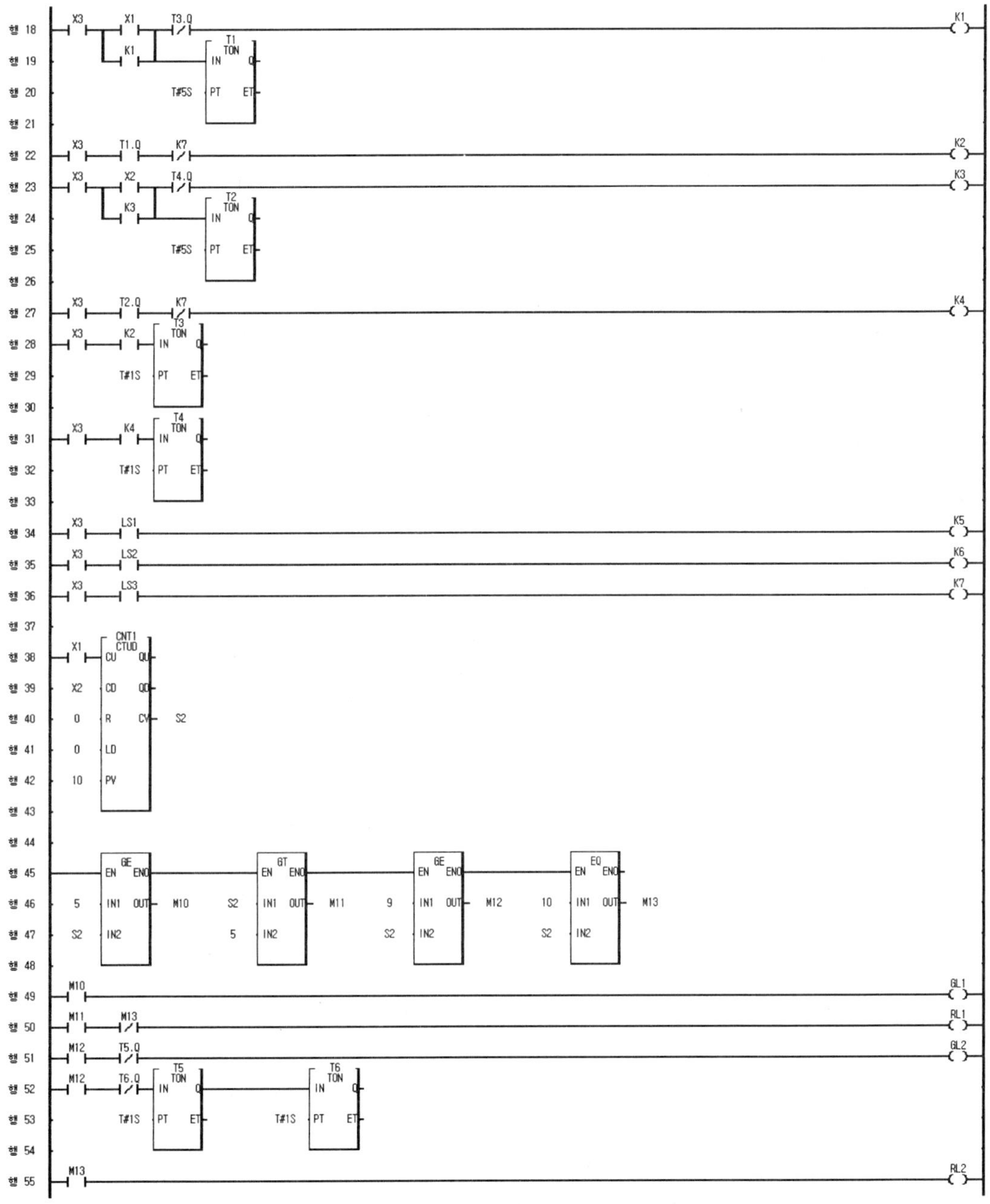

[그림 8-171] 실전 문제 56 완성 프로그램(2)

8.4.2 실전 문제 56 MASTER-K(기종 : K7M-DR30S)

1. PLC 문제

(1) 요구사항

① PLC 입·출력 배치도와 같은 순으로 입·출력 단자를 결선하여 시퀀스도의 동작사항과 일치하는 PLC회로를 구성하여 프로그램 하시오.

② 전원선 및 공통선은 지참한 PLC기종에 맞게 결선하고, 플리커, 타이머, 카운터, 보조릴레이 등은 PLC내부 데이터를 이용하여 프로그램 하시오.

[표 8-4] 범례

기 호	명 칭	비 고
M1	입차 차단기용 전동기	
M2	출차 차단기용 전동기	
S1	감지 스위치(입차)	
S2	감지 스위치(출차)	
S3	감지 스위치(입·출차)	
GL1	주차장 상황 표시 램프	
RL1	주차장 상황 표시 램프	
GL2	주차장 상황 표시 램프	
RL2	주차장 상황 표시 램프	

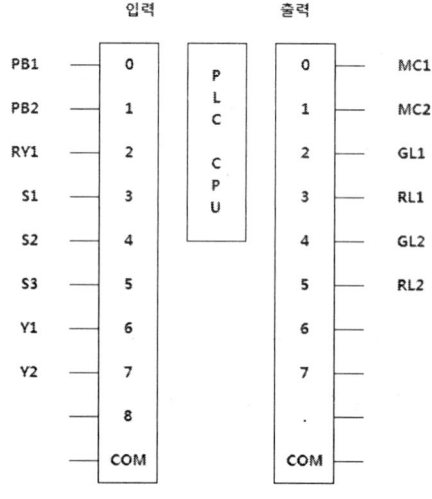

[그림 8-172] PLC 입·출력도

2. 동작설명

(1) 공통동작

① 전원을 투입하면 PLC와 EOCR에 전원이 공급되며, 입차 및 출차 차단기가 모두 정지되면 GL3이 점등

② PB3를 ON하면 RY1이 여자되어 자동모드로 전환되고, PB4를 ON하면 RY1이 소자되어 수동모드로 전환

③ RL1, RL2, GL1, GL2 램프는 시퀀스도의 동작 조건에 의해 동작

④ EOCR1, 2가 동작되면 YL1, YL2가 각각 점등되며, 동작 중이던 차단기는 정지

(2) 수동모드(RY1_OFF)

① PB1 동작은 첫 번째 누르는 순간 MC1이 여자되며, 두 번째 눌렀다 놓는 순간 MC1이 소자

② PB2 동작은 누르는 동안만 MC2 여자되어야 하므로, 즉 PB1, PB2의 동작은 1개의 푸시버튼에 의해 ON, OFF 동작을 함.

(3) 자동모드(RY1_ON)

① 리미트 스위치 S1~S3에 의해 차량 수를 감지하고, 주차대수를 초과하는 경우 입차를 제한하며, 아울러 주차가 가능하면 입차를 허용하는 동작을 해야 함.

3. PLC 문제 해석

(1) 시퀀스 회로도 해석

본 예제의 시퀀스 회로도를 PLC 프로그램하기 위해서는 a, b접점을 확인하고 내부 릴레이 사용할지 여부와 플리커릴레이(FR), 타이머(T), 카운터(C) 등이 있는지 판단하여야 한다. 또한 메모리 할당을 하여야 하는데, PLC 입·출력도에 순서에 의하여 한다.

(2) PLC 입·출력도

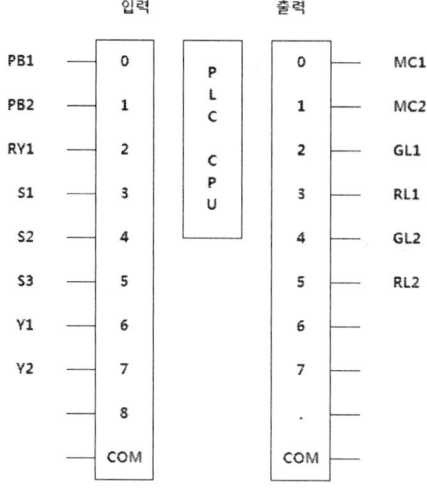

[그림 8-173] PLC 입·출력도

(3) 시퀀스 회로도

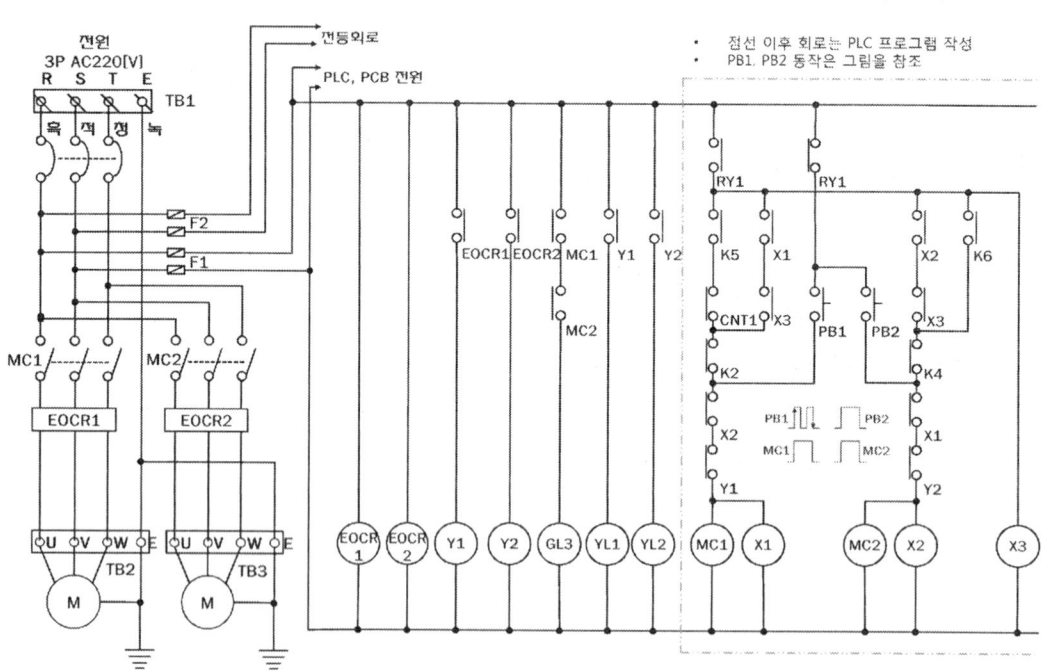

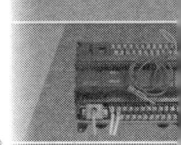

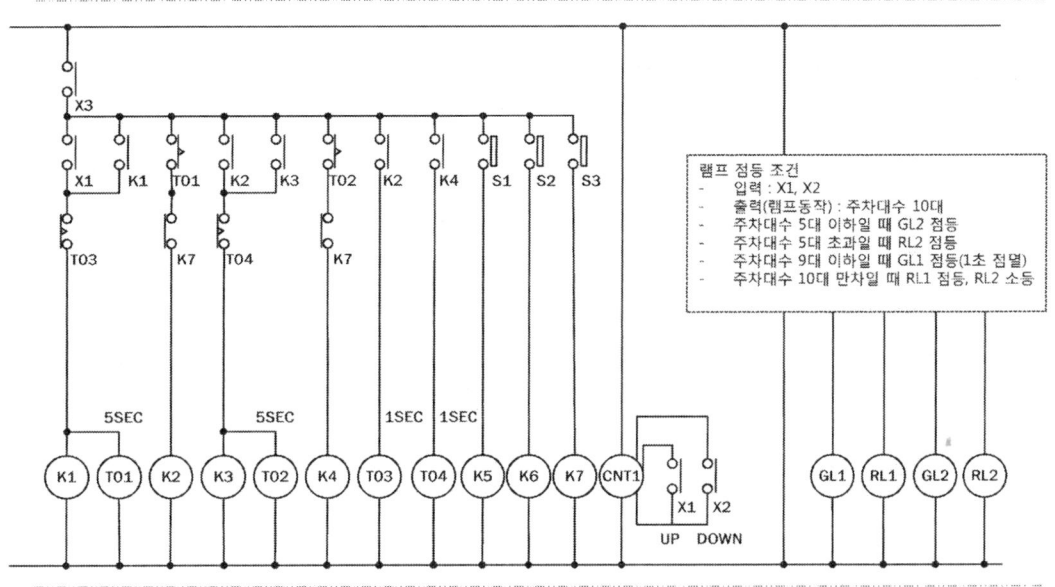

[그림 8-174] 시퀀스 회로도

(4) PLC 메모리 할당

입·출력의 메모리 할당은 아래와 같이 하여야 하며, X1~X3, K1~K7 등도 내부 릴레이이므로 번호할당에 주의하여야 한다. 특히 MASTER-K 프로그램에서는 내부 릴레이 아이디는 M에 의해 할당된다. 예를 들면 카운터 회로에 사용하는 내부 릴레이는 M0, M1, 릴레이 X1~X3에 사용하는 내부 릴레이는 M2, M3, M4, 릴레이 K1~K7은 M11부터 M17까지 사용하고, 비교명령어에 사용할 내부 릴레이는 M100~부터 시작 번호를 주어 혼동이 없도록 해야 한다.

① 입력은 PB1-P0000, PB2-P0001, RY1-P0002, S1-P0003, S2-P0004, S3-P0005, Y1-P0006, Y2-P0007로 할당한다.

② 출력은 MC1-P0040, MC2-P0041, GL1-P0042, RL1-P0043, GL2-P0044, RL2-P0045로 할당한다.

③ 시퀀스도에서 T1, T2, T3, T4와 카운터, 플리커 동작에 사용하는 타이머T5, T6, 차량대수에 의한 램프점등에 사용하는 비교 명령어 등은 자동 할당한다. PLC의 입·출력도의 순서대로 할당하여야 프로그램 작성 및 PLC 결선 오류를 방지할 수 있다.

4. 시퀀스 회로도 프로그램 하기

(1) 수동 모드에서의 PB1동작회로

① 시퀀스 회로도

PB1은 조건에서 보면 한번 동작할 때 MC1_ON이 되고 두 번 동작할 때 MC1_OFF되어야 하며, 한번 동작 할 때에는 상승 엣지 신호를 두 번 동작할 때에는 하강 엣지 신호를 사용해야 한다.

따라서 PB1(P0000)에 의해 M0은 양변환신호, M1은 음변환 신호를 주면 되는데 MASTER-K 프로그램에서는 검출 접점이 없으므로 [D NOT] 명령어를 사용하여 음변환 신호를 주면 된다. 카운터의 리셋 신호는 C2를 이용하면 된다.

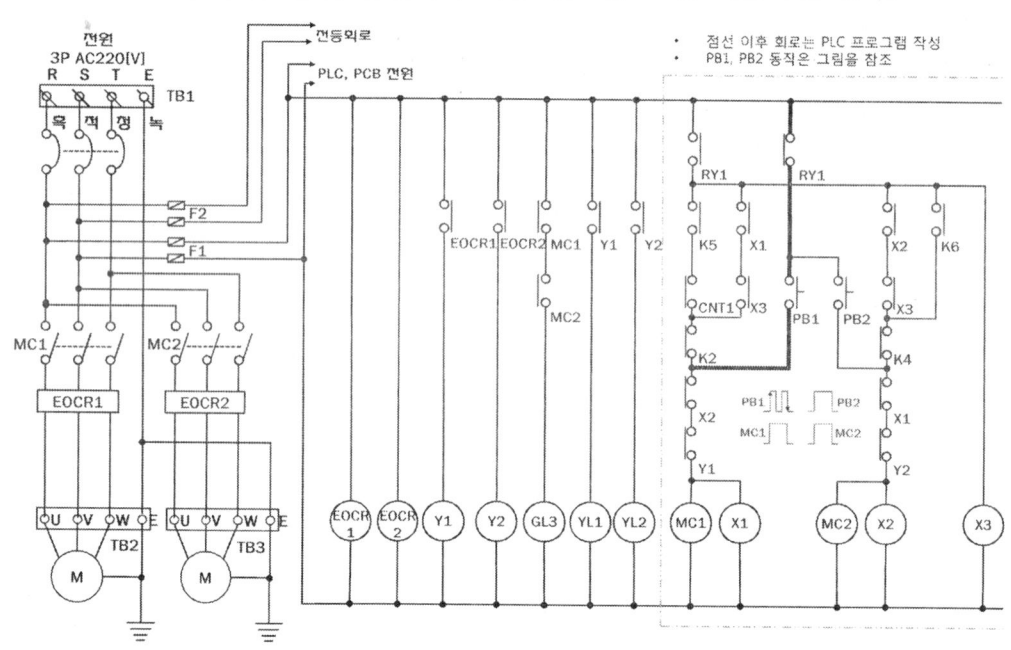

[그림 8-175] 시퀀스 회로도

② 프로그램

[그림 8-176] 수동 모드에서의 PB1동작회로

(2) PB1에 의한 MC1, X1동작회로

① 시퀀스 회로도

PB1에 의한 MC1, X1동작회로의 프로그램은 시퀀스 도에 따라 프로그래밍하면 되는데, PB1 스위치 대신에 C1_a, C2_b 접점을 사용하여 MC1이 ON-OFF 할 수 있도록 해야 한다.

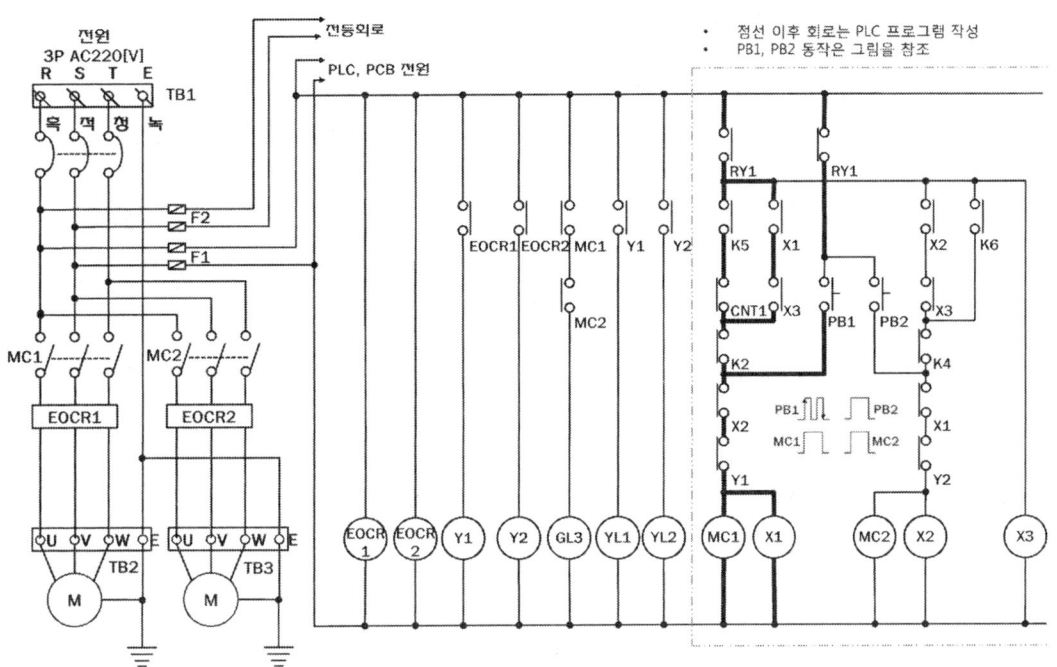

[그림 8-177] 시퀀스 회로도

② 프로그램

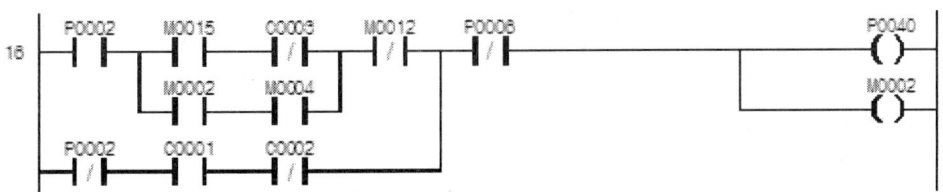

[그림 8-178] PB1에 의한 MC1, X1동작회로

(3) PB2에 의한 MC2, X2동작회로

① 시퀀스 회로도

PB2에 의한 MC2, X2동작회로의 프로그램은 시퀀스 회로도에 따라 프로그래밍하면 된다.

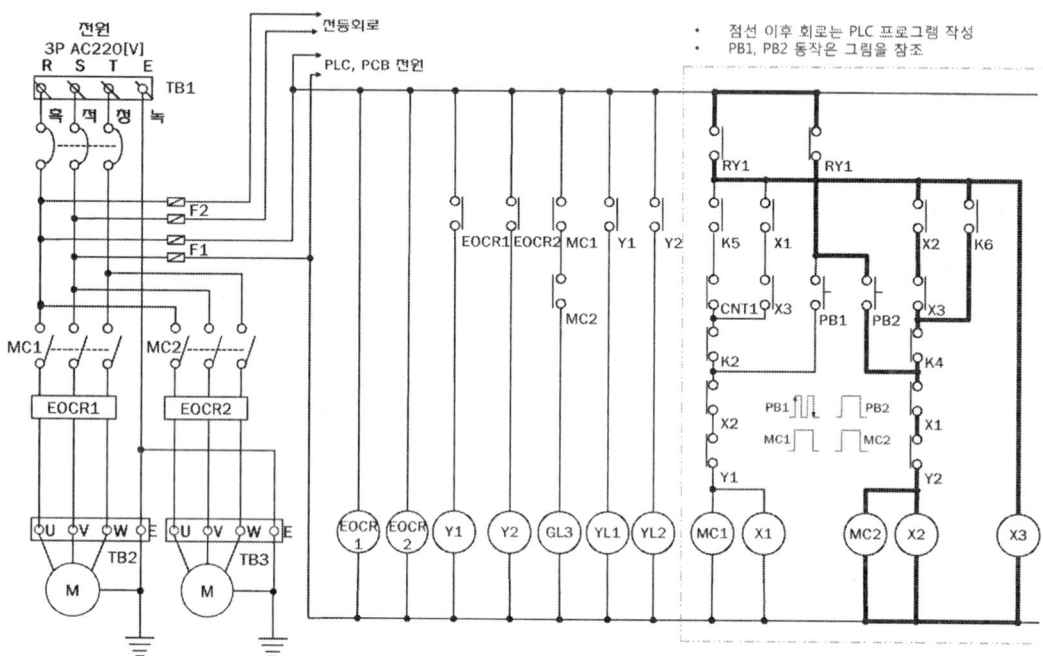

[그림 8-179] 시퀀스 회로도

② 프로그램

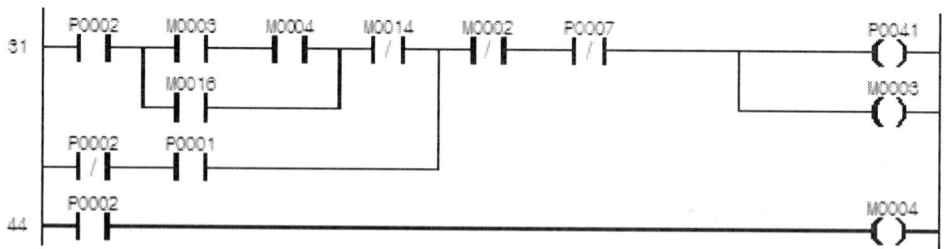

[그림 8-180] PB2에 의한 MC2, X2동작회로

(4) K1~K4 보조릴레이 동작회로

① 시퀀스 회로도

K1~K4 보조릴레이 동작회로의 프로그램은 M11, M12, M13, M14 내부릴레이를 사용하고, 시퀀스에 따라 프로그래밍하면 되는데 타이머는 도면에 표시된 시간을 입력해야 한다.

타이머를 입력하는 방법은 [TON √T1 √50]이라 입력하면 되는데, PLC의 기본 시간이 ms이기 때문에 5초일 경우 50이라 입력한다.

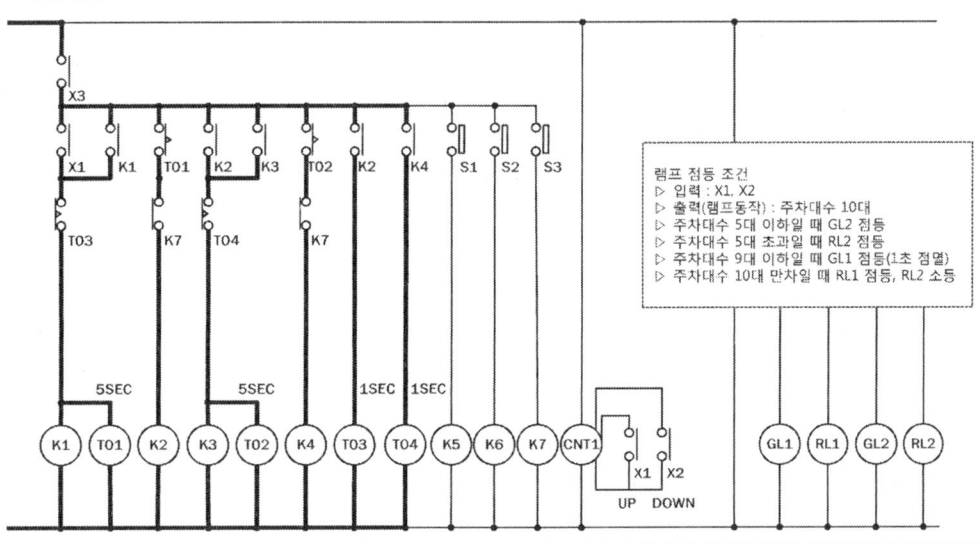

[그림 8-181] 시퀀스 회로도

② 프로그램

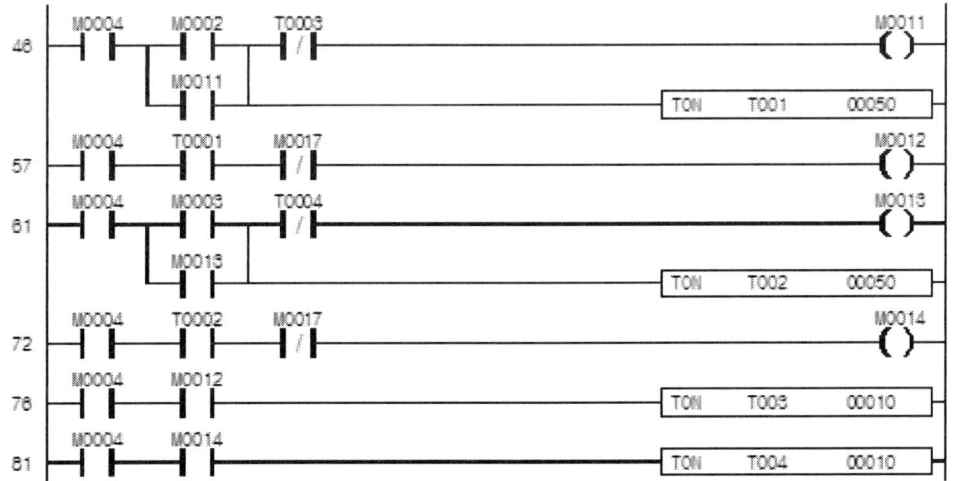

[그림 8-182] K1~K4 보조릴레이 동작회로

450 제8장 전기기능장 실전 문제

(5) K5~K7 보조릴레이 동작회로

① 시퀀스 회로도

K5~K7 보조릴레이 동작회로의 프로그램은 M15, M16, M17 메모리 할당을 하고, S1, S2, S3은 리미터 스위치 LS1, LS2, LS3 임으로 시퀀스 도에 따라 프로그래밍 한다.

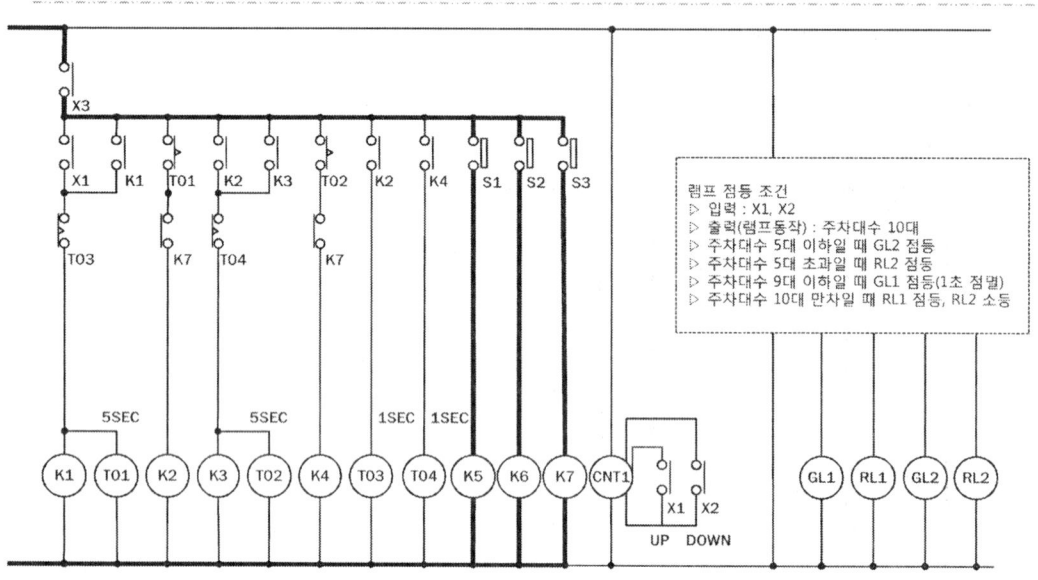

[그림 8-183] 시퀀스 회로도

② 프로그램

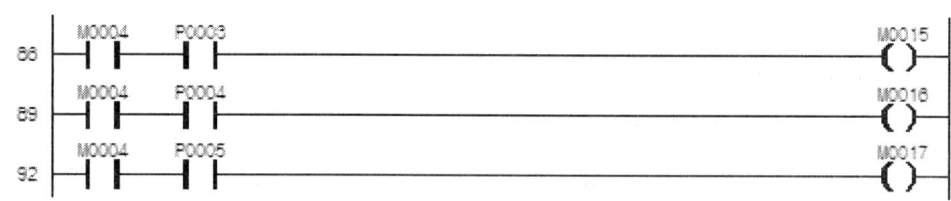

[그림 8-184] K5~K7 보조릴레이 동작회로

(6) 카운터(CNT1) 동작회로

① 시퀀스 회로도

CNT1 동작회로는 업·다운 카운터를 사용해야 한다. 카운터 입력 방법은 차량의 만차 대수가 10이므로 [CTUD C3 10]을 입력하고, 리셋 조건이 없으므로 P0100을 입력한다.

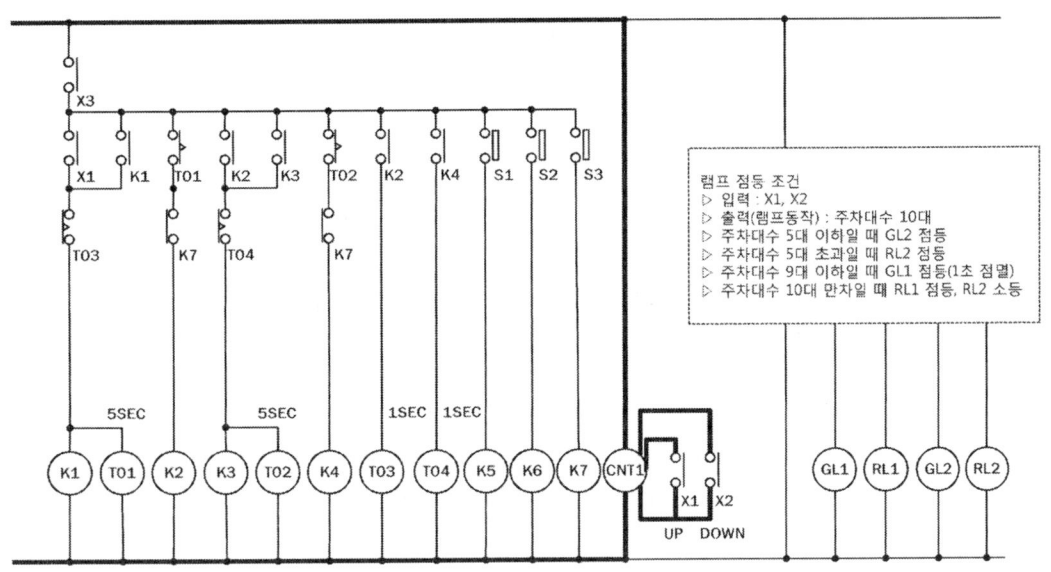

[그림 8-185] 시퀀스 회로도

② 프로그램

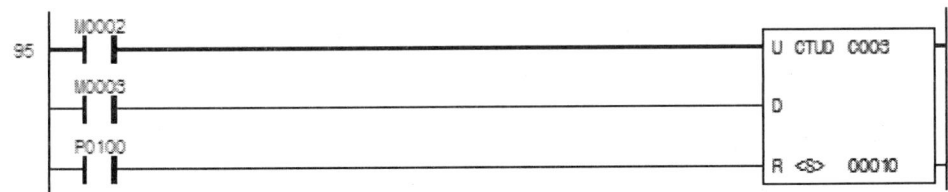

[그림 8-186] 카운터(CNT1) 동작회로

(7) 램프 동작회로

① 시퀀스 회로도

램프 동작조건은 GL2는 주차대수가 5대 이하이면 점등되고, RL2는 주차대수가 5대 초과 9대 까지 점등되어야 한다. 또한 GL1은 주차대수가 9대 이하이면 1초 간격으로 점멸 점등되어야 하며, RL1은 주차대수가 10일 경우 점등되어야 한다. 단 RL1이 점등될 때 RL2는 소등되어야 한다. 따라서 본회로의 프로그램은 비교 명령어를 사용하는 것이 좋다. 비교명령어의 종류 및 사용방법은 아래와 같다.

㉠ <= : '같거나 작다'의 비교

[<= D0 D1]일 때 D0값이 D1 값보다 같거나 작으면 출력은 '1'이 됨. 즉, D1이 D0보다 같거나 작으면 항상 출력은 1이 된다.

㉡ >= : '같거나 크다'의 비교

[>= D0 D1]일 때 D0값이 D1 값보다 같거나 크면 출력은 '1'이 됨. 즉, D1이 D0보다 같거나 크면 항상 출력은 1이 된다.

㉢ = : '같다'의 비교

[= D0 D1]일 때 D0값이 D1 같으면 출력은 '1'이 됨. 즉, D1이 D0과 같으면 항상 출력은 1이 된다.

㉣ < : '작다'의 비교

[< D0 D1]일 때 D0값이 D1 보다 작으면 출력은 '1'이 됨. 즉, D1이 D0보다 크면 항상 출력은 1이 된다.

㉤ > : '크다'의 비교

[> D0 D1]일 때 D0값이 D1 보다 크면 출력은 '1'이 됨. 즉, D1이 D0보다 작으면 항상 출력은 1이 된다.

㉥ <> : '같지 않다'의 비교

[<> D0 D1]일 때 D0값과 D1 값이 서로 같지 않으면 출력은 '1'이 됨. 즉, D1값과 D0 값이 일치하지 않으면 항상 출력은 1이 된다.

8.4 실전 문제 56

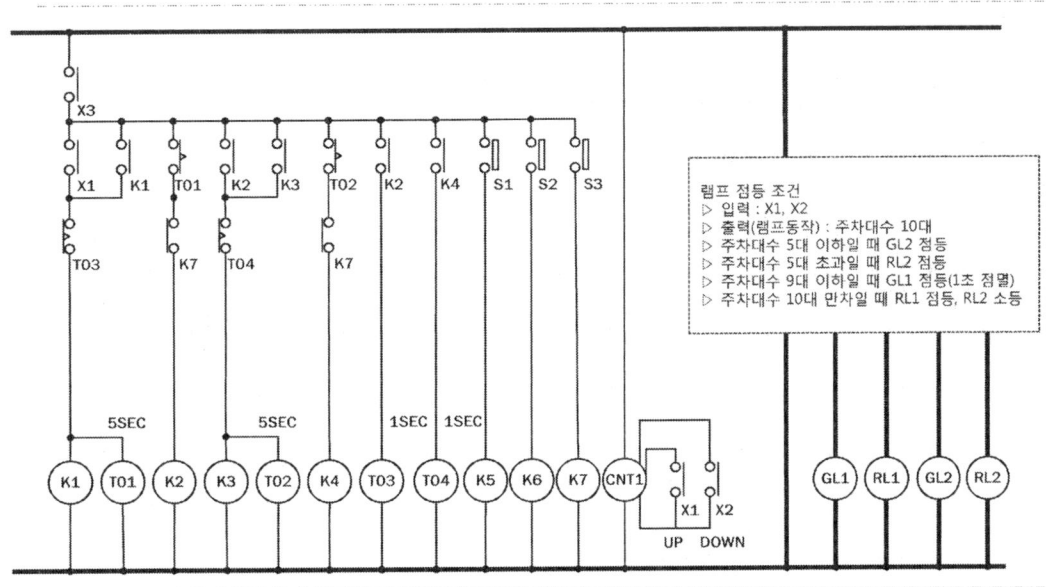

[그림 8-187] 시퀀스 회로도

② 프로그램

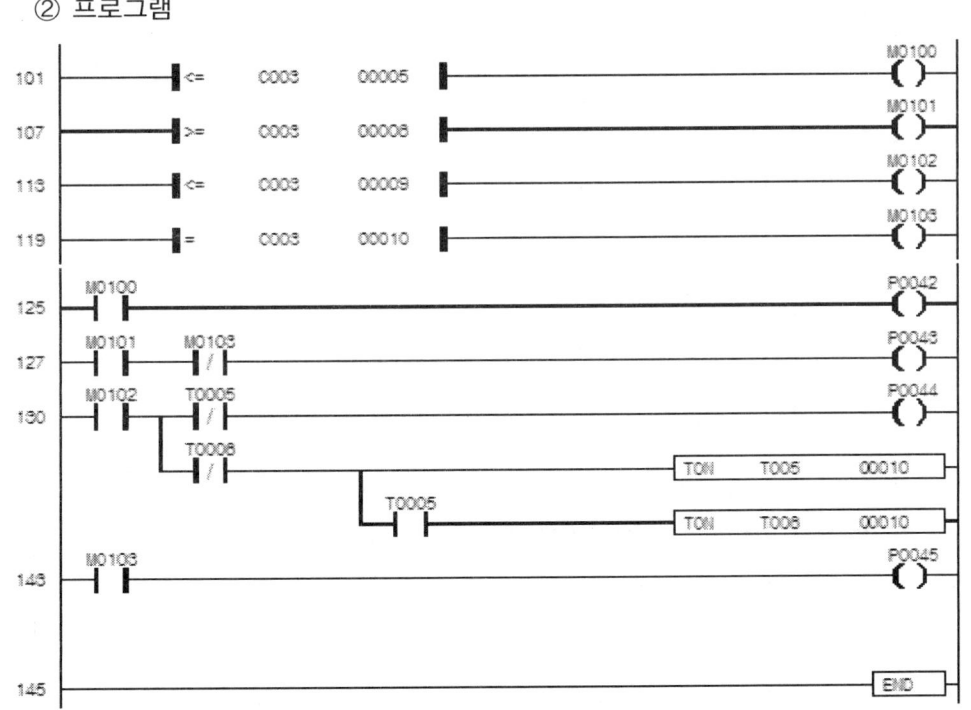

[그림 8-188] 램프 동작회로

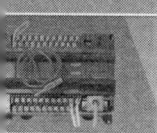

(8) 실전 문제 56 완성 프로그램(1)

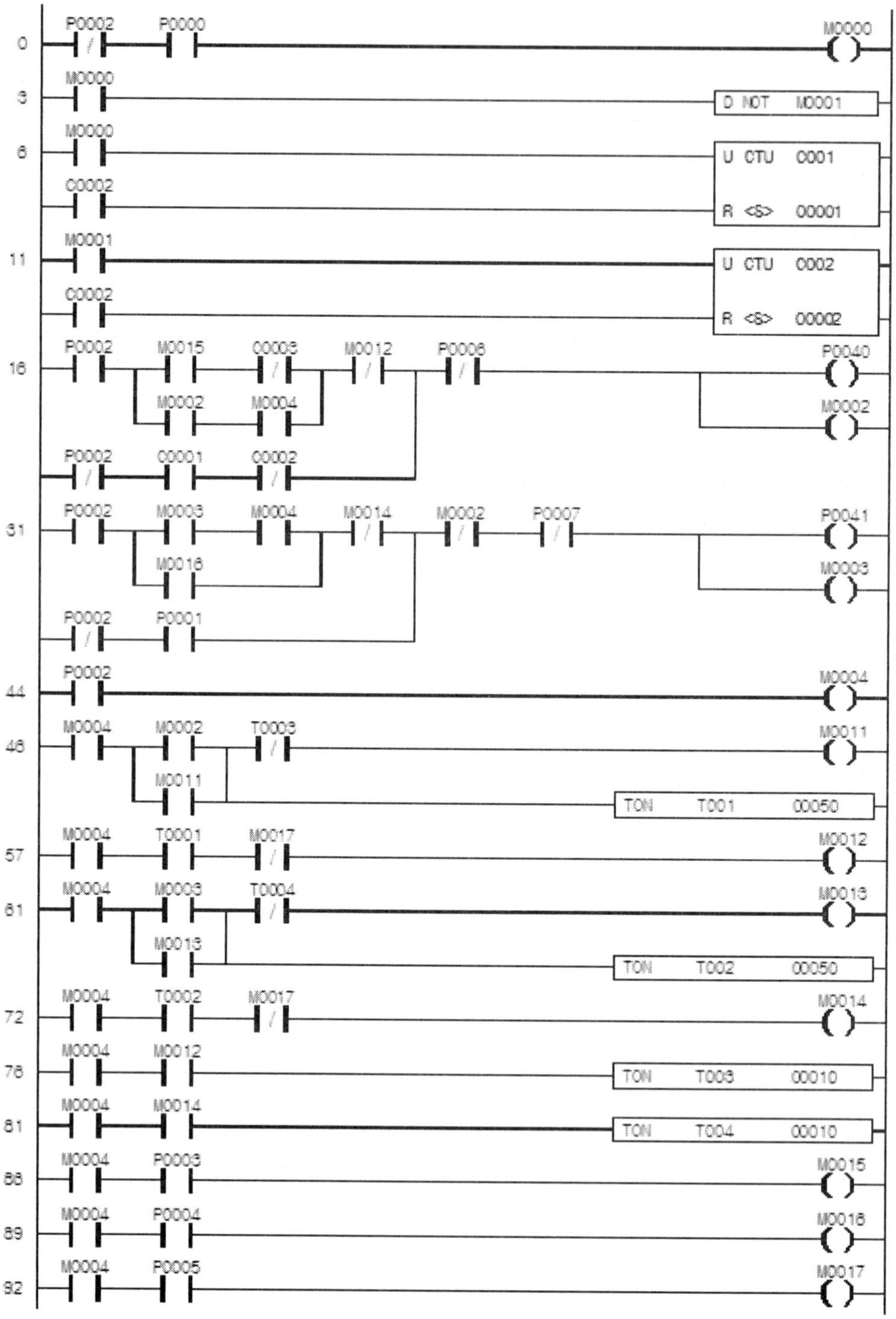

[그림 8-189] 실전 문제 56 완성 프로그램(1)

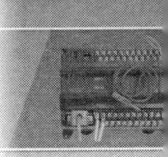

(9) 실전 문제 56 완성 프로그램(2)

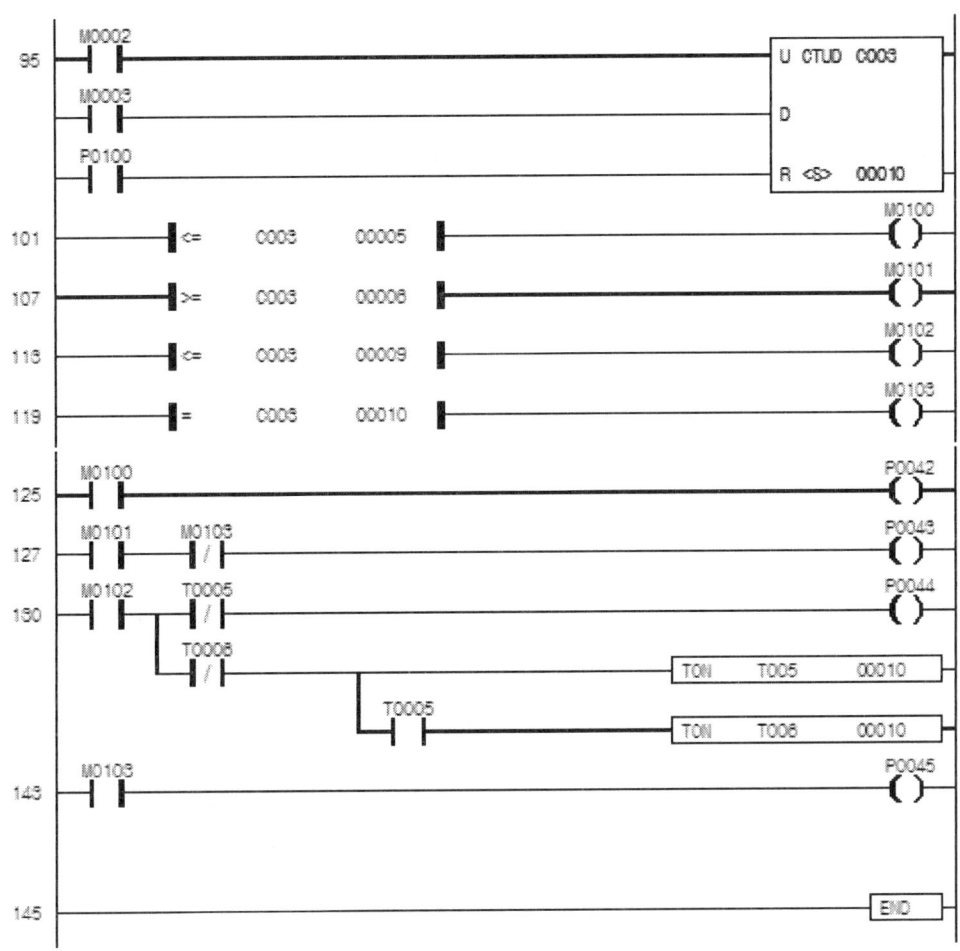

[그림 8-190] 실전 문제 56 완성 프로그램(2)

8.4.3 실전 문제 56 MELSEC PLC(기종 : FX₃ᵤ-32M)

1. PLC 문제

(1) 요구사항

① PLC 입·출력 배치도와 같은 순으로 입·출력 단자를 결선하여 시퀀스도의 동작사항과 일치하는 PLC 회로를 구성하여 프로그램 하시오.
② 전원선 및 공통선은 지참한 PLC기종에 맞게 결선하고, 플리커, 타이머, 카운터, 보조릴레이 등은 PLC내부 데이터를 이용하여 프로그램 하시오.

[표 8-5] 범례

기 호	명 칭	비 고
M1	입차 차단기용 전동기	
M2	출차 차단기용 전동기	
S1	감지 스위치(입차)	
S2	감지 스위치(출차)	
S3	감지 스위치(입·출차)	
GL1	주차장 상황 표시 램프	
RL1	주차장 상황 표시 램프	
GL2	주차장 상황 표시 램프	
RL2	주차장 상황 표시 램프	

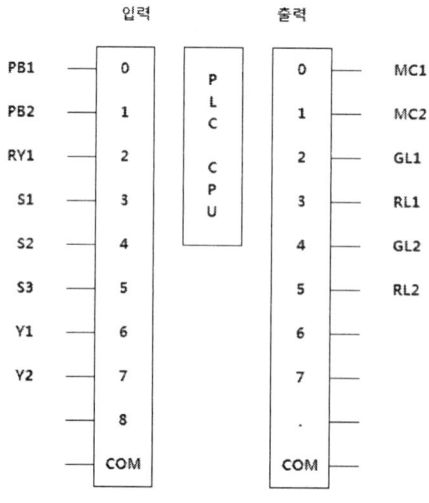

[그림 8-191] PLC 입·출력도

2. 동작설명

(1) 공통동작

① 전원을 투입하면 PLC와 EOCR에 전원이 공급되며, 입차 및 출차 차단기가 모두 정지되면 GL3이 점등

② PB3을 ON하면 RY1이 여자되어 자동모드로 전환되고, PB4를 ON하면 RY1이 소자되어 수동모드로 전환

③ RL1, RL2, GL1, GL2 램프는 시퀀스도의 동작 조건에 의해 동작

④ EOCR1, 2가 동작되면 YL1, YL2가 각각 점등되며, 동작 중이던 차단기는 정지

(2) 수동모드(RY1_OFF)

① PB1 동작은 첫 번째 누르는 순간 MC1이 여자되며, 두 번째 눌렀다 놓는 순간 MC1이 소자

② PB2 동작은 누르는 동안만 MC2 여자되어야 하므로, 즉 PB1, PB2의 동작은 1개의 푸시버튼에 의해 ON, OFF 동작을 함.

(3) 자동모드(RY1_ON)

① 리미트 스위치 S1~S3에 의해 차량 수를 감지하고, 주차대수를 초과하는 경우 입차를 제한하며, 아울러 주차가 가능하면 입차를 허용하는 동작을 해야 함.

3. PLC 문제 해석

(1) 시퀀스 회로도 해석

본 예제의 시퀀스 회로도를 PLC 프로그램하기 위해서는 a, b접점을 확인하고 내부 릴레이 사용할지 여부와 플리커릴레이(FR), 타이머(T), 카운터(C) 등이 있는지 판단하여야 한다. 또한 메모리 할당을 하여야 하는데 PLC 입·출력도에 순서에 의하여 한다.

(2) PLC 입·출력도

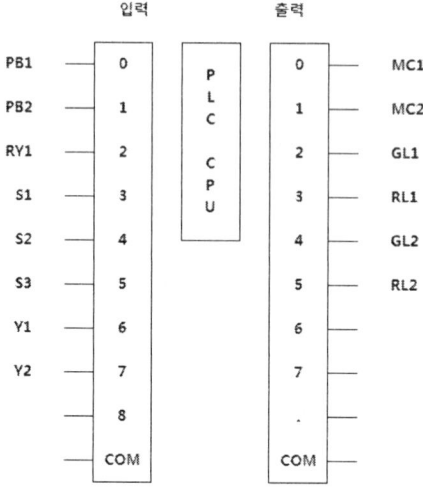

[그림 8-192] PLC 입·출력도

(3) 시퀀스 회로도

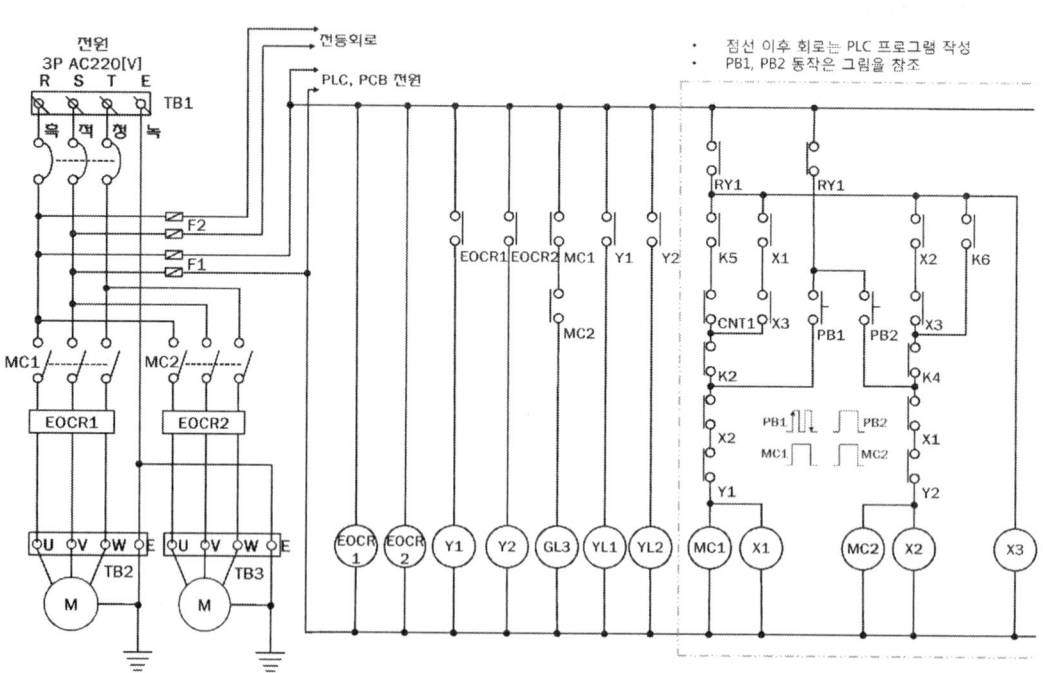

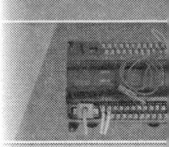

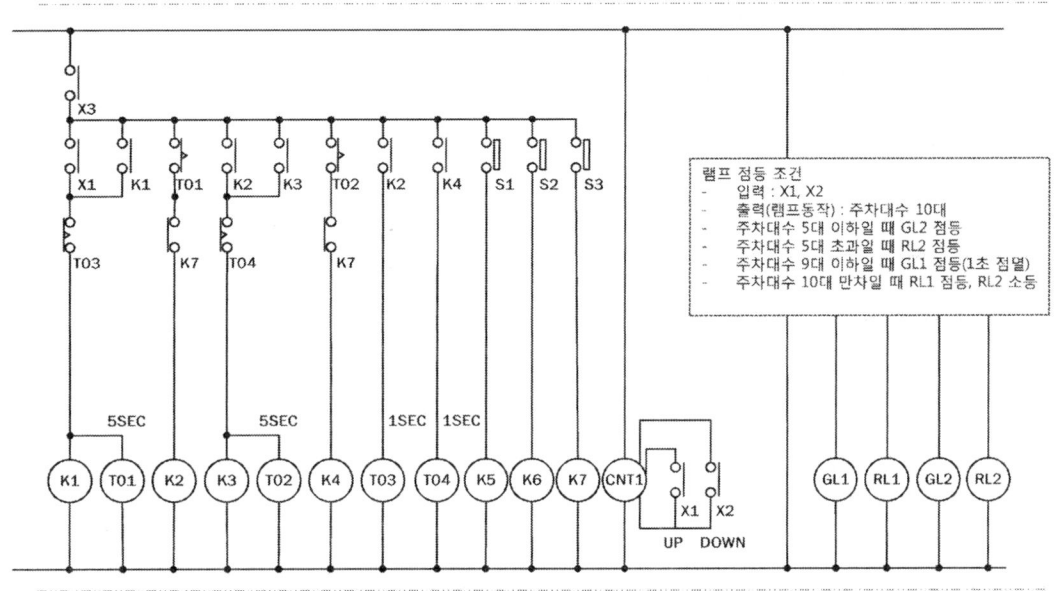

[그림 8-193] 시퀀스 회로도

(4) PLC 메모리 할당

입·출력의 메모리 할당은 아래와 같이 하여야 하며, X1~X3, K1~K7 등도 내부 메모리이므로 번호 할당에 주의하여야 한다. 특히 MELSEC PLC 프로그램에서는 내부 메모리 아이디는 M에 의해 할당된다. 예를 들면 카운터 회로에 사용하는 내부 메모리는 M0, M1, X1~X3에 사용하는 내부 메모리는 M2, M3, M4, K1~K7은 M11~부터, 비교명령어에 사용할 내부 메모리는 M100~부터 시작번호를 주어 혼동이 없도록 해야 한다.

① 입력은 PB1-X000, PB2-X001, RY1-X002, S1-X003, S2-X004, S3-X005, Y1-X006, Y2-X007로 할당한다.

② 출력은 MC1-Y000, MC2-Y001, GL1-Y002, RL1-Y003, GL2-Y004, RL2-Y005로 할당한다.

③ 시퀀스도에서 T1, T2, T3, T4와 카운터, 플리커 동작에 사용하는 타이머T5, T6, 차량대수에 의한 램프 점등에 사용하는 비교 명령어 등은 자동 할당한다. PLC의 입·출력도의 순서대로 할당하여야 프로그램 작성 및 PLC 결선 오류를 방지할 수 있다.

4. 시퀀스 회로도 프로그램 하기

(1) 수동 모드에서의 PB1동작회로

① 시퀀스 회로도

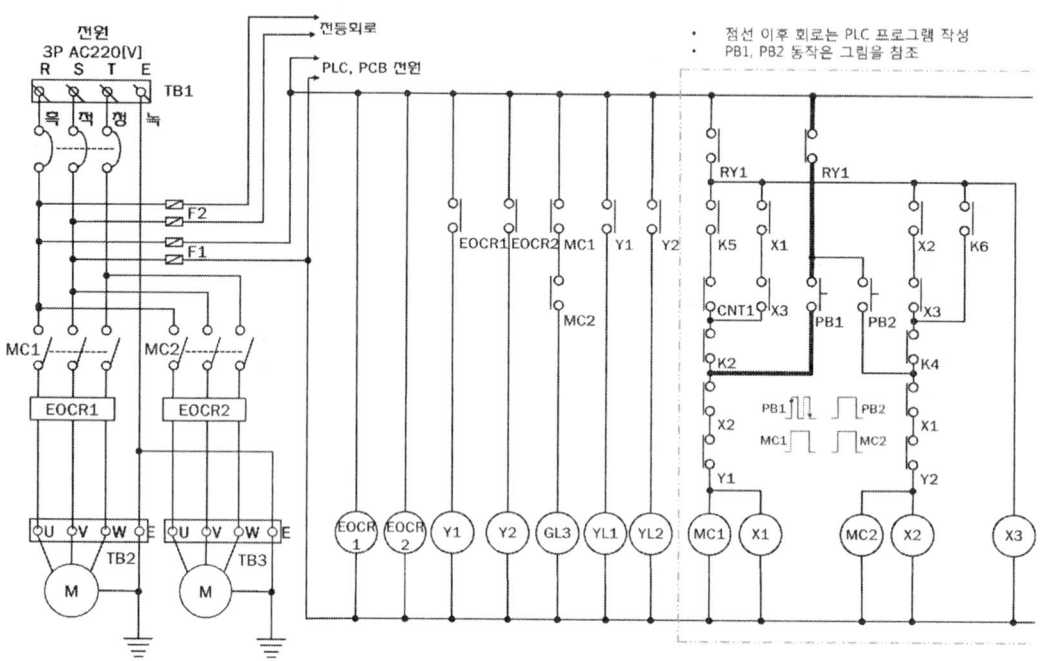

[그림 8-194] 시퀀스 회로도

PB1은 조건에서 보면 한번 동작할 때 **MC1_ON** 이 되고 두 번 동작할 때 **MC1_OFF** 되어야 하며, 한번 동작 할 때에는 상승 엣지 신호를 두 번 동작할 때에는 하강 엣지 신호를 사용해야 한다.

따라서 카운터와 양변환, 음변환 검출 접점을 사용하면 된다. 특히 주의할 점은 카운터의 리셋 신호를 어떻게 주느냐 하는 것이다. 카운터의 리셋 신호는 C2를 이용하면 된다.

② 프로그램

```
      X002   X000
0    ──┤/├──┬──┤ ├────────────────────(M0)
            │   X000
            └──┤↓├────────────────────(M1)

      M0                                K1
8    ──┤ ├─────────────────────────────(C1)

      M1                                K2
12   ──┤ ├─────────────────────────────(C2)

      C2
16   ──┤ ├──────────────────[RST  C1 ]

      C2
19   ──┤ ├──────────────────[RST  C2 ]
```

[그림 8-195] 수동 모드에서의 PB1동작회로

(2) PB1에 의한 MC1, X1동작회로

① 시퀀스 회로도

PB1에 의한 MC1, X1동작회로의 프로그램은 시퀀스 도에 따라 프로그래밍하면 되는데 PB1 스위치 대신에 C1_a, C2_b 접점을 사용하여 MC1이 ON-OFF 할 수 있도록 해야 한다.

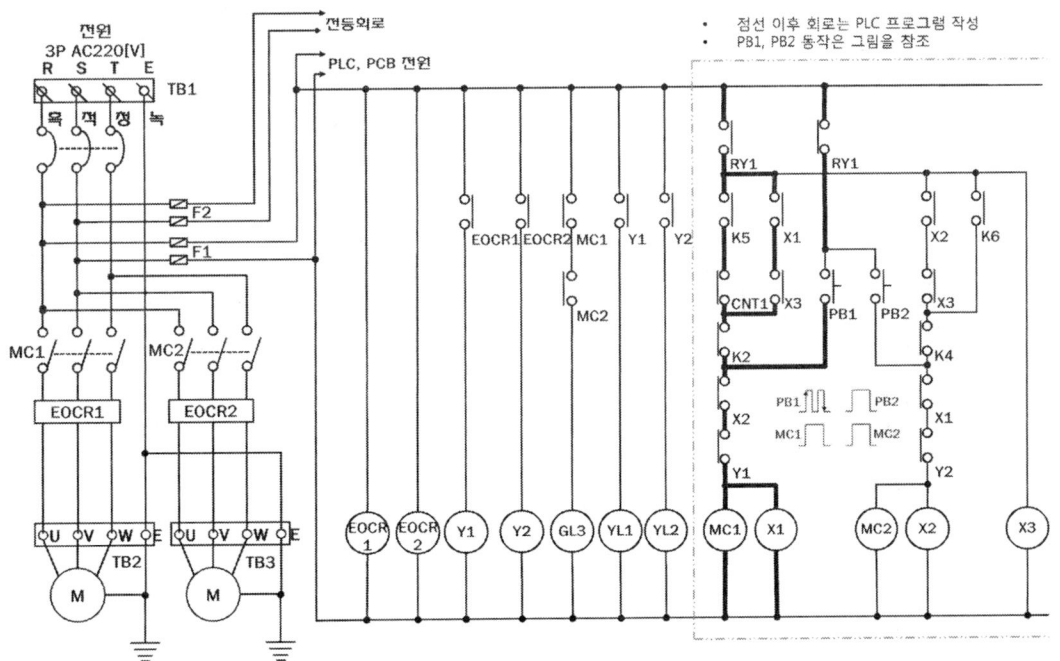

[그림 8-196] 시퀀스 회로도

462 제8장 전기기능장 실전 문제

② 프로그램

```
22  X002  M15  C3   M12  X006                    (Y000)
    ─┤├──┤├──┤/├──┤/├──┤/├─────────────────────
         │                                       
         │ M2   M4                               
         ├─┤├──┤├─┤                              
         │                                       
         │                              (M2)     
         │                                       
    X002  C1   C2                                
    ─┤/├──┤/├──┤/├─┤                             
```

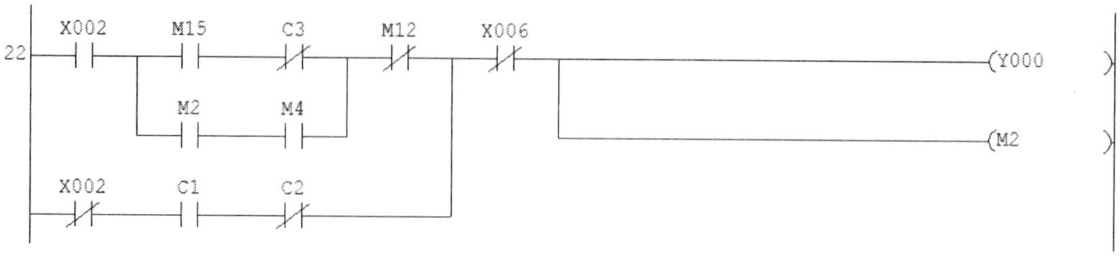

[그림 8-197] PB1에 의한 MC1, X1동작회로

(3) PB2에 의한 MC2, X2동작회로

① 시퀀스 회로도

PB2에 의한 MC2, X2동작회로의 프로그램은 시퀀스 회로도에 따라 프로그래밍하면 된다.

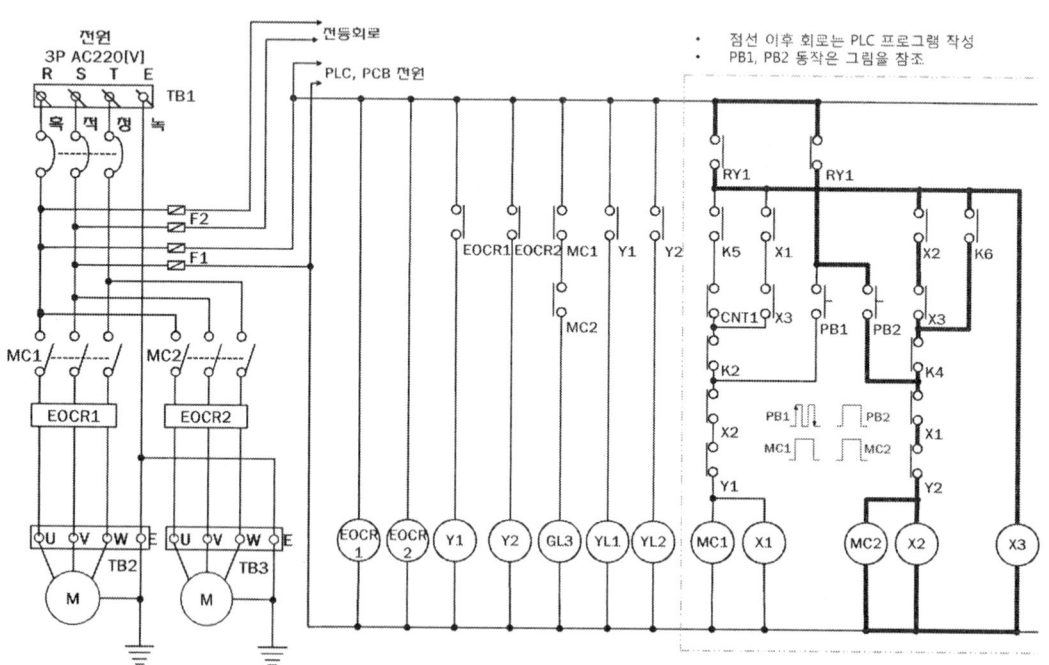

[그림 8-198] 시퀀스 회로도

② 프로그램

```
37  X002  M3   M4   M14  M2   X007                    (Y001)
    ─┤├──┬─┤├──┤├──┤/├──┤/├──┤/├─────────────────────
         │ M16                                        (M3)
         └─┤├─
    X002  X001
    ─┤/├──┤├─
    X002
50  ─┤├───────────────────────────────────────────────(M4)
```

[그림 8-199] PB2에 의한 MC2, X2동작회로

(4) K1~K4 보조릴레이 동작회로

① 시퀀스 회로도

K1~K4 보조릴레이 동작회로의 프로그램은 M11, M12, M13, M14 내부릴레이를 사용하고, 시퀀스에 따라 프로그래밍하면 되는데 타이머는 도면에 표시된 시간을 입력해야 한다.

타이머를 입력하는 방법은 [T1√K50]이라 입력하면 되는데 기본 시간이 ms이기 때문에 5초일 경우 50이라 입력한다.

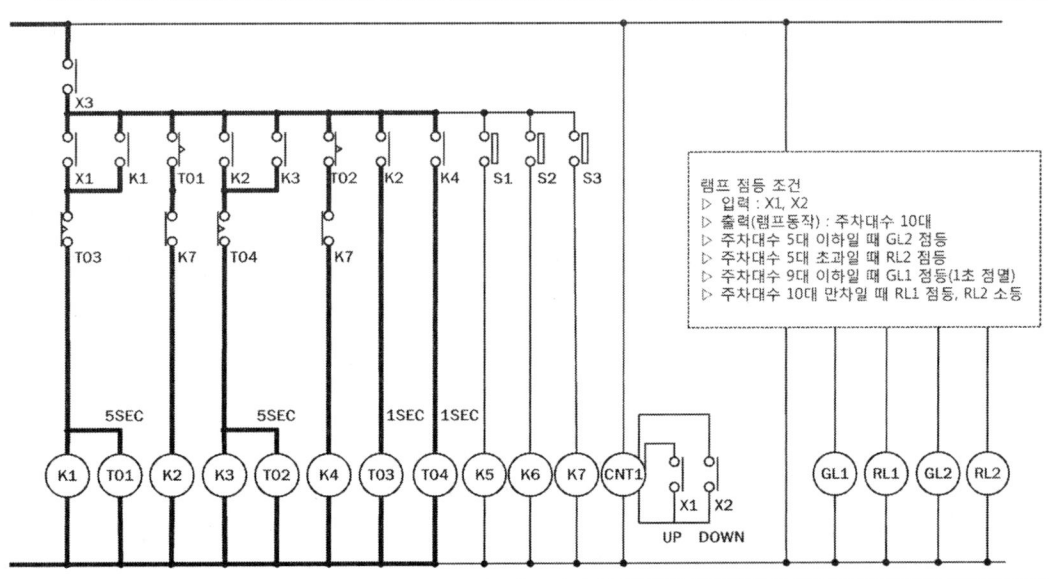

[그림 8-200] 시퀀스 회로도

② 프로그램

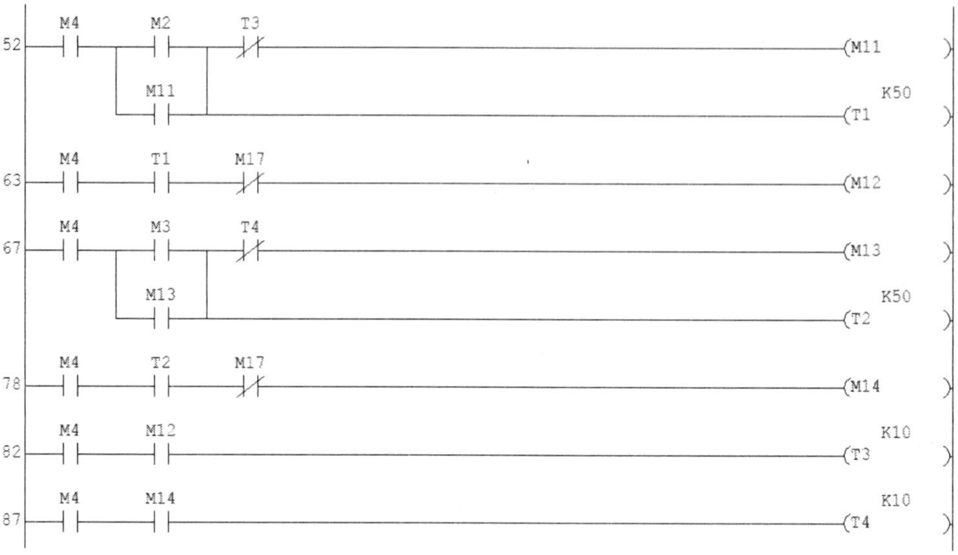

[그림 8-201] K1~K4 보조릴레이 동작회로

(5) K5~K7 보조릴레이 동작회로

① 시퀀스 회로도

K5~K7 보조릴레이 동작회로의 프로그램은 K5, K6, K7 보조릴레이는 내부릴레이와 같으므로 메모리 할당을 자동으로 하고, S1, S2, S3은 리미터 스위치 LS1, LS2, LS3이므로 시퀀스 도에 따라 프로그래밍 한다.

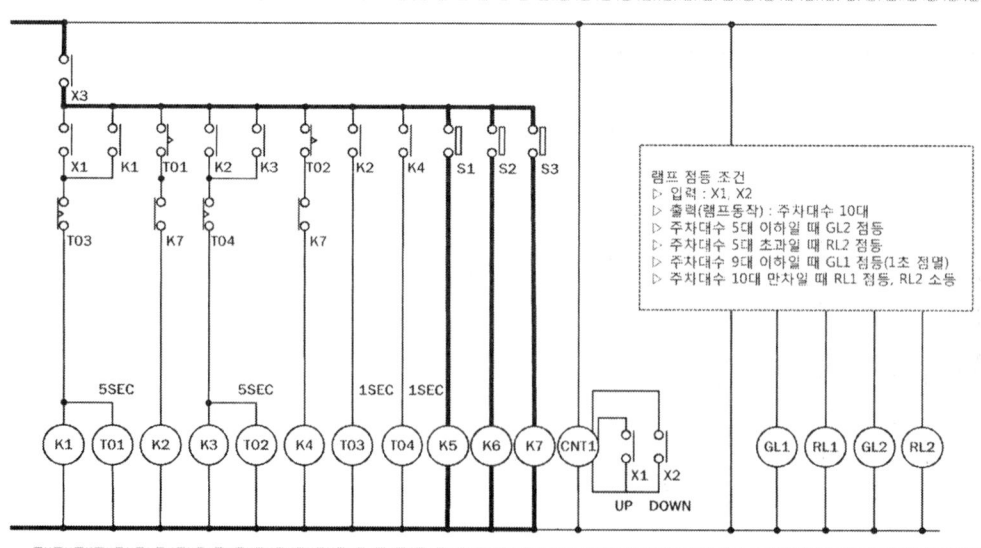

[그림 8-202] 시퀀스 회로도

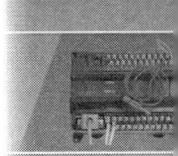

② 프로그램

```
92  ─┤M4├──┤X003├────────────────────────(M15)─
95  ─┤M4├──┤X004├────────────────────────(M16)─
98  ─┤M4├──┤X005├────────────────────────(M17)─
```

[그림 8-203] K5~K7 보조릴레이 동작회로

(6) 카운터(CNT1) 동작회로

① 시퀀스 회로도

CNT1 동작회로는 업·다운 카운터를 사용해야 한다.

MELSEC FX3U 시리즈에서는 Up/Down Counter 명령이 별도로 없다. 따라서 업 카운터와 다운 카운터를 사용하는 카운터의 번호를 알아야 한다. 아래 표 8-6은 카운터의 번호이다. 또한 업-다운의 방향전환 디바이스를 알아야 한다. C200번의 카운터 방향전환 디바이스는 M8200을 사용한다.

[표 8-6] Up/Down Counter 메모리 할당

구분	16Bit Up 카운터		32Bit Up-Down 카운터	
FX3U, FX3UC	일반용	정전보존용	일반용	정전보존용
	C0 ~ C99	C100 ~ C199	C200 ~ C219	C220 ~ C234

예를 들면 다음과 같다.

```
 0  ─┤X001├──────────────────────────────(M8200)─
                                               K3
 3  ─┤X000├──────────────────────────────(C200)─
     │
     ─┤X001├

10  ─┤C200├──────────────────────────────(Y000)─

12  ──────────────────────────────────────[END]─
```

[그림 8-204] Up/Down Counter 프로그램

본 문제 해설에서는 INCP, DECP 명령을 사용하여 프로그램을 작성하였다. INCP 명령은 D0의 값을 +1을 하는 명령이고, DECP는 D0값을 -1을 하는 명령이므로 업·다운에 활용할 수 있다.

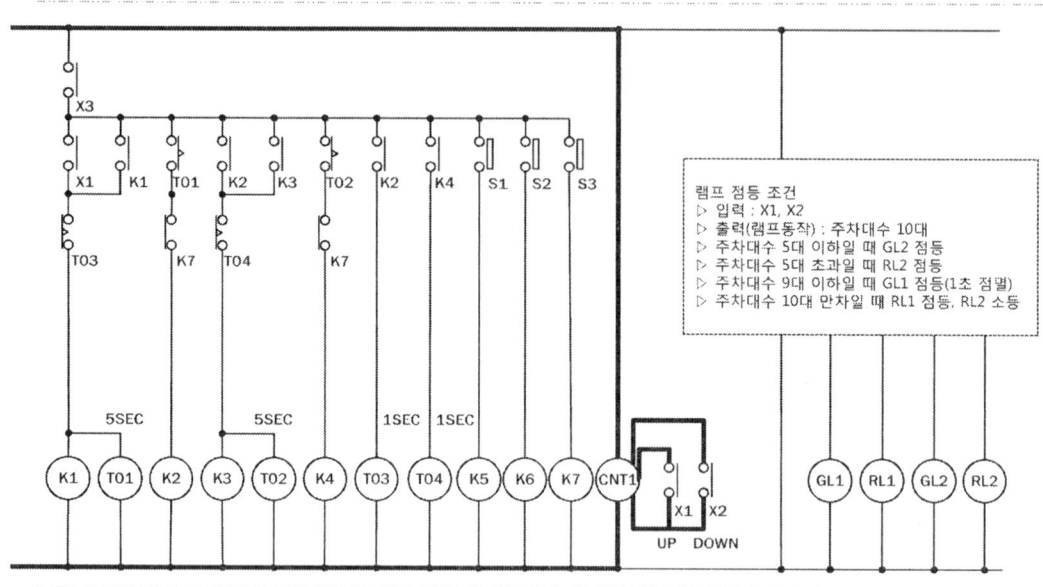

[그림 8-205] 시퀀스 회로도

② 프로그램

```
101  ─| M2 |────────────────────────────[ INCP  D0 ]
105  ─| M3 |────────────────────────────[ DECP  D0 ]
```

[그림 8-206] 카운터(CNT1) 동작회로

(7) 램프 동작회로

① 시퀀스 회로도

램프 동작조건은 GL2는 주차대수가 5대 이하이면 점등되고, RL2는 주차대수가 5대 초과 9대까지 점등되어야 한다. 또한 GL1은 주차대수가 9대 이하이면 1초 간격으로 점멸 점등되어야 하며, RL1은 주차대수가 10일 경우 점등되어야 한다. 단 RL1이 점등될 때 RL2는 소등되어야 한다. 따라서 본회로의 프로그램은 비교 명령어를 사용하는 것이 좋다. 비교 명령어의 종류 및 사용방법은 아래와 같다.

㉠ <= : '같거나 작다'의 비교

[<= D0 D1]일 때 D0값이 D1 값보다 같거나 작으면 출력은 '1'이 됨. 즉, D1이 D0보다 같거나 작으면 항상 출력은 1이 된다.

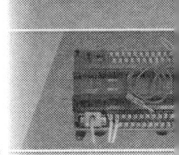

ⓛ >= : '같거나 크다'의 비교

[>= D0 D1]일 때 D0값이 D1 값보다 같거나 크면 출력은 '1'이 됨. 즉, D1이 D0보다 같거나 크면 항상 출력은 1이 된다.

ⓒ = : '같다'의 비교

[= D0 D1]일 때 D0값이 D1 같으면 출력은 '1'이 됨. 즉, D1이 D0과 같으면 항상 출력은 1이 된다.

ⓔ < : '작다'의 비교

[< D0 D1]일 때 D0값이 D1 보다 작으면 출력은 '1'이 됨. 즉, D1이 D0보다 크면 항상 출력은 1이 된다.

ⓜ > : '크다'의 비교

[> D0 D1]일 때 D0값이 D1 보다 크면 출력은 '1'이 됨. 즉, D1이 D0보다 작으면 항상 출력은 1이 된다.

ⓗ <> : '같지 않다'의 비교

[<> D0 D1]일 때 D0값과 D1 값이 서로 같지 않으면 출력은 '1'이 됨. 즉, D1값과 D0값이 일치하지 않으면 항상 출력은 1이 된다.

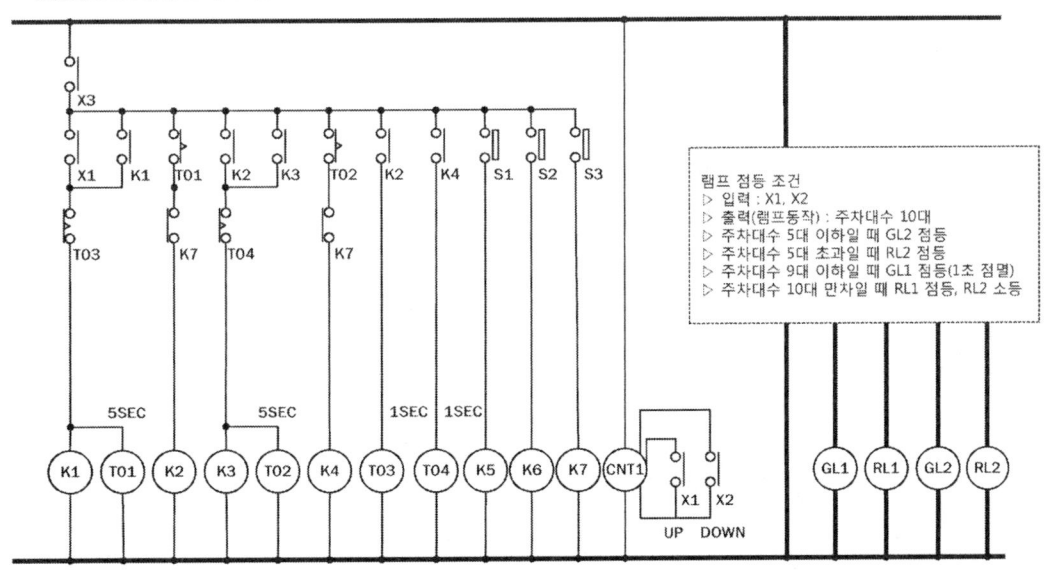

[그림 8-207] 시퀀스 회로도

468 제8장 전기기능장 실전 문제

② 프로그램

```
109 ─[<=   D0   K5  ]────────────────────────(M100)
115 ─[>=   D0   K6  ]────────────────────────(M101)
121 ─[<=   D0   K9  ]────────────────────────(M102)
127 ─[=    D0   K10 ]────────────────────────(M103)
         M100
133 ─────┤├──────────────────────────────────(Y002)
         M101   M103
135 ─────┤├────┤/├───────────────────────────(Y003)
         M102   T5
138 ─────┤├────┤/├───────────────────────────(Y004)
                T6                        K10
               ┤/├────────────────────────(T5)
                     T5                   K10
                    ┤├────────────────────(T6)
         M103
151 ─────┤├──────────────────────────────────(Y005)
153 ─────────────────────────────────────────[END]
```

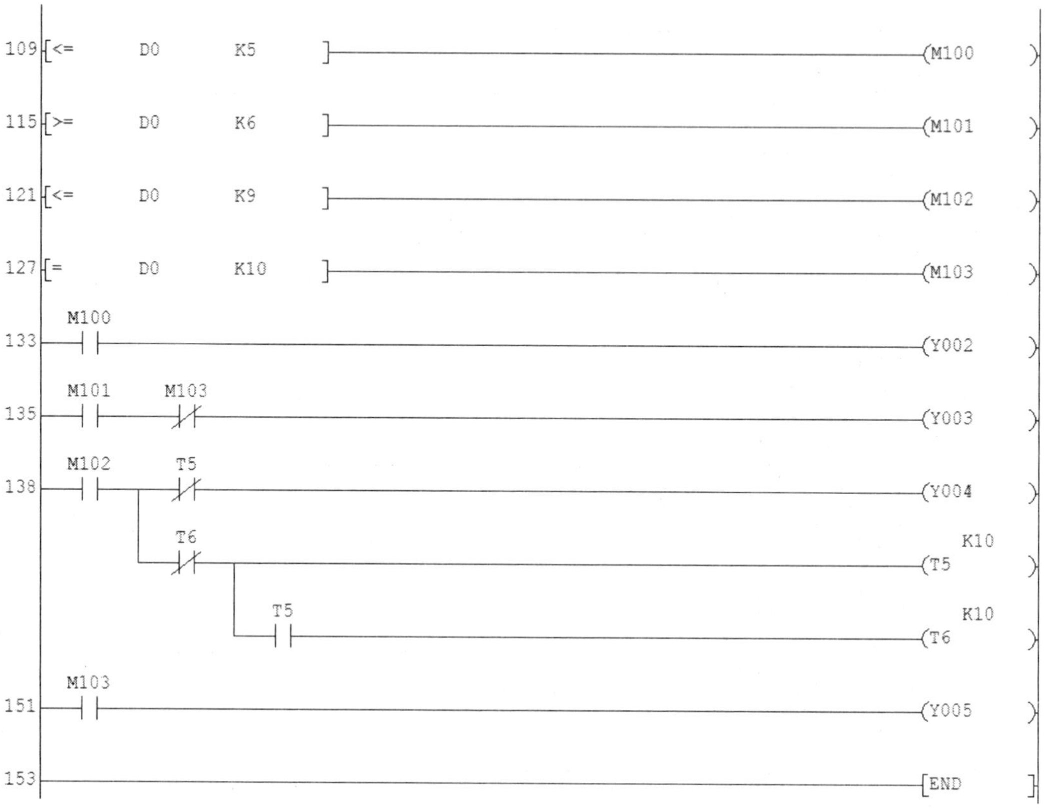

[그림 8-208] 램프 동작회로

(8) 실전 문제 56 완성 프로그램(1)

```
     X002  X000
0 ───┤/├──┤├─────────────────────────────────(M0)
          X000
          ┤↓├───────────────────────────────(M1)
     M0                                   K1
8 ───┤├──────────────────────────────────(C1)
     M1                                   K2
12 ──┤├──────────────────────────────────(C2)
     C2
16 ──┤├──────────────────────────[RST  C1]
     C2
19 ──┤├──────────────────────────[RST  C2]
```

[그림 8-209] 실전 문제 56 완성 프로그램 (1)

(9) 실전 문제 56 완성 프로그램(2)

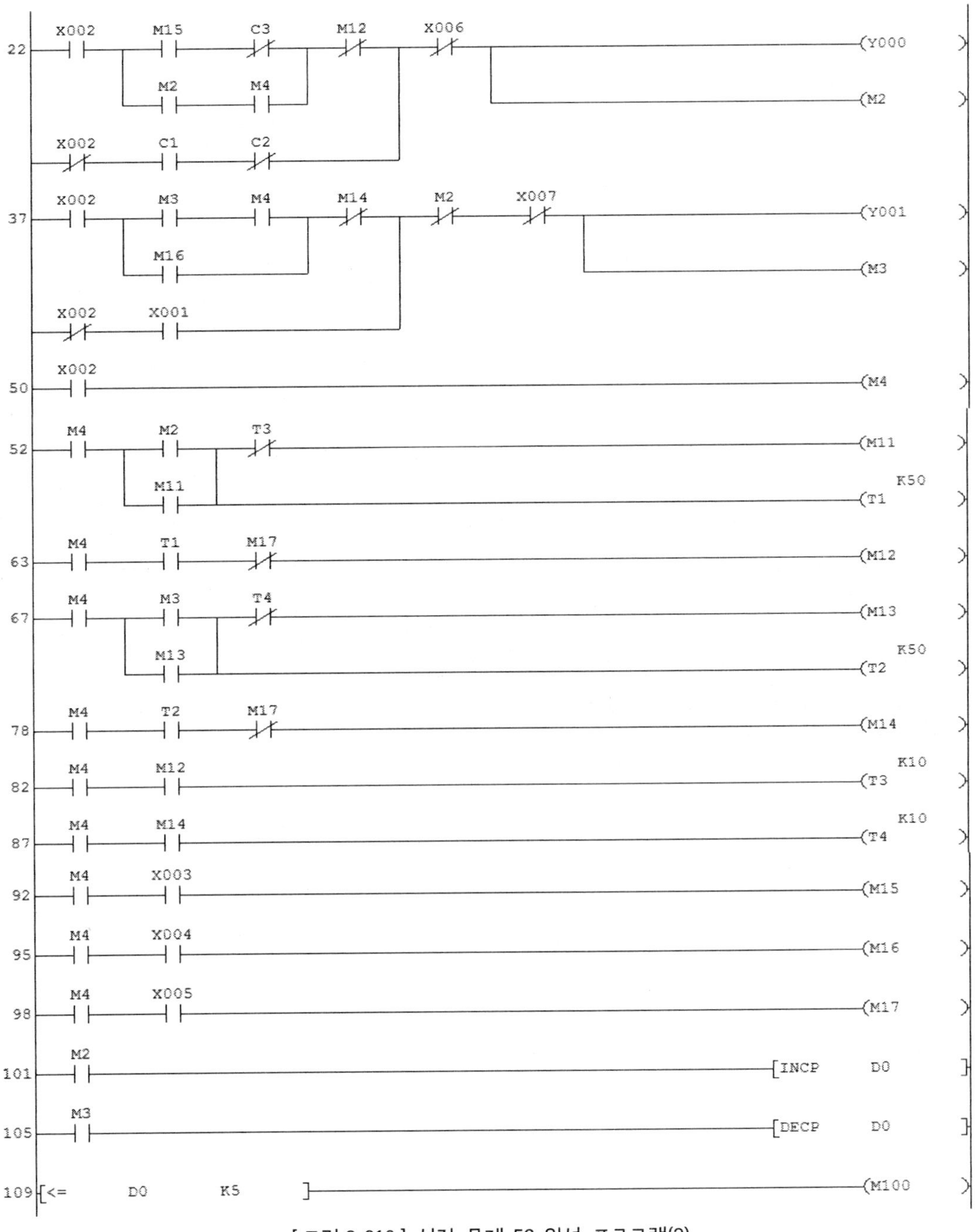

[그림 8-210] 실전 문제 56 완성 프로그램(2)

470 제8장 전기기능장 실전 문제

⑽ 실전 문제 56 완성 프로그램(3)

```
115 ─[>=    D0    K6 ]─────────────────────────(M101)─
121 ─[<=    D0    K9 ]─────────────────────────(M102)─
127 ─[=     D0    K10]─────────────────────────(M103)─
       M100
133 ───┤├──────────────────────────────────────(Y002)─
       M101  M103
135 ───┤├───┤/├────────────────────────────────(Y003)─
       M102   T5
138 ───┤├───┤/├────────────────────────────────(Y004)─
              T6                                  K10
             ┤/├───────────────────────────────(T5)─
                    T5                            K10
                   ┤├──────────────────────────(T6)─
       M103
151 ───┤├──────────────────────────────────────(Y005)─
153 ──────────────────────────────────────────[END]─
```

[그림 8-211] 실전 문제 56 완성 프로그램(3)

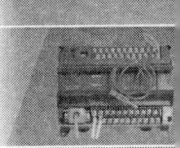

8.4.4 실전 문제 56 도면

1. 전기공사 문제

(1) 배치도

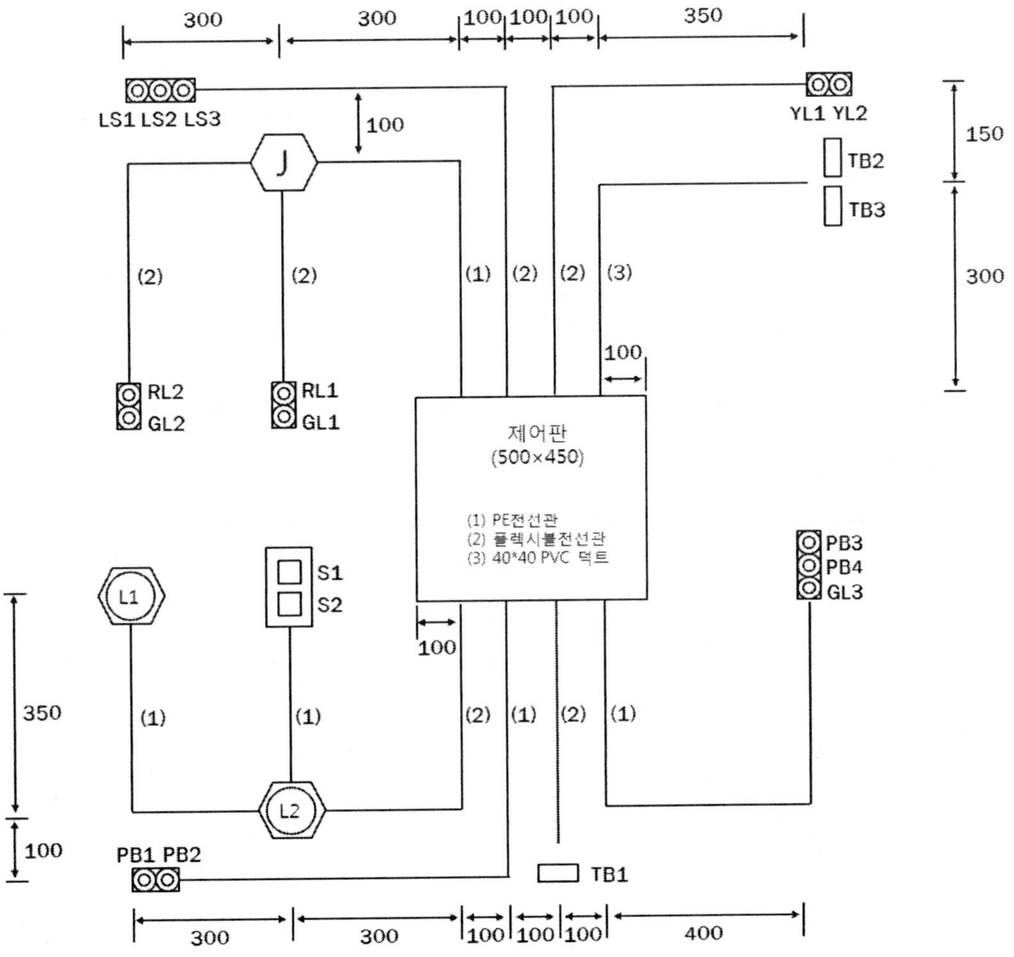

[그림 8-212] 배치도

(2) 시퀀스 회로도

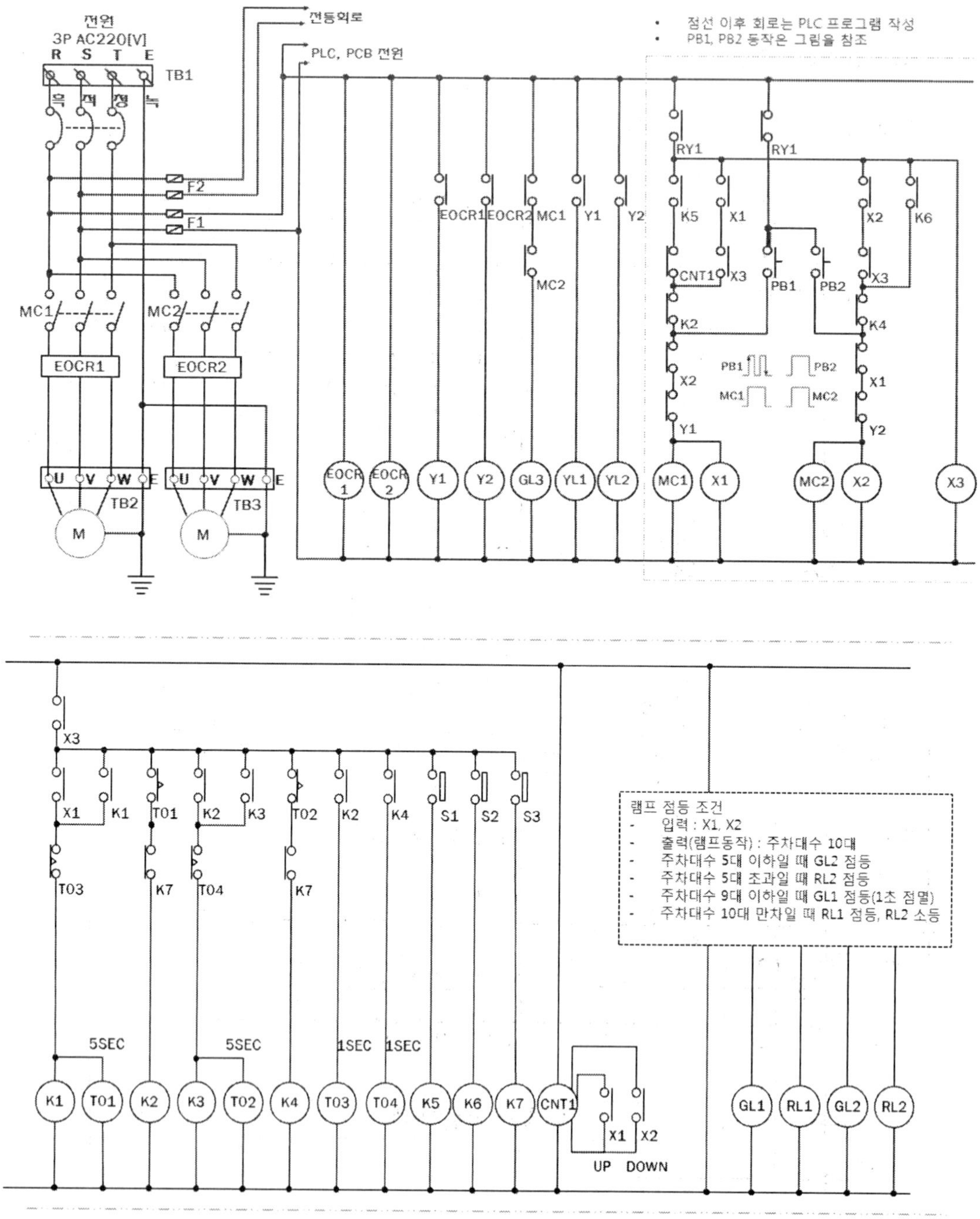

[그림 8-213] 시퀀스 회로도

(3) 전자 회로도

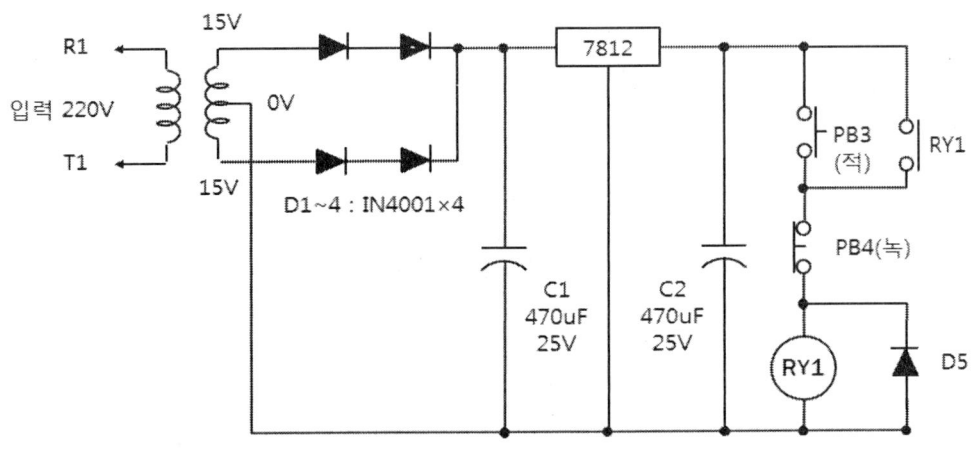

[그림 8-214] 전자 회로도

(4) 제어반 기구 배치도

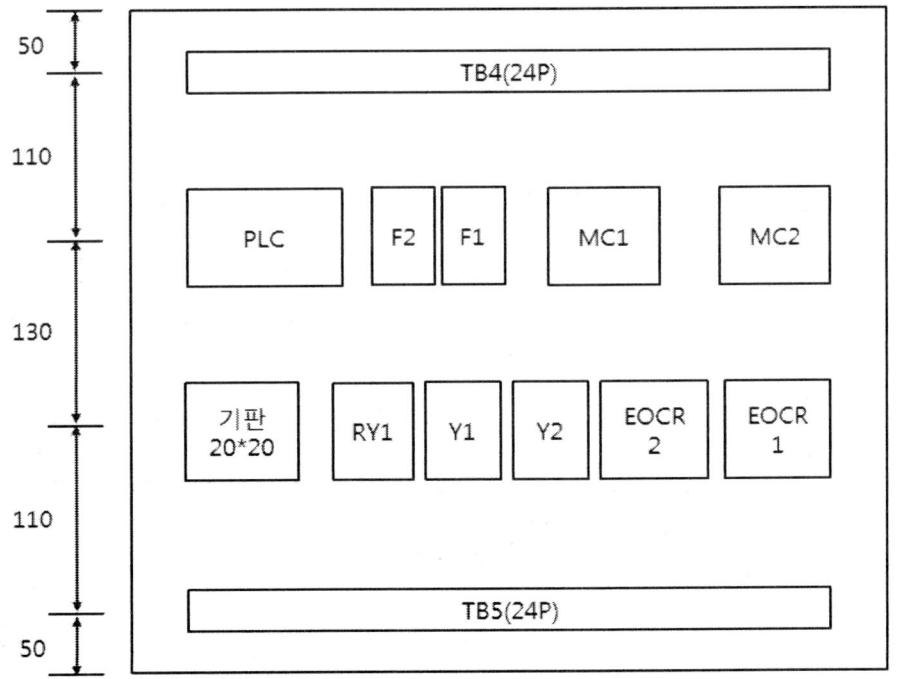

[그림 8-215] 제어반 기구 배치도

(5) 범례

[표 8-7] 범례

기 호	명 칭	기 호	명 칭
MC1, 2	전자접촉기	L1, L2	백열등(220V, 5W)
EOCR1, 2	과부하계전기	S1, S2	삼로스위치
RY1	8P 릴레이(DC12V)	F1, F2	퓨즈폴더
FLS1, 2	플로트리스 스위치	TB1 ~ TB3	단자대(4P)
PB2, PB4, PB6	푸시버턴스위치(녹)	TB4 ~ TB5	단자대(3P)
PB1, PB3, PB5	푸시버턴스위치(적)	TB6 ~ TB7	단자대(24P)
GL	파이롯램프(녹)	J	8각 박스
RL1, RL2	파이롯램프(적)		
YL1, YL2	파이롯램프(황)		

(6) 전등회로

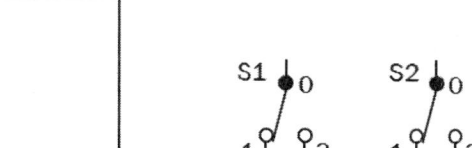

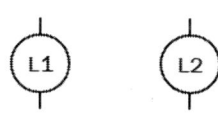

3로스위치		전등	
S1	S2	L1	L2
0	0	0	0
0	1	1	1
1	0	0	1
1	1	0	1

[그림 8-216] 전등회로

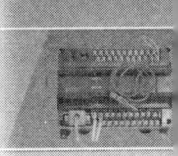

8.4 실전 문제 56

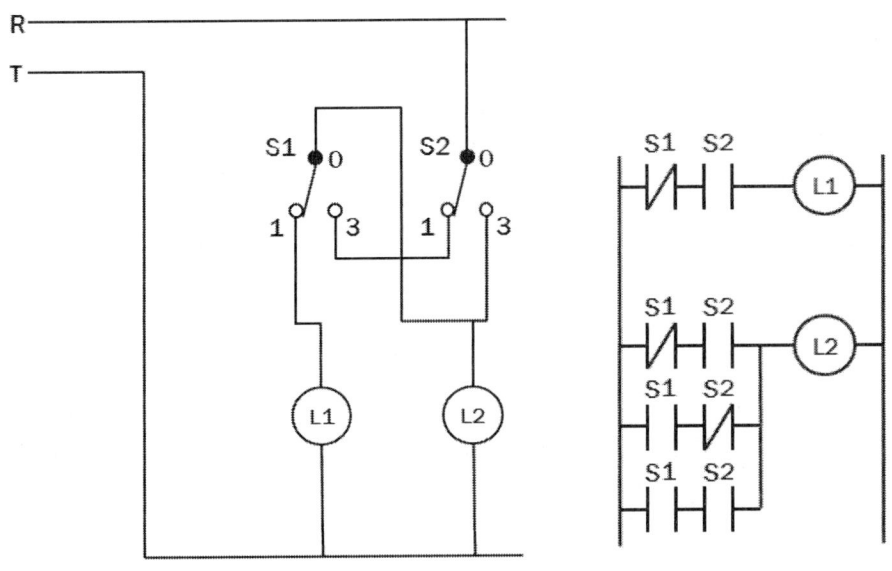

[그림 8-217] 전등회로 답안

8.5 실전 문제 57

8.5.1 실전 문제 57 GLOFA PLC(기종 : G7M-DR30A)

1. PLC 문제

(1) 요구사항

① PLC 입·출력 배치도와 같은 순으로 입·출력 단자를 결선하여 시퀀스도의 동작사항과 일치하는 PLC 회로를 구성하여 프로그램 하시오.

② 전원선 및 공통선(COM)은 지참한 PLC기종에 맞게 결선하고, 플리커, 타이머, 카운터, 보조릴레이 등은 PLC내부 데이터를 이용하여 프로그램 하시오.

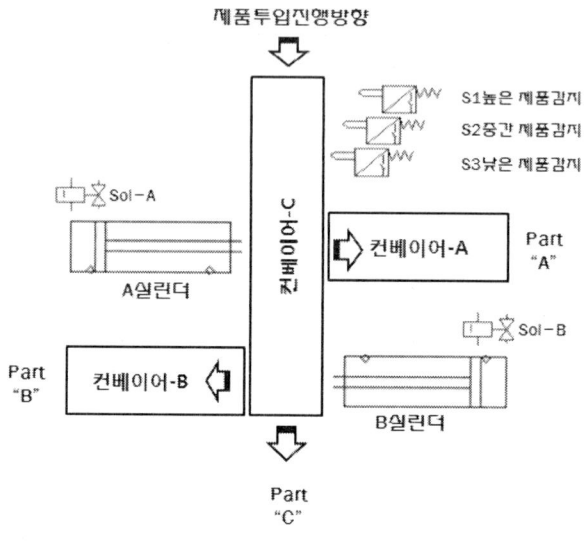

[그림 8-218] 제품 분류장치 개략도

2. 동작설명

(1) 공통동작

① MCCB를 ON하면 PLC와 EOCR에 전원 공급되어 GL점등되며, PB1를 누르면 컨베이어 모터가 동작하며 RL 점등, GL 소등되고, PB2를 누르면 컨베이어 모터가 정지되며 GL 점등, RL 소등

② PB3를 ON하면 RY1이 여자되어 자동모드로 전환되고, PB4를 ON하면 RY1이 소자되어 수동모드로 전환

③ 각 제품은 5개를 1세트로 묶어 반출하는 형식이며, 입고되는 제품을 카운터하여 입고수량 5개 마다 반복적인 동작을 수행한다. 제품 입고수량에 따라 PL1~PL3 램프는 동작 조건에 의해 점등 및 소등

④ EOCR이 동작되면 YL이 점등되고 동작 중인 전동기는 정지, EOCR을 리셋하면 YL은 소등되고 초기 상태로 복귀

(2) 수동모드(RY1_OFF)

① PB5 및 PB6의 입력에 의해 시퀀스도의 사각박스 내(타임차트 참조)와 같은 동작을 수행하고 1개의 푸시버튼으로 ON, OFF동작을 수행

② PB2 동작은 누르는 동안만 MC2가 여자되어야 함으로, 즉 PB1, PB2의 동작은 1개의 푸시버튼에 의해 ON, OFF 동작을 함.

(3) 자동모드(RY1_ON)

① 감지 스위치 S1~S3에 의해 컨베이어에 입고되는 제품의 종류를 감지하고 저장 공간 Part A, B, C로 이송되는 동작 수행

② Part A, B, C에 입고되는 제품의 수량과 램프동작 제시조건에 따라 PL1~PL3은 동작됨.

3. PLC 문제 해석

(1) 시퀀스 회로도 해석

본 예제의 시퀀스 회로도를 PLC 프로그램하기 위해서는 a, b접점을 확인하고 내부릴레이를 사용할지 여부와 플리커릴레이(FR), 타이머(T), 카운터(C) 등이 있는지 판단하여야 한다. 또한 메모리 할당을 하여야 하는데 PLC 입·출력도의 순서에 의하여 한다.

(2) PLC 입·출력도

[표 8-8] 범례

기호	명칭
Sol-A	A 실린더 동작용 솔레노이드
Sol-B	B 실린더 동작용 솔레노이드
S1	제품감지센서(대)
S2	제품감지센서(중)
S3	제품감지센서(소)
Part A	제품저장공간 A(대)
Part B	제품저장공간 B(중)
Part C	제품저장공간 C(소)

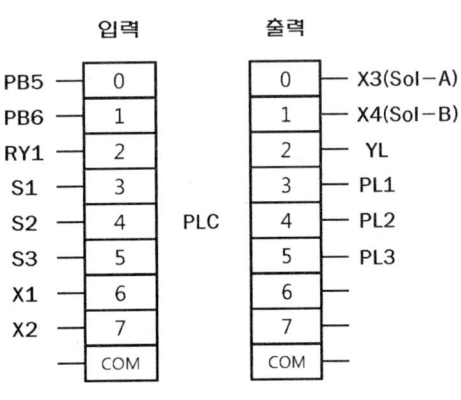

[그림 8-219] PLC 입·출력도

478 제8장 전기기능장 실전 문제

(3) **시퀀스 회로도**

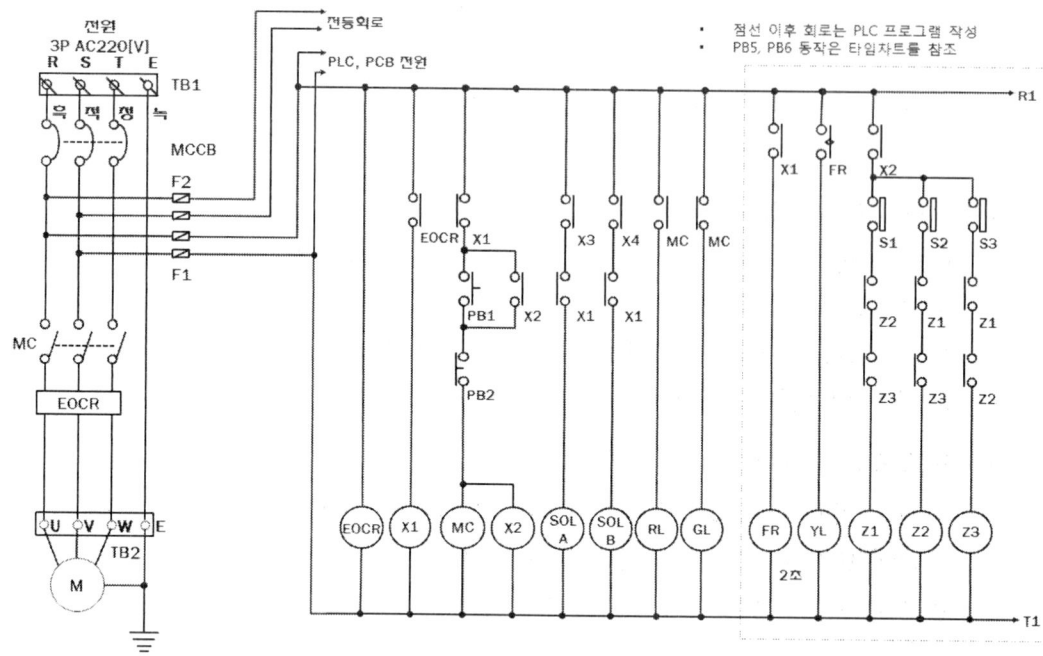

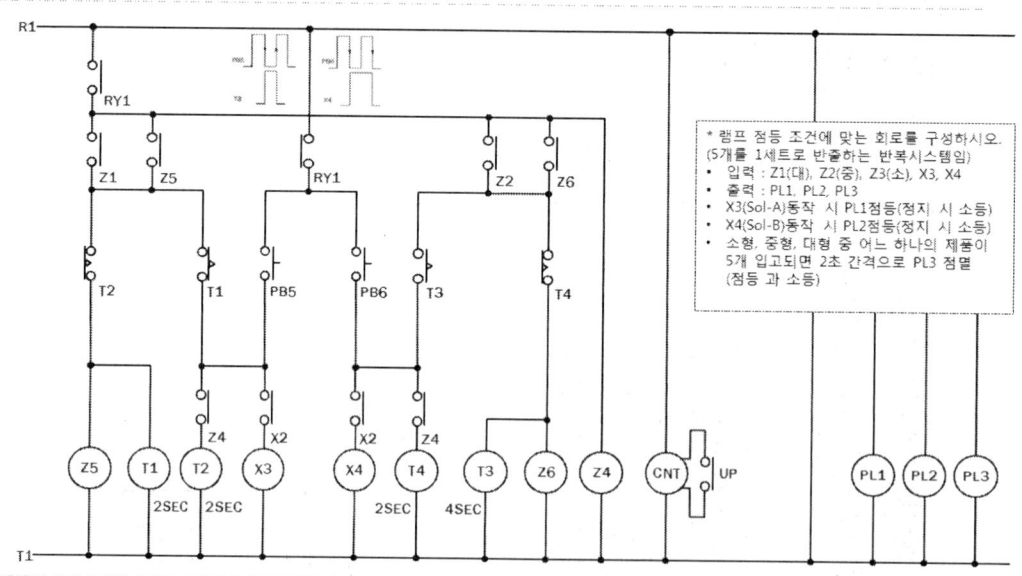

[그림 8-220] 시퀀스 회로도

(4) PLC 메모리 할당

입·출력의 메모리 할당은 다음과 같이 할당하여 입·출력에 대한 등록을 먼저 해놓으면 프로그램 작성하기가 편리하다. 등록하는 방법은 변수-데이터 창에서 오른쪽 마우스를 클릭-새로운 변수 추가로 PLC 입·출력도를 참고하여 입력한다.

① 입력은 PB5-%IX0.0.0, PB6-%IX0.0.1, RY1-%IX0.0.2, S1-%IX0.0.3, S2-%IX0.0.4, S3-%IX0.0.5, X1-%IX0.0.6, X2-%IX0.0.7로 할당한다.

② 출력은 X3-%QX0.0.0, X4-%QX0.0.1, YL-%QX0.0.2, PL1-%QX0.0.3, PL2-%QX0.0.4, PL3-%QX0.0.5로 할당한다.

③ 시퀀스도에서 T1, T2, T3, T4와 카운터, 플리커 동작에 사용하는 타이머(T), 차량대수에 의한 램프 점등에 사용하는 비교 명령어 등은 자동 할당한다. PLC의 입·출력도의 순서대로 할당하여야 프로그램 작성 및 PLC 결선 오류를 방지할 수 있다.

	변수 명	데이터 타입	메모리 할당	초기 값	변수 종류	사용 여부	설명문
1	PB5	BOOL	%IX0.0.0		VAR	*	
2	PB6	BOOL	%IX0.0.1		VAR	*	
3	RY1	BOOL	%IX0.0.2		VAR	*	
4	S1	BOOL	%IX0.0.3		VAR	*	
5	S2	BOOL	%IX0.0.4		VAR	*	
6	S3	BOOL	%IX0.0.5		VAR	*	
7	X1	BOOL	%IX0.0.6		VAR	*	
8	X2	BOOL	%IX0.0.7		VAR	*	
9	X3	BOOL	%QX0.0.0		VAR	*	
10	X4	BOOL	%QX0.0.1		VAR	*	
11	YL	BOOL	%QX0.0.2		VAR	*	
12	PL1	BOOL	%QX0.0.3		VAR		
13	PL2	BOOL	%QX0.0.4		VAR	*	
14	PL3	BOOL	%QX0.0.5		VAR		
15	C1	FB Instanc	<자동>		VAR	*	
16	C2	FB Instanc	<자동>		VAR		
17	C3	FB Instanc	<자동>		VAR		
18	C4	FB Instanc	<자동>		VAR		
19	C5	FB Instanc	<자동>		VAR		
20	M0	BOOL	<자동>		VAR		
21	M1	BOOL	<자동>		VAR	*	
22	M100	BOOL	<자동>		VAR		
23	M101	BOOL	<자동>		VAR	*	
24	M102	BOOL	<자동>		VAR	*	
25	M11	BOOL	<자동>		VAR	*	
26	M12	BOOL	<자동>		VAR	*	
27	M13	BOOL	<자동>		VAR	*	
28	M14	BOOL	<자동>		VAR	*	
29	M15	BOOL	<자동>		VAR	*	
30	M16	BOOL	<자동>		VAR	*	
31	M17	BOOL	<자동>		VAR	*	
32	M2	BOOL	<자동>		VAR	*	
33	M3	BOOL	<자동>		VAR	*	
34	M4	BOOL	<자동>		VAR	*	

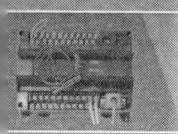

480 제8장 전기기능장 실전 문제

35	M5	BOOL	<자동>		VAR	*
36	M6	BOOL	<자동>		VAR	*
37	T1	FB Instanc	<자동>		VAR	*
38	T10	FB Instanc	<자동>		VAR	*
39	T11	FB Instanc	<자동>		VAR	*
40	T2	FB Instanc	<자동>		VAR	*
41	T20	FB Instanc	<자동>		VAR	*
42	T21	FB Instanc	<자동>		VAR	*
43	T3	FB Instanc	<자동>		VAR	*
44	T30	FB Instanc	<자동>		VAR	*
45	T31	FB Instanc	<자동>		VAR	*
46	T4	FB Instanc	<자동>		VAR	*

[그림 8-221] 메모리 할당

4. 시퀀스 회로도 프로그램 하기

(1) 플리커 회로와 제품감지센서 회로 프로그램

① 시퀀스 회로도

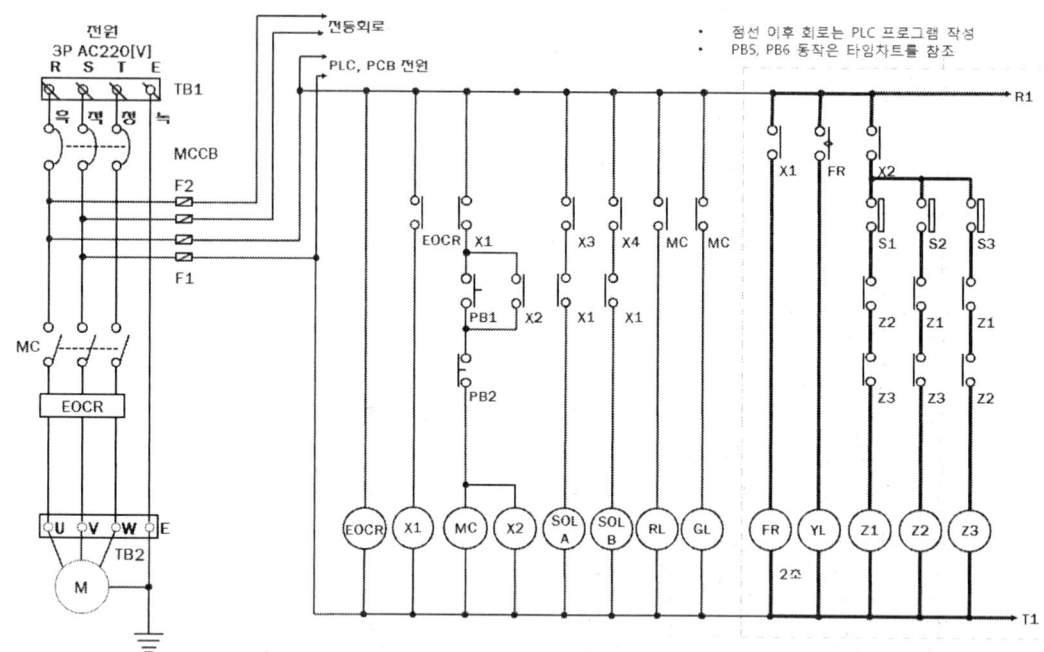

[그림 8-222] 시퀀스 회로도

시퀀스도의 굵은 선으로 표기된 부분를 프로그램하면 된다. 먼저 X1에 의해 동작하는 플리커회로는 타임 시간을 2초 간격으로 점멸하는 회로이다. 따라서 TON 타이머 2개를 사용하여 프로그램하고, 제품감지센서 S1, S2, S3 회로는 시퀀스도면에 따라 그대로 프로그램 한다.

출력은 각각 Z1, Z2, Z3로 표기되어 있는데 PLC 내부릴레이 명령어인 M1, M2, M3로 프로그램 하였다.

② 프로그램

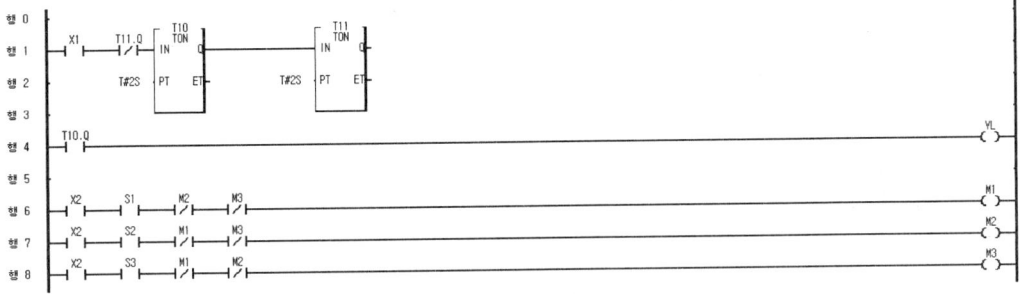

[그림 8-223] 플리커 회로와 제품감지센서 회로 프로그램

(2) PB5에 의한 X3, Sol-A 동작 회로

① 시퀀스 회로도

PB5에 의한 X3, Sol-A 동작 회로의 프로그램은 시퀀스도에 따라 프로그램 하면 되는데 PB5 스위치를 1번 눌렀다가 놓을 때 여자되고, 2번째 누르는 순간 X3이 소자되어야 하는 회로이다. 따라서 상승엣지와 하강엣지 신호를 각 1번씩으로 해서 2회일 때 동작하고, 3회일 때 정지하는 회로로 프로그램하면 된다.

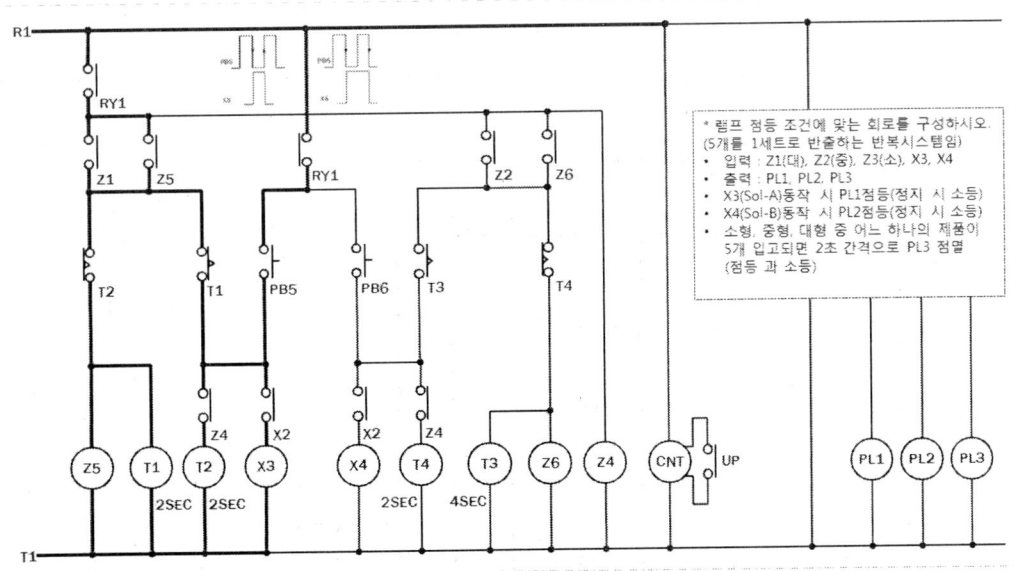

[그림 8-224] 시퀀스 회로도

② 프로그램

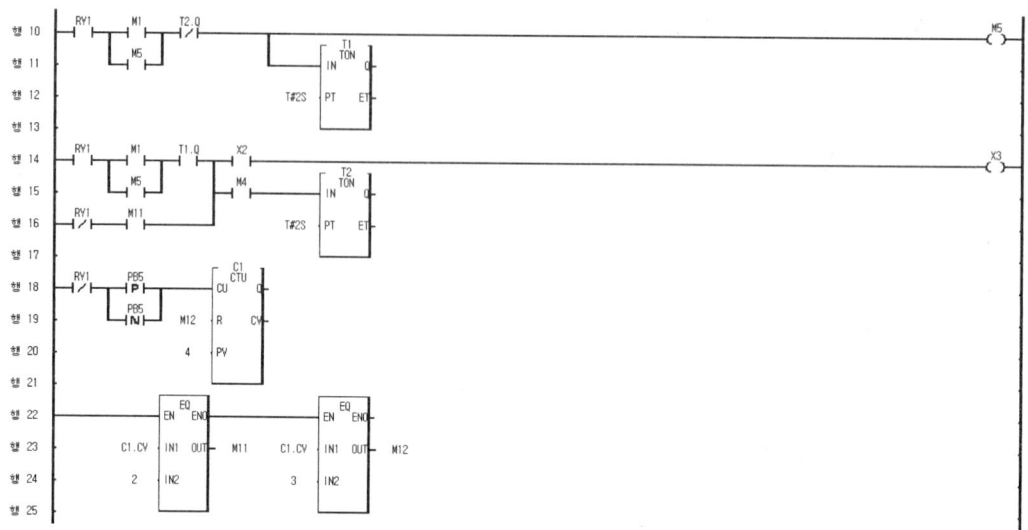

[그림 8-225] PB5에 의한 X3, Sol-A 동작 회로 프로그램

(3) PB6에 의한 X4, Sol-B동작 회로

① 시퀀스 회로도

PB6에 의한 X4, Sol-B 동작 회로의 프로그램도 앞서와 같이 시퀀스도에 따라 프로그램 하면 되는데 PB6 스위치를 1번 눌렀다가 놓을 때 여자되고, 2번 눌렀다 놓을 때 X4이 소자되어야 하는 회로이다. 따라서 상승엣지와 하강엣지 신호를 각 1번씩으로 해서 2회일 때 동작하고, 4회일 때 정지하는 회로로 프로그램하면 된다.

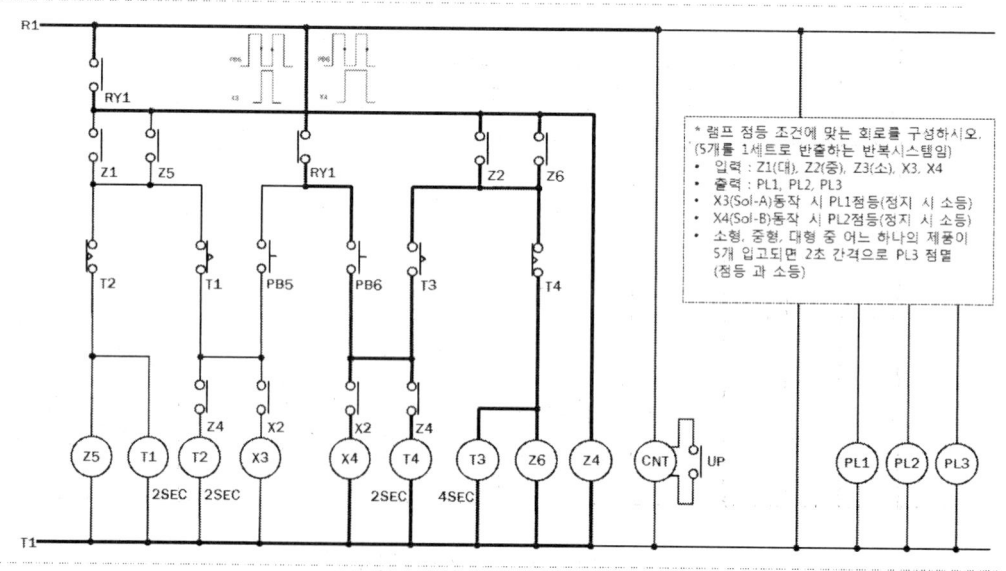

[그림 8-226] 시퀀스 회로도

② 프로그램

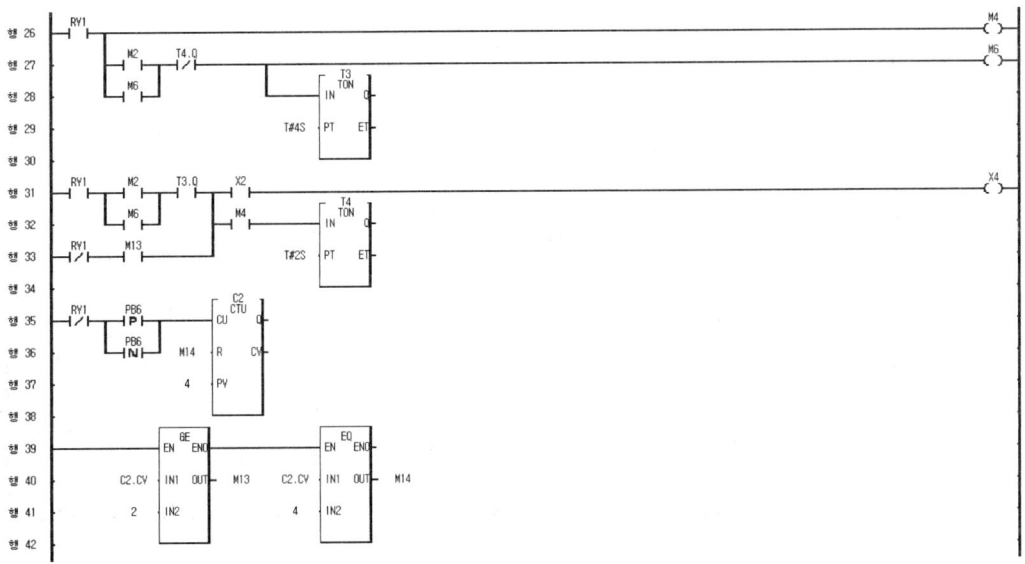

[그림 8-227] PB6에 의한 X4, Sol-B동작 회로 프로그램

(4) CNT에 의한 PL1, PL2, PL3 동작 회로

① 시퀀스 회로도

PL1은 X3, Sol-A이 동작하면 점등, 정지하면 소등되는 회로이며, PL2는 X4, Sol-B가 동작하면 점등, 정지하면 소등되는 회로로 프로그램 한다.

PL3은 대형, 중형, 소형 중 어느 하나의 제품이라도 5개 1세트가 입고되면 2초 간격으로 점멸(점등과 소등)하여야 한다.

이때 소형을 카운터하는 C3, 중형을 카운터하는 C4, 대형을 카운터하는 C5 리셋 시킬 때 카운터의 현재 치가 5일 때만 동작하고, 1~4일 때는 항상 소등되어 있어야 한다.

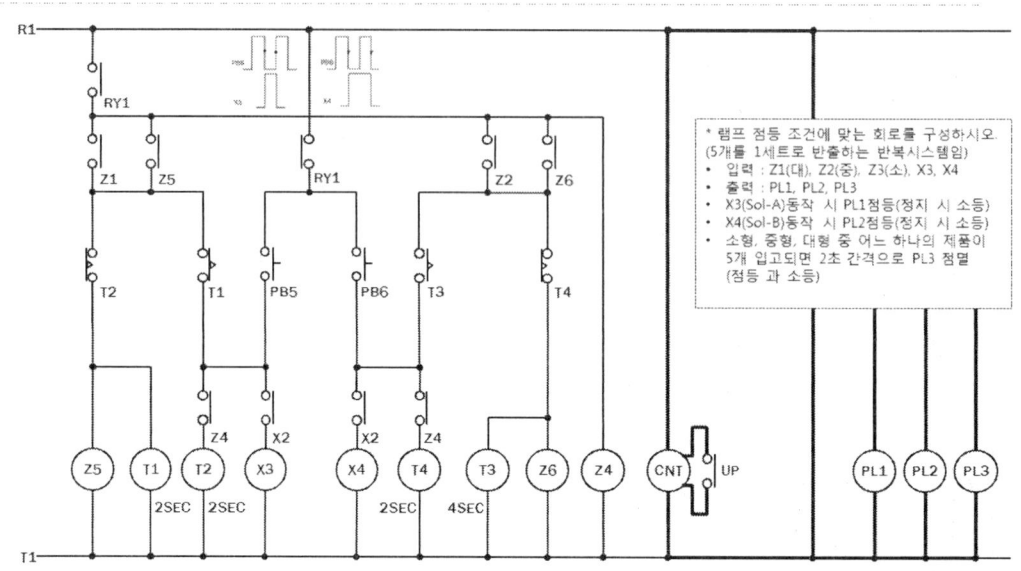

[그림 8-228] 시퀀스 회로도

② 프로그램

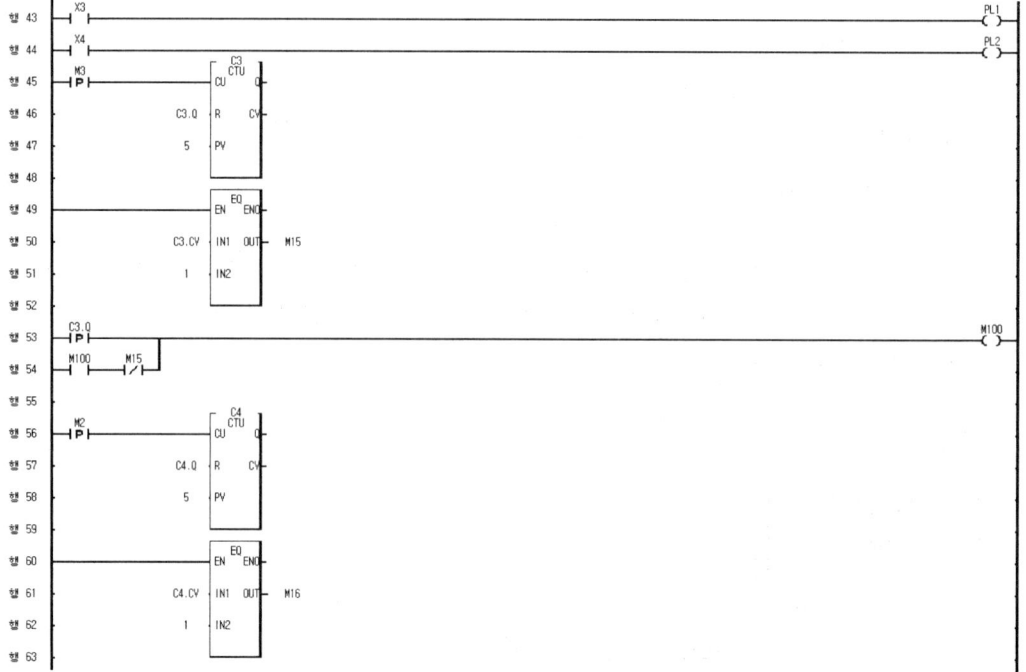

[그림 8-229] CNT에 의한 PL1, PL2, PL3 동작 회로 프로그램(1)

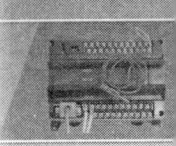

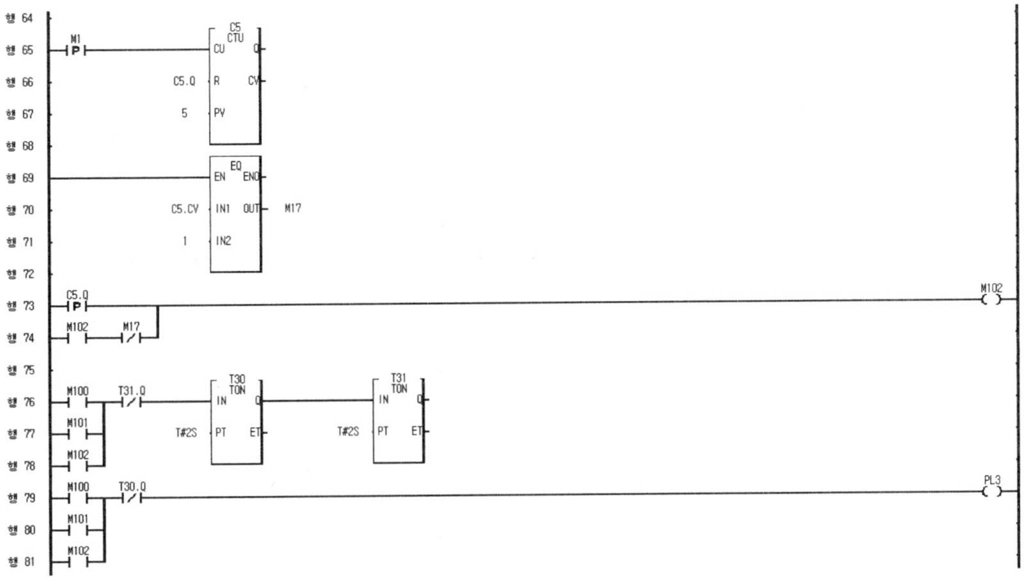

[그림 8-230] CNT에 의한 PL1, PL2, PL3 동작 회로 프로그램(2)

(5) 실전 문제 57 완성 프로그램(1)

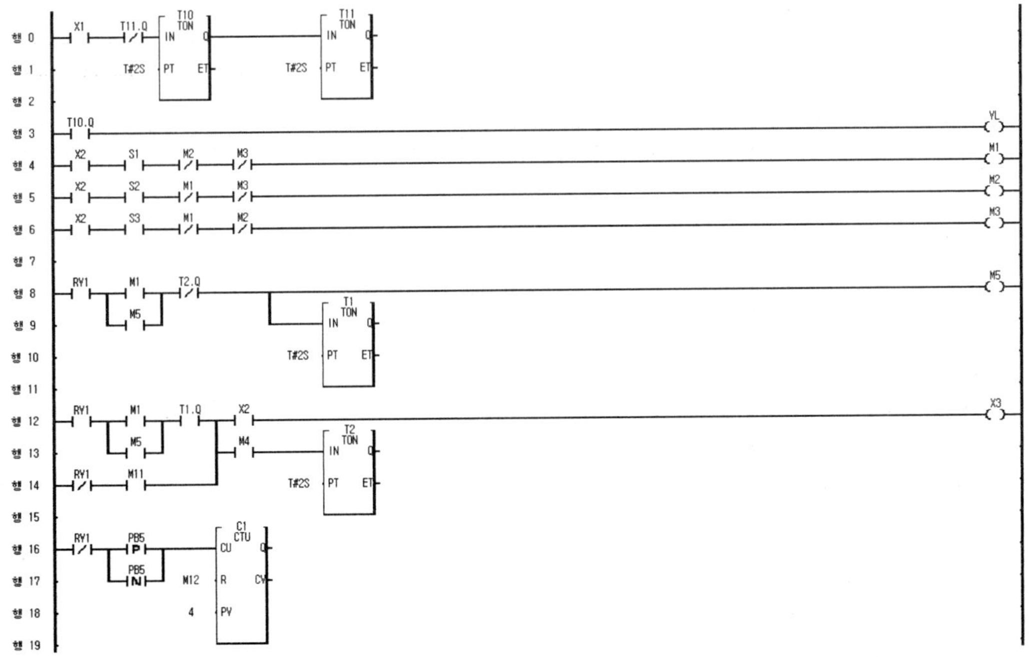

[그림 8 - 231] 실전 문제 57 완성 프로그램 (1)

(6) 실전 문제 57 완성 프로그램(2)

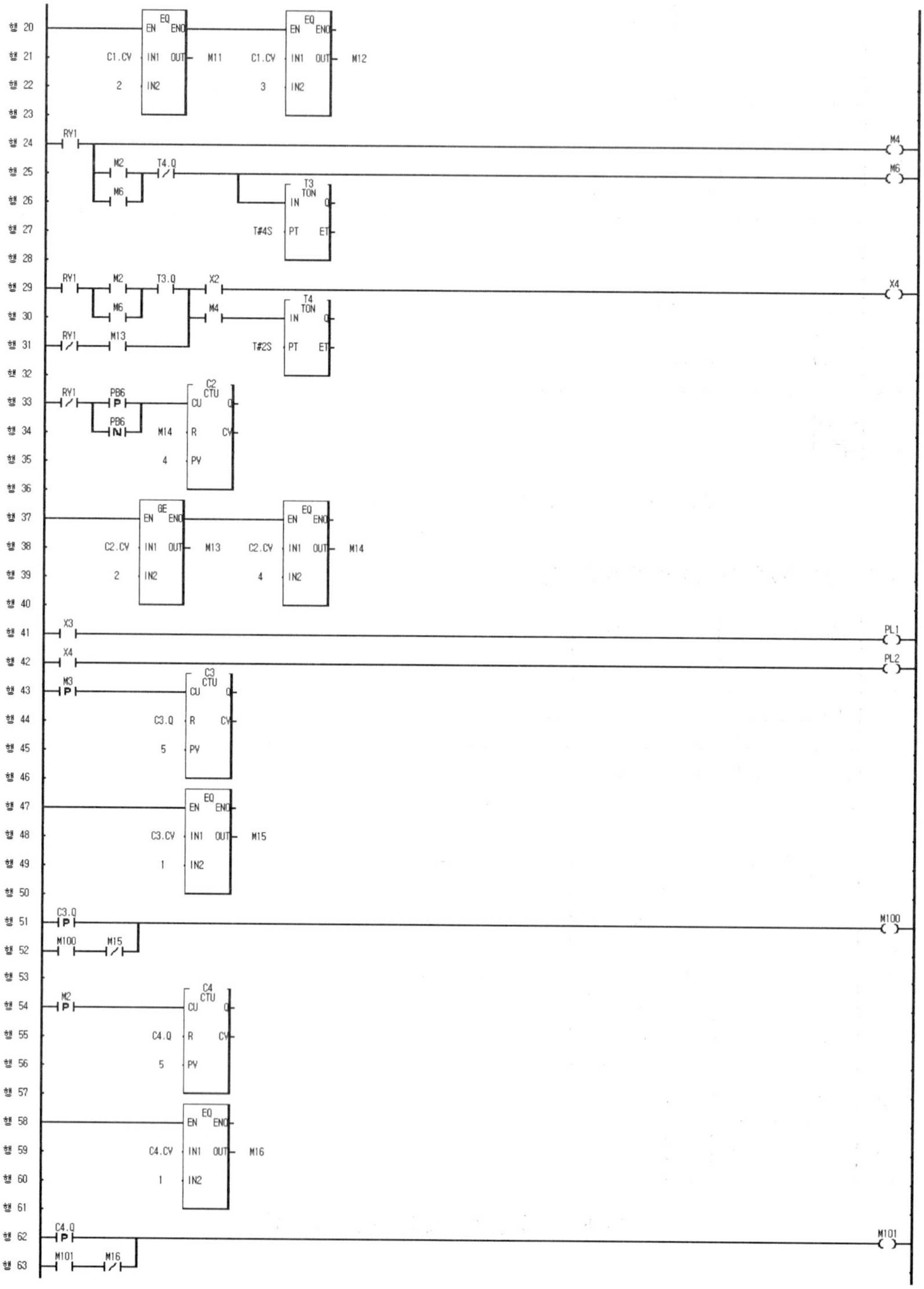

[그림 8-232] 실전 문제 57 완성 프로그램 (2)

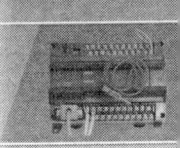

(7) 실전 문제 57 완성 프로그램(3)

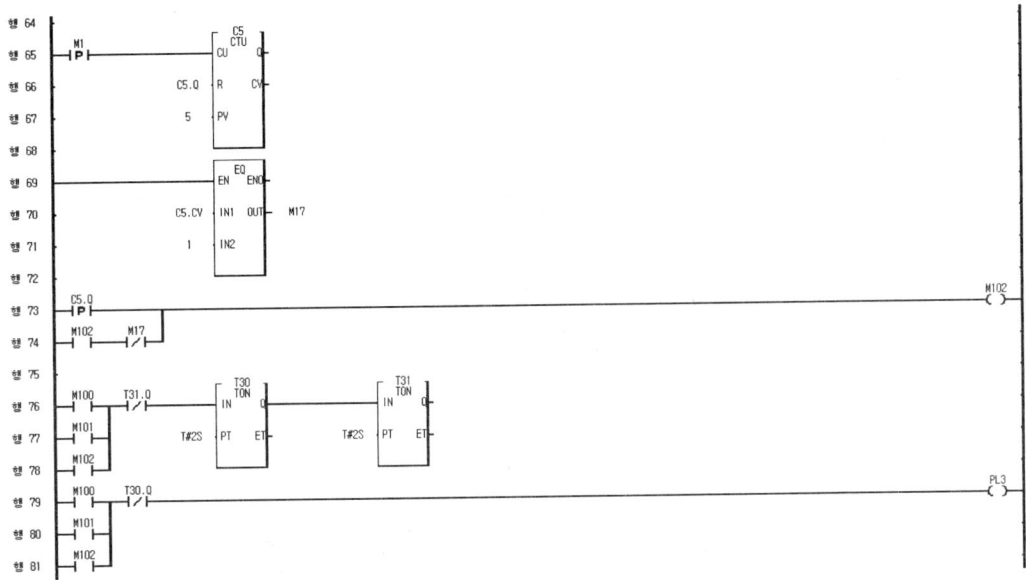

[그림 8 - 233] 실전 문제 57 완성 프로그램 (3)

8.5.2 실전 문제 57 MASTER-K(기종 : K7M-DR30S)

1. PLC 문제

(1) 요구사항

① PLC 입·출력 배치도와 같은 순으로 입·출력 단자를 결선하여 시퀀스도의 동작사항과 일치하는 PLC 회로를 구성하여 프로그램 하시오.

② 전원선 및 공통선(COM)은 지참한 PLC기종에 맞게 결선하고, 플리커, 타이머, 카운터, 보조릴레이 등은 PLC내부 데이터를 이용하여 프로그램 하시오.

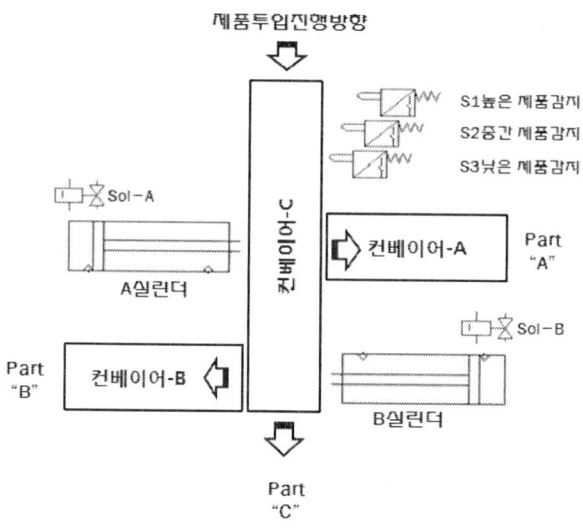

[그림 8 - 234] 제품 분류장치 개략도

2. 동작설명

(1) 공통동작

① MCCB를 ON하면 PLC와 EOCR에 전원 공급되어 GL 점등되며, PB1를 누르면 컨베이어 모터가 동작하며 RL 점등, GL 소등되고, PB2를 누르면 컨베이어 모터가 정지되며 GL 점등, RL 소등

② PB3를 ON하면 RY1이 여자되어 자동모드로 전환되고, PB4를 ON하면 RY1이 소자되어 수동모드로 전환

③ 각 제품은 5개를 1세트로 묶어 반출하는 형식이며, 입고되는 제품을 카운터하여 입고수량 5개 마다 반복적인 동작을 수행한다. 제품 입고수량에 따라 PL1~PL3 램프는 동작 조건에 의해 점등 및 소등

④ EOCR이 동작되면 YL이 점등되고 동작 중인 전동기는 정지, EOCR을 리셋하면 YL은 소등되고 초기 상태로 복귀

(2) 수동모드(RY1_OFF)

① PB5 및 PB6의 입력에 의해 시퀀스도의 사각박스 내(타임차트 참조)와 같은 동작을 수행하고 1개의 푸시버튼으로 ON, OFF동작을 수행

② PB2 동작은 누르는 동안만 MC2가 여자되어야 함으로, 즉 PB1, PB2의 동작은 1개의 푸시버튼에 의해 ON, OFF 동작을 함.

(3) 자동모드(RY1_ON)

① 감지 스위치 S1~S3에 의해 컨베이어에 입고되는 제품의 종류를 감지하고 저장 공간 Part A, B, C로 이송되는 동작 수행

② Part A, B, C에 입고되는 제품의 수량과 램프동작 제시조건에 따라 PL1~PL3은 동작됨.

3. PLC 문제 해석

(1) 시퀀스 회로도 해석

본 예제의 시퀀스 회로도를 PLC 프로그램하기 위해서는 a, b접점을 확인하고 내부릴레이를 사용할지 여부와 플리커릴레이(FR), 타이머(T), 카운터(C) 등이 있는지 판단하여야 한다. 또한 메모리 할당을 하여야 하는데 PLC 입·출력도의 순서에 의하여 한다.

(2) PLC 입·출력도

[표 8-9] 범례

기호	명칭
Sol-A	A 실린더 동작용 솔레노이드
Sol-B	B 실린더 동작용 솔레노이드
S1	제품감지센서(대)
S2	제품감지센서(중)
S3	제품감지센서(소)
Part A	제품저장공간 A(대)
Part B	제품저장공간 B(중)
Part C	제품저장공간 C(소)

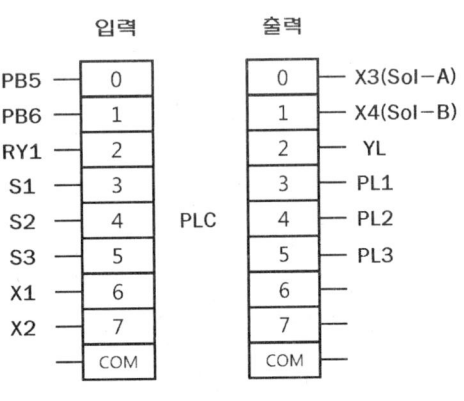

[그림 8-234] PLC 입·출력도

(3) 시퀀스 회로도

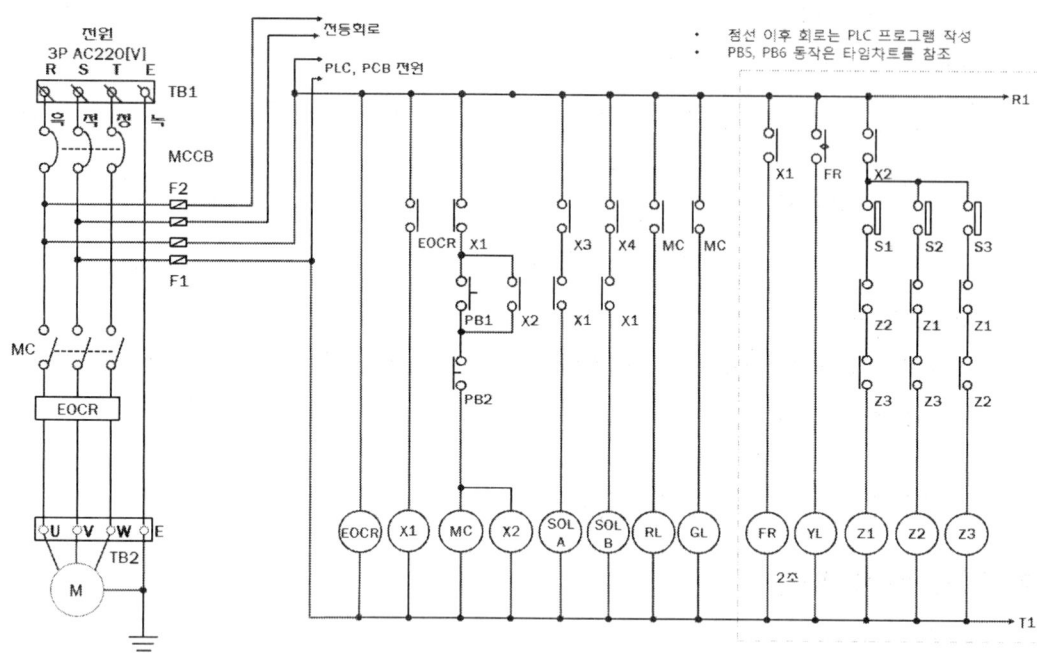

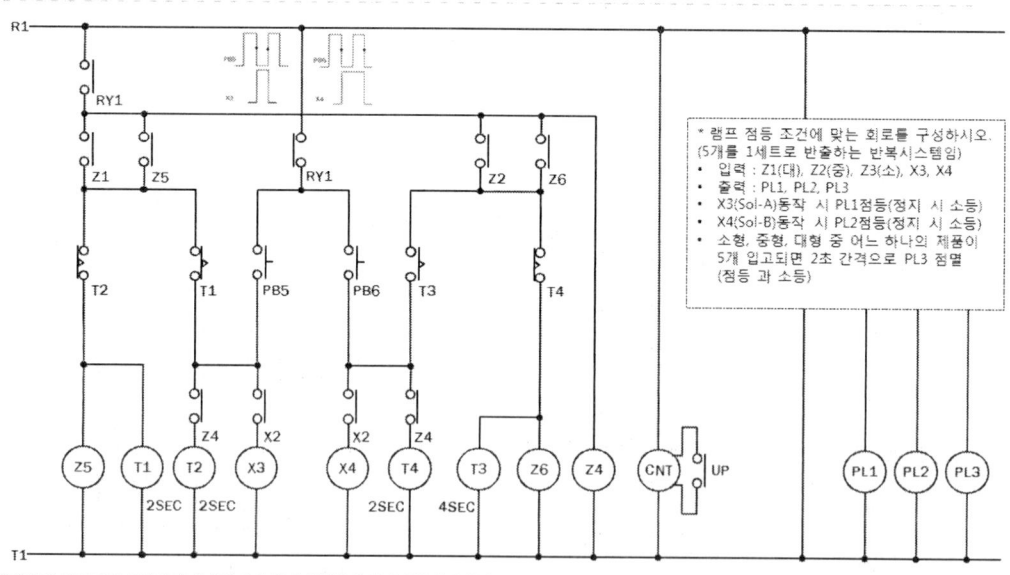

[그림 8-235] 시퀀스 회로도

(4) PLC 메모리 할당

입·출력의 메모리 할당은 PLC 입·출력도를 참조하고, 내부메모리임으로 번호할당에 주의하여야 한다. 특히 MASTER-K 프로그램에서는 내부메모리는 M에 의해 할당된다. 예를 들면 도면상의 Z1, Z2 등 릴레이 명은 MASTER-K에서는 디바이스 명으로 사용할 수 없음을 숙지하여야 한다.

① 입력은 PB5-P0000, PB6-P0001, RY1-P0002, S1-P0003, S2-P0004, S3-P0005, X1-P0006, X2-P0007로 할당한다.
② 출력은 X3-P0040, X4-P0041, YL-P0042, PL1-P0043, PL2-P0044, PL3-P0045로 할당한다.
③ PLC로 프로그램하는 회로는 PLC의 입·출력도에 의해 결선됨으로 PLC의 입·출력도의 순서대로 할당하여야 프로그램 작성 및 PLC 결선 오류를 방지할 수 있다.

4. 시퀀스 회로도 프로그램 하기

(1) 플리커 회로와 리미트 회로 프로그램

① 시퀀스 회로도

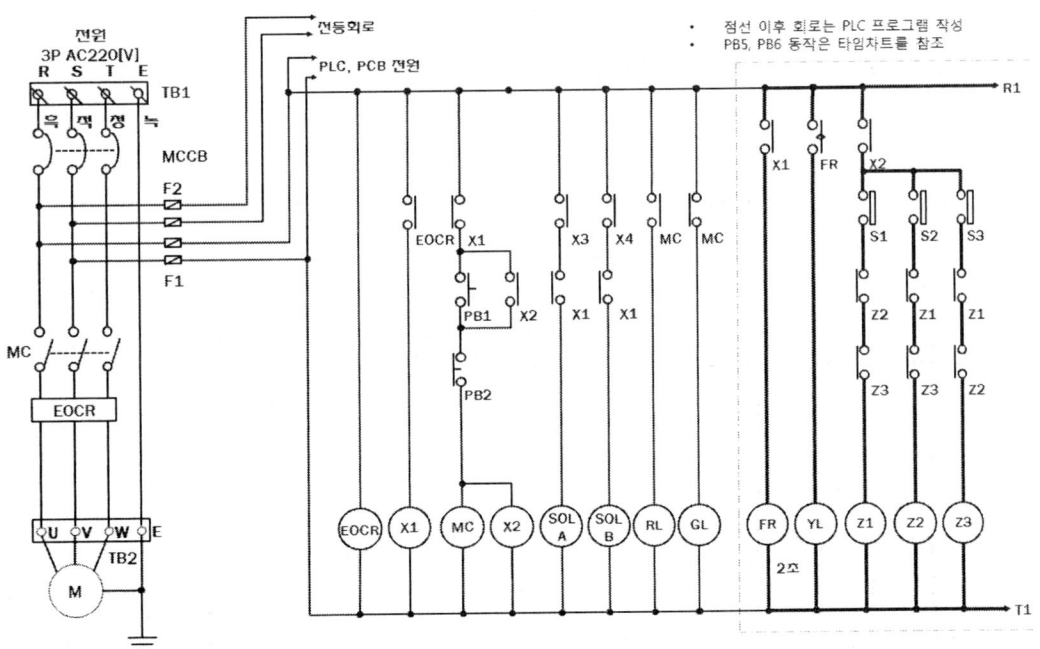

[그림 8-236] 시퀀스 회로도

시퀀스도의 굵은 선으로 표기된 부분을 프로그램하면 된다. 먼저 X1에 의해 동작하는 플리커회로는 타임 시간을 2초 간격으로 점멸하는 회로이다. 따라서 TON

타이머 2개를 사용하여 프로그램하고, 제품감지센서 S1, S2, S3 회로는 시퀀스도면에 따라 그대로 프로그램 한다.

출력은 각각 Z1, Z2, Z3로 표기되어 있는데 PLC 내부릴레이 명령어인 M1, M2, M3로 프로그램 하였다.

② 프로그램

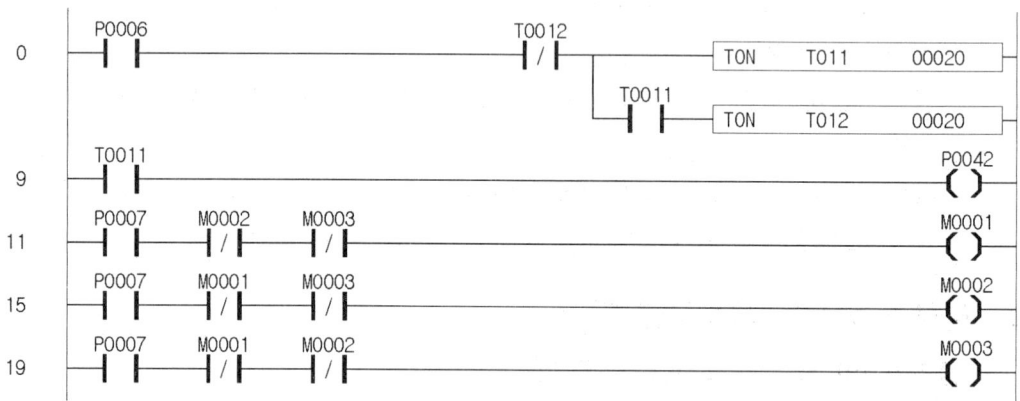

[그림 8-237] 플리커 회로와 리미트 회로 프로그램

(2) PB5에 의한 X3, Sol-A 동작 회로

① 시퀀스 회로도

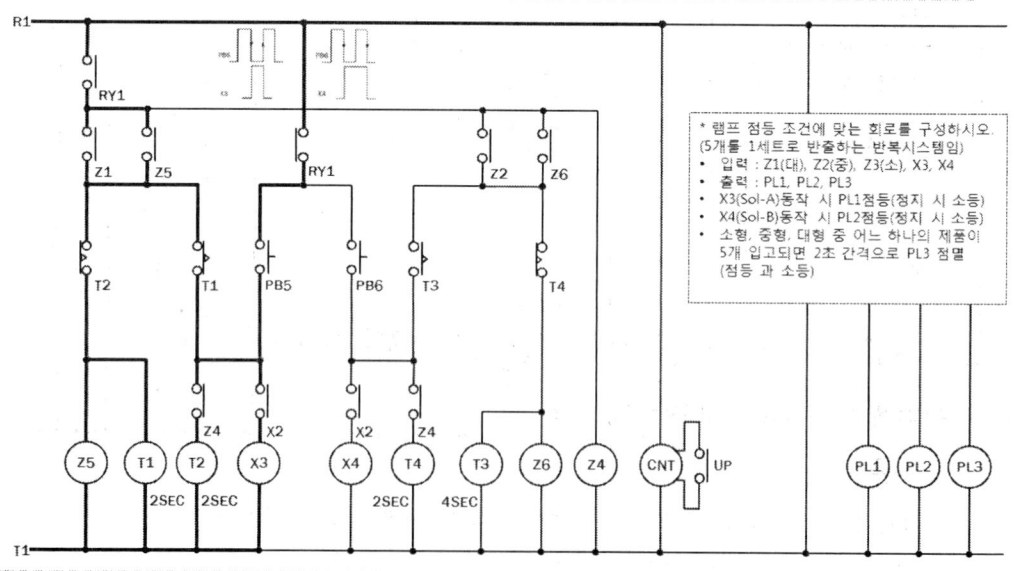

[그림 8-238] 시퀀스 회로도

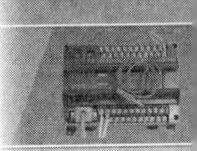

PB5에 의한 X3, Sol-A 동작 회로의 프로그램은 시퀀스도에 따라 프로그램하면 되는데 PB5 스위치를 1번 눌렀다가 놓을 때 여자되고, 2번째 누르는 순간 X3이 소자되어야 하는 회로이다. Master-K 프로그램에서는 양변환검출접점(D), 음변환 검출접점(D NOT) 명령어를 사용하여 카운터 회로를 구성한 후 출력(M13)을 받아 시퀀스 회로도의 PB5 접점 위치에 사용하면 된다.

② 프로그램

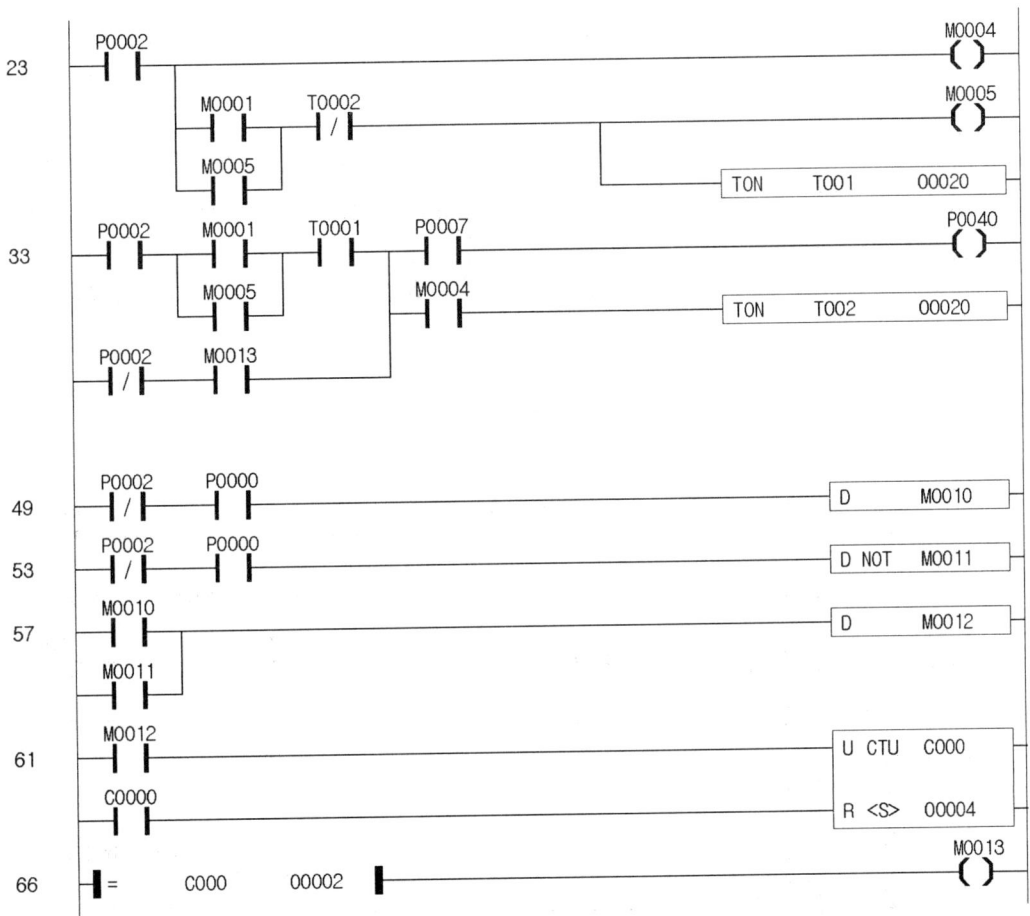

[그림 8-239] PB5에 의한 X3, Sol-A 동작 회로 프로그램

(3) PB6에 의한 X4, Sol-B동작 회로

① 시퀀스 회로도

PB6에 의한 X4, Sol-B 동작 회로의 프로그램도 앞서와 같이 시퀀스도에 따라 프로그램하면 되는데 PB6 스위치를 1번 눌렀다가 놓을 때 여자되고, 2번 눌렀다 놓을 때 X4이 소자되어야 하는 회이다. 따라서 음변환검출접점 대용으로 D NOT 명령어를 사용하여 카운터 값이 1일 때 동작하고, 2일 때 정지하는 프로그램을 작성한다.

494 제8장 전기기능장 실전 문제

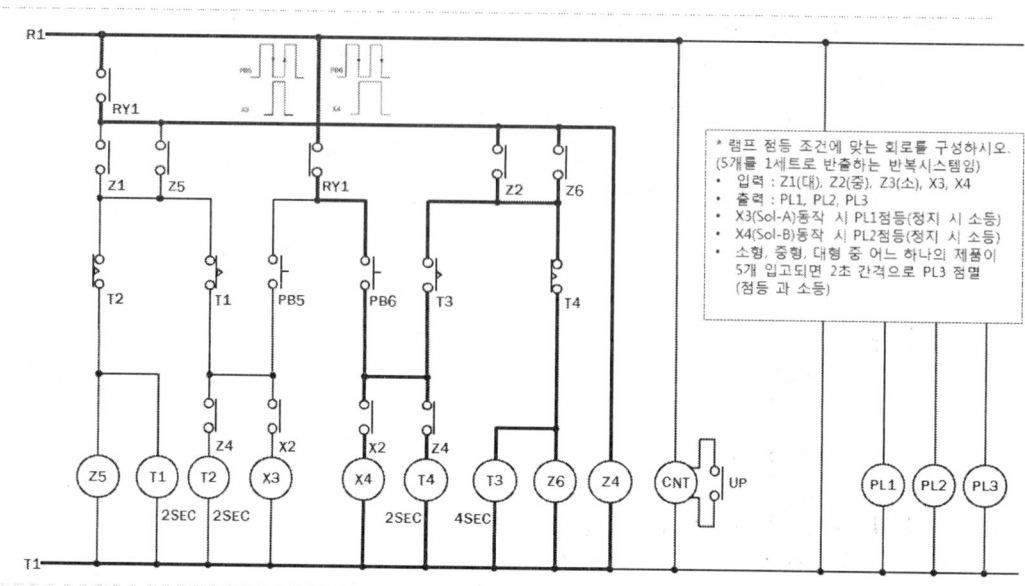

[그림 8-240] 시퀀스 회로도

② 프로그램

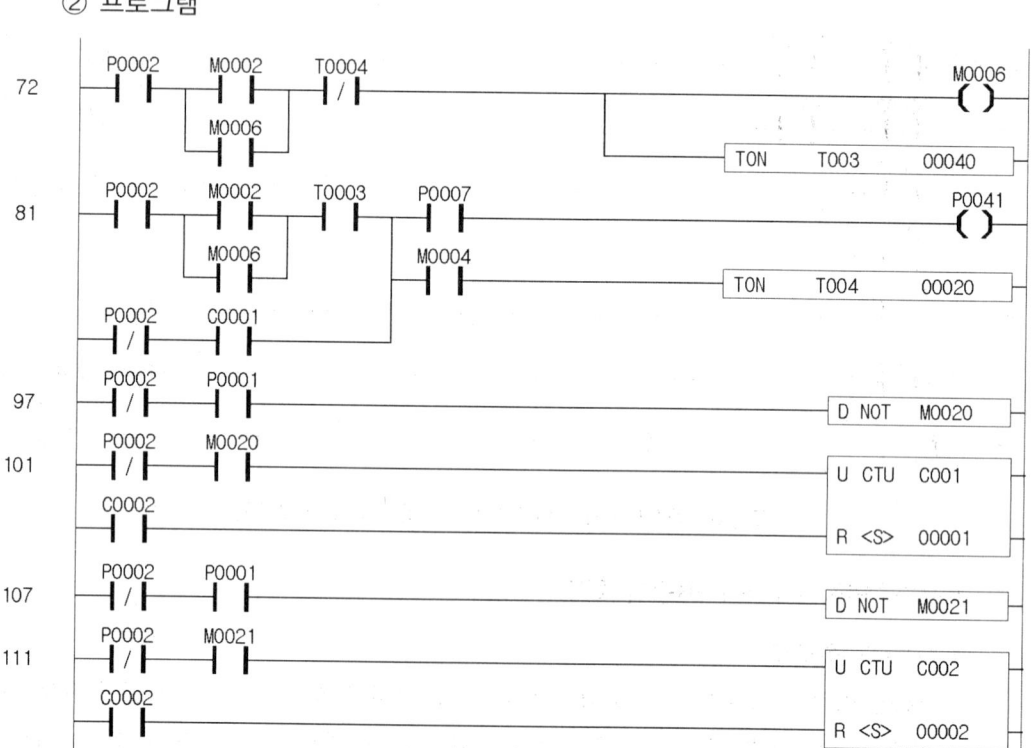

[그림 8-241] PB6에 의한 X4, Sol-B동작 회로 프로그램

(4) CNT에 의한 PL1, PL2, PL3 동작 회로

① 시퀀스 회로도

PL1은 X3, Sol-A이 동작하면 점등, 정지하면 소등되는 회로이며, PL2는 X4, Sol-B가 동작하면 점등, 정지하면 소등되는 회로로 프로그램 한다. PL3은 대형, 중형, 소형 중 어느 하나의 제품이라도 5개 1세트가 입고되면 2초 간격으로 점멸(점등과 소등)하여야 한다. 이때 소형을 카운터하는 C4, 중형을 카운터하는 C5, 대형을 카운터하는 C6 리셋 시킬 때 카운터의 현재 치가 5일 때만 동작하고, 1~4일 때는 항상 소등되어 있어야 한다.

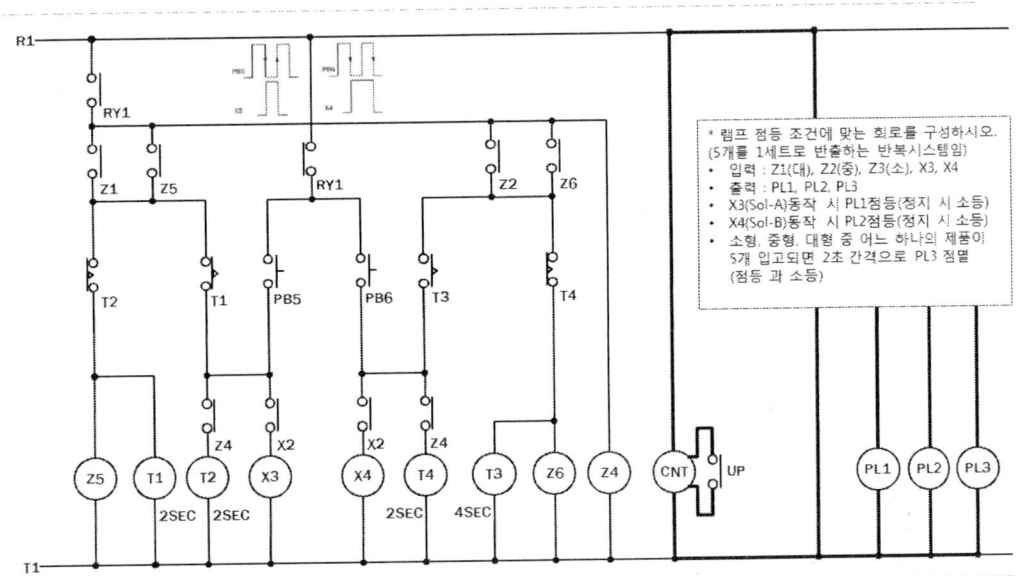

[그림 8-242] 시퀀스 회로도

② 프로그램

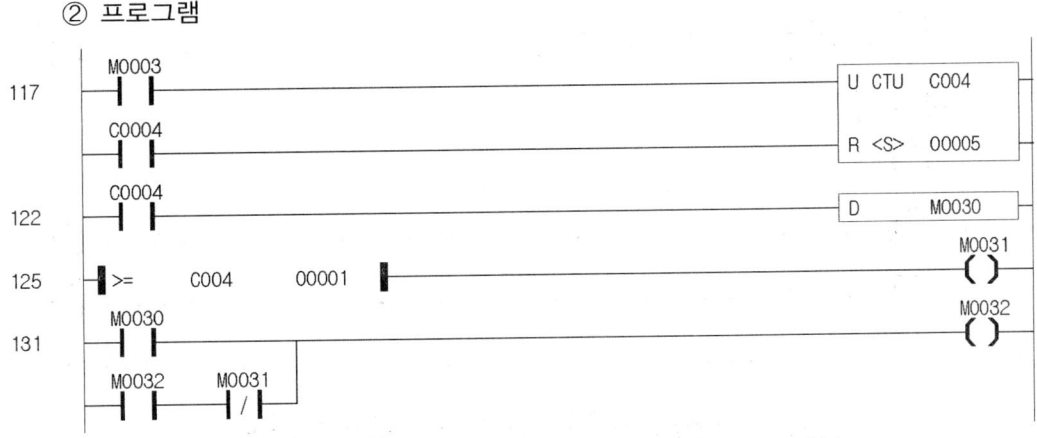

[그림 8-243] CNT에 의한 PL1, PL2, PL3 동작 회로 프로그램 (1)

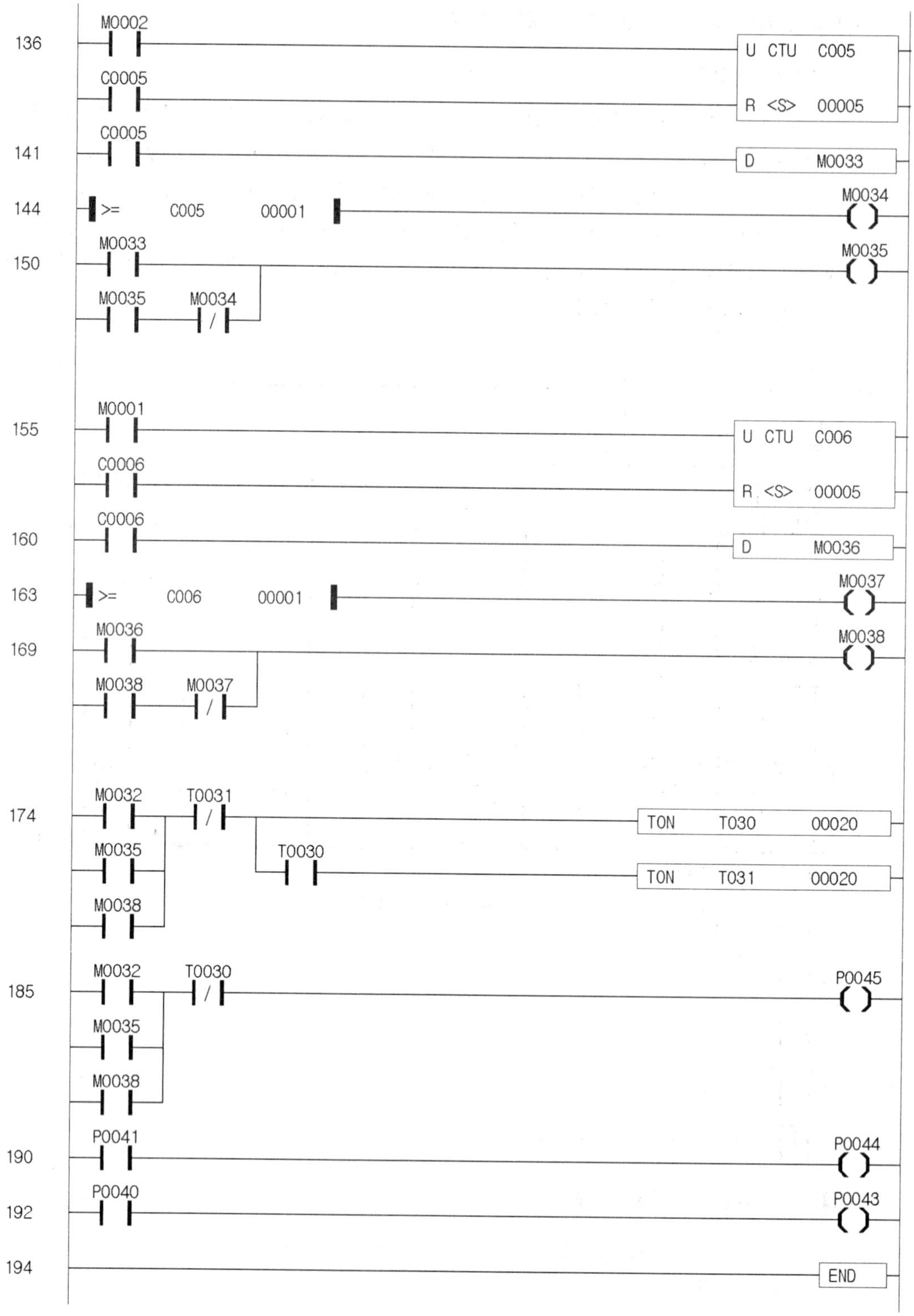

496 제8장 전기기능장 실전 문제

```
136 ──┤M0002├─────────────────────────────────[U  CTU  C005]
       ──┤C0005├─────────────────────────────────[R  <S>  00005]

141 ──┤C0005├─────────────────────────────────[D         M0033]

144 ──┤>= C005 00001├──────────────────────────────( M0034 )

150 ──┤M0033├─────────────────────────────────────( M0035 )
       ──┤M0035├──┤/M0034├──

155 ──┤M0001├─────────────────────────────────[U  CTU  C006]
       ──┤C0006├─────────────────────────────────[R  <S>  00005]

160 ──┤C0006├─────────────────────────────────[D         M0036]

163 ──┤>= C006 00001├──────────────────────────────( M0037 )

169 ──┤M0036├─────────────────────────────────────( M0038 )
       ──┤M0038├──┤/M0037├──

174 ──┤M0032├──┤/T0031├──────────────────────[TON  T030  00020]
       ──┤M0035├──┤T0030├───────────────────[TON  T031  00020]
       ──┤M0038├──

185 ──┤M0032├──┤/T0030├──────────────────────────────( P0045 )
       ──┤M0035├──
       ──┤M0038├──

190 ──┤P0041├─────────────────────────────────────( P0044 )
192 ──┤P0040├─────────────────────────────────────( P0043 )

194 ─────────────────────────────────────────────────[ END ]
```

[그림 8-244] CNT에 의한 PL1, PL2, PL3 동작 회로 프로그램 (2)

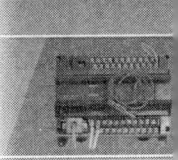

(5) 실전 문제 57 완성 프로그램(1)

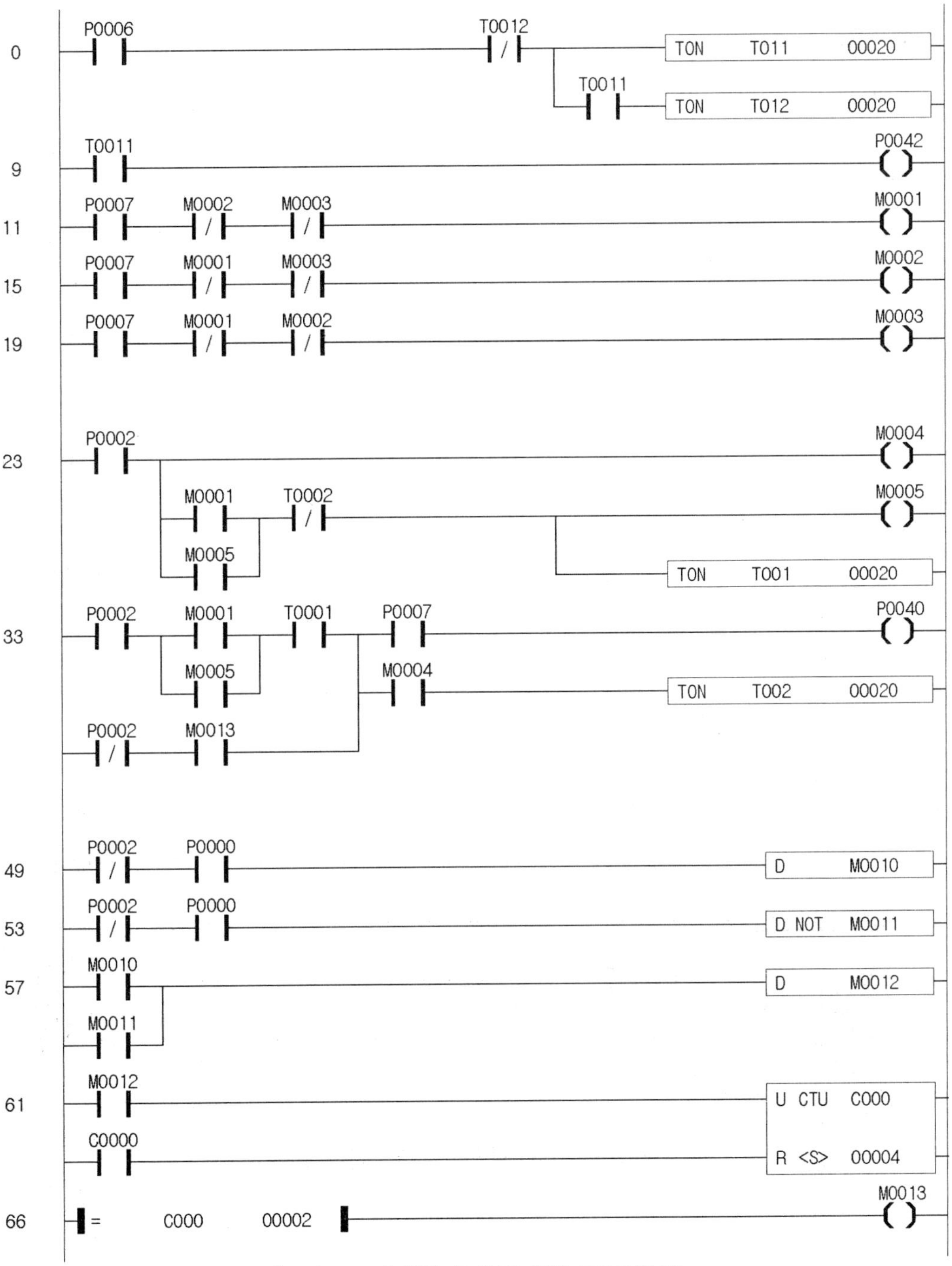

[그림 8-245] 실전 문제 57 완성 프로그램 (1)

498 제8장 전기기능장 실전 문제

(6) 실전 문제 57 완성 프로그램(2)

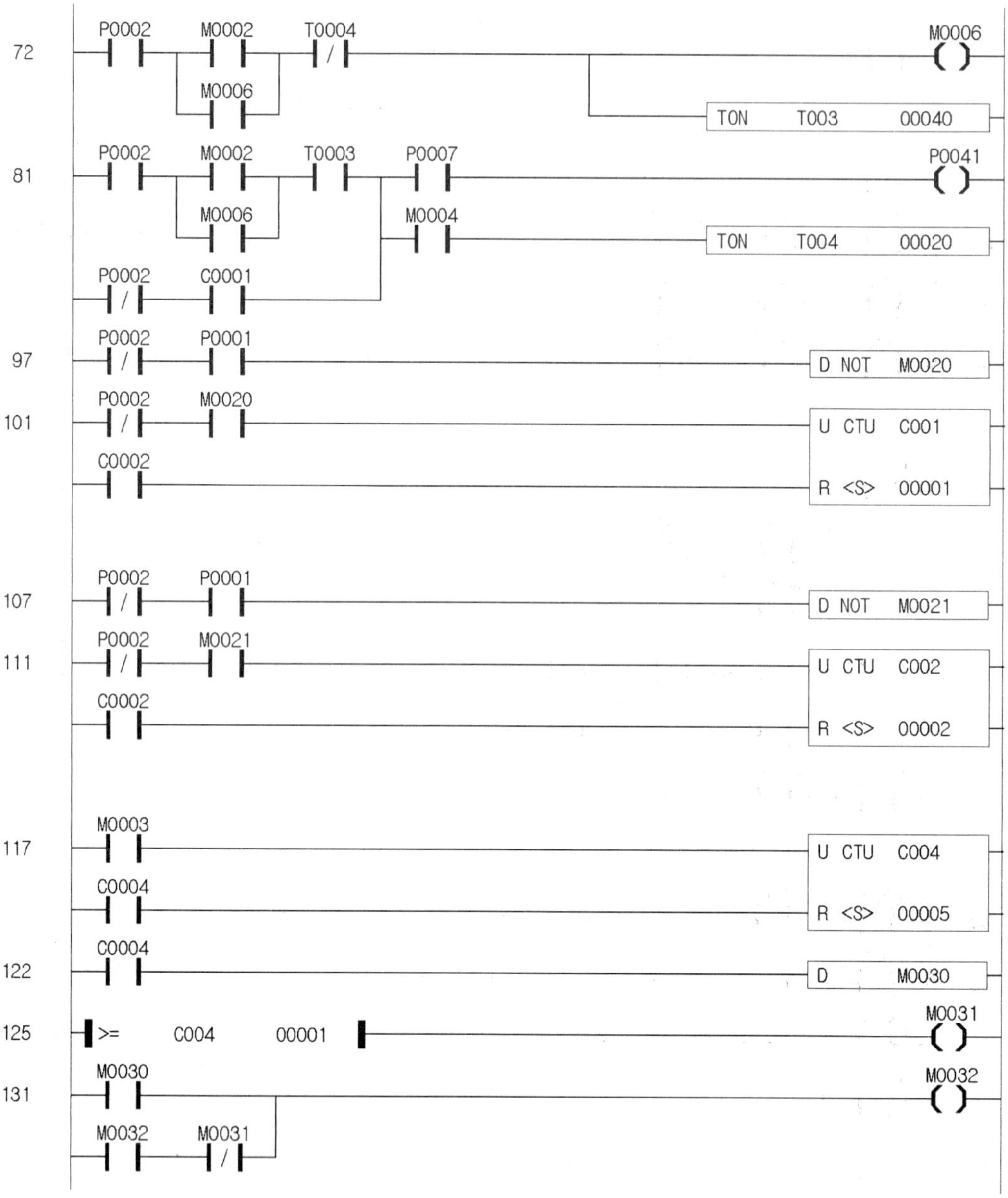

[그림 8-246] 실전 문제 57 완성 프로그램 (2)

(7) 실전 문제 57 완성 프로그램(3)

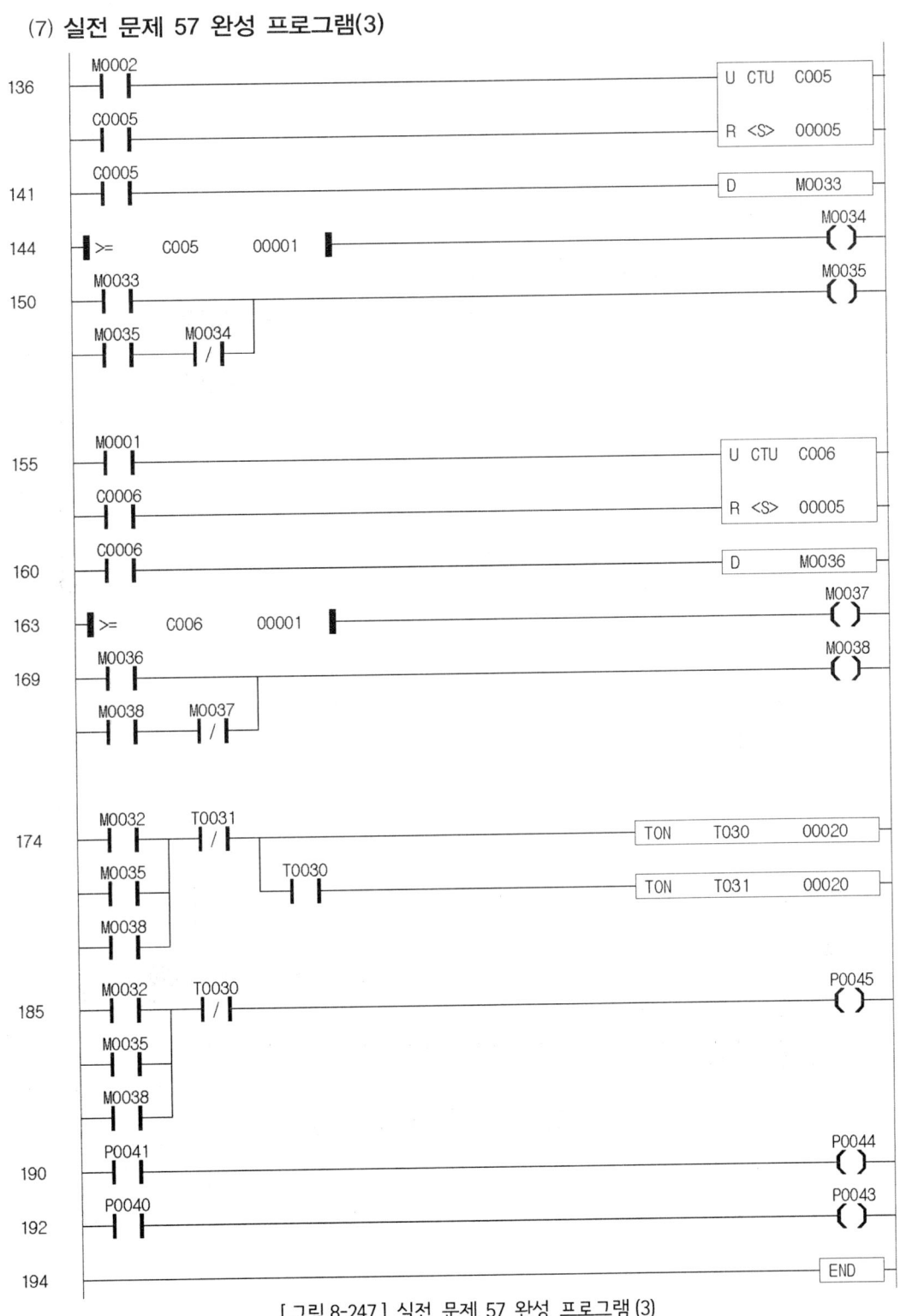

[그림 8-247] 실전 문제 57 완성 프로그램 (3)

8.5.3 실전 문제 57 도면

1. 전기공사 문제

(1) 배치도

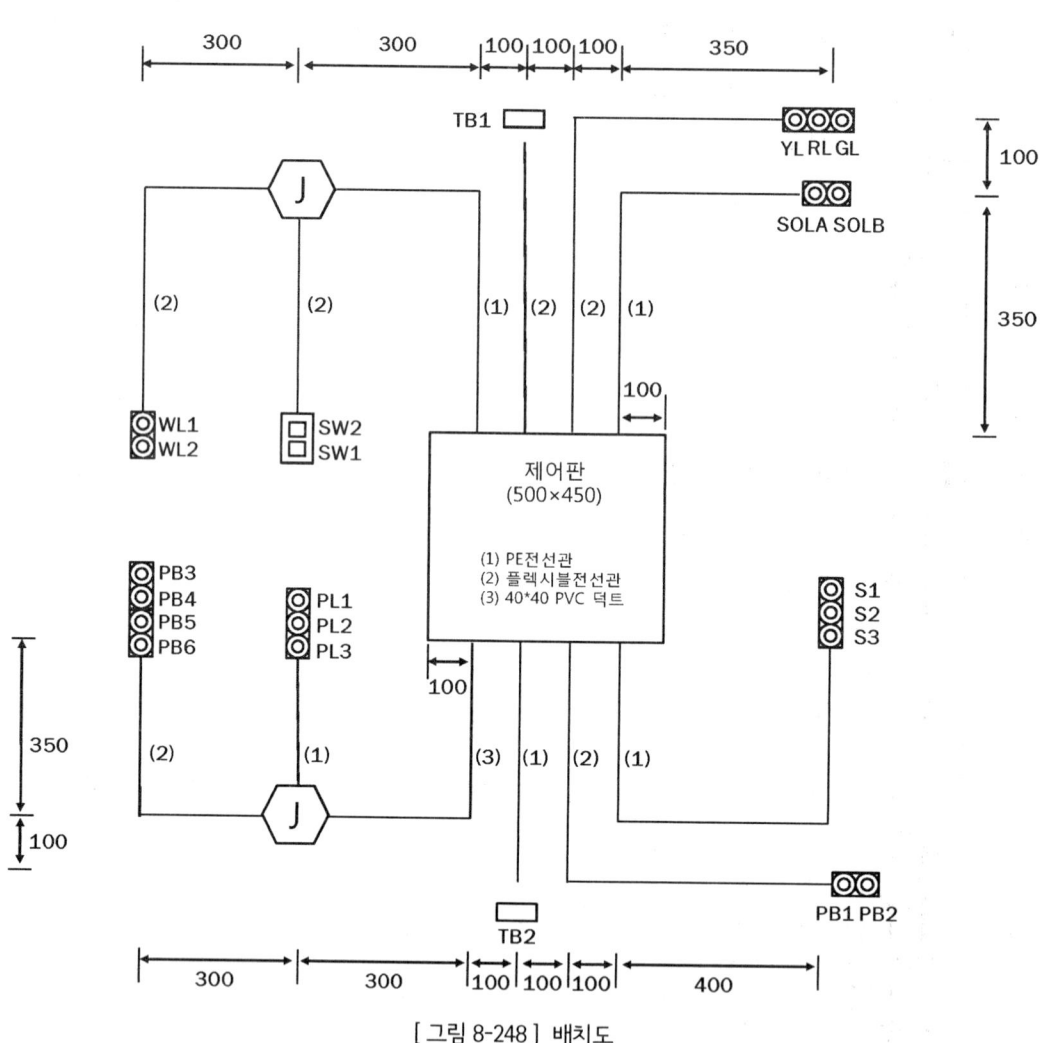

[그림 8-248] 배치도

(2) 시퀀스 회로도

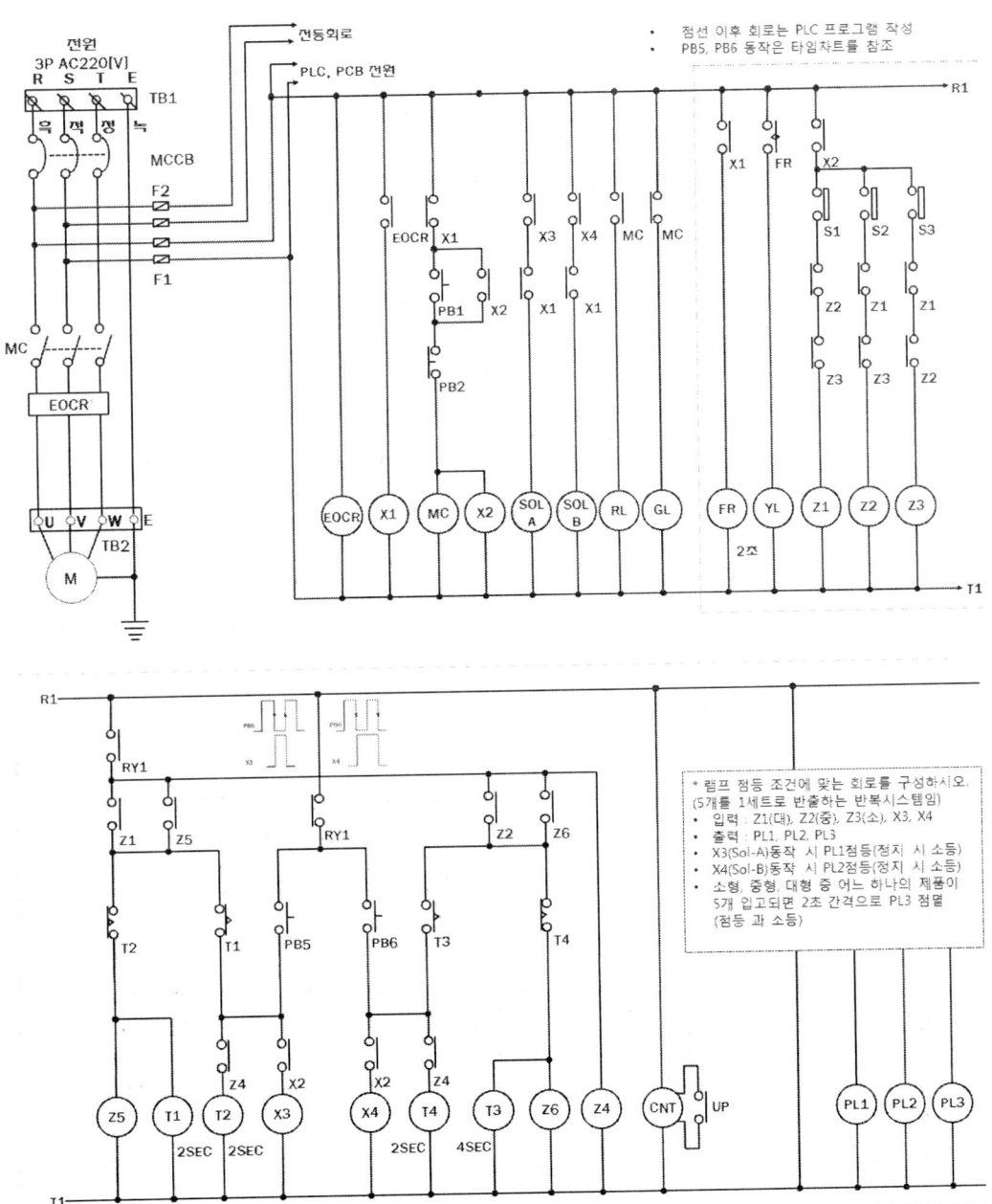

[그림 8-249] 시퀀스 회로도

(3) 전자 회로도

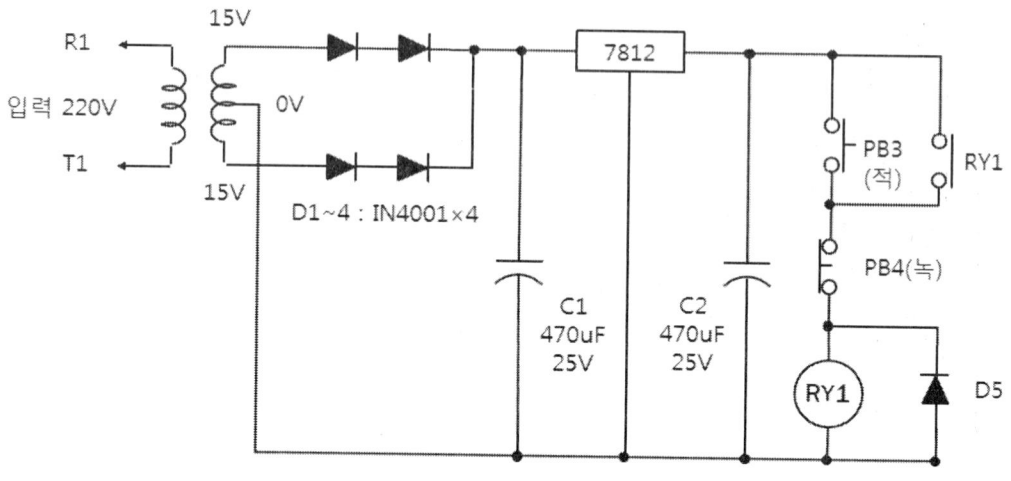

[그림 8-250] 전자 회로도

(4) 제어반 기구 배치도

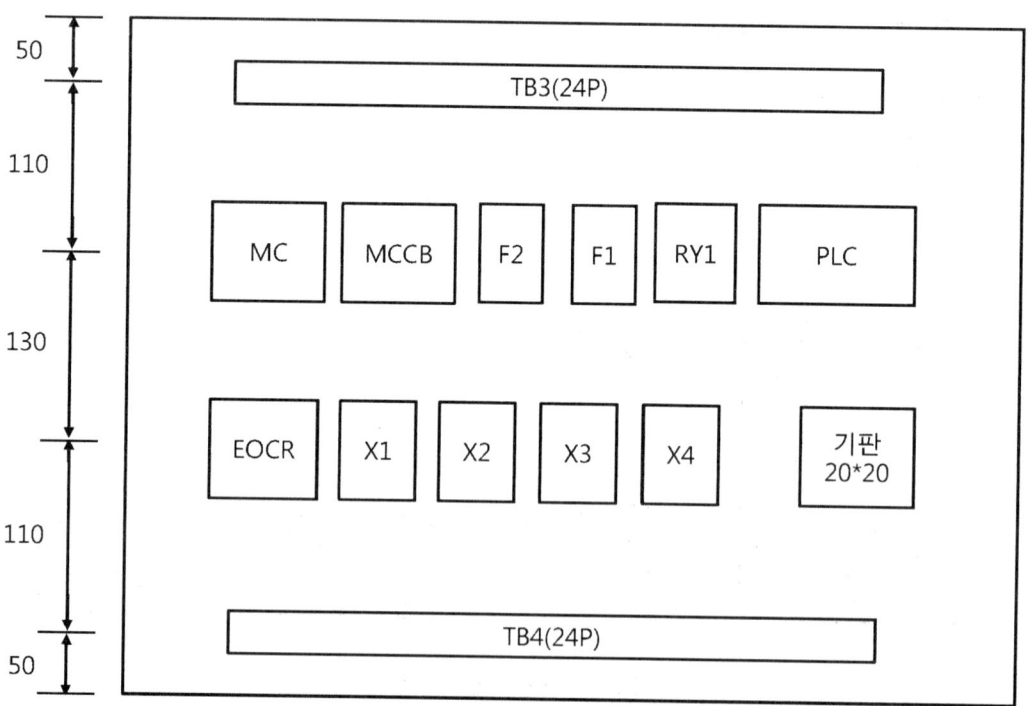

[그림 8-251] 제어반 기구 배치도

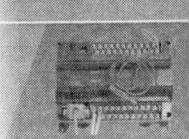

(5) 범례

[표 8-10] 범례

기 호	명 칭	기 호	명 칭
MC	전자접촉기	S1, S2, S3	감지스위치(PB, 백)
EOCR	과부하계전기	SW1, SW2	3로스위치
RY1	8P 릴레이(DC12V)	Sol-A, B	솔레노이드(PL, 적색)
X1~X4	14P 릴레이(220V)	TB1~TB2	단자대(4P)
PB1,PB3,PB5	푸시버튼스위치(적)	TB3~TB4	단자대(20P, 24P)
PB2,PB4,PB5	푸시버튼스위치(녹)	F1, F2	퓨즈홀더(2P)
RL, GL, YL	파이롯램프(적, 녹, 황)	FR	플리커릴레이
PL1~PL3	파이롯램프(백)	Z1~Z6	PLC 내부릴레이
WL1~WL2	파이롯램프(백)	T1~T4	PLC 내부타이머

(6) 전등회로

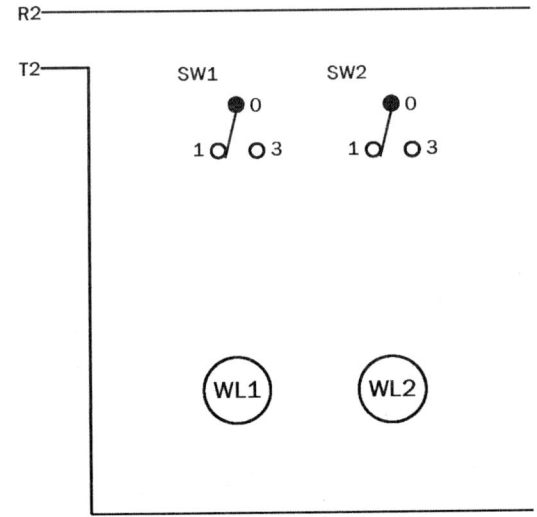

3로 스위치		램프	
SW1	SW2	WL1	WL2
0	0	1	0
0	1	1	0
1	0	1	1
1	1	0	0

[그림 8-252] 전등회로

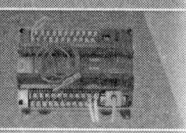

504 제8장 전기기능장 실전 문제

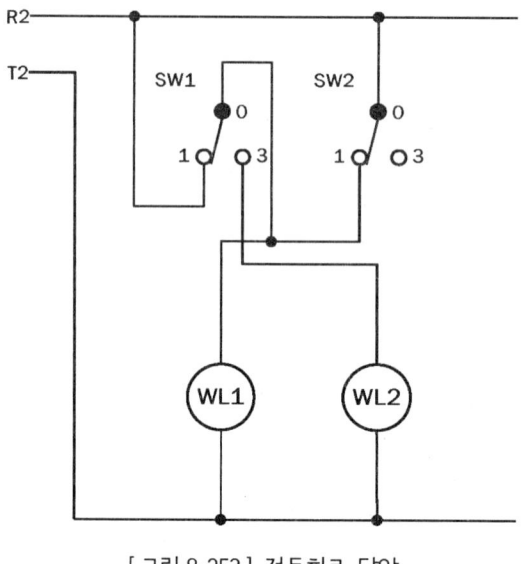

[그림 8-253] 전등회로 답안

8.6 실전 문제 58

8.6.1 실전 문제 58 GLOFA PLC(기종 : G7M – DR30A)

1. PLC 문제

(1) 요구사항

① PLC 입·출력 배치도와 같은 순으로 입·출력 단자를 결선하여 논리 회로와 같이 동작되도록 PLC 회로를 구성하여 프로그램 하시오.

② 전원선 및 공통선(COM)은 지참한 PLC기종에 맞게 결선하고, 플리커, 타이머, 카운터, 보조릴레이 등은 PLC내부 데이터를 이용하여 프로그램 하시오.

③ 누름버튼 스위치 PB5, PB6, PB7 입력 조건의 변화에 따라 동작사항을 만족하는 출력 램프 HL1, HL2, HL3, HL4가 동작(점등과 소등)한다.

(2) 동작사항

① PLC에 전원을 인가하면 HL2 점등된다.
② PB5_ON하면 HL2 소등, HL1 점등, HL3은 1초 주기(0.5초) 펄스로 점멸한다.
③ PB6_ON하면 ②항 또는 ④항의 동작이 모두 정지하고 HL2가 점등된다.
④ PB7_ON하면 HL2 소등, HL3은 0.5초 점멸, HL4 점등된다.

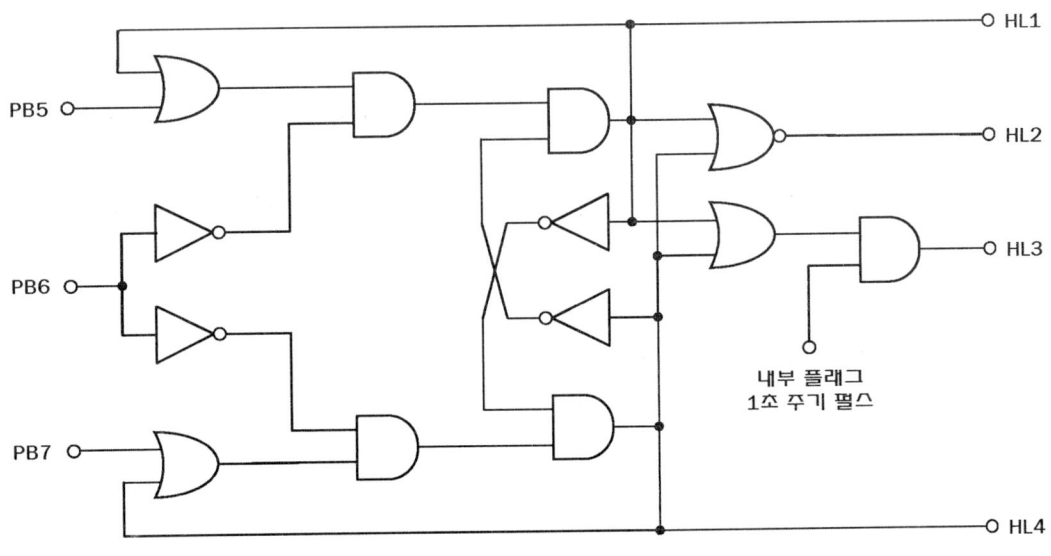

[그림 8-254] 논리 회로도

2. 동작설명

(1) 공통동작

① 전원을 투입하면 PLC, PCB, EOCR에 전원이 공급되며 WL이 점등된다.
② EOCR1이 동작되면 YL1이 점등되고 배수펌프 M1 정지, EOCR2이 동작되면 YL2이 점등되고 배수펌프 M2 정지된다.
③ EOCR1, 2가 복귀되면 YL1, 2가 소등되고 동작준비 상태가 된다.
④ PB3, PB4에 의하여 RY1이 동작되며 플로트레스 FS1, 2에 전원을 공급, 차단한다.

(2) 배수 펌프회로의 구성

① 플로트레스 SW(FS1, FS2)를 전극봉 E1~E4로 구성하여 전극봉에 의하여 수위를 검출하여 배수펌프(M1, M2)가 순차적으로 자동 동작 및 수동 동작한다.

[표 8-11] 배수 펌프회로의 구성

구 분	SS1(ON)	SS2(OFF)
E1에 도달하면	M1운전	M2운전
E2에 도달하면	M2운전	M1운전
E3에 도달하면	M1, M2정지	

3. PLC 문제 해석

(1) 논리 회로도 해석

본 예제의 PLC 프로그램은 시퀀스 회로도와 관련이 없이 단독으로 프로그램하는 예제로 논리 회로도와 PLC 입·출력도를 확인하여 프로그램하고 입·출력도에 의해 PLC 회로 결선을 수행하면 된다.

논리 회로도를 PLC 프로그램하기 위해서는 논리 기호를 확인하고 각 연결 점에 신호를 연결하는 것을 판단하여야 한다.

또한 메모리 할당을 하여야 하는데 PLC 입·출력도의 순서에 의하여 한다.

(2) 논리 회로도

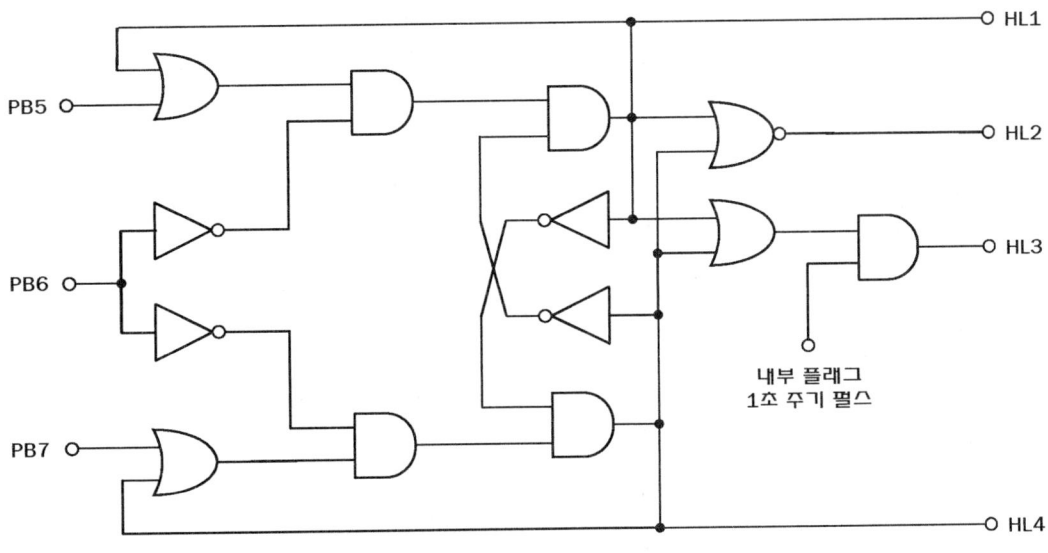

[그림 8-255] 논리 회로도

(3) PLC 입·출력도

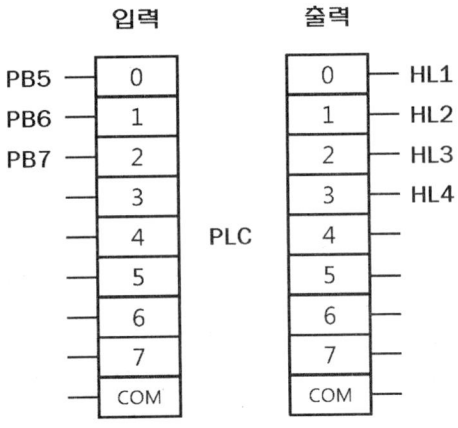

[그림 8-256] 입·출력도

(4) PLC 메모리 할당

입·출력의 메모리 할당은 다음과 같이 할당하여 입·출력에 대한 등록을 먼저 해놓으면 프로그램 작성하기가 편리하다. 등록하는 방법은 변수-데이터 창에서 오른쪽 마우스를 클릭 - 새로운 변수 추가로 PLC 입·출력도를 참고하여 입력한다.

① 입력은 PB5-%IX0.0.0, PB6-%IX0.0.1, PB7-%IX0.0.2로 할당한다.
② 출력은 HL1-%QX0.0.0, HL2-%QX0.0.1, HL3-%QX0.0.2, HL4-%QX0.0.3로 할당한다.

508 제8장 전기기능장 실전 문제

	변수 명	데이터 타입	메모리 할당	초기 값	변수 종류	사용 여부	설명문
1	PB5	BOOL	%IX0.0.0		VAR	*	
2	PB6	BOOL	%IX0.0.1		VAR	*	
3	PB7	BOOL	%IX0.0.2		VAR	*	
4	HL1	BOOL	%QX0.0.0		VAR	*	
5	HL2	BOOL	%QX0.0.1		VAR	*	
6	HL3	BOOL	%QX0.0.2		VAR	*	
7	HL4	BOOL	%QX0.0.3		VAR	*	
8	A1	BOOL	<자동>		VAR	*	
9	A2	BOOL	<자동>		VAR	*	
10	A3	BOOL	<자동>		VAR	*	
11	A4	BOOL	<자동>		VAR	*	
12	B1	BOOL	<자동>		VAR	*	
13	C1	BOOL	<자동>		VAR	*	
14	C2	BOOL	<자동>		VAR	*	
15	C3	BOOL	<자동>		VAR	*	
16	C4	BOOL	<자동>		VAR	*	
17	D1	BOOL	<자동>		VAR	*	
18	D2	BOOL	<자동>		VAR	*	

[그림 8-257] 메모리 할당

4. 논리 회로도 프로그램 하기

(1) 논리 회로도 프로그램 하기

① 회로도에 표기된 내부 플래그 1초 주기 펄스는 0.5초 점등 0.5초 소등되는 a접점이다. 따라서 변수이름 입력 창에 "_T1S"로 입력하면 된다.

② A1~D2 등의 변수명도 변수이름 입력 창에 "A1"로 입력하면 된다.

(2) 논리 회로도

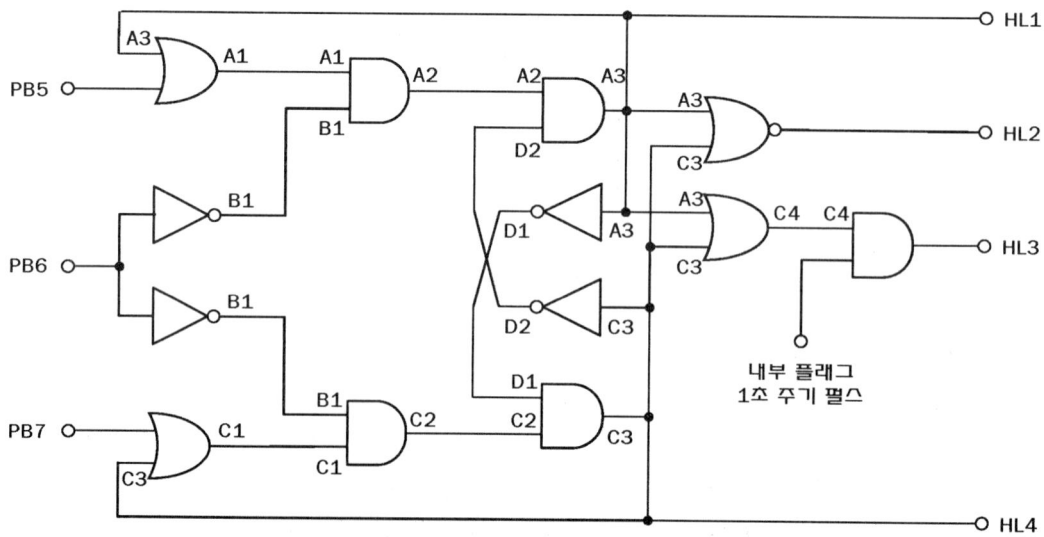

[그림 8-258] 논리 회로도 해석

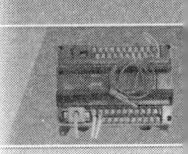

(3) 논리 회로도 프로그램

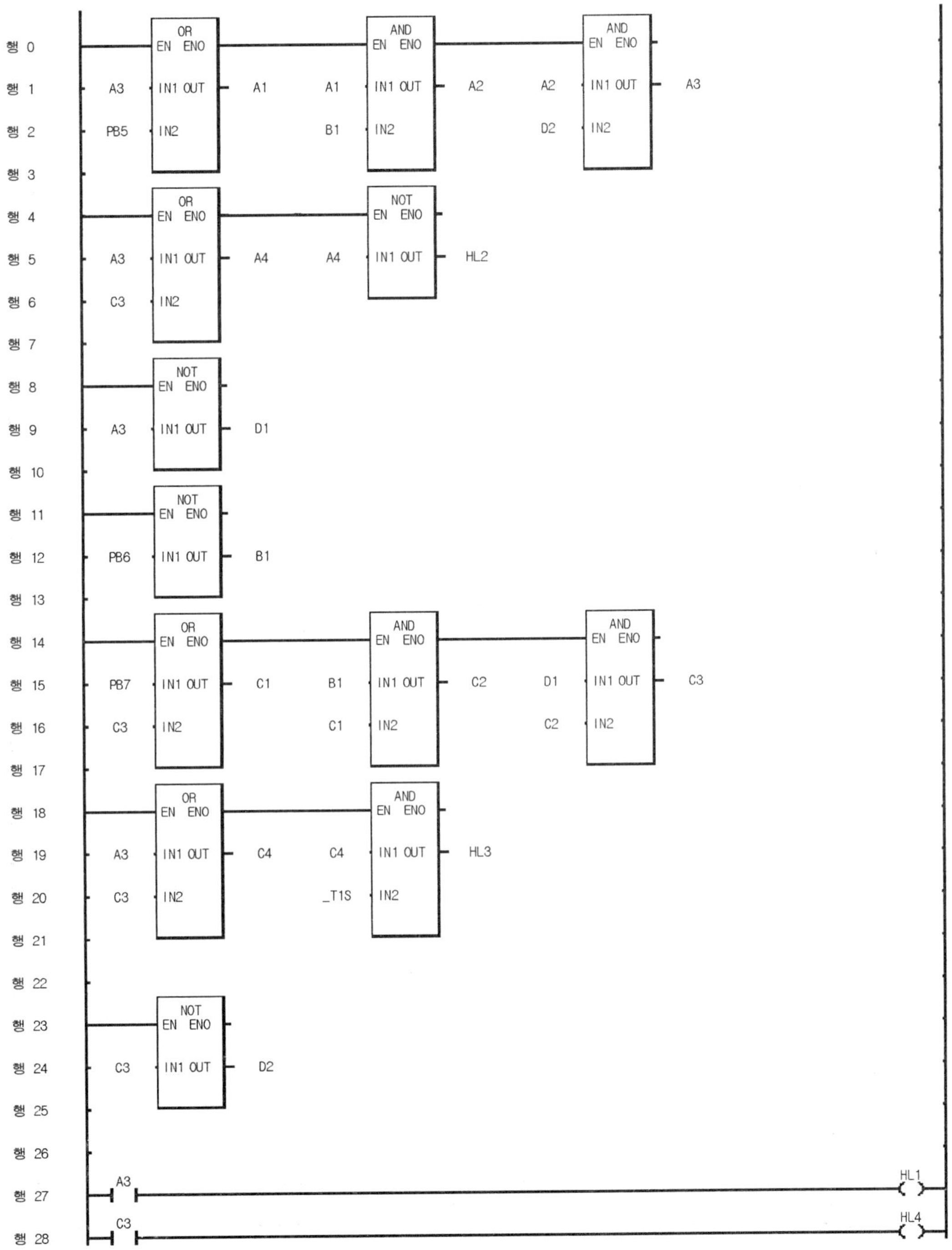

행 0		OR		AND		AND
행 1	A3 — IN1 OUT — A1	A1 — IN1 OUT — A2	A2 — IN1 OUT — A3
행 2	PB5 — IN2	B1 — IN2	D2 — IN2
행 3			
행 4		OR		NOT	
행 5	A3 — IN1 OUT — A4	A4 — IN1 OUT — HL2
행 6	C3 — IN2	
행 7		
행 8		NOT
행 9	A3 — IN1 OUT — D1
행 10	
행 11		NOT
행 12	PB6 — IN1 OUT — B1
행 13	
행 14		OR		AND		AND
행 15	PB7 — IN1 OUT — C1	B1 — IN1 OUT — C2	D1 — IN1 OUT — C3
행 16	C3 — IN2	C1 — IN2	C2 — IN2
행 17	
행 18		OR		AND
행 19	A3 — IN1 OUT — C4	C4 — IN1 OUT — HL3
행 20	C3 — IN2	_T1S — IN2
행 21	
행 22	
행 23		NOT
행 24	C3 — IN1 OUT — D2
행 25	
행 26	
행 27	—	A3	———————————— (HL1)
행 28	—	C3	———————————— (HL4)

[그림 8-259] 논리 회로도 프로그램

(4) 실전 문제 58 완성 프로그램

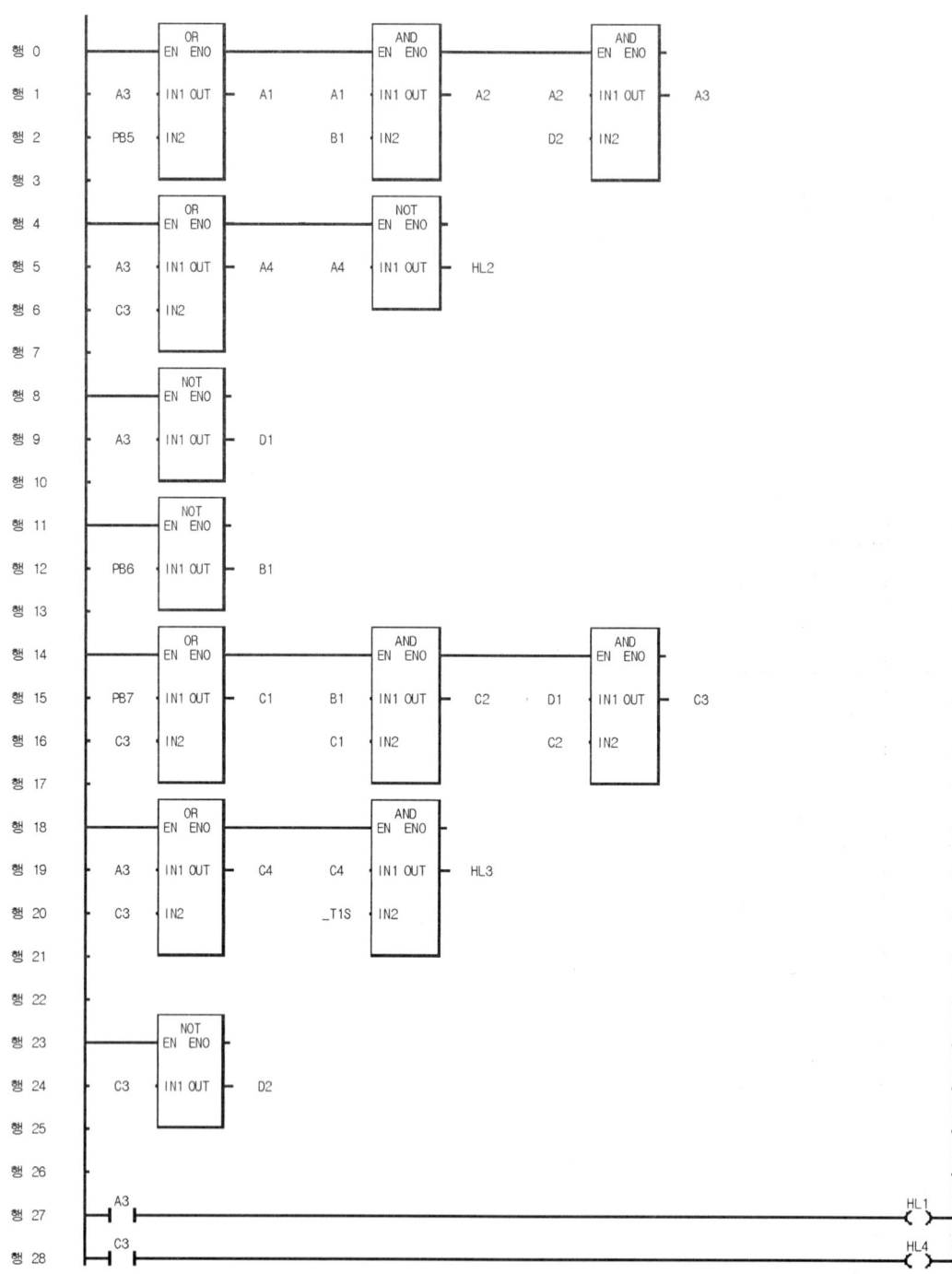

[그림 8-260] 실전 문제 58 완성 프로그램

8.6.2 실전 문제 58 MASTER-K(기종 : K7M-DR30S)

1. PLC 문제

(1) 요구사항

① PLC 입·출력 배치도와 같은 순으로 입·출력 단자를 결선하여 논리 회로와 같이 동작되도록 PLC 회로를 구성하여 프로그램 하시오.

② 전원선 및 공통선(COM)은 지참한 PLC기종에 맞게 결선하고, 플리커, 타이머, 카운터, 보조릴레이 등은 PLC내부 데이터를 이용하여 프로그램 하시오.

③ 누름버튼 스위치 PB5, PB6, PB7 입력 조건의 변화에 따라 동작사항을 만족하는 출력 램프 HL1, HL2, HL3, HL4가 동작(점등과 소등)한다.

(2) 동작사항

① PLC에 전원을 인가하면 HL2 점등된다.
② PB5_ON하면 HL2 소등, HL1 점등, HL3은 0.5초 점멸한다.
③ PB6_ON하면 ②항 또는 ④항의 동작이 모두 정지하고 HL2가 점등된다.
④ PB7_ON하면 HL2 소등, HL3은 0.5초 점멸, HL4 점등된다.

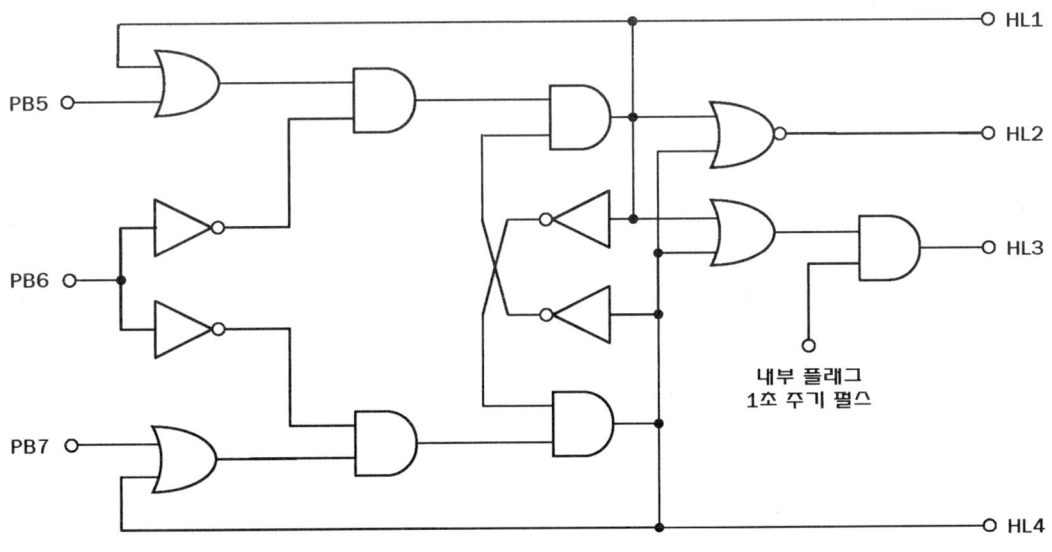

[그림 8-261] 논리 회로도

2. 동작설명

(1) 공통동작

① 전원을 투입하면 PLC, PCB, EOCR에 전원이 공급되며 WL이 점등된다.
② EOCR1이 동작되면 YL1이 점등되고 배수펌프 M1 정지, EOCR2이 동작되면 YL2이 점등되고 배수펌프 M2 정지된다.
③ EOCR1, 2가 복귀되면 YL1, 2가 소등되고 동작준비 상태가 된다.
④ PB3, PB4에 의하여 RY1이 동작되며 플로트레스 FS1, 2에 전원을 공급, 차단한다.

(2) 배수 펌프회로의 구성

① 플로트레스 SW(FS1, FS2)를 전극봉 E1~E4로 구성하여 전극봉에 의하여 수위를 검출하여 배수펌프(M1, M2)가 순차적으로 자동 동작 및 수동 동작한다.

[표 8-12] 배수 펌프회로의 구성

구 분	SS1(ON)	SS2(OFF)
E1에 도달하면	M1운전	M2운전
E2에 도달하면	M2운전	M1운전
E3에 도달하면	M1, M2정지	

3. PLC 문제 해석

(1) 논리 회로도 해석

본 예제의 PLC 프로그램은 시퀀스 회로도와 전혀 관련이 없는 예제로 논리 회로도와 PLC 입·출력도를 확인하여 프로그램하고 입·출력도에 의해 PLC 회로 결선을 수행하면 된다.

논리 회로도를 PLC 프로그램하기 위해서는 Master-K 프로그램에서는 논리 기호를 해석하여 논리식으로 해야 프로그램을 하는데 수월하다.

또한 메모리 할당을 하여야 하는데 PLC 입·출력도의 순서에 의하여 한다.

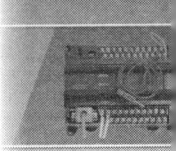

(2) 논리 회로도

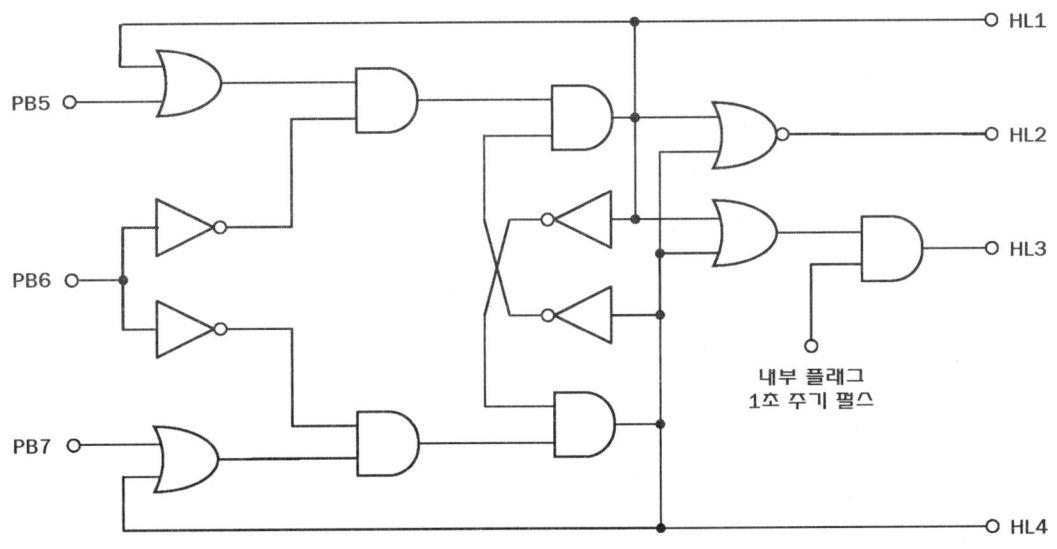

[그림 8-262] 논리 회로도

(3) PLC 입·출력도

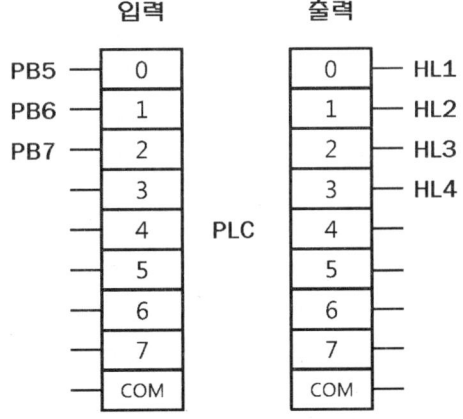

[그림 8-263] 입·출력도

(4) PLC 메모리 할당

입·출력의 메모리 할당은 PLC 입·출력도를 참조하여
① 입력은 PB5-P0000, PB6-P0001, PB7-P0002로 할당한다.
② 출력은 HL1-P0040, HL2-P0041, HL3-P0042, HL4-P0043로 할당한다.
③ PLC로 프로그램하는 회로는 PLC의 입·출력도에 의해 결선됨으로 PLC의 입·출력도의 순서대로 할당하여야 프로그램 작성 및 PLC 결선 오류를 방지할 수 있다.

4. 논리 회로도 프로그램 하기

(1) 논리 회로도 해석

① HL1 = (PB5 + HL1)($\overline{PB6}$)($\overline{HL4}$)

② HL2 = ($\overline{HL1}$ + $\overline{HL4}$)

③ HL3 = (HL1 + HL4)(FR1)

④ HL4 = (PB7 + HL4)($\overline{PB6}$)($\overline{HL1}$)

위 식에 의해 프로그램하고 HL3 점멸 동작은 P40(HL1), P43(HL4)가 점등될 때 같이 동작하므로 P40, P43 회로를 받아 내부 플래그(FR1)를 만들어 사용한다.

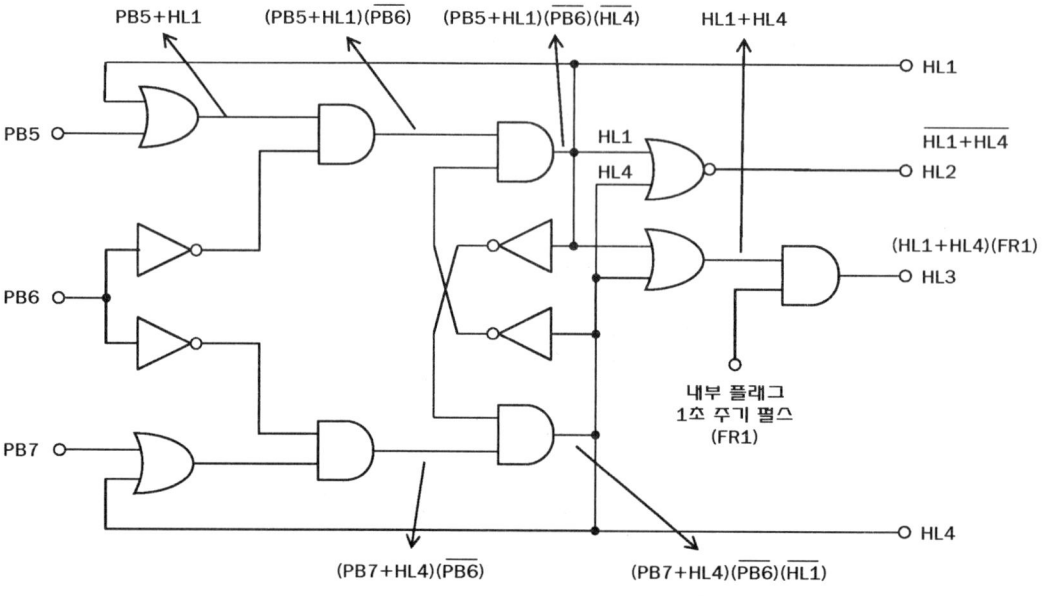

[그림 8-264] 논리 회로도 해석

(2) **프로그램**

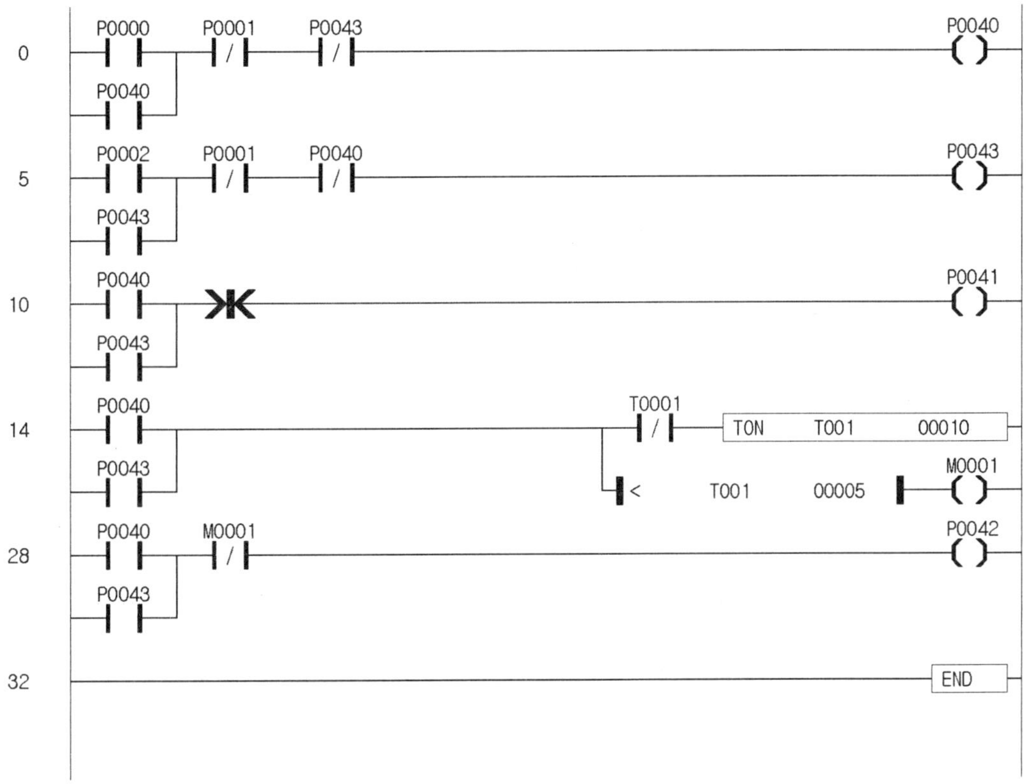

```
         P0000    P0001    P0043                                              P0040
    ┌─────┤├──┬───┤/├─────┤/├──────────────────────────────────────────────────( )────┐
0   │     P0040│                                                                     │
    │     ┤├──┘                                                                      │

         P0002    P0001    P0040                                              P0043
    ┌─────┤├──┬───┤/├─────┤/├──────────────────────────────────────────────────( )────┐
5   │     P0043│                                                                     │
    │     ┤├──┘                                                                      │

         P0040                                                                P0041
    ┌─────┤├──┬──────※K──────────────────────────────────────────────────────( )────┐
10  │     P0043│                                                                     │
    │     ┤├──┘                                                                      │

         P0040                              T0001                                    
    ┌─────┤├──┬──────────────────────────────┤/├──────[ TON    T001    00010 ]───────┐
14  │     P0043│                                                              M0001  │
    │     ┤├──┘                              [< T001    00005 ]───────────────( )────┤

         P0040    M0001                                                       P0042
    ┌─────┤├──┬───┤/├─────────────────────────────────────────────────────────( )────┐
28  │     P0043│                                                                     │
    │     ┤├──┘                                                                      │

32  ────────────────────────────────────────────────────────────────────────────[ END ]
```

[그림 8-265] 논리 회로도 프로그램

(3) 실전 문제 58 완성 프로그램

```
        P0000  P0001  P0043                                              P0040
 0 ─────┤├────┤/├───┤/├──────────────────────────────────────────────────( )───
        │P0040│
        ├──┤├─┤

        P0002  P0001  P0040                                              P0043
 5 ─────┤├────┤/├───┤/├──────────────────────────────────────────────────( )───
        │P0043│
        ├──┤├─┤

        P0040                                                            P0041
10 ─────┤├──────╳╳──────────────────────────────────────────────────────( )───
        │P0043│
        ├──┤├─┤

        P0040                                   T0001                    
14 ─────┤├──────────────────────────────────────┤/├────[ TON  T001  00010 ]
        │P0043│                                                          M0001
        ├──┤├─┤                                 ┤<   T001    00005 ├────( )───

        P0040  M0001                                                     P0042
28 ─────┤├────┤/├────────────────────────────────────────────────────────( )───
        │P0043│
        ├──┤├─┤

32 ─────────────────────────────────────────────────────────────────────[ END ]
```

[그림 8-266] 실전 문제 58 완성 프로그램

8.6.3 실전 문제 58 도면

1. 전기공사 문제

(1) 배치도

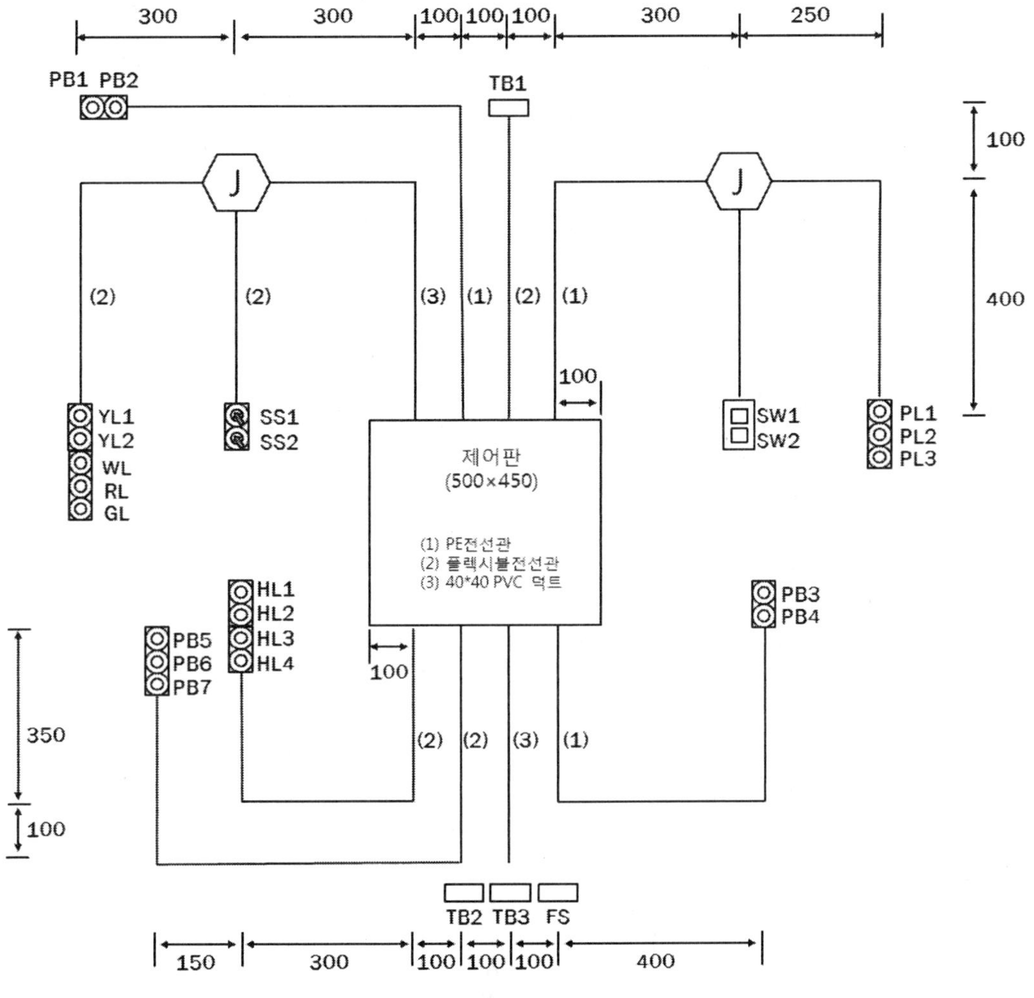

[그림 8-267] 배치도

518 제8장 전기기능장 실전 문제

(2) 시퀀스 회로도

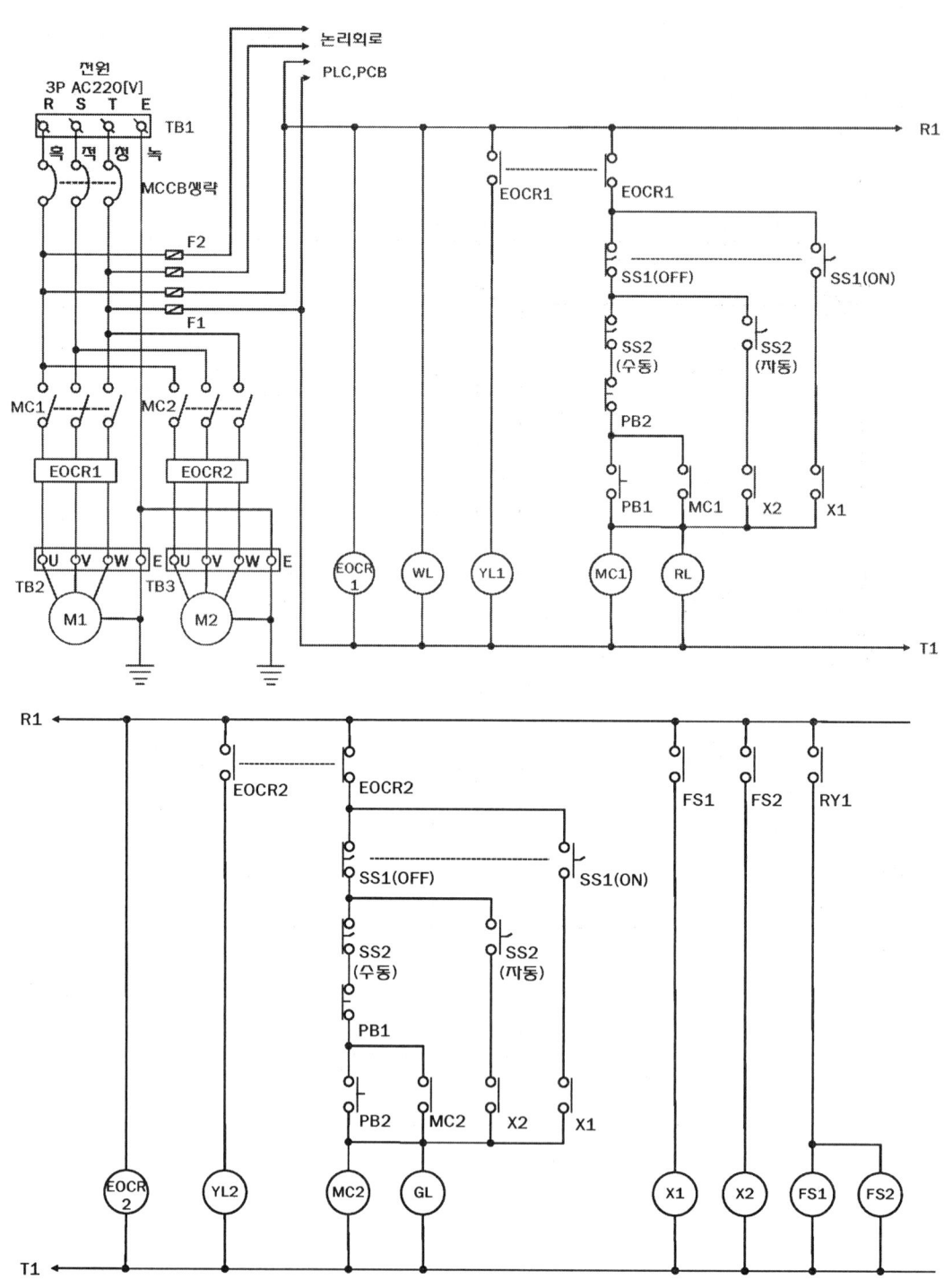

[그림 8-268] 시퀀스 회로도

(3) 전자 회로도

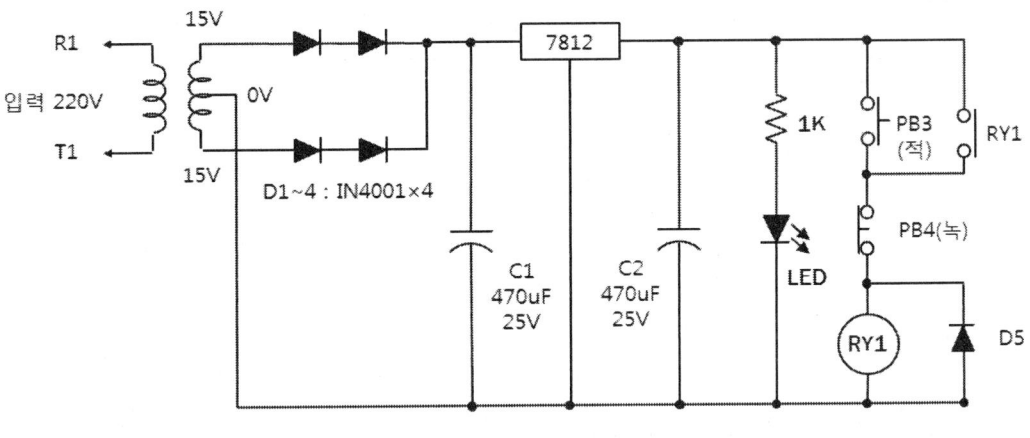

[그림 8-269] 전자 회로도

(4) 제어반 기구 배치도

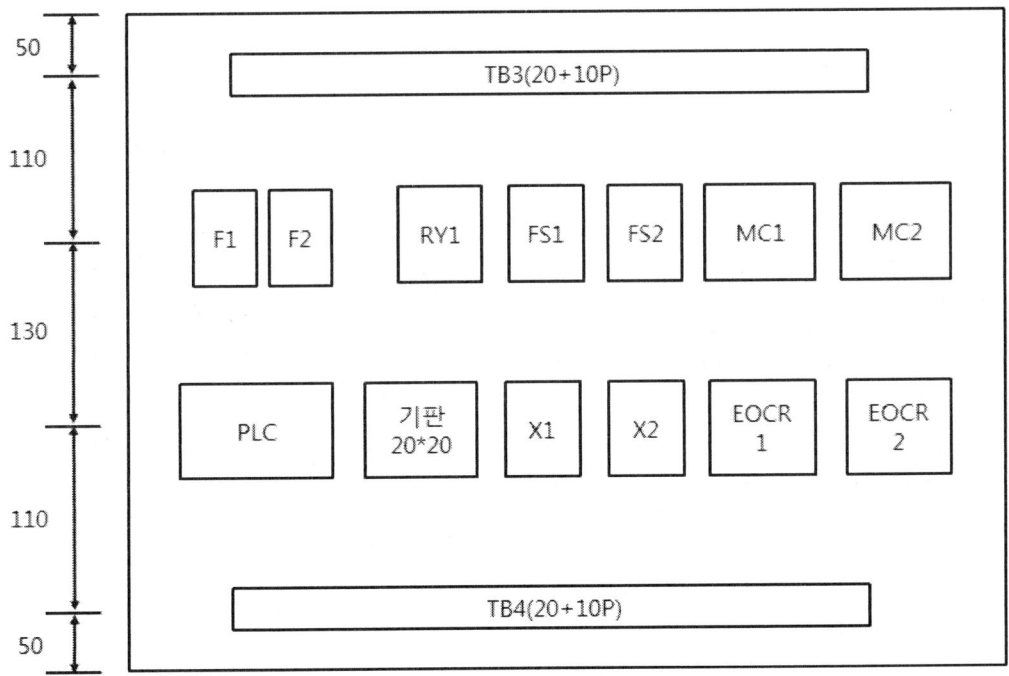

[그림 8-270] 제어반 기구 배치도

(5) 범례

[표 8-13] 범례

기 호	명 칭	기 호	명 칭
MC1~MC2	전자접촉기(12P)	SS1, SS2	셀렉터 스위치 2단
EOCR1,2	과부하계전기(12P)	SW1, SW2	3로스위치
RY1	8P 릴레이(DC12V)	TB1~TB3	단자대(4P)
X1~X2	14P 릴레이(220V)	TB4~TB5	단자대(30P)
FS1, FS2	플로트레서SW(8P)	F1, F2	퓨즈홀더(2P)
FS	전극봉(단자대4P)	PB1, PB3	푸시버튼스위치(적)
RL, GL, WL	파이롯램프(적, 녹, 백)	PB2, PB4	푸시버튼스위치(녹)
PL1~PL3	파이롯램프(적)	PB5~PB7	푸시버튼스위치(청)
HL1~HL4	파이롯램프(백)	YL1~YL2	파이롯램프(황)

(6) 전등회로

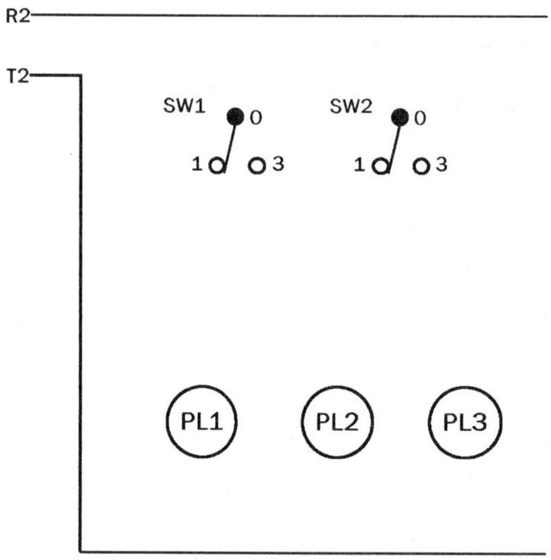

3로스위치		램프		
SW1	SW2	PL1	PL2	PL3
0	0	1	0	0
0	1	0	1	1
1	0	1	0	1
1	1	0	1	1

[그림 8-271] 전등회로

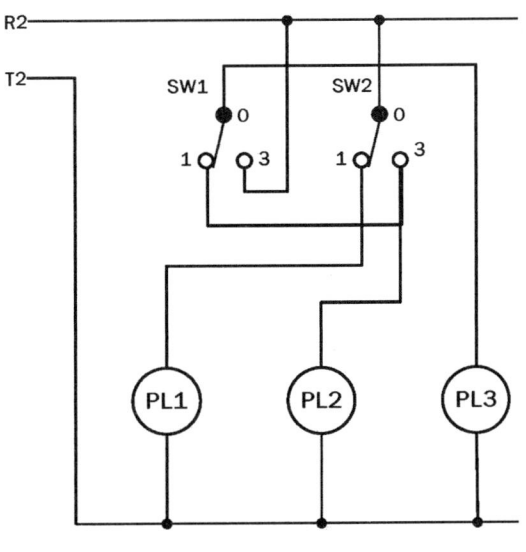

[그림 8-272] 전등회로 답안

(7) **전극봉**

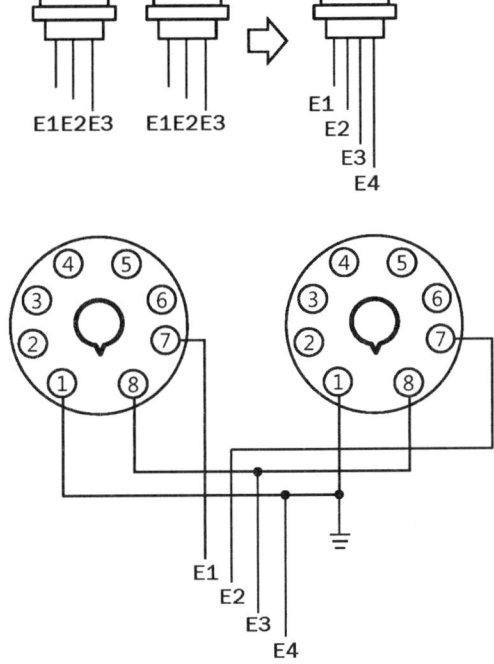

[그림 8-273] 전극봉 결선도

8.7 실전 문제 59

8.7.1 실전 문제 59 GLOFA PLC(기종 : G7M-DR30A)

1. PLC 문제

(1) 요구사항

① PLC 입·출력 배치도와 같은 순으로 입·출력 단자를 결선하여 논리 회로와 같이 동작되도록 PLC 회로를 구성하여 프로그램 하시오.

② 전원선 및 공통선(COM)은 지참한 PLC기종에 맞게 결선하고, 플리커, 타이머, 카운터, 보조릴레이 등은 PLC내부 데이터를 이용하여 프로그램 하시오.

③ SP1, SP2, SP3 입력 조작으로 진리표의 조건에 따라 출력램프 HL1, HL2, HL3, HL4가 동작(점등과 소등)한다.

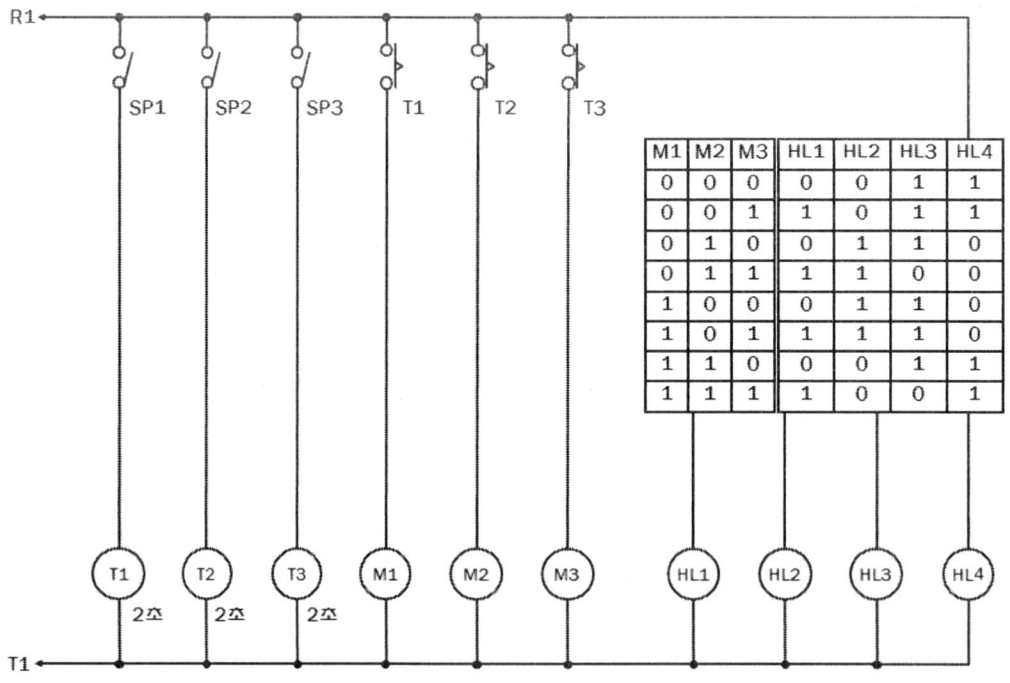

[그림 8-274] 시퀀스 회로도

2. 동작설명

(1) 공통동작

① 전원을 투입하면 PLC, PCB, EOCR에 전원이 공급되며 WL이 점등된다.
② 표시등 RL1은 전동기(M1) 운전 시, RL2는 전동기(M2) 운전 시 점등되며, GL은 전동기(M1, M2)가 모두 정지된 상태에서 점등된다.
③ EOCR1이 동작하면 YL1, EOCR2가 동작하면 YL2는 점등되고, 운전 중인 전동기(M1, M2)는 정지된다.
④ EOCR1, EOCR2가 복귀되면 YL1, YL2는 소등되고 전동기 운전 준비 상태가 된다.

(2) 전동기 회로

① RY1의 동작에 의하여 자동 운전과 수동 운전으로 전환된다.
② 수동 운전 상태에서 PB1, PB2의 동작 횟수에 따라 전동기(M1, M2)는 운전과 정지를 반복 동작한다.
③ 자동 운전 상태에서 A1, A2의 입력에 의하여 전동기(M1, M2)가 운전된다.

3. PLC 문제 해석

(1) 진리표 해석

본 예제의 PLC 프로그램은 시퀀스 회로도와 연관이 없는 예제로 시퀀스 회로도와 진리표, PLC 입·출력도를 확인하여 프로그램하고, 입·출력도에 의해 PLC 회로 결선을 수행하면 된다.

진리표에서 출력 HL1~HL4의 값이 "1"일 때 점등되므로 식을 세우면

$HL1 = \overline{M1} \cdot \overline{M2} \cdot M3 + \overline{M1} \cdot M2 \cdot M3 + M1 \cdot \overline{M2} \cdot M3 + M1 \cdot M2 \cdot M3$

$HL2 = \overline{M1} \cdot M2 \cdot \overline{M3} + \overline{M1} \cdot M2 \cdot M3 + M1 \cdot \overline{M2} \cdot \overline{M3} + M1 \cdot \overline{M2} \cdot M3$

$HL3 = \overline{M1} \cdot \overline{M2} \cdot \overline{M3} + \overline{M1} \cdot \overline{M2} \cdot M3 + \overline{M1} \cdot M2 \cdot \overline{M3} + M1 \cdot \overline{M2} \cdot \overline{M3} + M1 \cdot \overline{M2} \cdot M3 + M1 \cdot M2 \cdot \overline{M3}$

$HL4 = \overline{M1} \cdot \overline{M2} \cdot \overline{M3} + \overline{M1} \cdot \overline{M2} \cdot M3 + M1 \cdot M2 \cdot \overline{M3} + M1 \cdot M2 \cdot M3$

된다. 따라서 위 식과 같은 시퀀스로 PLC 프로그램을 하면 된다.
또한 메모리 할당을 하여야 하는데 PLC 입·출력도의 순서에 의하여 한다.

(2) 논리 회로도

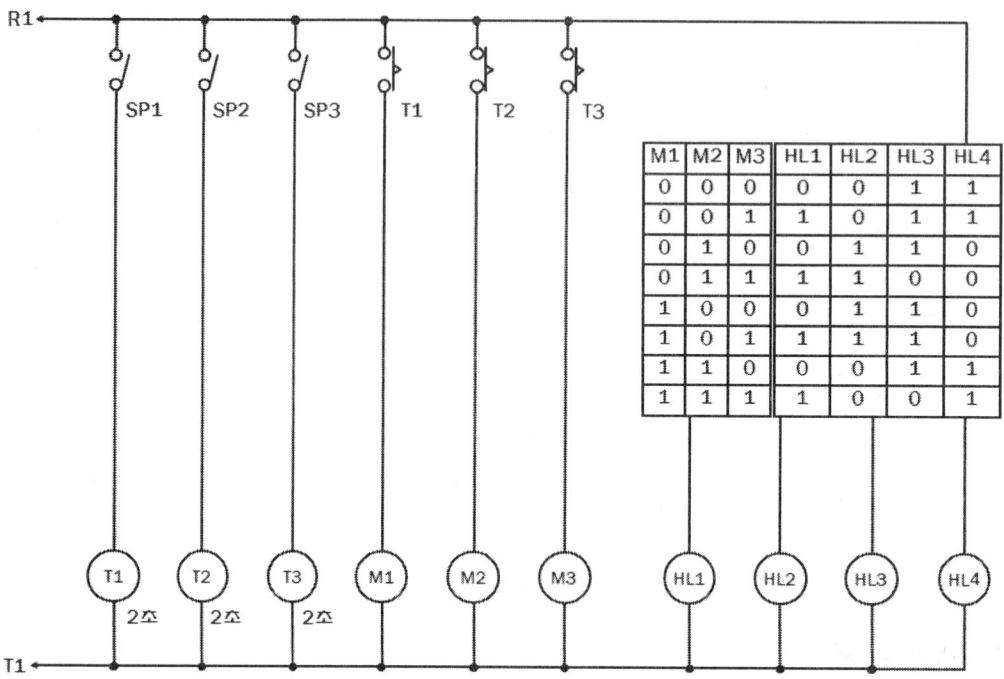

[그림 8-275] 시퀀스 회로도

(3) PLC 입·출력도

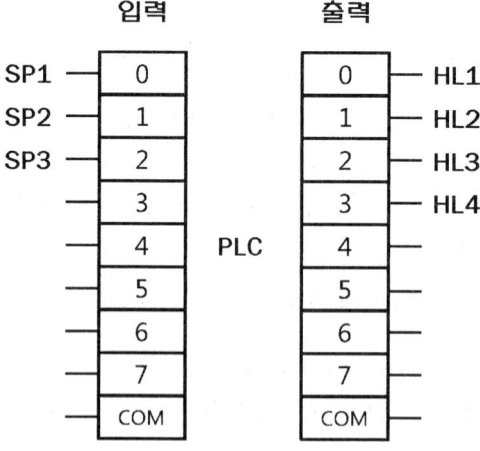

[그림 8-276] PLC 입·출력도

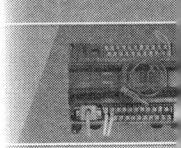

(4) PLC 메모리 할당

입·출력의 메모리 할당은 다음과 같이 할당하여 입·출력에 대한 등록을 먼저 해놓으면 프로그램 작성하기가 편리하다. 등록하는 방법은 변수-데이터 창에서 오른쪽 마우스를 클릭 - 새로운 변수 추가로 PLC 입·출력도를 참고하여 입력한다.

① 입력은 SP1-%IX0.0.0, SP2-%IX0.0.1, SP3-%IX0.0.2로 할당한다.
② 출력은 HL1-%QX0.0.0, HL2-%QX0.0.1, HL3-%QX0.0.2, HL4-%QX0.0.3로 할당한다.

	변수 명	데이터 타입	메모리 할당	초기 값	변수 종류	사용 여부	설명문
1	SP1	BOOL	%IX0.0.0		VAR	*	
2	SP2	BOOL	%IX0.0.1		VAR	*	
3	SP3	BOOL	%IX0.0.2		VAR	*	
4	HL1	BOOL	%QX0.0.0		VAR	*	
5	HL2	BOOL	%QX0.0.1		VAR	*	
6	HL3	BOOL	%QX0.0.2		VAR	*	
7	HL4	BOOL	%QX0.0.3		VAR	*	
8	M1	BOOL	<자동>		VAR	*	
9	M2	BOOL	<자동>		VAR	*	
10	M3	BOOL	<자동>		VAR	*	
11	T1	FB Instanc	<자동>		VAR	*	
12	T2	FB Instanc	<자동>		VAR	*	
13	T3	FB Instanc	<자동>		VAR	*	

[그림 8-277] 메모리 할당

4. PLC 프로그램 하기

(1) SP1, 2, 3에 의한 타이머 회로 프로그램 하기

① PLC 회로도

굵은 선으로 표기된 부분에서 타이머 T1, T2, T3가 각각 2초로 표기되어 있어 TON 타이머를 사용하면 된다.

내부릴레이는 도면과 같이 M1, M2, M3로 변수이름을 주고 메모리 할당은 자동으로 한다.

526 제8장 전기기능장 실전 문제

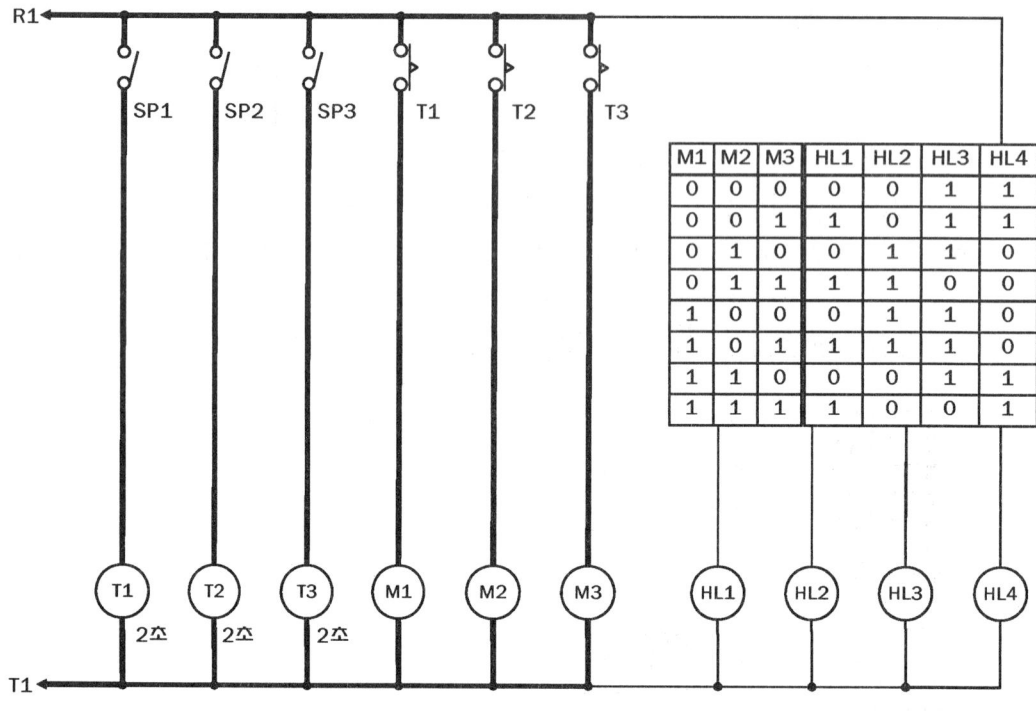

[그림 8-278] 시퀀스 회로도

② PLC 프로그램

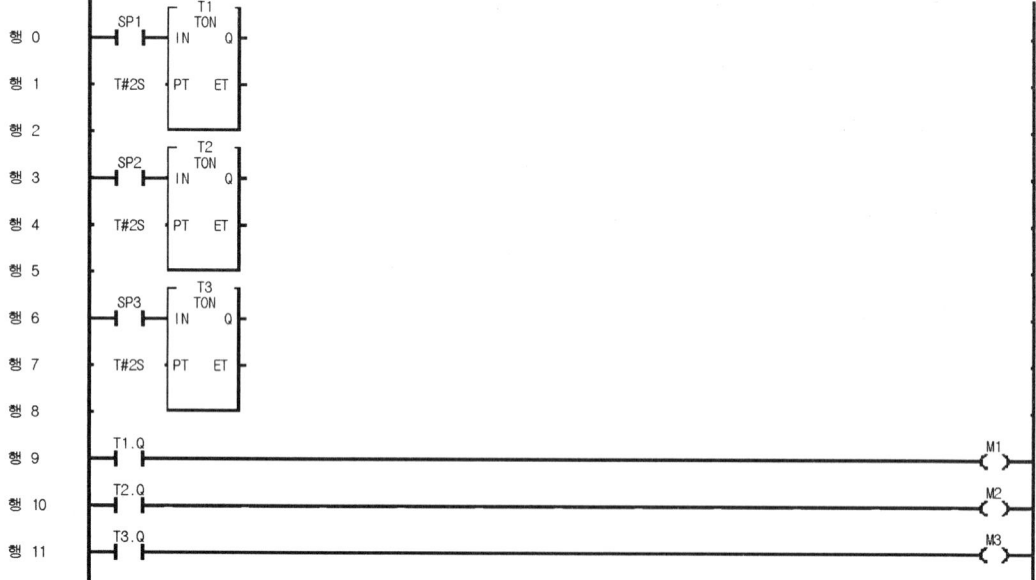

[그림 8-279] SP1, 2, 3에 의한 타이머 회로 프로그램

(2) **진리표 회로 프로그램 하기**

① PLC 회로도

HL1 = $\overline{M1} \cdot \overline{M2} \cdot M3 + \overline{M1} \cdot M2 \cdot M3 + M1 \cdot \overline{M2} \cdot M3 + M1 \cdot M2 \cdot M3$

HL2 = $\overline{M1} \cdot M2 \cdot \overline{M3} + \overline{M1} \cdot M2 \cdot M3 + M1 \cdot \overline{M2} \cdot \overline{M3} + M1 \cdot \overline{M2} \cdot M3$

HL3 = $\overline{M1} \cdot \overline{M2} \cdot \overline{M3} + \overline{M1} \cdot \overline{M2} \cdot M3 + \overline{M1} \cdot M2 \cdot \overline{M3} + M1 \cdot \overline{M2} \cdot \overline{M3} + M1 \cdot \overline{M2} \cdot M3 +$
$M1 \cdot M2 \cdot \overline{M3}$

HL4 = $\overline{M1} \cdot \overline{M2} \cdot \overline{M3} + \overline{M1} \cdot \overline{M2} \cdot M3 + M1 \cdot M2 \cdot \overline{M3} + M1 \cdot M2 \cdot M3$

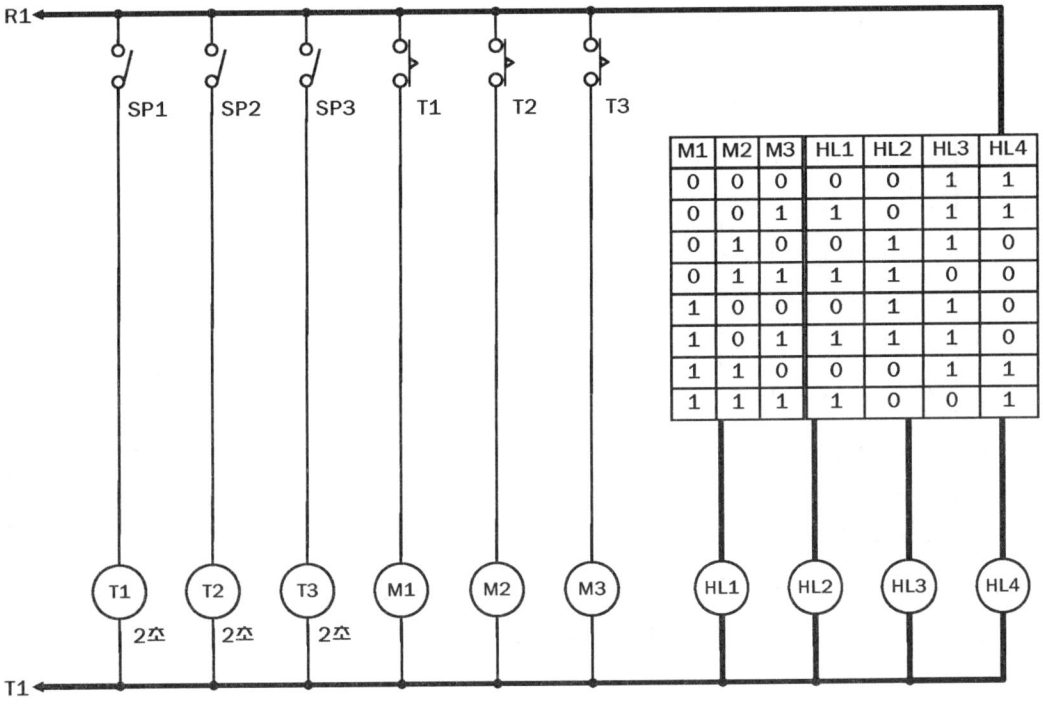

[그림 8-280] 시퀀스 회로도

② PLC 프로그램

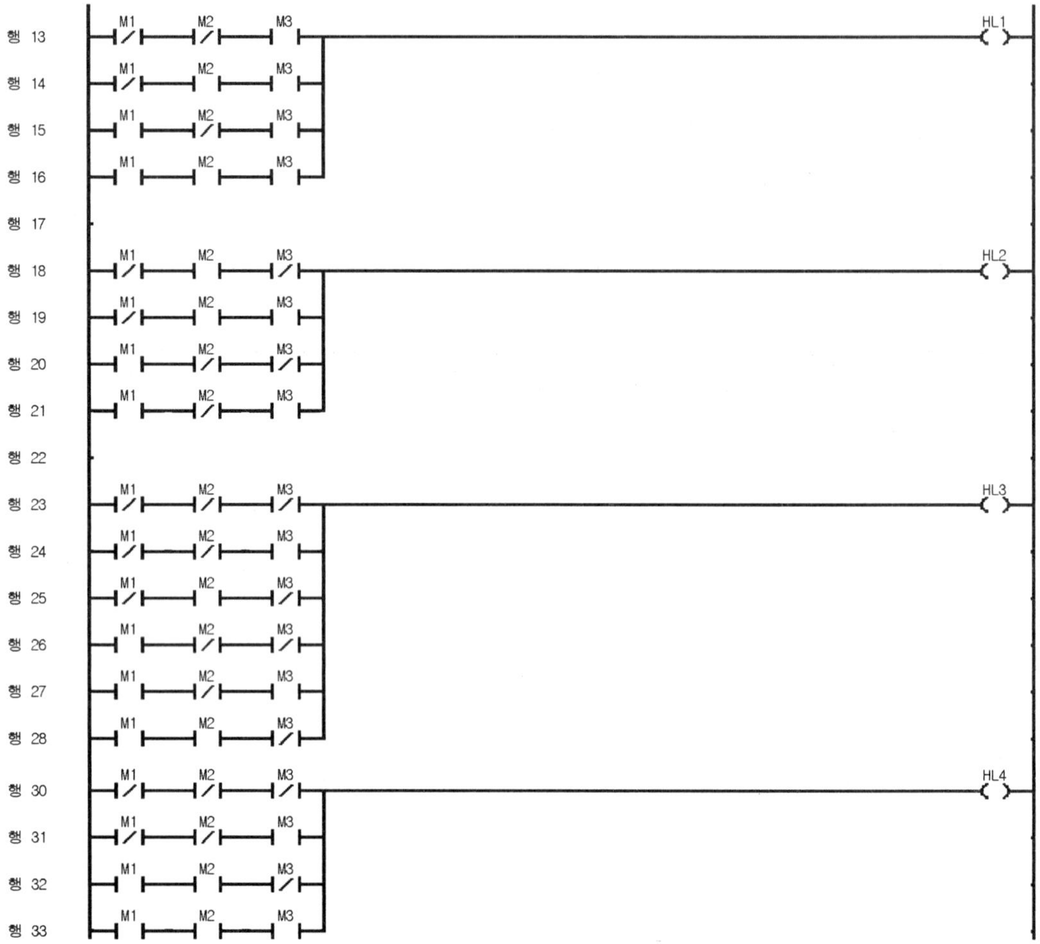

행 13　─┤M1├─┤M2├─┤M3├─────────────────────(HL1)
행 14　─┤/M1├─┤M2├─┤/M3├
행 15　─┤M1├─┤/M2├─┤/M3├
행 16　─┤M1├─┤M2├─┤M3├

행 17

행 18　─┤/M1├─┤M2├─┤/M3├─────────────────────(HL2)
행 19　─┤M1├─┤/M2├─┤M3├
행 20　─┤M1├─┤/M2├─┤/M3├
행 21　─┤M1├─┤/M2├─┤M3├

행 22

행 23　─┤/M1├─┤/M2├─┤M3├─────────────────────(HL3)
행 24　─┤/M1├─┤M2├─┤M3├
행 25　─┤M1├─┤M2├─┤M3├
행 26　─┤M1├─┤/M2├─┤M3├
행 27　─┤M1├─┤/M2├─┤/M3├
행 28　─┤M1├─┤M2├─┤M3├

행 30　─┤/M1├─┤M2├─┤M3├─────────────────────(HL4)
행 31　─┤/M1├─┤M2├─┤M3├
행 32　─┤M1├─┤M2├─┤/M3├
행 33　─┤M1├─┤M2├─┤M3├

[그림 8-281] 진리표 회로 프로그램

(3) 실전 문제 59 완성 프로그램(1)

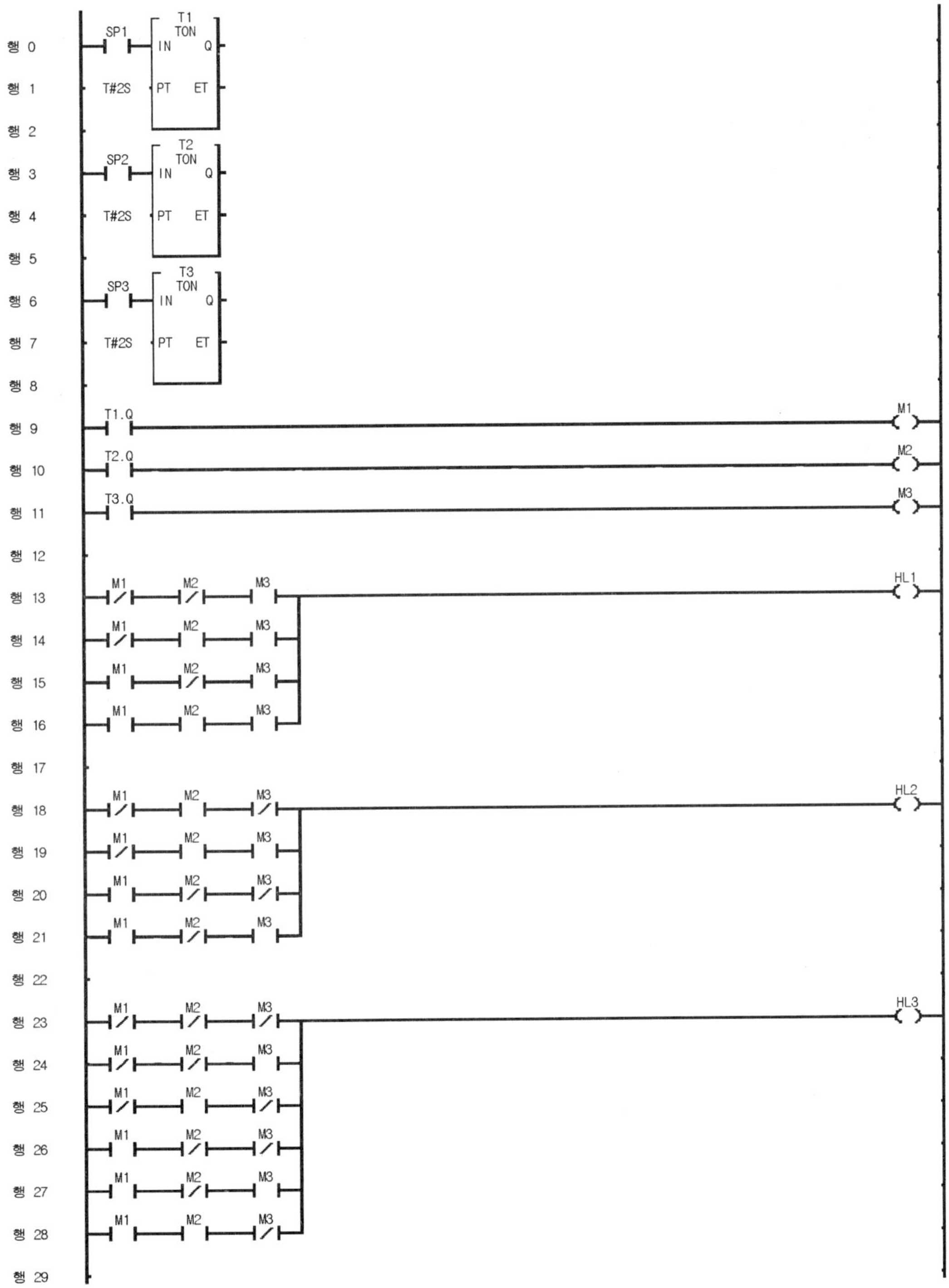

행 0 ─┤SP1├─┤IN T1 TON Q├─
행 1   ─T#2S─┤PT   ET├
행 2
행 3 ─┤SP2├─┤IN T2 TON Q├─
행 4   ─T#2S─┤PT   ET├
행 5
행 6 ─┤SP3├─┤IN T3 TON Q├─
행 7   ─T#2S─┤PT   ET├
행 8
행 9 ─┤T1.Q├──────────────────(M1)
행 10 ─┤T2.Q├──────────────────(M2)
행 11 ─┤T3.Q├──────────────────(M3)
행 12
행 13 ─┤/M1├─┤/M2├─┤M3├──────(HL1)
행 14 ─┤M1├─┤M2├─┤/M3├
행 15 ─┤/M1├─┤M2├─┤/M3├
행 16 ─┤M1├─┤M2├─┤M3├
행 17
행 18 ─┤/M1├─┤M2├─┤M3├──────(HL2)
행 19 ─┤/M1├─┤M2├─┤M3├
행 20 ─┤M1├─┤/M2├─┤/M3├
행 21 ─┤M1├─┤M2├─┤/M3├
행 22
행 23 ─┤/M1├─┤/M2├─┤M3├──────(HL3)
행 24 ─┤M1├─┤M2├─┤M3├
행 25 ─┤/M1├─┤M2├─┤M3├
행 26 ─┤/M1├─┤M2├─┤/M3├
행 27 ─┤M1├─┤/M2├─┤M3├
행 28 ─┤M1├─┤M2├─┤/M3├
행 29

[그림 8-282] 실전 문제 59 완성 프로그램 (1)

(4) 실전 문제 59 완성 프로그램(2)

```
         M1   M2   M3                                              HL4
행 30 ──┤/├──┤/├──┤ ├──────────────────────────────────────────────( )──
         M1   M2   M3
행 31 ──┤/├──┤/├──┤ ├──┐
         M1   M2   M3  │
행 32 ──┤ ├──┤ ├──┤/├──┤
         M1   M2   M3  │
행 33 ──┤ ├──┤ ├──┤ ├──┘
```

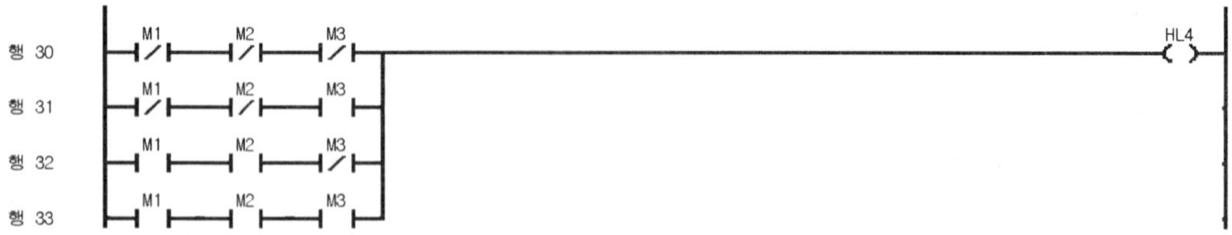

[그림 8-283] 실전 문제 59 완성 프로그램 (2)

8.7.2 실전 문제 59 MASTER-K(기종 : K7M-DR30S)

1. PLC 문제

(1) 요구사항

① PLC 입·출력 배치도와 같은 순으로 입·출력 단자를 결선하여 논리 회로와 같이 동작되도록 PLC 회로를 구성하여 프로그램 하시오.

② 전원선 및 공통선(COM)은 지참한 PLC기종에 맞게 결선하고, 플리커, 타이머, 카운터, 보조릴레이 등은 PLC내부 데이터를 이용하여 프로그램 하시오.

③ SP1, SP2, SP3 입력 조작으로 진리표의 조건에 따라 출력 램프 HL1, HL2, HL3, HL4가 동작(점등과 소등)한다.

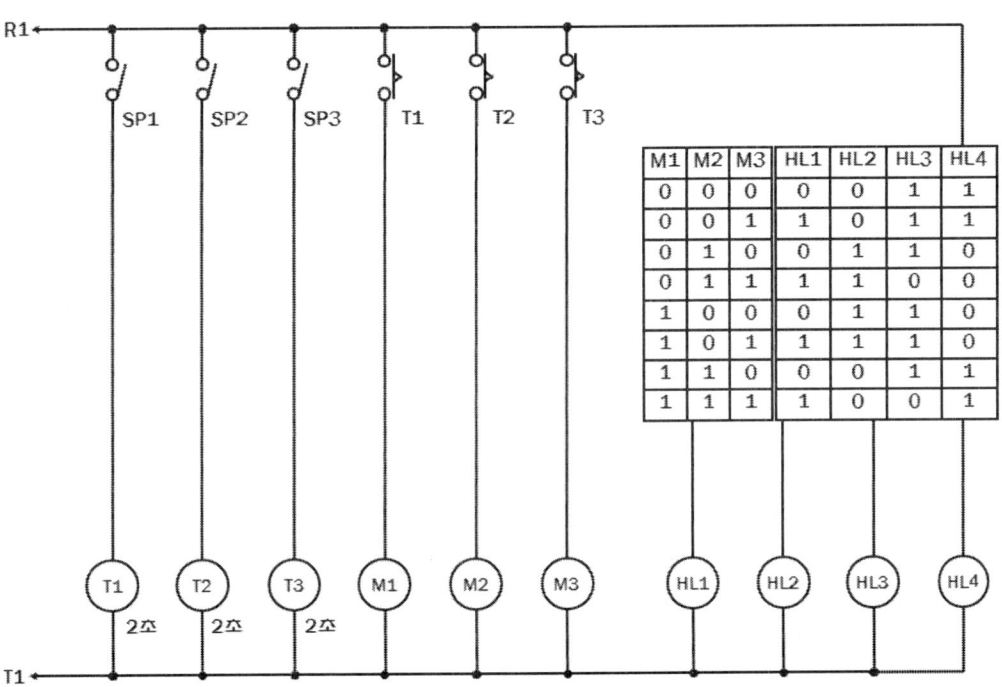

[그림 8-284] 시퀀스 회로도

2. 동작설명

(1) 공통동작

① 전원을 투입하면 PLC, PCB, EOCR에 전원이 공급되며 WL이 점등된다.

② 표시등 RL1은 전동기(M1) 운전 시, RL2는 전동기(M2) 운전 시 점등되며, GL은 전동기(M1, M2)가 모두 정지된 상태에서 점등된다.

③ EOCR1이 동작하면 YL1, EOCR2가 동작하면 YL2는 점등되고, 운전 중인 전동기(M1, M2)는 정지된다.

④ EOCR1, EOCR2가 복귀되면 YL1, YL2는 소등되고 전동기 운전 준비 상태가 된다.

(2) 전동기 회로

① RY1의 동작에 의하여 자동 운전과 수동 운전으로 전환된다.

② 수동 운전 상태에서 PB1, PB2의 동작 횟수에 따라 전동기(M1, M2)는 운전과 정지 반복 동작한다.

③ 자동 운전 상태에서 A1, A2의 입력에 의하여 전동기(M1, M2)가 운전된다.

3. PLC 문제 해석

(1) 진리표 해석

본 예제의 PLC 프로그램은 시퀀스 회로도와 전혀 관련이 없는 예제로 진리표에 의하여 PLC 입·출력도를 확인하여 프로그램하고 입·출력도에 의해 PLC 회로 결선을 수행하면 된다.

진리표에서 출력 HL1~HL4의 값이 "1"일 때 점등되므로 식을 세우면

$HL1 = \overline{M1} \cdot \overline{M2} \cdot M3 + \overline{M1} \cdot M2 \cdot M3 + M1 \cdot \overline{M2} \cdot M3 + M1 \cdot M2 \cdot M3$

$HL2 = \overline{M1} \cdot M2 \cdot \overline{M3} + \overline{M1} \cdot M2 \cdot M3 + M1 \cdot \overline{M2} \cdot M3 + M1 \cdot \overline{M2} \cdot M3$

$HL3 = \overline{M1} \cdot \overline{M2} \cdot \overline{M3} + \overline{M1} \cdot \overline{M2} \cdot M3 + \overline{M1} \cdot M2 \cdot \overline{M3} + M1 \cdot \overline{M2} \cdot \overline{M3} + M1 \cdot \overline{M2} \cdot M3 + M1 \cdot M2 \cdot \overline{M3}$

$HL4 = \overline{M1} \cdot \overline{M2} \cdot \overline{M3} + \overline{M1} \cdot \overline{M2} \cdot M3 + M1 \cdot M2 \cdot \overline{M3} + M1 \cdot M2 \cdot M3$

된다. 따라서 위 식과 같은 시퀀스로 PLC 프로그램을 하면 된다.

또한 메모리 할당을 하여야 하는데 PLC 입·출력도의 순서에 의하여 한다.

(2) 논리 회로도

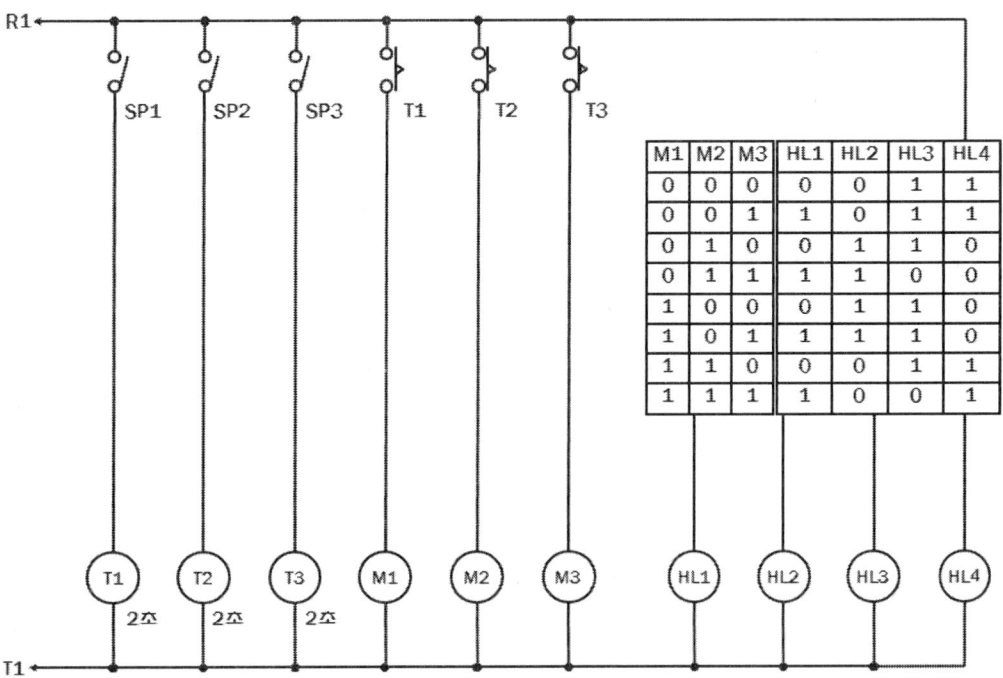

[그림 8-285] 시퀀스 회로도

(3) PLC 입·출력도

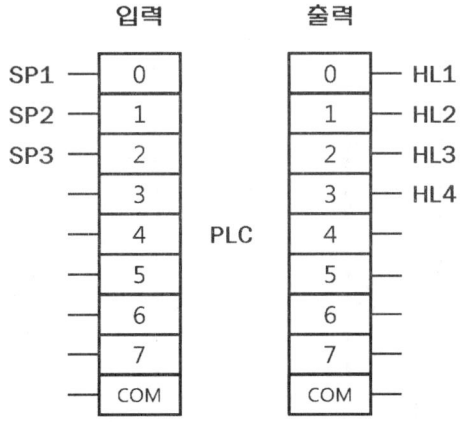

[그림 8-286] PLC 입·출력도

534 제8장 전기기능장 실전 문제

(4) PLC 메모리 할당

입·출력의 메모리 할당은 PLC 입·출력도를 참조하여
① 입력은 SP1-P0000, SP2-P0001, SP3-P0002로 할당한다.
② 출력은 HL1-P0040, HL2-P0041, HL3-P0042, HL4-P0043로 할당한다.
③ PLC로 프로그램하는 회로는 PLC의 입·출력도에 의해 결선됨으로 PLC의 입·출력도의 순서대로 할당하여야 프로그램 작성 및 PLC 결선 오류를 방지할 수 있다.

4. PLC 프로그램 하기

(1) SP1, 2, 3에 의한 타이머 회로 프로그램 하기

① PLC 회로도

굵은 선으로 표기된 부분에서 타이머 T1, T2, T3가 각각 2초로 표기되어 있어 TON 타이머를 사용하면 된다.

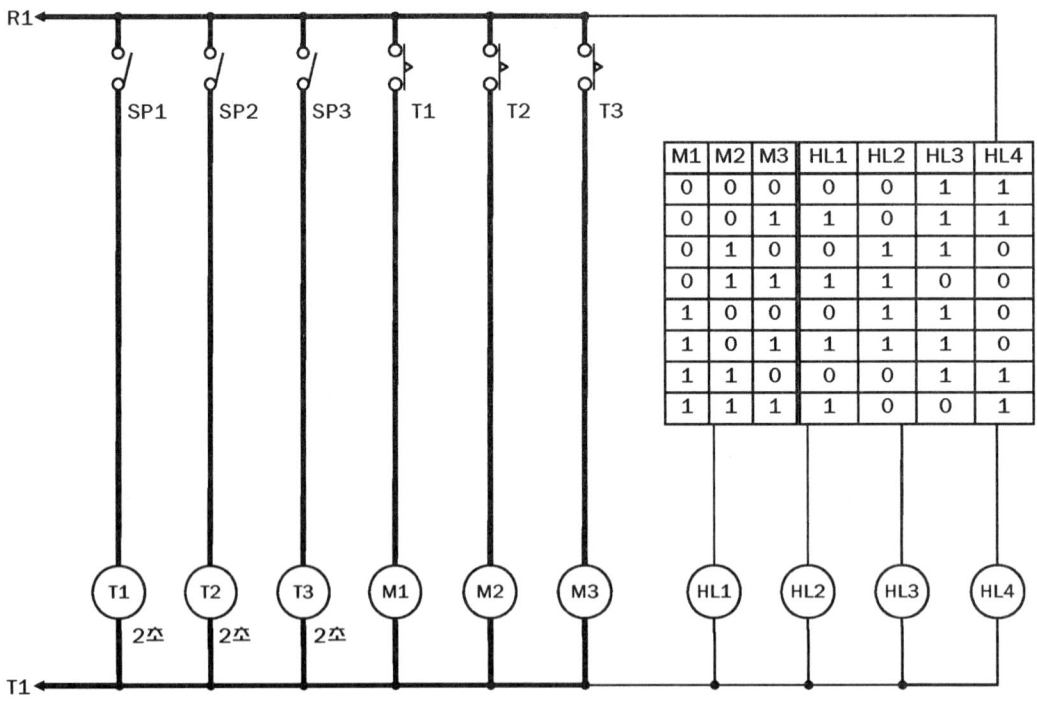

[그림 8-287] 시퀀스 회로도

② PLC 프로그램

[그림 8-288] SP1, 2, 3에 의한 타이머 회로 프로그램

(2) 진리표 회로 프로그램 하기

① PLC 회로도

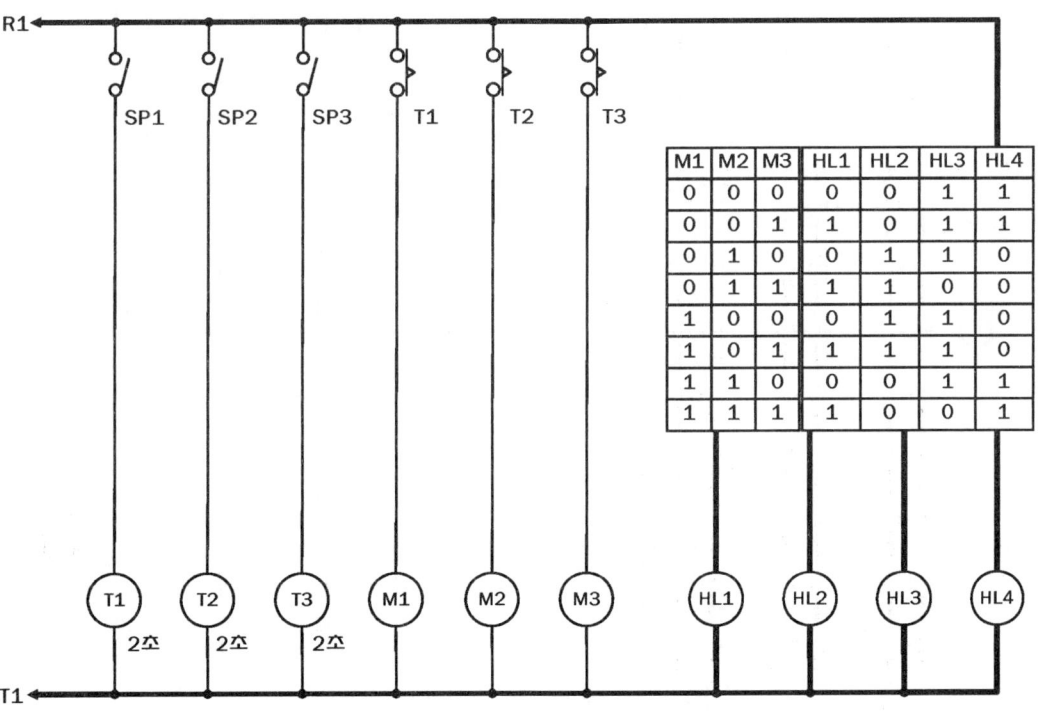

[그림 8-289] 시퀀스 회로도

HL1 = $\overline{M1}\cdot\overline{M2}\cdot M3 + \overline{M1}\cdot M2\cdot M3 + M1\cdot\overline{M2}\cdot M3 + M1\cdot M2\cdot M3$

HL2 = $\overline{M1}\cdot M2\cdot\overline{M3} + \overline{M1}\cdot M2\cdot M3 + M1\cdot\overline{M2}\cdot M3 + M1\cdot\overline{M2}\cdot M3$

HL3 = $\overline{M1}\cdot\overline{M2}\cdot\overline{M3} + \overline{M1}\cdot\overline{M2}\cdot M3 + \overline{M1}\cdot M2\cdot\overline{M3} + M1\cdot\overline{M2}\cdot\overline{M3} + M1\cdot\overline{M2}\cdot M3 +$
  $M1\cdot M2\cdot\overline{M3}$

HL4 = $\overline{M1}\cdot\overline{M2}\cdot\overline{M3} + \overline{M1}\cdot\overline{M2}\cdot M3 + M1\cdot M2\cdot\overline{M3} + M1\cdot M2\cdot M3$

② PLC 프로그램

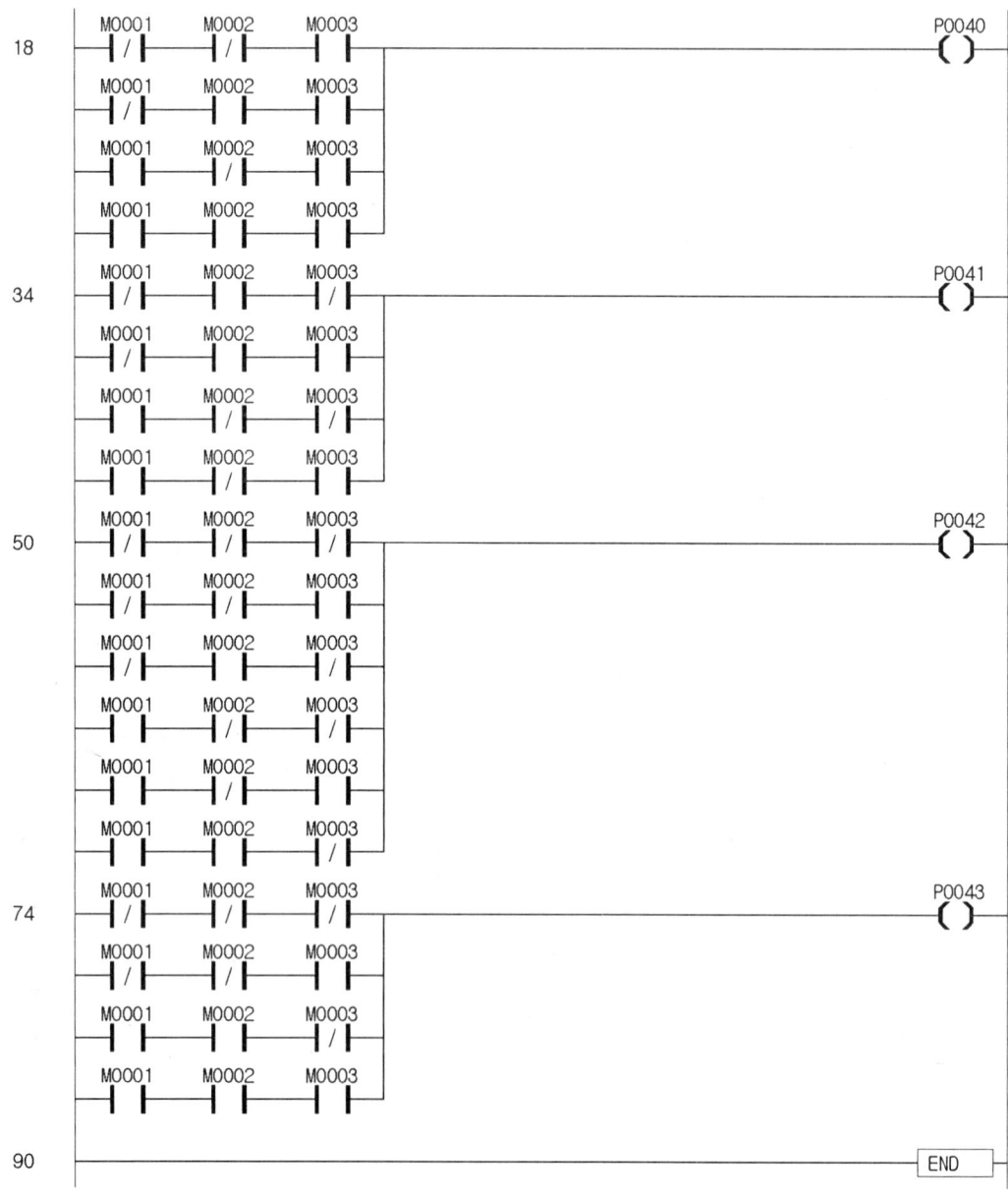

[그림 8-290] 진리표 회로 프로그램

(3) 실전 문제 59 완성 프로그램(1)

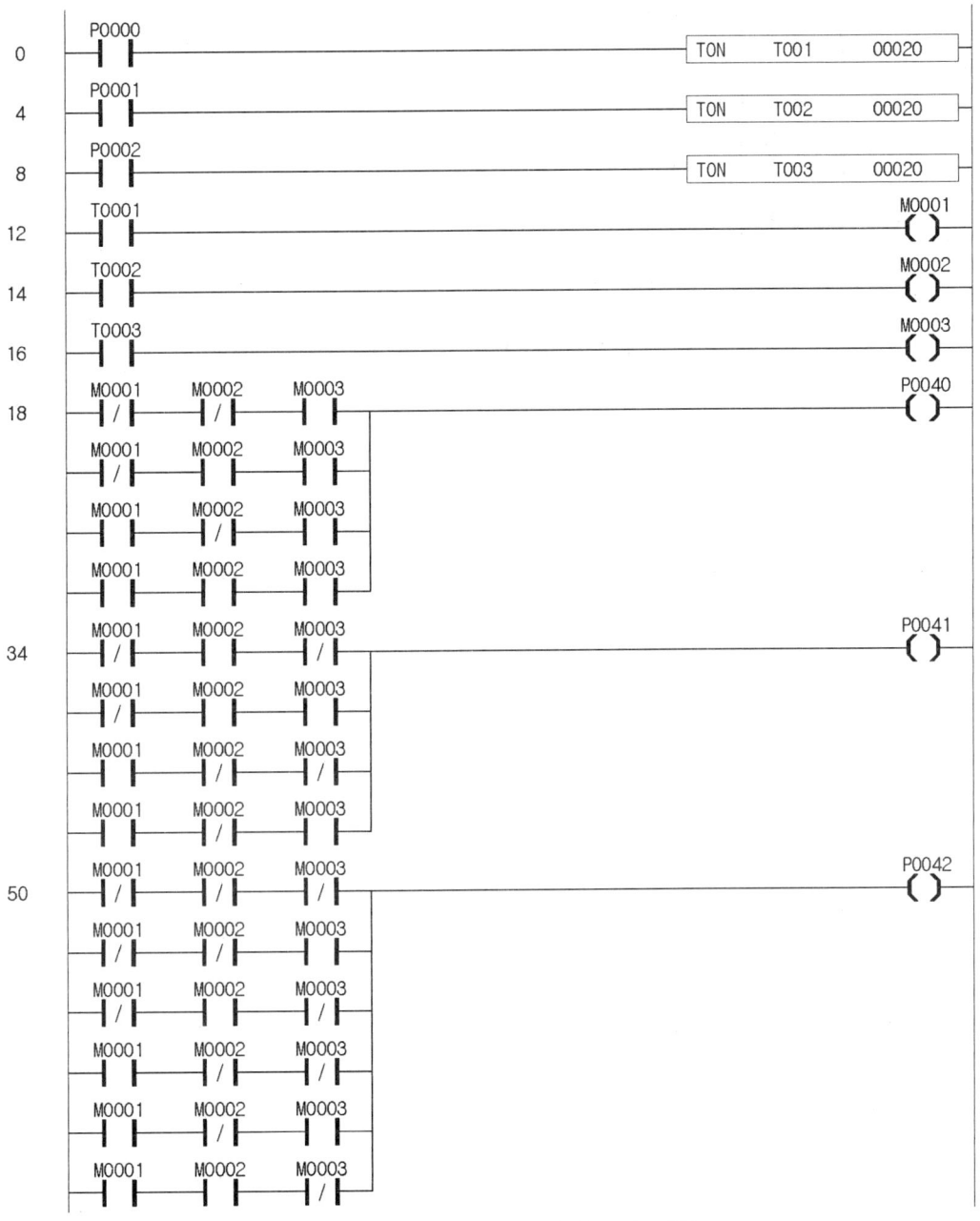

[그림 8-291] 실전 문제 59 완성 프로그램(1)

538 제8장 전기기능장 실전 문제

(4) 실전 문제 59 완성 프로그램(2)

```
      M0001   M0002   M0003                                          P0043
74 ────┤/├────┤/├────┤/├─────────────────────────────────────────────( )──
      M0001   M0002   M0003
   ────┤/├────┤ ├────┤ ├──
      M0001   M0002   M0003
   ────┤ ├────┤ ├────┤/├──
      M0001   M0002   M0003
   ────┤ ├────┤ ├────┤ ├──

90 ──────────────────────────────────────────────────────────────────[END]
```

[그림 8-292] 실전 문제 59 완성 프로그램(2)

8.7.3 실전 문제 59 도면

1. 전기공사 문제

(1) 배치도

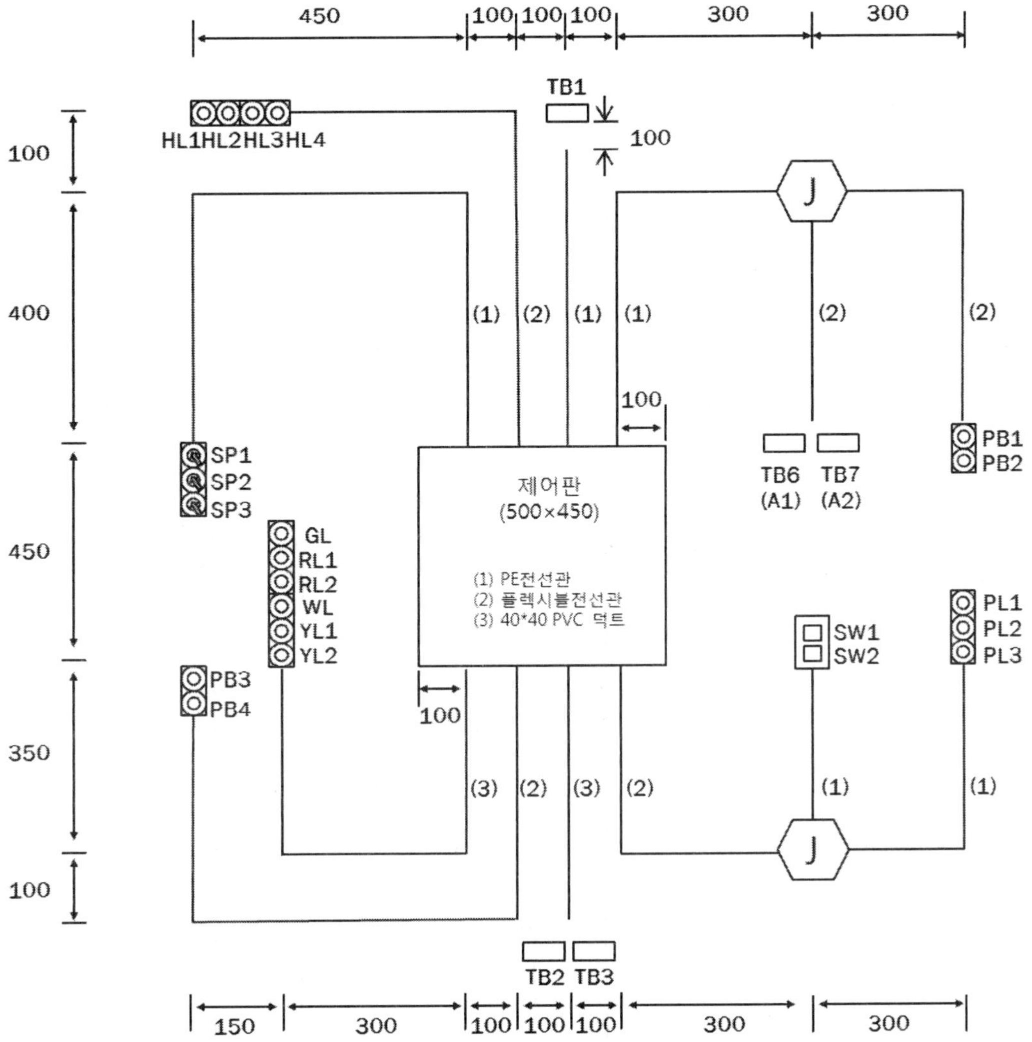

[그림 8-293] 배치도

540 제8장 전기기능장 실전 문제

(2) 시퀀스 회로도

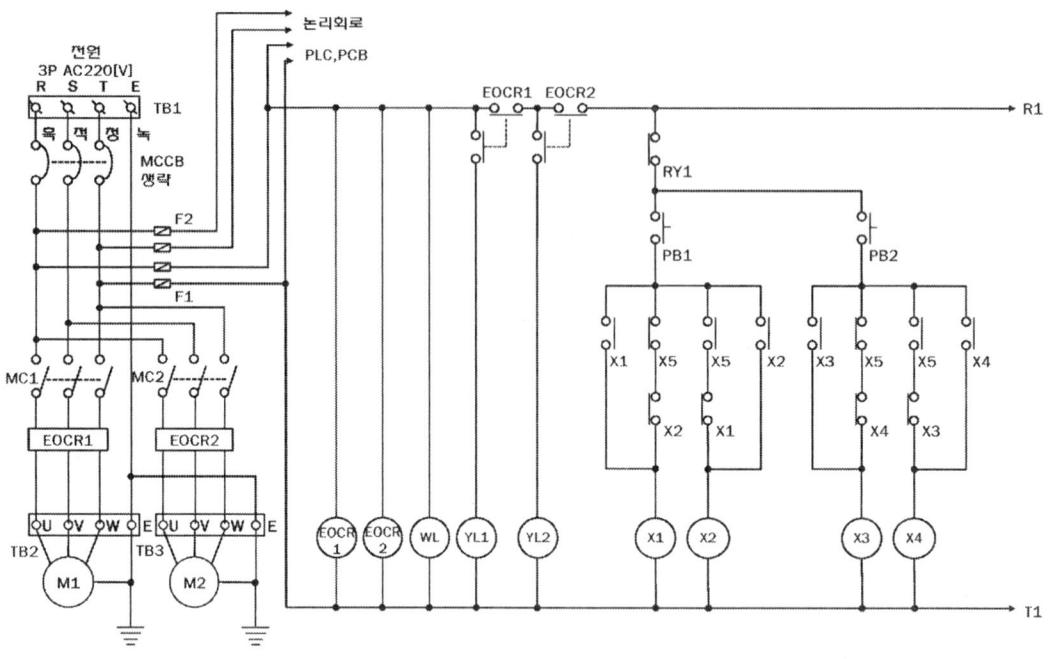

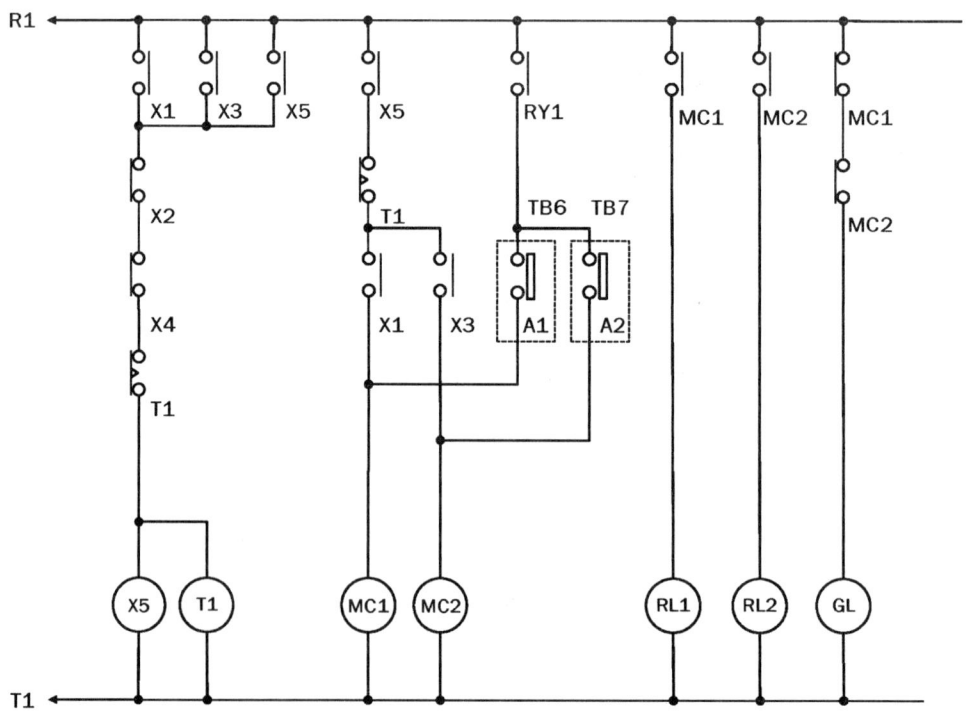

[그림 8-294] 시퀀스 회로도

(3) 전자 회로도

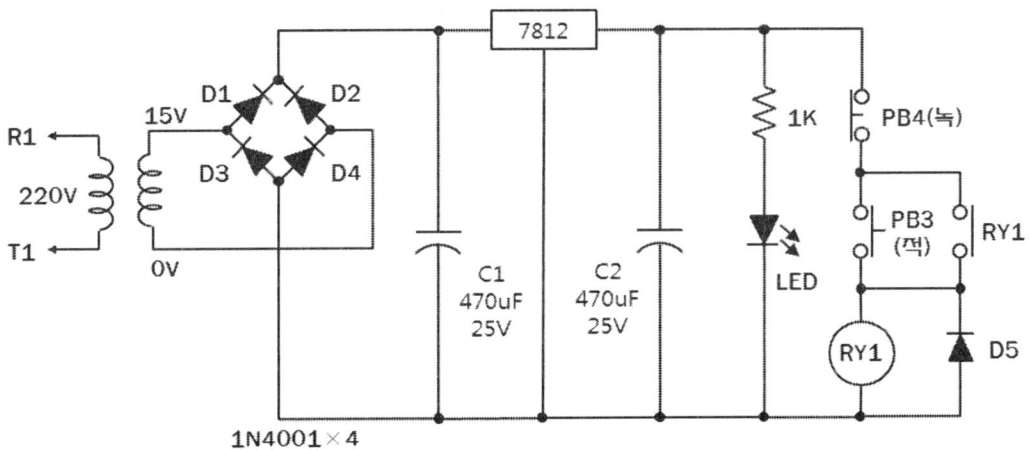

[그림 8-295] 전자 회로도

(4) 제어반 기구 배치도

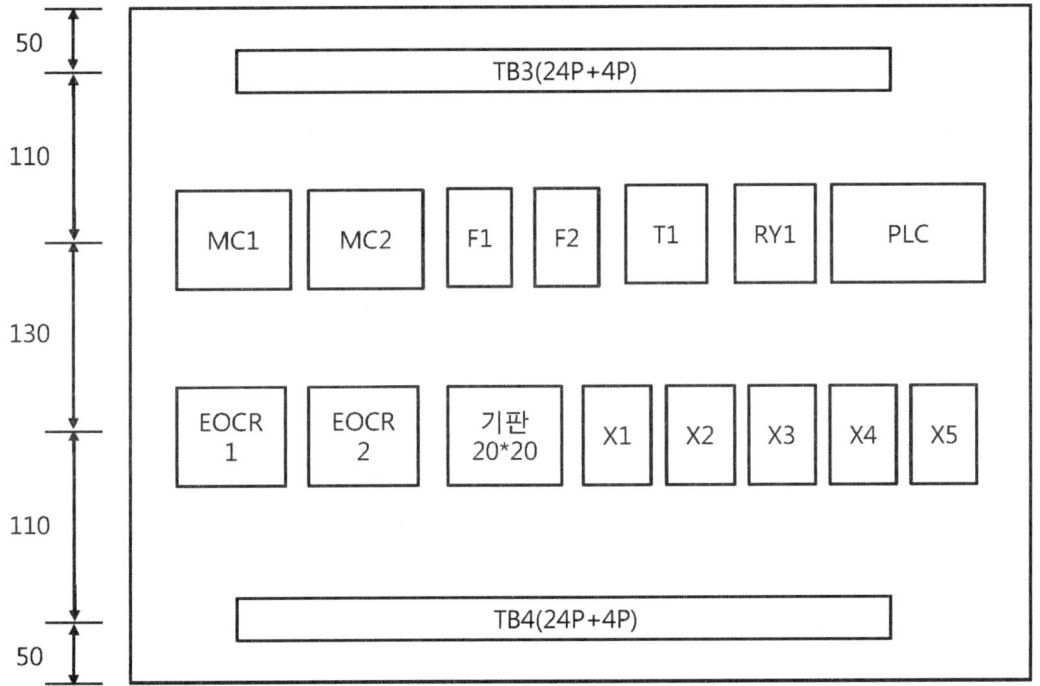

[그림 8-296] 제어반 기구 배치도

(5) 범례

[표 8-14] 범례

기 호	명 칭	기 호	명 칭
MC1~MC2	전자접촉기(12P)	SP1, SP2	셀렉터 스위치 2단
EOCR1,2	과부하계전기(12P)	SW1, SW2	3로스위치
RY1	8P 릴레이(DC12V)	TB1~TB3	단자대(4P)
X1~X5	14P 릴레이(220V)	TB4~TB5	단자대(24P)
GL, WL	파이롯램프(녹, 백)	F1, F2	퓨즈홀더(2P)
PL1~PL3	파이롯램프(적)	PB1, PB3	푸시버튼스위치(적)
RL1~RL2	파이롯램프(적)	PB2, PB4	푸시버튼스위치(녹)
YL1~YL2	파이롯램프(황)	PB5~PB7	푸시버튼스위치(청)
HL1~HL4	파이롯램프(백)	TB6~TB7	A1, A2단자대(3P)

(6) 전등회로

3로스위치		램프		
SW1	SW2	PL1	PL2	PL3
0	0	0	0	0
0	1	1	0	1
1	0	0	0	0
1	1	1	1	0

[그림 8-297] 전등회로

8.7 실전 문제 59

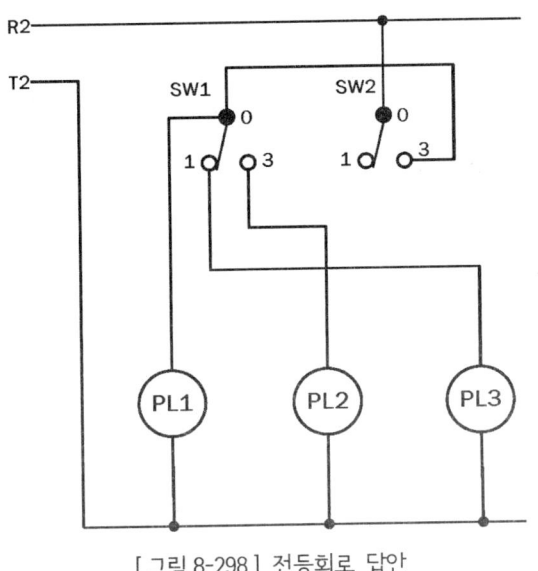

[그림 8-298] 전등회로 답안

8.8 실전 문제 60

8.8.1 실전 문제 60 GLOFA PLC(기종 : G7M-DR30A)

1. PLC 문제

(1) 요구사항

① PLC 입·출력 배치도와 같은 순으로 입·출력 단자를 결선하여 시퀀스도의 동작사항과 요구사항에 일치하는 PLC 회로를 구성하여 프로그램 하시오.

② 전원선 및 공통선(COM)은 지참한 PLC기종에 맞게 결선하고, 플리커, 타이머, 카운터, 보조릴레이 등은 PLC내부 데이터를 이용하여 프로그램 하시오.

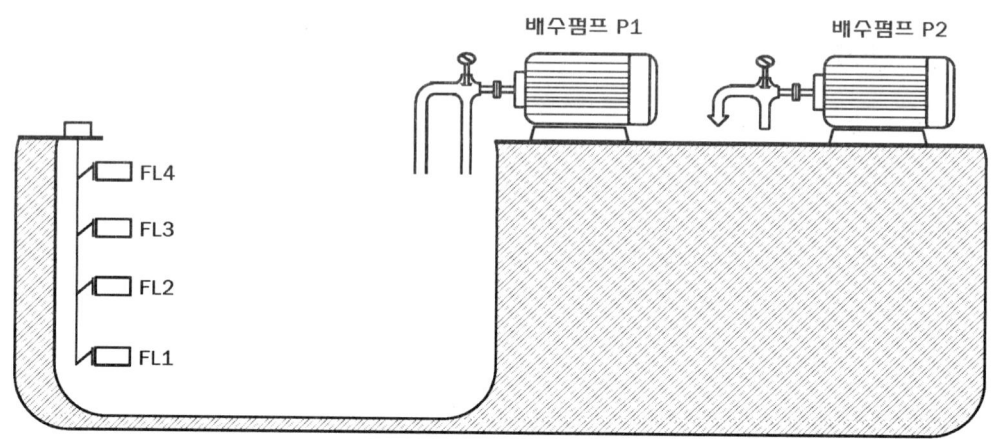

[그림 8-299] 배수펌프 개략도

2. 동작설명

(1) 기본동작

① 전원 ON하면 PLC와 EOCR에 전원이 공급되면 표시등 WL과 GL 점등

② PB1을 누르면 배수펌프 1(P1)이 동작하며 RL1 점등, GL 소등
　PB2를 누르는 동안만 배수펌프 1(P1)와 RL1 점등, GL 소등

③ PB3을 누르면 배수펌프 2(P2)가 동작하며 RL2 점등, GL 소등
　PB4를 누르는 동안만 배수펌프 2(P2)와 RL2 점등, GL 소등

④ PB5를 누르면 RY1이 여자되어 "자동" 모드로 되며, PB6을 누르면 RY1이 소자되어 "수동" 모드로 전환

⑤ EOCR1 또는 EOCR2가 동작되면 YL이 점등되고 동작중인 배수펌프1,2(P1, P2) 정지되며, EOCR1, 2을 리셋하면 YL은 소등되고 초기 상태로 복귀

(2) 수동 모드(RY1_OFF)
① SS1(SS2)를 "M"으로 선택
② PB1~PB4의 입력에 의해 시퀀스도와 같이 동작을 수행

(3) 자동 모드(RY1_ON)
① SS1(SS2)를 "A"로 선택
② 플로트스위치 FL1~FL4에 의해 시퀀스도와 같이 동작을 수행

(4) PLC 회로
① 플로트스위치 FL1~FL4의 입력 조건에 따라 제시된 동작사항을 만족하는 배수펌프(P1, P2)와 표시등(HL1~HL4)이 동작

3. PLC 문제 해석

(1) **시퀀스 회로도 해석**

본 예제의 시퀀스 회로도를 PLC 프로그램하기 위해서는 a, b접점을 확인하고 내부릴레이를 사용할지 여부와 플리커릴레이(FR), 타이머(T), 카운터(C) 등이 있는지 판단하여야 한다. 또한 메모리 할당을 하여야 하는데 PLC 입·출력도의 순서에 의하여 한다.

본 문제의 해석은 시퀀스도에 의한 프로그램 작성과 요구사항에 의한 프로그램 작성으로 나눌 수 있다.

가. 시퀀스도 프로그램

시퀀스 회로를 보면 종·횡으로 접점을 놓아 복잡해 보인다. 하지만 종형으로 되어 있는 릴레이 M1의 b접점은 모두 없다고 가정하고 프로그램하면 쉽다.

나. 동작설명

① 초기상태 : FR1과 릴레이 M1의 b접점에 의해 HL1~HL4가 1초 주기임으로 0.5초 간격으로 점멸한다.
② FL1이 동작되면 HL1은 점등, HL2는 FR2의 3초 주기에 의해 1.5초 간격으로 점멸한다.
③ FL2가 동작되면 HL1, HL2는 점등, HL3은 FR3의 3초 주기에 의해 1.5초 간격으로 점멸한다.
④ FL3이 동작되면 HL1, HL2, HL3은 점등, HL4는 FR4의 1초 주기에 의해 0.5초 간격으로 점멸한다.

⑤ FL4가 동작되면 HL1, HL2, HL3, HL4는 점등된다.
⑥ 반대로 FL4부터 FL1까지 역순으로 스위치를 OFF하면 상기 ⑤~①순으로 동작된다.

다. 요구사항 프로그램

요구사항은 펌프 Y1(P1), Y2(P2) 동작으로 아래 동작 조건에 맞는 프로그램을 한다.

① FR1, FR2, FR3 감지 시 펌프 Y1(P1) 동작
② FR2, FR3 감지 해제 시 펌프 Y1(P1) 정지
③ Y1(P1) 동작 중 FL4 감지 시 펌프 Y2(P2) 동작
④ FR3, FR4 감지 해제 시 펌프 Y2(P2) 정지
⑤ FL2가 감지 해제 시 Y1(P1), Y2(P2)는 동작하지 않는다.

(2) PLC 입·출력도

[표 8-15] 범례

기호	명칭
P1	배수펌프1
P2	배수펌프2
FL1	플로트스위치(L-LOW)
FL2	플로트스위치(LOW)
FL3	플로트스위치(HIGH)
FL4	플로트스위치(H-HIGH)

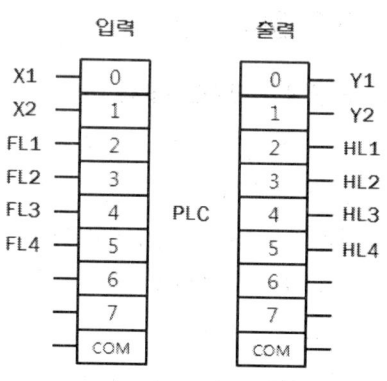

[그림 8-300] PLC 입·출력도

(3) 시퀀스 회로도

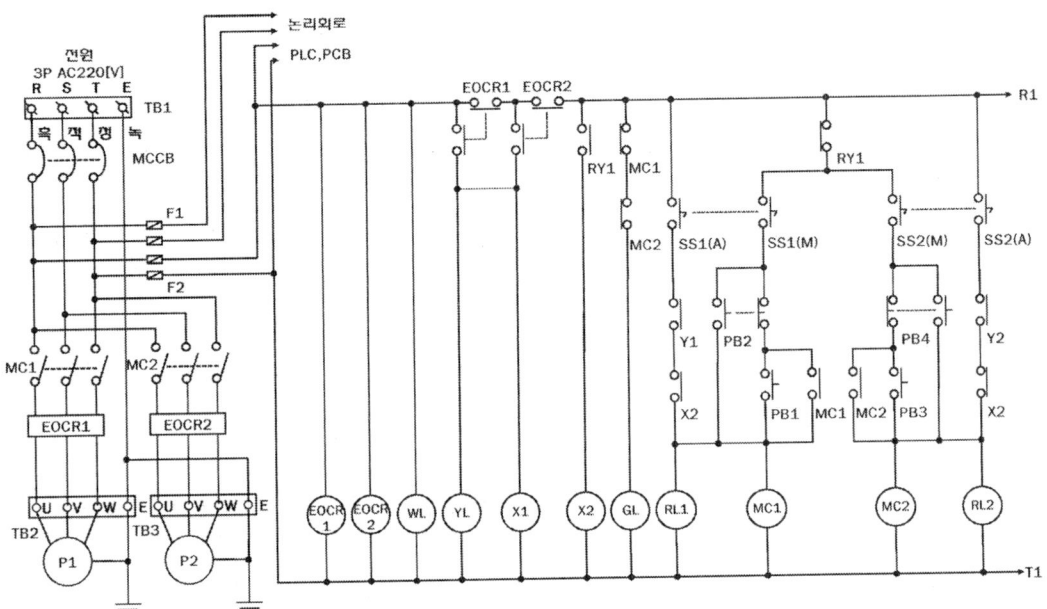

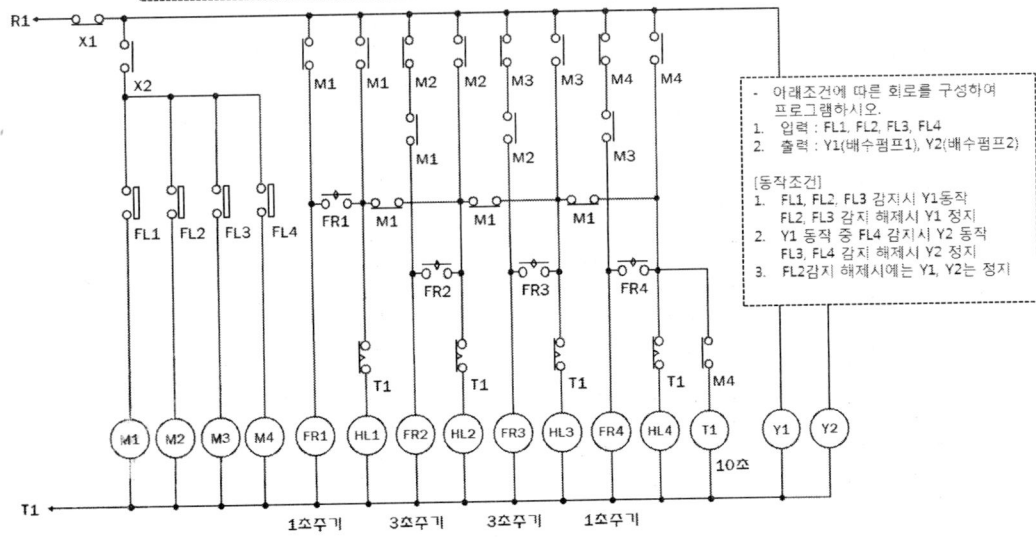

[그림 8-301] 시퀀스 회로도

(4) PLC 메모리 할당

입·출력의 메모리 할당은 다음과 같이 할당하여 입·출력에 대한 등록을 먼저 해놓으면 프로그램 작성하기가 편리하다. 등록하는 방법은 변수-데이터 창에서 오른쪽 마우스를 클릭 - 새로운 변수 추가로 PLC 입·출력도를 참고하여 입력한다.

① 입력은 X1-%IX0.0.0, X2-%IX0.0.1, FL1-%IX0.0.2, FL2-%IX0.0.3, FL3-%IX0.0.4, FL4-%IX0.0.5 로 할당한다.

② 출력은 Y1-%QX0.0.0, Y2-%QX0.0.1, HL1-%QX0.0.2, HL2-%QX0.0.3, HL3-%QX0.0.4, HL4-%QX0.0.5로 할당한다.

③ 시퀀스도에서 타이머, 카운터, 플리커 동작에 사용하는 타이머(T) 등은 자동 할당한다. PLC의 입·출력도의 순서대로 할당하여야 프로그램 작성 및 PLC 결선 오류를 방지할 수 있다.

	변수 명	데이터 타입	메모리 할당	초기 값	변수 종류	사용 여부	설명문
1	X1	BOOL	%IX0.0.0		VAR	*	
2	X2	BOOL	%IX0.0.1		VAR	*	
3	FL1	BOOL	%IX0.0.2		VAR	*	
4	FL2	BOOL	%IX0.0.3		VAR	*	
5	FL3	BOOL	%IX0.0.4		VAR	*	
6	FL4	BOOL	%IX0.0.5		VAR	*	
7	Y1	BOOL	%QX0.0.0		VAR		
8	Y2	BOOL	%QX0.0.1		VAR		
9	HL1	BOOL	%QX0.0.2		VAR	*	
10	HL2	BOOL	%QX0.0.3		VAR	*	
11	HL3	BOOL	%QX0.0.4		VAR	*	
12	HL4	BOOL	%QX0.0.5		VAR	*	
13	M1	BOOL	<자동>		VAR	*	
14	M2	BOOL	<자동>		VAR	*	
15	M3	BOOL	<자동>		VAR	*	
16	M4	BOOL	<자동>		VAR	*	
17	M5	BOOL	<자동>		VAR		
18	M6	BOOL	<자동>		VAR		
19	T1	FB Instanc	<자동>		VAR	*	
20	T10	FB Instanc	<자동>		VAR	*	
21	T11	FB Instanc	<자동>		VAR	*	
22	T12	FB Instanc	<자동>		VAR	*	
23	T13	FB Instanc	<자동>		VAR	*	
24	T14	FB Instanc	<자동>		VAR	*	
25	T15	FB Instanc	<자동>		VAR	*	
26	T16	FB Instanc	<자동>		VAR	*	
27	T17	FB Instanc	<자동>		VAR	*	

[그림 8-302] 메모리 할당

4. 시퀀스 회로도 프로그램 하기

(1) 플로트스위치 FL1~FL4 회로

① 시퀀스 회로도

시퀀스도의 굵은 선으로 표기된 부분를 프로그램하면 된다. 먼저 X1과 X2의 직렬 회로와 FL1~FL4의 플로트스위치에 의해 작동되는 M1~M4는 내부릴레이 명령어인 M1, M2, M3, M4로 프로그램하였다.

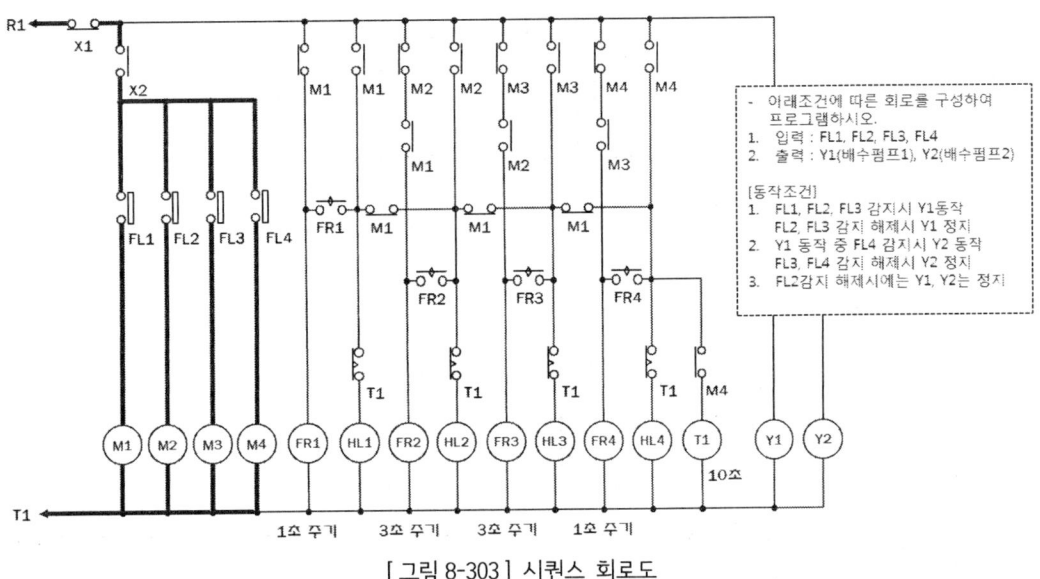

[그림 8-303] 시퀀스 회로도

② 프로그램

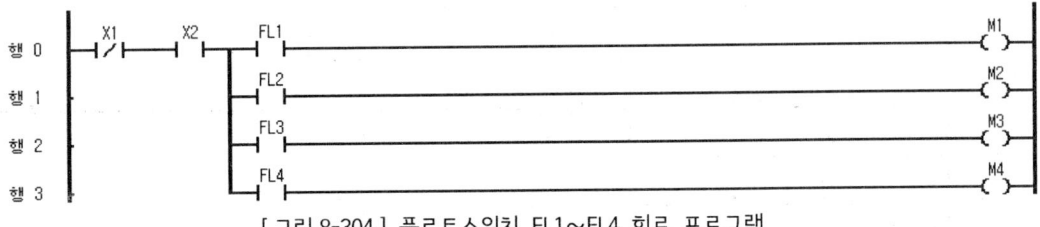

[그림 8-304] 플로트스위치 FL1~FL4 회로 프로그램

(2) HL1, HL2, HL3, HL4 램프 동작 회로

① 시퀀스 회로도

HL1, HL4는 1초 주기 동작을 해야 함으로 펄스는 0.5초 타이머를 사용하고, HL2, HL3은 3초 주기 동작을 해야 함으로 펄스는 1.5초 타이머를 사용해야 한다. 또는 1초 플래그, 3초 플래그를 사용하는 방법으로 프로그램해도 된다.

550 제8장 전기기능장 실전 문제

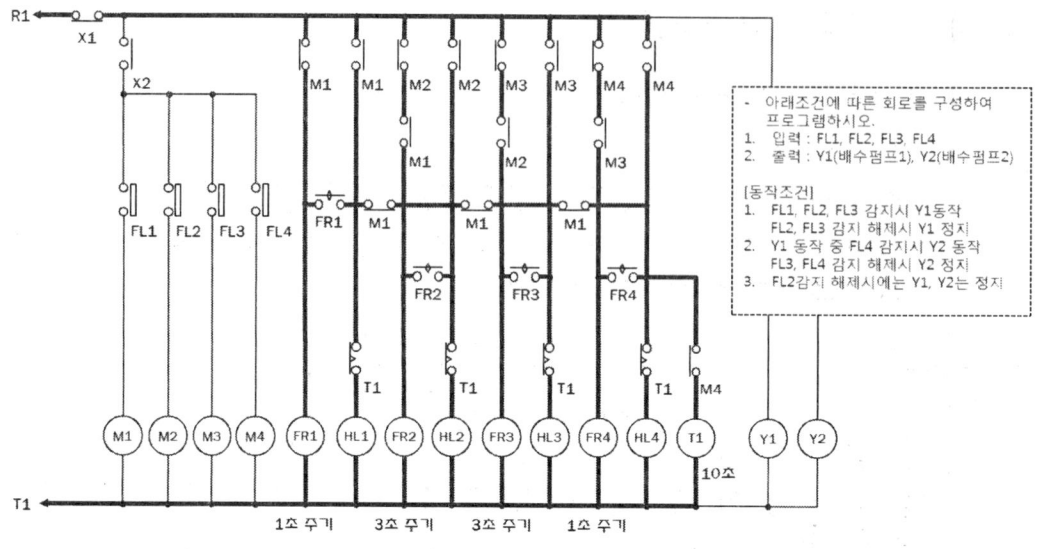

[그림 8-305] 시퀀스 회로도

② 프로그램

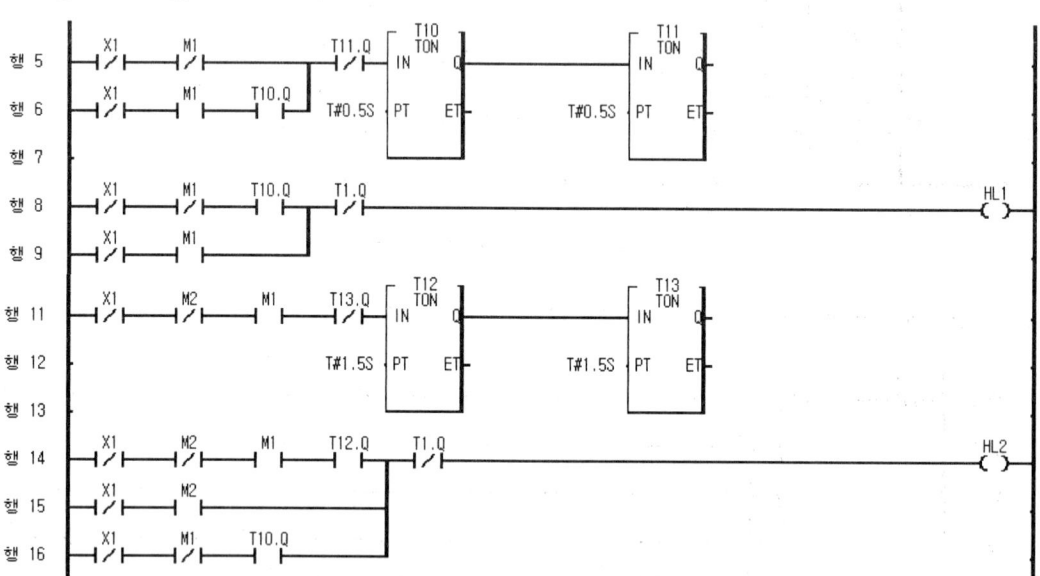

[그림 8-306] HL1, HL2, HL3, HL4 램프 동작 회로 프로그램(1)

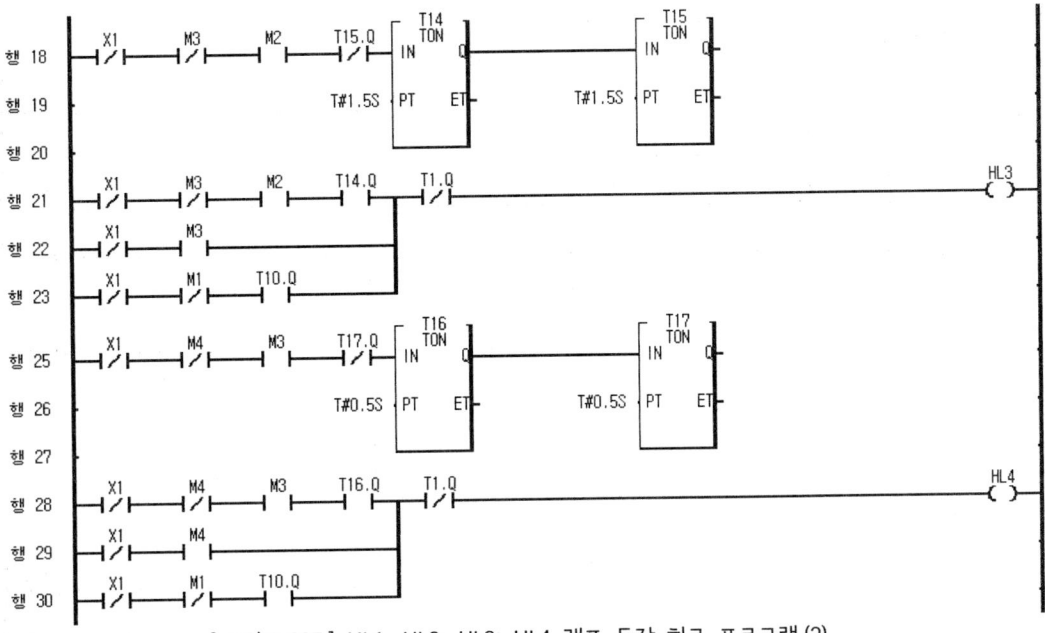

[그림 8-307] HL1, HL2, HL3, HL4 램프 동작 회로 프로그램 (2)

(3) Y1, Y2 동작 회로

① 시퀀스 회로도

요구조건에 의한 Y1, Y2를 프로그램 할 때는 플로트스위치의 동작조건이 FL1-FL2-FL3-FL4의 순서로 동작되고, 해제될 때는 FL4-FL3-FL2-FL1의 순서로 동작되는 점을 고려하여 프로그램 한다. 또한 맨 앞에 EOCR에 의해 동작되는 X1접점을 놓치는 프로그램을 하는 우를 범해서는 안 된다.

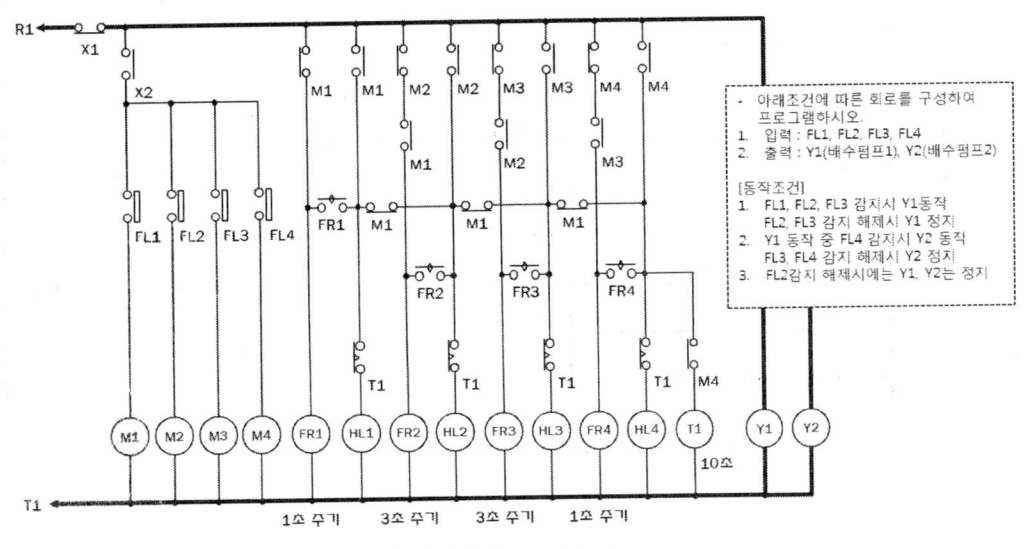

[그림 8-308] 시퀀스 회로도

② 프로그램

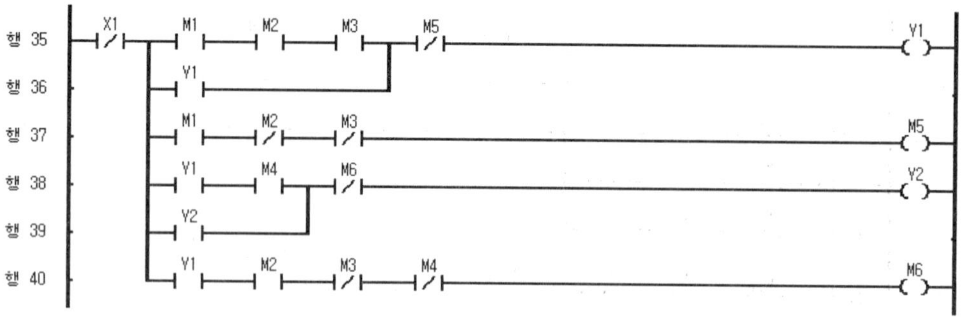

[그림 8-309] Y1, Y2 동작 회로 프로그램

(4) 실전 문제 60 완성 프로그램(1)

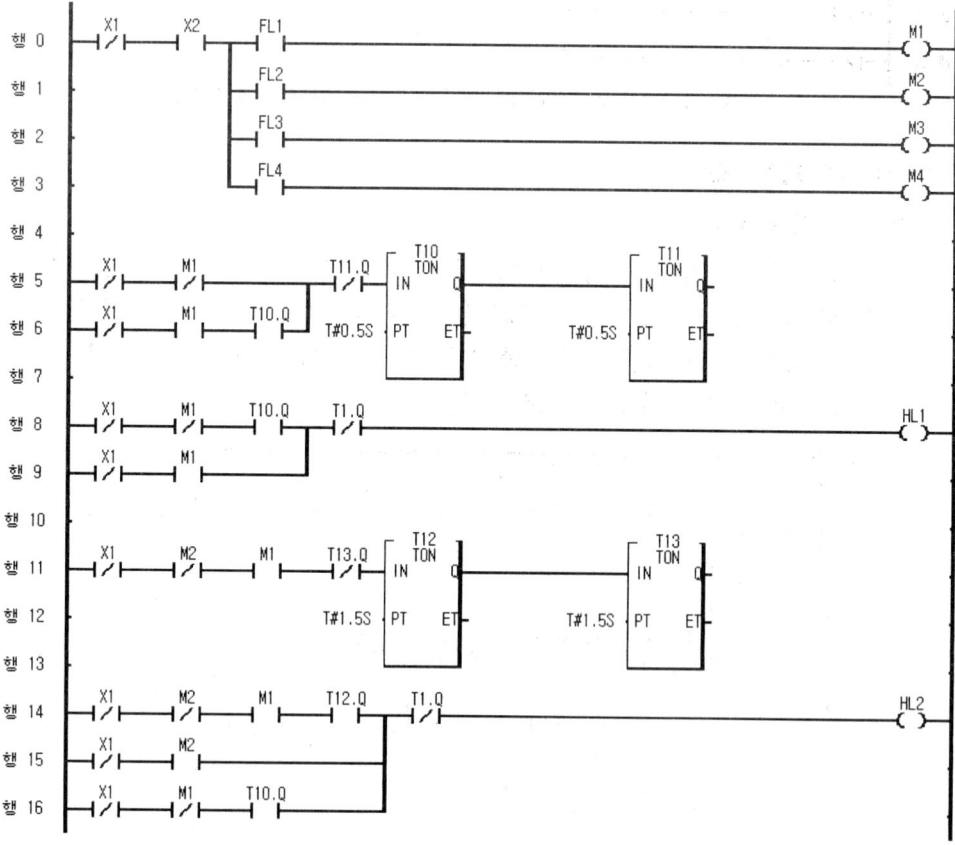

[그림 8-310] 실전 문제 60 완성 프로그램(1)

(5) 실전 문제 60 완성 프로그램(2)

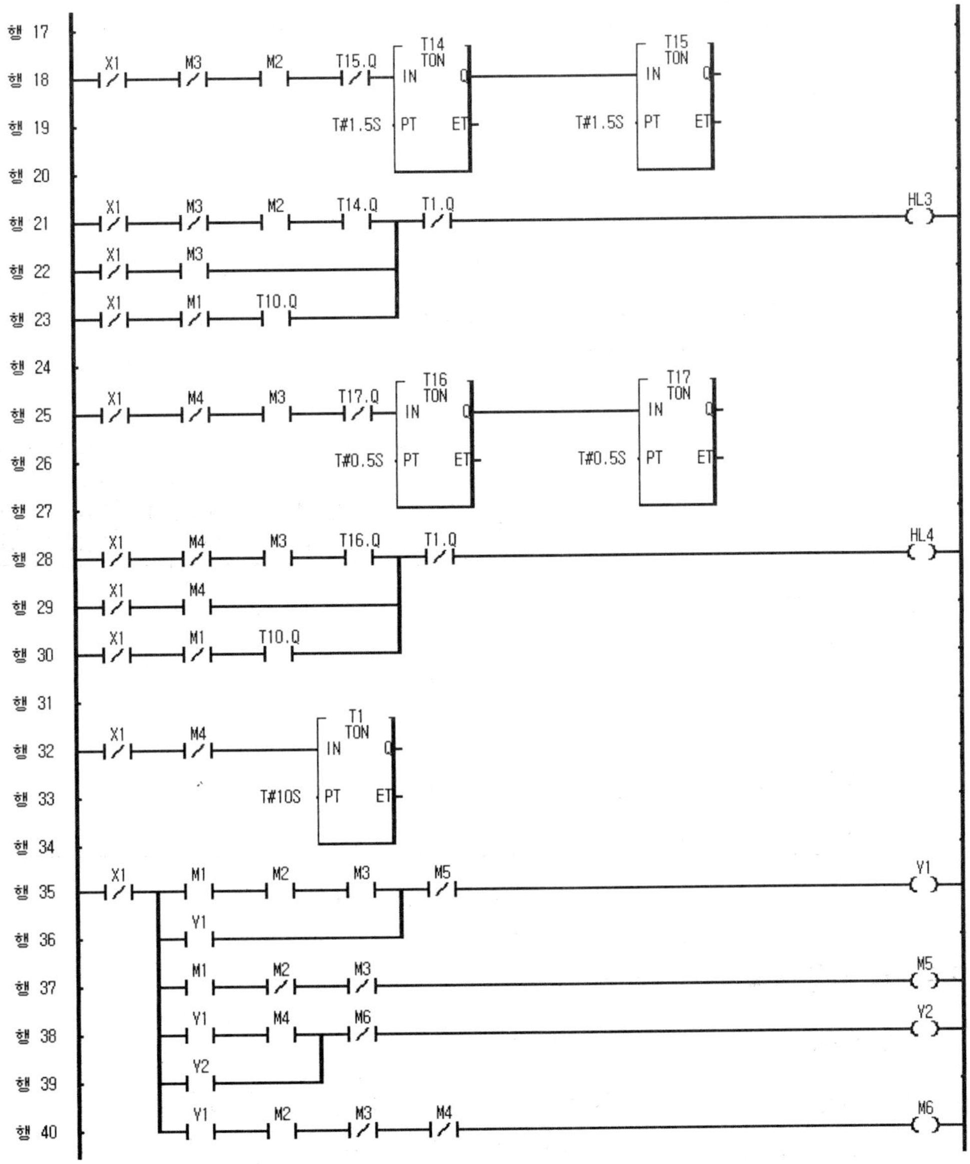

[그림 8-311] 실전 문제 60 완성 프로그램(2)

8.8.2 실전 문제 60 MASTER-K PLC(기종 : K7M-DR30S)

1. PLC 문제

(1) 요구사항

① PLC 입·출력 배치도와 같은 순으로 입·출력 단자를 결선하여 시퀀스도의 동작사항과 요구사항에 일치하는 PLC 회로를 구성하여 프로그램 하시오.

② 전원선 및 공통선(COM)은 지참한 PLC기종에 맞게 결선하고, 플리커, 타이머, 카운터, 보조릴레이 등은 PLC내부 데이터를 이용하여 프로그램 하시오.

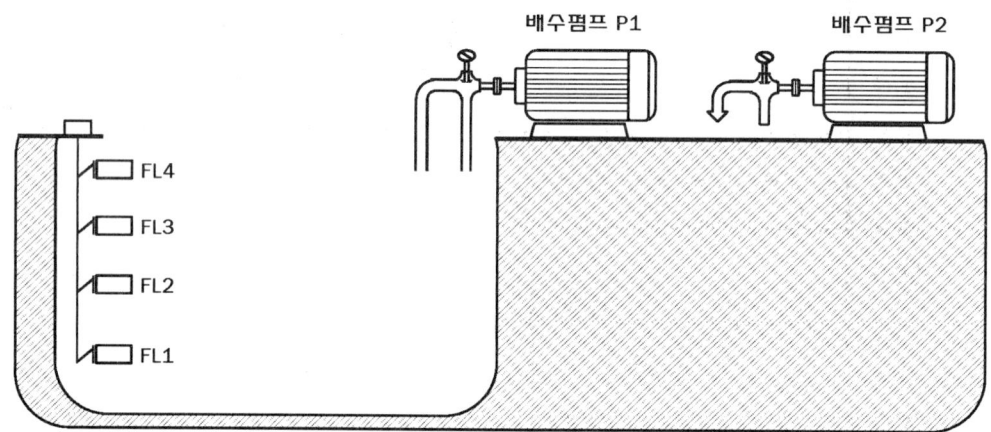

[그림 8-312] 배수펌프 개략도

2. 동작설명

(1) 기본동작

① 전원 ON하면 PLC와 EOCR에 전원이 공급되면 표시등 WL과 GL 점등

② PB1을 누르면 배수펌프 1(P1)이 동작하며 RL1 점등, GL 소등
PB2를 누르는 동안만 배수펌프 1(P1)와 RL1 점등, GL 소등

③ PB3을 누르면 배수펌프 2(P2)가 동작하며 RL2 점등, GL 소등
PB4를 누르는 동안만 배수펌프 2(P2)와 RL2 점등, GL 소등

④ PB5를 누르면 RY1이 여자되어 "자동" 모드로 되며, PB6을 누르면 RY1이 소자되어 "수동" 모드로 전환

⑤ EOCR1 또는 EOCR2가 동작되면 YL이 점등되고 동작 중인 배수펌프 1, 2(P1, P2) 정지되며, EOCR1, 2을 리셋하면 YL은 소등되고 초기 상태로 복귀

(2) 수동 모드(RY1_OFF)

① SS1(SS2)를 "M"으로 선택

② PB1~PB4의 입력에 의해 시퀀스도와 같이 동작을 수행

(3) 자동 모드(RY1_ON)

① SS1(SS2)를 "A"로 선택

② 플로트스위치 FL1~FL4에 의해 시퀀스도와 같이 동작을 수행

(4) PLC 회로

① 플로트스위치 FL1~FL4의 입력 조건에 따라 제시된 동작사항을 만족하는 배수펌프(P1, P2)와 표시등(HL1~HL4)이 동작

3. PLC 문제 해석

(1) **시퀀스 회로도 해석**

본 예제의 시퀀스 회로도를 PLC 프로그램하기 위해서는 a, b접점을 확인하고 내부릴레이를 사용할지 여부와 플리커릴레이(FR), 타이머(T), 카운터(C) 등이 있는지 판단하여야 한다. 또한 메모리 할당을 하여야 하는데 PLC 입·출력도의 순서에 의하여 한다.

본 문제의 해석은 시퀀스도에 의한 프로그램 작성과 요구사항에 의한 프로그램 작성으로 나눌 수 있다.

가. 시퀀스도 프로그램

시퀀스 회로를 보면 종·횡으로 접점을 놓아 복잡해 보인다. 하지만 종형으로 되어 있는 릴레이 M1의 b접점은 모두 없다고 가정하고 프로그램하면 쉽다.

나. 동작설명

① 초기상태 : FR1과 릴레이 M1의 b접점에 의해 HL1~HL4가 1초 주기임으로 0.5초 간격으로 점멸한다.

② FL1이 동작되면 HL1은 점등, HL2는 FR2의 3초 주기에 의해 1.5초 간격으로 점멸한다.

③ FL2가 동작되면 HL1, HL2는 점등, HL3은 FR3의 3초 주기에 의해 1.5초 간격으로 점멸한다.

④ FL3이 동작되면 HL1, HL2, HL3은 점등, HL4는 FR4의 1초 주기에 의해 0.5초 간격으로 점멸한다.

⑤ FL4가 동작되면 HL1, HL2, HL3, HL4는 점등된다.

⑥ 반대로 FL4부터 FL1까지 역순으로 스위치를 OFF하면 상기 ⑤~①순으로 동작된다.

다. 요구사항 프로그램

요구사항은 펌프 Y1(P1), Y2(P2) 동작으로 아래 동작 조건에 맞는 프로그램을 한다.

① FR1, FR2, FR3 감지 시 펌프 Y1(P1) 동작
② FR2, FR3 감지 해제 시 펌프 Y1(P1) 정지
③ Y1(P1) 동작 중 FL4 감지 시 펌프 Y2(P2) 동작
④ FR3, FR4 감지 해제 시 펌프 Y2(P2) 정지
⑤ FL2가 감지 해제 시 Y1(P1), Y2(P2)는 동작하지 않는다.

(2) PLC 입·출력도

[표 8-16] 범례

기호	명칭
P1	배수펌프1
P2	배수펌프2
FL1	플로트스위치(L-LOW)
FL2	플로트스위치(LOW)
FL3	플로트스위치(HIGH)
FL4	플로트스위치(H-HIGH)

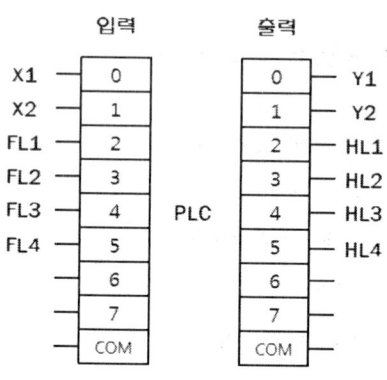

[그림 8-313] PLC 입·출력도

(3) 시퀀스 회로도

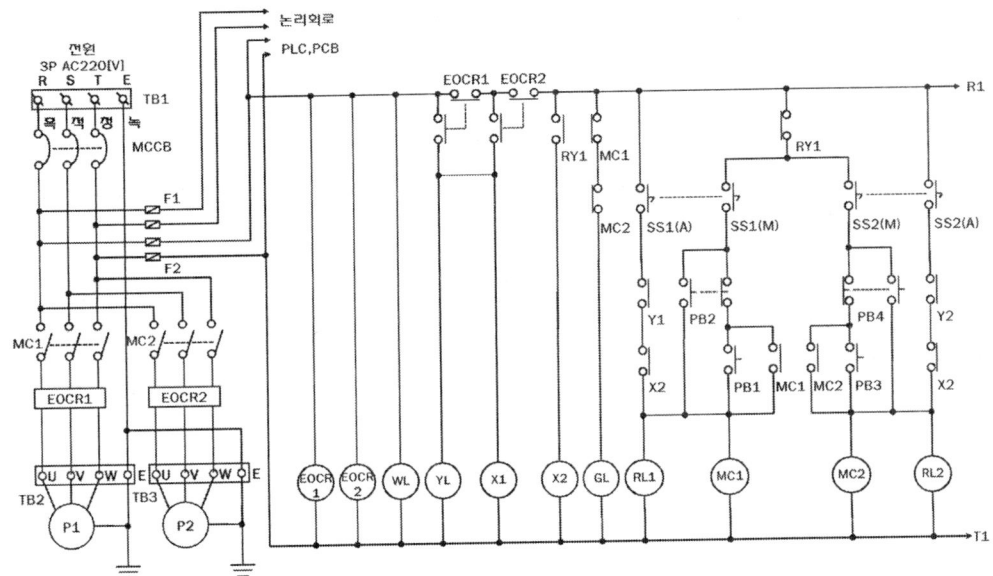

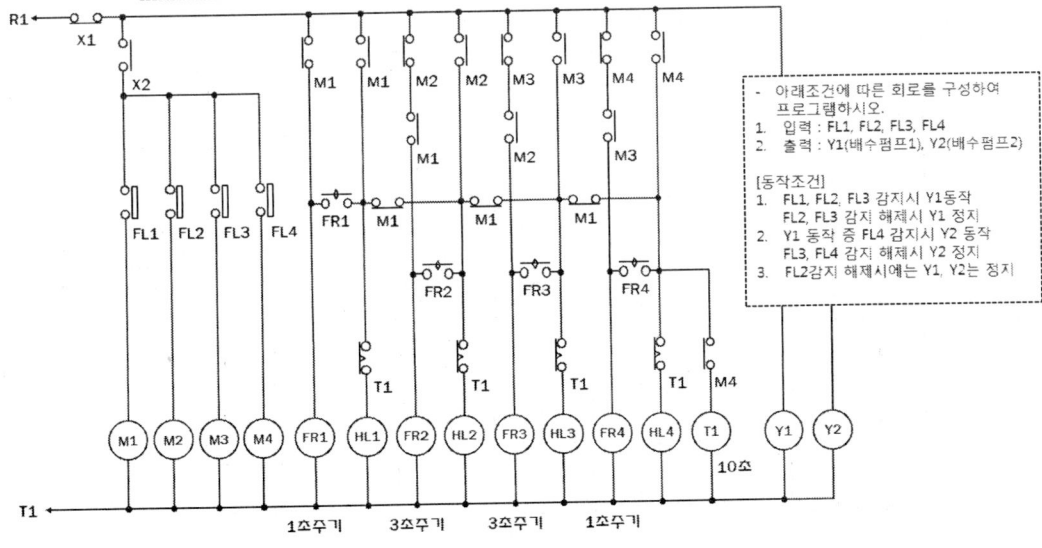

[그림 8-314] 시퀀스 회로도

(4) PLC 메모리 할당

입·출력의 메모리 할당은 PLC 입·출력도를 참조하고, 내부메모리임으로 번호할당에 주의하여야 한다. 특히 MASTER-K 프로그램에서는 내부메모리는 M에 의해 할당된다.

① 입력은 X1-P0000, X2-P0001, FL1-P0002, FL2-P0003, FL3-P0004, FL4-P0005로 할당한다.

② 출력은 Y1-P0040, Y2-P0041, HL1-P0042, HL2-P0043, HL3-P0044, HL4-P0045로 할당한다.

③ PLC로 프로그램하는 회로는 PLC의 입·출력도에 의해 결선됨으로 PLC의 입·출력도의 순서대로 할당하여야 프로그램 작성 및 PLC 결선 오류를 방지할 수 있다.

4. 시퀀스 회로도 프로그램 하기

(1) 플로트스위치 FL1~FL4 회로

① 시퀀스 회로도

시퀀스도의 굵은 선으로 표기된 부분를 프로그램하면 된다. 먼저 X1과 X2의 직렬회로와 FL1~FL4의 플로트스위치에 의해 작동되는 M1~M4는 내부릴레이 명령어인 M1, M2, M3, M4로 프로그램 하였다.

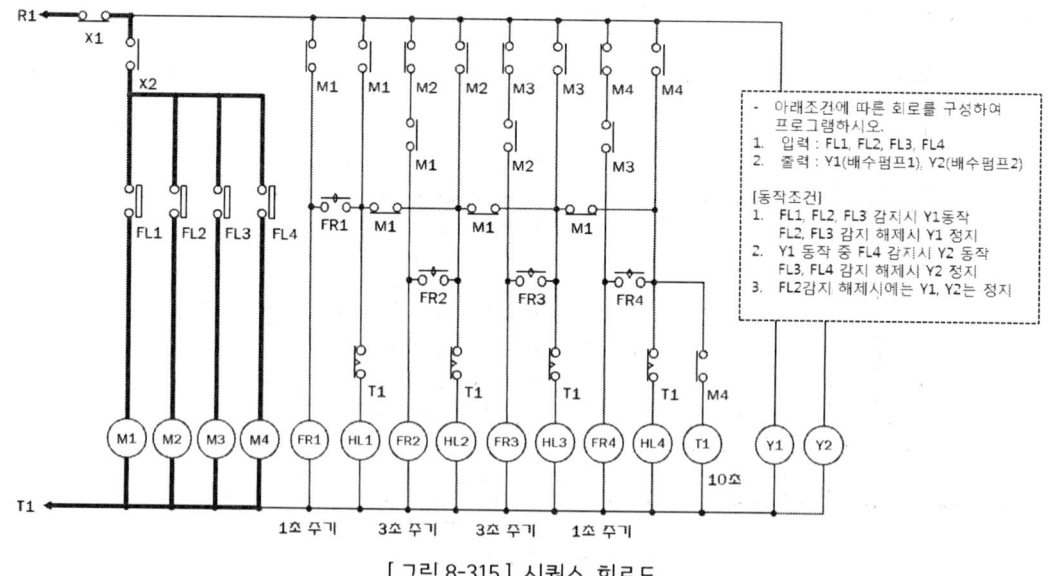

[그림 8-315] 시퀀스 회로도

② 프로그램

[그림 8-316] 플로트스위치 FL1~FL4 회로 프로그램

(2) HL1, HL2, HL3, HL4 램프 동작 회로

① 시퀀스 회로도

HL1, HL4는 1초 주기 동작을 해야 함으로 펄스는 0.5초 타이머를 사용하고, HL2, HL3은 3초 주기 동작을 해야 함으로 펄스는 1.5초 타이머를 사용해야 한다. 또는 1초 플래그, 3초 플래그를 사용하는 방법으로 프로그램해도 된다.

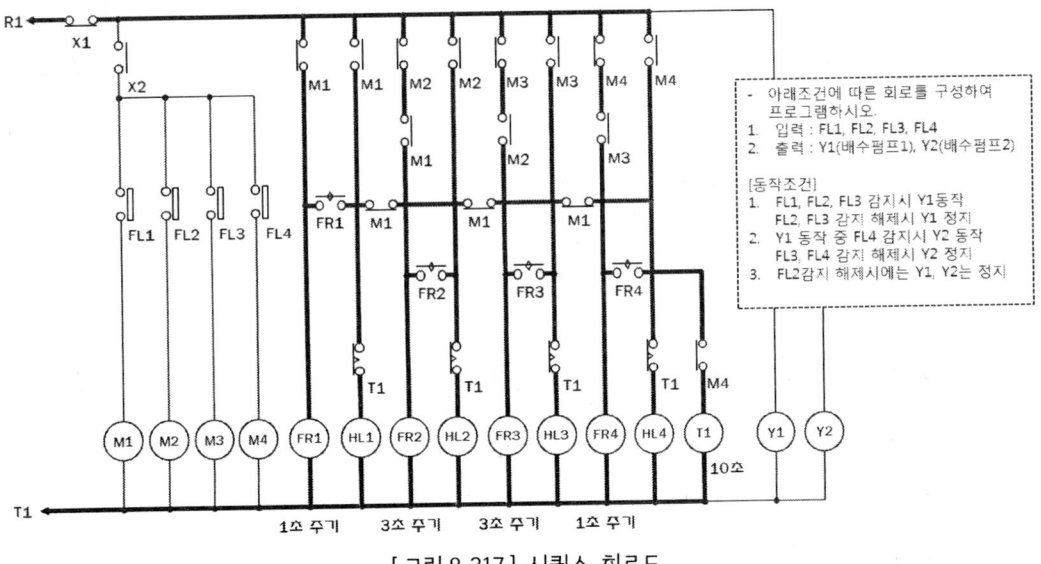

[그림 8-317] 시퀀스 회로도

② 프로그램

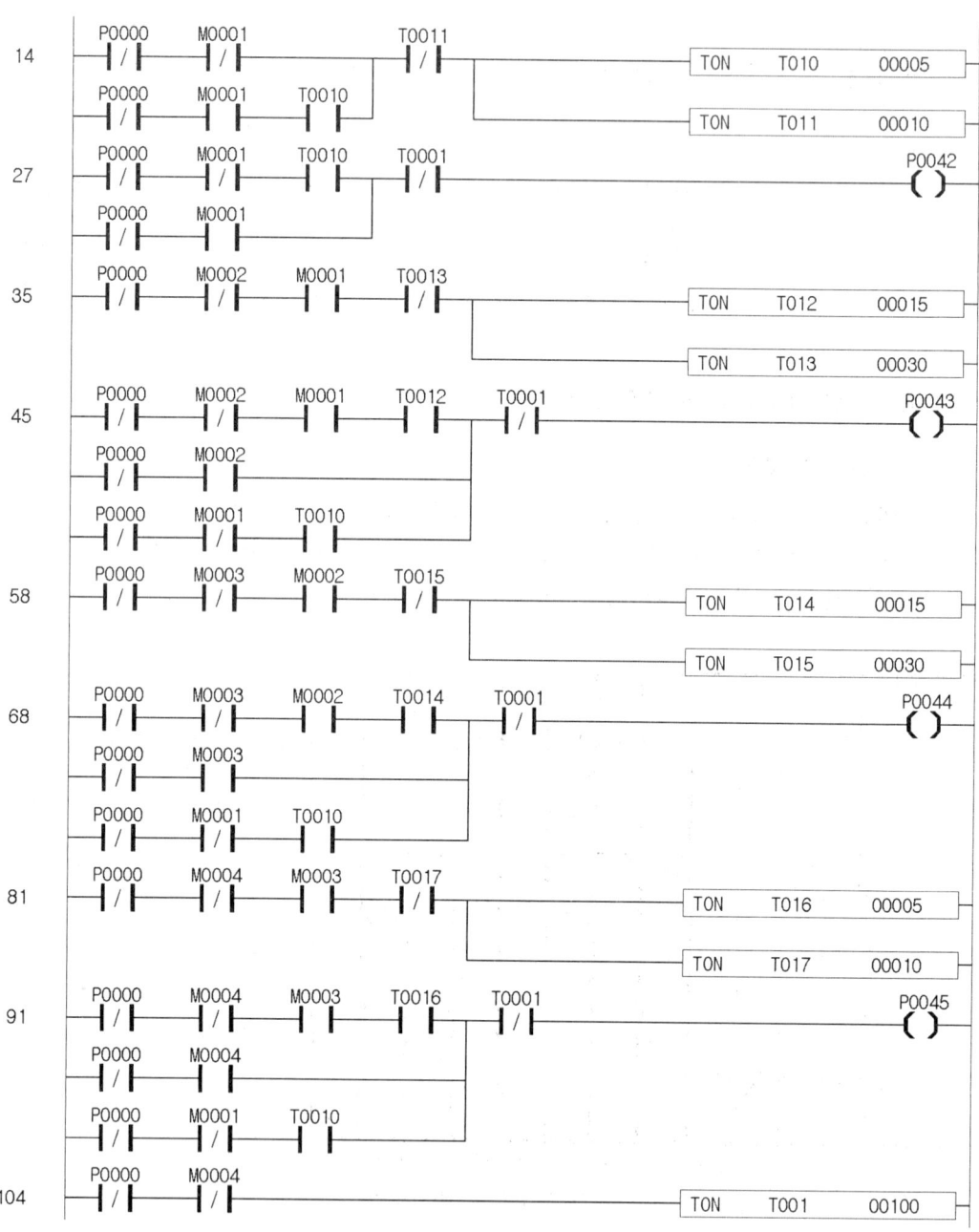

[그림 8-318] HL1, HL2, HL3, HL4 램프 동작 프로그램

(3) Y1, Y2 동작 회로

① 시퀀스 회로도

요구조건에 의한 Y1, Y2를 프로그램 할 때는 플로트스위치의 동작조건이 FL1-FL2-FL3-FL4의 순서로 동작되고, 해제될 때는 FL4-FL3-FL2-FL1의 순서로 동작되는 점을 고려하여 프로그램 한다. 또한 맨 앞에 EOCR에 의해 동작되는 X1접점을 놓치는 프로그램을 하는 우를 범해서는 안 된다.

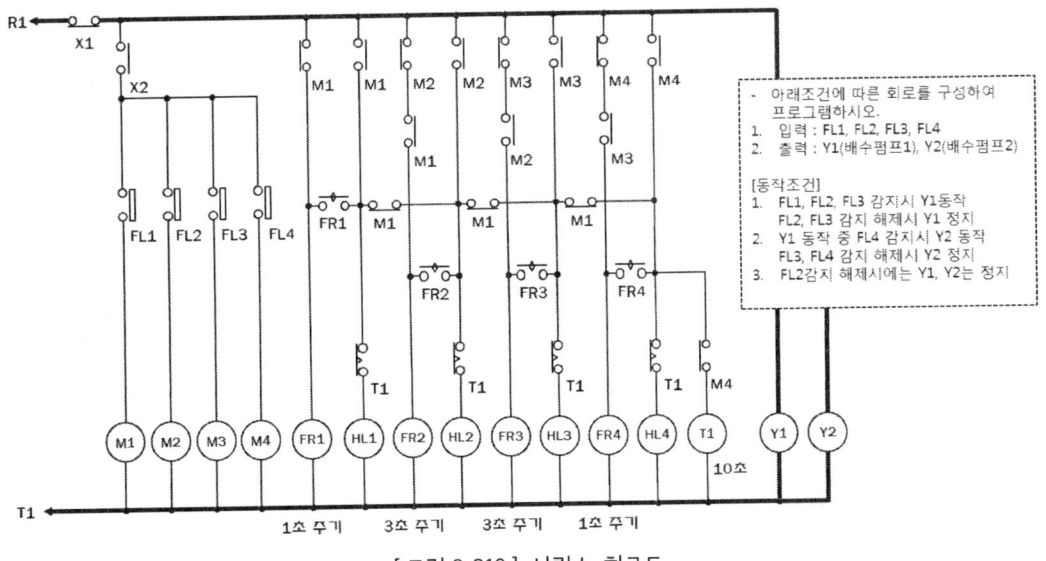

[그림 8-319] 시퀀스 회로도

② 프로그램

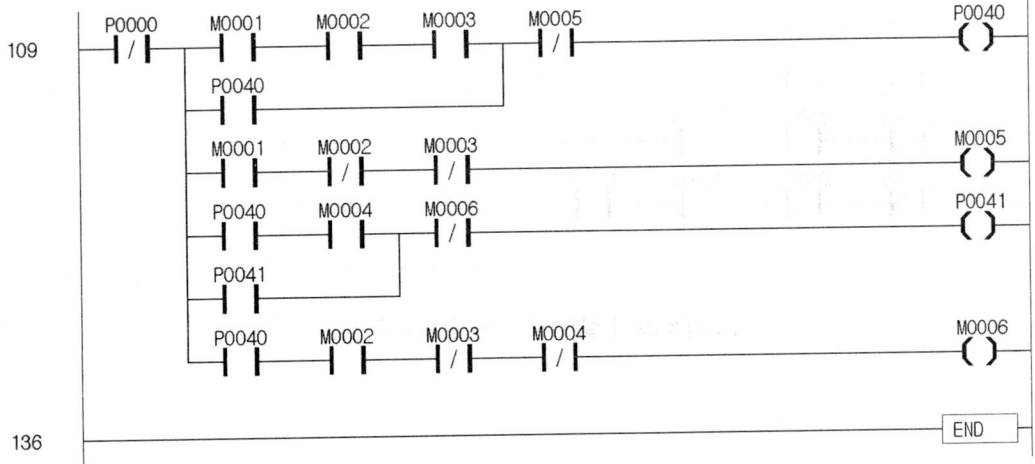

[그림 8-320] Y1, Y2 동작 회로 프로그램

(4) 실전 문제 60 완성 프로그램(1)

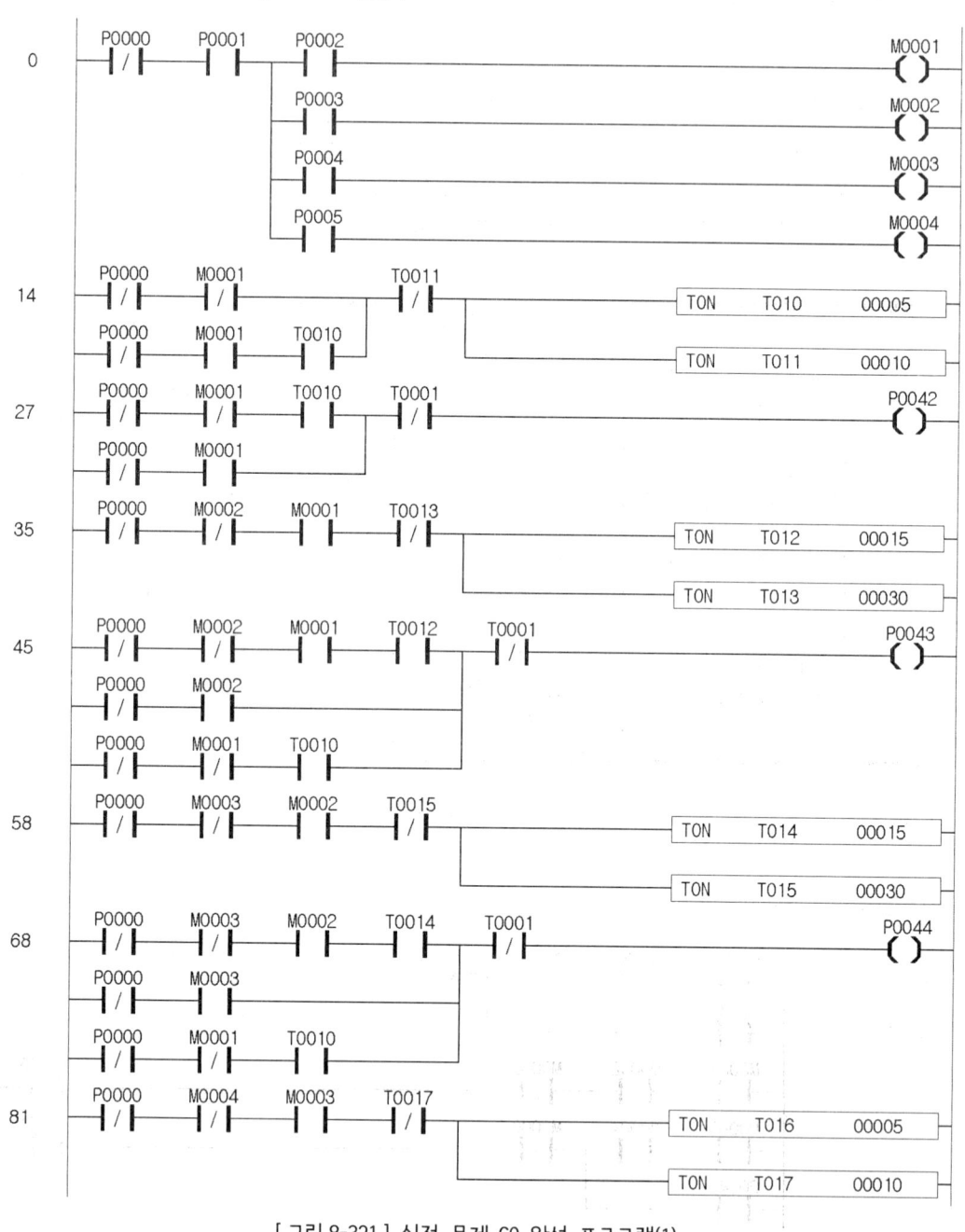

[그림 8-321] 실전 문제 60 완성 프로그램(1)

(5) 실전 문제 60 완성 프로그램(2)

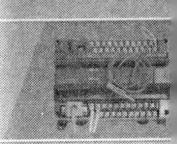

[그림 8-322] 실전 문제 60 완성 프로그램(2)

8.8.3 실전 문제 60 도면

1. 전기공사 문제

(1) 배치도

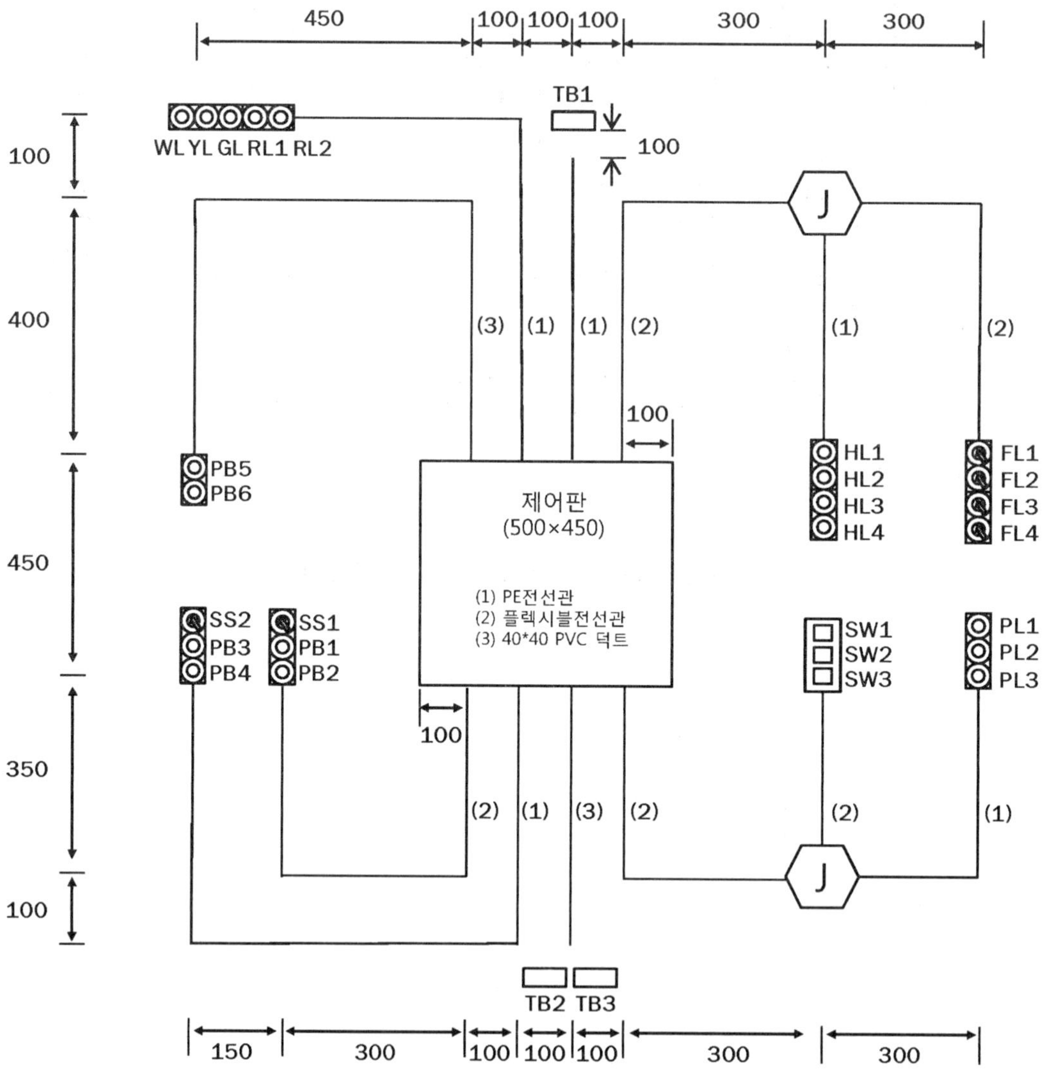

[그림 8-323] 배치도

(2) 시퀀스 회로도

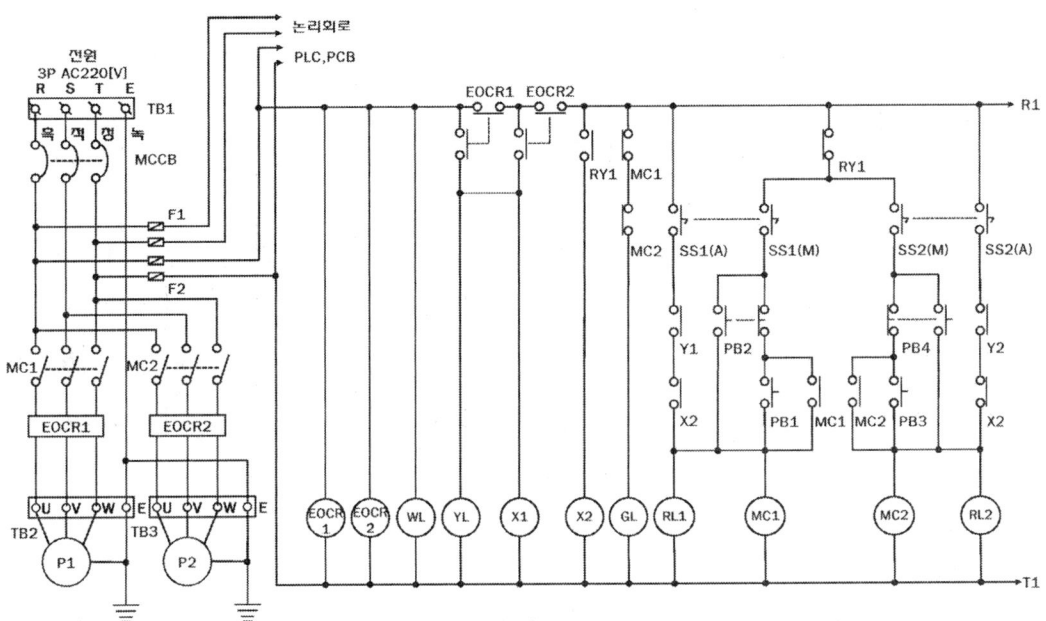

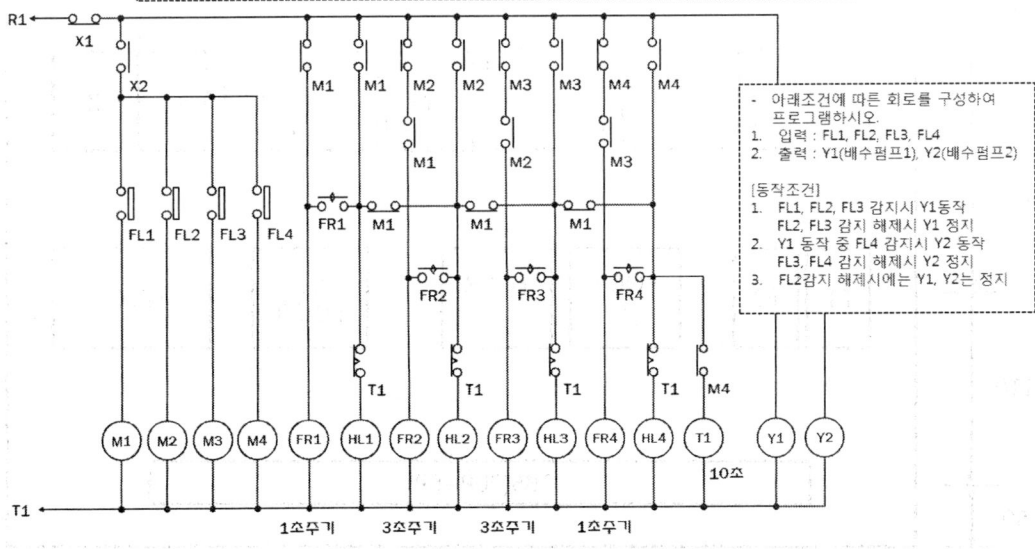

[그림 8-324] 시퀀스 회로도

(3) 전자 회로도

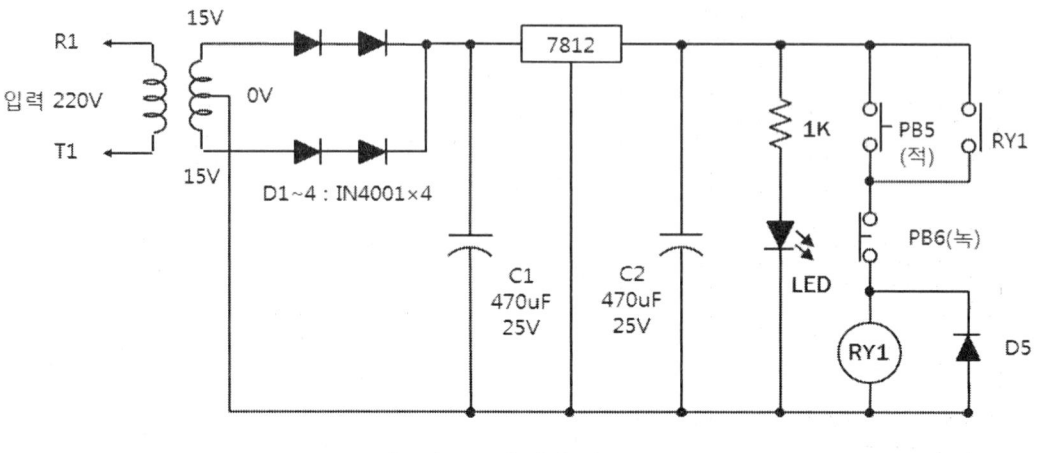

[그림 8-325] 전자 회로도

(4) 제어반 기구 배치도

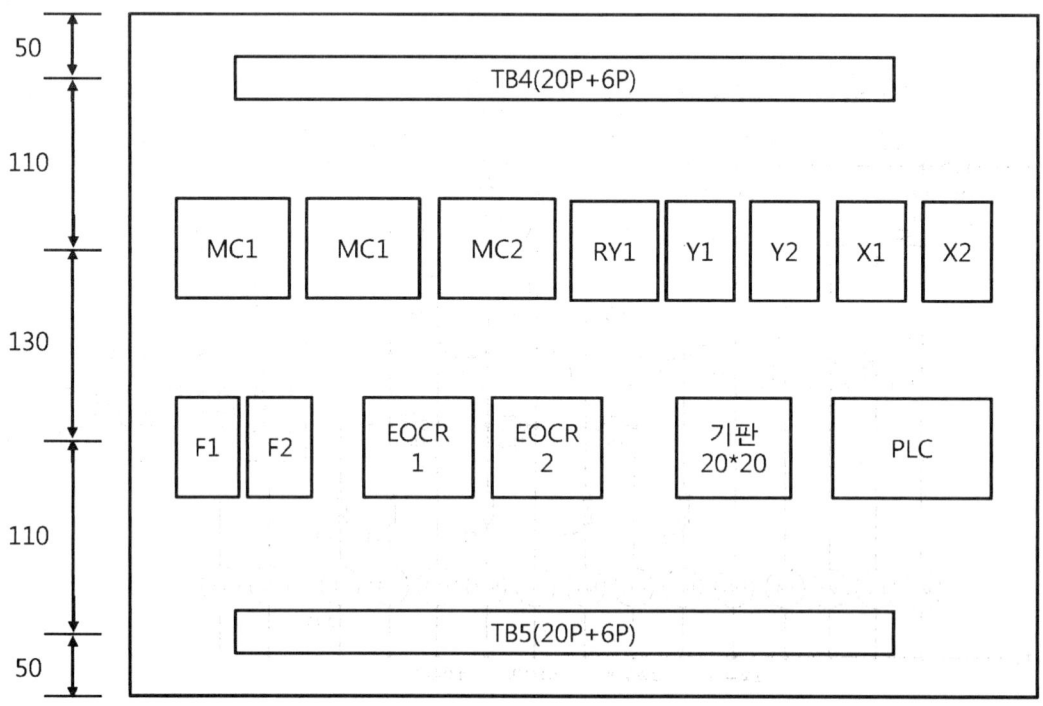

[그림 8-326] 제어반 기구 배치도

(5) 범례

[표 8-17] 범례

기 호	명 칭	기 호	명 칭
MC1, 2	전자접촉기(12P)	GL, WL, YL	파이롯램프(녹, 백, 황)
EOCR1, 2	과부하계전기(12P)	SW1, SW2, SW3	3로스위치
RY1	릴레이(DC12V, 8P)	SS1~SS2	셀렉터스위치(2단)
X1~X2, Y1~Y2	릴레이(220V, 14P)	TB1~TB3	단자대(4P)
PB1,PB3,PB5	푸시버튼스위치(적)	TB4~TB5	단자대(20P+6P)
PB2,PB4,PB5	푸시버튼스위치(녹)	F1, F2	퓨즈홀더(2P)
RL1~RL2	파이롯램프(적)	FL1~FL4	플로트스위치(2단)
PL1~PL3	파이롯램프(백)	MCCB	배선용차단기(3P)
HL1~HL4	파이롯램프(적)	J1~J2	8각 박스

(6) 전등회로

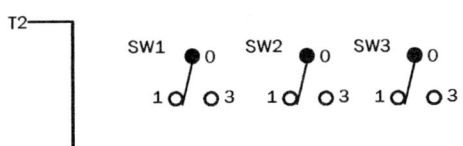

3로스위치			램프		
SW1	SW2	SW3	PL1	PL2	PL3
0	0	0	1	0	0
0	0	1	1	0	0
0	1	0	0	1	0
0	1	1	0	0	1
1	0	0	0	0	0
1	0	1	0	0	0
1	1	0	1	1	0
1	1	1	1	0	1

[그림 8-327] 전등회로

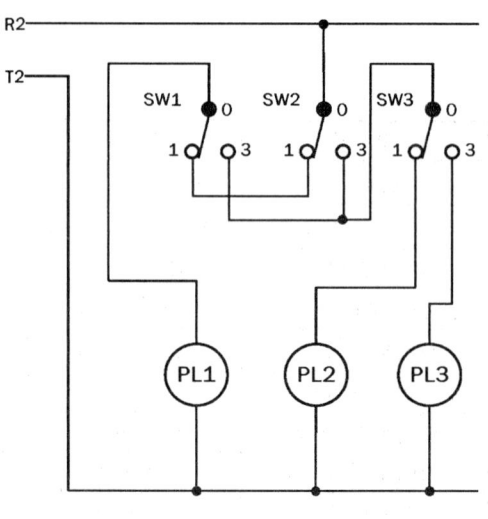

[그림 8-328] 전등회로 답안

chapter

부록

예제 문제 도면

부록

chapter

예제 문제 도면

부록 예제 문제 도면 47

1. 배관 및 기구 배치도

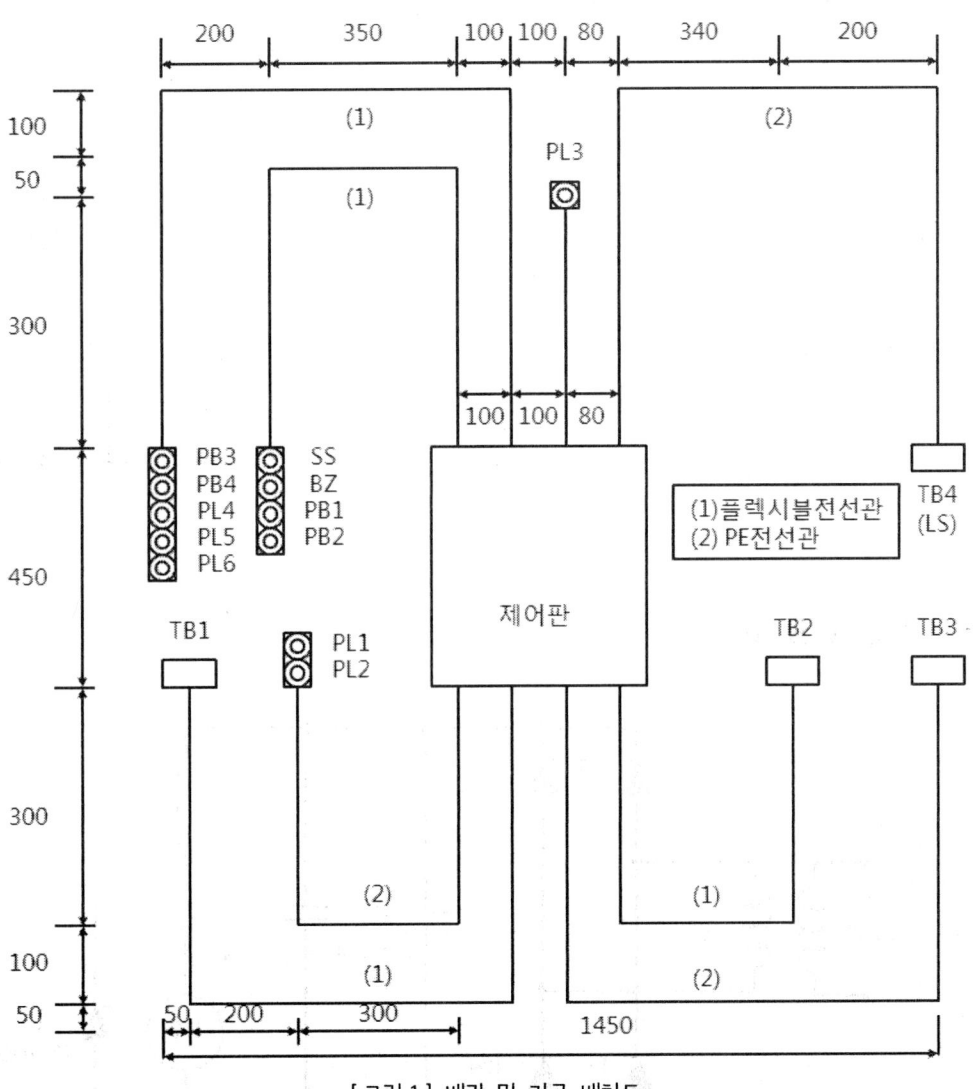

[그림 1] 배관 및 기구 배치도

2. 전기 회로도

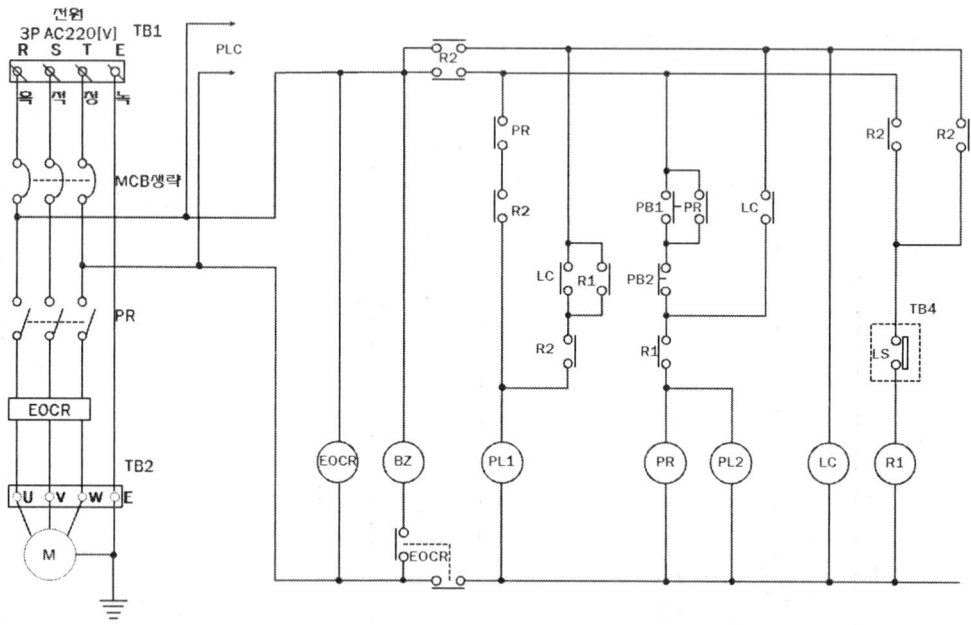

[그림 2] 전기 회로도

3. 전자 회로도

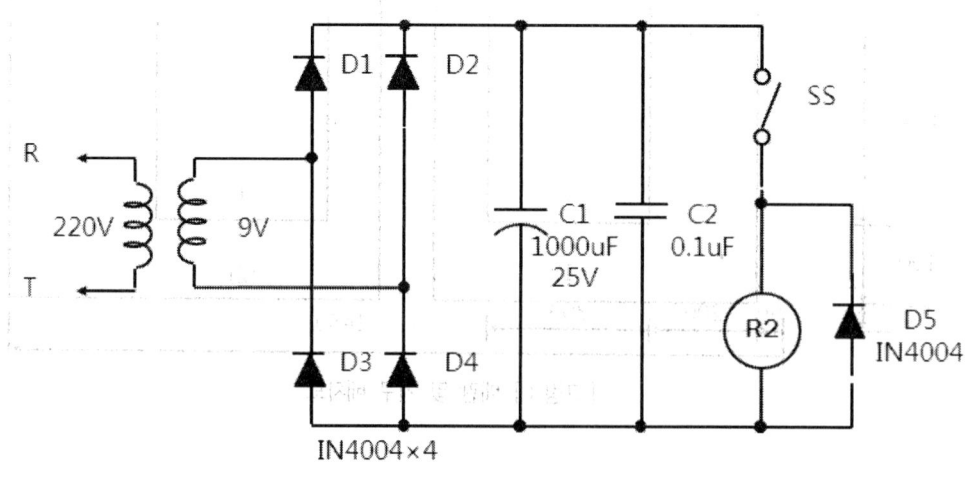

[그림 3] 전자 회로도

4. 기구 배치도

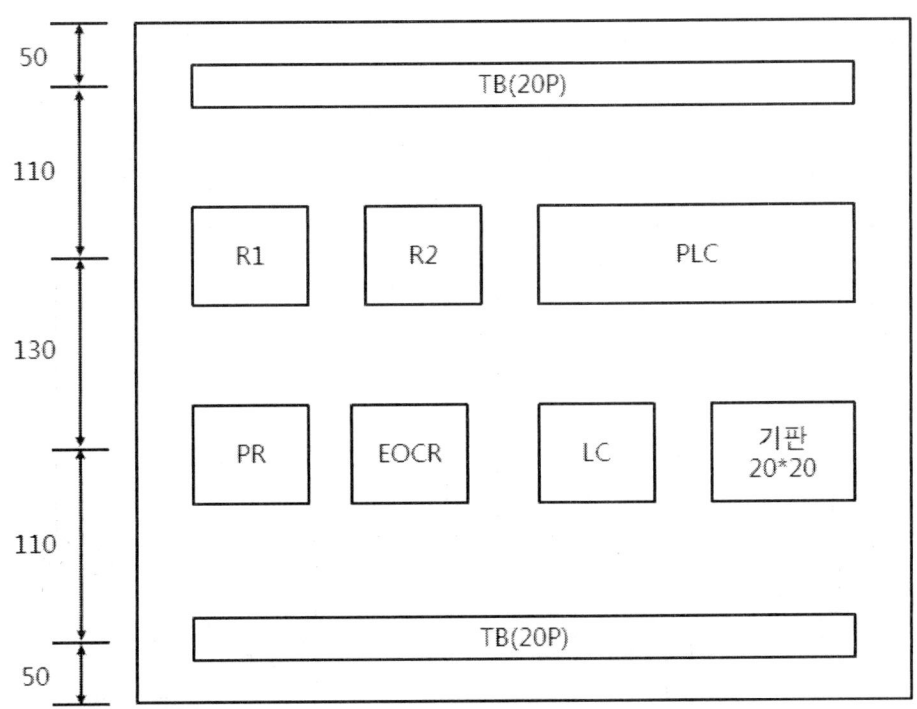

[그림 4] 기구 배치도

부록 예제 문제 도면 48

1. 배관 및 기구 배치도

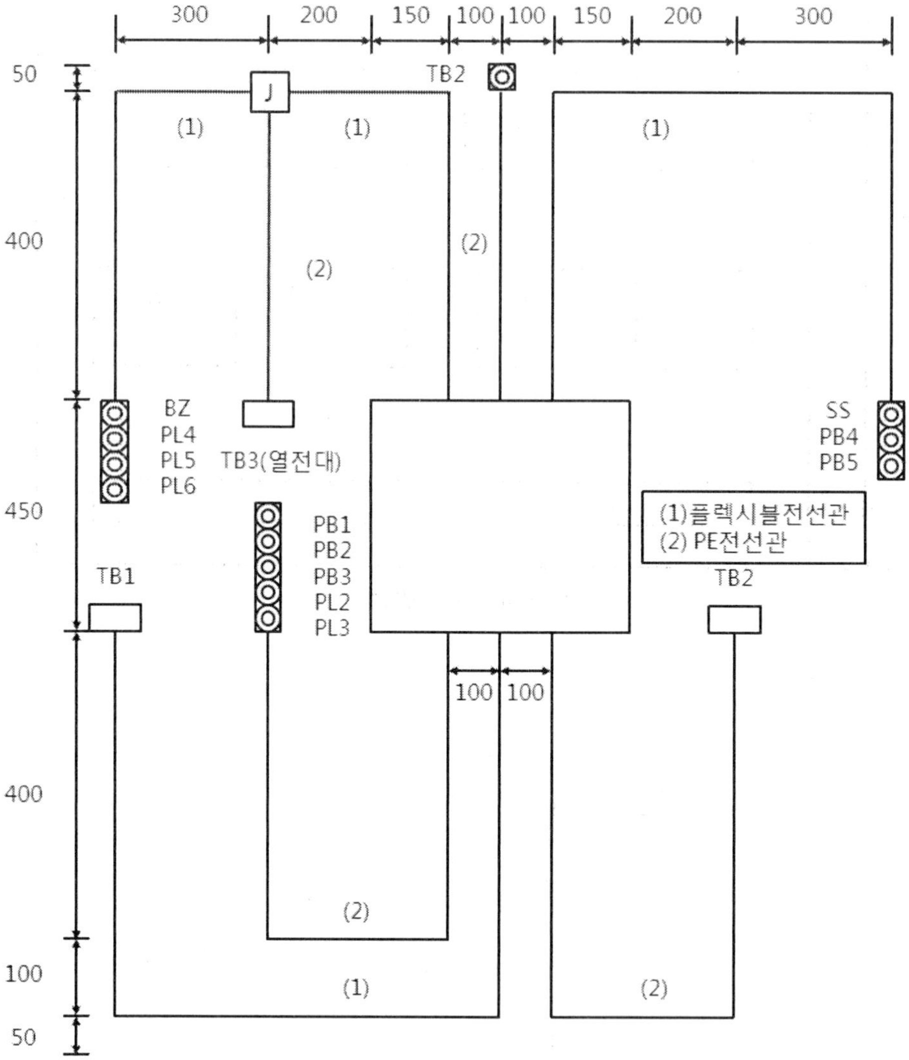

[그림 5] 배관 및 기구 배치도

2. 전기 회로도

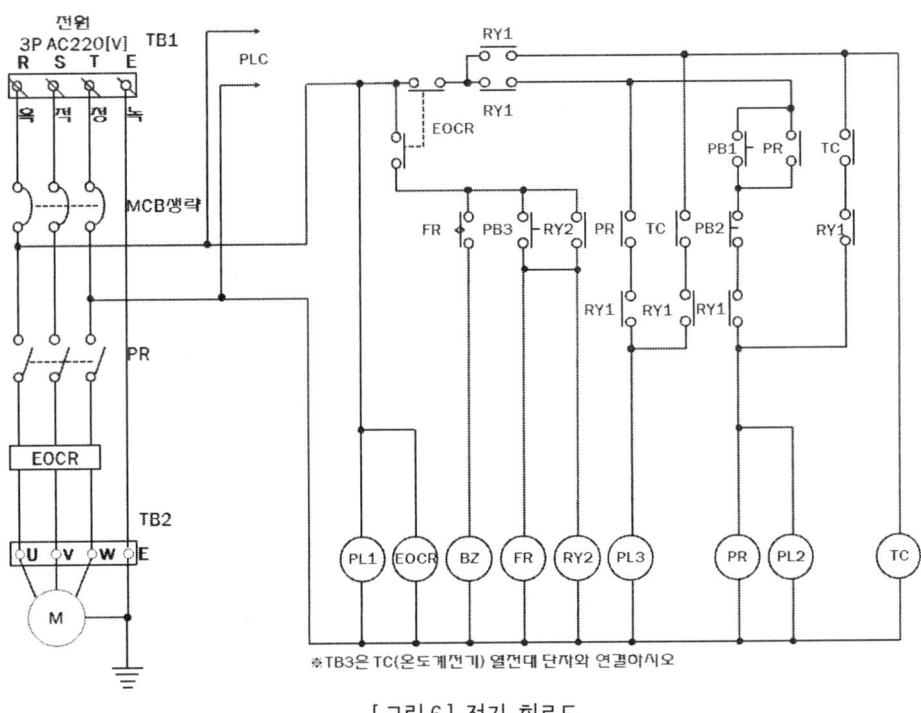

[그림 6] 전기 회로도

3. 전자 회로도

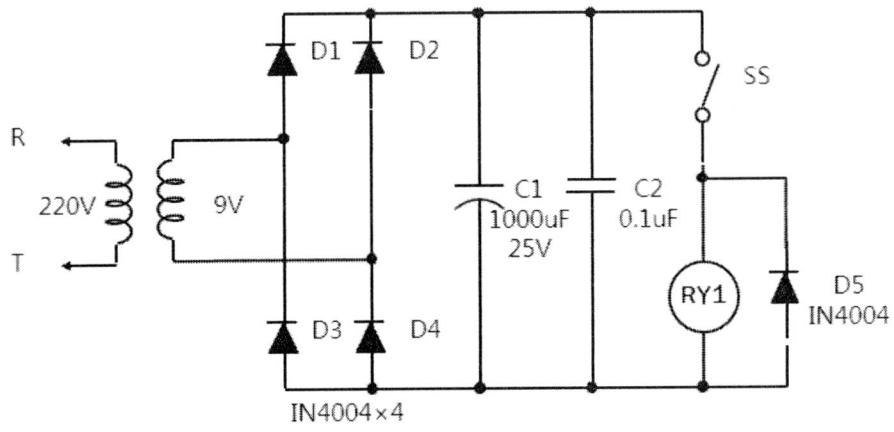

[그림 7] 전자 회로도

4. 기구 배치도

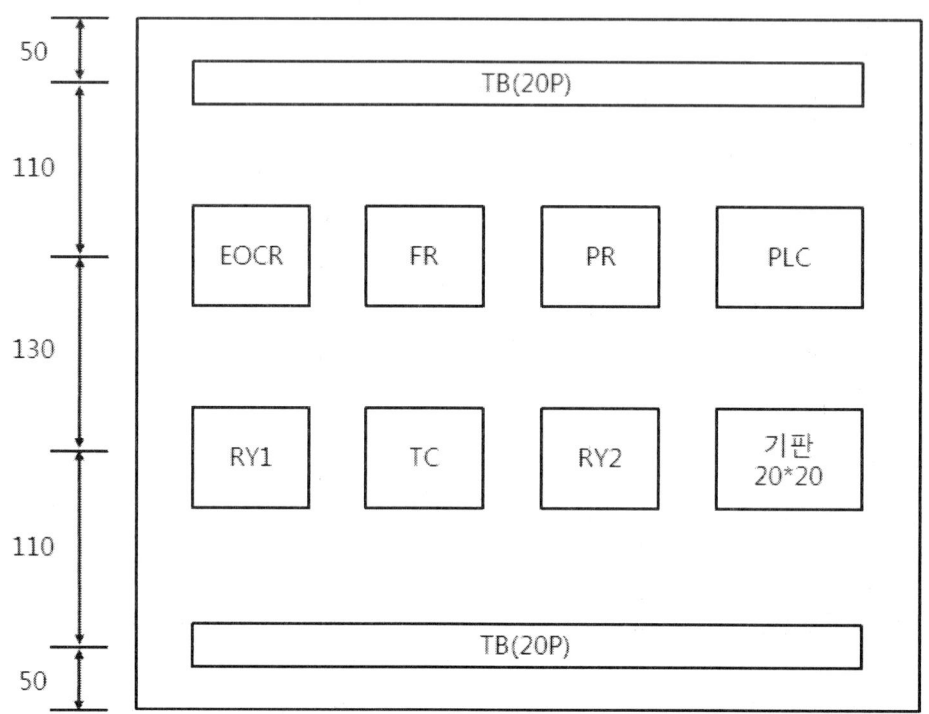

[그림 8] 기구 배치도

부록 예제 문제 도면 49

1. 배관 및 기구 배치도

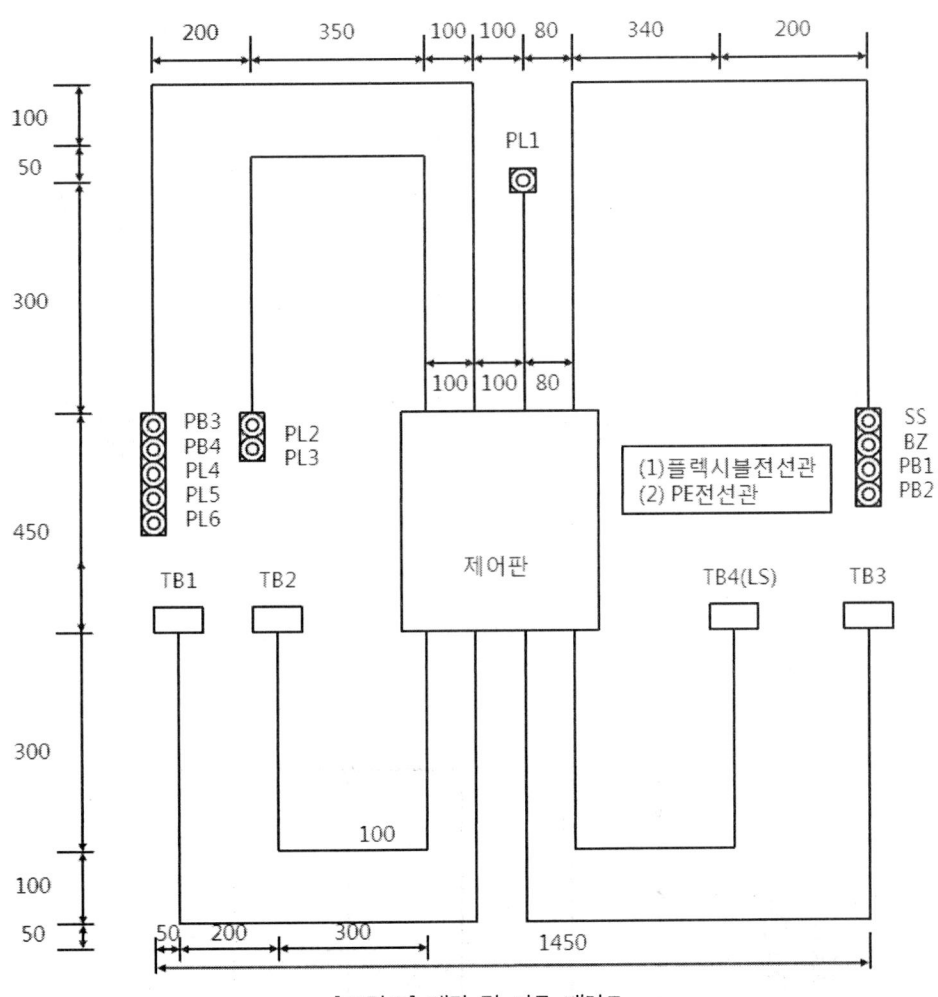

[그림 9] 배관 및 기구 배치도

2. 전기 회로도

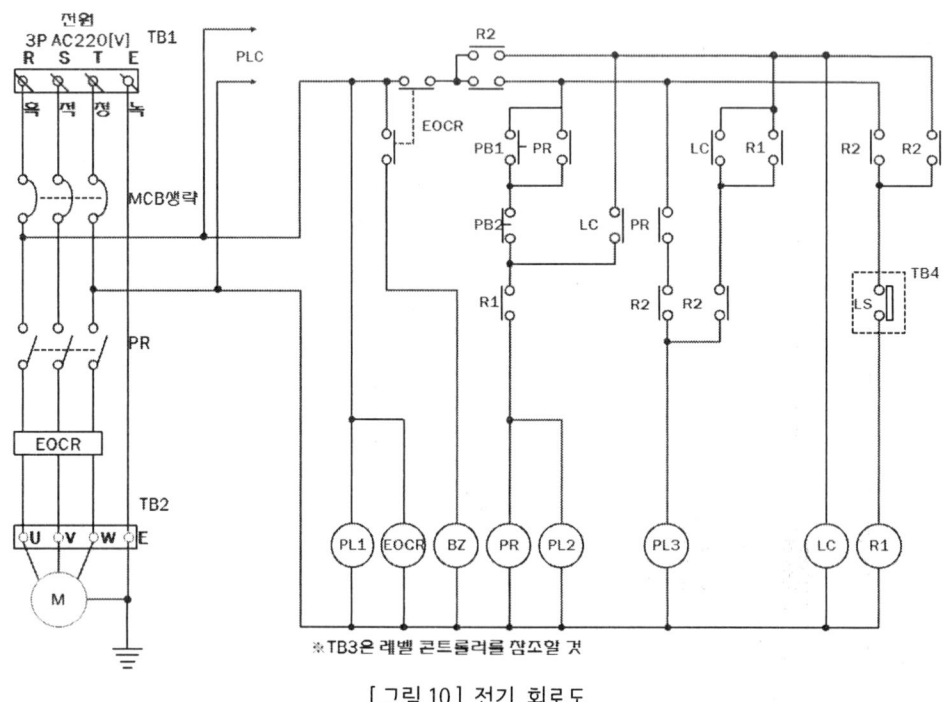

[그림 10] 전기 회로도

3. 전자 회로도

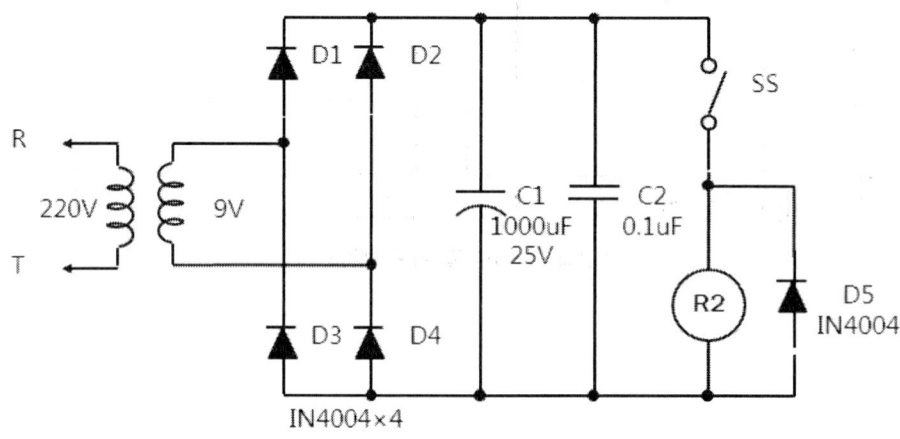

[그림 11] 전자 회로도

4. 기구 배치도

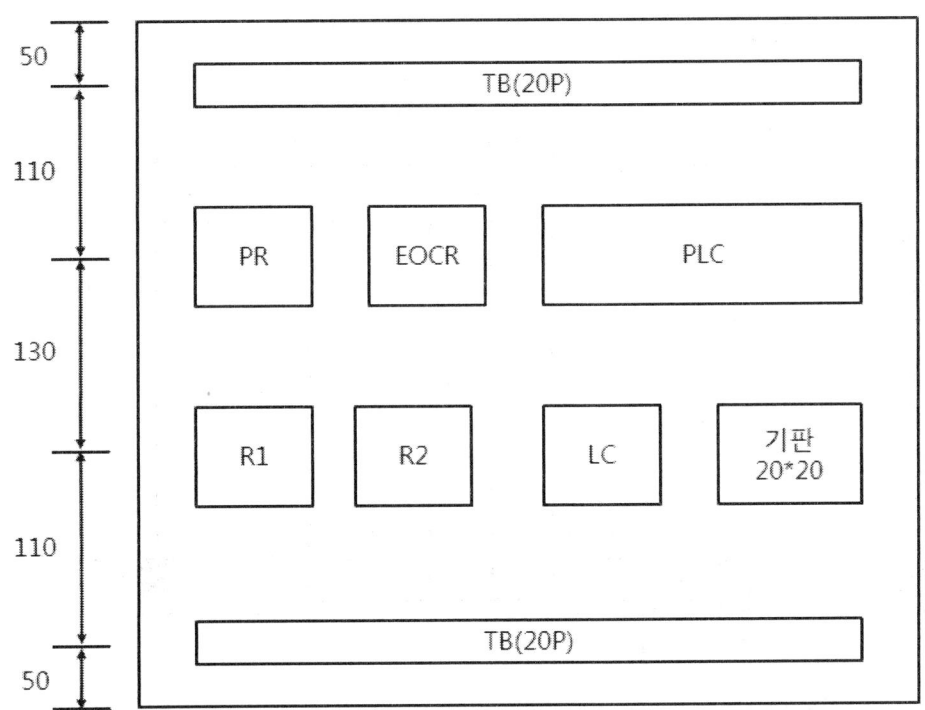

[그림 12] 기구 배치도

1. 배관 및 기구 배치도

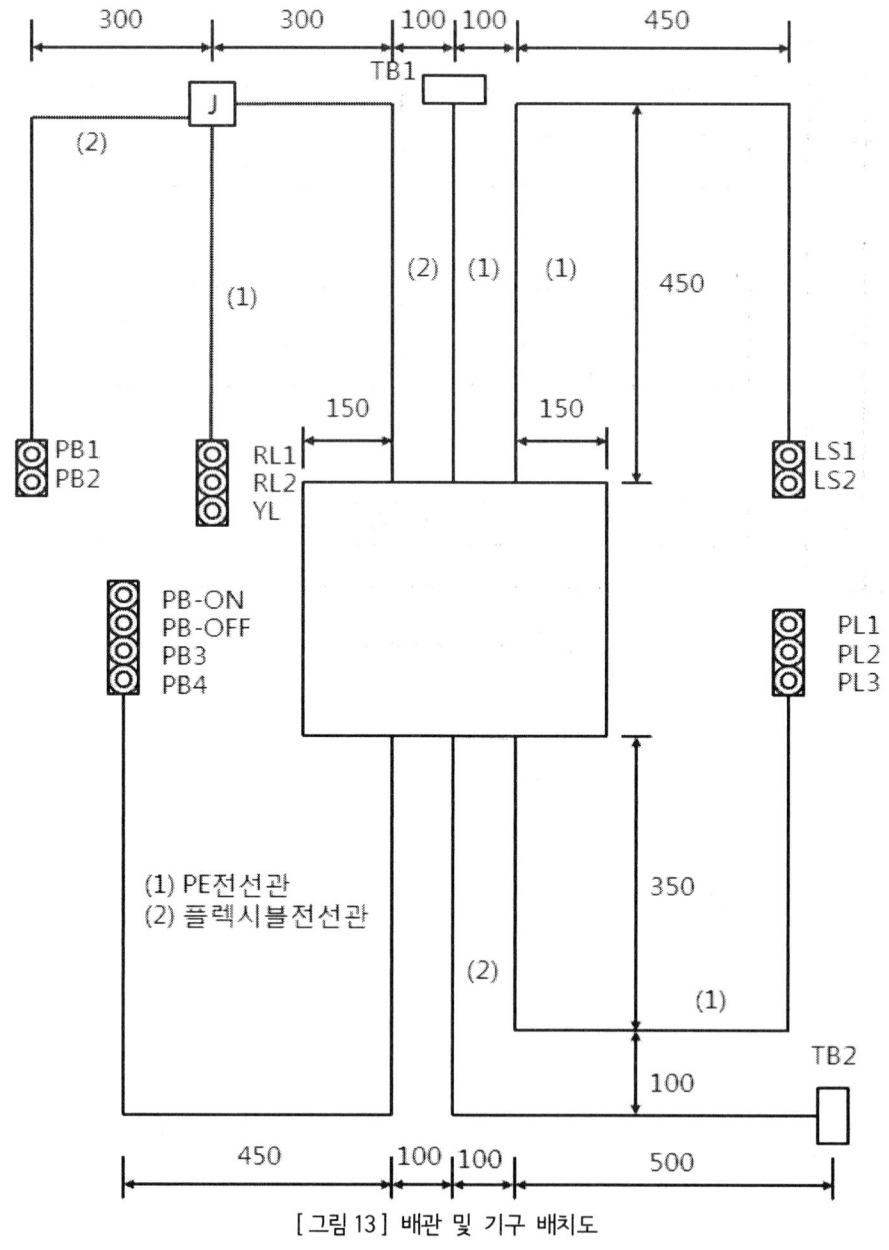

[그림 13] 배관 및 기구 배치도

2. 전기 회로도

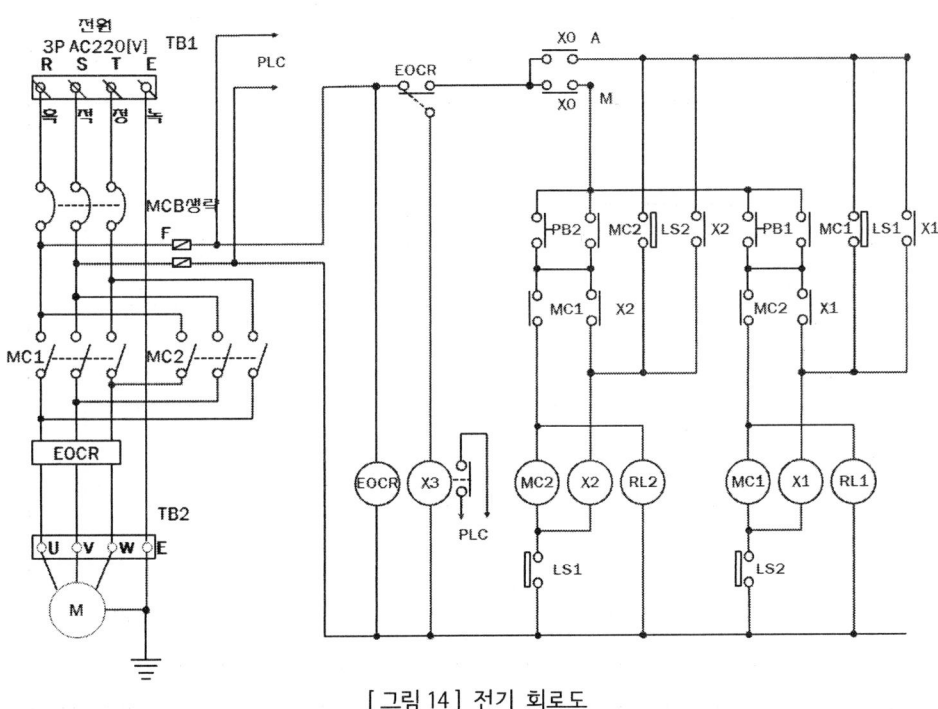

[그림 14] 전기 회로도

3. 전자 회로도

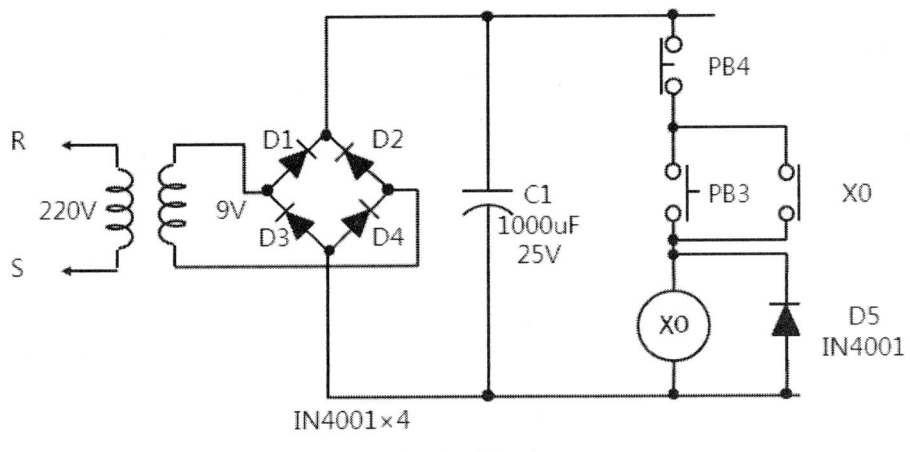

[그림 15] 전자 회로도

4. 기구 배치도

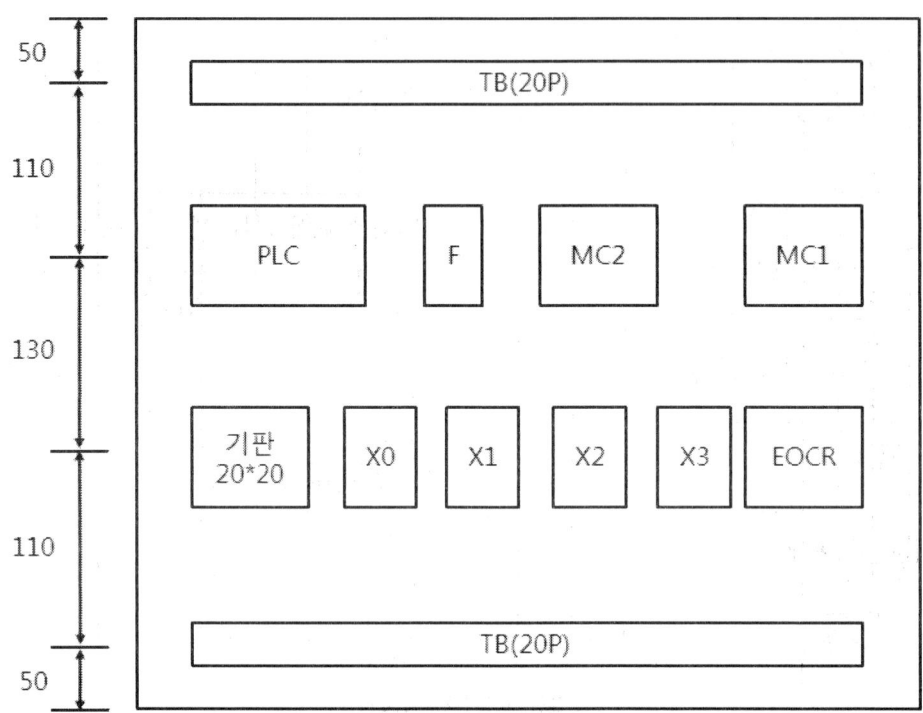

[그림 16] 기구 배치도

부록 예제 문제 도면 51

1. 배관 및 기구 배치도

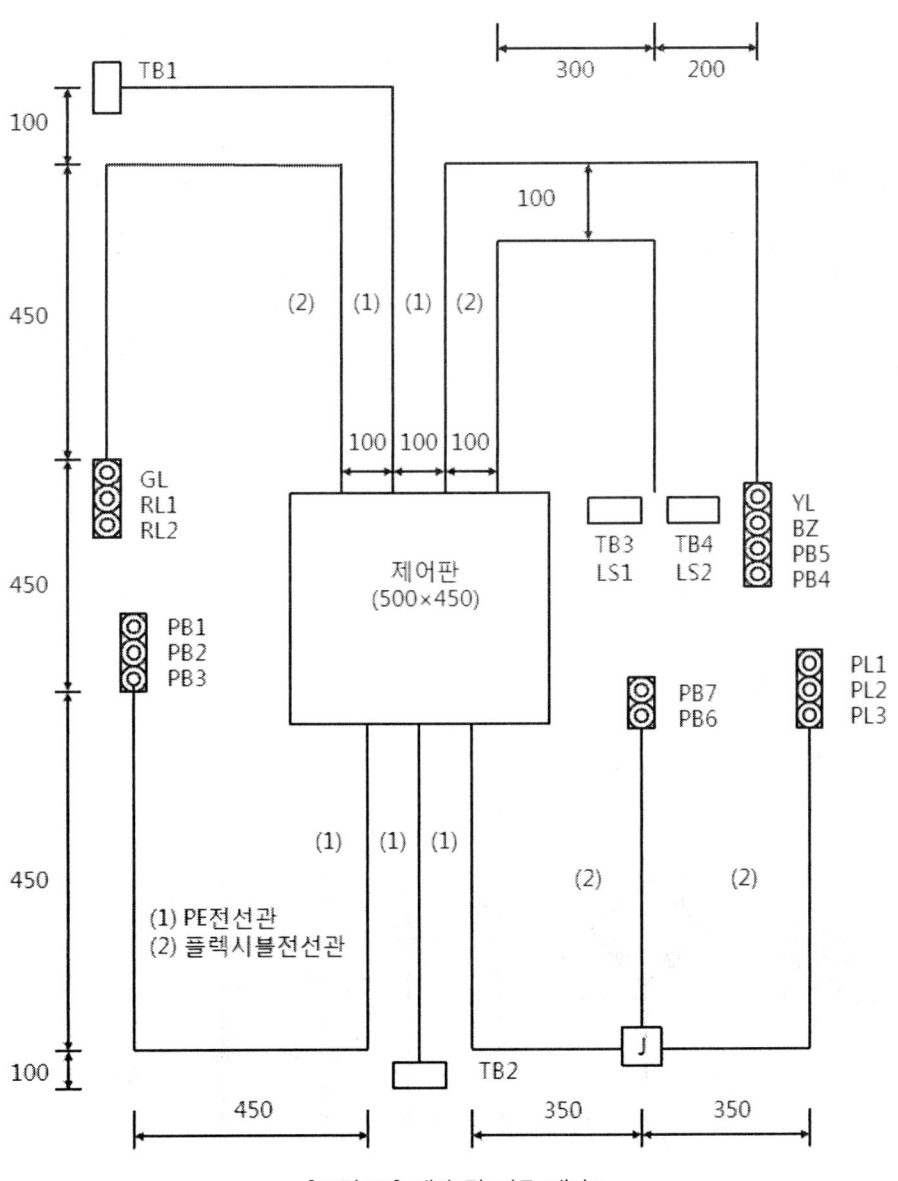

[그림 17] 배관 및 기구 배치도

2. 전기 회로도

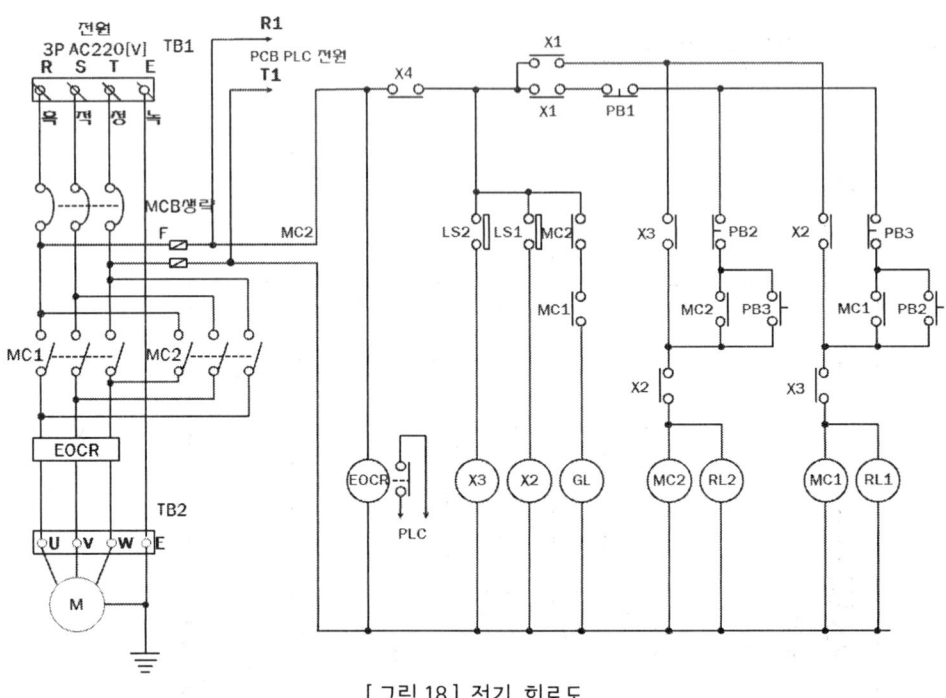

[그림 18] 전기 회로도

3. 전자 회로도

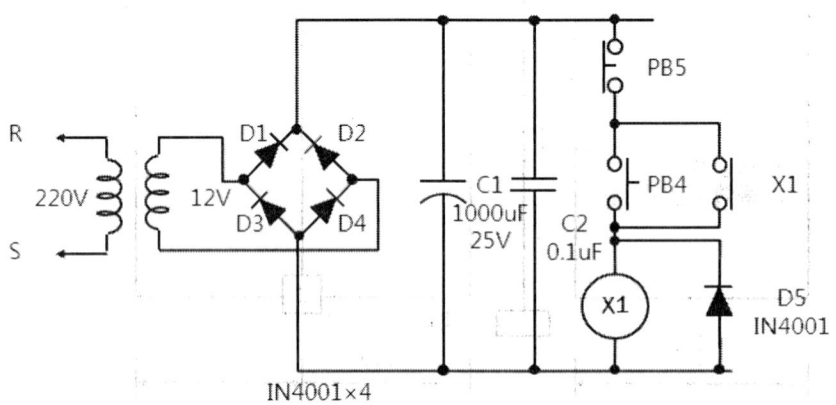

[그림 19] 전자 회로도

4. 기구 배치도

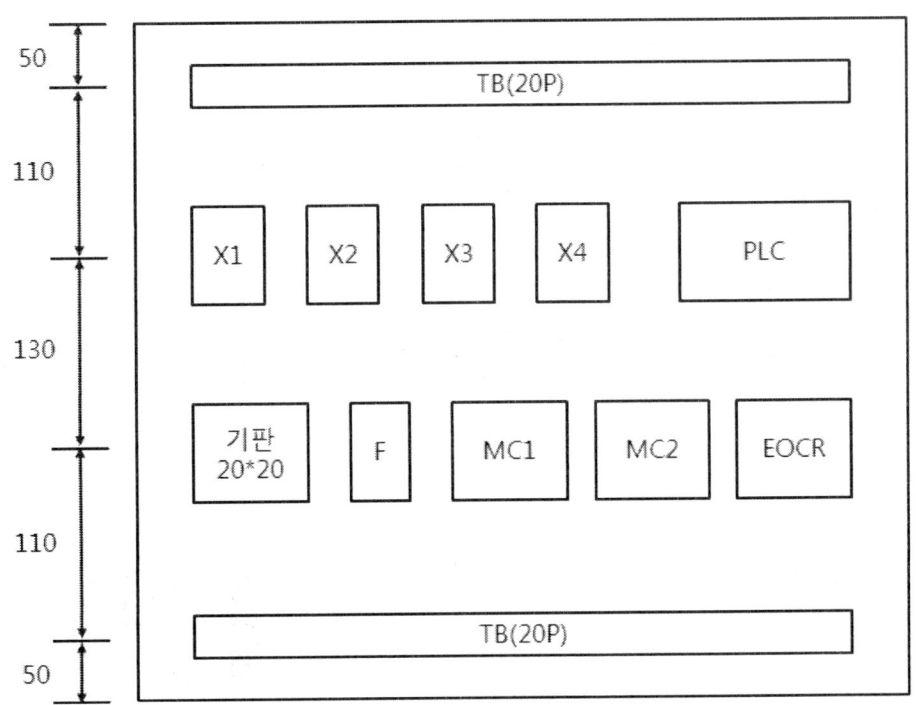

[그림 20] 기구 배치도

1. 배관 및 기구 배치도

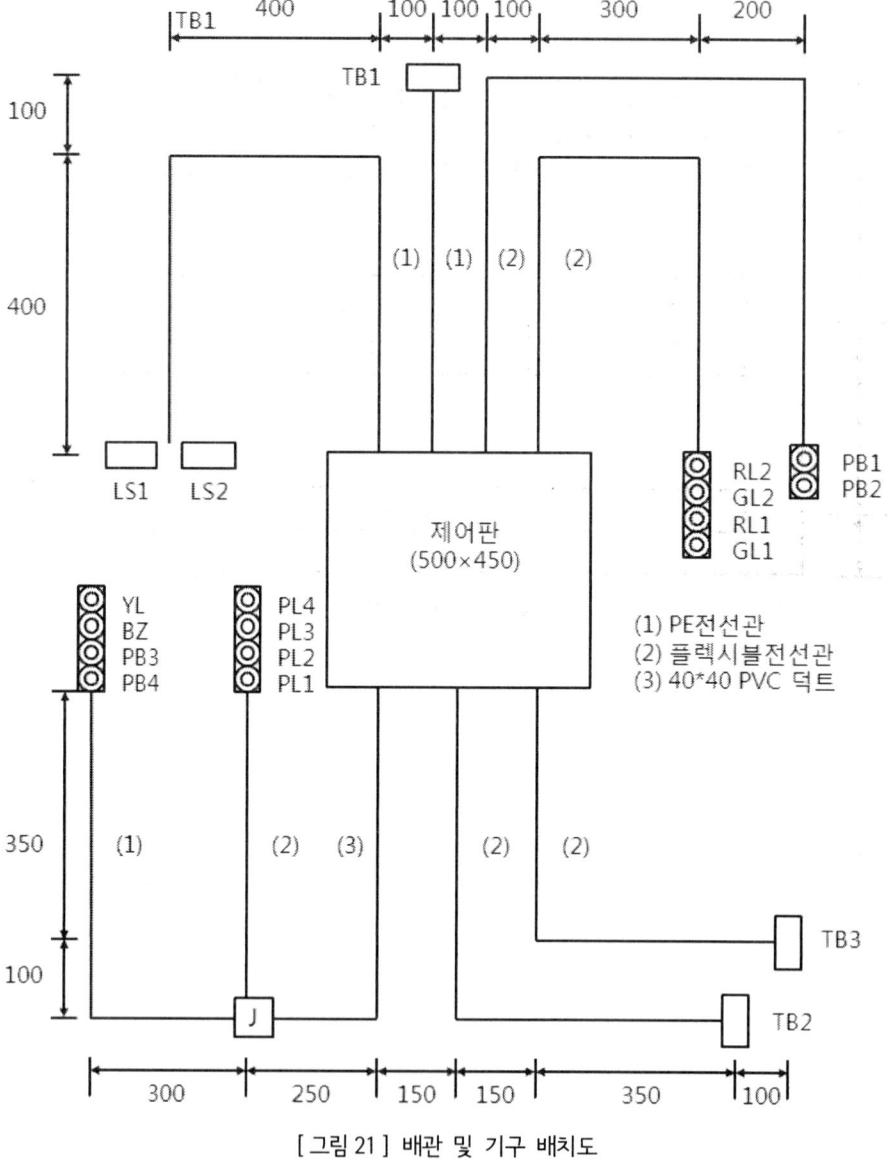

[그림 21] 배관 및 기구 배치도

2. 전기 회로도

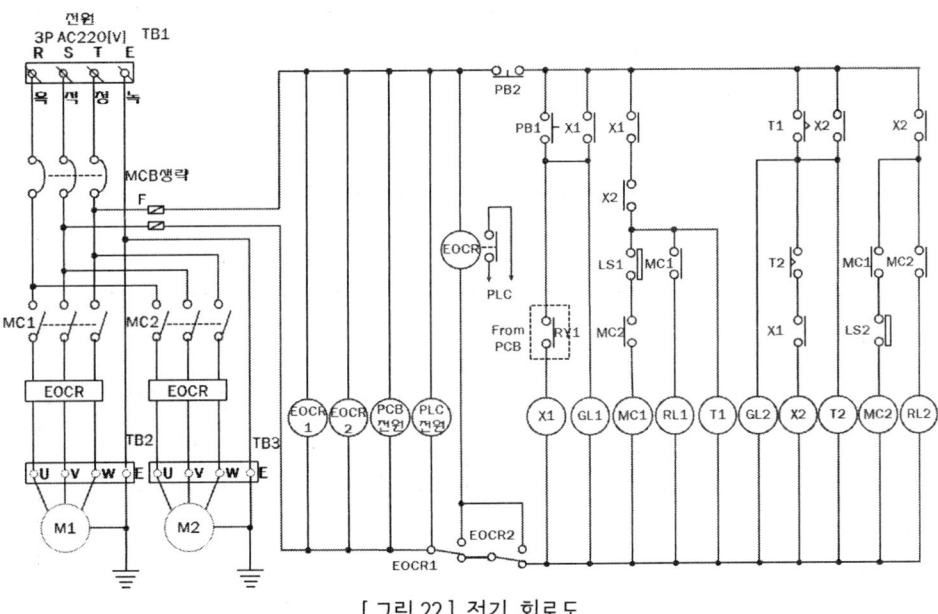

[그림 22] 전기 회로도

3. 전자 회로도

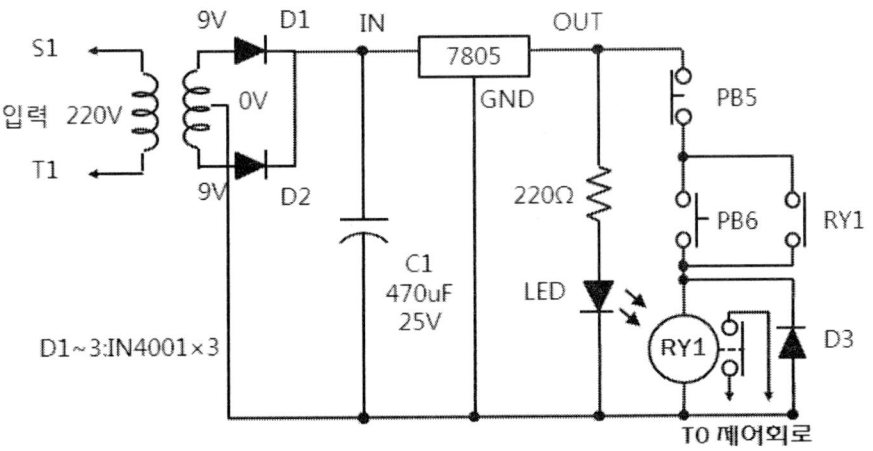

[그림 23] 전자 회로도

4. 기구 배치도

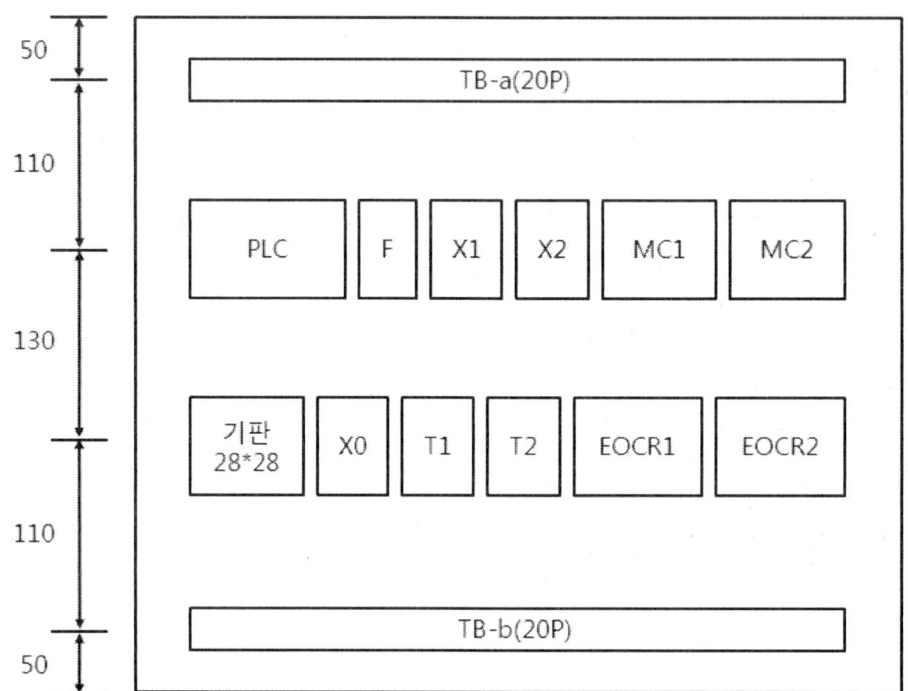

[그림 24] 기구 배치도

GLOFA | MASTER-K | MELSEC
PLC 한번에 배우기   정가 28,000원

- 저　자　최　　년　　배
- 발 행 인　차　　승　　녀

- 2013년 7월 5일   제1판 제1발행
- 2014년 3월 20일   제2판 제1발행
- 2015년 2월 25일   제3판 제1발행
- 2017년 2월 20일   제4판 제1발행

도서출판 **건기원**

(등록 : 제11-162호, 1998. 11. 24)

경기도 파주시 산남로 141번길 59 (산남동)
TEL : (02)2662-1874~5   FAX : (02)2665-8281

★ 건기원은 여러분을 책의 주인공으로 만들어 드리며 출판 윤리 강령을 준수합니다.
★ 본서에 게재된 내용일체의 무단복제·복사를 금하며 잘못된 책은 교환해 드립니다.

ISBN 979-11-5767-227-1   13560